国家出版基金项目
NATIONAL PUBLICATION FOUNDATION

煤层气开发理论与工程实践

THEORETICAL EXPLORATION AND ENGINEERING PRACTICE OF COAL BED METHANE DEVELOPMENT

胡爱梅　綦耀光　陈　东　张芬娜　王旱祥　著

中国石油大学出版社
CHINA UNIVERSITY OF PETROLEUM PRESS

图书在版编目(CIP)数据

煤层气开发理论与工程实践/胡爱梅等著. —东营：中国石油大学出版社，2014.10

ISBN 978-7-5636-4510-7

Ⅰ. ①煤… Ⅱ. ①胡… Ⅲ. ①煤层—地下气化煤气—资源开发—研究—中国 Ⅳ. ①P618.110.62

中国版本图书馆 CIP 数据核字(2014)第 235193 号

书　　名：煤层气开发理论与工程实践
作　　者：胡爱梅　綦耀光　陈　东　张芬娜　王旱祥

责任编辑：袁超红　曹秀丽(电话 0532—86981532)
封面设计：悟本设计

出 版 者：中国石油大学出版社(山东 东营　邮编 257061)
网　　址：http://www.uppbook.com.cn
电子信箱：shiyoujiaoyu@126.com
印 刷 者：山东临沂新华印刷物流集团有限责任公司
发 行 者：中国石油大学出版社(电话 0532—86981532,86983437)
开　　本：185 mm×260 mm　印张:22.5　字数:546 千字
版　　次：2014 年 10 月第 1 版第 1 次印刷
定　　价：98.00 元

PREFACE 序

煤层气是目前我国开采的重要非常规油气资源之一。煤层气的开发不仅可以为国家提供清洁能源，缓解我国清洁能源紧张的局面，而且可以减少煤矿瓦斯事故，降低温室气体排放。我国煤层气资源量丰富，全国油气资源最新评价结果显示，储于埋深小于2 000 m的煤层气资源量约为36.81×10^{12} m^3，与陆上常规天然气资源量相当，居世界前3位。我国煤层气资源大部分储藏于中西部地区，开发煤层气对拉动中西部地区的经济发展、改善能源结构、净化空气环境均有重要意义。基于丰富的煤层气资源基础，煤层气开发工程技术在煤层气规模开采中占有重要的地位。

我国煤层气开采的地质条件极为复杂，煤储层较脆、易碎，原始储层渗透率低，受煤层气开发过程中储层改造和流体压差的作用，易产生煤粉、煤焦，堵塞煤层气井产气通道，会进一步降低渗透率。煤层气地面抽采井难以形成整体降压和维持稳产、高产，阻碍煤层气的地面抽采开发。此外，煤粉及其颗粒的产出可能堵塞孔眼或进入井筒，造成卡泵、埋泵，降低泵效，并导致排采设备出现故障，使作业次数和费用增加。作业引起的压力波动还将进一步污染产层，从而严重影响煤层气井的正常排采和高产，直接降低煤层气的投资效益，成为煤层气地面抽采规模开发的瓶颈。

为解决地面抽采煤层气开发的难题，本书作者在总结煤层气排采理论与实践经验的基础上，以排采中产气通道的形成、维持为目标，以流体理论、工程实践为基础，总结介绍了我国煤层气开发研究的现状，提出了煤层气开发产气通道的概念并建立了产气通道形成与维持的基本方法、计算理论与工程要求；根据课题组的研究成果，提出了适度煤粉产出、疏通产气通道的概念与工程措施；按照维持排采设备长周期、稳定运转的思想，给出了进入井筒的煤粉与固性颗粒排出的条件、满足该要求的排采设备的选择方法；为了既满足产气通道维持、疏通和煤层气解吸的要求，又满足设备运转的属性，提出了循环补水维持设备经济运转的排采模式并设计了相应装备；从降低作业对产气通道损伤的角度，提出了快速作业的要求，介绍了一种新的作业方式；对于产量衰减的煤层气井，提出了产气通道疏通与重建的思想和理论。这些技术研究成果对于推动煤层气地面抽采的商业化有重要意义。

煤层气地面抽采开发是一个新兴的工程领域，储层特性与地面条件、开采习惯的差异影响开发技术的发展。在煤层气开发工程技术中，我国各煤层气开发单位、设备研制和研究部门都付出了大量艰巨的劳动，在延长稳产周期、提高煤层气地面抽采井的产气量方面取得了重大成果。此书作者长期从事煤层气地面抽采的科研与工程实践工作，并在成文时力图反映出国内最新的研究成果，可以代表目前我国煤层气地面抽采开发技术的现状。

这部著作为煤层气开发排采参数的设计、工况过程的分析及设备的优选等提供了理论指导，将成为非常规油气开发领域一部具有理论和应用价值的重要著作。我相信这部著作的出版对推动我国煤层气地面抽采开发进展将具有重要意义。同时，我也期待广大从事煤层气开发的专家、学者更多地总结研究成果，加强传播交流，共同促进我国煤层气开发事业的发展。

中国科学院院士

2014 年 10 月

FOREWORD 前 言

煤层气是一种非常规天然气，是我国继页岩气、致密砂岩气之后最具现实开采价值的洁净气体资源。煤层气的开发不仅可以为国家提供清洁能源，缓解我国清洁能源紧张的局面，而且可以减少煤矿瓦斯事故，降低温室气体排放。大力开发煤层气是一件利国利民的好事，是一项具有长远战略意义的国家行为。我国煤层气的开发已经逐步从勘探阶段转入开发阶段，实现煤层气的商业化开发已成为广大煤层气开发工作者最为关注的问题。

我国煤层气开采的地质条件较为复杂，在煤层气开发过程中煤储层产生煤粉（泥、砂）情况严重，致使煤层气井原有的产气通道遭到破坏、储层的渗透率降低，不利于煤层气井整体降压，阻碍了煤层气的开发。此外，煤粉及其他固性颗粒的产出还可能堵塞孔眼，这些颗粒进入杆管环空将降低泵效，导致泵频繁出现故障，使作业次数和费用增加，且作业有可能污染产层，使得作业后部分煤层气井产气量降低。目前，煤层气井排采工艺的确定和“气藏”的描述主要依靠油气田开发中长期使用的基本理论和基本方法，使用的主要排采设备是开发常规油气时常用的管、杆、泵设备，这存在产气机理研究与煤层气产气规律不够协调，设备不配套、磨损严重、堵泵卡泵等问题，导致检泵周期变短，影响煤层气井的正常排采和高产，从而对煤层气开采技术提出了新的要求。因此，研究煤层气产气通道的形成与堵塞机理，对于实现煤层气井可持续稳产具有重要意义。这个问题也是煤层气开发工程的基础问题。

本书主要阐述煤层气开发理论与工程实践方面的内容，共分为8章。第1章主要总结煤层气开发资源概况、煤层气开发现状与开发技术以及目前开发存在的问题；第2章主要阐述煤层气井产气通道的形成与破坏技术方面的理论；第3章介绍煤层气井产气通道内煤粉运移与适度携煤粉技术；第4章探讨煤层气井井筒中煤粉运移规律与排煤粉技术；第5章介绍煤层气井排采技术评价与井下设备设计；第6章主要分析煤层气井三抽排采系统优化设计，包括杆管配置与优化设计等；第7章探讨煤层气井作业的相关技术，包括负压射流举升装置设计、同心双管柱结构设计、地面装置的设计与选型；第8章讨论煤层气井的增产措施与技术研究成果。

全书内容涵盖煤层气开发领域涉及的主要排采理论、工艺技术、设备及修井作业系统和增产措施等方面，以理论方法为主，兼顾工程技术人员关注的基本工艺原理、技术、计算方法和工程实例，适合从事煤层气开发工程研究及技术工作的教师、研究生和科技工作人员参考。

本书内容基于国家自然科学基金(51174224)、国家油气科技重大专项(2011ZX05038，2011ZX05062)、国家973项目(2009CB219606)等科研课题的研究成果，在出版过程中还获得了国家出版基金的立项支持。此次将这些研究成果集成出版，以期待与同行交流，共同推动煤层气开发的发展，尽快实现煤层气的商业化开发。

在本书写作和出版过程中，贾承造院士给予了悉心指导，提出了许多宝贵意见，并欣然为本书作序，在此向贾承造院士致以诚挚谢意。

参加本书编写工作的有：胡爱梅，綦耀光，王旱祥，陈东(整体设计，第1章)；吴仕贵，彭宏钊，林文姬，王一兵，翟雨阳(第2章，第3章)；张芬娜，刘冰，刘新福(第4章，第5章，全书校对整理)；张芬娜，王超(第6章，第7章)；彭少涛，孙斌，刘川庆(第8章)。在本书即将付梓之际，向为本书做出贡献的各位同仁表示感谢。在书稿写作过程中参考了大量同行的研究成果和文献，在此一并向这些资料的作者致以谢意。同时，也向中国石油大学出版社对本书出版所做的大量细致工作表示感谢。

由于作者水平所限，书中的观点和数据定有若干不当之处，敬请读者批评指正。

作　者

2014年10月

CONTENTS **目 录**

第 1 章

煤层气开发基础

1.1 煤层气开发

1.1.1 丰富的煤层气资源

煤层气(coal bed methane,CBM)又称瓦斯,是一种优质的清洁能源,是国家大力提倡开发的新能源之一。中国煤层气资源量丰富,据全国油气资源最新评价结果显示,中国储于埋深 2 000 m 以浅的煤层气资源量约为 36.81×10^{12} m^3,与陆上常规天然气资源量相当[1,2]。据国际能源机构(IEA)估计,全球煤层气资源总量可达 260×10^{12} m^3,中国位列世界前 3 位(图 1-1)。据不完全统计,到 2012 年底我国的煤层气探明地质储量约 5 000×10^8 m^3,可采储量约 2 000×10^8 m^3[1-5]。

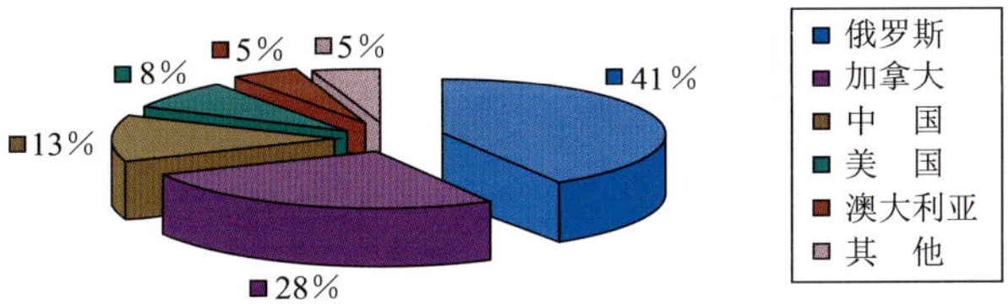

图 1-1　世界煤层气资源分布

丰富的煤层气资源和相对成熟的综合技术是进行煤层气规模开发利用的有利条件,加之煤层气资源大部分储藏于中国的中西部地区,开发煤层气对拉动中西部地区的经济发展有着重要的意义。

1.1.2 开发煤层气的必要性

开发煤层气具有"一举三得"的重要意义。煤层气的主要成分是 CH_4,是含量仅次于 CO_2 的温室气体,吸附在煤储层中,若开采煤炭时任其排放到大气中,不仅会造成温室效应,引起气候异常,而且会破坏大气平流层中的臭氧,严重危害人类健康和生活[6]。而瓦斯爆炸是我国煤炭开发的最大安全威胁之一,开发煤层气可以从根本上防止煤矿瓦斯引起的矿难事故,改善煤矿安全生产状况。另外,开发煤层气还可以改善我国的能源结构,增加清洁气体能源,拉动相关产业的发展[5-8]。

为此,2006 年国务院在《关于加快煤层气(煤矿瓦斯)抽采利用的若干意见》中明确要求煤层气产业向商业化迈进[9]。

当前,我国煤层气开发还处于商业化开发的初期,煤层气井的抽采工艺还不成熟,排采设备主要是移植常规油气井的开发设备,适应性相对较差。因此,研究适合我国地质特点的煤层气开发理论,并进行排水采气设备的设计、选型与优化等关键技术的攻关,对实现我国煤层气规模化、商业化开发具有重要意义。

1.1.3 我国煤层气开发存在的问题

截至2012年底,我国已钻煤层气井有12 000多口,投入排采的有2 500多口。其中,排采工艺的确定和"气藏"的描述主要依靠在油气田开发中长期使用的基本理论和基本方法,使用的主要排采设备是开发常规油气时常用的管、杆、泵设备,存在产气机理研究与煤层气产气规律不够协调,设备不配套、磨损严重、堵泵、卡泵等问题,导致检泵周期短,严重影响了煤层气井的正常排采和产量提高,直接降低了煤层气的投资效益,成为煤层气规模开发的瓶颈。从我国煤层气的开发情况来看,还存在较多亟待解决的问题,主要的生产难题有煤层气产气通道描述,通道中泥等固性颗粒(以下简称煤粉)的形成与产出规律研究,产气通道内煤粉排出的条件研究,打开、疏通产气通道的方法和技术研究等。

煤层气是一种非常规天然气,煤岩既是烃源岩又是储集岩,煤层气主要以吸附态赋存在煤层中。煤层气井在生产过程中通过排水降压,使甲烷解吸并从煤基质进入孔隙,进而由孔隙扩散到裂隙中,而后在裂隙系统中渗流(流动)而产出。煤层气井产气量经历排水降压、上升、稳产、递减四个阶段,由于煤本身的脆性和易碎性,受煤层气开发过程中压差的作用,易使煤层产生煤粉,使煤层气井原有产气通道被破坏,降低产气通道的渗透率,不利于煤层气井整体降压,阻碍煤层气的高效开发。此外,煤粉及其他颗粒的产出可能堵塞孔眼,同时这些颗粒会降低泵效,导致泵频繁出现故障,使作业次数和费用增加,且作业后大部分煤层气井产气量降低,甚至一部分煤层气井不再产气。例如,A公司某典型的煤层气1井(图1-2a)在2009年11月到2009年12月煤层气产量达到高峰期,平均日产气量为6 400 m^3/d;2010年1月开始作业,作业后平均日产气量为5 000 m^3/d;2010年3月再次作业,作业后平均日产气量为3 500 m^3/d;2010年9月再次作业,作业后平均日产气量为3 000 m^3/d。图1-2(b)所示为A公司某煤层气2井排采曲线,该井在作业后出现了不产气现象。

目前我国煤层气井普遍稳产时间短,作业频繁,平均4~6个月作业一次,作业后产气量降低甚至不产气。针对目前煤层气开发有效排采时间短、维持高产稳产困难等实际问题,探索煤粉从地层进入井筒的流动规律,研究煤层裂隙的形成、堵塞和疏通特性,分析煤粉形成与防止,研究煤层气低成本、高效开发策略,为实现我国煤层气井稳定、连续、长期生产的目标奠定理论基础,是实现煤层气商业化开发的关键。要研究煤层气产出裂隙通道的形成与维持机理以及煤粉在裂隙通道内的产出和运移规律,从而采取相应措施,避免产气通道堵塞,提高煤层渗流能力,疏通产气通道,增加煤层气产量。可见,解决煤层气井出煤粉问题和产气通道堵塞问题,有效地防止煤粉沉积,对提高煤层气井产量、延长煤层气井稳产周期将起到重要作用,煤层气井出煤粉问题是目前亟待解决的难题。

针对我国煤层气井存在的问题,系统研究产气通道的形成机理、破坏机理,分析煤粉在产气通道内的运移规律,并研究煤粉从产气通道排入井筒以及从井筒排到地面的排煤粉技术、煤层气井排采设备选型与优化设计方法,研究保护储层作业技术、煤层气井负压射流作业系统和煤层气井增产措施,从而延长煤层气井稳产周期,减少修井次数,提高作业后煤层气井产气量恢复程度，这对增加煤层气的采收率和提升经济效益有着重要的意义。

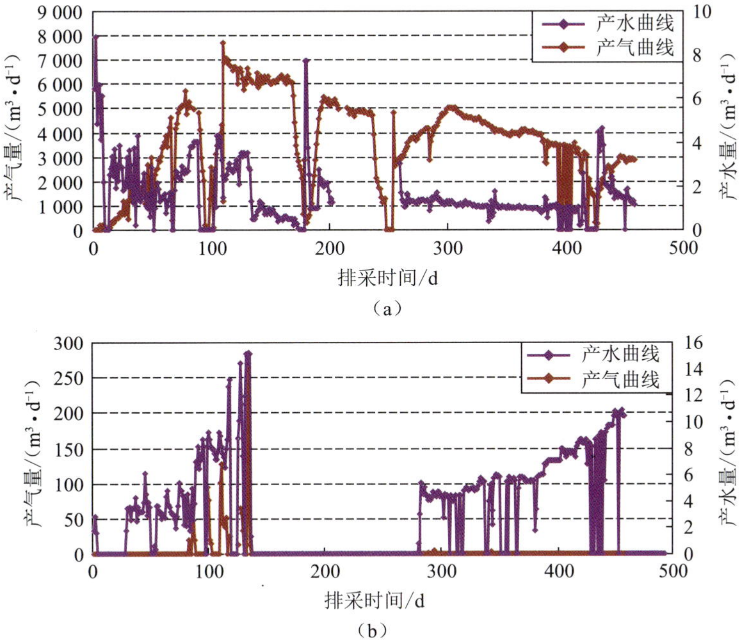

图 1-2　A 公司两口煤层气井的排采曲线

1.2　国内外煤层气开发现状

1.2.1　国外煤层气开发现状

自 20 世纪 80 年代初，美国首先对煤层气资源进行开发以来，世界各国竞相开展了煤层气的勘探试验和工业开发。目前美国、加拿大、澳大利亚等国的煤层气商业化生产最为成功，其他国家尚未形成大规模的商业化开发。

美国是世界上煤层气开发最成功、规模最大的国家，其煤层气资源近 85％分布在西部落基山脉、新生代含煤盆地中，主力煤储层均在 1 500 m 以浅，2004 年其煤层气产量就达到了 500×10^8 m^3，占天然气产量的 8％～10％，成为重要的能源组成部分。美国矿井抽采的煤层气一般供给坑口发电厂，或作为锅炉燃料[10]；地面生产的煤层气借助完善的天然气管网系统，大部分并网销售给燃气公司。

美国煤层气产业之所以能高速发展，最重要的原因是其形成了独特成熟的、有别于常规油气的排水采气理论与技术。自 20 世纪 80 年代初，美国就开始投入大量资金开展煤层气开发的基础理论研究，建立了“排水→降压→解吸→扩散→渗流”煤层气排采理论体系，并在圣胡安盆地和黑勇士盆地得到验证，由此逐步形成了中阶煤煤层气的勘探、开发、排采系统化理论，建立了以注气增产、多分支水平钻井、欠平衡钻井、机械人工举升排采设备集中整体排水降压等煤层气开发技术，取得了巨大的经济效益，促进了美国煤层气产业的发展。

美国在研究本国煤层地质特性的基础上，对常规油气田开发工艺进行了移植与改进，研制了部分煤层气专用开发设备及工艺技术。例如：① 煤层气排采设备虽然仍以三抽设备(由抽油机、抽油杆、抽油泵组成的采水系统俗称有杆排采设备，为区别螺杆泵排采设备，本书统一将其称为三抽设备或三抽系统）为主，但对整机设计和选型提出了新的方法，使有杆泵排采设备的排量以及沉没度能较好地适应美国当地煤层气井的排采要求，取得了良好的经济效益[11]。② 不断改进螺杆泵系统，使其适合煤层气井排水所需的排量和扬程，并适应井液中细煤粉及气液混合体，在一些特殊井的排采中得到了推广使用[12]。③ 在一些排水量较大且稳定的水平井、斜井中，逐步推广使用潜水电泵[13]，并且根据煤层气井的排采特点，对潜水电泵系统不断改进，提高其应用的可靠性、适应性和经济性。

对于排水采气设备的设计与选型，美国普遍采用的方法是在生产工作制度中选择多种排采方式。例如：在产水量较低的煤层气井（日产水量<60 m^3/d）中，采用数控抽水机、变频调速抽水机等，方便、快速地调整生产制度，更好地控制液面稳定降低；对于产水量大且供液能力强的煤层气井（日产水量>60 m^3/d），生产前期的主要任务是排水降压，选择电潜泵、大直径管式泵或螺杆泵[14,15]。

加拿大、澳大利亚煤层气勘探开发的起步时间基本与我国相同，但两国目前发展势头强劲，现均已进入商业化开发阶段。两国从其煤储层特点以及煤层气井排采要求出发，进行了诸多方面的技术改进与发展[16]。2007 年两国的煤层气产量分别达到了 86×10^8 m^3 和 29×10^8 m^3，并规划在 2020 年左右形成与美国规模相近的煤层气产业[17]。其中，澳大利亚结合自身煤层气资源特点，在借鉴美国经验的基础上自主创新，逐渐形成了一套适合本国地质条件的煤层气勘探开发方案，成效显著[18]。在钻井方面，采用垂直井水力压裂技术、中等半径钻井（MRD）技术和极短半径钻井（TRD）技术，结合压裂等措施提高采收率，实现效益的最大化。在完井方面，使用裸眼完井、套管完井和裸眼洞穴完井等技术提高单井产量与延长修井周期。在排采方面，根据不同地质条件，针对性地使用三抽设备、电潜泵、气举装备、水力喷射泵、螺杆泵等进行排水采气，使煤层气产业逐渐实现大规模商业化[19-23]。

1.2.2 国内煤层气开发现状

国外煤层气产业的巨大成功带动了我国煤层气产业的发展。近 20 年来，在国家政策的引导下，全国煤层气开发掀起了热潮，并取得了显著成效。

2000 年以后，国家越来越重视煤层气资源的开发，通过设立国家级科技重大专项、国家 973 科研项目等来研究和推动其发展，各地再次掀起了开发热潮，以沁水盆地和鄂尔多斯盆地东缘为主战场，大规模开展煤层气的勘探和开发工作，取得了丰硕的成果[17]，如图 1-3所示。自 2009 年以来，煤层气投资和实物工程量迅速上升，产量也不断增加。

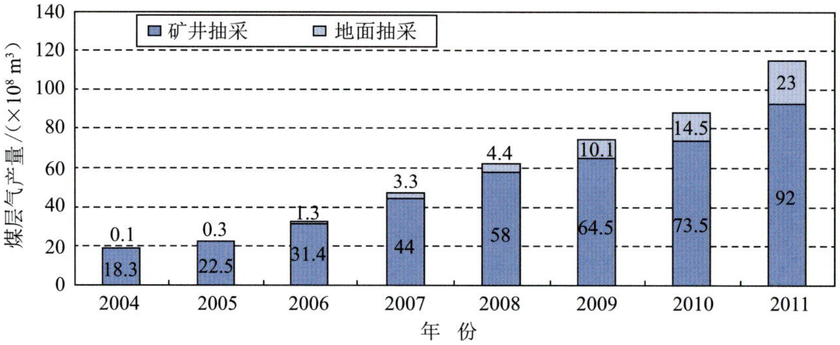

图 1-3 我国历年煤层气产量

在排采技术方面，我国主要是借鉴美国的开发技术，尚未形成自己的理论体系。虽然三抽系统是煤层气井首选的排采设备[24]，但是我国煤田地质条件的复杂性、地域性对排采设备的技术条件和适应性提出了更高的要求。使用单一的排采系统不仅满足不了煤层气井的实际排采需要，甚至还会影响煤层气井的产能、寿命和经济效益。在一些煤粉颗粒含量较高、气液比较大的特殊煤层气井中[25]，尝试采用螺杆泵系统进行排采；对于前期产水量大且稳定的斜井、水平井，采用电潜泵系统加强排水降压，待产水量降低稳定后再换成三抽系统。所以，对煤层气排采设备的设计与选型应在借鉴美国经验的基础上，充分考虑我国煤田地质与储层特点，对常规油气排采设备进行改进与创新，以适应我国煤层气的排采实际，保障煤层气井安全、科学、稳定地生产。

在三抽系统方面，虽然作为油田的首选开发设备，其产品与型号已经标准化、系列化[26]，但是我国煤层气的开发还处于商业化初期，设备的设计与选型理论还不完善，仍然以移植油田的开发方法与经验为主[24]，导致煤层气井三抽排水采气系统的适应性、针对性普遍较低，降低了设备的性能、效率和寿命。目前，我国煤层气现场选用的三抽系统普遍存在投资大、设备选用不配套现象，导致杆柱断裂、卡泵、埋泵、检泵周期缩短等问题[27]，严重影响煤层气的正常开发，成为煤层气规模化、商业化开发的瓶颈。

综上所述，目前排水采气设备的设计与选型尚不能适应我国井身结构复杂、出水量小且不稳定、采出液固相含量高的排采实际，降低了设备的可靠性、适应性与煤层气的开发效益。可见，研究适合我国煤层气专用排采设备评价体系和选型规范，优化煤层气排采设备，开发煤层气排采设备选型与优化软件，指导煤层气排采设备进行系统而科学的选型，对保障煤层气井连续稳定经济排采，提升煤层气勘探开发的经济效益具有重要意义。

1.2.3　煤粉产出量预测技术研究现状

煤粉的产生与煤岩性质和煤体结构密切相关，构造煤形成的煤粉远远多于原生结构煤[28,29]。扫描电镜观测表明，软煤和构造煤煤岩表面凹凸不平并附着大量的煤基质颗粒，这些煤基质颗粒是煤粉的主要来源。在排采过程中，外部压力条件改变，导致煤基质应力条件变化，煤岩逐渐失去原有的应力平衡，煤岩内部发生弹性自调节效应[30,31]，当煤岩颗粒承受的应力超过煤岩自身的抗剪或抗压强度时，煤层发生塑性变形或者坍塌。从岩石力学角度分析，煤层产出煤粉的机理主要有剪切破坏机理和拉伸破坏机理[32,33]，但由于井壁附近煤层的复杂性，要想得出一个准确的解析解是相当困难的。

煤粉产出预测涉及多孔隙弹性介质力学、岩石力学、流体力学、渗流力学等多学科领域的理论，且受煤层力学性质、煤层流体性质、完井及排采工艺等多种因素的影响和控制。目前，对煤层煤粉产出预测的理论研究还比较粗浅，仍处于一个相对简单和定性的阶段，未形成系统的理论体系，主要借鉴常规油气田出砂预测的方法[34]。

(1) 现场观察法[35,36]包括：① 煤岩观察法，用肉眼观察、手触摸等方法判断煤岩强度，若一触即碎，或者停放数日自行破碎，或者在煤岩上用指甲刻划时有刻痕，则该煤岩强度低，排采过程中煤粉产出较多；② DST 中途测试法，如果 DST 测试期间煤层气井产出煤粉较多，则煤层气井排采初期就会产出煤粉。

(2) 煤粉产出经验预测法是通过对煤岩性质如弹性模量、剪切模量等的研究，找出煤粉产出的煤岩特征临界值，包括组合模量法和斯伦贝谢法[37]。

① 组合模量法预测产出煤粉需要根据声波及密度测井资料，采用下式计算煤岩的弹

性组合模量 E_c：

$$E_c = \frac{9.94 \times 10^8 \rho}{\Delta t_c^2} \tag{1-1}$$

式中 ρ——煤岩的密度，g/cm³；

Δt_c——煤岩的纵波声波时差，μs/m。

依据以往的测井资料、煤岩特性及煤粉产出结果分析，E_c 值越小，煤层产出煤粉量越大。

② 斯伦贝谢法要计算乘积 $E_S E_B$，该乘积是煤岩的密度、泊松比和声波时差的函数，并由下式计算得到：

$$E_S E_B = \frac{9.88 \times 10^{17} \times (1-2\nu)(1+\nu)\rho^2}{6(1-\nu)^2 \Delta t_c^4} \tag{1-2}$$

式中 ν——煤岩的泊松比。

现场大量煤层气井煤粉产出量的统计结果表明，当 $E_S E_B > 3.80 \times 10^{13}$ Pa 时，煤层产出微量的煤粉；当 3.30×10^{13} Pa $\leqslant E_S E_B \leqslant 3.80 \times 10^{13}$ Pa 时，煤层产出少量的煤粉；当 $E_S E_B < 3.30 \times 10^{13}$ Pa 时，煤层产出大量的煤粉。

上述煤粉产出经验预测方法的局限在于必须采用煤层气井的资料进行统计，同时未考虑煤层压力变化及产水量变化的影响，并假设不存在煤层损害，因此其结果只能够反映排采中的瞬间问题而无法预测将来的情况。

(3) 煤粉产出数值计算方法是在提出“砂岩强度”测井模型，利用摩尔圆应力分析方法描述煤粉产出可能性与井眼应力状态的关系后出现的利用实验室模拟研究和数值计算的方法来预测煤粉产出量。

Risnes 模型[38,39]是假设稳定状态下井液由弹塑性介质流入井筒，求解射孔孔眼和井眼附近煤岩塑性变形的解析解。对于出煤粉的煤层，在井筒周围煤岩发生塑性破坏，因此存在一个塑性区，使得整个煤层以井筒为中心由里而外分为塑性区和弹性区，利用 Risnes 模型，假设煤岩为均质、各向同性、线弹性多孔介质时，可求出弹性区和塑性区井眼附近的地应力分布。

Morita 模型[40-42]认为当煤岩承受的应力超过其固有强度时，煤岩就会遭受破坏，在原地应力及渗流引起的附加应力场的联合作用下，射孔孔眼周围的煤岩虽然已经进入塑性状态，但是仍然具有承受载荷的能力。只有当孔眼周围煤岩的应变超过某一临界值时，孔眼才会发生剪切破坏，造成煤粉产出。模型给出的预测煤粉产出的临界生产压差 $\Delta p_w^{\max}$ 的公式为：

$$\Delta p_w^{\max} = \frac{\nu+1}{\nu-1}\left\{3\sigma_H + 2T_0 + \frac{2T_0(3+\beta)}{\beta}\left[\left(1+\frac{\sqrt{6}E(3+2\beta)(B_0+2B_1 f_0)}{2T_0(1-\nu)(3+\beta)\sqrt{\beta+4\beta+6}}\right)^{\frac{\beta}{2\beta+3}} - 1\right]\right\} \tag{1-3}$$

其中：

$$f_0 = C_0 + C_1 J_1 - \sqrt{J_2}, \quad T_0 = \frac{C_0}{\sqrt{3}/3 - 2C_1}, \quad \beta = \frac{6C_1}{\sqrt{3}/3 - 2C_1}$$

式中 σ_H——平均有效应力，MPa；

E——煤岩的弹性模量，GPa；

B_0, B_1——煤岩材料常数；

C_0, C_1——屈服方程中的系数；

J_1, J_2——偏应力张量的第一和第二不变量。

Weingarten 模型[43,44]假设射孔孔眼为标准圆形，运用 Mohr-Coulomb 失效准则得到预测煤粉的解析解，认为井眼附近煤岩所承受周向应力及径向应力差过大，造成煤岩剪切破坏，井壁附近煤岩产生的塑性破坏引起煤粉产出，将流体在煤层中的流动看成稳定渗流，应用达西定律给出煤层产能的计算公式：

$$Q=\frac{4\pi k\gamma_0}{(m+1)\mu\left(\frac{1}{r_w}-\frac{1}{r}\right)}(p^{m+1}-p_{rc}^{m+1})^2 \tag{1-4}$$

式中 Q——产气量，m^3/d；

k——煤层的渗透率，μm^2；

m——气体密度方程的指数；

γ_0——气体密度方程的剪切黏度，Pa·s；

μ——井液黏度，Pa·s；

r_w——井眼半径，m；

r——生产半径，m；

p——储层压力，MPa；

p_{rc}——井眼孔壁压力，MPa。

但是，模型假设错误地将煤储层单轴应变状况当成是体积失效破坏的原因，而不是剪切破坏。

Bratli 模型[45,46]认为煤岩颗粒间接触的法向连接力和切向摩擦力使煤层颗粒固结在一起，这是保持孔穴稳定的力。排采中，井液向井筒流动产生作用在颗粒上的内向应力，单个颗粒或不稳定颗粒群体由于内外孔隙压差 dp 的作用而出现拉向孔穴内的拖拽力，这两种力产生颗粒剥离的作用，只要这两种力克服了保持孔穴稳定的力，煤粉颗粒便会由此产生。Bratli 应用著名的孔穴稳定理论给出了临界流量的计算公式：

$$\frac{\mu q}{4\pi a k}=4S\tan\beta_1 \tag{1-5}$$

$$\beta_1=0.25\pi+0.5\alpha$$

式中 q——煤粉产出量，m^3/s；

a——从球心到煤层的距离，m；

S——煤岩的黏聚力，N；

β_1——内外孔隙压差作用力与颗粒中心连线的夹角，rad；

α——内摩擦角，rad。

近年来，Hoek[47,48]对煤粉产出量和煤层气井产液量之间的关系进行了试验和理论研究，得出了可供借鉴的结果；李治军和丛洪良[49,50]根据液固多相渗流条件，应用 Mohr-Coulomb 破坏准则和达西定律，得到不同产液量下煤粉产出预测的数学模型：

$$q_s=\left\{\frac{\phi}{(1-\phi)(1-n)}\left[\left(\frac{r_e}{r_w}\right)^{1-n}-1\right]\right\}^{-1}\ln\frac{r_e}{r_w}\left[\Delta q_f-\frac{2\pi\beta_2 kh(p_{wf}-p_{wfc})}{\mu(\ln r_e-\ln r_w)}\right] \tag{1-6}$$

式中 q_s——煤粉产出量，m^3/s；

ϕ——孔隙度；

n——指数；

r_e——供给半径，m；

β_2——压力梯度分量系数；

h——煤层厚度，m；

p_{wf}——井底流压，MPa；

p_{wfc}——临界井底流压，MPa；

Δq_f——超出临界产液量的流量，m^3/s。

以上煤粉预测问题可以归为两类：一类为经验公式型，需要获得大量的生产实践资料，而且公式中含有限个参数，其他参数的稳定性直接影响其计算精度，适用范围受到很大的限制；另一类为理论模型，在建立模型过程中需要将煤层条件进行简化，由此并不能真实地描述实际煤层的产出煤粉情况。

由于煤粉产出涉及多相介质、流固耦合、大变形、非线性、动态特性等问题，目前还没有达到定量预测煤粉的水平，现有的煤粉产出预测模型一般是移植或借鉴油气井出砂预测模型，在理论分析的基础上进行煤粉产出预测，结果与现场实际相差较大，只能用来进行一些参数的相关性分析和敏感性分析。

1.2.4 煤层气井防煤粉技术研究现状

防煤粉是解决煤层气井出煤粉问题的主要途径，通过对产出煤粉的煤层气井采取合理的排采机制和工作制度，并采用合适的防煤粉措施阻止煤层产出煤粉进入井筒，从而达到控制煤层出煤粉的目的。根据防煤粉的原理与工艺特点，目前防煤粉方法大致可以分为机械防煤粉、化学防煤粉和复合防煤粉等三大类。

1. 国外防煤粉技术研究现状

国外煤层气井防煤粉技术研究起步较早，最初采用降低煤层气井排液量的方法来减少随井液流入井筒内的煤粉量，但这种方法是油田用来防砂的起初方法，用于煤层气井防煤粉时效果不一定理想。目前，国外在井筒防煤粉方面主要采用机械防煤粉[51]，其中机械绕丝筛管是应用较早的机械滤煤粉管[52,53]，它是将用特殊工艺制成的具有滤砂和滤煤粉功能的滤煤粉管用管柱和辅助工具直接悬挂在井内产出煤粉的层位。这种筛管具有较高的渗透性，允许煤层流体通过且可以阻挡煤粉，煤层产出液必须流经筛管才能进入井筒并被举升至地面。

常用的全焊接不锈钢绕丝筛管由带孔中心管、纵筋和不锈钢绕丝组成，如图 1-4 所示。

（a）绕丝筛管结构示意图

（b）现场用带孔中心管

图 1-4　绕丝筛管构造

带孔中心管带有纵筋，以支撑绕丝，绕丝和纵筋的每一个交叉接触点都通过电阻焊焊接在一起，使筛管形成具有一定强度的整体，按一定的长度要求两端切平，焊上接箍。不锈钢绕丝筛管具有耐腐蚀、工作寿命长、缝隙连续、流通面积大等优点，这也是绕丝筛管得以广泛应用的主要原因，其缺点是造价高(通常为割缝衬管的 2～3 倍)。

对于机械滤煤粉管，根据煤层煤粉颗粒分析数据设计筛管的缝宽或挡煤粉颗粒精度[53]，设计结果的合理性直接决定防煤粉效果。由于筛管的挡煤粉机理不同，其筛管缝宽或挡煤粉精度的设计方法也不同。

当不用砾石充填层而使用金属绕丝筛管进行防煤粉时，阻挡煤层中煤粉颗粒的机械筛管缝宽的设计方法有 Coberly 和 Wilson-Gilles 方法。Coberly[55]研究发现，煤层中煤粉颗粒半对数累积质量分数曲线上 10%点的颗粒尺寸是可形成煤拱的颗粒，这里所说的 10%的颗粒尺寸是整个煤层试样质量的 90%将通过的理论筛眼尺寸。对于煤粉颗粒粒度和圆度相对较为均匀的煤层，Wilson 和 Gilles[56]提出了筛管缝口宽度设计准则，使用的筛缝宽度等于 10%～15%煤层颗粒的直径，即

$$\left.\begin{aligned} &W \leqslant 2d_{10} && (C_s > 5) \\ &W = d_{10} \sim d_{15} && (3 < C_s < 5) \\ &W = d_{10} && (C_s < 3) \end{aligned}\right\} \tag{1-7}$$

式中　W——筛管缝口宽度，mm；

d_{10}——10%煤层颗粒的直径，mm；

d_{15}——15%煤层颗粒的直径，mm；

C_s——煤粉颗粒均匀系数。

实际煤层中，上述设计值明显偏大，现场应用中通过校正系数得到：

$$\left.\begin{aligned} &W = 0.5(d_{10} + d_{15}) && (C_s > 3) \\ &W = d_{10} && (C_s < 3) \end{aligned}\right\} \tag{1-8}$$

绕丝筛管＋砾石充填是应用较早的防砂方法，经过不断的完善和发展，被广泛应用于煤层气井的防煤粉作业中[57,58]，其中美国的 Baker，Halliburton，Dowell-Schlumberger 等公司都拥有自己的专门防砂/煤粉器材、施工设备和工艺，可以提供从砾石充填工具、滤砂/煤粉管、封隔器和泵送设备到现场作业、施工等服务。绕丝筛管＋砾石充填防煤粉方法是将绕丝筛管下入井内防煤粉层段，用一定质量的流体携带具有一定粒度的砾石充填于筛管和煤层或套管之间，形成一定厚度的砾石层，以阻止煤层中煤粉颗粒流入井内的防煤粉方法。常用的砾石充填方式有两种，包括先期裸眼绕丝筛管砾石充填和套管内筛管砾石充填。先期裸眼绕丝筛管砾石充填如图 1-5(a)所示，是在下完表层套管并固井后，用钻头钻到预计的煤层顶部下入技术套管，然后用优质完井液开钻，将煤层钻穿后，下入绕丝筛管管柱，筛管外充填砾石。裸眼砾石充填的渗滤面积大，砾石层厚，防煤粉效果较好，对煤层产能的影响小，但工艺较复杂，且要求煤层结构有一定的强度。套管内筛管砾石充填如图 1-5(b)所示，适用于套管完井，首先正对煤层在井筒内下入绕丝筛管，然后用携砂液将砾石充填在筛管与套管的环形空间内，形成滤煤粉层，这样筛管支撑砾石层，而砾石层则起到挡砂作用，既控制煤层产出煤粉，又保持较高的渗流能力，使煤层气井正常生产。

筛管砾石充填防煤粉的特点为：① 管外充填可有效提高煤层气井产能；② 砾石层强度相对煤层高，渗透性更好，是理想的挡煤粉屏障；③ 防煤粉效果相对较好，有效期长，适应范围广；④ 成本相对较高，设计与作业施工程序相对复杂。

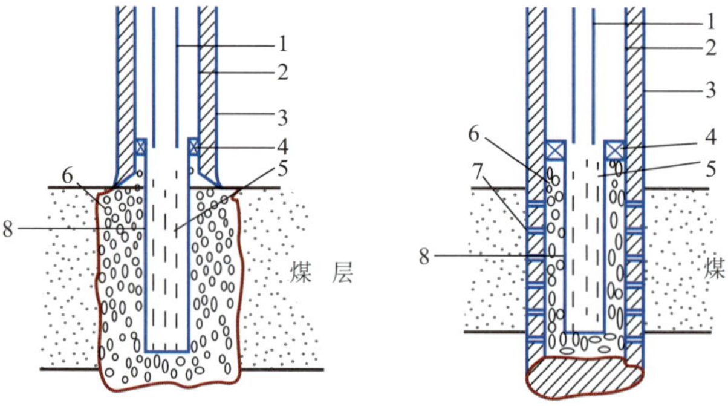

（a）裸眼绕丝筛管砾石充填　（b）套管内筛管砾石充填

图 1-5　筛管砾石充填防煤粉示意图

1—排采管；2—套管；3—水泥环；4—封隔器；5—衬管；6—砾石；7—射孔孔眼；8—筛管

对于绕丝筛管不能控制的非常细小的煤粉颗粒，需要采用绕丝筛管＋砾石充填防煤粉的方法，通过合理地选择与煤层煤粉颗粒直径相对应的砾石孔隙大小来达到限制煤粉的目的。而要阻挡 100％砾石，缝宽应略小于最小的砾石尺寸，阻挡砾石层的绕丝筛管缝宽设计方法有 Coberly-Wagner，Schwartz 和 Rogers 方法[59-61]。这些方法都提出绕丝筛管的缝宽应略小于最小砾石尺寸：

$$W \leqslant D_{g\ min} \tag{1-9}$$

式中　$D_{g\ min}$——砾石最小尺寸，mm。

实际应用中，常取：

$$W = (0.5 \sim 1.0) D_{g\ min} \tag{1-10}$$

在学习国外先进技术的基础上，移植我国的防砂技术，目前国内采用以不锈钢绕丝筛管为主导的机械防煤粉技术，由于不锈钢绕丝筛管具有工作寿命长、缝隙连续、流通面积大等优点而得到比较快的应用与发展。此外，不锈钢绕丝筛管还具有工艺技术简单、施工作业方便、综合成本较低等优点，但同时也存在煤层产出的细煤粉常会堵塞筛管的渗滤介质、降低产能、筛管有效期短、容易造成煤粉埋泵、不适用于产出煤粉量大的煤层等缺点。常用的全焊不锈钢绕丝筛管技术参数见表 1-1。

表 1-1　煤层气井用不锈钢绕丝筛管技术参数

名义尺寸/in	筛管直径/mm		中心管外径/mm	筋　数
	外　径	内　径		
2⅜	62.0	60.2	59.9	22
2⅞	87.1	74.9	72.9	26
3½	103.9	91.9	88.9	30
缝宽/mm	0.15，0.2，0.3，0.4，0.5，0.6，0.7，0.8，0.9，1.0			
长度/m	1.0，2.0，4.0，6.0			

国内关于绕丝筛管缝宽的设计主要借鉴 Wilson 和 Gilles 提出的筛管缝宽度设计准则，使用的筛缝宽度等于 10％～15％煤层颗粒的直径。

为满足煤层气井开发的复杂性和多样性的要求，减少煤层气井作业成本和修井费用，又相继研发出各种类型的机械滤煤粉管防煤粉和压裂防煤粉等工艺技术。由于机械防煤粉方法的完善与发展，化学防煤粉在防煤粉作业中所占比例较小。20 世纪 90 年代后期出现了性能较好的固煤粉剂，化学防煤粉方法才开始有所发展。该方法是利用化学药剂把疏松煤岩地层的煤颗粒或充填到地层的砂石胶结起来，稳定地层结构或形成具有一定强度和渗透率的人工井壁，从而形成一个具有高强度、良好渗透性的挡砂屏障，达到防止煤层出煤粉的目的。这种方法适用于将近井地带的煤粉颗粒物质胶结在一起。

2. 国内防煤粉技术研究现状

国内防煤粉技术研究起步相对较晚，几家主要煤层气生产企业在煤层气井防煤粉方面做了大量工作，使防煤粉工具器材和防煤粉技术有了一定的发展，提高了国内防煤粉技术的整体水平。国内防煤粉方法主要有机械防煤粉、化学防煤粉和压裂防煤粉三种。

1）机械防煤粉

随着油田开发技术的深入发展，1970 年后，国内着手研究机械防砂，最早使用环氧树脂制成的滤砂管，应用效果较好[62,63]。目前国内主要采用不锈钢绕丝筛管防煤粉，一方面可以阻止大于筛管缝隙宽度的煤层颗粒，另一方面可利用“桥架”作用阻止小于筛管缝隙宽度的部分煤粉颗粒（图 1-6）。除此之外，绕丝筛管具有制造工艺简单、现场作业简便、总成本低廉的优点，但筛管会被细煤粉堵塞，导致煤层气产能降低，且其有效期较短，易带来煤粉埋泵的问题。综合考虑，该方法不适于煤粉产出量较大的煤层。

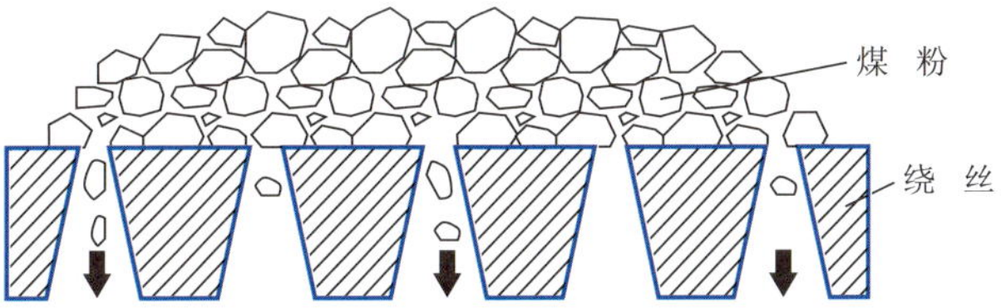

图 1-6　绕丝筛管防煤粉图

2）化学防煤粉

国内最新的化学防煤粉方法是采用煤粉分散剂，该分散剂由煤层气开发利用国家工程研究中心于 2009 年研制成功，并已申请相关国家专利，且在煤层气井压裂施工应用中取得了较好的效果。

该煤粉分散剂具有以下优点：

（1）煤粉在压裂中均匀分布（图 1-7），可以降低施工压力；

（2）在排液中，煤层中的煤粉颗粒随着压裂液进入井筒，排出地面，可以避免煤粉堵塞煤层中的裂缝通道；

（3）该分散剂尤其适用于井径扩径严重、煤质疏松、产出煤粉较多的煤层。

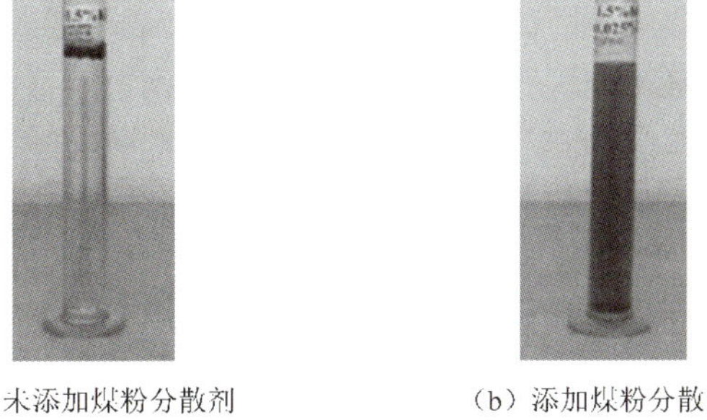

（a）未添加煤粉分散剂　（b）添加煤粉分散剂

图 1-7　煤粉分散剂的“分散”作用

该煤粉分散剂在韩城分公司煤层气井的压裂施工中得到了应用，较为有效地解决了现场压裂过程中遇到的施工压力高和排采中的煤粉卡泵等重大技术难题，作业后煤层气井产能有较大提高。

3）压裂防煤粉

目前我国煤层气井的压裂主要采用水力压裂，压裂防煤粉技术还处于理论研究阶段，但也对煤层气井的现场压裂作业起到了一定的指导作用。控制煤层气井产出能力的关键因素是煤储层的渗透率，绝大部分煤储层的原始渗透率很低，在通过压裂改造后，渗透率得到明显的提高[64,65]，但在压裂过程中，由于外部压力条件改变，导致煤储层裂缝的受力状态和张开度发生变化[66,67]，煤岩的弹性自调节效应导致煤粉的产生。随着排水降压的进行，煤层中流体携带煤粉颗粒和支撑剂渗流，有效应力不断增加，煤层气井排采半径缩短，发生速敏效应，煤粉颗粒和支撑剂颗粒镶嵌煤层，裂缝趋于闭合，渗透率必然会降低，造成单井产量减少。在排采过程中应根据不同的地质条件合理优化压裂设计并制定合理的降压制度，延缓和降低裂缝闭合，扩大解吸半径，延长产气高峰期，提高煤层气井产量。

综上所述，目前的防煤粉方法的共同特点是基于阻挡煤粉原理，即用不同的方法阻挡煤粉进入井筒和杆管环空，这在一定程度上解决了煤粉卡泵问题，但增加了捞煤粉作业的次数，而且没有解决由煤粉造成的产气通道堵塞以及由储层破坏造成的产气量降低的问题。

1.2.5 煤层气井防煤粉泵研究现状

众所周知，美国各主要含煤盆地在成煤期后的构造运动相对较弱，煤层多为原生结构，构造煤不发育，煤层气开发主要采用油气田开发的常用设备，对于一些产煤粉较为严重的煤层气井，所使用的泵主要包括：

（1）旋流柱塞泵。美国 Eagle 技术革新公司研制了一种可直接安装在常规柱塞上方的旋流柱塞，生产了一种旋流柱塞有杆泵[68]。它可使产液中的砂、煤粉和其他微粒快速通过泵总成，防止它们聚集在泵筒与柱塞之间。在泵的整个上行期间，固体颗粒均被收集在该种新型柱塞上部的锥形腔内；在泵下行时，它们就会被向上冲洗，通过锥形腔的三翼形内表面进入油管。与此同时，安装在该种新型柱塞内的轴向带孔叶片还可使井液和固体颗粒不停地旋转，使柱塞和泵筒均匀磨损，从而延长其使用寿命。

（2）抗冲蚀泵。美国 Quinn 泵公司开发了一种抗冲蚀泵，由插入式导向罩、钛硬质合金阀球与阀座和顶部控制总成三部分组成[69]。它采用双层镀铬或聚合物柱塞密封，可有效地防止地层微粒和压裂砂进入泵的柱塞泵筒内。矿场实际使用结果表明，其可有效地防止泵磨损、卡泵和漏失，从而可大幅度延长抽油泵在出砂和出煤粉井中的使用寿命以及油气井免修期，降低油气井维护成本。

（3）自旋转柱塞泵。美国一家公司研制了一种自旋转柱塞泵，其泵体与柱塞之间为刚性连接，并且泵体外表面还加工有可经通道与其内腔连通的螺旋槽[70]。在下冲程时，井内液体可通过上冲程时被堵住的孔进入柱塞，再由柱塞内通道进入泵体，最后经由通道进入螺旋槽。这样一来，油流的上行分速度就可反过来作用于螺旋槽上缘，对泵体产生一个扭矩，在该扭矩的作用下，泵体和柱塞可顺时针转动。柱塞在每一下冲程的顺时针转动可使其外圆均匀磨损，并可清除柱塞与泵筒间沉积的固体颗粒。

（4）防气防砂泵。美国 CDI 动力装置公司研制了一种防气防砂泵，其捞砂工具安装在两节泵筒之间，在每个冲程中柱塞都要通过它上下，其冲程和柱塞的长度决定了泵筒的长度和工具的位置[71]。在泵的下冲程，柱塞在完全通过捞砂工具之前，泵内气体被截留在柱塞和工具之间，这时油管内的井液可向下进入工具，气体就可排入其中。上冲程柱塞通过工具时，保留在其中的井液向下充满泵筒下方，这就进一步减少了其中的气体，减轻了泵的液击和气锁。

总之，针对煤粉砂卡等问题所改造的抽油泵，在采油作业时防砂卡效果虽然明显，但是由于煤系地层在地质条件和岩石性质等诸多方面与常规油储层有明显的差别，煤层气的赋存、运移和产出机理及过程与常规油气层产气机理也不相同，使得移植到煤层气排采中的泵往往达不到预期效果。另一方面，我国含煤盆地具有煤储层非均质性强和渗透率普遍偏低的特点[72,73]，这些泵对我国煤层气井渗透率低、固相含量高、排液量小、井液携煤粉能力差等实际开发条件的适应性较差，现场应用效果并不理想。

目前我国煤层气井均采用常规油气用的抽油泵，所采用的防煤粉泵主要是一些防砂泵，包括：

(1) 自旋式防砂泵。针对高含砂油井存在的砂埋柱塞、砂卡泵和漏失严重等问题，研制了自旋式防砂泵[74]，该泵采用集旋转接头、螺旋阀罩、柱塞总成、刮砂器于一体的多功能防砂结构，如图 1-8 所示，具有排而不卡和漏失量小的特点。上冲程时，因无原油流经阀罩，也不产生转矩，柱塞不转动，柱塞仅在下冲程期间做间歇单向转动。同时，为避免抽油杆柱随柱塞转动，在阀罩上部，柱塞与抽油杆之间安装了旋转接箍。

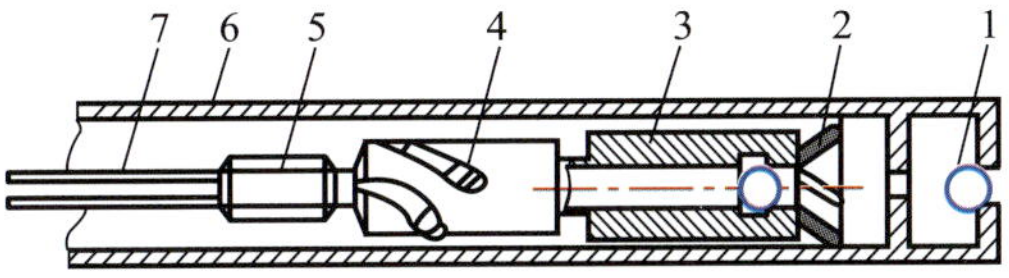

图 1-8　自旋式防砂泵的结构示意图

1—固定阀；2—刮砂器；3—柱塞；4—螺旋阀罩；5—旋转接箍；6—泵筒；7—抽油杆

该泵的技术特点是：① 无明显限制原油流动时，可实现柱塞转动，从而改善抽油泵的性能；② 螺旋槽可左旋，也可右旋，且螺旋角越大，产生的转矩越大；③ 柱塞下部安装有一个刮砂器，可阻止砂粒进入柱塞与泵筒的间隙，最大限度地延长泵的使用寿命；④ 具有抗砂磨、防砂卡、减少泵漏失等特点，能延长检泵周期。

(2) 长柱塞式防砂泵。该泵是环空沉砂结构与长柱塞短泵筒结构的有机结合[75]，主要由长柱塞、泵筒、泵筒加长筒、双通进油接头、进出油阀等零件构成，如图 1-9 所示。该泵上下冲程中的抽汲原理与常规泵相似，泵的内筒与外筒之间有一环形空间，是沉砂进入尾管的通道，双通进油接头下端连接沉砂尾管，该尾管用于储集沉积下来的泥砂，最下端接有丝堵，防止尾管中的液体及沉砂反流入井内。

该泵的技术特点是：① 长柱塞短泵筒结构与环空沉砂结构组合，防砂卡、防砂埋、防砂磨；② 采用长柱塞式防砂泵配合携砂生产管柱携砂生产，生产成本将显著降低；③ 对于出砂、矿化度较高、腐蚀严重的井，采用长柱塞式防砂泵能有效地延长生产时间，减少作业次数，提高经济效益；④ 该泵余隙较常规泵略大，易气锁的高气油比油井不宜采用。

(3) 等径刮砂柱塞防砂泵。在分析常规抽油泵在出砂油井中发生砂磨、砂卡柱塞的机理，以及泵不适应出砂油井工况的结构缺陷的基础上，设计了等径刮砂柱塞防砂泵[76]，如图 1-10 所示。其工作原理与常规抽油泵相同，但是消除了砂卡、砂磨柱塞及泵筒的问题。

该泵的技术特点是：① 较好地解决了常规抽油泵存在的砂卡柱塞、砂磨柱塞及泵筒等问题；② 不增加任何额外成本和操作使用难度，具有明显的技术及性能优势。

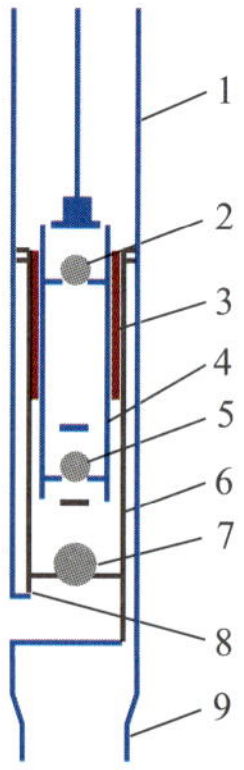

图 1-9 长柱塞式防砂泵的结构示意图

1—外筒；2,5—游动阀；3—短泵筒；4—长柱塞；6—加长管；7—固定阀；8—接头；9—尾管

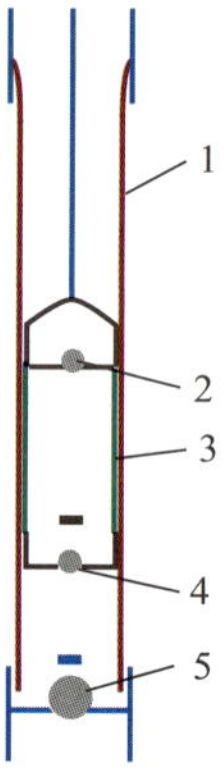

图 1-10 等径刮砂柱塞防砂泵的结构示意图

1—泵筒；2,4—游动阀；3—柱塞；5—固定阀

（4）动筒式防砂泵。该泵保留了动筒泵防砂的特点，同时在其柱塞两端装有刮砂环，防止砂粒进入柱塞与泵筒之间卡泵[77]，结构如图 1-11 所示。柱塞上端连接有保护接头，在泵筒下行时防止泵筒对活塞造成碰撞伤害。当抽油杆柱带动泵筒上行时，固定阀开启，油液经割缝筛管、交叉流道、柱塞、固定阀进入泵腔内；下行时，固定阀关闭，游动阀开启，泵腔内的油液经固定阀进入油管内。

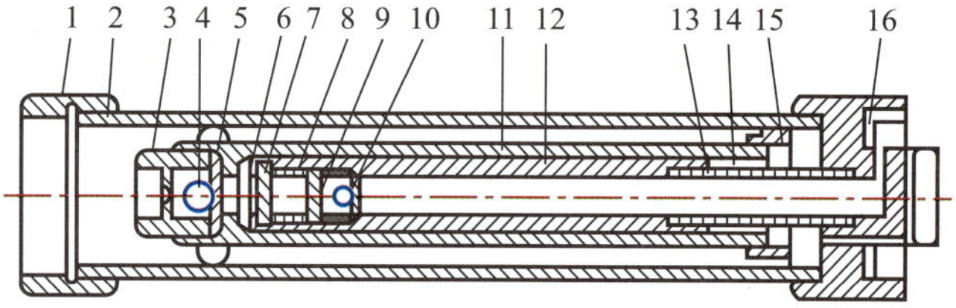

图 1-11 动筒式防砂泵的结构示意图

1—接头；2—外管；3—出油接头；4—游动阀；5,9—阀座；6,15—扶正器；7—接头；8,13—刮砂环；10—固定阀；11—泵筒；12—柱塞；14—连接管；16—流道

该泵的技术特点是：① 出砂井抽油管柱成功地将防砂筛管用于具有沉砂结构的防砂泵上；② 可解决泵防砂卡性能差的问题，提高管柱的抗砂卡能力；③ 改变割缝筛管的割缝宽度，可挡住不同粒径的砂粒，提高管柱的使用寿命。

由于煤质较脆，易碎、易坍塌，煤粉及煤层其他颗粒易产生运移等特点，受排采过程中生产压差的影响，容易受激励而产生煤粉。目前三交区块广泛采用在抽油泵下加沉砂管的方法来防止煤粉进泵，但是大量煤粉、煤结石被堵在沉砂管外，造成淤积，堵泵现象非常严重。同时，由于产出液量小且不稳定，容易造成动液面的变化，难以维持恒定的产液量，对于混合在水中的固相煤粉很难排采上来，这样容易造成煤粉在油管中的沉积，严重影响泵效，造成卡泵、井底口袋淤积等问题。而且，泵的沉没度较低，对泵阀的打开提出了更高的要求，目前所用泵的泵阀在煤层气井稳定生产时开启较困难。另外，由于煤层气井的井温普遍很低，煤层中的煤焦就会凝析在抽油泵泵阀、抽油杆、油管、套管等载体上，造成韩城和晋城区块出现多处卡泵、油管堵塞等问题。由此看出，由于煤层气排采的特有性质，采用防砂泵等设备达不到防卡泵的预期效果。

通过以上分析，依据我国煤层气井泵的沉没度低、泵阀打开较难、排液量小、井液流速慢、煤粉易沉降等开发实际，对泵阀开启条件和泵筒煤粉运移规律进行理论研究，对井下泵的结构进行设计，从而有效提高检泵周期，降低开发成本，保障气井连续稳定排采，这对实现商业化规模开发具有重要意义。

1.2.6 排采管规格筛选研究现状

煤层气井在实际排采过程中，排液量是不断变化的，根据整个抽排过程中预测的产能变化曲线和实际开发中的排液量大小，可以知道排采中后期的排液量较低，而且煤层气现场所用的排采杆和排采管工艺技术均移植自常规油气田所用的抽油杆和油管，排采杆直径和排采管内径相差较大，由此导致井液在杆管环空截面的流动速度较小，煤粉容易发生沉积，造成煤粉卡泵。

为了提高井液流速，防止杆管环空煤粉沉降和井底积液，排采管直径要尽量小，为了减少摩擦损失，排采管直径又要尽量大，为此有必要对排采管的尺寸进行筛选。目前，油管尺寸的筛选主要是防止井底积液，并在井身结构调整之前，使生产尽可能持续更长时间。筛选的方法主要有临界产量法和节点分析法两种。

临界产量法主要是通过计算临界流速来预测井筒积液的起始点。Turner 和 Coleman[78,79]提出了液滴模型，适用于气井井口压力大于 1 000 psi (1 psi = 6 895 Pa)的情况，认为在井筒严重积液时，气流中液相以颗粒形式被气体携带，而在气液界面间剪切作用下液相在井壁上以液膜的形式运动，当气体流速大于临界流速时液滴上升。通过评价两种携液机理的关系式，依据大量实验数据，给出了预测直井凝析液和水的临界流量的关系式：

$$\left.\begin{aligned} q_{\mathrm{tn}} &= \frac{5.63\times10^{-2}pd_{\mathrm{t}}^{2}(45-3.1\times10^{-2}p)^{0.25}}{Z(T+460)(3.1\times10^{-2}p)^{0.5}} \\ q_{\mathrm{tw}} &= \frac{7.42\times10^{-2}pd_{\mathrm{t}}^{2}(67-3.1\times10^{-2}p)^{0.25}}{Z(T+460)(3.1\times10^{-2}p)^{0.5}} \end{aligned}\right\} \tag{1-11}$$

式中 q_{tn}，q_{tw}——凝析液和水的临界流量，10^6 ft^3/d(1 ft = 30.48 cm)；

p——井口压力，psi；

d_{t}——油管内径，in(1 in = 2.54 cm)；

T——地表温度，K；

Z——气体压缩因子。

Trammel 和 Praisnar[80]提出了临界流动诺模图，可以利用简化图来计算水和凝析液的临界流量，以方便油田的应用。诺模图分别以水相和凝析液为坐标轴，向上移动可以纠正油管尺寸，左移或者右移可分别得到水或者凝析液的最小临界流量。

通过以上模型可求出携带出气井中凝析液或水的临界气流量，当同时存在这两种液体时应使用水的临界气流量。在气井实际流量大于临界流量的计算值时，便不会发生井筒积液，由此得到在给定流速下不发生井筒积液的最大油管直径，即临界油管直径为：

$$d_{\mathrm{ti}} = \sqrt{\frac{59.94q_{\mathrm{t}}Z(T+460)}{v_{\mathrm{t}}p}} \tag{1-12}$$

式中 d_{ti}——临界油管直径，ft；

v_{t}——凝析液或水的临界流速，ft/s；

q_{t}——凝析液或水的临界流量，10^6 ft^3/d。

Bizanti 和 Moonesan[81] 对排液压力、温度及直径间的关系进行了研究；Nosseir 等[82] 在计算临界流速时考虑了生产状况导致的不同流动状态，得出若气井使用大尺寸油管时流量低于临界值，则换成小尺寸油管时速度有可能高于临界值，但是油管尺寸一般不应小于 1 in，其原因是小尺寸油管很难克服液体所产生的高静水压力，排液启动困难，原理类似于排出小导管中一小段液柱段塞。

系统节点分析法是在特定位置将整个系统分成两个子系统，适用于全井的动态分析[83]，其中一个子系统为流入动态曲线，而另一个子系统为流出动态曲线。流入动态曲线即 IPR(Inflow Performance Relationship)曲线[84-86]，反映在一定的地层压力下产量与井底流压的关系，也就是地层向井的供给能力。假设表皮系数不随流量变化且井位于泄流区中央，则井径向流的回压方程可表示为：

$$q_{sc}=\frac{7.03\times10^{-4}kh(p_r^2-p_{wf}^2)}{\mu ZT\ln(0.472r_e/r_w+S)} \tag{1-13}$$

式中 q_{sc}——产液量，10^3 ft^3/d；

k——地层渗透率，10^{-3} μm^2；

h——地层厚度，ft；

p_r——地层压力，psi；

p_{wf}——井底压力，psi；

μ——井液黏度，mPa · s；

Z——气体压缩因子；

T——地层温度，K；

r_e——泄流半径，ft；

r_w——井眼半径，ft；

S——表皮系数。

通过在不同时间关井测试回压，可使用下面的指数式产能方程式计算井动态：

$$q_F=C(p_r^m-p_{wf}^m)^n \tag{1-14}$$

式中 q_F——流体产量，10^3 ft^3/d；

C——与产量有关的系数；

n——渗流指数，当流体为线性渗流时 $n=1$，当流体速度很大而出现非线性渗流时 $n<1$；

m—— 压力指数，当流体为线性渗流时 $m=1$，当流体为非线性渗流时 $m=2$。

流出动态曲线即 TPC(Tubing Performance Curve)曲线，反映了油管总压降和井口压力与总流量之间的关系[87]。油管压降是井口压力、管内液柱压力和流体摩擦损失的总和。依据质量守恒定律可以推导出多相流稳定流动能量方程式：

$$\frac{dp}{dh}=\rho_m u_m+\frac{du_m}{dh}+g\rho_m\sin\theta+\frac{f_m\rho_m u_m^2}{2d} \tag{1-15}$$

式中 p——压力，Pa；

h——管段垂直高度，m；

ρ_m——多相流密度，kg/m^3；

u_m——多相流速度，m/s；

θ——管段与水平面间的夹角，rad；

g——重力加速度，m/s^2；

d——管段直径，m；

f_m——多相流摩阻系数。

依据上式，Hagedorn 和 Brown[88] 导出用于垂直井的关系式，即：

$$\Delta p = 10^{-6}\left[\Delta h\left(\rho_m g + \frac{f_m q_F^2 M_t^2}{9.21\times 10^9 \rho_m d^5}\right) + \rho_m \Delta\left(\frac{u_m^2}{2}\right)\right] \tag{1-16}$$

式中　Δp——对立管段的压力增量，Pa；

Δh——垂直管的高度增量，m；

M_t——每生产 1 m^3 液体伴生油气水的总质量，kg/m^3。

按照一定的管段高度增量，逐步迭代计算出油管内不同深度的流压分布。计算中需估计压力增量所对应的管段增量，最终获得不同产量与井底流压的关系曲线。

采用节点分析法确定油管尺寸时，油管的直径对生产井携液能力影响很大，较大的油管直径会因为流速降低而产生较小的摩擦效应，但相应携液能力较小，而较小的油管直径产生较大的摩擦损失，但具有较高的流速和携液能力[89-91]。图 1-12 所示为流入动态曲线和流出动态曲线的交汇图。在 IPR(1)曲线上，TPC 曲线 A 和 B 交于 IPR 曲线的下侧，通常形成不稳定流，TPC 曲线 C，D 和 E 较理想，但与 TPC-C 相比，TPC-D 和 TPC-E 的磨损会增大而产量下降。由此，最终选择 TPC-C 曲线，即油管直径 d 为 2.441 in。

对于井中压力较低或者地层生产一段时间之后的 IPR 曲线，其与 TPC 曲线 A，B，C 和 D 的交点均小于工作曲线的最小值，此类方案并不理想。尺寸最小的油管 E 适用于压力较低的 IPR 曲线。

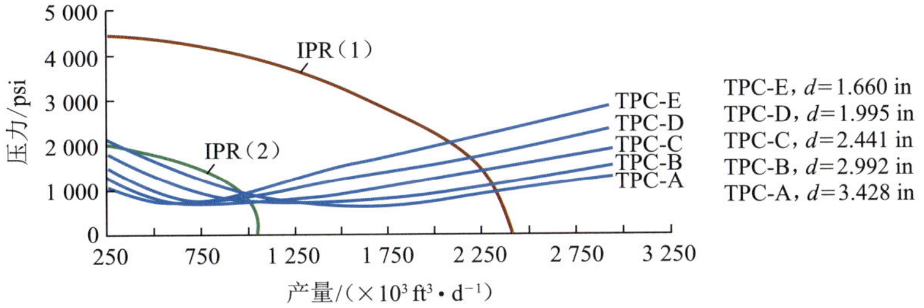

图 1-12　流入流出动态曲线

综上分析，目前选择油管尺寸只是为了在一定流速下提高携液能力，用以清除井底积液，而且必须要有精确的油气藏动态资料、IPR 曲线或者油气藏模型才能优选油管尺寸。为此，有必要针对煤层气井排液量小、煤粉易沉降等排采实际，分析井筒中煤粉的沉降规律和排出条件，优选杆管规格尺寸，从而保证杆管环空中的煤粉颗粒顺利排出，防止发生卡泵等故障。

1.3　目前煤层气开发技术分析

1.3.1　煤层气排采工艺分析

煤层气排采是利用人工方法把地层液从煤层气井中排出，使煤储层压力降低到煤层气临界解吸压力值以下，形成煤层气连续流动的过程。煤层气藏与常规油气藏的地质构造以及成藏理论不同[92]，使得煤层气排采区别于常规油气，存在着自身的特殊性。

（1）必须以合理限度并按一定规律降低井底压力，从而使煤层气从储层中解吸出来。

（2）煤储层渗透率很低，一般都需要压裂，使原有裂缝变宽或产生人工裂缝，增大导流能力。其处理压力较高，压裂液滤失量也较大。

（3）煤层气藏的井间干扰主要表现为通过邻井排水，扩大泄压面积，加速压力均衡下降，产出更多的气。

（4）产量曲线一般是由低到高，稳定一段时间后缓慢下降；日产气量一般较低，但稳产周期相对较长，如图 1-13 所示。

（5）由于地层压力较低，产出气需要经过压缩输送。

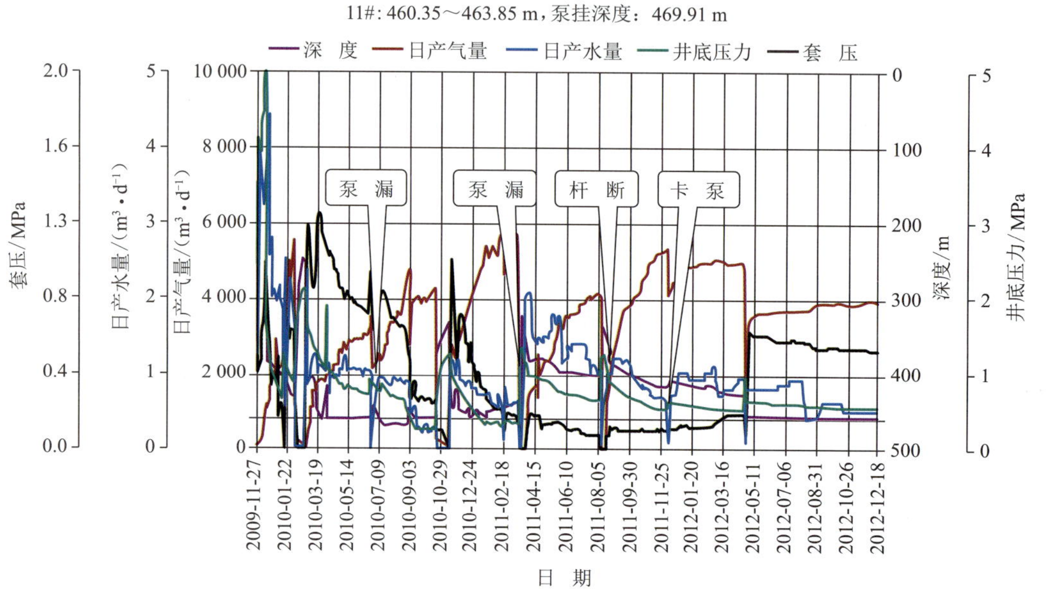

图 1-13 柳林地区某煤层气井排采曲线

目前，煤层气井排采作业的两大核心任务是压力控制和煤粉控制[93]。不配套的排采设备直接影响煤层气井的稳产、高产。煤层气井移植采油设备主要存在以下几方面问题：

（1）各区块产水量范围变化大，且同一口井产水量随时间递减变化大。与油田排采不同的是，煤层气井在“排采初期—稳产期—排采后期”三个阶段的产水量变化范围较大，从 50 m^3/d 到 0.5 m^3/d 不等。而煤层气排采需要稳定降压以及持续稳定的动液面下降，这就决定煤层气排采的机杆泵工作的抽汲参数不仅要在前期较大排量时能满足工作要求，还要在排采后期很好地适应小排量时的稳定排水降压，且要能根据井况实现排量的变化而连续调整排采参数。

（2）出煤粉。在稳定生产阶段，煤层气井的日产水量一般较小（只有 5～15 m^3/d），如果设备参数选择不合理，进入井筒的煤粉易于沉积在底部（图 1-14），发生卡泵、埋泵现象，降低检泵周期，影响煤层气的正常生产。

图 1-14 井筒中沉积的煤粉

（3）杆管偏磨严重。受开发成本影响，煤层气井的井身轨迹普遍较差，加上井液腐蚀、生产参数不合理等因素，导致杆管偏磨严重；尤其在斜井、水平井和定向井中，杆管偏磨现象更加普遍。杆管偏磨缩短了煤层气井的生产周期，增加了煤层气井维护工作量和作业成本，从而降低了生产效率和产量。另外由于磨损导致杆管早期报废，浪费严重，造成很大的直接经济损失[94]。

(4) 沉没度低。常规油气排采中的泵沉没度一般在几百米，而煤层气的储层比较特殊，泵沉没度一般只有几十米。泵沉没度的不同导致泵工作时的沉没压力区别很大，泵腔的变化范围显著不同，泵阀的开启条件存在明显差别。

可见，我国煤储层呈现出的“低压、低渗透”特点，使得煤层气排液量小且不稳定，对排采设备的排量范围提出了更高的要求；煤层气井的井身结构复杂、出煤粉多、杆管偏磨严重等实际问题，对排采设备的适应性提出了更高的要求；煤层气井对检泵周期的敏感性，对设备的无故障运行周期提出了更高的要求。所以，针对煤层气排采特点与排采实际，因地制宜地进行排采设备设计与选型，确保煤层气井的灵活排采、稳产高产，已成为当前亟待解决的重要课题。

1.3.2　煤层气排采设备分析

煤层气排采设备的合理设计及选型是保障煤层气井连续稳定排采的重要因素。分析常规油气开发设备，得到煤层气井的排采设备主要有三抽排采设备、螺杆泵、电潜泵等。

1. 三抽排采设备

三抽排采设备以其适应性强、成本低、操作简单、性能可靠、几乎不需要保养等特点被广泛应用于煤层气井的排水采气中，但是必须结合煤层气的特殊地质条件与排采实际，科学而合理地进行设计与选型。三抽设备的选型与设计主要是指选择合适的机、泵、杆系统的组合，设计合理的生产参数。

(1) 抽水机设计与选型。抽水机的设计主要是悬点载荷、传动系统、冲程、电动机的计算与选择。煤层气井一般较浅(1 000 m 以下)，悬点载荷较小，但是上下冲程的载荷差变化较大；而且煤层气井前期产水量较大，稳产期产水量较小，应该合理选择抽水机冲程，以适应产水量前后变化大的特点。此外，应合理选择电动机型号，避免“大马拉小车”现象的发生。

(2) 抽油泵设计与选型。煤层气井用泵是在气水两相流体中工作，井液的腐蚀、煤粉卡泵、气锁问题是影响泵工作的主要因素，设计和选型时应采取必要的预防措施，防止煤卡、气锁等问题的出现。

(3) 杆柱设计与选型。煤层气井的井眼轨迹差、沉没度低、井液腐蚀性大等特点，使杆柱的工作环境恶化。杆柱工作过程中受到循环交替的拉压载荷，尤其在中和点以下，杆柱容易发生屈曲变形。杆柱的设计和选型不仅要考虑强度、疲劳、腐蚀等因素，还要考虑杆管的偏磨。

2. 螺杆泵排采设备

螺杆泵排采设备按驱动方法可分为地面驱动和井下驱动，煤层气排采以地面驱动螺杆泵为主[95]。

螺杆泵排水采气具有地面设备结构简单、操作方便、占地面积小、自动化程度高，运行稳定、不易气锁、投资少及排量大等优点，在排粉、防砂、平稳降液及产气控制井底压力方面更具优越性[96]，在煤层气开发的一些特殊场合可以推广应用。但螺杆泵在抽空的情况下容易烧泵，沉没度必须控制在 50 m 以上，而且如果出现严重磨损，必须更换全套井下装置。

螺杆泵系统设计的关键是：根据煤田地质条件与排采实际，选择合适的泵排量、扬程和定子弹性体。尤其是在选泵时对定子弹性体预先留出膨胀的余地，使其满足工作温升、出煤粉等特点及产水条件下泵弹性体的适应性。

3. 电潜泵排采设备

电潜泵技术是油田采油的成熟技术，20 世纪 90 年代在美国被应用于煤层气开发中，我国于 2005 年尝试使用电潜泵开采煤层气。但是，由于工作环境和使用目的不同，导致从油田移植过来的电潜泵出现一些技术问题，如：煤层气排液量较小，使泵对气的适应性变差，容易产生气蚀或气锁，水中煤粉含量较多时泵容易烧坏等。提高电潜泵的经济性和适用性是需要研究的重要课题[97]。

电潜泵是一种多级离心泵，由图 1-15 所示的电潜泵特性曲线，可以分析离心泵排量与扬程、泵效及轴功率之间的关系。根据泵的特性曲线，可以设计不同型号泵的不同“推荐排量范围”。当泵在此推荐范围内工作时，叶片不产生或产生很小的推力，泵的运行寿命较长。

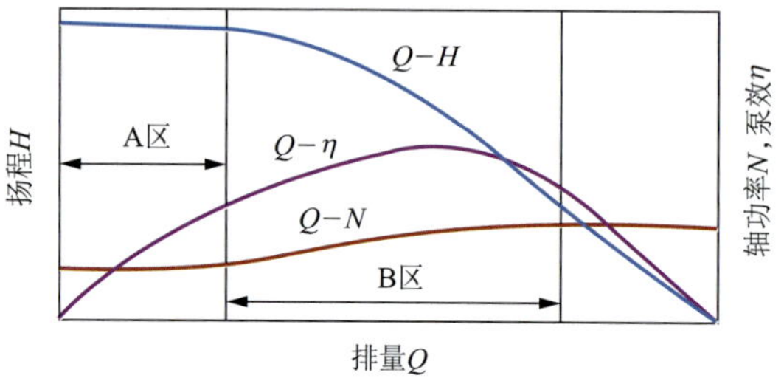

图 1-15　电潜泵特性曲线

在变频情况下，离心泵有如下特性：

$$Q_2=\frac{f_2}{f_1}Q_1 \tag{1-17}$$

$$H_2=\left(\frac{f_2}{f_1}\right)^2 H_1 \tag{1-18}$$

式中　Q_1,Q_2——不同频率下的泵排量，m^3/d；

f_1,f_2——频率，Hz；

H_1,H_2——不同频率下的泵扬程，m。

利用电潜泵的特性曲线，可对排采过程进行灵活控制：开发初期需要强排水，此时调节 Q，使其工作在 B 区；进入正常排采期时，需要维持一定的动液面高度，此时产水量较小，一般在 10 m^3/d 以下，需要调节 Q，使其工作在 A 区。

电潜泵的设计主要考虑以下几个方面：① 根据排量要求，结合电潜泵特性曲线，选择合适的泵排量规格；② 根据 Q-H 曲线，合理设计扬程，保证扬程极限在排采过程中始终满足井深要求；③ 通过远程控制，根据泵特性曲线调参，保证正常生产时的动液面稳定；④ 简化电机保护装置，并降低机组耐温等级和电缆级别，以满足煤层气井的低成本开发要求；⑤ 安装井下压力（温度）控制系统，避免抽空导致的潜油电机过热损坏。

第2章

煤层气井产气通道的形成与破坏

出煤粉已成为干扰煤层气井正常排采、影响产能和稳产的重要问题之一。在抽排过程中,当井筒流体携煤粉能力小于煤层的煤粉产出量时,部分煤粉颗粒将在煤层下部油套环空或者泵筒、杆管环空中堆积,一定程度后容易引发埋泵或卡泵现象;当流体携煤粉能力大于出煤粉量时,煤粉颗粒将被井液携带至地面,而不会发生沉积。煤层气井生产系统的防煤粉主要途径有:煤层防煤粉、井筒防煤粉和采取措施将煤粉颗粒及时排出。预测不同排液量下煤层气井的煤粉产出量,为研究防煤粉技术和杆管系统优化提供合理的依据,是制定煤层气井工作制度和减少检泵作业次数的基础[98]。

2.1 煤粉成因

煤储层产出的煤粉颗粒呈深灰色,其粒径变化范围较大,大部分从3~8 mm到200目不等[99],甚至更细。而煤层气井井液中的煤粉颗粒通常较细,在具有一定流速的井液中呈悬浮态,而在静止井液中放置一段时间后,可见糊状沉淀产生。图2-1和图2-2所示分别为某区块煤储层产出的煤粉和煤层气井产出液的样品。

图2-1 煤储层产出的煤粉

图2-2 静止井液中的煤粉沉淀物

煤粉的产生与煤岩性质密切相关。黏土矿物是煤粉的重要来源,主要有高岭石、伊利石、绿泥石和伊/蒙混层矿物,其中以高岭石和伊利石为主。高岭石晶体之间的结合力和对骨架颗粒的附着力很弱[100],高速流体的作用使高岭石从骨架颗粒上以碎片的形式脱落,会堵塞渗流通道,降低煤储层渗透率;而伊利石主要以片状、发丝状、卷曲片状分布于粒间孔隙或煤粉颗粒表面[99]，使煤基质孔隙在原来的基础上变成大量的微孔隙，进一步降低煤储层的渗透率。

在漫长的地质构造演化过程中，煤层逐渐形成目前的应力平衡状态[101-103]。秦勇经过研究阐释了我国高煤阶煤的显微岩石特征，认为煤基质块中的空隙包括孔隙和裂隙，在钻井、压裂、排采过程中，外部压力条件改变导致煤基质应力条件变化，煤岩原来均匀的应力场重新分布，煤岩的弹性自调节效应导致煤粉的产生。

钻井过程中，当井筒周围及煤层内部的受力状态超过煤岩所能承受的最大载荷时，煤基质将发生结构破坏而形成煤粉颗粒。另外，钻具与煤层间发生研磨，煤层被机械作用破坏，在井筒附近产生颗粒直径变化较大的煤粉，这部分煤粉通常在抽排初期随井液排出。

在压裂过程中，压裂液的高速高压渗入和支撑剂的注入对煤基质裂缝产生冲击，在裂缝表面产生煤粉，造成早期抽排过程中出煤粉量较大，同时压裂液的渗入降低了煤粉颗粒对煤岩骨架的附着力，使煤岩变得更加疏松，更容易出煤粉[104,105]。

抽排初期，产水量较大，需要提高排液量以保证动液面短期降低，使煤储层压力降到煤层气解吸压力以下，尽快产气；排采中，需要调整井底流压与煤层压力间的生产压差，以利于煤层气的解吸，提高煤层气井产能[106]。然而，提高排液量、加快排液速度和增大生产压差等生产措施，会增大作用在煤岩颗粒上的冲刷作用力和压力梯度，颗粒更加容易发生脱落，形成高渗透带，进一步加大压力梯度下降值和煤粉产出量。

2.2 产气通道形成机理及影响因素

煤岩中的裂缝称为割理，煤层割理发育，使煤质疏松，易破裂。煤岩天然的孔、洞和缝结构是造成煤层气开发过程中产出煤粉的主要原因[107,108]。割理将煤分割成许多块状基岩块体。在煤层气井排采前，煤岩中的裂缝相互间并未贯通。开始排采后，煤层流体流经煤岩基质，拖拽力是体积力和煤层流体流动的动力，而煤岩基质的阻力主要是胶结力、接触力和吸附力等面积力，受力单元的厚度可近似为煤粉颗粒的平均粒径，也可大数个量级。当拖拽力大于面积力时，煤粉颗粒发生脱落。随着时间的推移，煤岩基质上的煤粉不断脱落，裂缝逐渐向前边和两侧发展，但是以向前主流线方向的发展为主，最终煤岩裂缝被贯通，形成从出口到入口沿主流线方向的通道(图 2-3)。

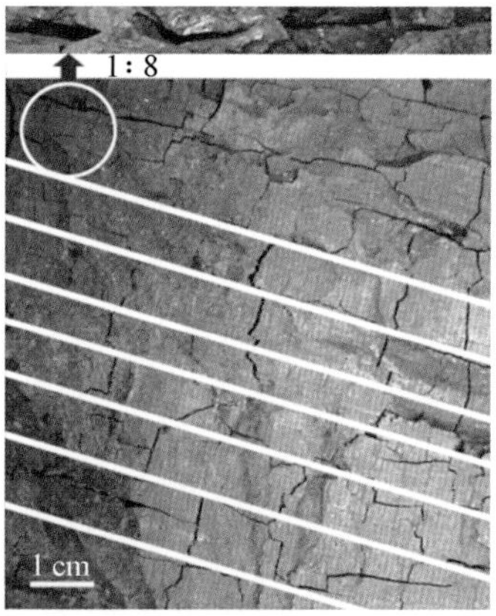

图 2-3 煤岩通道剖面示意图

因为煤层埋藏浅、软煤胶结程度低、黏土矿物含量高，所以在孔隙表面吸附着大量的黏土微粒。微粒随流体的流动作用发生运移，从而使煤岩颗粒的黏土暴露在流体的冲刷之下，降低了煤层的胶结程度。煤层水力压裂后，由于煤岩高岭石晶体之间的结合力和对骨架颗粒的附着力很弱，在一定流速流体的冲刷作用下，煤岩结构发生破坏，高岭石从骨架颗粒上以碎片的形式脱落，形成未发生胶结而处于游离状态的自由煤粉颗粒，并伴随流体运移而进入通道。

煤层胶结程度对通道的形成与发展起着重要作用。选取鄂尔多斯盆地三交区块两口煤层胶结程度不同而产水量近似相同的煤层气井 SJP02-2 和 SJ9-V1，依据其现场排采参数，可知这两口井在排采前期相对稳定阶段的产水量大小相近，均稳定在 18～30 m^3/d。

两口井产出液中煤粉含量(体积分数)情况如图 2-4 所示。

从图中可以看出,煤层气井的煤粉产出量随煤层胶结强度的升高而减小。SJP02-2 井煤层胶结强度较高,煤粉颗粒运移需要的压力梯度较大,即需要更高的流体渗流速度,而 SJ9-V1 井煤层胶结强度较低,煤粉运移需要的流体流速较小,煤层更容易产出煤粉。

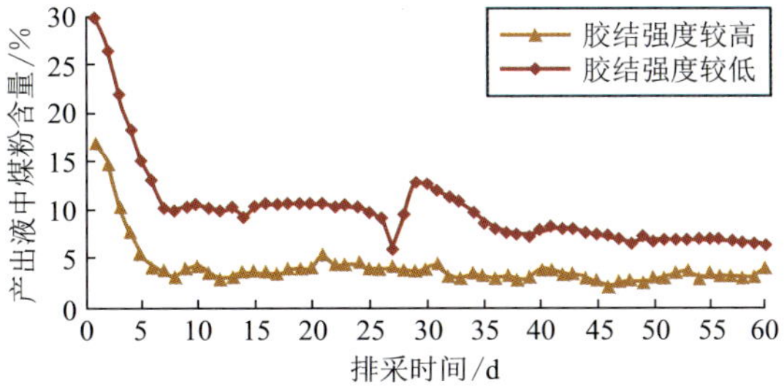

图 2-4　不同胶结强度时的煤粉产出情况

煤层渗透率的大小对通道的形成与发展同样起着重要作用。三交区块选取两口煤储层渗透率不同而产能近似相同的煤层气井 SJP03-2 和 SJ5-V1,依据其现场排采参数,可知这两口井在稳定排采阶段的产水量相近,集中在 15～25 m^3/d。通过获取两口井产出液中煤粉含量情况,分析不同煤层渗透率对通道形成与发展的影响,如图 2-5 所示。

从图可以看出,在其他条件近似相同的情况下,渗透率越高,煤层产出煤粉越少。SJP03-2 井的渗透率近似为 SJ5-V1 井的 3 倍,需要将煤层流体的流速提高 3 倍,煤粉产出量才比较大。这主要是由于渗透率越大,流动阻力越小,所建立起来的压差也就越小,要建立起使煤粉颗粒发生运移的压力梯度,就需要更高的流体流速。这一分析结果与曾流芳[109]关于不同渗透率对大孔道形成与发展的影响的研究成果相一致。

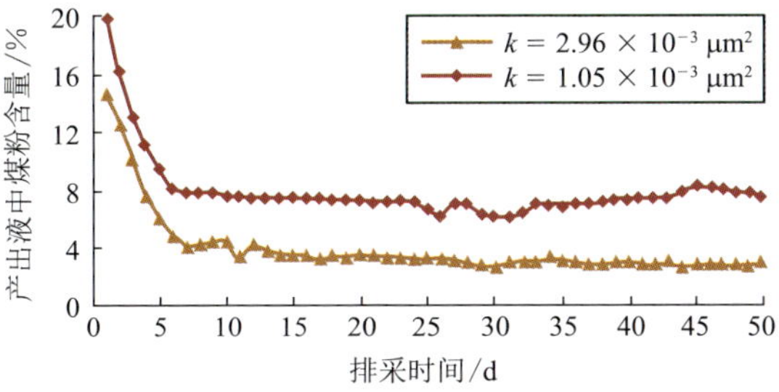

图 2-5　不同煤储层渗透率时的煤粉产出情况

煤层气是吸附气,气体通道压力较低,不能靠气体冲刷形成通道,抽排前期的压裂作用和煤层液体在压力差作用下的流动冲刷是形成通道的主要手段。前期排采水动力充足使得充填于煤层通道中未胶结的自由煤粉颗粒和压裂产生的煤粉发生移动,虽然导致煤层气井前期煤粉产出,但在骨架中游离煤粉的排出有利于形成产气通道。

2.2.1　煤层气井产气通道的形成

煤层由裂隙和基质组成,如图 2-6 所示,为双重孔隙系统。裂隙由割理和后生裂隙组成,是煤层气的渗流通道;基质是主要储集空间。煤层气产出机理遵循“解吸—扩散—渗流”的过程[110]。煤层气井在生产过程中通过排水降压,使甲烷气体从基质表面解吸,在浓度差作用下由孔隙系统扩散到裂隙中,而后在裂隙系统中渗流产出。

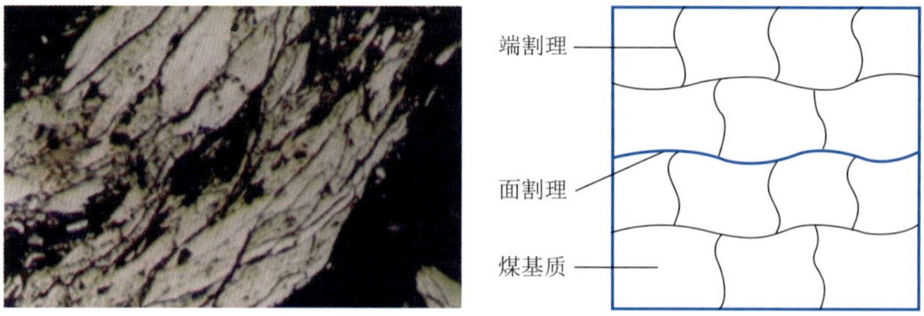

（a）煤岩显微结构　（b）煤岩等效孔隙系统

图 2-6　煤层双重孔隙系统平面视图

（1）裂隙渗流通道。

煤层割理包括面割理和端割理。煤基质由大量微孔隙构成，在煤层孔隙中充满饱和水，随着煤层气井排水降压，地层水被排出，原被水饱和的孔隙形成了水、气渗流通道。

（2）裂缝渗流通道。

在煤层气开发技术中，大部分煤层气井采用压裂技术，压裂产生的裂缝是主要的产气通道。控制煤层气井产出能力的关键因素是煤储层渗透率。绝大部分煤层的原始渗透率很低，通过压裂改造后，渗透率和导流能力得到明显提高[111-113]。目前我国煤层气井主要采用水力压裂，但是在压裂过程中，外部压力条件改变导致煤储层裂缝受力状态和张开度发生变化[114,115]，煤岩弹性自调节效应导致煤粉产生；煤层破碎产生的煤粉沉积在压裂裂缝内，由于煤层气排采初期排水量较大，破碎的煤粉随着井液排出，煤层中就形成了导流能力很强的水、气渗流通道。煤层气井射孔产生的裂缝也是煤层气渗流的通道。

2.2.2　产气通道导流能力数学模型

排采阶段，由于排水降压，大量煤粉随着井液排出，以及流体对产气通道的冲刷，使得产气通道导流能力增加。

1. 产气通道导流能力数学模型

压裂前煤层气井是以井筒为圆心的径向渗流，压裂后流体沿导流能力强、阻力小的通道渗流，所以压裂后煤层气井的渗流[116]由两部分组成：① 垂直于压裂裂缝的渗流（沿面割理的方向）；② 沿裂缝流入井筒的直线流。而产气通道分为导流能力强的面割理和压裂裂缝两部分。压裂煤层气井渗流范围发生了变化，压裂裂缝端部为拟半边径向渗流，沿裂缝长度方向为线性流。

产气通道的导流能力 F_{RCD} 为：

$$F_{\mathrm{RCD}} = k_{\mathrm{f}} w_{\mathrm{f}} \tag{2-1}$$

式中　k_{f}——产气通道的渗透率，$\mu\mathrm{m}^2$；

w_{f}——产气通道的张开度（通常称为裂缝的宽度），m。

由水平裂隙中不可压缩流体的线性流动可知：

$$q = 24 \times 3\ 600 \times 10^{-3} \times \frac{kA\Delta p}{\mu L} \tag{2-2}$$

式中　q——流量，m^3/d；

k——渗透率，$\mu\mathrm{m}^2$；

A——裂缝的横截面积，m^2；

Δp——压差，MPa；

μ——流体的黏度，mPa·s；

L——缝长，m。

假设产气通道为水平矩形截面，则定裂缝宽度产气通道导流能力为：

$$F_{\mathrm{RCD}}=k_{\mathrm{f}}w_{\mathrm{f}}=1.157\times10^{-2}\times\frac{\mu qL}{w\Delta p} \tag{2-3}$$

式中 w——产气通道裂缝截面的宽度，m。

由式(2-3)可知，产气通道导流能力随着截面宽度、压差和流量变化而变化；地层液由面割理流向压裂裂缝产生汇流，使产气通道内流量发生变化。由此可将导流能力计算模型分为以下两种类型：恒裂缝开度变流量模型和变裂缝开度变流量模型。对这两种模型在单相水流阶段和气水两相流阶段分别进行分析。

1）恒裂缝开度变流量单相流导流能力计算模型

由式(2-3)可知，在裂缝截面宽度和裂缝长度以及裂缝内流体黏度不变时，产气通道导流能力取决于裂缝内流量和压差。产气通道长度 L 范围内有 n 条面割理均匀分布，两条面割理之间的距离为 Δl，$\Delta l=L/n$。假设第1条面割理距井筒距离为 $\Delta l/2$，第 n 条面割理距裂缝末端距离为 $\Delta l/2$，第 j 条面割理附近沿裂缝方向长度$(-\Delta l/2,+\Delta l/2)$属于第 j 条面割理的渗流厚度。

(1) 裂缝压差 Δp 的计算。

流体沿产气通道长度方向流入井筒时有一定的压力损失，产气通道截面为矩形，其当量直径 d_{e} 为：

$$d_{\mathrm{e}}=\frac{2w_{\mathrm{f}}w}{w_{\mathrm{f}}+w} \tag{2-4}$$

沿程水头损失 h_{f} 为：

$$h_{\mathrm{f}}=f\frac{L}{d_{\mathrm{e}}}\frac{v^2}{2g} \tag{2-5}$$

其中流速 $v=\dfrac{q}{24\times3\ 600\times w_{\mathrm{f}}w}$，则第 j 条和第 $j+1$ 条面割理之间的压降 Δp_j 为：

$$\Delta p_j=\Delta p_{\mathrm{f}}+\Delta p_{\mathrm{a}}+\Delta p_{\mathrm{z}}+\Delta p_{\mathrm{mx}} \tag{2-6}$$

$$\Delta p_{\mathrm{f}}=1.339\times10^{-10}\rho_{\mathrm{w}}f\frac{\Delta l}{2d_{\mathrm{e}}}\frac{q_j^2}{w_{\mathrm{f}}^2w^2}\quad(j=1,2,\cdots,n-1)$$

$$\Delta p_{\mathrm{a}}=\frac{\rho_{\mathrm{w}}}{2w_{\mathrm{f}}^2w^2}(q_j^2-q_{j+1}^2),\quad \Delta p_{\mathrm{z}}=\rho_{\mathrm{w}}g\sin\theta(\Delta l)$$

式中 Δp_{a}——由于流体加速造成的压降，Pa；

Δp_{f}——由于管壁摩擦造成的压降，Pa；

Δp_{z}——由于重力造成的压降，Pa；

Δp_{mx}——由于地层向压裂裂缝流入和主流混合造成的压降，Pa；

L——产气通道长度，m；

q_j——第 j 条面割理的流量，$\mathrm{m^3/d}$；

f——沿程摩阻系数；

θ——裂缝倾斜角度，(°)；

g——重力加速度；

ρ_w——单相流阶段地层液密度，kg/m^3。

① 单相水流阶段摩阻系数 f。

当雷诺数 $Re \leqslant 2\ 000$，层流时，$f=64/Re$；当雷诺数 $Re > 3\ 200$，紊流时，$\frac{1}{\sqrt{f}} = -1.8\lg\left[\frac{6.8}{Re}+\left(\frac{\Delta}{3.7d}\right)^{1.11}\right]$，其中 Δ 为平均绝对粗糙度。

因牛顿黏滞力与润湿周长有关，设流量、流速、密度、黏度、管径和面积分别为 q，v，ρ，μ，d，A，则矩形空间雷诺数 Re 为：

$$Re=\frac{dv\rho}{\mu}=1.47\times10^{-5}\times\frac{q\rho}{\mu d}$$

$$dv=\frac{qd}{24\times3\ 600\times A}=\frac{q}{21\ 600\pi d}$$

② 单相气体流动阶段摩阻系数 f。

$$\frac{1}{\sqrt{f}}=1.14-2\lg\left(\frac{e}{d}+\frac{21.25}{Re_g^{0.9}}\right)$$

$$Re_g=\frac{dv\rho}{\mu}=1.78\times10^{-5}\times\frac{q_{sc}\gamma_g}{\mu_g d}$$

$$\rho=\gamma_g\rho_{air}=\gamma_g\frac{p_{sc}M}{T_{sc}R}=1.205\gamma_g$$

式中 e/d——相对粗糙度(即管子绝对粗糙度 e 与管径 d 的比值)；

Re_g——单相气体雷诺数；

q_{sc}——流量，m^3/d；

μ_g——气体黏度，Pa·s；

p_{sc}——压力，MPa；

T_{sc}——温度，K；

M——系数；

R——变量；

γ_g——气体的相对密度；

ρ_{air}——空气的密度，kg/m^3。

产气通道长度方向两端的压力差 Δp 为：

$$\Delta p=\Delta p_0+\Delta p_1+\cdots+\Delta p_{n-1}+\Delta p_n \tag{2-7}$$

其中第1条面割理与井筒处的摩擦压降和第 n 条面割理与裂缝末端的摩擦压降 Δp_f 可按下式计算：

$$\Delta p_f=1.339\times10^{-10}\rho_w f\frac{\Delta l}{4d_e}\frac{q_i^2}{w_f^2 w^2}\qquad(i=0\text{ 或 }n)$$

煤层气按定井底压力方式排采时，则第 j 条面割理处产气通道内压力 p_j 为：

$$p_j=p_{wf}+1.339\times10^{-10}\rho_w f\frac{\Delta l}{2d_e w_f^2 w^2}\left(\frac{q_0^2}{2}+\sum_1^j q_j^2\right)+\frac{\rho_w}{2w_f^2 w^2}(q_0^2-q_j^2)+\rho_w g\sin\theta(\Delta l)+\Delta p_{mx} \tag{2-8}$$

式中 q_0——裂缝流入井筒的流量，m^3/d。

(2) 裂缝内流量计算模型。

在地层液从煤层面割理流入产气通道，然后沿产气通道流入井筒的过程中，由于流体汇流的影响，每段压裂裂缝内流量各不相同。如图 2-7 所示，把产气通道等效为水平圆管，等效井眼半径 $r_A = d_e/2$，则面割理向产气通道的渗流为径向渗流。

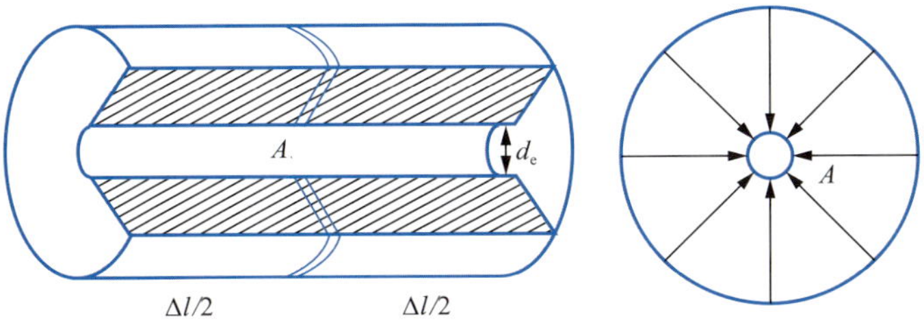

图 2-7　第 j 条面割理渗流模型

第 j 条面割理与产气通道交汇处 A 处压力为 p_j，其流向产气通道 A 处的流量 q'_j 可按径向渗流公式计算。

$$q'_j = 86.4 \times \frac{2\pi k(p_e - p_j)\Delta l}{\mu \ln(r_{ej}/r_A)} \tag{2-9}$$

式中　p_e——煤储层的压力，MPa；

k——煤储层的渗透率，μm^2；

Δl——第 j 条面割理和第 $j+1$ 条面割理之间的距离，m；

r_{ej}——第 j 条面割理径向渗流半径，m；

μ——地层液黏度，mPa·s。

产气通道内流量为：

$$q_{n-1} = q'_n + q_m,\quad \cdots,\quad q_{j-1} = q'_j + q_j,\quad \cdots,\quad q_0 = q'_1 + q_1 \tag{2-10}$$

式中　q_0——产气通道流入井筒的流量，m^3/d；

q_m——产气通道端部的流量，m^3/d。

产气通道端部流量 q_m 的处理：产气通道截面的渗流如图 2-8(a)所示，为径向渗流；在端部的渗流为半球形径向渗流，如图 2-8(b)所示；在端部的渗流可认为是以裂缝端部为中心的半球形渗流，如图 2-8(c)所示。为了简化，与中间面割理渗流模型统一考虑，依据渗流量不变的原理，根据渗流体积相等，将其简化为等截面的柱形渗流，如图 2-8(d)所示。等效渗流厚度 Δl_e 为：

$$\Delta l_e = \frac{2}{3} r_{e(n+\Delta l/2)} \tag{2-11}$$

式中　$r_{e(n+\Delta l/2)}$——端部处截面的渗流半径，m。

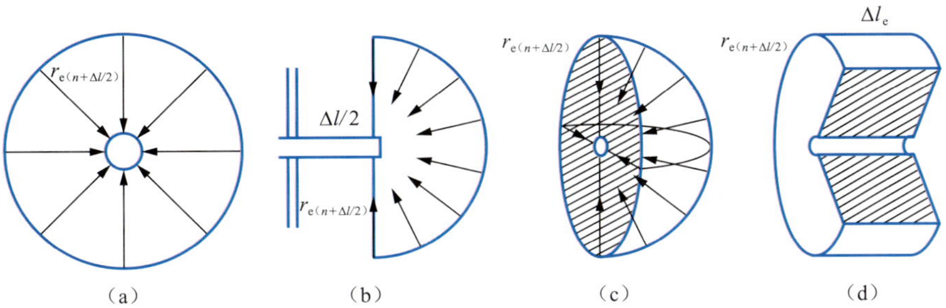

图 2-8　压裂裂缝末端渗流模型

产气通道端部流量 q_m 为：

$$q_m = \frac{2\pi k(p_e - p_{n+\Delta l/2})\Delta l_e}{\mu \ln[r_{e(n+\Delta l/2)}/r_A]} \tag{2-12}$$

式中 $p_{n+\Delta l/2}$——产气通道端部的压力，MPa。

2）恒裂缝开度变质量气水两相流导流能力计算模型

持液率为 H_L，液体相与气体相流量比为 λ_L，液体相密度为 ρ_w，气体相密度为 ρ_g，产液量为 q_L，产气量为 q_{sc}，则气水混合物密度 ρ_m 和无滑脱的两相密度 ρ_n 分别为：

$$\rho_m = \rho_g(1 - H_L) + \rho_w H_L \tag{2-13}$$

$$\rho_n = \rho_g(1 - \lambda_L) + \rho_w \lambda_L \tag{2-14}$$

气水两相混合物黏度 μ_m 与液体相黏度 μ_w 和气体相黏度 ρ_g 的关系为：

$$\mu_m = \mu_w^{H_L} \mu_g^{(1-H_L)}$$

气水两相混合物流速 v_m 与液体相流速 v_w 和气体相流速 v_g 的关系为：

$$v_m = (1 - H_L)v_g + H_L v_w \tag{2-15}$$

其中：

$$v_w = \frac{B_w q_L}{24 \times 3\ 600 \times w_f w}, \quad v_g = \frac{B_g q_{sc}}{24 \times 3\ 600 \times w_f w}$$

B_w 和 B_g 分别为 (p, T) 状态下水和气的体积系数。通常 $B_w = 1$。p，T 和 Z 分别为气体实际压力、温度和偏差因子，Z_{sc} 为标准状况下气体偏差因子，则 B_g 为：

$$B_g = \frac{Z p_{sc} T}{Z_{sc} p T_{sc}} = 3.456 \times 10^{-4} \frac{ZT}{p}$$

式(2-14)中两相流持液率 H_L 是气水两相流动状态下水相所占单位管段容积的比例。它与气水混合物密度、两相实际流速、有效黏度、管径和两相传热等因素有关，计算式为：

$$H_L = \frac{5.615 v_w}{5.615 v_w + v_g} \tag{2-16}$$

(1) 气水两相流压差计算。

气水两相流阶段的沿程水头损失 h_{mf} 为：

$$h_{mf} = f_m \frac{L}{d_e} \frac{[(1 - H_L)v_g + v_w H_L]^2}{2g} \tag{2-17}$$

其中气水两相流阶段摩阻系数 f_m 为：

$$\frac{1}{\sqrt{f_m}} = 1.14 - 2\lg\left(\frac{e}{d_e} + \frac{21.25}{Re_m^{0.9}}\right)$$

$$Re_m = \frac{d_e v_m \rho_m}{\mu_m} = \frac{[B_w q_L + (1 - H_L)B_g q_{sc}][\rho_g(1 - H_L) + \rho_w H_L]}{21\ 600 \mu_w^{H_L} \mu_g^{(1-H_L)} \pi d_e}$$

式中 Re_m——气水两相混合物雷诺数。

第 j 条和第 $j+1$ 条面割理之间由于管壁摩擦造成的压降 Δp_f 为：

$$\Delta p_f = 1.339 \times 10^{-10} \rho_m f_m \frac{\Delta l}{2d_e} \frac{[(1 - H_L)B_g q_{sc} + H_L B_w q_L]_j^2}{w_f^2 w^2} \quad (j = 1, 2, \cdots, n-1)$$

$$\Delta p_a = \frac{\rho_m}{2 w_f^2 w^2} \{[(1 - H_L)B_g q_{sc} + H_L B_w q_L]_j^2 - [(1 - H_L)B_g q_{sc} + H_L B_w q_L]_{j+1}^2\}$$

$$\Delta p_z = \rho_m g \sin\theta(\Delta l)$$

从以上几式可以看出，当 $H_L=1$ 时为单相水流动阶段压差计算公式；当 $H_L=0$ 时为单相气体流动阶段压差计算公式；当 $0<H_L<1$ 时为气水两相流动阶段压差计算公式。

第 j 条和第 $j+1$ 条面割理之间的压降 Δp_j 为：

$$\Delta p_j=\Delta p_f+\Delta p_a+\Delta p_z+\Delta p_{mx} \tag{2-18}$$

(2) 气水两相流阶段气水混合物的流量。

气水两相流阶段气水混合物的流量可按单相流阶段液体渗流公式计算模型进行处理。从裂缝流入井筒的气水混合物流量为 q_{m0}，则导流能力沿裂缝半长方向的分布为：

$$F_{RCD}=1.157\times 10^{-2}\times\frac{\mu L q_{mx}}{\dfrac{\rho_m}{2w_f^2 w}q_{m0}^2+\left(1.339\times 10^{-10}\rho_m f_m\dfrac{1}{2d_e w_f^2 w}-\dfrac{\rho_w}{2w_f^2 w}\right)\displaystyle\int_0^x q_{mx}^2\mathrm{d}x+\rho_w w g x\sin\theta}$$

其中，$q_{mx}=[(1-H_L)B_g q_{sc}(x)+H_L B_w q_L(x)]$。

3) 变裂缝开度变流量导流能力计算模型

在煤层气井中，实际压裂裂缝开度都不是等宽的，距离井筒较近处裂缝开度较大，距离井筒较远处裂缝开度较小。变裂宽产气通道渗流模型如图 2-9 所示，假设沿 x 方向裂缝开度的函数为 $w_f=w_f(x)$。

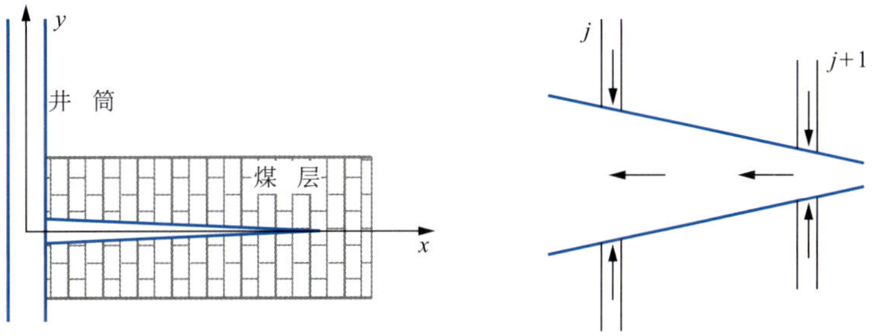

图 2-9　变裂宽产气通道渗流模型

第 j 条和第 $j+1$ 条面割理之间的压降 Δp_j 为：

$$\Delta p_j=\Delta p_f+\Delta p_a+\Delta p_z+\Delta p_{mx} \tag{2-19}$$

其中：

$$\Delta p_a=\frac{\rho_m}{2w_f^2(x)w^2}\{[(1-H_L)B_g q_{sc}+H_L B_w q_L]_j^2-[(1-H_L)B_g q_{sc}+H_L B_w q_L]_{j+1}^2\}$$

$$\Delta p_f=1.339\times 10^{-10}\rho_m f_m\frac{\Delta l}{2d_e}\frac{[(1-H_L)B_g q_{sc}+H_L B_w q_L]_j^2}{w_f^2(x)w^2}\quad(j=1,2,\cdots,n-1)$$

$$\Delta p_z=\rho_m g\sin\theta(\Delta l)$$

第 j 条和第 $j+1$ 条面割理之间的流量 q_j 为：

$$q_j=q'_{j+1}+q_{j+1}$$

式中　q'_{j+1}——流入第 $j+1$ 条压裂裂缝的流量，m^3/d。

导流能力沿裂缝半长方向计算模型为：

$$F_{RCD}=1.157\times 10^{-2}\times\frac{\mu L q_{mx}}{\dfrac{\rho_m}{2w}q_{m0}^2\displaystyle\int_0^x\frac{1}{w_f^2(x)}\mathrm{d}x+\left(1.339\times 10^{-10}\rho_m f_m\dfrac{1}{2d_e w}-\dfrac{\rho_w}{2w}\right)\displaystyle\int_0^x\frac{q_{mx}^2}{w_f^2(x)}\mathrm{d}x+w\rho_w g x\sin\theta+w\Delta p_{mx}}$$

其中，$q_{mx}=[(1-H_L)B_g q_{sc}(x)+H_L B_w q_L(x)]$。

当 $H_L=1$ 时为单相水流动阶段；当 $H_L=0$ 时为单相气体流动阶段；当 $0<H_L<1$ 时为气水两相流阶段。

2. 产气通道导流能力求解方法

煤层割理以及压裂裂缝内流体流动是相互影响的，因此计算时须对其耦合求解。根据煤层气井定井底压力生产，通过设定初始流量 q_0，计算第 1 条割理处压力与井底压力之差，进而计算压裂裂缝内第 1 条割理处压力 p_1，把压差和流量代入式(2-3)计算压裂裂缝内第 1 段导流能力 F_{RCD1}。以 p_1 作为面割理径向渗流内边界，计算出面割理流向水平压裂裂缝的流量 q'_1，进而计算出第 2 段水平裂缝内流量 q_1。依此类推，计算出裂缝末端处的压力 $p_{n+\Delta l/2}$，将其代入式(2-12)计算出裂缝端部流量 q_m，计算压裂裂缝内第 n 段导流能力 F_{RCDn}，并且根据式(2-10)进行迭代，计算出 q_0，然后与初始设定流量进行比较，直至满足误差要求为止，可以得到沿压裂裂缝半长方向裂缝导流能力分布和压力分布。

在气水两相流阶段，模型的计算首先设定液体初始流量 q_{L0} 和持液率 H_L，计算气体的初始流量 q_{sc0}。其后步骤同上，可以得到沿压裂裂缝半长方向的裂缝导流能力分布和压力分布；然后改变设定的持液率 H_L，得到不同持液率 H_L 下一系列裂缝导流能力的分布，进而分析持液率 H_L 对气水两相流导流能力的影响。

【实例 2.1】 单相流阶段某压裂煤层气井参数为：5＃煤层厚度为 10.4 m，储层压力为 4.2 MPa，煤层渗透率为 2.59 μm^2，裂缝开度为 3.4 m，裂缝截面宽度为 0.06 m，裂缝半长为 50 m，井底流压为 1.1 MPa，按井筒圆周有 4 个裂缝计算，排水量为 12 m^3/d(即每个裂缝为 3 m^3/d)，井液密度为 1 016 kg/m^3，黏度为 1.308×10^{-3} mPa・s。计算结果如图 2-10 和图 2-11 所示。

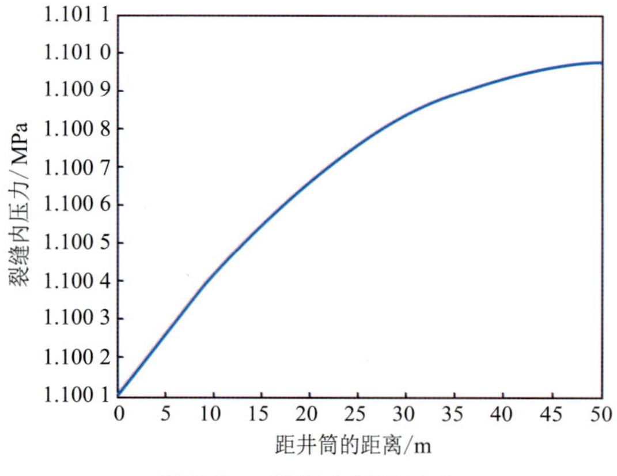

图 2-10 裂缝内压力分布

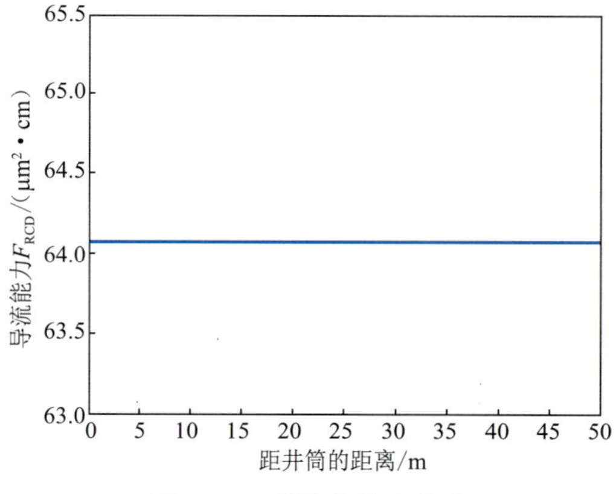

图 2-11 裂缝内导流能力

从图 2-10 和图 2-11 中可以看出，从井筒到裂缝末端裂缝内压力逐渐增大，但裂缝的导流能力为定值，这是由于随着距井筒距离的增加，单位长度压降减小，裂缝内流量也减小，其比值不变。

【实例 2.2】 气水两相流阶段某煤层气井煤层气黏度为 0.017 mPa・s，井液黏度为 0.79 mPa・s，煤层气相对密度为 0.59，该区地温梯度为 2 ℃/hm，产气量为 3 000 m^3/d，其他参数同实例 2.1。气水两相流阶段煤层气井压裂裂缝内压力分布和导流能力如图 2-12 和 2-13 所示。

图 2-12 为不同持液率裂缝内压力分布，可以看出裂缝内压力随着距井筒的距离增加而增加；持液率增加，相同位置处裂缝内压力变小。图 2-13 为裂缝内导流能力变化，可以看出裂缝内导流能力为定值，但随着持液率的增加，导流能力增加。

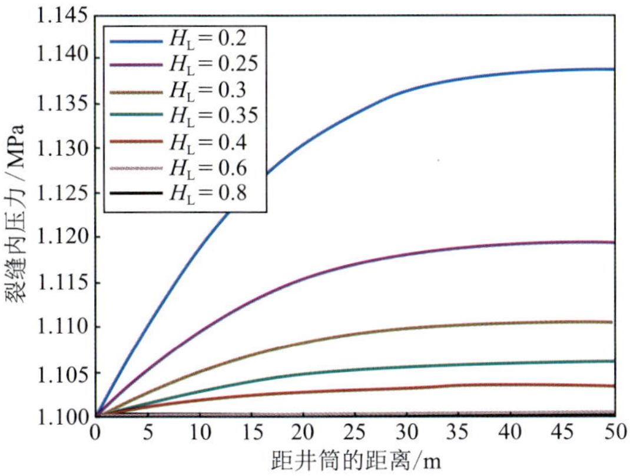

图 2-12　气水两相流压裂裂缝内压力分布

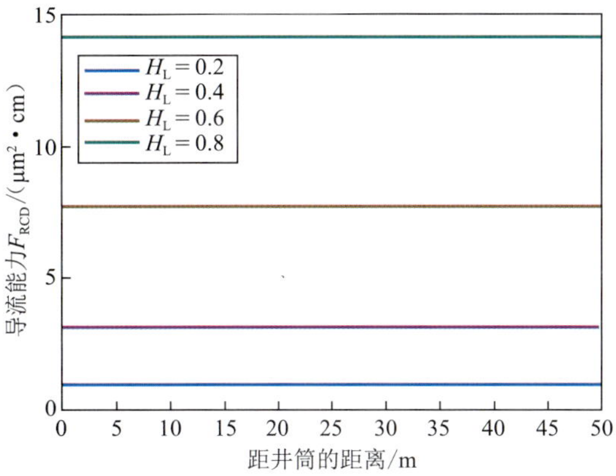

图 2-13　气水两相流压裂裂缝内导流能力

【实例 2.3】 在变裂缝开度单相流阶段，假设参数同实例 2.1，计算中设裂缝开度方程为 $w_f=-\frac{3.4}{L}x+3.4$。所取裂缝开度方程沿裂缝半长逐渐减小，直至裂缝末端开度为 0。变裂缝开度单相流计算结果如图 2-14 和图 2-15 所示。

结果表明，裂缝内压力随着距井筒的距离增加而增加，为线性关系；导流能力随着裂缝开度减小而变小，直至裂缝末端 $x=50$ m 时，裂缝导流能力减小为 0。

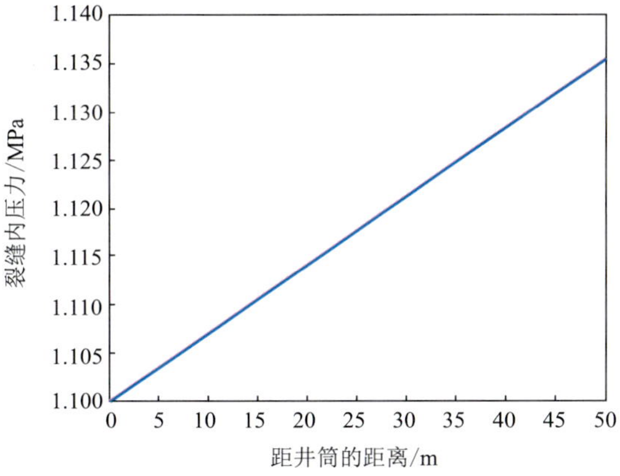

图 2-14　变裂缝开度单相流裂缝内压力分布

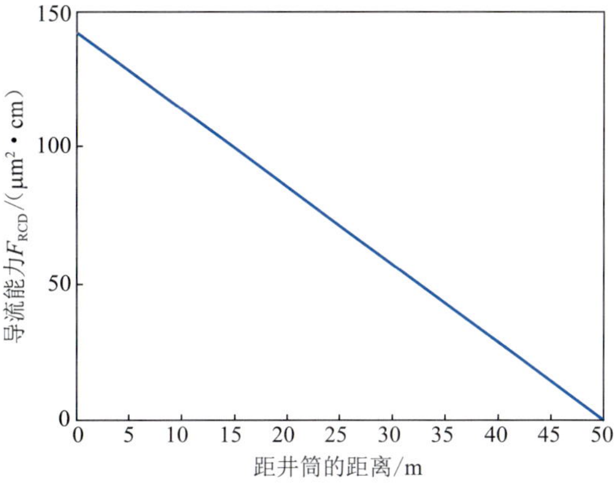

图 2-15　变裂缝开度单相流裂缝内导流能力

【实例 2.4】 在变裂缝开度气水两相流阶段，假设参数同实例 2.2，计算中设裂缝开度方程为 $w_f=-\frac{3.4}{L}x+3.4$。变裂缝开度气水两相流计算结果如图 2-16 和图 2-17 所示。

图 2-16 中表明裂缝内压力与距井筒的距离为线性递增关系，但随着气液两相流持液率的不同，其变化率不同，持液率越大，压力变化率越小。图 2-17 表示变裂缝开度气水两相流裂缝内导流能力，可以看出裂缝开度减少，导流能力降低；导流能力随着持液率的不同，其变化率不同，持液率越大，导流能力变化率大，相同位置处压裂裂缝的导流能力也越大。

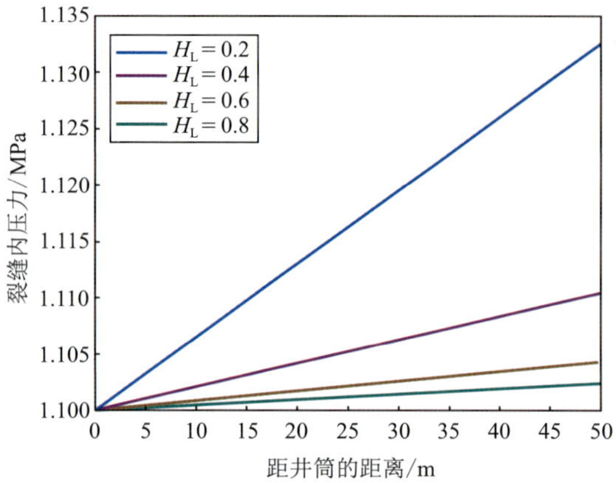

图 2-16 变裂缝开度气水两相流裂缝内压力分布

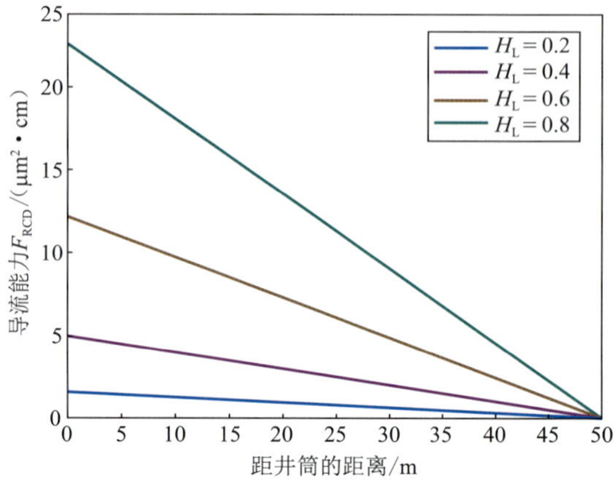

图 2-17 变裂缝开度气水两相流裂缝内导流能力

2.2.3 裂缝导流能力对单井日产量的影响

基于煤层气井压裂后流体渗流机理，结合多相流渗流达西定律和物质平衡原理，建立煤层气压裂井三维气水两相渗流数学模型。假设：① 气水两相流体的渗流均符合达西渗流；② 煤层具有非均质性和各向异性，煤岩及流体具有微可压缩性；③ 煤层气在水中的溶解度很小，可以认为其不溶于水；④ 裂缝处于煤层中央，关于井筒对称。根据假设条件可以得到煤层气压裂井物理模型，如图 2-18 所示。

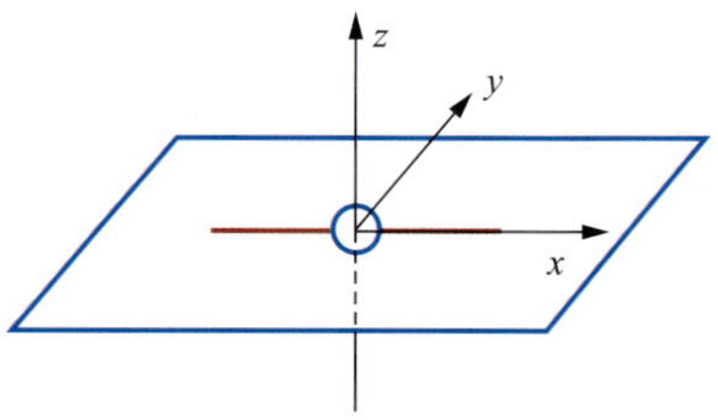

图 2-18 煤层气压裂井物理模型

1. 气液两相渗流数学模型

1）煤地层渗流模型

根据多相流体渗流达西定律[117]得到气水两相流体煤地层液渗流速度。

水相渗流速度：

$$v_w = -\frac{kk_{rw}}{\mu_w}(\nabla p_w - \gamma_w \nabla D) \tag{2-20}$$

气相渗流速度：

$$v_g = -\frac{kk_{rg}}{\mu_g}(\nabla p_g - \gamma_g \nabla D) \tag{2-21}$$

式中 v_w, v_g——水相和气相流速，m/s；

k——储层渗透率，mD；

k_{rw}, k_{rg}——水相相对渗透率和气相相对渗透率；

μ_w, μ_g——水相黏度和气相黏度，mPa·s；

γ_w, γ_g——水相重度和气相重度，N/m³；

p_w, p_g——水相压力和气相压力，MPa；

D——由某一基准面算起的深度（向下为正），m。

根据物质守恒关系，得到气组分和水组分的物质平衡方程：

$$-\nabla \cdot (\rho_g v_g) + q_g = \frac{\partial(\phi \rho_g S_g)}{\partial t} \tag{2-22}$$

$$-\nabla\cdot(\rho_w v_w)+q_w=\frac{\partial(\phi\rho_w S_w)}{\partial t} \tag{2-23}$$

式中 ρ_g,ρ_w——气相密度和水相密度，kg/m^3；

q_g,q_w——气相流量和水相流量，m^3/d；

S_g,S_w——含气饱和度和含水饱和度，%；

ϕ——煤储层的孔隙度，%；

t——时间，d。

气水两相渗流的基本微分方程为：

$$\nabla\cdot\left[\rho_g\frac{kk_{rg}}{\mu_g}(\nabla p_g-\gamma_g\nabla D)\right]+q_g=\frac{\partial(\phi\rho_g S_g)}{\partial t} \tag{2-24}$$

$$\nabla\cdot\left[\rho_w\frac{kk_{rw}}{\mu_w}(\nabla p_w-\gamma_w\nabla D)\right]+q_w=\frac{\partial(\phi\rho_w S_w)}{\partial t} \tag{2-25}$$

为了完整地描述和求解气和水在煤储层中的运移过程，除了微分方程组外，还必须提供某些辅助方程来完善数学模型，分别是饱和度方程和毛管压力方程。

$$S_g+S_w=1,\quad p_{cgw}(S_w)=p_g-p_w$$

$$\rho_g=\rho_g(p_g),\quad \rho_w=\rho_w(p_w),\quad k_{rg}=k_{rg}(S_g),\quad k_{rw}=k_{rw}(S_w)$$

$$\mu_g=\mu_g(p_g),\quad \mu_w=\mu_w(p_w)$$

式中 p_{cgw}——气水界面上的毛管压力，MPa。

2）水平裂缝内流动模型

水平裂缝内气水两相渗流符合达西渗流规律，其流动微分方程为：

$$\nabla\cdot\left[\rho_g\frac{k_f k_{frg}}{\mu_g}(\nabla p_g-\gamma_g\nabla D)\right]+q_g=\frac{\partial(\phi_f\rho_g S_g)}{\partial t} \tag{2-26}$$

$$\nabla\cdot\left[\rho_w\frac{k_f k_{frw}}{\mu_w}(\nabla p_w-\gamma_w\nabla D)\right]+q_w=\frac{\partial(\phi_f\rho_w S_w)}{\partial t} \tag{2-27}$$

式中 k_f——裂缝的渗透率，mD；

k_{frw},k_{frg}——裂缝内水相相对渗透率和气相相对渗透率；

ϕ_f——裂缝的孔隙度。

2. 边界条件

(1) 初始条件。煤层气井重新投产时，煤储层内各点压力和饱和度为一常数，即初始条件为：

$$p(x,y,z,t)_{t=0}=p_e,\quad S_w(x,y,z,t)_{t=0}=S_{we},\quad S_g(x,y,z,t)_{t=0}=S_{ge}$$

式中 p_e——初始地层压力，MPa；

S_{we},S_{ge}——初始地层含水饱和度和含气饱和度，%。

(2) 定压边界条件：

$$p\,|_{x=x_e}=p_e,\quad p\,|_{y=y_e}=p_e$$

式中 x_e——沿裂缝长度方向煤层气井控制半径长度，m；

y_e——垂直于裂缝长度方向煤层气井控制半径长度，m。

(3) 封闭外边界：

$$\left.\frac{\partial p}{\partial x}\right|_{x=x_e}=0,\quad \left.\frac{\partial p}{\partial y}\right|_{y=y_e}=0$$

对于上下隔层，认为是不渗透边界，无论井控边界为定压还是封闭，上下边界都为封闭外边界，由物理模型可得：

$$\left.\frac{\partial p}{\partial z}\right|_{z=0}=0,\quad \left.\frac{\partial p}{\partial z}\right|_{z=H}=0$$

式中 H——煤层厚度，m。

（4）内边界条件。对于压裂煤层气井模型取四分之一为研究对象，其内边界条件为：

$$p\,|_{(x=0,y=0)}=p_{\mathrm{wf}}$$

式中 p_{wf}——井底流压，MPa。

由基本渗流方程组、辅助方程、初始条件和边界条件构成一个完整的煤层气压裂井气水两相渗流数学模型。

3. 数值模拟数学模型

当压力降低时，煤层气从基质解吸后扩散到裂隙，再由裂隙渗流而产出。数值模拟数学模型包括解吸模型、扩散模型、气水两相渗流方程、状态方程和连续性方程[45]。假设煤层气解吸符合朗格缪尔方程，其扩散遵循费克定律，渗流符合达西定律，采用Eclipse数值模拟软件建立三维、两相、双重孔隙介质煤层气模型，研究煤储层中气、水介质的流动规律，进而得出裂缝导流能力对煤层气井产量的影响规律。

网格系统建立：机理模型网格面积为0.09 km^2，网格步长取20 m×20 m×2 m。加密前总网格数为15×15×(3×2)＝1 350个。在W_1井点周围，利用局部网格加密技术来模拟压裂裂缝。加密区y向网格距离D_y＝4 m，即在y方向上将一个网格平均分成5份，将其中过井点的一份作为压裂裂缝。网格系统为块中心网格系统，机理模型如图2-19所示。

模拟过程中煤储层压力为4.2 MPa，煤岩压缩系数为$3.46\times10^{-2}\ \mathrm{MPa}^{-1}$，地层水体积系数为1.002 67 m^3/m^3，黏度为0.59 cP (1 cP＝1 mPa·s)。等温吸附曲线和煤层气高压物性曲线如图2-20和图2-21所示(图中1 bar＝1×10^5 Pa)。

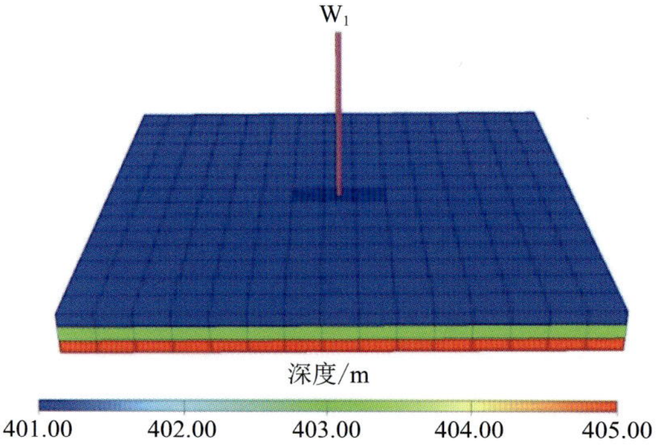

图2-19 机理模型

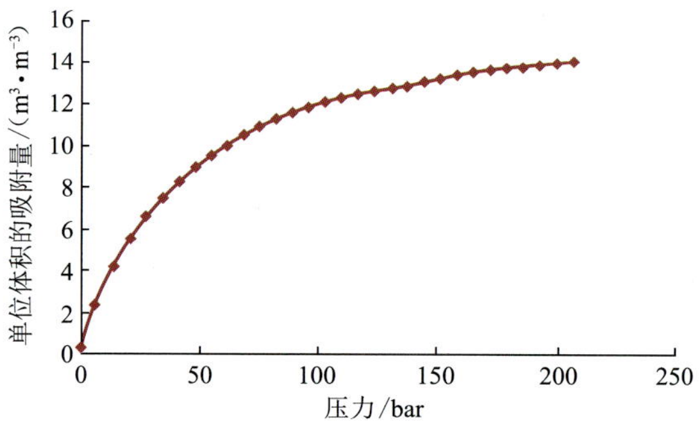

图2-20 等温吸附曲线

煤层气井定流量生产，生产时间为2年，得到图2-22所示裂缝导流能力和产气量的关系曲线。从图中可以看出，随着产气通道导流能力的增加，煤层气井累计产气量增加；导流能力小于140 μm^2·cm时，煤层气井产气量随着产气通道导流能力增加而大幅度增加；产气通道导流能力大于140 μm^2·cm后，曲线趋于平缓，再增加导流能力对煤层气井产气量的增加起到的作用较小，这时可以通过增加压裂裂缝长度、煤层气井有效排采面积来进一步提高煤层气井产气量。模拟时设置的裂缝半长为30 m，从图中可以看出，在该裂缝长度下导流能力为140 μm^2·cm是最佳的导流能力。对于一定裂缝长度存在一个最佳的导流能力，由于煤储层的供液能力有限，所以过分追求高导流能力是没有必要的，这为增加煤储层导流能力采取的压裂措施设计提供了依据。

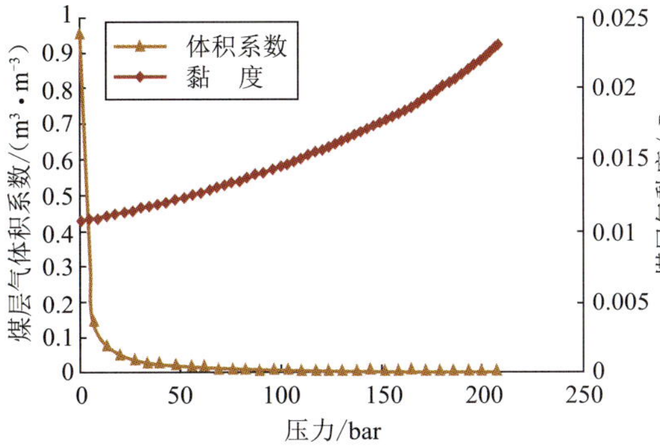

图 2-21　煤层气高压物性曲线

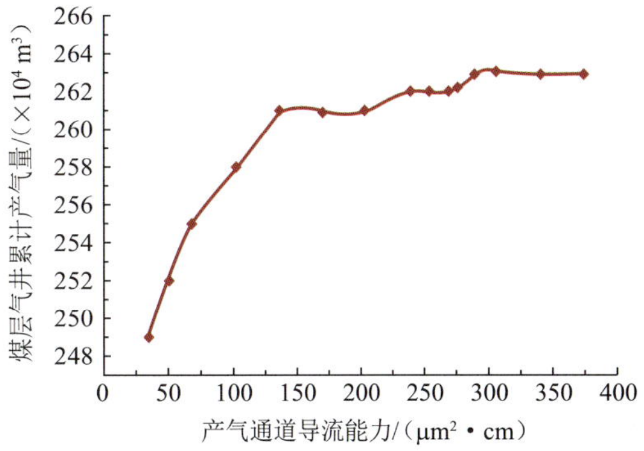

图 2-22　裂缝导流能力和产气量的关系

2.2.4　煤粉填充对产气通道的影响

煤储层由于煤质较脆而易碎、易坍塌，在排采、修井过程中压力波动易产生煤粉。在煤层气开发中，煤层出煤粉是不可避免的。排采前期排液量大，大部分煤粉由井液携带而排出。在排采稳产阶段和产量递减阶段，由于产水量逐渐减少，使得水动力减小，产气通道内煤粉很难排到井筒内，这样容易造成煤粉在产气通道内的滞留，严重影响煤层气的解吸渗流。

对于采取压裂增产措施的煤层气井，由于其压裂裂缝长度有限，按距井筒的距离不同，煤层气的排采范围可以分为以下三部分：

(1) 远井地带。远井地带主要指压裂裂缝未延伸到的区域，该部分渗流通道主要由渗流能力强的面割理构成，其渗透率为煤储层渗透率。

(2) 近井地带。近井地带主要是压裂造缝的区域，该部分渗流通道主要由压裂裂缝组成，其渗透率为压裂裂缝的渗透率。

(3) 较近井地带。较近井地带主要指井筒周围被污染的区域，即表皮因子影响的区域。

下面重点对近井地带和远井地带煤粉沉积堵塞后的渗透率变化、裂缝导流能力以及压降进行分析。

1. 较近井地带

大多数煤层气井为了阻挡煤粉进入井筒，采用了绕丝筛管防煤粉技术，将大颗粒的煤粉阻挡在井筒之外，故较近井地带主要是煤粉颗粒的堆积和井污染引起的储层伤害区域。由于该区域较小，其压降模型可用考虑井周围污染的表皮因子来表示；由于其比近井地带的压降大以及井壁的坍塌，煤粉产出颗粒以大颗粒为主。

2. 近井地带

1) 煤粉沉积后裂缝的类型

煤粉在裂缝内的沉积与携带煤粉运移流体的速度 u 有关：携带煤粉运移速度大，煤粉沉积量小；速度小，则沉积量大。根据携带煤粉运移流体速度，裂缝模型可分为等流速煤粉沉积裂缝模型(图 2-23)和不等流速煤粉沉积裂缝模型(图 2-24)。当携带煤粉运移的液流速度恒定时，煤粉在裂缝内的沉积厚度大致相等，根据水平裂缝类型可分为等缝宽沉积类型和变缝宽沉积类型，如图 2-23 所示。等缝宽不等流速煤粉沉积类型如图 2-24(a)所示，变缝宽不等流速煤粉沉积类型如图 2-24(b)所示。煤粉沉积后裂缝的模型可等效为两种形式，即恒等效缝宽和变等效缝宽，如图 2-25 所示。图中 w_f 表示裂缝宽度。

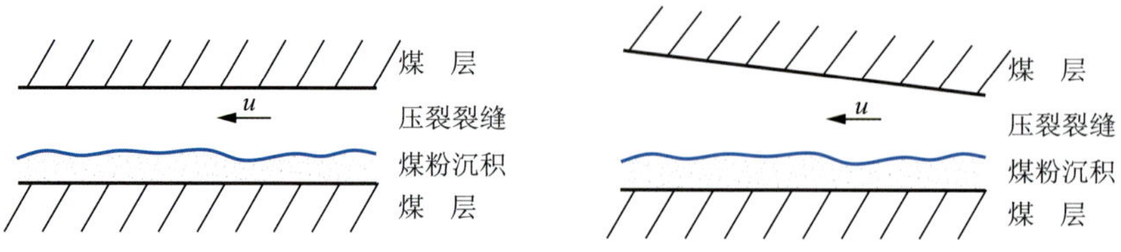

（a）等缝宽　（b）变缝宽

图 2-23　等流速煤粉沉积裂缝模型

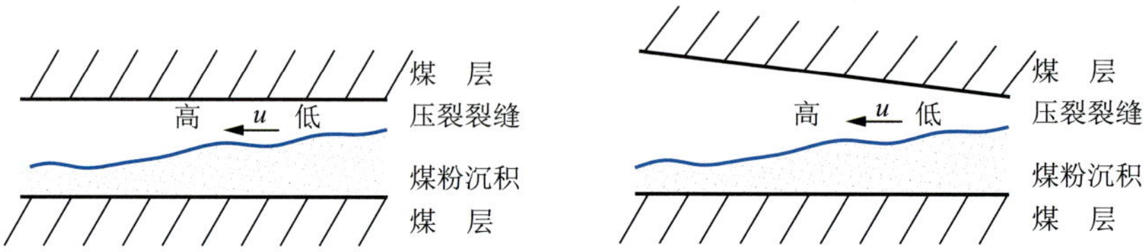

（a）等缝宽　（b）变缝宽

图 2-24　不等流速煤粉沉积裂缝模型

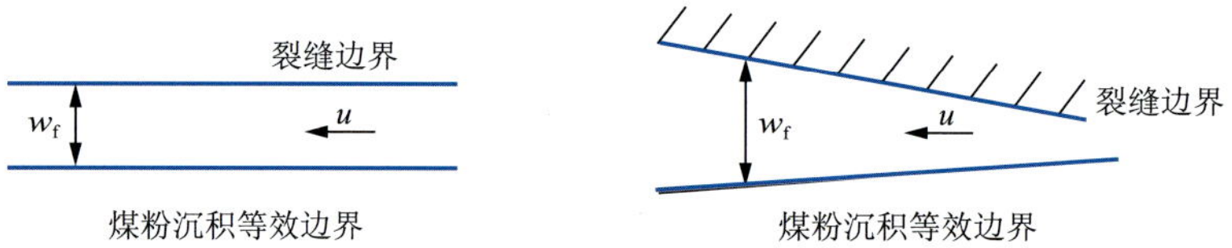

（a）恒等效缝宽　（b）变等效缝宽

图 2-25　煤粉沉积后裂缝等效模型

2）煤粉沉积后压裂裂缝渗透率模型

煤粉沉积后压裂裂缝模型如图 2-26 所示。当压裂裂缝为水平裂缝时，下部为煤粉沉积区，上部为煤粉填充区。在煤粉沉积区支撑剂填充产生的孔隙度被煤粉完全填充，下部的渗透率接近煤层渗透率，可等效为煤层来处理。设沉积深度为 h_s，则沉积后裂缝等效缝宽为：

$$w_e = w_0 - h_s \tag{2-28}$$

式中　w_e——裂缝等效缝宽，mm；

w_0——原裂缝宽度，mm。

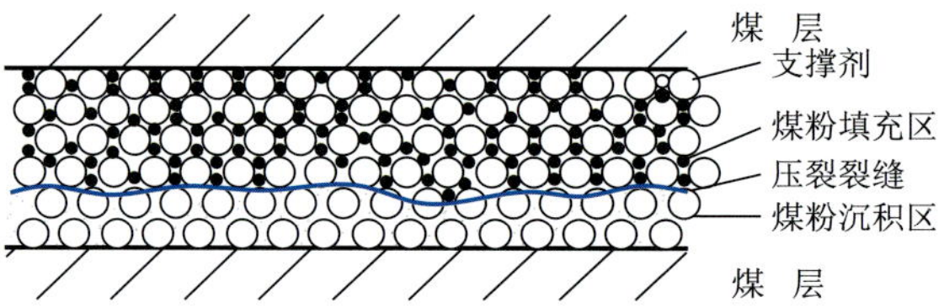

图 2-26　煤粉沉积后压裂裂缝模型

对于垂直裂缝（矩形，以下同），由于煤粉沉积垂直裂缝缝宽 w_f 不变，缝高 h_0 减少，沉积后等效缝高 h_e 为：

$$h_e = h_0 - h_s \tag{2-29}$$

由 Kozeny 毛细管模型[46,47]，其渗透率可表示为：

$$k_{f0}=\frac{\phi_p r_0^2}{8} \tag{2-30}$$

式中　k_{f0}——支撑裂缝渗透率，μm^2；

ϕ_p——支撑剂颗粒孔隙度，%；

r_0——煤粉填充前等效毛细管半径，m。

支撑剂正排列时，模型沿流动方向长 a，截面宽 b，截面高 c，把支撑剂颗粒中间的孔隙当成毛管束，根据截面上毛管束数量 N 与截面上颗粒数量 n_p 的公式：

$$\left.\begin{aligned}N&=\frac{\phi_p bc}{\pi r_0^2}\\ n_p&=\frac{bc}{D_p^2}\end{aligned}\right\} \tag{2-31}$$

由 $N=n_p$ 得：

$$\frac{\phi_p}{\pi r_0^2}=\frac{1}{D_p^2} \tag{2-32}$$

式中　D_p——支撑剂粒径，m。

将式(2-32)代入式(2-30)可得支撑剂采用正排列模型时的渗透率：

$$k_{f0}=\frac{\phi_p^2 D_p^2}{8\pi} \tag{2-33}$$

煤粉沉积区等效为煤储层后，裂缝渗透率主要由煤粉填充区渗透率决定。在煤粉填充区，假设煤粉均匀填充在支撑剂孔隙内，煤粉颗粒粒径为 d_s，煤粉颗粒半径为 r_s，截面上填充煤粉颗粒数量为 n_s，颗粒数量为 n_p，填充率为 ε，则 $\varepsilon=n_s/n_p$。定义煤粉颗粒体积与孔隙体积的比为堵塞程度或填充程度，用 α 表示，则：

$$\alpha=\frac{V_s}{V_f-V_p}=\frac{\varepsilon(d_s/D_p)^3(1-\phi_p)}{\phi_p}$$

式中　V_s——煤粉颗粒体积，m^3；

V_f——总体积，m^3；

V_p——支撑剂体积，m^3。

煤粉填充后孔隙度 ϕ 为：

$$\phi=\frac{N\pi r_0^2-\varepsilon n_p\pi r_s^2}{bc} \tag{2-34}$$

式(2-31)、(2-32)和(2-34)整理可得：

$$\phi=\phi_p\left[1-\varepsilon\left(\frac{r_s}{r_0}\right)^2\right]=\phi_p-\varepsilon\pi\left(\frac{r_s}{D_p}\right)^2 \tag{2-35}$$

煤粉填充后等效毛细管半径 r_e 为：

$$r_e=r_0-r_s$$

煤粉填充后渗透率 k_f 为：

$$k_f=\phi_p\left[1-\varepsilon\left(\frac{r_s}{r_0}\right)^2\right](r_0-r_s)^2/8\quad(r_s<r_0) \tag{2-36}$$

整理可得：

$$k_f = k_{f0}\left[1-\varepsilon\left(\frac{r_s}{r_0}\right)^2\right]\left(1-\frac{r_s}{r_0}\right)^2 \quad (r_s < r_0) \tag{2-37}$$

当 $r_s \geqslant r_0$ 时，说明煤粉颗粒把支撑剂形成的孔隙完全填充，此时渗透率为 0，故煤粉沉积后压裂裂缝渗透率 k_f 为：

$$k_f = \begin{cases} k_{f0}\left[1-\varepsilon\left(\dfrac{r_s}{r_0}\right)^2\right]\left(1-\dfrac{r_s}{r_0}\right)^2 & (r_s < r_0) \\ 0 & (r_s \geqslant r_0) \end{cases}$$

即：

$$k_f = \begin{cases} k_{f0}\left[1-\dfrac{\varepsilon\pi}{4\phi_p}\left(\dfrac{d_s}{D_p}\right)^2\right]\left(1-\sqrt{\dfrac{\pi}{4\phi_p}}\dfrac{d_s}{D_p}\right)^2 & \left(\dfrac{d_s}{D_p} < \sqrt{\dfrac{4\phi_p}{\pi}}\right) \\ 0 & \left(\dfrac{d_s}{D_p} \geqslant \sqrt{\dfrac{4\phi_p}{\pi}}\right) \end{cases} \tag{2-38}$$

式中的 d_s/D_p 为粒径比。令 $\delta = d_s/D_p$，则：

$$k_f = \begin{cases} k_{f0}\left(1-\dfrac{\varepsilon\pi}{4\phi_p}\delta^2\right)\left(1-\sqrt{\dfrac{\pi}{4\phi_p}}\delta\right)^2 & \left(\delta < \sqrt{\dfrac{4\phi_p}{\pi}}\right) \\ 0 & \left(\delta \geqslant \sqrt{\dfrac{4\phi_p}{\pi}}\right) \end{cases} \tag{2-39}$$

从渗透率模型中可以看出，煤粉填充后渗透率受粒径比 δ 和填充率 ε 影响。煤层气井用支撑剂粒径为 10/20 目（0.8～1.2 mm），压裂裂缝初始渗透率为 600 μm^2。当填充率为 0.2 时，不同煤粉颗粒粒径时裂缝渗透率的变化如图 2-27 所示。从图中可以看出，随着煤粉颗粒粒径的增大，裂缝渗透率逐渐减小，当煤粉粒径为 0.4 mm 时，压裂裂缝渗透率为 0。

图 2-28 所示为填充率 0.2，不同颗粒支撑剂时，裂缝渗透率随填充煤粉粒径大小的变化曲线。图 2-28 表明，在煤粉颗粒粒径相同的情况下，20/40 目支撑剂形成的裂缝比 10/20 目支撑剂形成的裂缝渗透率低；在相同煤粉堵塞的情况下，粒径大的支撑剂形成的裂缝渗透率较大；支撑剂为 20/40 目时，当煤粉颗粒粒径为 0.25 mm 时，渗透率就接近为 0，而支撑剂为 10/20 目时，煤粉颗粒粒径为 0.4 mm 时，渗透率接近为 0。这表明支撑剂颗粒越大，允许填充堵塞的煤粉颗粒粒径越大。

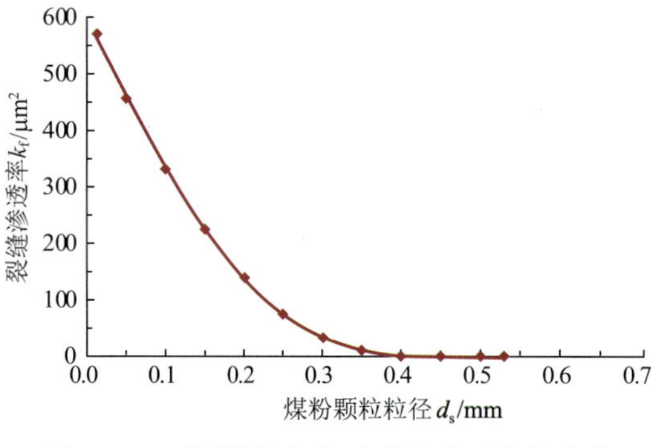

图 2-27 不同煤粉粒径时裂缝渗透率的变化

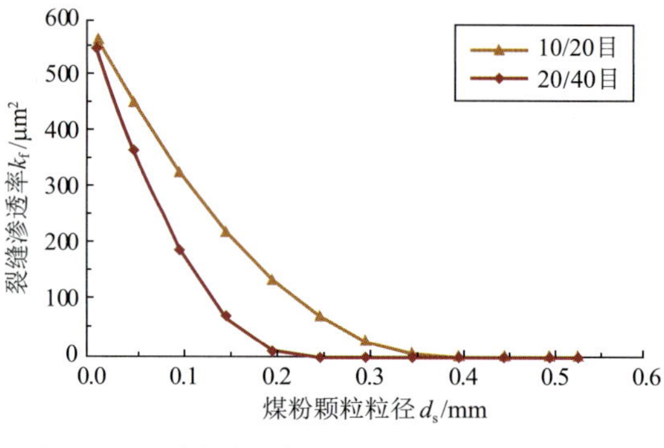

图 2-28 不同颗粒支撑剂时裂缝渗透率的变化

其他条件不变，改变填充率，渗透率随煤粉粒径的变化关系如图 2-29 所示。从图中可以看出，填充率大于 1 时，渗透率随填充率的变大而变小，即当填充率小于 1 时填充率几乎对渗透率没有影响（从表 2-1 中数据更能清楚看出），当填充率大于 1 时对渗透率的影响较大。在相同的煤粉粒径下，填充率越大，渗透率越低，且渗透率为 0 时填充煤粉颗粒的粒径越小。

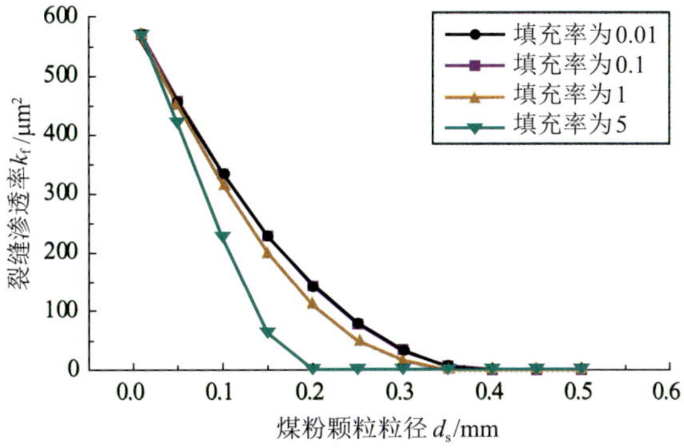

图 2-29　不同填充率时渗透率变化曲线

表 2-1　煤粉粒径为 0.1 mm 时不同填充率的裂缝渗透率

填充率 ε	裂缝渗透率 k_f/μm²	填充率 ε	裂缝渗透率 k_f/μm²
0.000 01	334.895 7	2	292.057 5
0.000 1	334.893 8	3	270.638 2
0.001	334.874 5	4	249.219 0
0.01	334.681 8	5	227.799 8
0.1	332.574 0	10	120.703 6
1	313.476 7	15	13.607 36

综上所述，压裂裂缝的渗透率受脱落煤粉粒径影响较大，而填充率对其影响较小，并随着煤粉颗粒粒径的增大而减小；在煤层气井压裂时使用大颗粒的支撑剂，有利于提高压裂裂缝的渗透率和裂缝承受出煤粉的能力。但支撑剂粒径越大，破碎率越高，故选择支撑剂时要进行综合考虑。

3）有效缝宽的计算

充填裂缝的支撑缝宽可以用下式计算：

$$w_f = \frac{100C_p}{(1-\phi_p)\rho} \tag{2-40}$$

式中　w_f——裂缝的支撑缝宽，m；

C_p——支撑剂铺砂量，kg/m²；

ρ——支撑剂颗粒密度，kg/m³。

由式(2-28)和(2-40)可得煤粉沉积后裂缝的支撑缝宽 w_{fs} 为：

$$w_{fs} = \frac{100C_p}{(1-\phi_p)\rho} - h_s \tag{2-41}$$

式中　h_s——沉积厚度，与煤粉颗粒大小以及液体流动速度有关。

4）导流能力的计算

煤粉沉积后压裂裂缝的导流能力 F_{RCD} 可表示为：

$$F_{RCD} = k_{f0} w_{fs} = k_{f0}\left(1-\frac{\varepsilon\pi}{4\phi_p}\delta^2\right)\left(1-\sqrt{\frac{\pi}{4\phi_p}}\delta\right)^2\left[\frac{100C_p}{(1-\phi_p)\rho} - h_s\right]$$

支撑剂为石英砂，其密度为 1.75×10^3 kg/m^3，煤粉沉积厚度为 0.2 cm，铺砂量为 5 kg/m^2，不同支撑剂粒径的煤层气井压裂裂缝的导流能力如图 2-30 所示。导流能力变化规律和渗透率变化规律一样，随着支撑剂颗粒粒径目数的增加，导流能力下降加快。

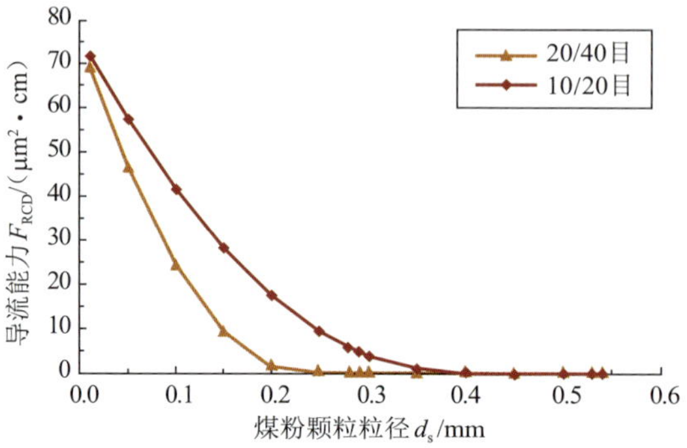

图 2-30 不同支撑剂粒径裂缝的导流能力

支撑剂粒径为 20/40 目，铺砂量为 5 kg/m^2 时，改变煤粉有效沉积厚度，导流能力变化如图 2-31 所示。随着沉积厚度 h_s 的增加，压裂裂缝导流能力降低；从导流能力计算模型中也可以看出，导流能力随沉积厚度的变化呈线性递减关系。

沉积厚度为 0.1 cm，支撑剂粒径为 20/40 目时，改变支撑剂铺砂量，压裂裂缝受煤粉影响后的导流能力变化如图 2-32 所示。图 2-32 表明在相同煤粉颗粒填充情况下，随着铺砂量的增大，导流能力增大。

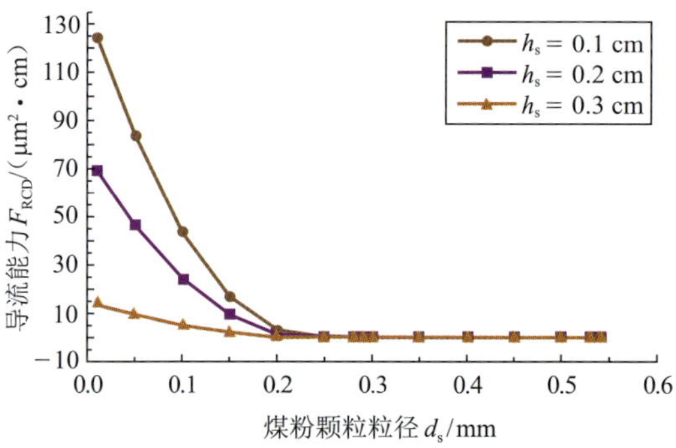

图 2-31 不同沉积厚度下的导流能力

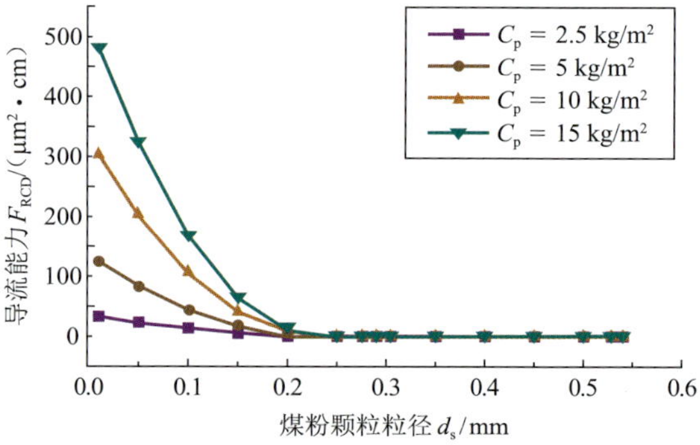

图 2-32 不同铺砂量下的导流能力

上述分析表明，压裂裂缝导流能力与支撑剂粒径和铺砂量有关。

5）近井地带压降模型

近井地带压裂裂缝渗透率比煤层渗透率高得多。对于垂直裂缝，近井地带流体沿割理进入压裂裂缝，然后流入井筒，由未压裂前平面径向渗流转化为平面线性流或双线性渗流模式，沿裂缝进入井筒的流动可按一维线性流模型计算。

由达西渗流公式：

$$v=\frac{k_f}{\mu}\frac{dp}{dx} \tag{2-42}$$

式中 v——流体渗流速度，m/s；

k_f——压裂裂缝渗透率，μm^2；

dp/dx——压力梯度，Pa/m；

μ——流体黏度，Pa·s。

煤层气井排液量为 q，则裂缝内液体流速为：

$$v=\frac{q/2}{h_e w_f} \tag{2-43}$$

式中　h_e——沉积后等效缝高，m；

w_f——裂缝宽，m。

在 $x=0$ 处，压力为井底压力 p_{wf}，由式(2-42)和(2-43)可得距井筒 x 处储层压力分布为：

$$p=\frac{q\mu}{2h_e w_f k_f}x+p_{wf}\quad (r_b \leqslant x \leqslant x_f) \tag{2-44}$$

式中　p——距井筒 x 处压力，Pa；

p_{wf}——井底流压，Pa；

x_f——垂直压裂裂缝半长，m；

r_b——表皮因子影响区域半径(即较近井地带半径)，m。

对于水平裂缝，近井地带裂缝内向井筒的渗流为径向渗流。距井筒 x 处储层压力分布为：

$$p=p_{wf}+\frac{q\mu}{2\pi k_f h}\left(\ln\frac{x}{r_w}+S\right)\quad (r_w \leqslant x \leqslant r_f) \tag{2-45}$$

式中　h——煤储层厚度，m；

S——表皮因子；

r_w——井筒半径，m。

当煤粉粒径为0.1 mm，支撑剂粒径为20/40目，填充率为0.2，裂缝截面宽为0.06 m，裂缝长为30 m，沉积深度为0.1 cm，煤层气黏度为1.08 mPa·s，产出水黏度为0.73 mPa·s，井底压力为1.1 MPa，铺砂量为5 kg/m^2 时，压裂裂缝段压力分布如图2-33所示。从图中两条曲线可以看出，未受煤粉影响的裂缝压力基本上等于井底压力，而受煤粉影响的压裂裂缝段的压力沿裂缝长度方向变大，且为线性关系。当井底流压下降到1.1 MPa时，未受煤粉影响的压裂裂缝压降大，煤层解吸量大，故压裂裂缝内煤粉的沉积和填堵会影响煤层降压。

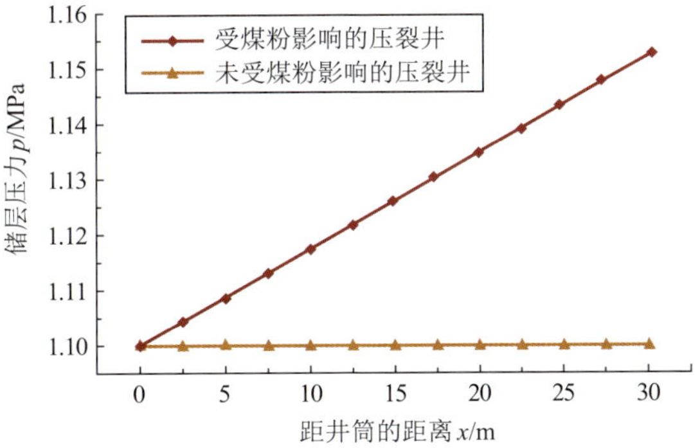

图2-33　压裂裂缝段压力分布

3. 远井地带

在远井地带，由于煤粉沉积，煤层孔隙被细煤粉充填，从而极大地降低了煤层的渗透性，甚至作为主要产气通道的面割理被较大煤粉颗粒堵塞，裂隙已不复存在。这将妨碍煤层整体降压，影响煤层的开发效果。

1）煤粉沉积堵塞后渗透率模型

煤储层被煤粉填充后模型如图 2-34 所示，设煤层初始裂隙孔隙度为 ϕ_0，堵塞后孔隙度为 ϕ，则有：

$$\phi = \frac{V_f - (V_j + V_s)}{V_f} = \phi_0 - \frac{V_s}{V_f} \tag{2-46}$$

式中 V_f——基质总体积，m^3；

V_s——填充煤粉的体积，m^3；

V_j——基质等效球形颗粒的体积，m^3。

定义堵塞程度 $\alpha = \dfrac{V_s}{V_f - V_j}$，则有：

$$\frac{V_s}{V_f} = \alpha\phi_0 \tag{2-47}$$

由 Palmer 和 Mansoori 提出的孔隙度与渗透率的关系式：

$$k = k_0(\phi/\phi_0)^3 \tag{2-48}$$

将式(2-46)和(2-47)代入式(2-48)可得煤粉影响后远井地带渗透率 k_y 为：

$$k_y = k_0(1-\alpha)^3$$

远井地带渗透率随堵塞程度的变化如图 2-35 所示，随着堵塞程度的增加，渗透率逐渐减小。

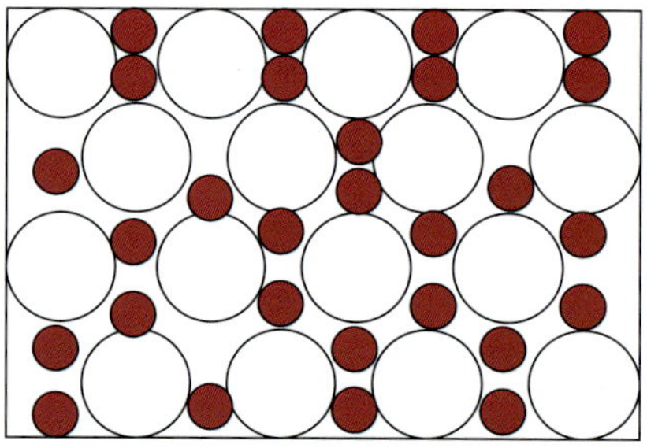

图 2-34 煤储层孔隙被煤粉填充后模型

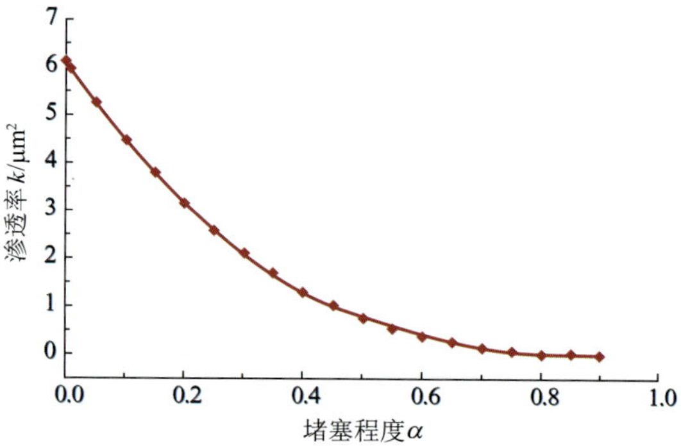

图 2-35 远井地带渗透率随堵塞程度的变化

2）堵塞后压降分析

在远井地带，煤层受人工增产措施影响较小，对于垂直裂缝，把压裂裂缝末端等效为井筒，其流体的渗流为半边径向流。设裂缝末端的压力为 p_{xf}，则距离裂缝末端 r 处的压力 p 为：

$$p = p_{xf} + \frac{q}{2}\,\frac{\mu}{2\pi k_y h}\ln\frac{r}{r_1} \quad (r_f \leqslant r \leqslant r_e) \tag{2-49}$$

式中 r_e——排采泄流半径，m；

r_1——压裂裂缝端面的等效半径，对于矩形裂缝 $r_1 = w_f/2$，m。

用类似于表皮因子的计算方法[48]来确定伤害程度因子和伤害后等效渗流半径。煤粉沉积堵塞后，由伤害引起的附加压差 Δp_s 为：

$$\Delta p_s = \frac{q}{2}\frac{\mu}{2\pi k_y h}\ln\frac{x_s}{r_1} - \frac{q}{2}\frac{\mu}{2\pi k_{y0} h}\ln\frac{x_s}{r_1} = \frac{q}{2}\frac{\mu}{2\pi k_{y0} h}\left(\frac{k_{y0}}{k_y} - 1\right)\ln\frac{x_s}{r_1} \tag{2-50}$$

式中　x_s——伤害半径，m；

k_{y0}——远井地带未伤害时渗透率，μm^2。

伤害程度因子 S_s 为：

$$S_s = \left(\frac{k_{y0}}{k_y} - 1\right)\ln\frac{x_s}{r_1} \tag{2-51}$$

煤粉伤害后远井地带压力模型为：

$$p = p_{xf} + \frac{q}{2}\frac{\mu}{2\pi k_{y0} h}\left(\ln\frac{r}{r_1} + S_s\right) \quad (r_f \leqslant r \leqslant r_e) \tag{2-52}$$

图 2-36 所示为远井地带煤储层的压力分布。从图中可以看出，随着距离的增大，煤储层的压差增加，煤层压力增加。

改变煤粉堵塞程度 α，煤层压差变化如图 2-37 所示。随堵塞程度增加，相同位置处煤储层与裂缝末端的压差增大，即该处煤层压力大，煤层降压程度小，解吸气量也少。煤粉的堵塞直接影响煤层降压。

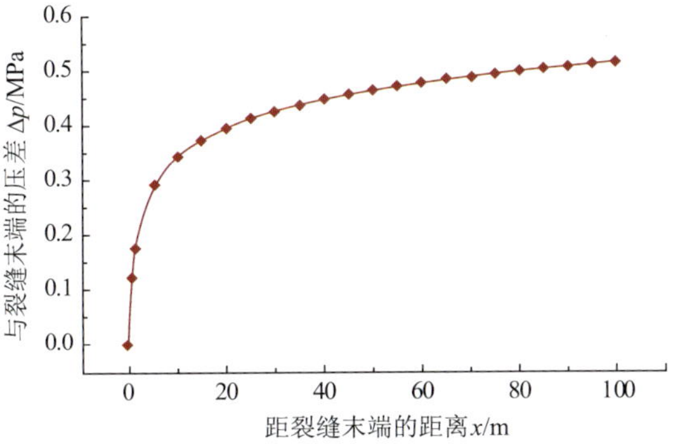

图 2-36　远井地带煤储层的压力分布

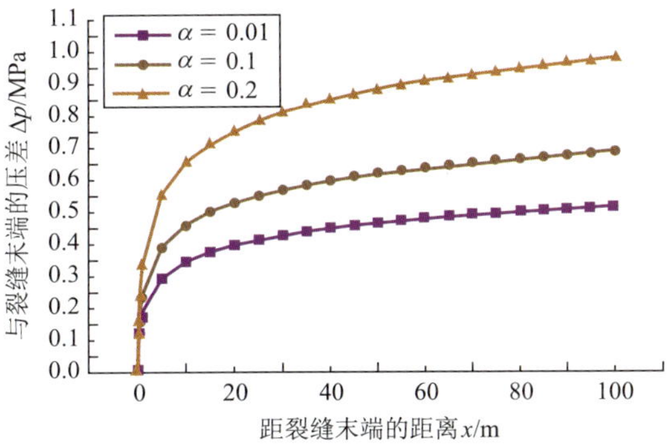

图 2-37　不同堵塞程度下远井地带煤储层压力分布

2.2.5　煤粉对产气潜能的影响

根据上述分析，压裂煤层气井近井地带和远井地带的渗流方式不同，其压降模型也不同。整个煤层压降模型可以分段处理。对于压裂形成的垂直裂缝煤层气井，受煤粉影响后储层压降可表示为：

$$p = \begin{cases} \dfrac{q\mu}{2h_e w_f k_f}x + p_{wf} & (r_w \leqslant x \leqslant x_f) \\ \dfrac{q\mu x_f}{2h_e w_f k_f} + p_{wf} + \dfrac{q\mu}{4\pi k_y h}\ln\left(\dfrac{x - x_f}{r_1}\right) & (x_f < x \leqslant r_e) \end{cases} \tag{2-53}$$

类似于表皮因子计算方法[48]，定义伤害程度因子 S_s。煤粉沉积堵塞后，由伤害引起的附加压差 Δp_s 为：

$$\Delta p_s = \frac{q\mu x_f}{2h_e w_f k_{f0}}\left(\frac{k_{f0}}{k_f} - 1\right) + \frac{q\mu}{4\pi k_0 h}\left(\frac{k_0}{k_y} - 1\right)\ln\left(\frac{x_s - x_f}{r_1}\right) \tag{2-54}$$

式中　k_0——未伤害时渗透率，μm^2。

式(2-54)两端同乘以 $2\pi k_0 h/(q\mu)$，整理可得伤害程度因子 S_s 为：

$$S_s=\frac{\pi h x_f k_0}{h_e w_f k_{f0}}\left(\frac{k_{f0}}{k_f}-1\right)+\frac{1}{2}\left(\frac{k_0}{k_y}-1\right)\ln\left(\frac{x_s-x_f}{r_1}\right) \tag{2-55}$$

对于压裂形成的水平裂缝煤层气井，在远井地带将水平裂缝半径长等效为井筒半径。对于水平裂缝煤层气井，在远井地带遵循径向流模型，则受煤粉影响后储层压降可表示为：

$$p=\begin{cases} p_{wf}+\dfrac{q\mu}{2\pi k_f h}\left(\ln\dfrac{x}{r_w}+S\right) & (r_w\leqslant x\leqslant r_f) \\ p_{wf}+\dfrac{q\mu}{2\pi k_f h}\left(\ln\dfrac{r_f}{r_w}+S\right)+\dfrac{q\mu}{2\pi k_y h}\ln\left(\dfrac{x-r_f}{r_f}\right) & (r_f< x\leqslant r_e) \end{cases} \tag{2-56}$$

同理，对于水平裂缝，其伤害程度因子 S_s 为：

$$S_s=\frac{k_0}{k_{f0}}\left(\frac{k_{f0}}{k_f}-1\right)\ln\left(\frac{r_f}{r_w}+S\right)+\left(\frac{k_0}{k_y}-1\right)\ln\left(\frac{x_s-r_f}{r_f}\right) \tag{2-57}$$

当煤粉粒径为 0.1 mm，支撑剂粒径为 20/40 目，填充率为 0.1，裂缝内沉积深度为 0.1 cm，堵塞程度为 0.2 时，煤储层整体压力分布和解吸量分布如图 2-38 和图 2-39 所示，在压裂裂缝半长范围内，储层压力随距井筒距离的变化呈线性关系，在大于裂缝半长区域，储层压力随距离的变化呈二次关系。在相同井底压力下，受煤粉影响的井储层压力较高。

从图 2-38 中可以看出，临界解吸压力为 3.2 MPa 时，未受煤粉影响的井有效解吸半径为 90 m，受煤粉沉积堵塞影响后有效解吸半径变为 45 m 左右，这表明煤粉的沉积堵塞严重影响了煤层整体降压，使有效解吸半径减小，从而降低了产气量。图 2-39 表明，当井底压力相同时，受煤粉影响煤层气井，距井筒相同位置处煤层气解吸量降低。

综上分析，煤粉沉积堵塞不仅使煤层气井有效解吸面积减少，而且使煤层气解吸程度降低。煤粉的沉积堵塞使有效解吸半径减小，使解吸程度降低，双重影响煤层气井的产气量。

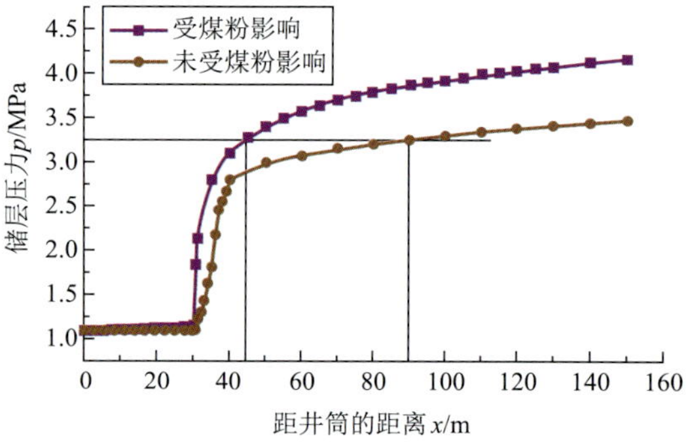

图 2-38 煤储层整体压力分布

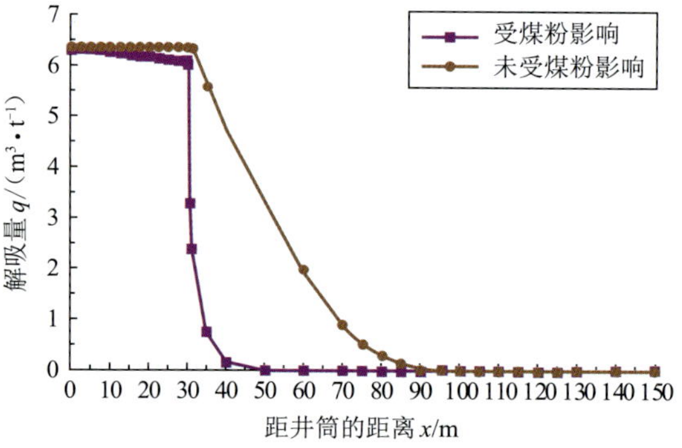

图 2-39 煤储层解吸量分布

2.3 产气通道自由煤粉产出的临界条件

煤层产出的煤粉从形成原因上可以分为充填自由煤粉（自由煤粉）和骨架颗粒煤粉（骨架煤粉）。自由煤粉是充填于通道中未发生胶结并处于游离状态的细小颗粒，受外力作用容易运移，当煤层流体的流速达到一定程度（即自由煤粉运动的临界速度）后，首先使得自由煤粉在煤岩通道中随流体发生运移，煤层气井开始产出煤粉。随煤储层产水量的提高，通道中流体流速增大，煤层受力状况发生变化，流速达到一定程度后，造成煤岩结构破坏，骨架煤粉从通道壁脱落下来变为自由煤粉，并随流体发生运移。

2.3.1　通道中自由煤粉的力学模型

假设煤岩通道中的自由煤粉和通道壁处的骨架煤粉均为球形颗粒，通道中自由煤粉的受力状况如图 2-40 所示，组成通道壁处的骨架煤粉半径为 R_s，通道中自由煤粉半径为 R_f，流体流速为 v。自由煤粉与骨架煤粉颗粒之间以及颗粒与通道壁之间总存在相互吸引力 F_V，即范德华吸附作用。自由煤粉还受到沿通道运动方向上的推力 F_T 作用和垂直于通道方向的升力 F_L 作用，以及自身的重力 F_G 作用。

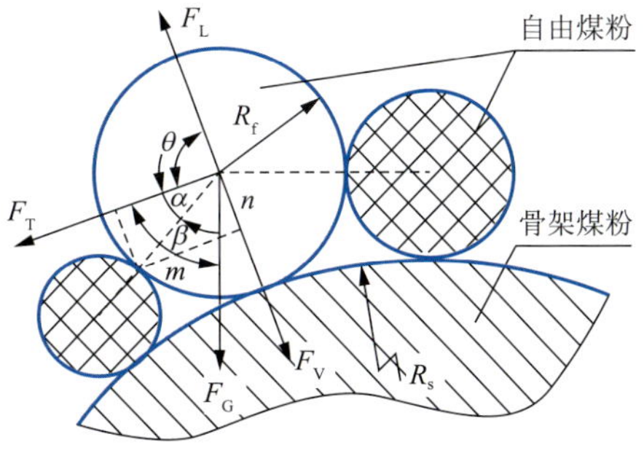

图 2-40　通道中煤粉颗粒的受力简图

半径为 R_f 和 R_s 的两个球形煤粉颗粒间的范德华势能 U_V 为：

$$U_V = 2.83 \times 10^{-21} \times \left[\frac{2R_fR_s}{S^2-(R_f+R_s)^2} + \frac{2R_fR_s}{S^2-(R_f-R_s)^2} + \ln\frac{S^2-(R_f+R_s)^2}{S^2-(R_f-R_s)^2}\right] \tag{2-58}$$

$$S = R_f + R_s + l$$

式中　S——两颗粒中心距，μm；

l——两颗粒间最短距离，μm。

上式中 l 为变量，对其求导，可以得到范德华吸附力 F_V 为：

$$F_V = 4.52 \times 10^{-14} SR_f^2R_s^2 \frac{1}{S^2-(R_f+R_s)^2}\,\frac{1}{S^2-(R_f-R_s)^2} \tag{2-59}$$

煤粉颗粒在通道流体中承受重力 F_G 作用，其计算表达式为：

$$F_G = \frac{4}{3}\pi R_f^3(\rho_c-\rho_w)g = 41.1(\rho_c-\rho_w)R_f^3 \tag{2-60}$$

式中　ρ_c——煤粉颗粒密度，kg/m^3；

ρ_w——通道中流体密度，kg/m^3。

自由煤粉在沿通道方向上所承受的推力作用，即水动力 F_T 为：

$$F_T = 2.1 \times 10^{-7}\,\frac{R_f+l}{l}\,\frac{K\mu_wR_f^2v\sin\theta}{R_s(6.37-2\ln l+2\ln R_f)} \tag{2-61}$$

式中　K——与孔隙度相关的常数；

θ——推力与径向坐标间的夹角，rad；

μ_w——通道中流体黏度，mPa · s。

自由煤粉在垂直于通道方向上所受的升力 F_L 为：

$$F_L = 9.14 \times 10^{-8}\,\frac{(R_f+l)^2}{R_f^2}\,\frac{K\mu_wR_f^3v\cos\theta}{R_s^2} \tag{2-62}$$

多孔介质通道中自由煤粉所受的流体冲力随流体流速的增加而增大，依据图 2-40，自由煤粉颗粒在通道中发生运移需满足以下条件：

$$F_L\cos\alpha + (F_T + F_G\cos\beta)\sin\alpha \geqslant (F_V + F_G\sin\beta)\cos\alpha \tag{2-63}$$

式中　α——相邻颗粒质心连线与通道方向间的夹角，rad；

β——重力与通道方向间的夹角，rad。

当煤层气井为直井时，β 基本为 90°，即煤粉颗粒沿水平方向进行运移；在多分支水平井中，β 在 0～180°内变化。

2.3.2 自由煤粉运移的临界速度

当煤层流体的流速达到自由煤粉的临界速度时，水动力和重力就会克服各种阻力，推动自由煤粉颗粒在通道中伴随流体运移。移动中，较大煤粉颗粒在通道喉处发生聚集，从而降低煤层的渗透率，而较小的颗粒则会通过通道进入井筒。

依据通道中自由煤粉力学模型的分析结果，水平井壁顶部的煤粉颗粒容易首先发生运移，底部的颗粒不易运移，从整个煤层多孔介质通道的综合效应出发，可以将颗粒沿通道的运动方向与重力间夹角视为 90°，因此式(2-63)可以简化为：

$$F_{\mathrm{L}}\cos\alpha + F_{\mathrm{T}}\sin\alpha \geqslant (F_{\mathrm{V}} + F_{\mathrm{G}})\cos\alpha \tag{2-64}$$

求解上式，即可得到通道中自由煤粉颗粒运移的临界速度 v_{cf} 表达式：

$$v_{\mathrm{cf}} = \frac{3.53\times10^{7}(F_{\mathrm{V}}+F_{\mathrm{G}})R_{\mathrm{s}}^{2}\cos\alpha}{\mu_{\mathrm{w}}KR_{\mathrm{f}}(R_{\mathrm{f}}+l)\left[3.23(R_{\mathrm{f}}+l)\cos\theta\cos\alpha+\dfrac{7.43R_{\mathrm{f}}R_{\mathrm{s}}}{l(6.37-2\ln l+2\ln R_{\mathrm{f}})}\sin\theta\sin\alpha\right]} \tag{2-65}$$

当通道中流体的流速 v 大于等于自由煤粉运移的临界速度 v_{cf} 时，煤层气井开始产出煤粉，即煤粉产出的判别式为：

$$v \geqslant v_{\mathrm{cf}} \tag{2-66}$$

下面利用鄂尔多斯盆地三交区块 SJP01-2 井的相关参数计算自由煤粉的临界速度，并分析煤粉粒径、通道孔径和夹角 α 等因素的影响，从而为控制煤层气井产出煤粉提供理论依据。

煤层原始参数为：煤层温度 292 K，煤粉颗粒密度 1 490 kg/m³，流体密度 1 010 kg/m³，流体黏度 0.88 mPa·s，孔隙度 10.2%。

依据通道中自由煤粉运移计算模型，可求得通道壁处骨架煤粉半径 R_{s} 分别为 700 μm，850 μm 和 1 000 μm 以及夹角 α 为 45°时，不同煤粉颗粒半径 R_{f} 对应的临界流速值，如图 2-41 所示。

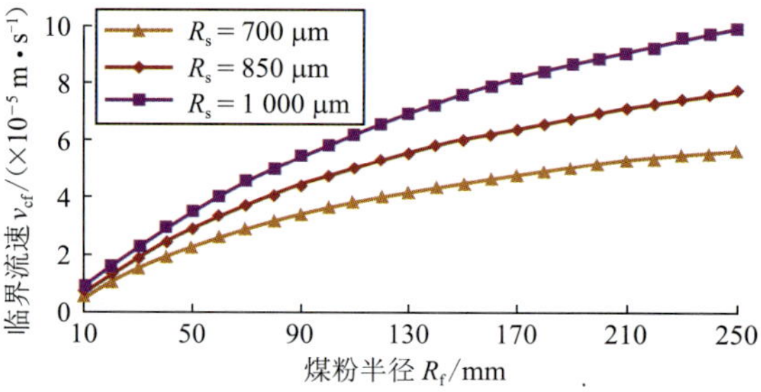

图 2-41 不同粒径的自由煤粉对临界流速的影响

从图中可以看出，随着自由煤粉颗粒半径的不断变大，临界流速逐渐增大，这表明煤粉粒径变小后，单位体积颗粒所受的水动力增大，煤粉颗粒更容易运移。由此，煤层通道内小粒径自由煤粉所占比重较大时更容易加重煤粉的产出。同时，骨架煤粉颗粒半径的增大使得通道孔壁变得更加粗糙，临界流速逐渐增大，煤粉颗粒反而不易发生运移。

利用乘幂函数进行拟合，可以得到自由煤粉临界流速与粒径之间的关系式：

$$v_{cf}=0.163R_f^{0.7158} \tag{2-67}$$

图 2-42 给出了骨架煤粉半径为 850 μm 以及自由煤粉半径分别为 30 μm、40 μm 和 50 μm 时，通道孔壁大小对自由煤粉临界流速的影响。乘幂函数拟合后的结果为：

$$v_{cf}=0.441e^{-0.0039D} \tag{2-68}$$

式中 D——通道孔壁半径，μm。

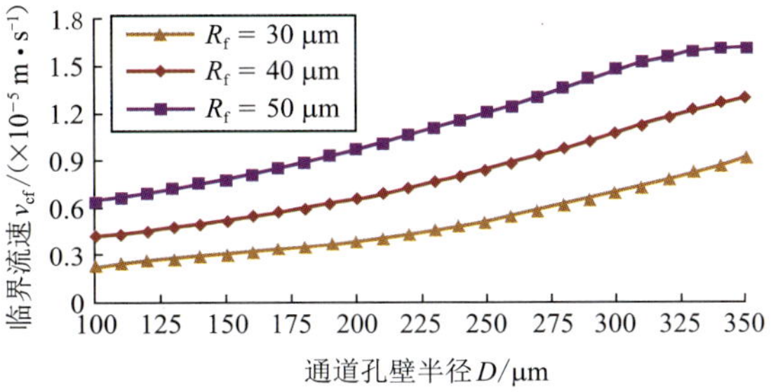

图 2-42 不同通道孔壁半径对自由煤粉临界流速的影响

假设煤岩骨架颗粒以紧密堆积形式排列，则最小通道孔壁半径 $D=R_f+l$。随着孔壁半径的增大，临界流速不断增大，这表明通道孔壁半径的增大会使流体在通道中的实际流速减小，对煤粉颗粒的水动力作用变小，颗粒不易发生运移，从而减轻煤层气井产出的煤粉量。

同样，依据通道自由煤粉运移临界速度 v_{cf} 表达式，可得到骨架煤粉半径为 850 μm 以及自由煤粉半径分别为 50 μm、100 μm 和 150 μm 时，相邻颗粒质心连线与通道方向间夹角 α 对自由煤粉临界流速的影响（图 2-43）。利用乘幂函数进行拟合，其结果为：

$$v_{cf}=12.109e^{-0.0208\alpha} \tag{2-69}$$

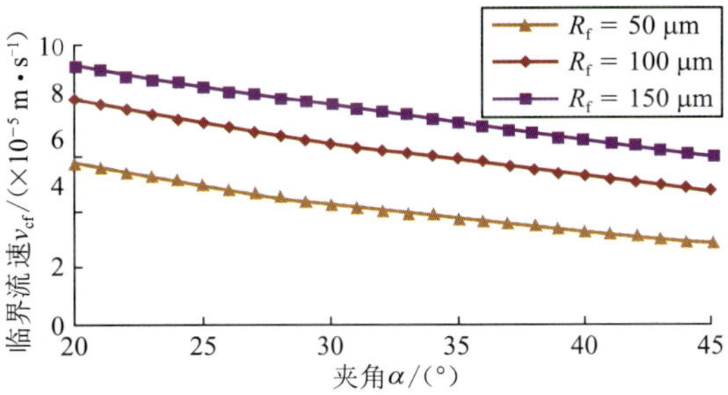

图 2-43 不同夹角 α 对自由煤粉临界流速的影响

夹角 α 反映了煤层通道孔壁的光滑程度。随着 α 的增大，临界流速近乎直线降低，这表明随着通道孔壁粗糙度的增大，α 变小，煤粉颗粒不易发生运移，煤层气井煤粉产出量减少。

自由煤粉的临界速度计算以及各种影响因素分析结果表明：

（1）煤层通道中的自由煤粉受流动流体的驱动作用，当流速达到自由煤粉的临界流速时，颗粒开始发生运移。临界流速表征了煤层气井开始产出煤粉的特征值。

（2）随煤粉颗粒半径的不断增大，自由煤粉的临界流速逐渐增大；而骨架煤粉颗粒半径的增大和相邻颗粒质心连线与通道方向间夹角的减小使得通道孔壁变得更加粗糙，自由煤粉临界流速逐渐增大，不利于自由煤粉颗粒的运移。

2.4 产气通道骨架煤粉产出的临界条件

2.4.1 通道中骨架煤粉的临界生产压差

煤层骨架煤粉是在煤粉颗粒从煤岩通道表面脱落和通道不断向前延伸至射孔孔眼过程中产生的。随着煤层生产压差波动的加大和流体流速的提高，作用在通道壁骨架上的载荷逐渐增大，煤层气井煤粉产出量进一步增加。当生产压差达到临界值（临界生产压差）时，流体流速达到一定值（骨架煤粉运动的临界流速），作用在通道壁骨架上的载荷达到其强度极限，发生剪切破坏，造成煤岩结构发生损坏，从而使骨架煤粉从通道壁脱落变为自由煤粉，伴随煤层流体在通道中运移，造成煤层气井产出大量煤粉。

煤岩通道周围煤岩应力（即最大原地水平主应力 σ_H、最小原地水平主应力 σ_h 和上覆岩层压力 σ_V）是根据原始煤层应力（原地应力）得到的。应力 σ_H 和 σ_h 的比值称为水平主应力比。煤层中面割理是较小的渗流通道，裂缝是主要的渗流通道，也是形成煤岩通道的原始通道，裂缝的扩展遵循最小阻力路径原则，即裂缝方向是沿最大主应力的方向。当水平主应力比为 1.4～2.0 时[118]，煤层既可能产生水平裂缝，又可能产生垂直裂缝，可取 1.6 作为临界水平主应力比值。各主应力可由下式计算：

$$\left.\begin{aligned}&\sigma_H=(1.4\sim2.0)\sigma_h\\&\sigma_h=\frac{\nu}{1+\nu}(\sigma_V-p_e)+p_e\\&\sigma_V=9.81\times10^{-6}\times[(1-\phi)\rho_s+\phi\rho_w]H\end{aligned}\right\}\tag{2-70}$$

式中 ν——煤岩泊松比；

p_e——储层压力或孔隙压力，MPa；

H——煤层垂向深度，m；

ρ_s——上覆岩层基岩密度，kg/m^3；

ρ_w——流体密度，kg/m^3；

ϕ——煤岩孔隙度，%。

1. 煤岩通道壁周围应力分布

实际煤岩通道错综复杂，由于通道较小，依据统计学归纳几种典型煤岩的裂缝，可发现其共有的规律：在距离煤层气井较远处裂缝是相互平行的，在井筒附近裂缝有向井筒点汇集的趋势。

煤岩通道方向是任意的，为研究方便，假设存在两种特殊方向小直径通道（沿最大原地水平主应力 σ_H 和最小原地水平主应力 σ_h 方向）。同时假设：① 煤岩为均质、各向同性、线弹性多孔隙的介质；② 不考虑温度场和地质构造应力场的影响；③ 不考虑煤层上覆岩层和下伏岩层的固性颗粒产出问题；④ 当煤岩通道一点处满足破坏准则时，通道壁发生破坏。

由此，建立煤岩通道的物理模型（见图 2-44），x 方向无限远处作用有最小原地水平主应力 σ_h，y 方向无限远处作用有上覆岩层压力 σ_V，z 方向（通道轴线）上作用有最大原地水平主应力 σ_H，煤岩内部作用有煤层孔隙压力 p_e，通道受均匀内压 p_f，沿轴线方向通道不变形。

由于煤岩通道的长轴和短轴之比非常大，可把煤岩通道模型简化为平面应变问题。煤层是多孔隙弹性介质，遵循叠加原理，通道壁应力求解可分解为 4 个模型的叠加，包括 1 个厚壁筒模型、1 个简单拉压模型和 2 个单向受压圆孔应力集中模型。这 4 个模型都是经典的弹性力学问题，具有解析解。分别求出各组解，叠加后便是通道壁应力问题的解。另外，煤岩通道周围任意一点的应力状态属轴对称问题，采用柱坐标系表示。

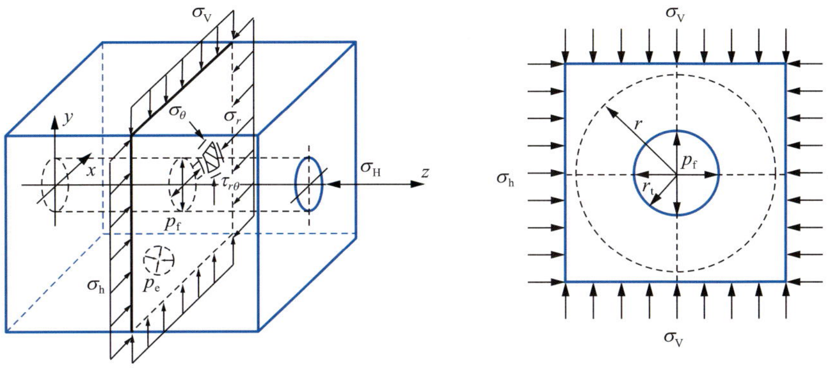

图 2-44　煤岩通道壁受力简图

(1) 当只有内压 p_f 作用时，通道壁应力可由圆筒受均布压力作用问题得到轴坐标解答，如图 2-45 所示。

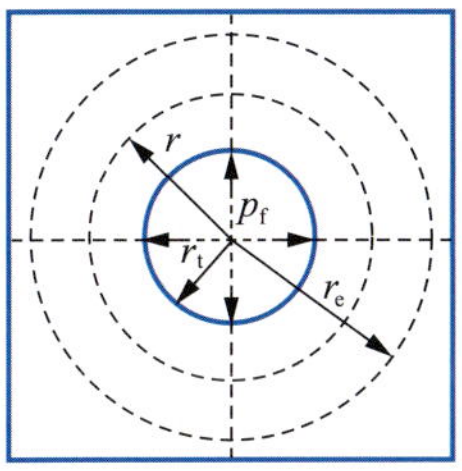

图 2-45　圆筒平面问题通道壁煤岩受力分析

问题可转化为厚壁筒模型求解，根据应力函数 Φ 的形式，取为：

$$\Phi(r,\theta)=\Phi(r) \tag{2-71}$$

式中　r——距通道轴线的距离，m；

θ——与上覆岩层压力的夹角，rad。

依据位移单值条件，即径向位移 $\mu=\mu_r$，边界条件 $r=r_t$，$\sigma_r(r_t)=p_f$，$\tau_{r\theta}(r_t)=0$ 和 $r=r_e$，$\sigma_r(r_e)=0$，$\tau_{r\theta}(r_e)=0$，以及变形协调条件 $\left(\frac{d^2}{dr^2}+\frac{1}{r}\frac{d}{dr}\right)^2\Phi=0$，可以得到圆筒受均布压力作用问题的应力场为：

$$\left.\begin{aligned}\sigma_r&=\frac{r_t^2}{r_e^2-r_t^2}\left(1-\frac{r_e^2}{r^2}\right)p_f\\ \sigma_\theta&=\frac{r_t^2}{r_e^2-r_t^2}\left(1+\frac{r_e^2}{r^2}\right)p_f\end{aligned}\right\} \tag{2-72}$$

当 $r_e\to\infty$ 时，求得厚壁筒模型中通道壁周围应力分布为：

$$\left.\begin{aligned}\sigma_r&=\frac{r_t^2}{r^2}p_f\\ \sigma_\theta&=-\frac{r_t^2}{r^2}p_f\end{aligned}\right\} \tag{2-73}$$

(2) 当只有垂直于通道轴线横截面内的应力 σ_V 作用时，通道壁应力问题实际上是圆孔的孔边应力集中分布的轴坐标解答，如图 2-46 所示。

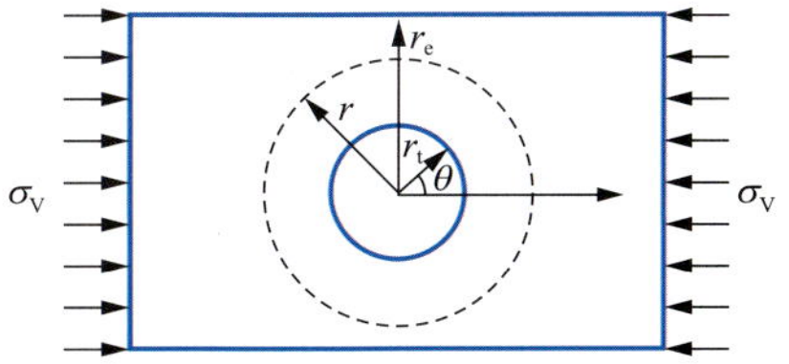

图 2-46　圆孔平面问题通道壁煤岩受力分析(只受应力 σ_V 作用)

问题可转化为单向受压圆孔应力集中模型，通过求解应力函数，使其适应于有孔眼的情况，且在 r 足够大时给出的应力与无孔眼时给出的应力相同。无孔眼时的应力函数 $\Phi_0=0.5\sigma_V r^2\sin^2\theta$，根据 Φ_0 的形式，有孔眼时的应力函数 Φ 取为：

$$\Phi=f_1(r)+f_2(r)\cos 2\theta \tag{2-74}$$

依据变形协调条件 $\nabla^4\Phi=0$，得到应力函数为：

$$\Phi=C_1+C_2\ln r+C_3r^2+C_4r^2\ln r+(C_5/r^2+C_6+C_7r^2+C_8r^4)\cos 2\theta \quad (2\text{-}75)$$

依据有限条件：当 $r\to\infty$ 时，应力保持有限值，得 $C_1=C_4=C_8=0$。依据互等条件：当 r 足够大时，有孔眼与无孔眼的应力应相同，得 $C_3=-C_7=0.25\sigma_V$。依据边界条件：$r=r_t$，$\sigma_r(r_t)=0$，$\tau_{r\theta}(r_t)=0$，得 $C_2=-C_6=-0.5\sigma_V r_t^2$，$C_5=-0.25\sigma_V r_t^4$。由此推导出圆孔问题的应力函数和应力分量分别为：

$$\Phi=\frac{\sigma_V}{4}\left[r^2-2r_t^2\ln r-\left(r^2-2r_t^2+\frac{r_t^4}{r^2}\right)\cos 2\theta\right] \quad (2\text{-}76)$$

$$\left.\begin{aligned}\sigma_r&=\frac{\sigma_V}{2}\left[1-\frac{r_t^2}{r^2}+\left(1-\frac{4r_t^2}{r^2}+\frac{3r_t^4}{r^4}\right)\cos 2\theta\right]\\ \sigma_\theta&=\frac{\sigma_V}{2}\left[1+\frac{r_t^2}{r^2}-\left(1+\frac{3r_t^4}{r^4}\right)\cos 2\theta\right]\\ \tau_{r\theta}&=-\frac{\sigma_V}{2}\left(1+\frac{2r_t^2}{r^2}-\frac{3r_t^4}{r^4}\right)\sin 2\theta\end{aligned}\right\} \quad (2\text{-}77)$$

煤岩通道沿轴线方向（z 轴）尺寸远大于 x 和 y 两个方向（垂直于通道轴线），为一长等径柱体，应力问题简化为平面应变问题，则有轴向应变 $\varepsilon_{z1}=0$，轴向应力 $\sigma_{z1}=\nu(\sigma_r+\sigma_\theta)$。采用圆孔问题应力分量式（2-77）的求解结果，可得到柱坐标系中轴向应力 σ_{z1} 为：

$$\sigma_{z1}=\nu\sigma_V-2\nu\sigma_V\frac{r_t^2}{r^2}\cos 2\theta \quad (2\text{-}78)$$

（3）当只有垂直于通道轴线横截面内的应力 σ_h 作用时，通道壁应力问题实际上也是圆孔的孔边应力集中分布的轴坐标解答，如图 2-47 所示。

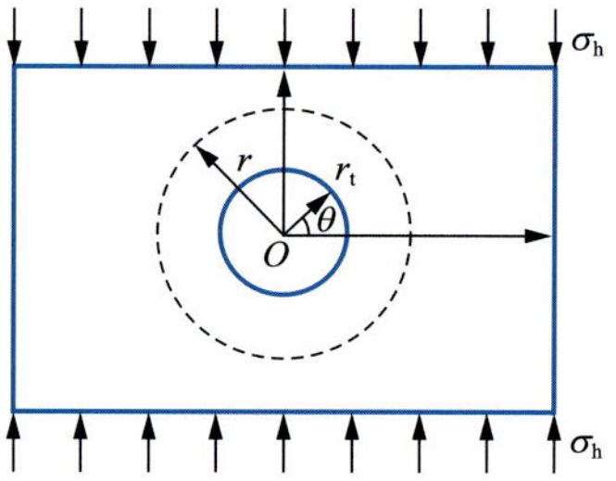

图 2-47 圆孔平面问题通道壁煤岩受力分析（只受应力 σ_h 作用）

问题同样转化为单向受压圆孔应力集中模型，通过求解应力函数，使其适应于有孔眼的情况。根据无孔眼时的应力函数 Φ_0 的形式，有孔眼时的应力函数 Φ 取为：

$$\Phi=f_1(r)-f_2(r)\cos 2\theta \quad (2\text{-}79)$$

同样，依据变形协调条件，$\nabla^4\Phi=0$。依据有限条件：当 $r\to\infty$，应力保持有限值。依据互等条件：当 r 足够大，有孔眼与无孔眼的应力应相同。依据边界条件：$r=r_t$，$\sigma_r(r_t)=0$，$\tau_{r\theta}(r_t)=0$。由此推导出圆孔问题的应力函数和应力分量分别为：

$$\Phi=\frac{\sigma_h}{4}\left[r^2-2r_t^2\ln r+\left(r^2-2r_t^2+\frac{r_t^4}{r^2}\right)\cos 2\theta\right] \quad (2\text{-}80)$$

$$\left.\begin{aligned}\sigma_r&=\frac{\sigma_h}{2}\left[1-\frac{r_t^2}{r^2}-\left(1-\frac{4r_t^2}{r^2}+\frac{3r_t^4}{r^4}\right)\cos 2\theta\right]\\ \sigma_\theta&=\frac{\sigma_h}{2}\left[1+\frac{r_t^2}{r^2}+\left(1+\frac{3r_t^4}{r^4}\right)\cos 2\theta\right]\\ \tau_{r\theta}&=\frac{\sigma_h}{2}\left(1+\frac{2r_t^2}{r^2}-\frac{3r_t^4}{r^4}\right)\sin 2\theta\end{aligned}\right\} \quad (2\text{-}81)$$

同样，煤岩通道沿轴线方向（z 轴）尺寸远大于 x 和 y 两个方向，为一长等径柱体，应力问题简化为平面应变问题，则有轴向应变 $\varepsilon_{z2}=0$，轴向应力 $\sigma_{z2}=\nu(\sigma_r+\sigma_\theta)$，由此得到柱坐标系中轴向应力 σ_{z2} 表达式为：

$$\sigma_{z2} = \nu\sigma_h + 2\nu\sigma_h \frac{r_t^2}{r^2}\cos 2\theta \tag{2-82}$$

（4）在轴向压应力 σ_{z3}（$\sigma_{z3} = \sigma_z - \sigma_{z1} - \sigma_{z2}$）作用时，通道壁应力实际上是简单的拉压问题，如图 2-48 所示。

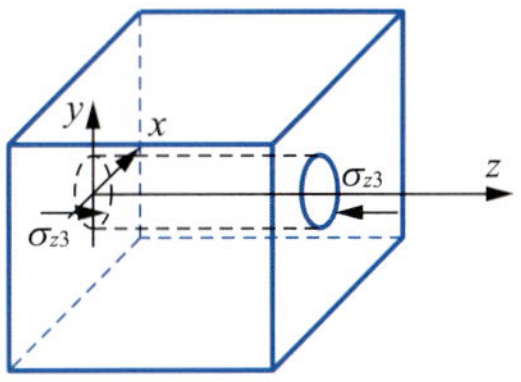

图 2-48　拉压问题通道壁煤岩受力分析

由虎克定律得到压应力 σ_{z3} 与轴向应变 ε_{z3} 之间的线性关系，即 $\sigma_{z3} = E\varepsilon_{z3}$。综合式(2-78)和式(2-82)，可得到轴向应力 σ_z 为：

$$\sigma_z = \sigma_{z1} + \sigma_{z2} + \sigma_{z3} = \nu(\sigma_V + \sigma_h) - 2\nu(\sigma_V - \sigma_h)\frac{r_t^2}{r^2}\cos 2\theta + E\varepsilon_{z3} \tag{2-83}$$

式中　E——煤岩弹性模量，MPa。

拉压模型的边界条件为：$r \to \infty$，$\sigma_z(\infty) = \sigma_H$。依据边界条件和式(2-83)中轴向应力的计算式，可推导出：

$$\sigma_H = \nu(\sigma_V + \sigma_h) + E\varepsilon_{z3} \tag{2-84}$$

将式(2-84)代入式(2-83)，可以得到通道壁煤岩轴向应力的表达式为：

$$\sigma_z = \sigma_H - 2\nu(\sigma_V - \sigma_h)\frac{r_t^2}{r}\cos 2\theta \tag{2-85}$$

式中　r_t——通道壁半径，m。

同时，煤岩又是多孔隙连续介质，通道中流体与煤层流体相互渗透，为此在分析通道壁周围岩层应力时，无论岩层是否发生破坏，均必须考虑储层中孔隙流体的压力分布。Bratli[119]通过研究给出了储层中孔隙流体压力的表达式：

$$(\lambda + 2G)\frac{\mathrm{d}}{\mathrm{d}r}\left(\frac{\mathrm{d}u}{\mathrm{d}r} + \frac{u}{r}\right) + (1 - \theta')\frac{\mathrm{d}p}{\mathrm{d}r} = 0 \tag{2-86}$$

$$\lambda = \frac{\nu}{(1+\nu)(1-2\nu)}E$$

$$G = \frac{1}{2(1+\nu)}E$$

式中　G——剪切弹性模量，Pa；

p——煤层任意位置的孔隙压力，Pa；

u——煤岩变形量，m；

θ'——煤岩的体积压缩系数（通常认为煤岩是不可压缩的，取 $\theta' = 0$）；

λ——拉梅系数。

在多孔隙介质中，流体的流动满足达西定律，流动中的压力梯度为：

$$\frac{\mathrm{d}p}{\mathrm{d}r} = \frac{\mu_L}{2\pi kh}q \tag{2-87}$$

式中　k——煤层渗透率，μm^2；

h——煤层厚度，m；

q——产液量，m^3/d；

μ_L——煤层流体黏度，Pa·s。

考虑煤层孔隙流体压力时的边界条件：在 $r = r_t$ 处，$\sigma_r(r_t) = p_f$；当 $r \to \infty$ 时，$p_e(\infty) = p_e$，$\sigma_z(\infty) = \sigma_H - (1-\theta')p_e$，$\sigma_r(\infty) = \frac{\nu}{1-\nu}\sigma_z(\infty) - (1-\theta')\frac{1-2\nu}{1-\nu}p_e$。

Fjaer[120]给出孔隙压力的边界条件后，综合流体流动的达西定律，推导出煤层流体向孔隙中流动所引起的附加应力场：

$$\left.\begin{aligned}\sigma_r &= -\left[(1-\theta')\frac{1-2\nu}{2(1-\nu)}\frac{r^2-r_t^2}{r^2}-\phi\right](p_e-p_f)\\ \sigma_\theta &= -\left[(1-\theta')\frac{1-2\nu}{2(1-\nu)}\frac{r^2+r_t^2}{r^2}-\phi\right](p_e-p_f)\\ \sigma_z &= -\left[(1-\theta')\frac{1-2\nu}{1-\nu}-\phi\right](p_e-p_f)\end{aligned}\right\} \tag{2-88}$$

将厚壁筒模型、拉压模型和两个圆孔应力集中模型的求解结果进行叠加，同时考虑附加应力场，便可得到通道壁周围煤岩应力分布：

$$\left.\begin{aligned}\sigma_r &= \frac{r_t^2}{r^2}p_f+\frac{\sigma_V+\sigma_h}{2}\left(1-\frac{r_t^2}{r^2}\right)+\frac{\sigma_V-\sigma_h}{2}\left(1-\frac{4r_t^2}{r^2}+\frac{3r_t^4}{r^4}\right)\cos 2\theta-\\ &\quad\left[(1-\theta')\frac{1-2\nu}{2(1-\nu)}\frac{r^2-r_t^2}{r^2}-\phi\right](p_e-p_f)\\ \sigma_\theta &= -\frac{r_t^2}{r^2}p_f+\frac{\sigma_V+\sigma_h}{2}\left(1+\frac{r_t^2}{r^2}\right)-\frac{\sigma_V-\sigma_h}{2}\left(1+\frac{3r_t^4}{r^4}\right)\cos 2\theta-\\ &\quad\left[(1-\theta')\frac{1-2\nu}{2(1-\nu)}\frac{r^2+r_t^2}{r^2}-\phi\right](p_e-p_f)\\ \sigma_z &= \sigma_H-2\nu(\sigma_V-\sigma_h)\frac{r_t^2}{r^2}\cos 2\theta-\left[(1-\theta')\frac{1-2\nu}{1-\nu}-\phi\right](p_e-p_f)\\ \tau_{r\theta} &= -\frac{\sigma_V-\sigma_h}{2}\left(1+\frac{2r_t^2}{r^2}-\frac{3r_t^4}{r^4}\right)\sin 2\theta\end{aligned}\right\} \tag{2-89}$$

煤岩通道壁附近产生应力集中，通道壁处的应力分布为：

$$\left.\begin{aligned}\sigma_r &= p_f+\phi(p_e-p_f)\\ \sigma_\theta &= -p_f+(\sigma_V+\sigma_h)-2(\sigma_V-\sigma_h)\cos 2\theta-(\delta-\phi)(p_e-p_f)\\ \sigma_z &= \sigma_H-2\nu(\sigma_V-\sigma_h)\cos 2\theta-(\delta-\phi)(p_e-p_f)\\ \tau_{r\theta} &= \tau_{\theta z}=\tau_{rz}=0\end{aligned}\right\} \tag{2-90}$$

其中：

$$\delta=(1-\theta')\frac{1-2\nu}{1-\nu}$$

式(2-90)中，当 $\cos 2\theta=-1,\theta=\pm 0.5\pi$ 时，煤岩通道壁处的最大径向、周向和轴向应力依次为：

$$\left.\begin{aligned}\sigma_r &= p_f+\phi(p_e-p_f)\\ \sigma_\theta &= -p_f+3\sigma_V-\sigma_h-(\delta-\phi)(p_e-p_f)\\ \sigma_z &= \sigma_H+2\nu(\sigma_V-\sigma_h)-(\delta-\phi)(p_e-p_f)\end{aligned}\right\} \tag{2-91}$$

利用上述数学模型对鄂尔多斯盆地三交区块 SJP01-2 井通道壁周围煤岩应力分布情况进行分析。该井 3＃煤层埋深 589 m，煤层厚度 5.25 m，煤岩孔隙度 12.36%，流体密度 1 012 kg/m^3，上覆岩层基岩密度 2 750 kg/m^3，储层压力 6.65 MPa，煤岩泊松比 0.37。依据式(2-70)可以预测该井最大原地水平主应力为 13.65 MPa，最小原地水平主应力为 8.81 MPa，上覆岩层压力为 14.65 MPa。

由此，可以得到煤岩通道半径为 0.3 mm 和内压为 4.37 MPa 时，方位角为 90°方向上的径向、周向和轴向应力随半径的变化关系(图 2-49a),以及距离通道轴线 1 mm 处的应力随方位角的变化关系(图 2-49b)。

依据以上两图,可以得到通道壁周围煤岩应力分布特征:

(1) 通道壁周围煤岩应力在半径和方位角方向上不断变化,这表明煤层裂缝的存在与扩展会破坏原始煤层应力的分布状态,必然导致煤粉脱落。

(2) 从图 2-49(a)中可以看出,通常情况下煤岩通道壁附近形成所谓的应力集中,通道壁附近的应力值远远超出通道远处煤岩的应力值。另外,三种应力中通道壁上周向应力最大,径向应力最小。

(3) 从图 2-49(a)中可以看出,随半径的增大,即向通道远处延伸时,周向应力和轴向应力先迅速减小,然后趋向于各自对应的原地应力,这表明越向通道远处,煤岩通道的存在对煤层应力扰动的影响越小。

(4) 从图 2-49(b)中可以看出,三种应力皆关于通道轴线(z 向)对称。给定半径时,三种应力随方位角周期性变化,周期为 π,在 2π 范围内存在对称的最大和最小应力。

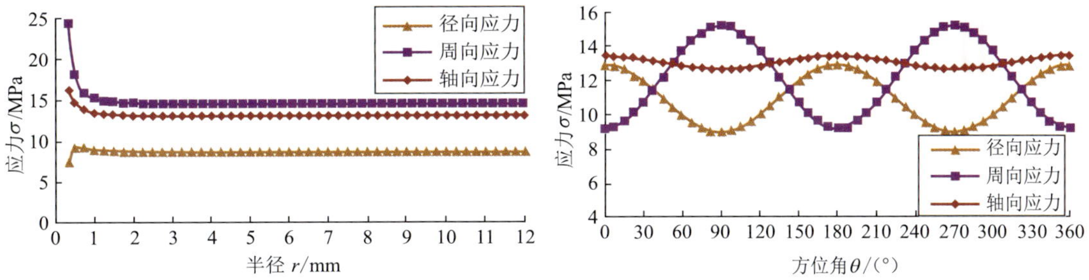

(a) 通道附近岩层应力随半径的变化　(b) 通道附近岩层应力随方位角的变化

图 2-49　通道附近煤岩的应力分布情况

2. 煤岩破坏准则

煤岩在原地应力、通道中流体压力和煤层孔隙压力联合作用下,超过煤层额定载荷后会产生某种程度的破坏失效。研究表明,煤岩的这种破坏失效条件可用某一煤岩破坏准则来表述。不同破坏机理有不同的破坏或失效准则,目前两个常用的煤岩破坏准则为 Coulomb-Mohr 准则和 Drucker-Prager 准则[121]。

Coulomb-Mohr 准则是目前岩石力学最常用、最简单的一种破坏准则[122,123]:

$$|\tau| = C_0 + \sigma \tan f_f \tag{2-92}$$

考虑煤层孔隙中的流体压力,该准则可用主应力表示为:

$$\sigma_1 - (1-\theta')p_e = 2C_0 \tan\alpha + [\sigma_3 - (1-\theta')p_e]\tan^2\alpha \tag{2-93}$$

式中　τ——抗剪切强度,MPa;

C_0——煤岩胶结强度,MPa;

f_f——煤岩内摩擦角,rad;

σ——剪切面上的正应力,MPa;

α——失效角,$\alpha = 0.5f_f + 0.25\pi$,rad;

σ_1,σ_3——最大和最小主应力,MPa。

Drucker-Prager 准则认为,当达到如下条件时煤岩发生破坏:

$$\sqrt{J_2} \geqslant C_0 + C_1 J_1 \tag{2-94}$$

$$\left.\begin{aligned} J_1 &= (\sigma_1 + \sigma_2 + \sigma_3)/3 \\ J_2 &= [(\sigma_1 - \sigma_2)^2 + (\sigma_2 - \sigma_3)^2 + (\sigma_1 - \sigma_3)^2]/6 \end{aligned}\right\} \tag{2-95}$$

式中 J_1, J_2——第一和第二偏应力不变量；

C_0——煤岩胶结强度，MPa；

C_1——煤岩强度参数；

σ_2——中间主应力，MPa。

C_0 与 C_1 可由下式确定[124]：

$$\left.\begin{aligned} C_0 &= \frac{1.5\sigma_c(\sqrt{f^2+1} - f)}{\sqrt{9 + 12\tan^2\alpha}} \\ C_1 &= \frac{3\tan\alpha}{\sqrt{9 + 12\tan^2\alpha}} \end{aligned}\right\} \tag{2-96}$$

其中：

$$f = \frac{\sigma_c/\sigma_p - 1}{\sqrt{\sigma_c/\sigma_p}}$$

式中 f——内摩擦系数；

α——煤岩内摩擦角，rad；

σ_c, σ_p——煤岩抗压和抗拉强度，MPa。

3. 煤粉产出临界生产压差预测

Coulomb-Mohr 准则比较简便，却没有考虑到中间主应力的影响，而且在具体计算中需要确定各主应力的大小，同时在煤层气井抽排过程中，通道壁周围的应力分布不断发生变化，主应力也随之变化，这就给该准则的应用带来不便，为此采用 Drucker-Prager 准则。假设煤层中储层压力在排采的某一阶段保持不变，通常情况下，通道壁处最大径向、周向和轴向应力的关系为 $\sigma_r \leqslant \sigma_z \leqslant \sigma_\theta$，由于生产压差 $\Delta p = p_e - p_f$，则通道壁煤岩的 3 个主应力为：

$$\left.\begin{aligned} \sigma_1 &= \sigma_\theta = -p_e + 3\sigma_V - \sigma_h + (1-\delta)\Delta p + \phi\Delta p \\ \sigma_2 &= \sigma_z = 2\nu(\sigma_V - \sigma_h) + \sigma_H - \delta\Delta p + \phi\Delta p \\ \sigma_3 &= \sigma_r = p_e - \Delta p + \phi\Delta p \end{aligned}\right\} \tag{2-97}$$

由于煤岩通道周围产生应力集中，使得通道壁煤岩的应力最大，因此将通道壁上的应力与 Drucker-Prager 准则对比，可以预测骨架煤粉产出临界生产压差 Δp_{cs}：

$$\Delta p_{cs} = \frac{-a + \sqrt{a^2 - 24b(\delta^2 - 3\delta + 3) + 8bC_1^2(3\phi - 2\delta)^2}}{12(\delta^2 - 3\delta + 3) - 4C_1^2(3\phi - 2\delta)^2} \tag{2-98}$$

其中：

$$\begin{aligned} a = {} & 18(\delta - 2)p_e + 2[27 - 9\delta - 6\delta\nu - 2C_1^2(3 + 2v)(3\phi - 2\delta)]\sigma_V - \\ & 12C_0C_1(3\phi - 2\delta) - 2[9 - 3\delta - 6\delta\nu - 2C_1^2(1 + 2v)(3\phi - 2\delta)]\sigma_h - \\ & 2[3\delta + 2C_1^2(3\phi - 2\delta)]\sigma_H \end{aligned}$$

$$\begin{aligned} b = {} & 3[p_e - (3 - 2\nu)\sigma_V + (1 - 2\nu)\sigma_h + \sigma_H]^2 + 3(p_e - 2\nu\sigma_V + 2\nu\sigma_h - \sigma_H)^2 + \\ & 3(2p_e - 3\sigma_V + \sigma_h)^2 - 2C_1^2[(3 + 2\nu)\sigma_V - (1 + 2\nu)\sigma_h + \sigma_H]^2 - 18C_0^2 - \\ & 12C_0C_1[(3 + 2\nu)\sigma_V - (1 + 2\nu)\sigma_h + \sigma_H] \end{aligned}$$

同理，可把沿最小原地水平主应力方向的通道模型简化为平面应变问题，如图 2-50 所示。

模型 x 方向无限远处作用有应力 σ_H，y 方向无限远处作用有上覆岩层压力 σ_V，垂直方向上作用有应力 σ_h，煤层内部作用有煤层孔隙压力 p_e，通道受均匀内压 p_f。

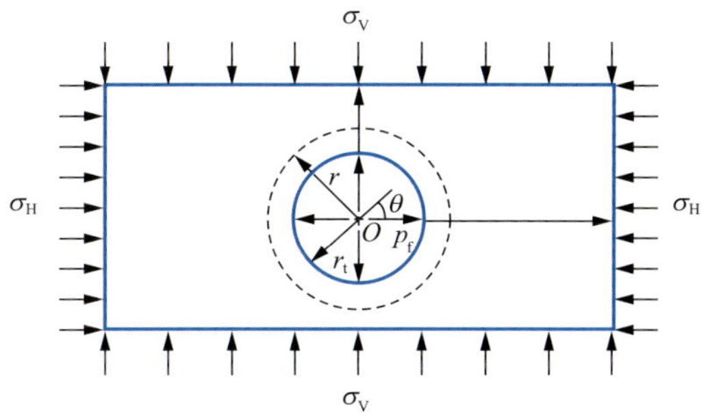

图 2-50 煤岩通道壁受力简图

遵循叠加原理来求解模型，可得煤岩通道壁周围的应力分布为：

$$\left.\begin{aligned}&\sigma_r = p_{wf} + \phi(p_e - p_{wf})\\&\sigma_\theta = -p_{wf} + (\sigma_V + \sigma_H) - 2(\sigma_V - \sigma_H)\cos 2\theta - (\delta - \phi)(p_e - p_{wf})\\&\sigma_z = \sigma_h - 2\nu(\sigma_V - \sigma_H)\cos 2\theta - (\delta - \phi)(p_e - p_{wf})\\&\tau_{r\theta} = \tau_{\theta z} = \tau_{rz} = 0\end{aligned}\right\} \tag{2-99}$$

当 $\theta = \pm 0.5\pi$ 时，得到通道壁处煤岩的 3 个主应力为：

$$\left.\begin{aligned}&\sigma_1 = -p_e + 3\sigma_V - \sigma_H + (1-\delta)\Delta p + \phi\Delta p\\&\sigma_2 = 2\nu(\sigma_V - \sigma_H) + \sigma_h - \delta\Delta p + \phi\Delta p\\&\sigma_3 = p_e - \Delta p + \phi\Delta p\end{aligned}\right\} \tag{2-100}$$

同理，将通道壁煤岩上的应力与 Drucker-Prager 准则对比，可预测骨架煤粉产出临界生产压差 Δp_{cs} 为：

$$\Delta p_{cs} = \frac{-a + \sqrt{a^2 - 24b(\delta^2 - 3\delta + 3) + 8bC_1^2(3\phi - 2\delta)^2}}{12(\delta^2 - 3\delta + 3) - 4C_1^2(3\phi - 2\delta)^2} \tag{2-101}$$

其中：

$$\begin{aligned}a = {} & 18(\delta - 2)p_e + 2[27 - 9\delta - 6\delta\nu - 2C_1^2(3 + 2v)(3\phi - 2\delta)]\sigma_V - \\ & 12C_0C_1(3\phi - 2\delta) - 2[9 - 3\delta - 6\delta\nu - 2C_1^2(1 + 2v)(3\phi - 2\delta)]\sigma_H - \\ & 2[3\delta + 2C_1^2(3\phi - 2\delta)]\sigma_h\end{aligned}$$

$$\begin{aligned}b = {} & 3[p_e - (3 - 2\nu)\sigma_V + (1 - 2\nu)\sigma_H + \sigma_h]^2 + 3(p_e - 2\nu\sigma_V + 2\nu\sigma_H - \sigma_h)^2 + \\ & 3(2p_e - 3\sigma_V + \sigma_H)^2 - 2C_1^2[(3 + 2\nu)\sigma_V - (1 + 2\nu)\sigma_H + \sigma_h]^2 - 18C_0^2 - \\ & 12C_0C_1[(3 + 2\nu)\sigma_V - (1 + 2\nu)\sigma_H + \sigma_h]\end{aligned}$$

2.4.2 骨架煤粉运移的临界速度

目前多数煤层气井采用射孔完井，射孔孔道中的压降较小，满足达西定律，井液的流动将集中在孔道的顶端，而且孔道顶端为半球形，则达西定律微分形式为：

$$\frac{\mathrm{d}p}{\mathrm{d}r} = \frac{\mu_w}{k}v = \frac{\mu_w}{k}\frac{q_L B_w}{2\pi rh} \tag{2-102}$$

式中 $\mathrm{d}p/\mathrm{d}r$——压力梯度；

v——地层液流速，m/s；

μ_w——煤层产出液黏度，Pa · s；

k——煤储层渗透率，μm^2；

h——煤层有效厚度，m；

r——距井筒的距离，m；

q_L——煤层产液量，m^3/s；

B_w——储水系数。

考虑稳定流动条件下临界产液量不变，同时认为射孔孔道顶端的压力即为井底流压 p_{wf}，则从孔道顶端至供给半径处进行积分，有：

$$\frac{2\pi kh}{\mu_w B_w}\int_{p_{wf}}^{p_e} \mathrm{d}p = q_{Lc}\int_{L_p}^{r_e} \frac{\mathrm{d}r}{r} \tag{2-103}$$

式中 L_p——射孔孔道长度，m；

q_{Lc}——煤层气井临界产液量，m^3/s。

考虑到井眼附近区域由于污染或增产措施引起渗流性能的变化[125]，引入表皮系数 S 和有效井眼半径 r'_w，$r'_w = r_w e^{-S}$。表皮系数 S 与完井方式、井壁污染和增产措施有关[126,127]，可由下式获得：

$$S = \frac{k_r - k_d}{k_d}(\ln r_d - \ln r_w) \tag{2-104}$$

式中 k_r——煤层原始渗透率，μm^2；

k_d——煤层受损后的渗透率，μm^2；

r_d——受损害区半径，通常采用经验公式 $r_d = r_w + 0.31$。

对于封闭煤层，体积平均煤层压力约为一半外界半径处的压力，即 $r = 0.472 r_e$，求解式(2-103)，则有煤层气井临界产液量计算公式：

$$q_{Lc} = \frac{2\pi kh}{\mu_w B_w \ln(r_e/L_p) - 0.75\mu_w B_w + S}\Delta p_{cs} \tag{2-105}$$

煤储层 r 处骨架煤粉运动的临界速度 v_{cs} 可以由下式确定：

$$v_{cs} = \frac{4q_{Lc}B_w}{\pi d_p^2 n_p} \tag{2-106}$$

式中 d_p——射孔孔径，m；

n_p——射孔孔数。

依据骨架煤粉产出临界条件的数学模型和鄂尔多斯盆地三交区块 SJP01-2 井相关参数，分析煤岩通道骨架煤粉的临界生产压差、临界速度以及各种影响因素，从而为煤层气井煤粉产出量预测和排采制度的调整提供理论依据。分析可知，该井 3＃煤层埋深 589 m，煤层厚度 5.25 m，煤岩孔隙度 12.36%，储层渗透率 2.13×10^{-3} μm^2，流体密度 1 012 kg/m^3，基岩密度 2 750 kg/m^3，储层压力 6.65 MPa，通道内压力 4.37 MPa，煤岩泊松比 0.37，煤岩抗压强度 42.6 MPa，抗拉强度 4.19 MPa，内摩擦角 26.9°，流体黏度 0.88 mPa·s，表皮系数−3.67，泄流半径 49.25 m，射孔孔道长度 0.3 m，射孔孔径 14 mm，射孔孔数 120 个。

由于煤层气井煤质疏松，易破裂，临界生产压差受煤岩物性参数影响显著，通道半径为 0.3 mm 时胶结强度的敏感性分析如图 2-51 所示。从图中可以看出，通道中骨架煤粉的临界生产压差随胶结强度的增大而显著提高，图中胶结强度由 3.5 MPa 减小为 3.0 MPa 后，临界生产压差由 0.6 MPa 迅速降为 0.013 MPa。这是由于煤岩胶结程度较低时，煤岩更易受压缩，通道壁周围煤层极易进入塑性变形阶段而变得更加容易破碎，骨架煤粉更加容易脱落，由此使得临界压差较低。

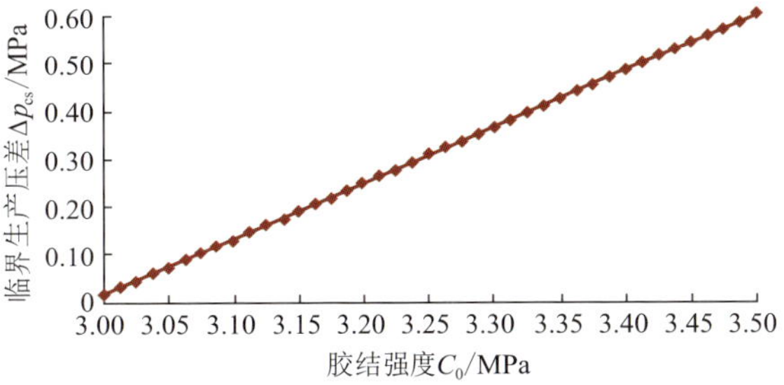

图 2-51　煤岩通道骨架煤粉产出临界生产压差随煤岩胶结强度变化

图 2-52 和图 2-53 给出了通道半径为 0.3 mm 时，原地水平应力的非均匀性和孔隙大小对骨架煤粉临界生产压差和临界产液量的影响。可以看出，随着原地水平应力非均匀性的加剧以及煤岩孔隙度的增大，骨架煤粉的临界生产压差和临界产液量显著提高。当煤岩孔隙度为 13.0%时，在最大原地水平主应力与最小水平主应力之比 η 由 1.51 增大为 1.70 后，临界生产压差由 0.052 MPa 升为 0.29 MPa，临界产液量由 0.69 m^3/d 提高到 3.84 m^3/d。由此推知，随着原地水平应力非均匀性减小，煤岩通道壁局部应力集中程度增加，骨架煤粉产出的可能性增大。

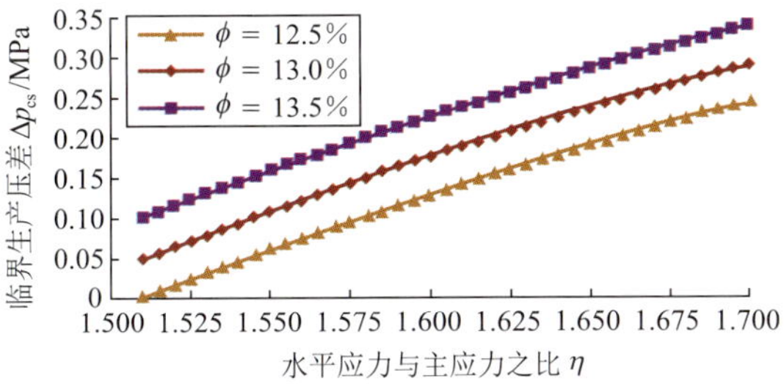

图 2-52　骨架煤粉产出临界生产压差的变化

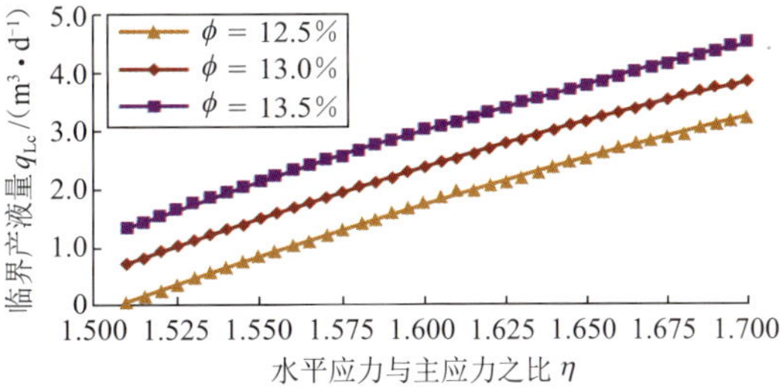

图 2-53　骨架煤粉产出临界产液量的变化

图 2-54 给出了通道半径为 0.3 mm 时，临界生产压差对煤岩通道壁上应力状态分布的影响。可以看出，在煤储层压力增大或者通道内压力降低的情况下，骨架煤粉的临界生产压差增加，煤岩通道壁上的应力也随着压差的增加而变大，由此随着排采压差的增大，煤岩通道发生剪切屈服的可能性增大，煤粉产出量增加。在煤层气井排采的过程中，强排水和大幅度降低井筒内压力等强化开发方式并不利于煤岩通道的稳定，不恰当的压差将加剧煤层破坏程度和增大煤粉产出量。

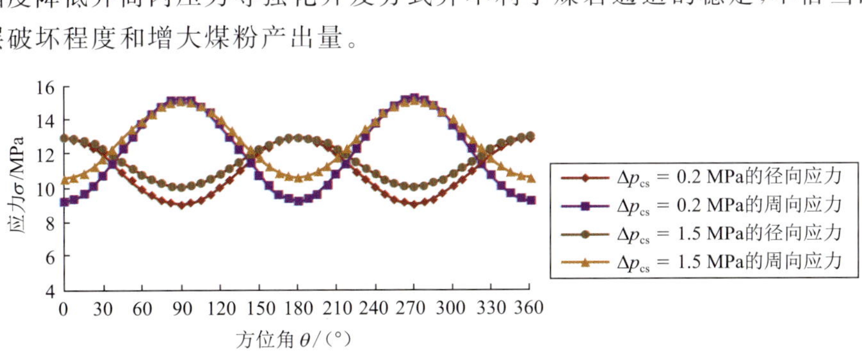

图 2-54　生产压差对煤岩通道壁应力状态的影响

另外，依据骨架煤粉产出临界条件的数学模型，得到通道半径为 0.3 mm 时，沿最大原地水平主应力方向的骨架煤粉临界生产压差为 0.034 MPa,临界排液量为 1.32 m^3/d;而沿最小原地水平主应力方向的临界压差仅为 0.014 MPa,临界排液量为 0.55 m^3/d。

综上分析,可以得出以下结论:

(1) 骨架煤粉的临界生产压差与煤层强度有关,与煤岩胶结强度成正比。煤岩强度越小,储层越容易受压缩,通道壁煤岩越容易发生塑性变形,骨架煤粉越容易脱落。另外,随着原地水平应力非均匀性减小,煤岩通道壁局部应力集中程度增加,骨架煤粉产出的可能性增大。

(2) 煤岩通道骨架煤粉产出的临界生产压差的上限值通常较小,为此增大生产压差时会增大通道壁发生剪切屈服的可能性,造成煤粉产出量增加。

(3) 骨架煤粉产出的临界产液量上限值通常较低,而煤层气井排采初期产水量较大,强排水和大幅度降低井筒内压力等强化开发方式并不利于煤岩通道的稳定,反会加剧煤层破坏程度,增加煤粉产出量。

(4) 无论煤岩通道处于何种应力场中,沿最小原地水平主应力方向的通道总是最容易剪切屈服,首先引起煤层产出煤粉,为此煤层气井射孔时应尽可能避开最小水平主应力方向,以便有效减少煤粉产出量。

2.5 煤储层煤粉产出量预测方法

定量描述煤岩通道流动状态中煤粉产出总量的偏微分方程比较复杂,并且很难求出方程的解析解。为此,针对有限大的煤储层,建立煤岩通道的物理模型,给出描述煤岩通道流动状态的偏微分方程,利用数值解得到煤储层各节点的压力分布情况,然后建立煤粉产出量数学模型,给出储层煤粉含量分布情况,从而预测煤粉产出量。

2.5.1 煤层流体渗流数学模型

假设:① 煤层流体均质;② 煤层多孔介质不可压缩且流体微可压缩;③ 流体渗流符合达西定律;④ 渗流过程为等温过程。由此,在煤层渗流区域点 $M(x,y,z)$处任取一微元体,其各边分别平行于坐标轴(见图 2-55)。在 M 点流体质量速度为 $\rho_w v$,其中 ρ_w 为煤层流体密度,v 为渗流速度。

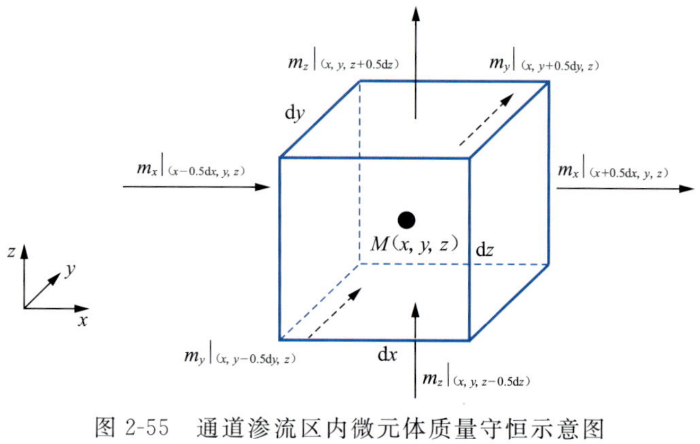

图 2-55 通道渗流区内微元体质量守恒示意图

在 dt 时间内,通过该微元体的两个垂直于 x 方向表面的流入量与流出量的差值为:

$$[m_x|_{(x-0.5dx,y,z)}-m_x|_{(x+0.5dx,y,z)}]dydzdt=-\frac{\partial}{\partial x}(\rho_w v_x)dxdydzdt \tag{2-107}$$

同理，对 y 和 z 两个方向重复上述过程，然后叠加在一起，即可得到 dt 时间内流入量超出流出量的值：

$$-\left[\frac{\partial}{\partial x}(\rho_w v_x)+\frac{\partial}{\partial y}(\rho_w v_y)+\frac{\partial}{\partial z}(\rho_w v_z)\right]dxdydzdt \tag{2-108}$$

另一方面，dt 时间内微元体 ΔV 中流体质量的变化为：

$$\frac{\partial}{\partial t}(\rho_w\phi\Delta V)dt=\frac{\partial}{\partial t}(\rho_w\phi)dxdydzdt \tag{2-109}$$

依据质量守恒原理，式(2-108)和(2-109)相等，因此有：

$$\frac{\partial(\rho_w v_x)}{\partial x}+\frac{\partial(\rho_w v_y)}{\partial y}+\frac{\partial(\rho_w v_z)}{\partial z}+\frac{\partial(\rho_w\phi)}{\partial t}=0 \tag{2-110}$$

多孔介质中流体微可压缩，等温渗流时，煤层流体密度 ρ_w 是压力 p 的函数[128]：

$$\rho_w=\rho(1+C_w p-C_w p_0) \tag{2-111}$$

$$C_w=-\frac{1}{\rho}\frac{d\rho}{dp}$$

C_w 为煤层流体压缩系数。由于煤层介质不可压缩，有：

$$\frac{\partial(\rho_w\phi)}{\partial t}=\rho_w\phi C_w\frac{\partial p}{\partial t} \tag{2-112}$$

在忽略重力影响的情况下，依据达西定律，得到流体在多孔介质中的渗流速度为：

$$v=\frac{k}{\mu_w}\left(\frac{\partial p}{\partial x}+\frac{\partial p}{\partial y}+\frac{\partial p}{\partial z}\right) \tag{2-113}$$

式中　μ_w——煤层流体黏度，mPa·s。

将式(2-112)和(2-113)代入式(2-110)，可推导出煤层流体渗流的微分方程，即：

$$\frac{\partial}{\partial x}\left(\frac{\rho_w k_x}{\mu_w}\frac{\partial p}{\partial x}\right)+\frac{\partial}{\partial y}\left(\frac{\rho_w k_y}{\mu_w}\frac{\partial p}{\partial y}\right)+\frac{\partial}{\partial z}\left(\frac{\rho_w k_z}{\mu_w}\frac{\partial p}{\partial z}\right)+\rho_w\phi C_w\frac{\partial p}{\partial t}=0 \tag{2-114}$$

2.5.2　煤岩通道管流数学模型

假设：① 煤岩通道流体微可压缩；② 流体渗流服从达西定律；③ 不考虑重力和毛细管力的作用。由此，建立图 2-56 所示的直角坐标系，图中煤储层箱形泄流体长度为 M_t、宽度为 N_t、厚度为 H_t，通道的轴线与 y 轴方向平行，通道孔径为 r_t，通道长度 $L_t\leqslant N_t$，位于射孔孔道长度 L_p 与 y_i 之间，煤储层 x，y 和 z 方向的渗透率分别为 k_x，k_y 和 k_z。

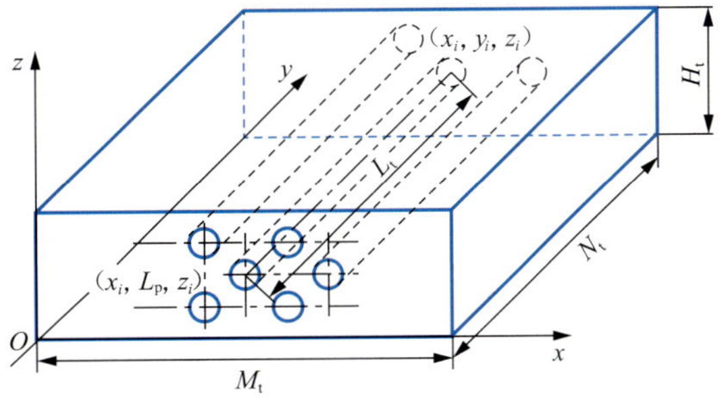

图 2-56　煤岩通道物理模型

依据式(2-114)，可得到流体稳定渗流的偏微分方程为：

$$\frac{\rho_w k_x}{\mu_w}\frac{\partial^2 p}{\partial x^2}+\frac{\rho_w k_y}{\mu_w}\frac{\partial^2 p}{\partial y^2}+\frac{\rho_w k_z}{\mu_w}\frac{\partial^2 p}{\partial z^2}=0 \tag{2-115}$$

将泄流体与上下地层及其结合面作为一个整体进行考虑，外边界上有持续不变的煤层压力供给，由此可以得到偏微分方程的边界条件为：

$$\left.\begin{aligned}&p(y)\big|_{y=L_p}=p_{wf}\\&p(x)\big|_{x=0}=p_e,\quad p(x)\big|_{x=M_t}=p_e,\quad p(y)\big|_{y=N_t}=p_e\\&\partial p/\partial z\big|_{z=0}=0,\ \partial p/\partial z\big|_{z=H_t}=0\end{aligned}\right\} \tag{2-116}$$

对式(2-115)进行差分离散，泄流体长度 M_t 分为 l 段（$\Delta x=M_t/l$），宽度 N_t 分为 m 段（$\Delta y=N_t/m$），厚度 H_t 分为 n 段（$\Delta z=H_t/n$），由此可得：

$$\left.\begin{aligned}\left(\frac{\partial^2 p}{\partial x^2}\right)_{i,j,k}&=\frac{p_{i+1,j,k}-2p_{i,j,k}+p_{i-1,j,k}}{\Delta x^2}\\\left(\frac{\partial^2 p}{\partial y^2}\right)_{i,j,k}&=\frac{p_{i,j+1,k}-2p_{i,j,k}+p_{i,j-1,k}}{\Delta y^2}\\\left(\frac{\partial^2 p}{\partial z^2}\right)_{i,j,k}&=\frac{p_{i,j,k+1}-2p_{i,j,k}+p_{i,j,k-1}}{\Delta z^2}\end{aligned}\right\} \tag{2-117}$$

边界条件可整理为：

$$\left.\begin{aligned}&p_{i,j,k}\big|_{j=0}=p_{wf}\\&p_{i,j,k}\big|_{i=0}=p_e,\quad p_{i,j,k}\big|_{i=l}=p_e,\quad p_{i,j,k}\big|_{j=m}=p_e\\&p_{i,j,-1}=p_{i,j,1},\quad p_{i,j,n-1}=p_{i,j,n+1}\end{aligned}\right\} \tag{2-118}$$

网格划分时，将 x 轴相应分成 l 段，y 轴分成 m 段，z 轴分成 n 段，如图 2-57 所示。$p_{i,j,k-1}$ 指的是 $p_{i,j,k}$ 对应的 $z=k-1$ 时的点，$p_{i,j,k+1}$ 指的是 $p_{i,j,k}$ 对应的 $z=k+1$ 时的点。对于任意一点 $p_{i,j,k}$，满足微分方程：

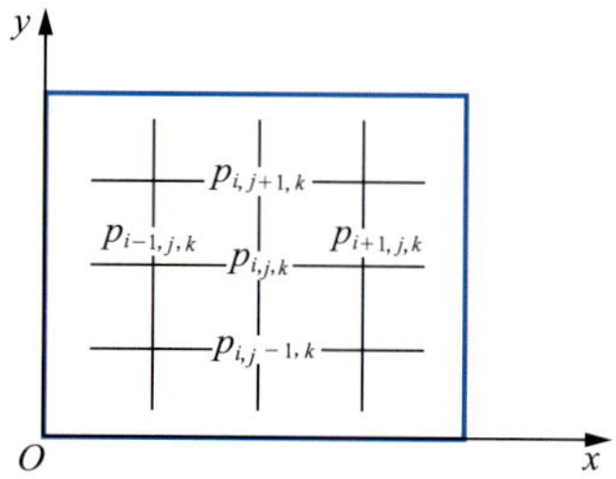

图 2-57 数学模型差分方程网格化

$$\frac{\rho_w k_x}{\mu_w}\frac{p_{i+1,j,k}-2p_{i,j,k}+p_{i-1,j,k}}{\Delta x^2}+\frac{\rho_w k_y}{\mu_w}\frac{p_{i,j+1,k}-2p_{i,j,k}+p_{i,j-1,k}}{\Delta y^2}+\frac{\rho_w k_z}{\mu_w}\frac{p_{i,j,k+1}-2p_{i,j,k}+p_{i,j,k-1}}{\Delta z^2}=0 \tag{2-119}$$

当 $k=0$ 时，$p_{i,j,k-1}=p_{i,j,k+1}$，则有 $p_{i,j,-1}=p_{i,j,1}$；而当 $k=n$ 时，$p_{i,j,k+1}=p_{i,j,k-1}$，则有 $p_{i,j,n+1}=p_{i,j,n-1}$。

对于任意的$(i,j,k)(0<i<l,0<j<m,0\leqslant k\leqslant n)$，都有式(2-119)成立，所以方程组有$(l-1)\times(m-1)\times(n+1)$个未知数，亦有$(l-1)\times(m-1)\times(n+1)$个方程，可以求解线性方程组得到 $p_{i,j,k}$。求出煤岩通道各网格节点上的压力 $p_{i,j,k}$ 后，即可依据达西定律得到煤岩通道各节点上的流速：

$$\left.\begin{aligned}u_{i,j,k}&=\frac{k_x}{2\mu_w}\frac{p_{i+1,j,k}-p_{i-1,j,k}}{\Delta x}\\v_{i,j,k}&=\frac{k_y}{2\mu_w}\frac{p_{i,j+1,k}-p_{i,j-1,k}}{\Delta y}\\w_{i,j,k}&=\frac{k_z}{2\mu_w}\frac{p_{i,j,k+1}-p_{i,j,k-1}}{\Delta z}\end{aligned}\right\} \tag{2-120}$$

2.5.3 煤岩通道中煤粉产出量预测模型

在一定的流体流速下，煤岩通道中的自由煤粉以及骨架煤粉从通道壁脱落转变而来的自由煤粉会伴随煤层流体运移，导致煤层气井产出煤粉。

假设煤层产出的煤粉颗粒由不同粒径 d_i 的球形颗粒组成，各种粒径煤粉的质量分数为 η_i，在外力平衡(阻力等于重力)的情况下，球形煤粉颗粒在流体中达到沉降末速，此时的受力有：

$$3\pi\mu_w d_i v_i = G' = G - G_f = \frac{\pi}{6}(\rho_c - \rho_w) g d_i^3 \tag{2-121}$$

由此，可以得到粒径 d_i 与煤粉颗粒的沉降速度 v_{ci} 的关系：

$$v_{ci} = \frac{(\rho_c - \rho_w) g}{18\mu_w} d_i^2 \tag{2-122}$$

式中　G, G', G_f——煤粉颗粒的重力、在流体中的重量和浮力，N；

v_{ci}——煤粉颗粒沉降速度，m/s；

μ_w——流体黏度，Pa·s；

ρ_c——煤粉颗粒密度，kg/m^3。

依据不同粒径煤粉的沉降速度，可求得煤岩通道产出煤粉的平均沉降速度 v_c：

$$v_c = \left(\sum_{i=1}^{n} v_{ci}^M \eta_i\right)^{\frac{1}{M}} \tag{2-123}$$

式中　M——煤粉沉降速度系数。

依据鄂尔多斯盆地三交区块煤层气井产出煤粉各粒径分布分析(见附表 1)，可以获得该地区煤粉各粒径组成的质量分数，如图 2-58 所示。

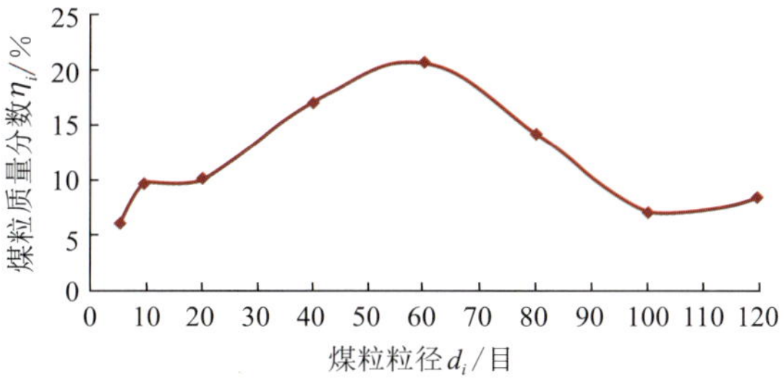

图 2-58　三交区块煤层气井产出煤粉各粒径组成的质量分数

从图中可以看出，三交区块煤层气井进入稳定生产阶段后，沉积在井底口袋中的煤粉含有粗、中、细颗粒，同时有少量的煤矸石，其中粒径 4 mm 以上的煤矸石占 6.5%左右，0.85～4 mm 的粗煤粉颗粒占 20%以上，0.18～0.85 mm 的中煤粉颗粒占 55%以上。随着煤岩通道尺寸的变化和生产压差的波动，煤拱的形成、失稳、坍塌、更大煤拱形成交替进行，煤粉颗粒随流体运移至井筒内，间歇式煤粉产出现象明显。同时，中等颗粒的煤粉在井底口袋内不断沉积，进一步阻挡煤粉颗粒在井筒中的运移，容易造成埋泵，而进入泵中的较细颗粒煤粉大部分随井液携带出井。另外，依据煤粉沉降规律实验统计数据(见附表 3 和附表 4)，并将不同粒径煤粉的沉降速度和相应的质量分数代入式(2-123)中，可以推知三交区块煤层气井产出煤粉沉降速度系数 M 为 0.375。

与单相流相比，条件相同的固液两相流消耗的能量要大一些，超出的能量即两相流中的流体为维持固性颗粒悬浮而做的功，由此建立如下能量平衡方程式[129]：

$$vgJ = v\frac{\mathrm{d}(v_1 v_h)}{\mathrm{d}z} + \frac{\rho_c - \rho_w}{\rho_w} g v_c S_v \tag{2-124}$$

式中 J——通道液面比降；

v——煤岩通道流体平均流速，m/s；

v_1, v_h——纵向和垂向脉动流速，m/s；

S_v——含煤粉量，kg/m³。

考虑整个通道高度 d_t，可将上式沿垂向 z 积分，则有：

$$gJ\int_0^{d_t} v\mathrm{d}z = \int_0^{d_t} v\frac{\mathrm{d}(v_1 v_h)}{\mathrm{d}z}\mathrm{d}z + \frac{\rho_c - \rho_w}{\rho_w} g v_c \int_0^{d_t} S_v \mathrm{d}z \tag{2-125}$$

用 S 代表平均含煤粉量，并考虑到上式右端的第一项与 v^2 成正比，上式可简化为：

$$a\frac{v^2}{gd_t J} + \frac{\rho_c - \rho_w}{\rho_w}\frac{v_c}{vJ}S = 1 \tag{2-126}$$

其中，a 为常数。引入无因次阻力系数 f，令 $f = \frac{8gd_t J}{v^2}$，$b = \frac{\rho_c - \rho_w}{\rho_w}\frac{v_c}{vJ}$，则有：

$$\frac{8a}{f} + bS = 1 \tag{2-127}$$

当煤岩通道中为单相流体时，平均含煤粉量 S 为 0，此时阻力系数 $f_0 = 8a$。在煤岩通道没有发生堵塞的临界状态下，平均含煤粉量 S 达到临界含煤粉量 S'，同时阻力系数 f 达到 f'，故得：

$$bS' = 1 - \frac{f_0}{f'} \tag{2-128}$$

上式右端为常数，由此引入系数 A，令 $A = 1 - \frac{f_0}{f'}$。由于 $J = \frac{f' v^2}{8gd_t}$，上式可改写为：

$$S' = \frac{\rho_w A}{8(\rho_c - \rho_w)}\frac{f' v^3}{gd_t v_c} = C\frac{v^3}{gd_t v_c} \tag{2-129}$$

式中，系数 C 与临界含煤粉量 S' 取相同的单位，需依据煤层气井实测资料确定。总结韩城和三交区块测井数据可知，代表煤岩通道流体携煤粉力的临界含煤粉量 S' 与代表煤层流体渗流情况和通道管流条件的综合因素 $B = v^3/(gd_t v_c)$ 的关系如图 2-59 所示。

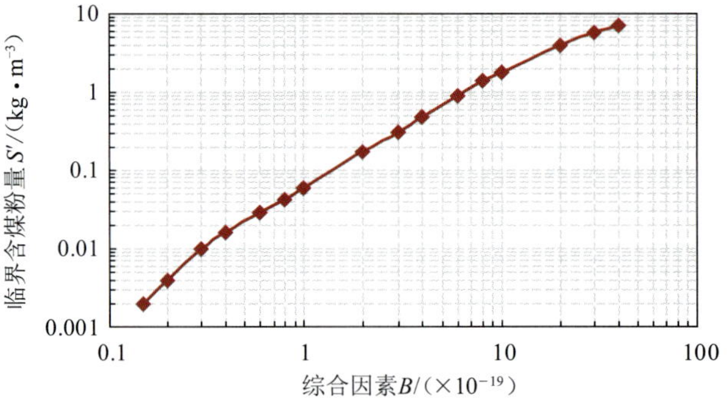

图 2-59 临界含煤粉量和综合因素的关系曲线

依据图 2-59，临界含煤粉量 S' 与综合因素 B 的关系曲线在双对数坐标中呈现上凸趋势，这表明煤岩通道流体携煤粉力的通用计算式可表示为：

$$S'=K\left(\frac{v^3}{gd_t v_c}\right)^C \tag{2-130}$$

系数 K 和指数 C 都是综合因素 B 的函数，对图 2-59 实测曲线进行拟合，可以确定系数 K 和指数 C 的取值，即煤岩通道流体携煤粉量的计算式为：

$$S'=0.053\ 5\left(\frac{10^{19}v^3}{gd_t v_c}\right)^{1.417} \tag{2-131}$$

已知通道 y 方向点 j 处的含煤粉量 S_j 和流体携煤粉量 S'_j 时，即可依据点 $j+1$ 处流体的流动速度得到该点处的携煤粉量 S'_{j+1}，然后采用下式求出点 $j+1$ 处的含煤粉量 S_{j+1}：

$$S_{j+1}=(S_j-S'_j)\sum_{i=1}^{n}\eta_i e^{\frac{\alpha\Delta L}{L_i}}+S'_j\sum_{i=1}^{n}\frac{L_i\eta_i}{\alpha\Delta L}(1-e^{\frac{-\alpha\Delta L}{L_i}})+S'_{j+1}-S'_{j+1}\sum_{i=1}^{n}\frac{L_i\eta_i}{\alpha\Delta L}(1-e^{\frac{-\alpha\Delta L}{L_i}}) \tag{2-132}$$

$$L_i=\frac{v_j}{v_{ci}}d_t \quad (i=1,2,\cdots,n;j=1,2,\cdots,m)$$

式中 L_i——煤粉颗粒一次移动的距离，m；

ΔL——两点间的距离，m；

S_j，S_{j+1}——点 j 处和 $j+1$ 处的含煤粉量，kg/m³；

α——综合系数，依据实测资料获得。

该模型的边界条件为：在泄流体积的外边界处，流体流速为 0，由此外边界处的含煤粉量 S_0 和流体携煤粉量 S'_0 均为 0；S_m 即为射孔孔道顶端的含煤粉量 S。

在泄流体积范围内，将煤岩通道沿 y 方向等分为 m 份，每份长度 $\Delta L=L_{j+1}-L_j=L_t/m$（$L_t$ 为煤岩通道的长度）。利用含煤粉量的迭代方法，按照通道长度增量 ΔL 逐步进行迭代，直到求出射孔孔道顶端的含煤粉量为止，从而得到煤岩通道内煤粉的产出量。

2.5.4 煤粉产出量预测与实例分析

在抽排过程中，井筒中井液流动携煤粉能力小于煤层产出煤粉量时，部分煤粉将会沉入井中，长时间的累积会引起埋泵。为此，预测不同工况下煤层气井的煤粉产出量是研究井液携煤粉运移规律，制定防煤粉措施以及煤层气井工作制度的基础。

利用上述预测模型，对鄂尔多斯盆地三交区块 SJP02-1 井进入稳定生产阶段后煤岩通道煤粉产出量进行预测，并对求解的结果加以分析。该井煤储层泄流体长度 150 m，宽度 150 m，厚度 5.20 m，泄流体长度方向渗透率 3.07×10^{-3} μm²、宽度方向渗透率 1.98×10^{-3} μm²、垂直方向渗透率 0.89×10^{-3} μm²，储水系数 1.0，流体黏度 0.88 mPa·s，流体密度 1 010 kg/m³，煤粉密度 1 490 kg/m³，煤储层平均压力 5.68 MPa，通道长度方向起始坐标为 0.3 m、终止坐标为 150.3 m，射孔孔道长度 0.3 m，射孔孔径 14 mm，射孔数 120 个。模型的求解过程以及结果分析如下：

(1) 划分网格。对煤储层整个泄流体进行网格划分，相应的将 x 轴分成 30 段，y 轴分成 30 段，z 轴分成 13 段。

(2) 煤储层泄流体内各网格节点压力分布情况。采用高斯迭代方法求解线性方程组，得到方程组有 $(30-1)\times(30-1)\times(13+1)=11\ 774$ 个未知数，对应煤岩通道各节点上的压力 $p_{i,j,k}$。表 2-2 给出了井底流压为 3.13 MPa 和通道高度为 0.60 mm 时，$x=25$ m、$z=2.6$ m，$x=50$ m、$z=2.6$ m 和 $x=75$ m、$z=2.6$ m 平面交线上所对应 3 条煤岩通道上的压力分布。

表 2-2　煤岩通道各节点压力分布情况　　单位:MPa

纵向坐标 y/m	垂向坐标 z = 2.6 m		
	横向坐标 x = 25 m	横向坐标 x = 50 m	横向坐标 x = 75 m
0.3	5.680	5.680	5.680
10.3	4.595	4.949	5.029
20.3	4.269	4.521	4.618
30.3	4.208	4.243	4.305
40.3	4.182	4.058	4.076
50.3	4.150	3.936	3.915
60.3	4.138	3.859	3.805
70.3	4.131	3.815	3.733
80.3	4.132	3.793	3.687
90.3	4.135	3.783	3.657
100.3	4.131	3.774	3.632
110.3	4.107	3.753	3.601
120.3	4.038	3.706	3.555
130.3	3.885	3.614	3.484
140.3	3.571	3.471	3.389
150.3	3.130	3.130	3.130

从表中可以看出，在外边界区域的横向方向上，随着坐标值的增大，通道中压力呈现降低的趋势。

(3) 煤储层泄流体内各节点速度分布情况。求出煤岩通道各网格节点上的压力 $p_{i,j,k}$ 后，即可依据式(2-120)得到煤岩通道各节点上 3 个方向的流速 $u_{i,j,k}$，$v_{i,j,k}$ 和 $w_{i,j,k}$。图 2-60 所示为井底流压为 3.13 MPa 和通道高度为 0.60 mm 时，x = 75 m、z = 2.6 m 两平面交线上所对应煤岩通道上的速度分布。

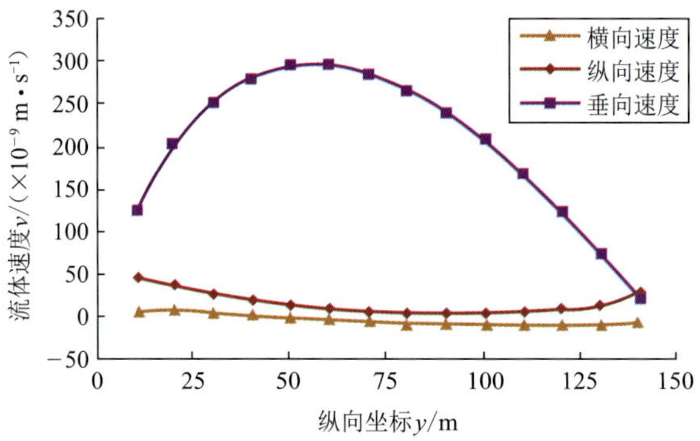

图 2-60　泄流体内煤岩通道各节点的速度分布情况

从图中可以看出，泄流体的煤岩通道中流体沿垂向的流速变化较快，在泄流体中部偏向近井区域出现极大值，而在横向和纵向上流速的变化则相对较缓。

(4) 计算煤储层泄流体积内自由和骨架煤粉含量分布。在泄流体积范围内，利用含煤粉量的迭代方法，沿煤岩通道轴线方向逐步迭代，直到求出射孔孔道顶端的含煤粉量 S_j 为止。图 2-61 所示为井底流压为 3.13 MPa 和通道高度发生改变时，$x=75$ m、$z=2.6$ m 两平面交线上所对应煤岩通道上的含煤粉量分布。

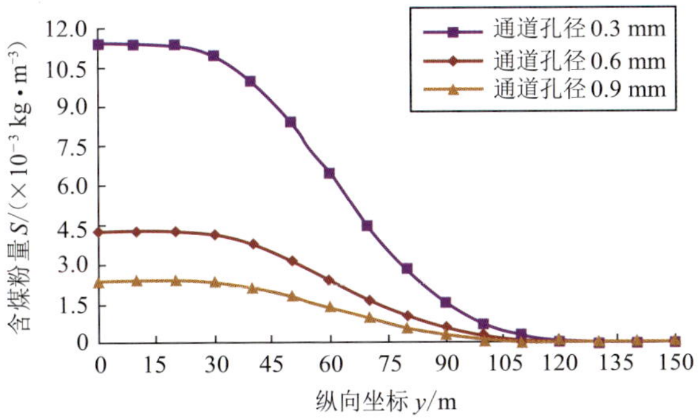

图 2-61　通道高度改变时泄流体内煤岩通道各节点的含煤粉量分布情况

从图中可以看出，整个煤储层泄流体范围内，近井区域流体高流速状态使得含煤粉量达到最高值，外边界处流体的零流速使得其含煤粉量最低。外边界与近井区域，随纵向坐标的增大，相同坐标增量所对应的含煤粉量变化较缓，图中近井区域 0～30 m 与靠近外边界100～150 m 范围内，所对应的含煤粉量变化依次为$(4.092\sim4.263)\times10^{-3}$ kg/m^3 和 $0\sim0.252\times10^{-3}$ kg/m^3，而 30～100 m 区域的含煤粉量则由 0.252×10^{-3} kg/m^3 迅速提高到 4.092×10^{-3} kg/m^3。另外，在渗透率和流体物性等参数值不变的情况下，泄流体煤岩通道孔径的增大会减轻煤层的煤粉产出问题，图中随着煤层气井抽排的进行，煤岩通道高度由 0.3 mm 扩大为 0.9 mm，通道节点最大含煤粉量则明显降低。

由于煤质较脆，易碎和易坍塌，煤粉等固体颗粒容易进行运移等特点，过高的压力干扰会对煤储层造成损害，加重煤粉的产出。图 2-62 给出了通道高度为 0.6 mm 和井底流压发生改变时，$x=75$ m、$z=2.6$ m 两平面交线上所对应煤岩通道上的含煤粉量分布情况。

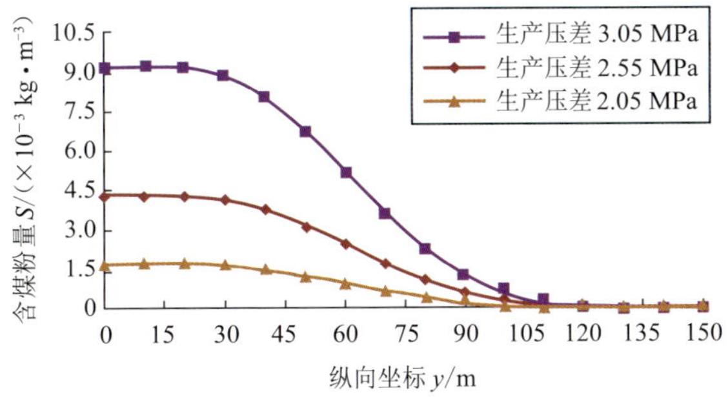

图 2-62　井底流压改变时泄流体内煤岩通道各节点的含煤粉量分布情况

从图中可以看出，图中井底流压由 3.63 MPa 调低为 2.63 MPa 后，生产压差由 2.05 MPa 提高到 3.05 MPa，通道节点最大含煤粉量迅速升高。因此，为减小煤层气井的煤粉产出量，井底流压不能降得过快，需要维持一定的井底回压，更不能为了降低井底流压，增加产气量，而盲目地进行负压排采，以防止加剧煤粉产出。

(5) 预测煤储层煤粉的产出量。依据泄流体内煤岩通道各节点的含煤粉量，得到煤储层的平均含煤粉量，即对应现场采样所测的煤层气井产出煤粉含量的结果。进一步分析程序运行结果，得到本例中 SJP02-1 井煤层产出流体中平均含煤粉量的预测值与实测值的误差为 24.27%。煤储层的累积煤粉产出量是平均含煤粉量、煤层平均产液量与排采时间的乘积，在平均产液量为15 m^3/d 的情况下，该煤层气井一个月的累积煤粉产出量约为 0.736 m^3。

另外，选取鄂尔多斯盆地三交区块其他几口煤层气井在稳定排采阶段的现场参数(表 2-3)，通过求解煤粉产出量预测数学模型，得到各井煤粉产出情况的计算结果(表 2-4)。

表 2-3　鄂尔多斯盆地三交区块煤层气井的现场测试参数

井　号	煤层厚度 H_t/m	渗透率/($\times10^{-3}$ μm^2)			煤粉密度 ρ_c /($kg\cdot m^{-3}$)	流体黏度 μ_w /(mPa·s)	通道高度 d_t/mm	煤层压力 p_r/MPa	井底流压 p_{wf}/MPa
		k_x	k_y	k_z					
SJP01-1	5.50	2.03	1.06	0.63	1 510	0.86	0.80	5.36	1.75
SJP02-1	5.20	3.07	1.98	0.89	1 490	0.88	0.60	5.68	3.13
SJT02-3	4.78	1.63	0.92	0.62	1 460	0.84	0.65	6.19	3.37
SJ5-V1	3.40	1.35	0.83	0.46	1 495	0.87	0.70	5.23	2.15
SJ9-V1	4.50	2.38	1.21	0.70	1 505	0.89	0.85	4.62	1.96

表 2-4　三交区块煤层气井煤粉产出量计算结果

井　号	含煤粉量 S/($\times10^{-3}$ $kg\cdot m^{-3}$)			相对误差 E/%	月累计煤粉产出量 Q_c/m^3
	实测值	最大值	预测值		
SJP01-1	1.578	2.582	1.127	28.61	0.631
SJP02-1	2.454	4.265	1.859	24.27	0.736
SJT02-3	1.334	3.378	0.990	25.76	0.400
SJ5-V1	1.692	3.057	1.335	21.10	0.846
SJ9-V1	1.073	0.896	0.896	16.50	0.422

其中，三交区块煤层气井稳定生产阶段煤粉产出量的实测值是依据现场取样并通过井液含煤粉量实验测得，实验过程及结果见附表 2。煤粉产量的实验结果以及表 2-4 的计算结果表明，三交区块煤层气井进入稳定排采阶段后，煤粉产量较低。这是由于稳产阶段的煤层产水量相对较低且生产压差波动较小，降低了通道壁骨架煤粉发生剪切屈服的可能性，加上该阶段泄流体煤岩通道孔径较抽排前期增大，由此使得煤粉产出量较低。而抽排初期，煤层气产水量较高，动液面短期降低幅度较大，且煤储层压力降到煤层气解吸压力所经历的时间较短，造成生产压差波动较大，这些因素都加剧了煤粉的产出。如实例中 SJ5-V1 井抽排初期产水量达到 50 m^3/d 左右，渗透率 3.08×10^{-3} μm^2，通道高度 0.40 mm，井底流压 2.50 MPa，依据煤粉产出量数学模型预测出此时煤层产出液中的含煤粉量大大超过稳产阶段煤层产出液中的含煤粉量。

从表 2-4 的计算结果还可看出，依据煤岩通道理论所建立的煤粉产出量预测模型得到的计算结果通常低于含煤粉量的实测值，表中计算结果的平均误差为 25%左右，其主要原因为预测模型没有考虑近井附近区域射孔孔道壁发生塑性变形，引发孔道壁煤岩骨架的破坏和煤粉颗粒的脱落，而且煤层气井产出的大粒径煤粉通常也来自于射孔孔道壁脱落的煤粒。为保证模型的预测精度，实际计算中需要引入校正系数，对于鄂尔多斯盆地的煤层气井，模型的计算值增大 15%～30%作为煤粉产出量的最终预测值，抽排时间长的取小值。

此外，在仅考虑煤层下部井筒煤粉沉积造成埋泵故障的情况下，依据所预测的月累计煤粉产出量，同时考虑筛管筛缝大小等因素，可以初步预测该井给定井底口袋大小时的检泵周期。计算中煤粉各粒径组成采用附表 1 的实验结果，且假设煤层产出的粒径大于筛缝的煤粉全部沉积在井底口袋中。如实例中，SJP02-1 井的井底口袋直径为 215.9 mm，深度为 80 m，则筛管的筛缝为 0，0.3 mm 和 0.6 mm 时的检泵周期依次为 4 个月、7 个月和 12 个月，为此需要分析井筒中煤粉运移规律，研究筛管、泵和杆管环空等防煤粉技术，保证井筒中大颗粒煤粉充分沉降的同时，小颗粒煤粉及时随井液携带出井。

2.6 产气通道破坏出煤粉机理及判别方法

在煤层气开发中煤粉产出不可避免，从钻井、排采到关井或修井过程中都产生煤粉。不同阶段产生煤粉的成因不同。根据岩石力学理论，煤层气井出煤粉可以归结为三种煤岩破坏机理，即剪切破坏、压实破坏和滑移破坏。N. Morita 和 D. L. Whitfill[130,131] 等论述了由于两种力作用导致煤层出煤粉，一是剪切应力导致煤储层破碎，二是张应力造成煤储层破碎。如果煤储层内流体流速高，将发生张应力破碎；如果井底压力下降，剪切破碎将占主导地位。产气通道破坏主要是由于煤岩破坏产生煤粉，沉积和堵塞气、水渗流通道，降低产气通道导流能力。对于煤层气井，随着生产时间增加，井筒附近会产生大量的煤粉颗粒，主要包括充填砂、骨架煤粉、弱胶结附着的颗粒砂等。煤粉若不能及时排出而沉积在产气通道内，将造成产气通道堵塞，影响煤层气解吸渗流。

2.6.1 排采阶段煤层出煤粉机理

在排采前期，煤层气井煤粉含量很高，煤层气井出煤粉主要是充填自由煤粉（充填于煤岩空隙处于游离态的煤粉）和射孔、水力压裂引起的煤岩破坏产生的煤粉。由于生产压差过大导致井筒周围煤岩应力增加而产生剪切破坏。此外射孔也会使煤岩破坏，导致煤层地应力发生变化，稳定时煤层从井筒向外分别为重塑区、塑性变形区以及弹性区，如图 2-63 所示。在煤层气井排采初期由于排水量大，水力冲刷能力强，使射孔和水力压裂时煤岩破坏产生的煤粉随地层液进入井筒，并排出地面。

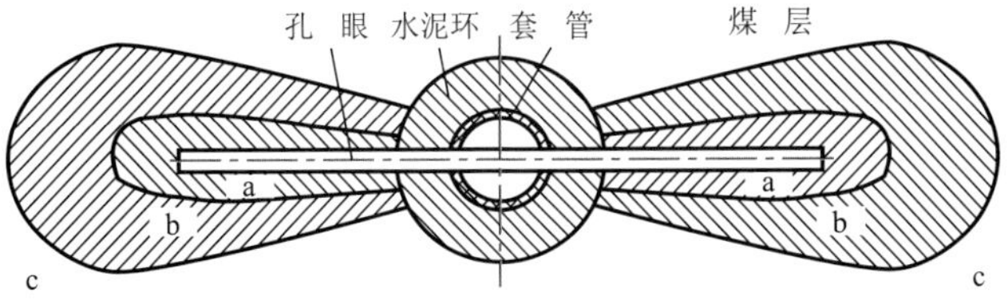

图 2-63 射孔孔眼周围煤岩的受力机理和受损情况

a—煤层重塑区；b—塑性变形区；c—弹性区

在煤层气排采生产阶段，使煤层气井产气通道破坏的原因有两个：地层液流动和煤层压力降低。煤层气井通过排水降压使煤层气解吸、渗流。随着煤层气井的排水降压，在地层液流到井筒的过程中，对煤层颗粒产生拖拽力。拖拽力随着地层液流速的增加而增大。

煤岩颗粒受到拖拽力和压力梯度的双重拉应力作用，当其大于煤岩抗拉强度时，导致煤岩拉伸破坏，如图 2-64 所示。煤岩破坏程度和出煤粉量随着排采强度的增加而增加；缓慢降压，可减少煤层破坏，进而减少出煤粉量。

随着井底压力降低和煤层裂隙内水的排出，煤储层压力降低，煤岩中由水产生的静水压力减小，打破了原有的平衡状态，使孔隙壁上煤岩应力发生变化，如图 2-65 所示，煤颗粒易脱落。生产压差大，近井地带产气通道易坍塌，裂缝趋向闭合；远井地带煤颗粒脱落产生的煤粉易堵塞产气通道。

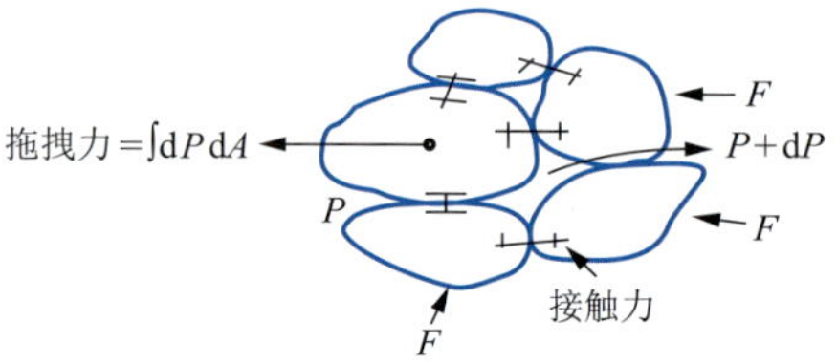

图 2-64 煤岩拉伸破坏机理

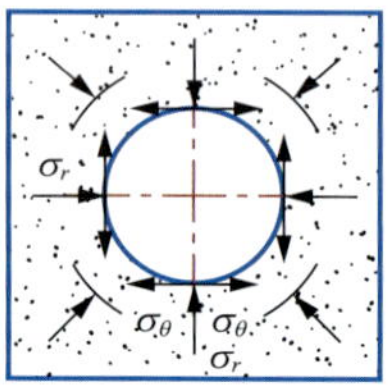

图 2-65 煤层基质孔隙壁的受力

2.6.2 关井、修井时煤粉产出机理

煤层气井关井时，井底压力逐渐恢复，煤层中流体流向井筒的速度逐渐降低，直至静止，井筒内液面逐渐升高，这时煤层又完全浸泡在地层水中。煤的强度随着煤湿度的增加而降低。微小压力波动或流体流动就会使产气通道内煤层骨架发生拉伸破坏而产生煤粉。

修井过程中，如果修井时放喷，放喷瞬间由于井筒内气体的快速流动，井底压力迅速降低，导致地层液流速快，其产生的拖拽力超过煤层抗拉强度，煤颗粒从骨架颗粒表面脱落，产生煤粉，使产气通道遭到破坏。在修井中不放喷，且有效控制井底压力，减缓地层液流动有利于保护产气通道，减少煤粉产出。在关井、修井中煤粉的产生，一方面是由于地层水的再次浸泡而产生的，另一方面是由于地层液的拖拽力大于煤岩的抗拉强度造成的，如图 2-66 所示。

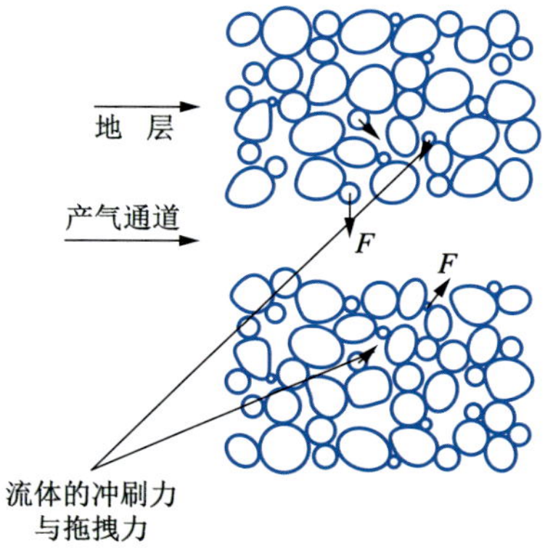

图 2-66 储层拉伸破坏示意图

综上所述，在关井时煤层气井动液面上升，煤层被地层水重新浸泡，强度降低，当再次开井生产时，由于压力波动或地层液流动而产生煤粉；修井时煤岩的破坏可以归结为由于地层水流动速度过大，对煤层骨架的拖拽力超过了煤岩的抗拉强度而导致煤岩破坏，形成煤粉；再次开井生产时水动力不足，产生的煤粉无法排出产气通道，进入井筒而沉积、堵塞产气通道，使煤层气产量降低。

2.6.3 较近井地带煤层出煤粉条件

煤层破坏出煤粉问题实际上是煤颗粒从煤层骨架脱落并随地层液运移的问题。煤层气井产生的煤粉来源有填充自由煤粉、弱胶结煤颗粒脱落和煤层骨架结构破坏三种。

依据岩石力学理论，煤层出煤粉是由于煤储层结构被破坏所引起的。煤岩所受应力包括地层结构应力、上覆岩层压力、流体流动时对煤层颗粒的携带力、温度变化所引起的应变力，还有煤储层孔隙压力和生产压差形成的作用力。煤岩的最大压应力超过其抗压强度，则会发生骨架破坏，在开发过程中将造成煤层骨架破坏性出煤粉。煤层骨架破坏性出煤粉主要存在于较近井地带。

1. 较近井地带煤岩受力分析

煤储层在多个作用力下达到平衡，主要有重力应力、构造应力和流体压力等。

重力应力可分为垂向主应力和水平主应力。

垂向主应力：

$$\sigma_{gz} = \rho g H$$

水平主应力：

$$\sigma_{gh} = \sigma_{ghx} = \sigma_{ghy} = \sigma_{gz}\left(\frac{\nu}{1-\nu}\right)^{1-n} \tag{2-133}$$

式中 ρ——上覆岩层平均密度，kg/m^3；

g——重力加速度，m/s^2；

H——煤层埋深，m；

ν——岩石的泊松比；

n——与煤岩非线性压缩相关的系数。

构造应力由于垂向上无约束性，其垂向应力一般为0。水平主应力有两个方向：① 沿挤压构造力 s_c 或拉张构造力 s_t 的作用方向；② 沿挤压构造力或拉张构造力垂直方向，且两水平主应力符号相同。

x 方向水平主应力：

$$\sigma_{cx} = s_c, \quad \sigma_{tx} = s_t$$

y 方向水平主应力：

$$\sigma_{cy} = s_c(\nu)^{1/n}, \quad \sigma_{ty} = s_t(\nu)^{1/n} \tag{2-134}$$

煤储层的孔隙被水饱和，流体具有一定的压力，该压力称为静态流体压力。煤储层中流体压力 p_s 使煤岩产气通道撑开，可表示为：

$$p_s = 10^{-6} D_f g H \tag{2-135}$$

式中 D_f——由上到下流体平均密度，kg/m^3。

2. 较近井地带煤岩出煤粉条件

较近井地带射孔范围煤岩所受最大周向应力是压应力，可表示为：

$$\sigma_\theta = 2\left[\frac{\nu}{1-\nu}(10^{-6}\rho g H - p_{wf}) + (p_s - p_{wf})\right] \tag{2-136}$$

式中 σ_θ——最大周向应力，MPa；

p_s——流体压力，MPa；

p_{wf}——井底流压，MPa。

根据岩石破坏理论，当煤岩石所受最大应力大于煤岩抗压强度时，将会引起煤岩结构骨架破坏而出煤粉，因此较近井地带煤层出煤粉的条件为：

$$2\left[\left(\frac{\nu}{1-\nu}\right)(10^{-6}\rho g H - p_{wf}) + (p_s - p_{wf})\right] > [C] \tag{2-137}$$

式中 $[C]$——煤岩抗压强度，MPa。

在一定井底流压下，如果上式成立，则表明在此井底压力下较近井地带煤层出煤粉。煤层气井生产时，在较近井地带储层压降较大，煤层骨架易破裂而出煤粉，并且煤粉颗粒较大。

根据测试，某煤层气井煤的材料力学参数[132]分别为：煤的弹性模量为 0.3～0.65 GPa，平均为 0.4 GPa；泊松比为 0.10～0.50，平均为 0.30；抗压强度为 5.0～50 MPa，平均为 13.0 MPa；抗拉强度为 0.25～5.0 MPa，平均为 2.0 MPa；内摩擦角为 28°～35°，平均为 32°；胶结强度为 2～4 MPa，平均为 3 MPa。上覆岩层的平均密度为 2.75×10^3 kg/m^3，煤层埋深为 447 m，流体的平均密度为 1 016 kg/m^3，由式(2-137)可得井底流压 p_{wf}：

$$p_{\mathrm{wf}} < \frac{\dfrac{\nu}{1-\nu}10^{-6}\rho g H + 10^{-6} D_{\mathrm{f}} g H - \dfrac{1}{2}[C]}{1+\dfrac{\nu}{1-\nu}} \tag{2-138}$$

则临界井底压力为：

$$p_{\mathrm{wflj}} = \frac{\dfrac{\nu}{1-\nu}10^{-6}\rho g H + 10^{-6} D_{\mathrm{f}} g H - \dfrac{1}{2}[C]}{1+\dfrac{\nu}{1-\nu}}$$

当井底流压小于临界井底压力时，较近井地带煤层骨架破裂产生煤粉。

从上式可以看出，较近井地带煤层出煤粉时临界井底压力与煤层埋深相关。临界井底压力与煤层埋深关系如图 2-67 所示。随着煤层埋深增加，煤层气井临界井底压力增加。煤岩抗压强度越小，煤层气井临界井底压力越大。

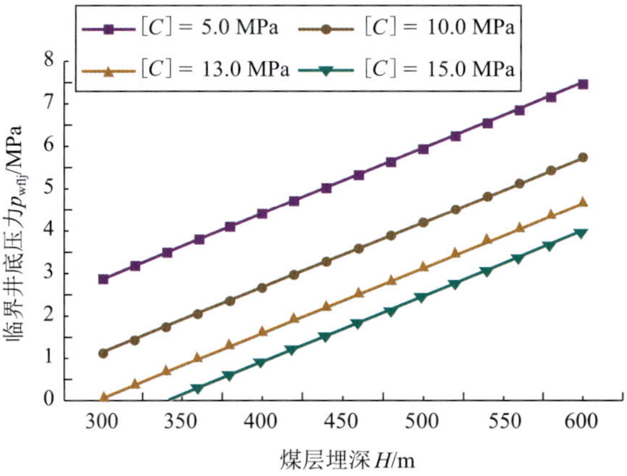

图 2-67 不同煤层埋深的煤层气井临界井底压力

2.6.4 近井、远井地带煤层出煤粉条件

1. 煤层骨架颗粒受力分析

煤层裂隙是地层液渗流通道，同时也是煤层气的产气通道。由于流体在煤层裂隙中的渗流作用会冲蚀裂隙表面煤层颗粒而产生煤粉，因此需要对裂隙表面煤层颗粒进行力学分析。煤层裂隙内煤颗粒受一定压差和流体流动的携带作用共同引起的拖拽力 ΔF_{p} 和骨架颗粒之间的黏着力共同作用。

拖拽力 ΔF_{p} 与流体黏度、流速、生产压差和颗粒直径有关，流体在裂缝内流动时，产生的拖拽力的大小为：

$$\Delta F_{\mathrm{p}}=A\Delta p+\frac{\mu A v}{d} \tag{2-139}$$

式中 Δp——生产压差，Pa；

A——渗流面积，m^2；

μ——流体黏度，Pa·s；

v——流体速度，m/s；

d——颗粒直径，m。

由拖拽力产生的应力 σ_{p} 为：

$$\sigma_{\mathrm{p}}=\Delta p+\frac{\mu v}{d}$$

煤层骨架颗粒之间的黏着力使煤层颗粒之间黏结，是阻止颗粒脱落的力，可用煤层的抗拉强度表示。

2. 近井、远井地带煤岩出煤粉条件

当煤岩骨架颗粒所受的拖拽应力大于骨架煤颗粒之间的抗拉强度时，煤颗粒从骨架脱落，故近井、远井地带煤层出煤粉的条件为：

$$\sigma_{\mathrm{p}}>[\sigma_{\mathrm{b}}]$$

即：

$$\Delta p+\frac{\mu v}{d}>[\sigma_{\mathrm{b}}] \tag{2-140}$$

由煤层气井径向渗流公式可得：

$$\Delta p=\frac{q_1\mu\ln(r_{\mathrm{e}}/r_{\mathrm{w}})}{2\pi kh}=\frac{\mu\ln(r_{\mathrm{e}}/r_{\mathrm{w}})}{2\pi kh}v\pi r_{\mathrm{w}}^2 \tag{2-141}$$

式中 q_1——地层液排量，m^3/d。

将式(2-141)代入式(2-140)，整理可得使煤层出煤粉的渗流速度应满足：

$$v>\frac{khd[\sigma_{\mathrm{b}}]}{r_{\mathrm{w}}^2\mu\ln(r_{\mathrm{e}}/r_{\mathrm{w}})d+kh\mu} \tag{2-142}$$

故出煤粉临界渗流速度为：

$$v_{\mathrm{lj}}=\frac{khd[\sigma_{\mathrm{b}}]}{r_{\mathrm{w}}^2\mu\ln(r_{\mathrm{e}}/r_{\mathrm{w}})d+kh\mu}$$

使煤层出煤粉的生产压差应满足：

$$\Delta p>\frac{r_{\mathrm{w}}^2\ln(r_{\mathrm{e}}/r_{\mathrm{w}})d[\sigma_{\mathrm{b}}]}{r_{\mathrm{w}}^2\ln(r_{\mathrm{e}}/r_{\mathrm{w}})d+kh} \tag{2-143}$$

可得出煤粉临界生产压差为：

$$\Delta p=\frac{r_{\mathrm{w}}^2\ln(r_{\mathrm{e}}/r_{\mathrm{w}})d[\sigma_{\mathrm{b}}]}{r_{\mathrm{w}}^2\ln(r_{\mathrm{e}}/r_{\mathrm{w}})d+kh}$$

从图 2-68 和图 2-69 中可以看出，地层液临界渗流速度随着煤岩抗拉强度的增加而线性增加。煤储层越厚，在相同抗拉强度下临界渗流速度越大。临界生产压差也随着煤岩抗拉强度的增加而线性增加。煤岩的抗拉强度越大，越不易出煤粉。

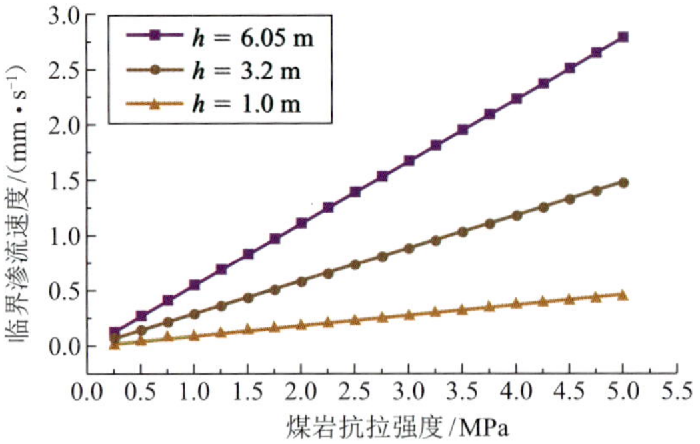

图 2-68　临界渗流速度随煤岩抗拉强度的变化曲线

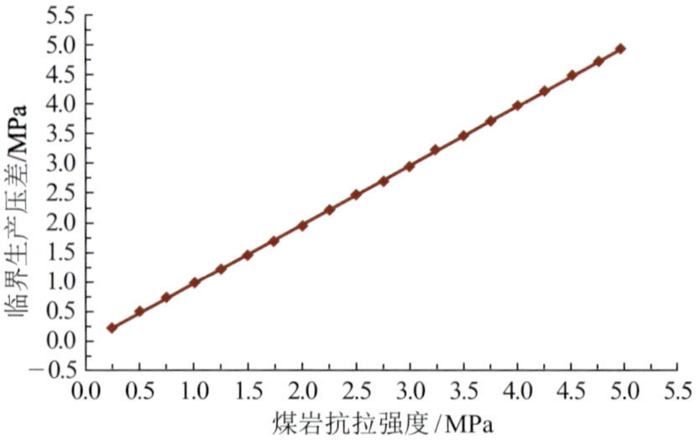

图 2-69　临界生产压差随煤岩抗拉强度的变化曲线

第 3 章

煤层气井产气通道内煤粉运移与适度携煤粉技术

第 2 章研究了煤储层和产气通道破坏产生煤粉的机理和条件。煤粉从煤骨架脱落是拉伸破坏所致，而脱落煤粉颗粒是被流体带走还是滞留则由流体对煤粉的作用力决定。本章研究煤粉在产气通道内的运移启动条件和运移规律，给出产气通道中煤粉排出的条件。

煤粉从裂缝中运移到井筒时存在两种运动形式：一种是煤粉悬浮在地层流体中，被流体携带到井筒；另一种是煤粉在流体冲击力作用下由裂缝滚动到井筒。

3.1 产气通道内煤粉颗粒运动基本特性

3.1.1 煤粉颗粒在产气通道内的运动形式

1）推移运动[133]

当地层液拖拽力超过煤粉颗粒启动所需的拖拽力后，煤粉颗粒开始离开产气通道壁向前滑动或滚动。煤粉颗粒在运动过程中经常与产气通道壁相接触，考虑煤粉颗粒间相互作用及产气通道壁的不光滑，在一定地层液流速下煤粉颗粒将发生跳跃。地层液流速不同，其跳跃高度、距离和跳跃间隔时间不同。煤粉颗粒的这种运动称为推移运动。做该形式运动的煤粉颗粒称为推移质点。

推移运动主要发生在产气通道壁附近，对于特定煤粉颗粒其运动有间歇性，它们不断与产气通道内脱落的其他煤粉颗粒交换能量。煤粉颗粒平均运动速度远低于地层液流的平均速度，煤粉颗粒从产气通道壁跃起、加速以及与沉积壁面的摩擦、撞击消耗了一部分地层液流体的势能。煤粉颗粒运动强度和地层液流阻力不同，消耗的势能也不同。推移运动中煤粉颗粒粒径一般较大，其主要的支持力来自煤粉颗粒间相互作用的粒间离散力。粒间离散力在数值上等于煤粉颗粒自身的有效重力。

2）悬移运动[133]

当地层液流速度继续增加使紊动进一步加强时，煤粉固体颗粒在自产气通道壁面跃起的过程中可能遇到向上的旋涡。当旋涡向上的分速度超过煤粉颗粒的下沉速度且旋涡尺寸比煤粉颗粒大很多时，煤粉颗粒被带入距壁面更远的流区中。这个流区中的煤粉颗粒称为悬移质点。

煤粉颗粒的悬移运动发生在整个产气通道范围内，但其在产气通道截面上的含量不同。靠近沉积面的煤粉颗粒不断地与推移运动煤粉颗粒发生能量交换。悬移运动的煤粉颗粒运动速度与地层液速度基本一致，因而消耗能量很少，其消耗的能量由紊流的动能提供。由于紊流动能由地层液流势能转化而来，因此悬移运动是间接消耗液流势能，能量消耗要比推移运动小得多。煤粉颗粒悬移运动的支持力是紊动旋涡，这使悬移煤粉颗粒较均匀地分布在地层液流中，因而增加了悬液容重，故悬移运动的煤粉颗粒通过悬液容重的增加作用到产气通道底壁产生静压力。

3）中性悬浮运动[133]

在含有细煤粉颗粒地层液中，当煤粉颗粒含量增加到一定程度后，地层液由牛顿流体转变为宾汉流体（当剪切应力 τ 超过某一屈服应力 τ_B 时，宾汉流体才开始流动，流变关系为 $\tau=\tau_B+\eta du/dy$，其中 η 为塑性黏度，du/dy 为剪切速率）。由于宾汉流体剪切应力使地层液中直径较小的煤粉颗粒沉速为0，这部分煤粉颗粒不需要液流紊动作用便可保持不沉而随地层液运动，不直接消耗液流能量。悬液中该较细煤粉颗粒称中性悬浮质点，它们仅在层流流态或紊动强度较低的情况下才会存在。

3.1.2 平均流速与产气通道内液固两相流的流动状态

产气通道内含有细煤粉颗粒的地层液可以看成均质浆体。含有细煤粉颗粒（直径小于0.05 mm）的均质地层液在水平产气通道内流动时在低流速和高流速下分别为层流流态和紊流流态，流态随地层液平均速度的变化在紊流和层流之间进行转变。由研究结果可知，其两种状态分界处的临界雷诺数为2 100～2 300。细煤粉颗粒流动状态随速度变化关系如图3-1所示，反之上述流动状态可逆。煤粉含量一定的地层液在流速不断降低后将造成通道堵塞。图3-2给出了其流态和管道摩阻损失随平均流速变化的示意图，图中 $\Delta p/L$ 为压力梯度，v_c 为摩阻损失最小的最佳携液速度，$\bar{v}$ 为平均速度。在煤层气开发中由于排采初期产水量较大，地层液流向井筒的速度较大，产气通道内煤粉随井液进入井筒。在排采中后期或稳产阶段，排水量较少，含煤粉地层液由于速度降低堆积在产气通道内，最终堵塞产气通道。为了保证煤粉不沉积在产气通道内，流向井筒的地层液必须大于一定的速度（图3-3），以使煤粉颗粒随地层液一起流入井筒。

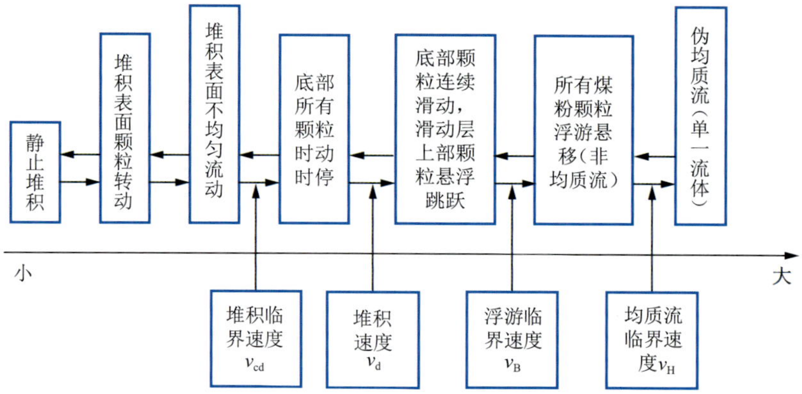

图3-1 细煤粉颗粒的流动状态图

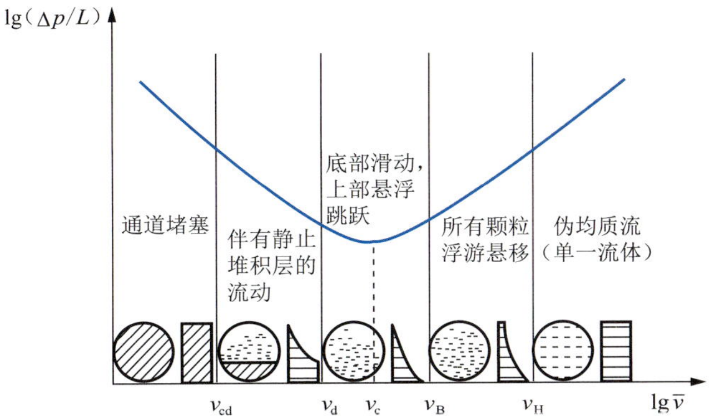

图 3-2　流态和管道摩阻损失随平均流速变化

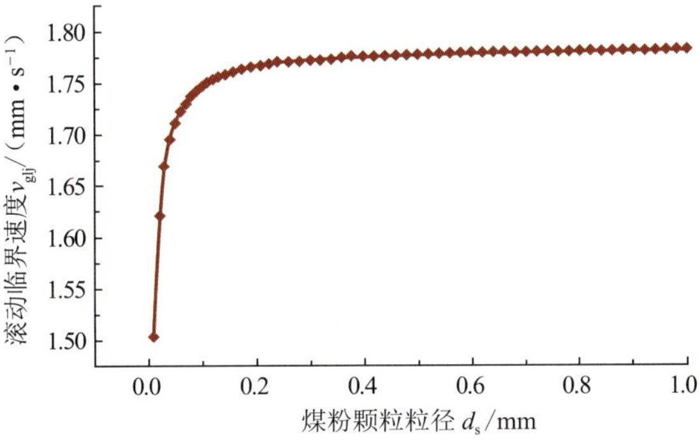

图 3-3　煤粉颗粒粒径和滚动启动临界速度的关系

3.2　产气通道内煤粉滚动启动条件

对产气通道内脱落煤粉颗粒进行受力分析，得出煤粉滚动启动的临界条件，进而分析脱落煤粉运移规律。

3.2.1　单个煤粉颗粒滚动启动条件

由 2.3 节自由移动的临界条件可得出产气通道内脱落煤粉滚动启动速度 v_g 应满足：

$$v_g \geqslant \frac{2}{3k\rho_1}\left(\sqrt{(r_s\mu)^2+\sqrt{3}k^2\rho_1 r_s(\rho_s-\rho_1)g}-\mu r_s\right) \tag{3-1}$$

故煤粉颗粒的滚动启动临界速度 v_{glj} 为：

$$v_{glj}=\frac{2}{3k\rho_1}\left[\sqrt{\frac{1}{4}(d_s\mu)^2+\frac{\sqrt{3}}{2}k^2\rho_1 d_s(\rho_s-\rho_1)g}-0.5\mu d_s\right] \tag{3-2}$$

式中　d_s——煤粉颗粒粒径，mm；

k——裂缝渗透率，μm^2；

ρ_1——流体密度，kg/m^3；

r_s——煤粉颗粒半径，mm；

ρ_s——煤粉密度，kg/m^3；

μ——流体黏度，mPa·s。

3.2.2　不同形状的煤粉滚动启动条件

实际上脱落煤粉颗粒为不规则颗粒，考虑煤粉颗粒的非圆度系数对其进行修正。质

量和密度分别为 m，ρ_s 的颗粒，等效为球时其等效直径 d'_s 为：

$$d'_s = 1.24\left(\frac{m}{\rho_s}\right)^{1/3} \tag{3-3}$$

将等效球直径直接代入式(3-2)，可得不规则煤粉滚动启动临界条件为：

$$v_{glj} = \frac{2}{3k\rho_l}\left[\sqrt{\frac{1}{4}(d'_s\mu)^2 + \frac{\sqrt{3}}{2}k^2\rho_l d'_s(\rho_s - \rho_l)g} - 0.5\mu d'_s\right] \tag{3-4}$$

3.2.3 脱落煤粉不同排列方式下的滚动启动条件

在实际产气通道内脱落煤粉颗粒不一定是按图 3-4 排列的，有的煤粉颗粒可能被淹没，有的可能镶嵌在其他颗粒中。图中，F_G 为颗粒受的重力，F_p 为压力梯度力，F_c 为液体的冲刷力。在产气通道内脱落后，颗粒有图 3-5 所示 3 种排列形式。

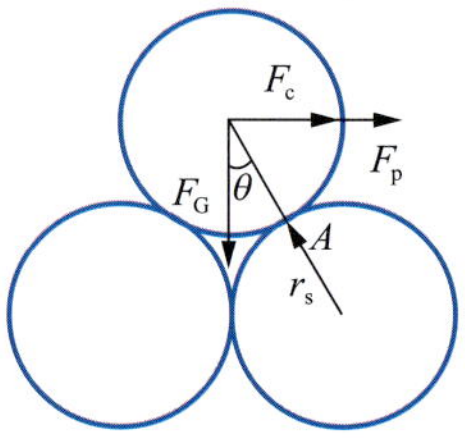

图 3-4 脱落煤粉的受力分析

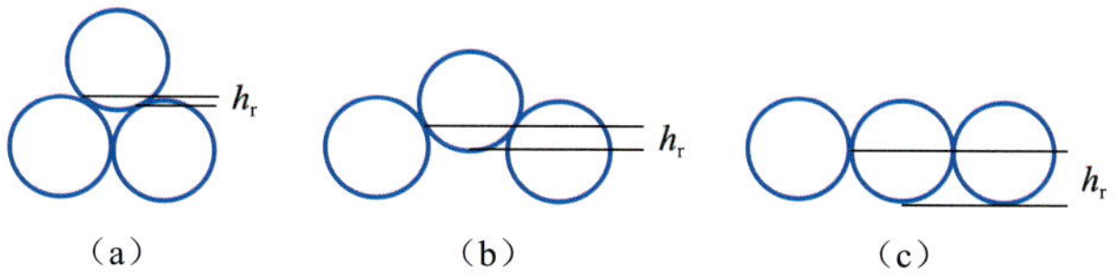

图 3-5 煤粉颗粒排列方式示意图

定义煤粉颗粒接触点到煤粉颗粒下边界的距离为覆盖深度 h_r。假设煤粉颗粒为等粒径球形颗粒，由几何关系可计算出覆盖深度，在煤粉排列中假设煤粉颗粒粒径为 d_s，下面两颗粒中心的距离为 $d_s+\delta$，其中 $0 \leqslant \delta \leqslant d_s$，则：

$$h_r = \frac{d_s - \sqrt{d_s^2 - \left(\frac{d_s+\delta}{2}\right)^2}}{2} \tag{3-5}$$

当 $\delta=0$ 时，煤粉排列为图 3-5(a)所示形式，煤粉颗粒覆盖深度最小为 $0.067d_s$；当 $\delta = d_s$ 时，煤粉排列为图 3-5(c)所示形式，煤粉颗粒的覆盖深度最大为 $0.5d_s$。

煤粉颗粒覆盖深度不同将影响颗粒滚动启动时各作用力的力臂，考虑煤粉颗粒覆盖深度后阻碍运动的力臂 l_x 和主动力力臂 l_y 分别为：

$$l_x = \frac{d_s+\delta}{4} = \sqrt{d_s h_r - h_r^2}, \quad l_y = \frac{\sqrt{d_s^2 - [(d_s+\delta)/2]^2}}{2} = \frac{d_s}{2} - h_r \tag{3-6}$$

将力臂公式(3-6)代入式(2-64)，再结合不同形状煤粉颗粒等效粒径公式，即可得到考虑排列方式和煤粉颗粒形状的滚动启动临界速度。

3.3 产气通道内煤粉悬浮移动条件

3.3.1 单个煤粉颗粒受力分析

脱落煤粉颗粒在地层流体中的受力分析如图 3-6 所示，煤粉颗粒主要受运动阻力 F_d、视质量力 F_m、压力梯度力 F_p、巴西特力 F_b、马格努斯力 F_{ml}、萨夫曼力 F_{sl}、升力 F_S 以及颗粒自身重力 F_G。

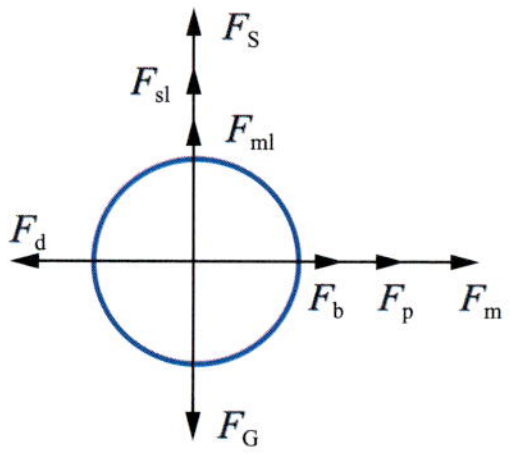

图 3-6 悬浮煤粉受力分析

1）压力梯度力 F_p

煤粉颗粒所受的压力梯度力与颗粒本身的运动状态无关，而与上述静止颗粒相同：

$$F_p = \frac{4}{3}\pi r_s^3 \frac{\partial p}{\partial x} \tag{3-7}$$

2）运动阻力 F_d

由于地层液有一定黏度，故颗粒在地层液中运动时受到运动阻力，其大小可表示为：

$$F_d = \frac{1}{2}C_D\rho_l |v_l - v_s|(v_l - v_s)S \tag{3-8}$$

式中　ρ_l——液体密度，kg/m³；

v_l——地层液速度，m/s；

v_s——煤粉颗粒运动速度，m/s；

S——煤粉颗粒迎流面积，m²；

C_D——阻力系数。

煤粉颗粒的阻力系数与颗粒形态以及流体流态有关，不同流态下的阻力系数如下：层流（$0 < Re < 1$），$C_D = \dfrac{24\mu}{dv\rho}$；过渡流（$1 < Re < 1\ 000$），$C_D = 30\left(\dfrac{dv\rho}{\mu}\right)^{-0.625}$；紊流（$1\ 000 < Re < 100\ 000$），$C_D = 0.44$。

3）视质量力 F_m

煤粉颗粒在相对于地层流体做加速运动时，其周围的地层液速度也随着煤粉颗粒速度的增大而增大。使煤粉运动的力同时增加了煤粉颗粒及液流的动能，故该力称为视质量力 F_m，可以表示为：

$$F_m = K_m \frac{2}{3}\pi r_s^3 \rho_{ml} \frac{d}{dt}(v_l - v_s) \tag{3-9}$$

$$K_m = 1.05 - \frac{0.066}{A_c^2 + 0.12},\quad A_c = \frac{|v_l - v_s|^2}{2r_s \frac{d}{dt}(v_l - v_s)}$$

式中　ρ_{ml}——煤粉颗粒在流体中的视密度，kg/m³；

K_m——视质量力系数，其大小可由 Odar 经验公式得到。

4）巴西特（Basset）力 F_b

当黏性流体内煤粉颗粒非匀速运动时，煤粉表面的一部分流体随煤粉流动。当煤粉加速或减速时，由于惯性流体运动有一定的滞后，煤粉上受的力是巴西特力，它是时间的函数，也与煤粉加速过程相关，可表示为：

$$F_b = K_B\sqrt{\pi\mu\rho_{ml}r_s^2}\int_{t_{s0}}^{t_s}\frac{1}{\sqrt{t_s - \tau}}\left[\frac{d}{dt}(v_l - v_s)\right]d\tau \tag{3-10}$$

式中　t_s——煤粉运动的加速结束时刻，s；

t_{s0}——煤粉初始加速时刻，s；

τ——煤粉运动的任意时刻，s；

K_B——巴西特力系数，其大小可由 Odar 经验公式得到。

$$K_B = 2.88 + \frac{3.12}{(A_c + 1)^3}$$

K_B 一般取为 0.6。

5）马格努斯(Magnus)力 F_{ml}

煤粉颗粒受到一个剪切转矩作用而发生旋转，这是由地层液在孔隙中流动存在压力梯度和速度梯度以及壁面粗糙产生的涡旋引起的。由于地层液旋转带动球边缘流体运动，使球两侧流体速度不同而产生压力差。压力差的总效果是对球形颗粒产生一个垂直于流体方向的力，称为马格努斯力，其关系式为：

$$F_{ml}=\pi r_s^3\rho_{ml}\omega(v_l-v_s) \tag{3-11}$$

式中 ω——旋转角速度，rad/s。

6）萨夫曼(Saffman)力 F_{sl}

煤粉颗粒在有速度梯度流场中运动时，受到由颗粒旋转所产生的升力作用，该作用力称为萨夫曼力，其计算式为：

$$F_{sl}=6.44\,(\mu\rho_l)^{0.5}r_s^2(v_l-v_s)\left|\frac{\mathrm{d}v_l}{\mathrm{d}x}\right|^{0.5} \tag{3-12}$$

7）升力 F_S

升力 F_S 的表达式为：

$$F_S=\frac{1}{2}\pi r_s^2\rho_l C_L\,(v_l-v_s)^2 \tag{3-13}$$

式中 C_L——升力系数。

若煤粉为球形颗粒，则其升力系数 $C_L=0$；在煤粉颗粒群中考虑各煤粉颗粒的随机性，其所受升力互相抵消，因此两相流中通常都不考虑升力。

3.3.2 产气通道内煤粉颗粒悬浮条件

在产气通道内裂缝上下壁之间距离很小，煤粉颗粒由于自身重力很容易沉积到裂缝下壁，故垂直方向力平衡煤粉颗粒才能悬浮：

$$F_{ml}+F_{sl}+F_S+F_G=0 \tag{3-14}$$

对于球形颗粒，升力为0，将各力代入可得：

$$\pi r_s^3\rho_l\omega(v_{cf}-v_s)+6.44(\mu\rho_l)^{0.5}r_s^2(v_{cf}-v_s)\left|\frac{\mathrm{d}v_{cf}}{\mathrm{d}x}\right|^{0.5}-\frac{4}{3}\pi r_s^3(\rho_s-\rho_l)g=0 \tag{3-15}$$

则颗粒悬浮临界速度 v_{cf} 为：

$$v_{cf}=v_s+\frac{4\pi r_s(\rho_s-\rho_l)g}{3\pi r_s\rho_l\omega+19.32(\mu\rho_l)^{0.5}\left|\frac{\mathrm{d}v_{cf}}{\mathrm{d}x}\right|^{0.5}} \tag{3-16}$$

(1) 设速度梯度为常数，即 $\mathrm{d}v_{cf}/\mathrm{d}x=C$，则可得流体的临界速度：

$$v_{cf}=v_s+\frac{4\pi r_s(\rho_s-\rho_l)g}{3\pi r_s\rho_l\omega+19.32(C\mu\rho_l)^{0.5}}$$

(2) 对于刚启动的煤粉颗粒，$v_s=0$，故初始启动煤粉悬浮所需地层液的临界流速为：

$$v_{cf}=\frac{4\pi r_s(\rho_s-\rho_l)g}{3\pi r_s\rho_l\omega+19.32\,(C\mu\rho_l)^{0.5}}$$

(3) 对于定流量生产的井，假设渗流裂缝截面积一定，故液体流速 v 为常数，即 $\mathrm{d}v_{cf}/\mathrm{d}x=0$，萨夫曼力为0，流体的临界速度为：

$$v_{cf}=\frac{4(\rho_s-\rho_l)g}{3\rho_l\omega}$$

3.3.3　不同形状煤粉颗粒悬浮临界速度的确定

考虑煤粉颗粒不规则性，对其进行修正，可用等效体积法计算等效直径。由于不规则颗粒所受升力不为 0，故计算悬浮状态力平衡时必须考虑升力，则达到悬浮状态所满足的力平衡方程为：

$$\pi r_s^3\rho_1\omega(v_{cf}-v_s)+6.44(\mu\rho_1)^{0.5}r_s^2(v_{cf}-v_s)\left|\frac{\mathrm{d}v_{cf}}{\mathrm{d}x}\right|^{0.5}+$$
$$0.5\pi r_s^2\rho_1 C_L(v_{cf}-v_s)^2-\frac{4}{3}\pi r_s^3(\rho_s-\rho_1)g=0$$

上式是关于 $(v_{cf}-v_s)$ 的一元二次方程，$A(v_{cf}-v_s)^2+B(v_{cf}-v_s)-E=0$。其中，$A=0.5\pi r_s^2\rho_1 C_L$；$B=\pi r_s^3\rho_1\omega+6.44(\mu\rho_1)^{0.5}r_s^2\ |\mathrm{d}v_{cf}/\mathrm{d}x|^{0.5}$；$E=4\pi r_s^3(\rho_s-\rho_1)g/3$。

解方程可得悬浮临界速度，取其正解，则不规则煤粉悬浮临界速度为：

$$v_{cf}=v_s+\frac{\sqrt{[\pi r_s\rho_1\omega+6.44(\mu\rho_1)^{0.5}|\mathrm{d}v_{cf}/\mathrm{d}x|^{0.5}]^2+8\pi^2 r_s\rho_1 C_L(\rho_s-\rho_1)/3}}{\pi\rho_1 C_L}-$$
$$\frac{\pi r_s\rho_1\omega+6.44(\mu\rho_1)^{0.5}|\mathrm{d}v_{cf}/\mathrm{d}x|^{0.5}}{\pi\rho_1 C_L}\tag{3-17}$$

假设速度梯度为常数，即 $\mathrm{d}v_{cf}/\mathrm{d}x=C$，等体积球直径为 d'_s，刚启动煤粉颗粒速度 $v_s=0$，则可得流体的临界速度为：

$$v_{cf}=\frac{\sqrt{[0.5\pi d'_s\rho_1\omega+6.44\,(C\mu\rho_1)^{0.5}]^2+4\pi^2 d'_s\rho_1 C_L(\rho_s-\rho_1)/3}-0.5\pi d'_s\rho_1\omega-6.44\,(C\mu\rho_1)^{0.5}}{\pi\rho_1 C_L}$$

3.3.4　煤粉颗粒群悬浮运移

当地层液中煤粉颗粒含量较多时，煤粉颗粒间的摩擦和碰撞对其悬浮运移有一定的影响。粒径不同的煤粉颗粒由于悬浮动力不同而产生悬浮分级，故考虑在煤储层中实际地层液混合流体中煤粉含量和煤粉颗粒群的悬浮分级，基于毛细管模型建立水平产气通道流态模型，如图 3-7 所示。

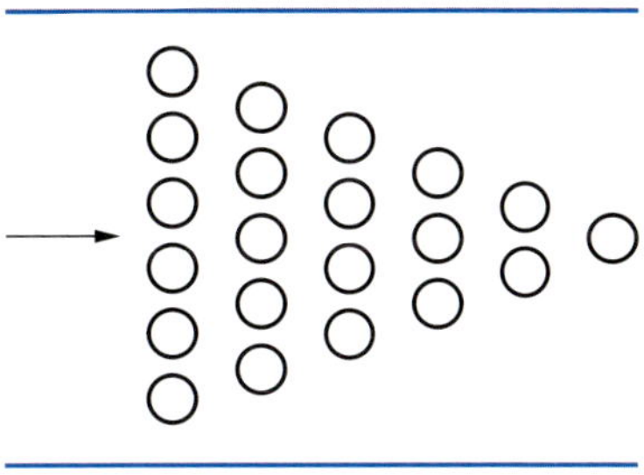
图 3-7　煤粉颗粒分级悬浮运移

考虑煤粉颗粒占据产气通道一定截面而使产气通道内实际的流通截面减小，则煤粉颗粒周围地层液流速度增加使地层液流体对煤粉颗粒产生附加流体动力[134]。依据上述产气通道分级运移模型，可将煤粉颗粒含量和悬浮分级对煤粉颗粒悬浮的影响认为是产气通道截面空间尺寸的变化对其产生的影响。对煤粉颗粒悬浮运移的临界速度进行修正，可得受煤粉含量和悬浮分级影响的临界速度 v'_{cf} 为：

$$v'_{cf}=v_{cf}[1-(d'_s/D)^m]\tag{3-18}$$

式中　D—— 产气通道等效截面直径，mm；

d'_s/D—— 煤粉颗粒占据空间系数；

m—— 影响指数，依据前人研究结果一般取 $m=2$。

对某煤层气井进行分析，其参数如下：5＃煤层厚度 10.4 m，储层压力 4.2 MPa，煤层渗透率 2.59×10^{-3} μm²，裂缝开度 3.4 m，裂缝截面宽度 0.06 m，裂缝半长 50 m，井底流压 1.1 MPa，煤层气黏度 0.017 mPa · s，井液黏度 0.79 mPa · s，煤层气相对密度 0.59，井液密度 1 016 kg/m^3，煤密度 1.4×10^3 kg/m^3。其悬浮运移的临界速度和煤粉颗粒粒径的关系如图 3-8 所示。

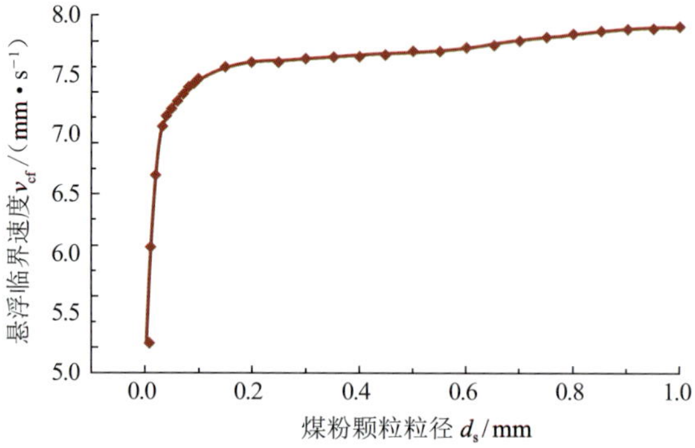

图 3-8　煤粉颗粒粒径与悬浮临界速度的关系

3.3.5　悬浮煤粉排出条件

在裂隙内脱落后的煤粉受到水动力作用，被携带至井筒内，当液体速度小于煤粉颗粒悬浮临界速度时，煤粉颗粒一边随着液体向井筒运移，一边向下沉积到裂隙壁。故由上述对流体中煤粉的受力分析可知，当液体速度大于煤粉颗粒悬浮临界速度时，颗粒在液体中处于悬浮状态并随液体流向井筒，最后被排出。

煤粉排到井筒需满足：

$$\left.\begin{aligned}F_{ml}+F_{sl}+F_S+F_G=0\\F_b+F_p+F_m>F_d\end{aligned}\right\}\tag{3-19}$$

假设煤粉颗粒加速瞬间完成(不考虑加速过程)，则煤粉颗粒所受的巴西特力可以忽略。煤粉运移条件为：

$$F_p+F_m>F_d\tag{3-20}$$

即：

$$\frac{4}{3}\pi r_s^2\frac{\partial p}{\partial x}+K_m\frac{2}{3}\pi r_s^3\rho_{ml}\frac{d}{dt}(v_l-v_s)-\frac{1}{2}C_D\rho_l|v_l-v_s|(v_l-v_s)S>0$$

对于刚启动的煤粉颗粒，$v_s=0$，故方程可简化为：

$$\frac{4}{3}\pi r_s^2\frac{\partial p}{\partial x}+K_m\frac{2}{3}\pi r_s^3\rho_{ml}\frac{dv_l}{dt}-\frac{1}{2}C_D\rho_l v_l^2 S>0\tag{3-21}$$

3.4　支撑剂不被排出临界条件

在煤层气开发中，压裂是煤层气井增产的主要措施。支撑剂的主要作用是支撑着压开的裂缝，阻止其闭合，为煤层气和地层液提供渗流通道。在煤层气生产中，当裂缝达到稳定状态时对支撑剂进行受力分析，如图 3-9 所示。在裂缝完全闭合情况下，人工裂缝内支撑剂主要受到壁面压实作用力 T、在压实作用下颗粒产生的静摩擦力 F_n、流体的拖拽力 F_t 以及等效毛管力 F'_c。相比于闭合应力、流速以及缝宽等，支撑剂重力对支撑剂运移的影响很小，可以忽略而不考虑。

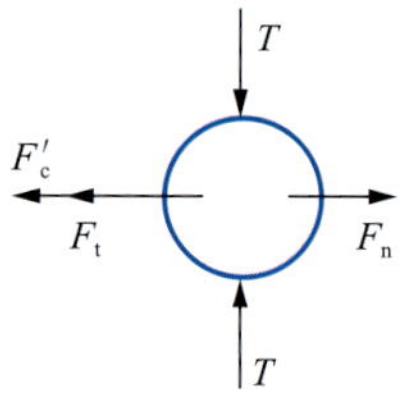

图 3-9　支撑剂受力分析

3.4.1　支撑剂颗粒受力分析

1）流体拖拽力 F_t

流体拖拽力 F_t 与流体速度、黏度、生产压差和颗粒直径有关，其表达式[135]为：

$$F_t = \Delta p A_1 + \mu A_1 \frac{v}{d_p} \tag{3-22}$$

式中　Δp—— 生产压差，Pa；

A_1—— 渗流面积，可按 $A_1 = \pi d_p^2/4$ 计算，m^2；

μ—— 地层液流体黏度，Pa・s；

v—— 地层液速度，m/s；

d_p—— 支撑剂颗粒直径，m。

2）压实作用力 T

在煤层气井压裂裂缝中，压实作用力可近似认为是上覆岩石压力减去裂缝的孔隙压力（孔隙压力是煤层裂缝内流体产生的压力）。流体压力作用在岩石骨架上，趋向于把孔缝撑开以抵消岩石骨架所承受的压应力。

单位面积受的压实作用力为：

$$T_d = \rho_G g H - D_f g H \tag{3-23}$$

式中　T_d——单位面积受的压实作用力，N；

ρ_G——上覆岩层平均密度，kg/m^3；

H——埋深，m；

D_f——由浅到深流体的平均密度，kg/m^3。

3）静摩擦力 F_n

静摩擦力的大小与压实力、颗粒接触面积和静摩擦系数的乘积成正比。压实力越大，颗粒接触面积越大，颗粒表面越粗糙，静摩擦力就越大，支撑剂就越不容易启动。最大静摩擦力可表示为：

$$F_{n\max} = \mu_{\max}(\rho_G g H - D_f g H) A_2 \tag{3-24}$$

式中　$F_{n\max}$——最大静摩擦力，N；

$\mu_{\max}$——最大静摩擦系数；

A_2——接触面积，m^2。

4）等效毛管力 F'_c

毛管力随着液体的流动而产生，它阻碍液体流动。当流体突破毛管力时，由作用力与反作用力可知，支撑剂颗粒受到一个与流动方向一致的力，其与拖拽力共同作用使颗粒启动，这个力称为等效毛管力。该力与毛管力大小相等、方向相反（图 3-10）。

假设支撑剂粒径大小均匀，其切向接触毛管力可表示[135]为：

$$F'_c = \frac{1}{2}\pi\sigma d_p \sin^2\alpha_c \left[\frac{1}{f_1(\alpha_c)} - \frac{1}{f(\alpha_c)}\right] \tag{3-25}$$

$$f_1(\alpha_c) = \frac{1}{\cos\alpha_c}\{\sin\alpha_c\cos\alpha_c + (1-\cos\alpha_c)[\sin(\theta_c+\alpha_c)-1]\}$$

$$f(\alpha_c) = \frac{1-\cos\alpha_c}{\cos\alpha_c}$$

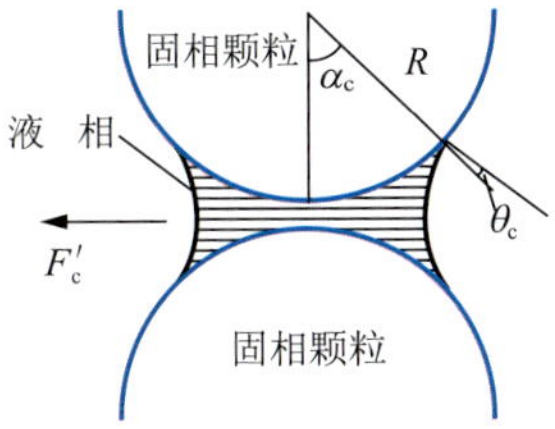

图 3-10　毛管力作用示意图

式中 θ_c——接触角,(°);

α_c——支撑剂颗粒上过固液两相周界的半径与竖直轴的夹角,(°);

σ——流体间的界面张力,N/m。

3.4.2 支撑剂不被排出临界流速

要使支撑剂在裂缝内保持静止,不被液体携带而排出裂缝,流体产生的拖拽力必须小于支撑剂的最大静摩擦力,即:

$$F_t + F'_c < F_{n\max} \tag{3-26}$$

把式(3-22)、(3-24)和(3-25)代入式(3-26)可得:

$$\Delta p A_1 + \mu A_1 \frac{v}{d_p} + \frac{1}{2}\pi\sigma d_p \sin^2\alpha_c \left[\frac{1}{f_1(\alpha_c)} - \frac{1}{f(\alpha_c)}\right] < \mu_{\max}(\rho_G g H - D_f g H) A_2 \tag{3-27}$$

故地层液的速度需满足:

$$v < \left[\mu_{\max}(\rho_G g H - D_f g H)\frac{A_2}{A_1} - \Delta p\right]\frac{d_p}{\mu} - \frac{2}{\mu}\sigma \sin^2\alpha_c \left[\frac{1}{f_1(\alpha_c)} - \frac{1}{f(\alpha_c)}\right] \tag{3-28}$$

可定义支撑剂不被排出临界速度 v_{plj} 为:

$$v_{plj} = \left[\mu_{\max}(\rho_G g H - D_f g H)\frac{A_2}{A_1} - \Delta p\right]\frac{d_p}{\mu} - \frac{2}{\mu}\sigma \sin^2\alpha_c \left[\frac{1}{f_1(\alpha_c)} - \frac{1}{f(\alpha_c)}\right] \tag{3-29}$$

在生产压差一定的情况下,流体速度小于支撑剂不被排出临界速度 v_{plj},裂缝内的支撑剂将保持静止,不会被液体携带而排出。

3.5 适度携煤粉模型建立

对比分析产气通道内脱落煤粉的滚动启动临界速度、悬浮运移临界速度、煤层骨架煤粉脱落临界速度和支撑剂不被排出临界速度可知,其速度依次增加。当地层液流速较小时,产气通道内脱落的煤粉颗粒不启动;随着地层液流速增加,当超过煤粉颗粒滚动启动临界速度时,煤粉颗粒发生滚动;地层液流速进一步增加,当超过煤粉颗粒悬浮运移临界速度时,煤粉颗粒将发生悬浮运移;进一步增加地层液流速,当超过骨架煤粉脱落临界速度时,一部分产气通道被破坏;再继续增加地层液流速,当其超过支撑剂不被排出临界速度时,产气通道发生严重破坏。基于煤粉颗粒脱落条件和启动条件,携煤粉地层液速度应大于煤粉颗粒滚动启动临界速度且小于煤层骨架煤粉脱落临界速度,这样即能使已脱落煤粉排出而不使煤层骨架进一步破坏产生煤粉,达到了疏通和维持产气通道的目的。有必要研究煤粉适度排出理论,建立煤粉适度排出模型和携煤粉地层液速度窗口模型,适度排出脱落煤粉,使产气通道疏通、渗透率增大,进而提高单井产气量。

3.5.1 适度携煤粉分析

目前解决煤层气井出煤粉问题大多借用油气田防砂理论,普遍采用机械防煤粉方法,其主要思想是把储层中产生的煤粉阻挡在井筒外,防止煤粉进入井筒而对排采设备造成影响。这种防煤粉方法使井筒附近的附加表皮系数增大,不利于煤层气井整体降压,降低了煤层气井产量,而且一旦防煤粉方法失败,整个煤层气井就要关井停产。本书打破煤层气井以防为主解决煤粉问题的观念,借助于油气田适度出砂理论建立了煤储层适度携煤粉模型,使煤储层中脱落煤粉适量排出。通过补充水动力使脱落的小煤粉颗粒尽量排出地层,脱落的大煤粉颗粒不运移以避免其运移对产气通道造成堵塞,此外通过水力作用破坏产气通道中由小煤粉颗粒形成的不稳定桥堵的稳定性，恢复和疏通产气通道，从而提高煤储层产气通道的渗流能力和煤层气井单井产气量。煤层气井在适度携煤粉的同时，应注意保护煤层骨架不受破坏，以防止产生更多的煤粉甚至煤层坍塌。

适度携煤粉技术需要研究的内容很多，主要包括煤储层出煤粉量的预测技术、煤储层中携煤粉技术、井筒排煤粉技术和地面处理煤粉技术。本书主要研究前三部分内容。

煤储层中携煤粉关键技术主要包括以下三个方面：

(1) 携煤粉量多少合适。煤储层中携煤粉量的控制主要考虑：① 煤储层中携煤粉地层液流速不能使煤储层骨架破坏，以避免产生更多的煤粉甚至煤储层坍塌；② 携煤粉量的多少应在满足条件①的情况下尽量多地排出煤粉，最大限度地提高煤储层渗流能力；③ 需考虑煤层气井筒中设备排煤粉能力和地面设备处理煤粉能力。

(2) 携出煤粉颗粒粒径的界限。在煤层气井适度携煤粉技术中，对排出煤粉粒径有一定限制，允许能通过产气通道孔喉的煤粉颗粒排出煤储层进入井筒，对不能通过产气通道孔喉处的煤粉颗粒限制其运移，以免在产气通道内发生堵塞。

(3) 如何控制携出煤粉量。根据煤储层性质合理选择生产参数和补充水动力参数，控制煤层气产量和生产压差，进而控制携煤粉地层液流速和携出煤粉量。

3.5.2 煤粉排出对孔隙度和渗透率的影响

一般用压缩系数描述孔隙度随压力的变化，但这种方法仅考虑了压力的影响，而没有考虑煤岩有效应力、煤岩力学性质以及煤粉的脱落、运移、沉降和堵塞的影响，因而计算偏差较大。

在煤岩没有发生变形之前，其原始孔隙度 ϕ_0 为：

$$\phi_0 = \frac{V_p}{V_f} = \frac{V_f - V_r}{V_f} \tag{3-30}$$

式中 V_f——煤岩总体积，m^3；

V_p——孔隙体积，m^3；

V_r——煤岩骨架体积，m^3。

1) 压力变化

当煤储层从初始状态(p_0，T_0)变化到(p，T_0)时，煤储层孔隙度也发生改变，假设其体积应变系数为 ε_V，则总体积变化 ΔV_f 为：

$$\Delta V_f = \varepsilon_V V_f \tag{3-31}$$

2) 温度变化

假设煤岩颗粒不可压缩，则煤岩热膨胀可归结为煤岩骨架体积变化。假设煤岩受热膨胀骨架体积变化为正，收缩为负，则由温度变化引起的煤岩骨架体积的变化 ΔV_r 为：

$$\Delta V_r = \alpha(T - T_0)V_r \tag{3-32}$$

式中 α——热膨胀系数，1/K；

T_0——初始温度，K；

T——当前状态温度，K。

3) 煤粉脱落、沉积、堵塞的影响

煤岩骨架体积变化包括骨架煤粉的脱落、煤粉在孔隙表面的沉积以及在喉道的堵塞滞留。设骨架体积变小为负，增大为正，则煤岩骨架体积的变化 ΔV_s 可表示为：

$$\Delta V_s = \left(-\frac{R_r}{\rho_s} + \frac{R_d}{\rho_s} + \frac{R_p}{\rho_s}\right) V_r \tag{3-33}$$

式中 R_r——单位体积煤岩脱落煤粉量，kg/m³；

R_d——单位体积煤岩表面煤粉沉积量，kg/m³；

R_p——单位体积煤岩中孔喉处堵塞量，kg/m³；

ρ_s——煤粉颗粒的密度，kg/m³。

R_r 由骨架脱离本构方程[136-138]确定：

$$R_r = \rho_s \lambda (1 - \phi_0) C_s \sqrt{q}$$

式中 λ——煤岩液化系数，由实验测试确定；

q——单位时间内流过单位面积的流体和煤粉混合液的体积，m³；

C_s——可动煤粉体积分数，kg/m³。

R_d 由孔隙表面沉积方程确定[136-138]：

$$R_d = \begin{cases} K_{d1} v C_s \rho_s & (v \leqslant v_{glj}) \\ K_{d1} v C_s \rho_s - K_{d2} R_d (v - v_{glj}) & (v > v_{glj}) \end{cases} \tag{3-34}$$

式中 K_{d1}，K_{d2}——表面沉积速率常数；

v_{glj}——煤粉颗粒滚动启动临界速度，m/s。

R_p 由下式确定：

$$R_p = K_p v C_s \rho \tag{3-35}$$

式中 K_p——孔喉堵塞速率常数，当 $t = 0$ 时取 0。

煤层受压力以及煤粉脱落、沉积和在孔喉处堵塞后的孔隙度 ϕ 为：

$$\phi = \frac{(V_f + \Delta V_f) - (V_r + \Delta V_r + \Delta V_s)}{V_f + \Delta V_f} \tag{3-36}$$

把式(3-31)、(3-32)及(3-33)代入式(3-36)可得：

$$\phi = 1 - \frac{1 - \phi_0}{1 + \varepsilon_V}\left[1 + \alpha(T - T_0) - \frac{R_r - R_d - R_p}{\rho_s}\right] \tag{3-37}$$

定义单位体积煤岩中颗粒随液体的携出量 $R_c = R_r - R_d - R_p$，则煤粉被液体携带出煤层后孔隙度为：

$$\phi = 1 - \frac{1 - \phi_0}{1 + \varepsilon_V}\left[1 + \alpha(T - T_0) - \frac{R_c}{\rho_s}\right] \tag{3-38}$$

在煤层气井生产状态不变的情况下，压力和温度基本不变，则煤粉被液体携带出煤层后孔隙度为：

$$\phi = 1 - (1 - \phi_0)\left(1 - \frac{R_c}{\rho_s}\right) \tag{3-39}$$

原始渗透率 k_0 与原始孔隙度 ϕ_0 的关系可由毛管束渗流公式和达西公式[139]得到：

$$k_0 = \frac{\phi_0^3}{2\tau^2 S_0^2} \tag{3-40}$$

$$\phi_0 = n\pi r^2 \tau$$

$$S_0 = 2\pi r \tau n$$

式中 S_0——比表面积；

r——毛管的半径，mm；

n——毛管数量；

τ——迂曲度。

煤层受温度、压力以及煤粉脱落、沉积和在孔喉处堵塞后的渗透率为：

$$\frac{k}{k_0}=\left(\frac{\phi}{\phi_0}\right)^2 \tag{3-41}$$

即：

$$\frac{k}{k_0}=\frac{1}{(1+\varepsilon_V)^2}\left\{1+\frac{\varepsilon_V}{\phi_0}-\frac{1-\phi_0}{\phi_0}\left[\alpha(T-T_0)-(1-\phi_0)C_s\sqrt{q}+\frac{R_d}{\rho}+K_p v C_s\right]\right\}^2 \tag{3-42}$$

计算模型中得到煤粉排出量与孔隙度和渗透率的关系如图 3-11 所示。随煤粉被液体排出量增加，孔隙度增大，且呈线性变化；渗透率随煤粉排出量增加呈二次关系增大，与实验测的渗透率变化规律吻合较好。

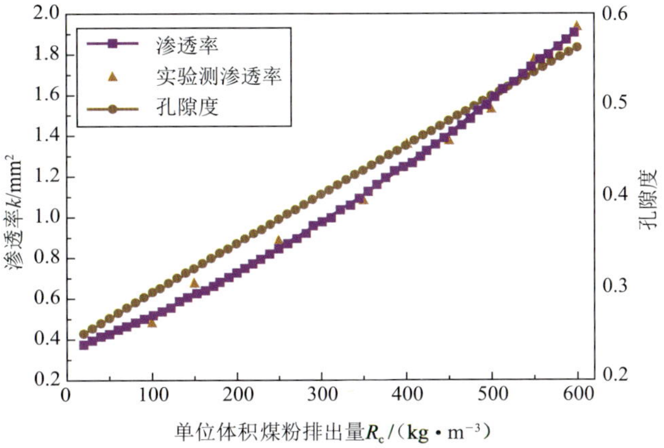

图 3-11　单位体积煤粉排出量与孔隙度、渗透率的关系

在产气通道内煤粉脱落后不发生运移，依据体积变化的原则，其孔隙度和渗透率不发生变化；当脱落煤粉随地层液由远井地带运移到近井地带时，远井地带由于煤粉排出，孔隙度和渗透率增加，而近井地带由于煤粉沉积和堵塞，孔隙度和渗透率减小。若产生的煤粉不在近井地带滞留而是与近井地带产生的煤粉一起排到井筒内，则近井地带孔隙度和渗透率也得到提高。由此可见，脱落煤粉的排出增加了煤层孔隙度，而沉积和堵塞减小了煤层孔隙度，故煤层排出脱落煤粉可在一定程度上改善储层物性，提高储层孔隙度和渗透率。煤层气井排采早期产液量大、排出煤粉多，产气通道内渗流能力强，产气量大，这也说明了煤层气井产气通道是排采早期冲刷和脱落煤粉被排出而形成的。

3.5.3　适度携煤粉关键参数设计

由前文煤粉排出对煤储层孔隙度和渗透率影响的模型可知，脱落煤粉的排出有利于增大产气通道，但大颗粒煤粉在产气通道内沉积将堵塞已有的通道。为了最大限度提高渗透率和单井产气量，需要排出小颗粒煤粉而限制大颗粒煤粉的脱落和运移。

1）携煤粉量计算

煤粉携出量与地层液运动速度有关，依据前文携出量的定义 $R_c=R_r-R_d-R_p$，将参数代入可得：

$$R_c=\begin{cases}[\lambda(1-\phi_0)\sqrt{q}-K_{d1}v-K_pv]C_s\rho_s & (v\leqslant v_{glj})\\ [\lambda(1-\phi_0)\sqrt{q}-K_{d1}v-K_pv]C_s\rho_s-K_{d2}R_d(v-v_{glj}) & (v>v_{glj})\end{cases} \tag{3-43}$$

从上式可知煤粉携出量与液体速度为线性关系。

2）携出煤粉粒径分析

采取压裂增产的煤层气井，近井地带煤粉能否排出主要取决于压裂裂缝中支撑剂产生孔隙的大小。如图 3-12(a)和(d)所示，支撑剂为三角形排列和正排列时，根据几何关系可得出支撑孔隙孔喉的直径分布为：

$$d_{k\triangle}=\left(\frac{\sqrt{3}}{3}-\frac{1}{2}\right)d_p \quad 或 \quad d_{k\square}=(\sqrt{2}-1)d_p \tag{3-44}$$

其中的 $d_{k\triangle}$ 与 $d_{k\square}$ 分别为三角形排列和正排列支撑孔隙孔喉的直径，其直径分布规律与支撑剂颗粒粒径 d_p 分布规律一致。

当煤粉颗粒粒径 $d_s<d_{ki}$（i 为 △ 或 □）时，煤粉能被排出，如图 3-12(e)所示（d_{ks}为排出煤粉的粒径，d_k 为孔喉的直径），故排出煤粉颗粒的最大粒径为 $d_{k\max}$。

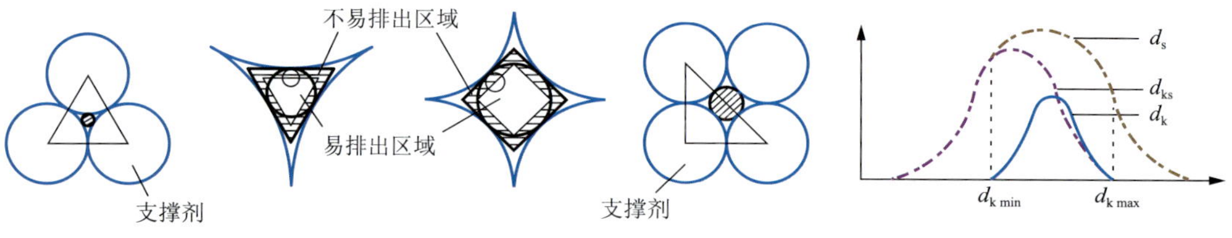

图 3-12　排出粒径几何关系

由几何关系，三角形排列和正排列的孔喉总面积分别为：

$$S_\triangle=\frac{3\sqrt{3}}{4}d_k^2 \quad 或 \quad S_\square=d_k^2 \tag{3-45}$$

三角形排列和正排列易排出区域的面积分别为：

$$S_\triangle=\frac{3\sqrt{3}}{4}(d_k-d_s)^2 \quad 或 \quad S_\square=(d_k-d_s)^2 \tag{3-46}$$

将易排出区域面积与孔喉总面积之比定义为煤粉颗粒排出的难易程度，则可表示为：

$$j=\left(1-\frac{d_s}{d_k}\right)^2=\left(1-\frac{d_s}{bd_p}\right)^2 \tag{3-47}$$

式中　j——煤粉颗粒排出的难易程度，j 越大，煤粉颗粒越易排出；

b——系数，i 为△时 $b=\frac{\sqrt{3}}{3}-\frac{1}{2}$，$i$ 为 □ 时 $b=\sqrt{2}-1$。

可见，煤粉颗粒排出的难易程度与煤粉颗粒粒径和支撑剂粒径相关。煤粉颗粒粒径越小就越易排出；支撑剂颗粒粒径越大，煤粉颗粒越易排出；在相同条件下，支撑剂颗粒正排列比三角形排列易排出。

为了防止煤粉颗粒堵塞在支撑剂裂缝内，地层中粒径小于 d_{ki} 的煤粉排出煤层以增大渗流通道，粒径大于 d_{ki} 的脱落煤粉不发生移动以避免堵塞产气通道。

3）携煤粉地层液速度窗口

产气通道内液体流动缓慢时，液体中所含煤粉颗粒将产生淤积、堵塞；当液体流速过大时，可能对产气通道壁产生冲刷，更多的煤粉或支撑剂颗粒被排出，使裂缝闭合。为防止产气通道中产生淤积、壁面冲刷和支撑剂颗粒被排出，携煤粉液流速不宜过小或过大。依据此原则，携煤粉地层液流速 v_{D} 应为：

$$v_{\mathrm{glj}} < v_{\mathrm{D}} < \min(v_{\mathrm{plj}}, v_{\mathrm{tlj}}) \tag{3-48}$$

式中　v_{tlj}——脱落临界速度，m/s。

携煤粉地层液流速的确定以提高煤层气井单井产气量为目标。产气量公式[140]为：

$$Q = \frac{kh\Delta p}{141^2 \mu B(p_j + S)} \tag{3-49}$$

式中　Q——产气量，$\mathrm{m^3/d}$；

k——煤储层渗透率，$\mu\mathrm{m}^2$；

h——煤层厚度，m；

Δp——生产压差，MPa；

μ——地层液黏度，mPa·s；

B——流体体积系数；

S——井筒表皮系数；

p_j——j 点解吸压力，MPa。

当煤层气井投入生产之后，μ，B，S，h 是一定的，渗透率是影响单井产气量的重要因素。基于煤粉脱落、运移和堵塞渗透率模型，随着地层液流速增加，地层中脱落煤粉颗粒被排出，疏通了渗流通道，增加了其孔隙度和渗透率。

按照本书的观点，通过将近井地带脱落的小直径煤粉排出地层，使其进入井筒并进而排到地面，大颗粒煤粉不发生移动，从而增加煤储层渗透率，提高单井产气量。

携煤粉地层液流动速度等于能排出最大煤粉颗粒粒径的滚动启动速度 $v_{\mathrm{glj,dkmax}}$，即：

$$v_{\mathrm{D}} = v_{\mathrm{glj,dkmax}} \tag{3-50}$$

当 $v_{\mathrm{D}} \leqslant v_{\mathrm{glj,dkmax}}$ 时，适度排出脱落煤粉疏通产气通道，增加产气通道渗透率和单井产气量。

当 $v_{\mathrm{glj,dkmax}} < v_{\mathrm{D}} < \min(v_{\mathrm{plj}}, v_{\mathrm{tlj}})$ 时，大颗粒煤粉运移在近井地带外围产气通道内并堆积，支撑剂填充层等效为砾石填充防煤粉结构。

当 $v_{\mathrm{tlj}} < v_{\mathrm{D}}$ 或者 $v_{\mathrm{plj}} < v_{\mathrm{D}}$ 时，煤层气井大量出煤粉或支撑剂运移，支撑剂颗粒砂被排出，原压裂裂缝闭合，甚至造成近井地带储层坍塌。

如某煤层气井投产后，初期日产水量为 24 $\mathrm{m^3/d}$，由于产水量较大，一直有大量煤粉产出，稳产阶段产气量最高达 4 552 $\mathrm{m^3/d}$。频繁地停抽以及修井作业造成大量煤粉堵塞产气通道，产水量下降到 3.0 $\mathrm{m^3/d}$。再次生产时产气量由修井前稳产时期的 3 992 $\mathrm{m^3/d}$ 减到 358 $\mathrm{m^3/d}$。经对堵塞后煤岩心进行分析得出渗透率为 0.24 $\mu\mathrm{m}^2$。对该井进行计算和分析，其基本参数如下：煤层有效厚度 6.05 m，井眼半径 75 mm，煤层压力 4.03 MPa，煤的密度 1.4 $\mathrm{g/cm^3}$，临界解吸压力 3.2 MPa，井底流压 1.1 MPa，储层渗透率 2.59 $\mu\mathrm{m}^2$，表皮系数 −2.12，产出水黏度 0.73×10^{-3} Pa·s，地层液密度 1 016 $\mathrm{kg/m^3}$，压裂用支撑剂为 20/40 目石英砂，最大静摩擦系数为 0.75，界面张力为 72 mN/m。

图 3-13 为支撑剂不被排出的临界速度，从图中可以看出临界速度随支撑剂粒径增加而减小。支撑剂粒径越大，颗粒间的接触面积越小，在相同压实力作用下阻碍支撑剂运移的最大静摩擦力越小，而相应的等效毛管力增加，导致支撑剂粒径越大越容易被排出。支

撑剂粒径为 20/40 目时，支撑剂不被排出地层液临界速度 v_{plj} 为 70.59 m/s。该速度远大于骨架煤粉脱落临界速度。因此，携煤粉排出地层液速度窗口为 $v_{glj}<v_D<v_{tlj}$，如图 3-14 所示。

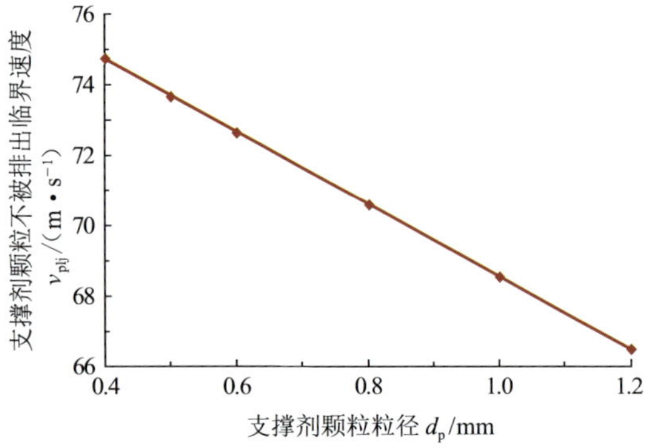

图 3-13　支撑剂不被排出临界速度

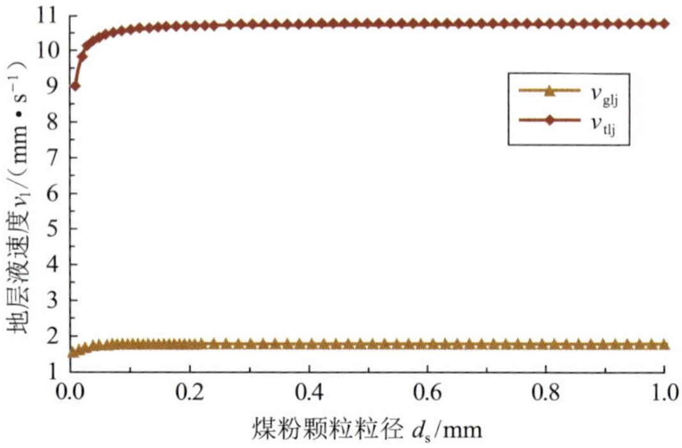

图 3-14　产气通道内携煤粉地层液速度窗口

在支撑剂正排列时，根据最大通过的煤粉颗粒粒径的公式，可得出可通过的最大煤粉粒径为 0.17 mm。为了防止煤粉颗粒堵塞在支撑剂裂缝内，考虑煤粉颗粒非圆形系数，煤层中粒径小于 0.1 mm 的煤粉被排出煤层以增大渗流通道。根据该模型，近井地带产气通道内液体流速为 1.74 mm/s 时可将粒径小于 0.1 mm 的脱落煤粉颗粒排入井筒。按煤层气井井筒附近有 10 条产气通道计算，排液量为 13.53 m^3/d 有利于粒径小于 0.1 mm 脱落煤粉排出，以疏通产气通道，增加其渗透率。

3.6 适度携煤粉最佳地层液流速

在适度携煤粉设计中，流速的确定是设计过程中的一个重要环节，携煤粉地层液速度确定应以尽量排出煤粉而产气通道不被破坏且产气通道内摩阻最小为原则。

3.6.1 适度携煤粉最小流速

由携煤粉速度窗口以及 3.1 节中平均流速和流态的关系可知，携煤粉颗粒的滚动启动临界速度为最小临界速度，即堆积界限速度 v_{cd}：

$$v_{cd}=v_{glj} \tag{3-51}$$

煤粉颗粒悬浮运移的临界速度 v_{cf} 即为堆积速度 v_d：

$$v_{cf}=v_d \tag{3-52}$$

由上述临界速度计算模型可知，携煤粉地层液的速度应满足：

$$v_{glj}<v_{cf}<v_{plj}$$

使煤粉不沉积在产气通道内的最小临界速度 v_{min} 为煤粉颗粒悬浮运移的临界速度：

$$v_{min}=v_{cf} \tag{3-53}$$

3.6.2 携煤粉最大流速

确定携煤粉最大流速需要明确支撑剂不被排出的临界速度 v_{plj}、浮游界限速度 v_B 和均质流界限速度 v_H 的大小，对其进行比较分析。

浮游界限速度 v_B 由 Newitt 公式计算，可表示为：

$$v_B=17\omega \tag{3-54}$$

$$\omega = Kv_t$$

$$v_t = \sqrt{\frac{4gd_s(\rho_s - \rho_l)}{3C_D\rho_l}}$$

式中 ω——单颗粒沉速，m/s；

K——各流区沉速比率的平均值，紊流区 $K=0.75$，过渡区 $K=0.75$，层流区 $K=0.65$；

v_t——沉降末速度，m/s；

C_D——阻力系数；

d_s——煤粉颗粒直径，m；

ρ_s——煤粉颗粒密度，kg/m³；

ρ_l——地层液密度，kg/m³。

均质流界限速度 v_H 由 Lazarus 公式计算，可表示为：

$$v_H = 4.4\sqrt{gd}\,C_D^{-0.25}\,(\delta - 1)^{1/6} \tag{3-55}$$

式中 δ——固体颗粒容重 γ_s 与液体容重 γ 之比，$\delta = \gamma_s/\gamma$。

对支撑剂不被排出的临界速度 v_{plj} 与浮游界限速度 v_B 和均质流界限速度 v_H 进行比较分析可得：

$$v_B < v_H < v_{plj}$$

则携煤粉最大速度 v_{max} 为：

$$v_{max} = v_B \tag{3-56}$$

3.6.3 携煤粉最佳速度的确定

携煤粉排出产气通道的流速要介于最大速度和最小速度之间，即在堆积速度 v_d 和浮游界限速度 v_B 之间，根据图 3-2 可知在两速度之间有特定的某速度使管道摩阻损失最小。根据管道摩阻损失最小的原则，确定携煤粉最佳速度。

1）产气通道内整体摩阻损失计算

产气通道等效为圆形管道，其摩阻损失 J_0 可按经验公式进行计算：

$$J_0 = \frac{f_0 U^2}{2gD} \tag{3-57}$$

式中 f_0——阻力系数；

U——流体速度，m/s；

D——管道直径，m。

悬移状态煤粉颗粒需考虑附加摩阻损失，煤粉颗粒在单位体积非均质流中保持悬浮时单位时间内消耗的能量 E_1 可由 D. M. Newitt[141,142]分析的能量原理得到：

$$E_1 = S_V(\gamma_s - \gamma)\omega K_1 \tag{3-58}$$

式中 ω——单颗粒沉速，m/s；

K_1——沉速修正系数；

S_V——体积分数；

$S_V(\gamma_s - \gamma)$——单位体积内煤粉固体的浮重，N/m³。

一般情况下，非均质流地层液流一小部分能量推动煤粉悬移运动，设此时煤粉的附加摩阻损失为 J_s，该运动消耗的能量 E_2 为：

$$E_2 = J_s U \gamma \tag{3-59}$$

Newitt 研究认为 $E_2 = E_1$，于是得：

$$J_s = K_1 S_V \frac{\gamma_s - \gamma}{\gamma} \frac{\omega}{U} \tag{3-60}$$

产气通道内的整体摩阻损失 J_m 由圆形管道内摩阻损失 J_0 和煤粉颗粒处于悬移状态下的附加摩阻损失 J_s 两部分组成：

$$J_m = J_0 + J_s = \frac{f_0 U^2}{2gD} + K_1 S_V \frac{\gamma_s - \gamma}{\gamma} \frac{\omega}{U} \tag{3-61}$$

2）最佳临界速度的确定

由公式(3-61)可知，当 $J'_m = 0$ 时，对应的速度为产气通道内整体摩阻损失最小时的临界速度：

$$J'_m = \frac{f_0 U}{gD} - K_1 S_V \frac{\gamma_s - \gamma}{\gamma} \frac{\omega}{U^2} = 0 \tag{3-62}$$

可得最佳临界速度 v_c：

$$v_c = \sqrt[3]{K_1 S_V \frac{\gamma_s - \gamma}{\gamma f_0} \omega g D}$$

3.7 产气通道内煤粉运移规律分析(悬浮运移)

3.7.1 产气通道内煤粉颗粒运移模型(以远井地带为例)

煤层气井远井产气通道可等效为水平圆管模型，煤粉在远井产气通道内运移可作为含煤粉地层液固液两相流在水平圆管中的运动来研究。建立模型并划分网格如图 3-15 所示，产气通道入口边界设定为速度入口，其出口边界设定为自由流出边界，产气通道壁面处采用无滑移边界条件，煤粉颗粒均匀分布在产气通道入口截面上。

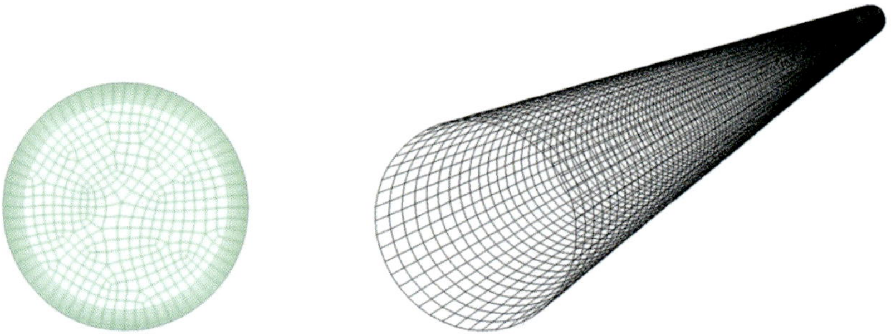

图 3-15 远井产气通道物理模型

对煤粉和地层液组成的固液两相流动采用 Eulerian 模型，满足基本的质量守恒方程和动量守恒方程。煤粉颗粒固相的连续性方程可表示为：

$$\frac{\partial}{\partial t}(\alpha_s \rho_s) + \nabla \cdot (\alpha_s \rho_s v_s) = 0 \tag{3-63}$$

式中 α_s——煤粉颗粒固相体积分数；

ρ_s——煤粉密度，kg/m^3；

v_s——煤粉颗粒运移速度，m/s。

地层液相连续性方程可表示为：

$$\frac{\partial}{\partial t}[(1-\alpha_s)\rho_l]+\nabla\cdot[(1-\alpha_s)\rho_l v_l]=0 \tag{3-64}$$

式中　ρ_l——地层液密度，kg/m³；

v_l——地层液速度，m/s。

煤粉颗粒固相动量守恒方程为：

$$\frac{\partial}{\partial t}(\alpha_s\rho_s v_s)+\nabla\cdot(\alpha_s\rho_s v_s v_s)=-\alpha_s\nabla p-\nabla F_s+\nabla\tau_s+\beta_{ls}(v_l-v_s)+\alpha_s\rho_s g \tag{3-65}$$

式中　∇p——产气通道两端压降，MPa；

∇F_s——由于煤粉颗粒间碰撞产生的附加应力，MPa；

$\nabla\tau_s$——煤粉颗粒的剪切应力，MPa；

β_{ls}——液体对煤粉的拖拽系数。

地层液相动量守恒方程为：

$$\frac{\partial}{\partial t}[(1-\alpha_s)\rho_l v_l]+\nabla\cdot[(1-\alpha_s)\rho_l v_l]=-(1-\alpha_s)\nabla p+\nabla\tau_l+\beta_{ls}(v_s-v_l)+(1-\alpha_s)\rho_l g \tag{3-66}$$

式中　$\nabla\tau_l$——地层液的剪切应力，MPa。

煤粉颗粒和地层液间的拖拽力采用水平圆管中颗粒群拖拽力经验公式[143]，其拖拽系数 β_{fs} 可表示为：

$$\beta_{fs}=N_s C_D\rho_l\frac{\pi d_s^2}{4}\frac{|v_l-v_s|}{2}\left(1+\frac{d_s}{2\sqrt{k_s}}+\frac{d_s^2}{12k_s}\right) \tag{3-67}$$

其中：

$$N_s=\frac{6\alpha_s}{\pi d_s^3}$$

$$C_D=\frac{4gd_s}{3v_{s\infty}^2}\cdot\frac{\rho_s-\rho_l}{\rho_l}$$

$$k_s=\frac{d_s^2}{72}\left[3+\frac{4}{\alpha_s}-3\left(\frac{8}{\alpha_s}-3\right)^{0.5}\right]$$

式中　d_s——煤粉颗粒的粒径，mm；

$v_{s\infty}$——煤粉颗粒沉降末速度(方向向下)，m/s。

采用 KNG k-ε 湍流模型，用 Fluent 流体分析软件模拟煤粉在远井产气通道运移规律，结果如下：产气通道等效直径为 20 mm，地层液中含煤粉颗粒粒径为 0.1 mm，初始入口处地层液中煤粉体积分数为 20%，不同入口速度下产气通道截面煤粉颗粒体积分数如图 3-16 所示。从图中可以看出，地层液速度越大，煤粉颗粒在产气通道截面上分布越均匀；地层液流速减少时，产气通道上部煤粉颗粒体积分数减小而底部增加；地层液速度越小，产气通道底部煤粉越多，这说明当地层液速度减少时煤粉开始沉积。

图 3-17 为煤粉颗粒粒径不同时产气通道截面煤粉颗粒体积分数，在相同地层液速度下，煤粉颗粒粒径越小，其在产气通道截面上分布越均匀。图 3-18 为地层液黏度不同时产气通道截面煤粉颗粒体积分数，携煤粉地层液黏度越大，煤粉颗粒在产气通道截面上分布越均匀。在其他条件相同时改变入口处初始煤粉体积分数，产气通道截面上煤粉颗粒体积分数分布如图 3-19 所示，从图中可以看出不同初始煤粉体积分数时煤粉颗粒体积分数分布曲线是一组平行曲线。图中，无因次距离是距离与管径之比。

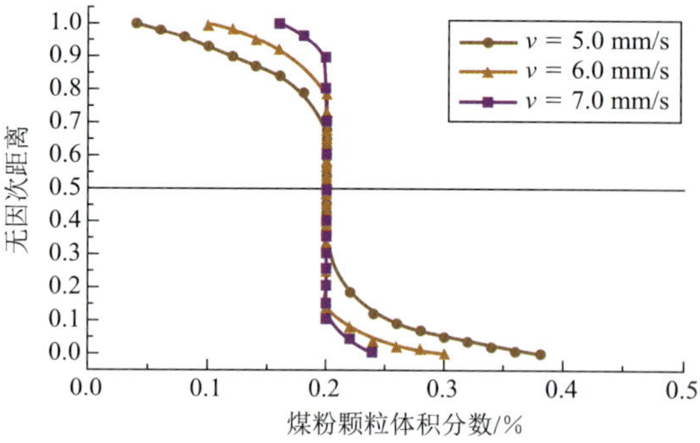

图 3-16 不同入口速度下截面煤粉颗粒体积分数

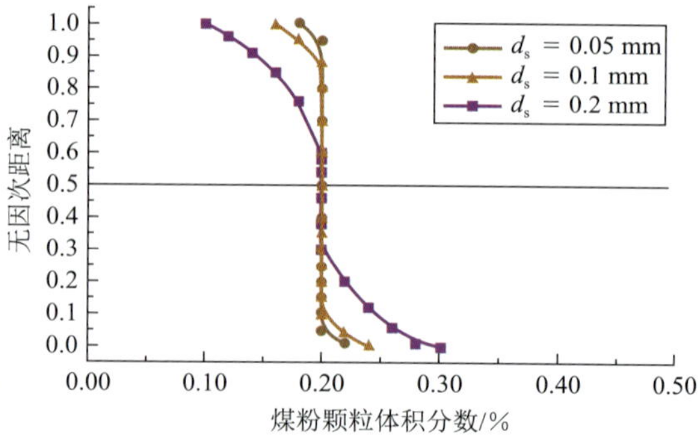

图 3-17 不同颗粒粒径下截面煤粉颗粒体积分数

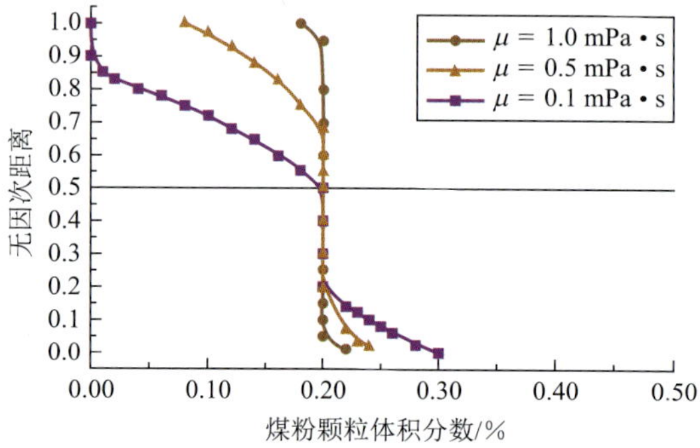

图 3-18 不同地层液黏度时截面煤粉颗粒体积分数

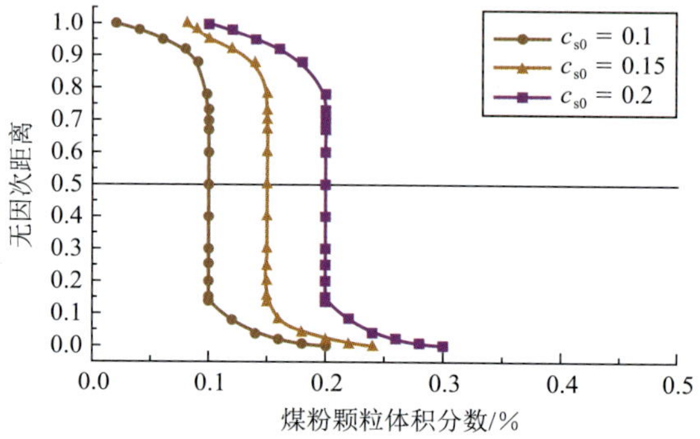

图 3-19 不同初始煤粉体积分数时截面煤粉颗粒体积分数

3.7.2 产气通道内携煤粉流动压降计算模型

在传统水平管流动压降模型的基础上考虑流体中煤粉颗粒，进一步推导产气通道内携煤粉流动压降计算模型。在煤层中产气通道由煤层的裂隙和裂缝组成，为了计算方便，将产气通道等效为水平圆管模型，在水平产气通道内取长度为 Δx 的微段进行分析，如图 3-20 所示，假设地层液流体为不可压缩流体且等温流动。

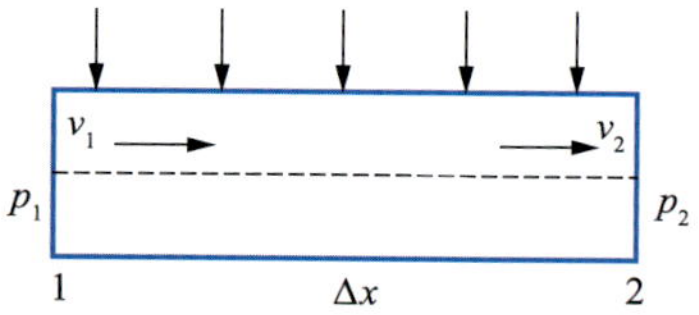

图 3-20 微段流动模型

在截面 1 和 2 处，含煤粉流体混合液密度分别为 ρ_1，ρ_2，煤粉体积分数分别为 c_1，c_2，流体速度分别为 v_1，v_2。Δx 微段内，地层液流体的混合密度为 ρ_{in}，煤粉体积分数为 c_{in}，地层液流体速度为 v_{in}，煤粉颗粒密度和地层水密度分别为 ρ_s，ρ_w，产气通道等效截面直径为 D，截面积为 A。液固混合物的密度关系为：

$$\rho_1 = c_1\rho_s + (1-c_1)\rho_w,\quad \rho_{in} = c_{in}\rho_s + (1-c_{in})\rho_w,\quad \rho_2 = c_2\rho_s + (1-c_2)\rho_w \tag{3-68}$$

煤粉颗粒质量守恒：

$$c_2 = \left(v_1 c_1 + \frac{4\Delta x}{D} v_{in} c_{in}\right) / v_2 \tag{3-69}$$

将式(3-69)代入式(3-68)可得：

$$\rho_2 = \left[\rho_w v_2 + (\rho_s - \rho_w)\left(v_1 c_1 + \frac{4\Delta x}{D} v_{in} c_{in}\right)\right] / v_2 \tag{3-70}$$

由流入流出质量守恒可得：

$$\rho_1 v_1 A + v_{\mathrm{in}}\rho_{\mathrm{in}}\pi D\Delta x = \rho_2 v_2 A \tag{3-71}$$

将式(3-68)代入式(3-71)并整理可得：

$$v_2 - v_1 = \frac{4\Delta x}{D}v_{\mathrm{in}} \tag{3-72}$$

截面 1 处压力为 p_1，截面 2 处压力为 p_2，通道内摩擦阻力为 F_{in}，根据动量守恒可得：

$$p_1 A - p_2 A - F_{\mathrm{in}}\pi D\Delta x = \Delta(mv) \tag{3-73}$$

其中动量的变化量 $\Delta(mv)$ 为：

$$\Delta(mv) = \Delta x v_{\mathrm{in}}\pi D\left[\left(\frac{4\Delta x v_{\mathrm{in}} c_{\mathrm{in}}}{D} + c_1 v_1 + c_{\mathrm{in}} v_1\right)(\rho_{\mathrm{s}} - \rho_{\mathrm{w}}) + 2\rho_{\mathrm{w}} v_1 + \frac{4\Delta x \rho_{\mathrm{w}} v_{\mathrm{in}}}{D}\right] \tag{3-74}$$

摩擦阻力为 F_{in} 可表示为[144]：

$$F_{\mathrm{in}} = \frac{C_{\mathrm{f}} f}{64}\left[(\rho_{\mathrm{s}} - \rho_{\mathrm{w}})\left(c_1 + \frac{v_1 c_1 + 4\Delta x v_{\mathrm{in}} c_{\mathrm{in}}/D}{v_1 + 4\Delta x v_{\mathrm{in}}/D}\right) + 2\rho_{\mathrm{w}}\right]\left(2v_1 + \frac{4\Delta x}{D}v_{\mathrm{in}}\right)^2 \tag{3-75}$$

式中　C_{f}——摩擦系数；

f——摩阻校正系数。

将式(3-74)和(3-75)代入式(3-73)可得含煤粉流体的压降 Δp_{w} 为：

$$\Delta p_{\mathrm{w}} = \frac{C_{\mathrm{f}} f \Delta x}{\pi^2 D^5}(q_{\mathrm{in}} + 2Q_1)^2\left[(\rho_{\mathrm{s}} - \rho_{\mathrm{w}})\left(c_1 + \frac{c_1 Q_1 + c_{\mathrm{in}} q_{\mathrm{in}}}{Q_1 + q_{\mathrm{in}}}\right) + 2\rho_{\mathrm{w}}\right] + \frac{16 q_{\mathrm{in}}}{\pi^2 D^4}\{[q_{\mathrm{in}} c_{\mathrm{in}} + Q_1(c_1 + c_{\mathrm{in}})](\rho_{\mathrm{s}} - \rho_{\mathrm{w}}) + \rho_{\mathrm{w}}(2Q_1 + q_{\mathrm{in}})\} \tag{3-76}$$

式中　Q_1——产气通道内的流量，$\mathrm{m^3/d}$；

q_{in}——从裂缝、裂隙流入产气通道的流量，$\mathrm{m^3/d}$。

设产气通道流入井筒端为跟端，即 $x = 0$，由此处开始向水平裂缝推进，将水平裂缝分为 N 段，设任一时间点内从煤层割理流入水平裂缝第 i 段的流量为 q_i，煤粉体积分数为 $c_{\mathrm{in}i}$，第 i 段上游端流量为 Q_i，煤粉体积分数为 c_i，第 i 段中点处压力为 $p_{\mathrm{w}i}$，则在水平裂缝内：

$$p_{\mathrm{w}i} = p_{\mathrm{w}i-1} + \frac{1}{2}(\Delta p_{\mathrm{w}i-1} + \Delta p_{\mathrm{w}i}) \tag{3-77}$$

其中，$\Delta p_{\mathrm{w0}} = 0$；$p_{\mathrm{w0}} = p_{\mathrm{wf}}$。

考虑封闭、四周无界储层煤层气井向裂缝流动关系[77]：

$$\sum_{i=1}^{N}\frac{\mu_{\mathrm{m}}}{4\pi k}q_i(\varphi_{ji} - \varphi_{\mathrm{e}i}) = p_{\mathrm{e}} - p_{\mathrm{wf}} \tag{3-78}$$

式中　μ_{m}——混合流体黏度，mPa・s；

k——地层渗透率，$\mu\mathrm{m}^2$；

φ_{ji}——φ_i 在第 j 段线汇中点处的势函数值；

$\varphi_{\mathrm{e}i}$——φ_i 在泄流边界处的势函数值；

p_{e}——边界处压力，MPa。

联立式(3-77)和(3-78)，耦合求解得到一定压差下流入水平裂缝各段的流量和中点压力。在求解过程中，各段的出煤粉量可按压力值比例分配得到。

3.7.3　携煤粉运移实验研究

所设计的补充水动力携煤粉模拟实验台的流程图如图 3-21 所示。模型系统中采用圆

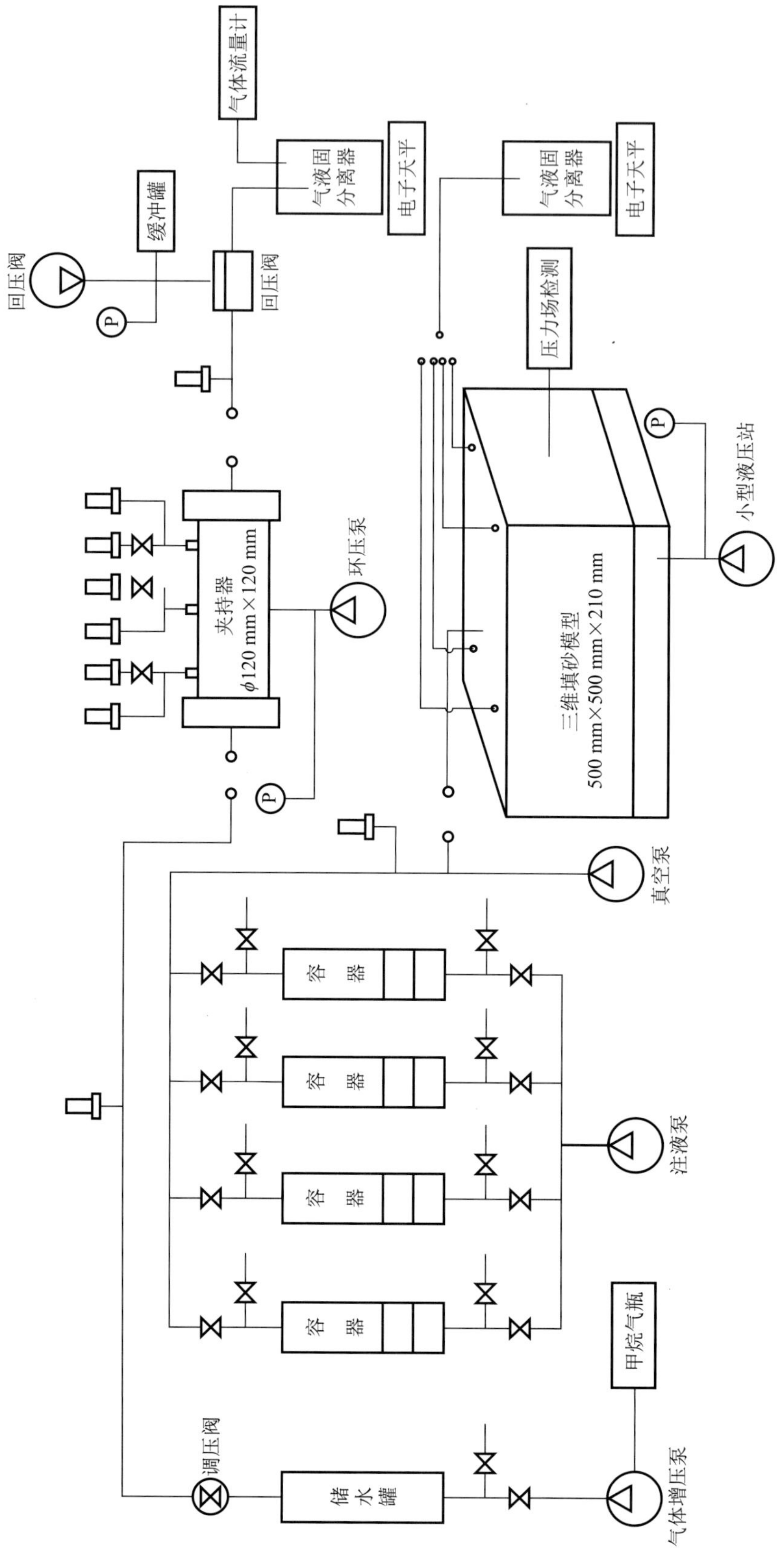

图3-21 携煤粉实验流程图

柱形煤岩心夹持器研究注入液流速、围压的变化对煤粉携出量和渗透率的影响。将圆柱形煤岩心沿轴线切成两个半圆柱,在其间填充煤粉颗粒以模拟产气通道内脱落煤粉,密封后装入岩心夹持器进行实验,产出液经过固液分离后,用电子天平称量煤粉排出量,用注气系统注气测量渗透率。

(1) 保持围压不变,改变注入液流速,分析注入液流速对煤粉携出量的影响;

(2) 保持注入液流速,改变围压,分析围压对煤粉携出量的影响;

(3) 保持围压不变,分别用3组注入液速度注入煤岩心,注入时间相同,在注入结束时用气测法测量煤岩渗透率,得到渗透率随注入液速度的变化。

实验中发现煤粉的排出存在一个门限流量,当注入液流量低于该门限流量时,无煤粉排出。由于注入流量的大小和实验时裂缝的截面积有关,故考虑注入液流速更能确切地反映煤粉排出存在门限流速(或者说存在启动速率),这验证了前面研究的煤粉颗粒具有临界启动速度的理论。煤粉排出量与注入液速度的关系如图3-22所示,图中模拟产气通道宽度测量值为5.58 mm,煤粉颗粒的粒径为0.01 mm,当注入液速度大于1.55 mm/s(由流量折算的速度)时,出口端开始见煤粉。从图3-22中可以看出,煤粉排出量随注入液速度增加而增加,在注入液速度较大时煤粉排出量增加较快,这是由于速度太大,引起了煤岩中部分煤粉脱落。

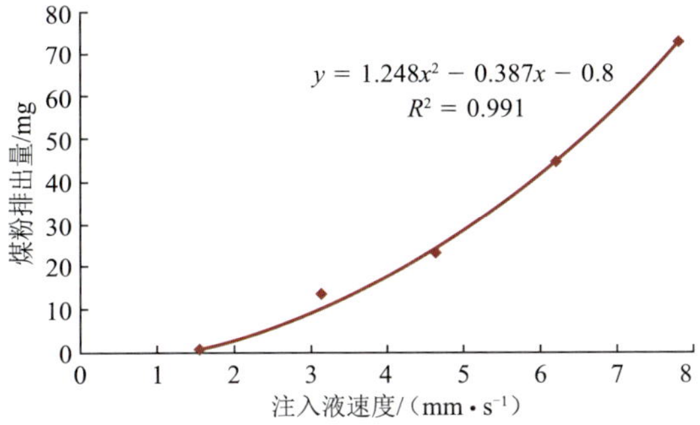

图3-22 煤粉排出量与注入液速度的关系

在不同的围压下,当注入时间相同时煤粉的排出量与围压的关系如图3-23所示。从图中可知,煤粉排出量随围压增加而降低,围压为15 MPa时几乎不排出煤粉,这是由于围压的增加使裂缝闭合,煤粉颗粒不易排出。

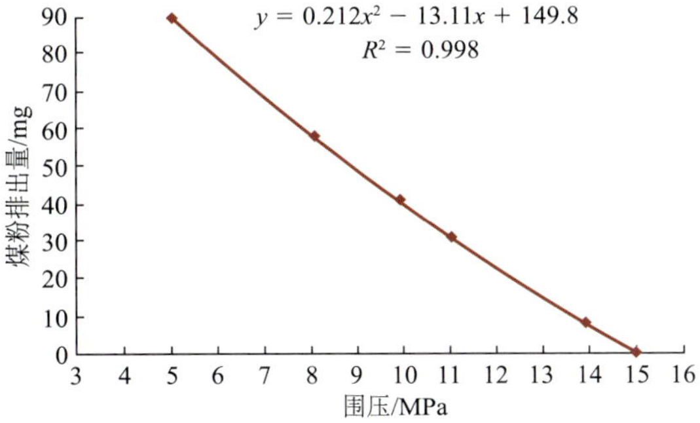

图3-23 煤粉排出量与围压的关系

图 3-24 所示为渗透率与注入液速度的关系。从图中可知，随注入液速度增加，煤粉排出量增加，煤粉的排出使煤岩心渗透率提高，这表明煤粉的排出疏通了产气通道，增加了产气通道渗流能力。

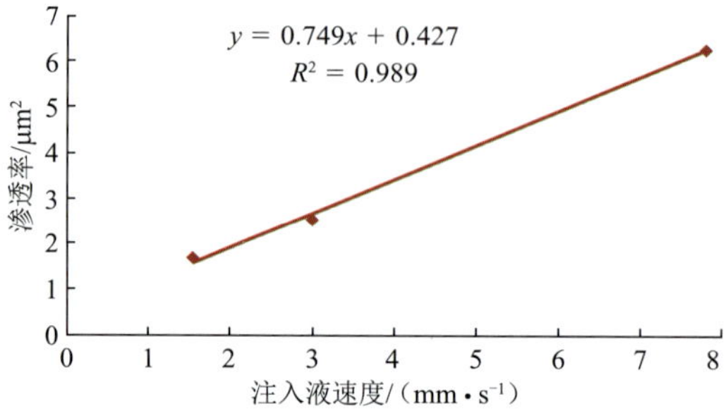

图 3-24 渗透率与注入液速度的关系

第 4 章

煤层气井井筒中煤粉运移规律与排煤粉技术

煤层气井的井筒由内而外依次为杆管（排采杆即抽油杆，排采管即油管的环空）和管套（排采管和套管之间的环空）两个环空。煤层中一定浓度和粒径的煤粉颗粒随流体首先进入管套环空中，其中大颗粒的煤粉经由管套环空沉降到井底口袋中，而小粒径的煤粉则在排采泵的抽汲作用下进入杆管环空。如果此时产水量足够高，这些煤粉将进一步被井液携带至井口。本章将对煤粉颗粒在管套环空中的沉降规律和杆管环空中的固液两相流动规律进行分析，以便为分析井液携煤粉能力提供依据。

4.1 管套环空中煤粉沉降规律

煤粉颗粒在管套环空井液中处于沉降的运动状态，从动力学角度分析，其实质是煤粉颗粒在连续流体介质中的相对运动。考虑到煤层气井稳定生产后产液量通常较低，管套环空较大截面上的井液流速较小，同时向下流动的井液也有助于煤粉的沉降，可将管套环空中煤粉的运移问题看成固体颗粒在静止流体中的沉降。

4.1.1 球形煤粉颗粒的沉降特性

球形煤粉颗粒在静止井液中沉降时，由于煤粉颗粒浓度较小，颗粒间既不发生相互碰撞又不相互影响[145,146]。假设一种光滑、均匀的球形煤粉颗粒密度为 ρ_s，粒径为 d_s，处于密度为 ρ_m 的静止井液中，流场中无外界离心力和静电作用，仅受重力和浮力作用，其受力只取决于煤粒密度和井液密度，与煤粒的运动速度无关，由此引起煤粒向下沉降，其物理模型如图 4-1 所示。

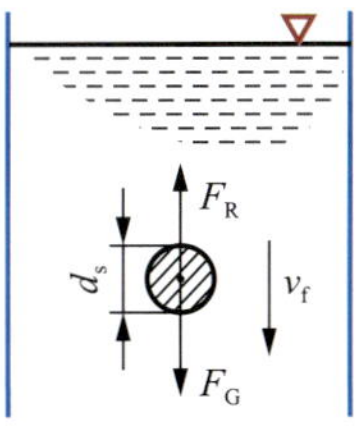

图 4-1 单个煤粉颗粒的沉降模型

球形煤粉颗粒在井液中的重力 F_G 为：

$$F_G=\frac{\pi}{6}(\rho_s-\rho_m)gd_s^3 \tag{4-1}$$

煤粉颗粒在沉降过程中受到流体的阻力作用，该阻力 F_R 为：

$$F_R=C_R\frac{\pi d_s^2}{4}\frac{\rho_m v_f^2}{2} \tag{4-2}$$

式中 C_R——阻力系数，钱宁[147]等研究发现阻力系数 C_R 通常为固体颗粒雷诺数 Re_c 的单值函数；

v_f——煤粉颗粒的沉降速度，m/s。

煤粉颗粒雷诺数 Re_c 的定义式为：

$$Re_c=\frac{\rho_m v_f d_s}{\mu_m} \tag{4-3}$$

式中 μ_m——井液黏度，mPa·s。

在沉降的初始阶段，煤粉颗粒的运动速度较小，重力 F_G 大于阻力 F_R，煤粉颗粒以加速度前进，在行进中阻力不断增大。经过比较短的加速后，煤粉颗粒在井液中所承受的阻力与重力相平衡，此后煤粉颗粒即以匀速向下沉降，此时的沉降速度即为煤粉颗粒的沉降末速。联立式(4-1)和式(4-2)，可以推导出沉降末速 v_{fe} 的表达式为：

$$v_{fe}=\sqrt{\frac{4gd_s}{3C_R}\frac{\rho_s-\rho_m}{\rho_m}} \tag{4-4}$$

从上式可以看出，获得煤粉颗粒沉降末速 v_{fe} 的关键是阻力系数 C_R，而这又涉及煤粉颗粒的雷诺数 Re_c。煤粉颗粒在沉降过程中将会带动周围的井液发生运动，管套环空中井液密度 ρ_m 通常为 700～1 030 kg/m³，10～120 目煤粉颗粒的沉降速度 v_f 为 0.01～0.15 m/s（参考附表 3 和附表 4），井液黏度 μ_m 为 0.8～1.0 mPa·s，由此依据式(4-3)推知煤粉颗粒的雷诺数通常介于 1～500 之间。钱宁[147]等研究发现，雷诺数大于 3 后，随着雷诺数的增大井液的惯性渐趋重要，发生显著黏性变形的区域越发局限于煤粉颗粒表面附近，井液也开始产生分离，惯性力和井液分离作用使阻力系数 C_R 与雷诺数 Re_c 之间的关系愈来愈接近于 Allen 定律[148,149]。研究结果表明 C_R 近似为 Re_c 的幂函数，即：

$$C_R=30Re_c^{-0.625} \tag{4-5}$$

将式(4-5)代入式(4-4)，即可得到球形煤粉颗粒的沉降末速为：

$$v_{fe}=0.207\left(\frac{\rho_s-\rho_m}{\rho_m^{0.375}}\frac{d_s^{1.625}}{\mu_m^{0.625}}g\right)^{0.727} \tag{4-6}$$

该式又被称为 Allen 公式。

获取球形煤粉颗粒在静止流体中的沉降末速后，即可在此基础上分析任意形状煤粉的沉降末速。因为煤层气井产出的煤粉大都是形状不规则的固体颗粒，它们在静止流体中沉降时的阻力系数要比球形颗粒大，而且沉降中常常有横向的随机漂移运动，所以不规则煤粉颗粒的沉降末速要小一些。

4.1.2 考虑煤粉颗粒形状的沉降特性

目前有关任意形状煤粉颗粒在静止流体中沉降末速的研究主要是通过引入颗粒不规则形状系数 α 的方式进行[150]。α 是煤粉颗粒在流体中的沉降末速与同体积、同密度的球形颗粒在同一流体中沉降末速的比值。Swanson[151] 推导出计算任意形状固体颗粒沉降末速的表达式，即：

$$v_{fe}=\frac{1}{\alpha}\left(\frac{4gd_s}{3}\frac{\rho_s-\rho_m}{\rho_m}\right)^{0.5}\left[1+\frac{6\beta\mu_m}{g^{0.5}d_s^{1.5}\rho_m^{0.5}(\rho_s-\rho_m)^{0.5}}\right]^{-1} \tag{4-7}$$

其中的 α 和 β 是与颗粒形状有关的系数。用不同粒径的煤粉颗粒对 Swanson 公式进行验证，可看出沉降末速的计算值要比任意形状煤粉颗粒在静止井液中沉降规律实验得到的值小，并且二者间的相对误差较大，一般为 25%～60%。

由此可见，在研究不同区块煤层气井的煤粉颗粒沉降规律时，不能直接采用固体颗粒沉降速度的计算公式，而需要选用所调研地区的实际煤样进行煤粉颗粒沉降实验，获得不规则形状煤粉颗粒的沉降末速。通过引入煤粉颗粒不规则形状系数 α 和 β 校正式(4-5)中的阻力系数 C_R，便可得到任意形状煤粉颗粒的沉降末速。

$$C'_R = 30\alpha Re_c^{-0.625\beta} \tag{4-8}$$

式中　C'_R——不规则形状煤粉颗粒的阻力系数；

α，β——不规则形状校正系数。

1. 实验方法

利用在鄂尔多斯盆地采集的煤样于介质(水)中进行煤粉颗粒沉降实验。实验时向有机玻璃管中加入介质(水)和一定粒径的煤粉，使用秒表测量煤粉颗粒稳定沉降一段距离所用的时间，计算煤粉颗粒在静止井液中的沉降速度。

实验物品：实验选用现场采集煤样，其密度为 1 490 kg/m³；介质为水，其黏度为 0.88 mPa·s；实验管采用长 4 m、内径 30 mm 的有机玻璃管；外加标准筛、秒表等。

经标准筛分析，分选了 11 组不同粒径的煤粉颗粒如图 4-2 所示。静止井液中煤粉颗粒沉降规律实验过程如图 4-3 所示，具体实验步骤为：

(1) 有机玻璃管按照管段长分为 30 等份，标明其刻度后，充入介质(水)并垂直放置于地面，然后取不同粒径的煤粉颗粒经润湿后于静止状态下放入有机玻璃管内。

(2) 在煤粉颗粒稳定运移 0.5 m 后用秒表开始计量，每通过一等份管段的刻度记录一次所对应的时间。测取煤粒通过 2 m 稳定测试管段所用的时间，并取 6 组数据计算出对应的平均值，最后经整理得到不同粒径煤粉的沉降末速值。

(3) 依据球形煤粉颗粒沉降末速表达式计算出对应当量直径煤粒的沉降末速，经比较即可得到修正后的阻力系数。

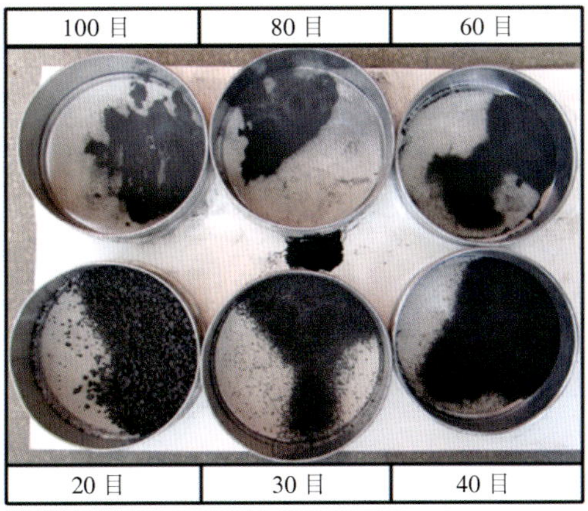

图 4-2　实验用不同粒径煤粉颗粒

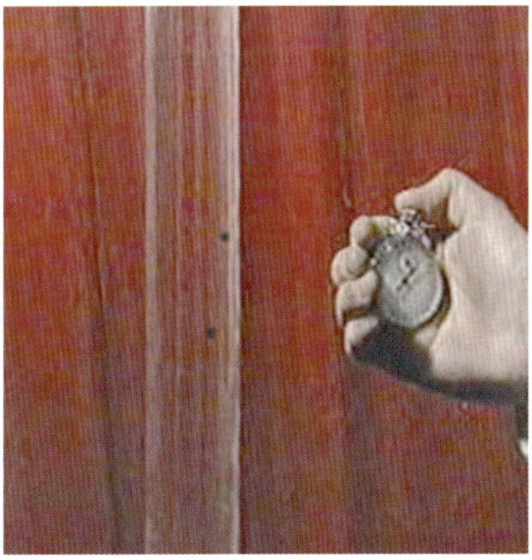

图 4-3　静止井液中煤粉颗粒沉降规律实验

2. 实验结果

由煤粉颗粒沉降末速的实验统计数据获得不同粒径煤粉颗粒在井筒中的沉降情况，如图 4-4 所示。

可以看出，煤粉颗粒在井筒中的初始速度比较大，经过短暂的加速过程后，在井液拖拽力作用下，通常在 1.0 m 内即开始匀速沉降。另外，受杆管长度和边界条件的影响，煤粉颗粒在沉降中容易发生波动。

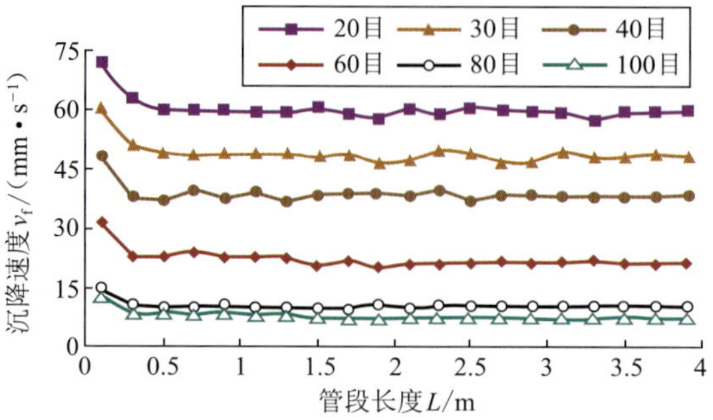

图 4-4 煤粉颗粒在井筒中的沉降情况

3. 实验结果分析

分析实验统计数据后得到不同粒径煤粉颗粒所对应的沉降末速，并由此依据式(4-4)求得不同形状煤粉颗粒的阻力系数 C_R(即相当于求得 C'_R)，依据式(4-3)求得对应的雷诺数 Re_c。实验数据分析后的计算结果见表 4-1。

表 4-1 煤粉颗粒沉降特性实验结果分析

煤粉粒径 d_s/目	沉降末速实测值 v_{fe}/(m·s^{-1})	雷诺数 Re_c	阻力系数 C'_R	球形煤粒沉降公式		Swanson 沉降公式		本书算法预测值	
				沉降末速 v_{fe}/(m·s^{-1})	误差 E/%	沉降末速 v_{fe}/(m·s^{-1})	误差 E/%	沉降末速 v_{fe}/(m·s^{-1})	误差 E/%
10	0.135 10	313.2	0.66	0.231 86	−71.62	0.118 77	12.09	0.156 615	−15.93
20	0.064 07	63.13	1.25	0.084 37	−31.68	0.072 69	−13.45	0.0617 78	3.58
30	0.051 24	35.64	1.38	0.055 91	−9.11	0.057 72	−12.65	0.042 304	17.44
40	0.028 29	13.94	3.20	0.037 20	−31.50	0.044 51	−57.33	0.029 078	−2.79
60	0.017 22	4.99	5.08	0.019 88	−15.45	0.027 26	−58.30	0.016 332	5.16
80	0.011 79	2.46	7.81	0.013 48	−14.33	0.018 75	−59.03	0.011 427	3.08
100	0.009 86	1.71	9.31	0.010 87	−10.24	0.014 84	−50.51	0.009 372	4.95
120	0.008 16	1.18	11.31	0.008 764	−7.40	0.011 54	−41.42	0.007 687	5.80
140	0.005 96	0.73	17.96	0.007 213	−21.02	0.009 049	−51.83	0.006 426	−7.82
170	0.005 25	0.55	19.70	0.005 945	−13.24	0.007 016	−33.64	0.005 379	−2.46
200	0.004 26	0.37	24.94	0.004 793	−12.51	0.005 211	−22.32	0.004 412	−3.57

可以看出，当煤粉颗粒粒径小于 120 目时，其雷诺数通常介于 1～400 之间，此时井液的惯性作用占据主要地位，可采用 Allen 公式求得煤粒的沉降末速；而在粒径大于 120 目后，雷诺数通常小于 1.0，此时井液的惯性力远小于黏滞力，可以忽略不计，可采用 Stokes 公式[152]计算细煤粉的沉降末速。另外还可看出，任意形状煤粉颗粒的实际沉降末速小于将其视为球形颗粒的沉降末速计算值，这与前面的理论分析结果一致。

依据表 4-1 的实验分析结果并利用乘幂函数进行拟合，如图 4-5 所示，可以得到不规则形状校正系数 α 和 β(分别取为 0.45 和 0.898)，代入式(4-8)中即可获得任意形状煤粉颗粒阻力系数的校正关系式为：

$$C'_R = 13.5Re_c^{-0.562} \tag{4-9}$$

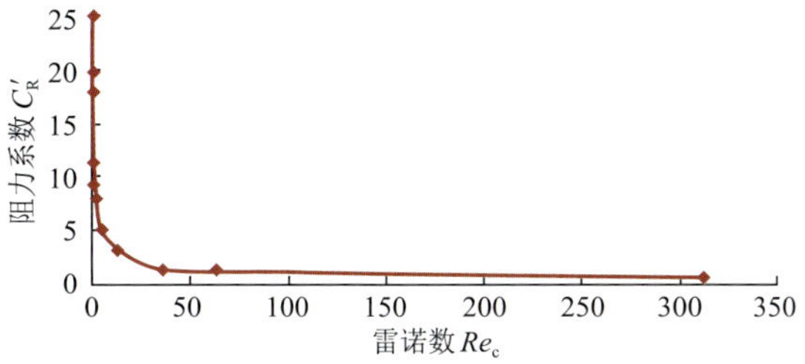

图 4-5 任意形状煤粉颗粒阻力系数与雷诺数间的关系

将依据实验获得的任意形状煤粉颗粒阻力系数计算式(4-9)代入煤粉沉降末速推导公式(4-4)，即可得到任意形状煤粉颗粒的沉降末速 v_{fe} 为：

$$v_{fe} = 0.2\left(\frac{\rho_s - \rho_m}{\rho_m^{0.438}} \frac{d_s^{1.562}}{\mu_m^{0.562}} g\right)^{0.696} \tag{4-10}$$

依据煤粉沉降末速实验与其他算法得到的沉降末速值间的对比情况如图 4-6 所示。

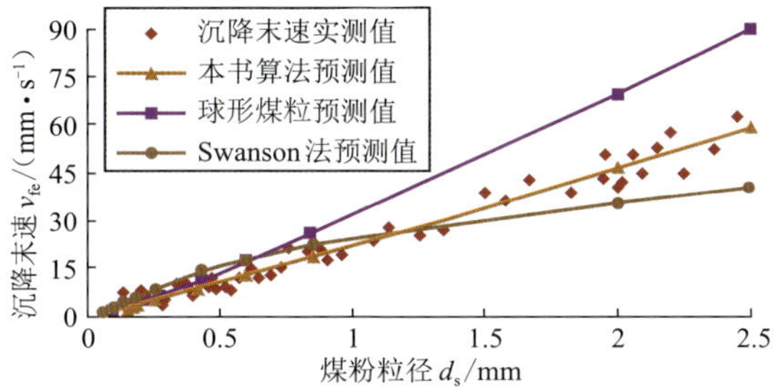

图 4-6 煤粉粒径与沉降末速的关系

可以看出，球形煤粒沉降公式预测结果与实测值偏离较大，平均误差达到 22%，说明煤粉颗粒形状系数对沉降末速的影响较大。油气井 Swanson 沉降公式主要用于砂粒沉降的预测，用于煤粉颗粒沉降预测时结果与实测值存在较大差异(最大误差达到 60%)，说明 Swanson 沉降公式并不适用于煤粉颗粒沉降的预测。另外，鄂尔多斯盆地几口井的实验统计结果表明，同一煤层产出煤粉颗粒的不规则形状校正系数比较接近，可通过实验结果统计出不规则形状的综合校正系数，其均值 α 为 0.45，β 为 0.90。

4.1.3 环空中群体煤粉颗粒的沉降特性

煤层气井实际排采中，环空中井液携带的是具有一定含量(稳定排采时煤粉体积分数通常小于 5%)的煤粉颗粒，此时计算其沉降末速需要考虑井液中煤粉含量的影响。目前低含量条件下颗粒沉降规律的分析主要是把固体颗粒在群粒中降落的状态看成与单颗粒泥沙在狭小容器中沉降的情况一样，容器尺寸相当于颗粒之间的间距。Weier[151] 依据大量实验统计结果，得出低体积分数下颗粒的沉降末速计算公式为：

$$v_{fed} = (1 - 6.55S_c)v_{fe} \tag{4-11}$$

式中 S_c——井液中煤粉颗粒的体积分数，%；

v_{fed}——煤粉含量为 S_c 时的煤粒沉降末速，m/s。

李明忠[153] 等的大量实验统计表明，式(4-11)适用于油井砂粒体积分数小于 5% 的情况，也基本覆盖了油井实际生产中的油液携砂浓度值，但该法应用于煤粒沉降末速预测时，其计算值与群体煤粒沉降实验测量值间的相对误差较大，一般为 20%～45%。为此，分析低体积分数的煤粉沉降可从单个煤粒在井液中沉降时引起的流态变化出发，推导出群体煤粉颗粒同时沉降，井液中任意一个煤粒所在位置的流态情况是其他各煤粒下沉时在该位置所引起的井液流态的总和，由此研究该流态条件对煤粉沉降的影响，其沉降速度与单个煤粒沉降速度的差值是均值不为 0 的随机变量。Burgers 和蔡树棠[154-156]通过忽略煤粉含量的高次项，推导出低含量下煤粉颗粒的沉降末速可写成如下形式：

$$v_{\mathrm{fed}} = (1 + 1.24\delta S_{\mathrm{c}}^{1/3})^{-1} v_{\mathrm{fe}} \tag{4-12}$$

其中的 δ 为校正系数，Uchida[155]等依据河流沉砂规律分析，将 δ 取为 0.835。同样，研究煤层气井环空中群体煤粉颗粒沉降规律的方法是通过取给定地区实际煤样进行煤粉沉降实验，获得校正系数 δ 的统计值，以此获得群体煤粒的沉降末速。

实验物品：利用鄂尔多斯盆地采集的煤样进行实验，煤粒密度为 1 490 kg/m³；实验选用介质（水）的密度为 1 020 kg/m³，黏度为 0.88 mPa · s；井液中煤粉的体积分数为 1.0%；实验用透明管是长度为 3 m，并由外管（内径为 60 mm）和内管（外径为 40 mm）组成的环空结构的有机玻璃管。

实验方法：经标准筛分析分选了 9 组不同粒径的煤粉颗粒，测试其对应的沉降末速。杆管环空中群体煤粉颗粒沉降规律实验的方法和步骤参照静止井液中单颗粒煤粉实验进行。

实验结果与分析：群体煤粉颗粒沉降末速的实验统计数据见附表 5 和附表 6。实验统计结果给出环空井液中单个煤粒沉降末速与群体煤粒的干扰沉降末速值之间的关系，分析后的计算结果见表 4-2。

表 4-2 杆管环空中群体煤粉颗粒沉降特性实验结果

煤粉粒径 d_s/目	单个煤粒沉降末速 v_{fe}/(m · s^{-1})	群体煤粒沉降末速 v_{feq}/(m · s^{-1})	Weier 沉降公式		Uchida 沉降公式		本书算法预测值	
			沉降末速 v_{fe}/(m · s^{-1})	误差 E/%	沉降末速 v_{fe}/(m · s^{-1})	误差 E/%	沉降末速 v_{fe}/(m · s^{-1})	误差 E/%
20	0.069 66	0.066 41	0.065 10	1.97	0.085 21	−28.31	0.062 78	5.47
30	0.053 60	0.050 47	0.050 09	0.75	0.065 56	−29.90	0.048 31	4.28
40	0.035 20	0.031 64	0.032 90	−3.98	0.043 06	−36.09	0.031 72	−0.25
60	0.025 85	0.021 64	0.024 16	−11.65	0.031 62	−46.12	0.023 29	−7.62
80	0.016 66	0.013 44	0.015 57	−15.85	0.020 37	−51.56	0.015 01	−11.68
100	0.011 44	0.008 72	0.010 69	−22.59	0.013 99	−60.44	0.010 30	−18.12
120	0.009 15	0.007 60	0.008 55	−12.50	0.011 20	−47.37	0.008 25	−8.55
140	0.007 53	0.006 58	0.007 04	−6.99	0.009 21	−39.97	0.006 78	−3.04
200	0.006 19	0.005 58	0.005 79	−3.76	0.007 58	−35.84	0.005 58	−0.00

可以看出，群体煤粉颗粒的沉降末速要稍小于相同粒径单个煤粉颗粒的沉降末速。这与钱宁[147]等关于固体颗粒浓度对沉速影响研究的理论结果一致：在一定浓度的井液中，固体颗粒均匀分布在水体中，在颗粒同时下沉时，颗粒间的相互阻力使得每一颗粒的沉降速度都将降低；另外，群体煤粉颗粒的存在也将使浑水的密度加大，从而导致其中每个颗粒受到的浮力加大，进而影响颗粒的沉降速度。目前研究沉降公式的应用范围偏重

于雷诺数等于 2 及以下的情况，沉降末速的预测使用 Stokes 定律，由此导致群体煤粉颗粒沉降末速的计算结果显著偏大。

表 4-2 的实验结果给出了环空井液中相同煤粉粒径所对应的单个煤粒沉降末速与群体煤粒的干扰沉降末速之间的统计值。依据式(4-12)知，在煤粉体积分数相同的流体中的煤粉沉降，群体煤粒沉降末速值与单个煤粒沉降末速值近似为线性关系，由此对实验统计结果进行线性拟合，得到校正系数 δ 的值应该取为 0.410，则群体煤粉沉降末速推导公式(4-12)变为：

$$v_{\mathrm{feq}}=(1+0.508S_{\mathrm{c}}^{1/3})^{-1}v_{\mathrm{fe}} \tag{4-13}$$

将单个煤粒沉降末速计算式(4-10)代入式(4-13)后，获得以实验统计结果为依据的环空中群体煤粉颗粒沉降末速计算式，即：

$$v_{\mathrm{feq}}=0.2(1+0.508S_{\mathrm{c}}^{1/3})^{-1}\left(\frac{\rho_{\mathrm{s}}-\rho_{\mathrm{m}}}{\rho_{\mathrm{m}}^{0.438}}\frac{d_{\mathrm{s}}^{1.562}}{\mu_{\mathrm{m}}^{0.562}}g\right)^{0.696} \tag{4-14}$$

依据群体煤粉沉降末速实验与其他算法得到的沉降末速值间的对比情况如图 4-7 所示。

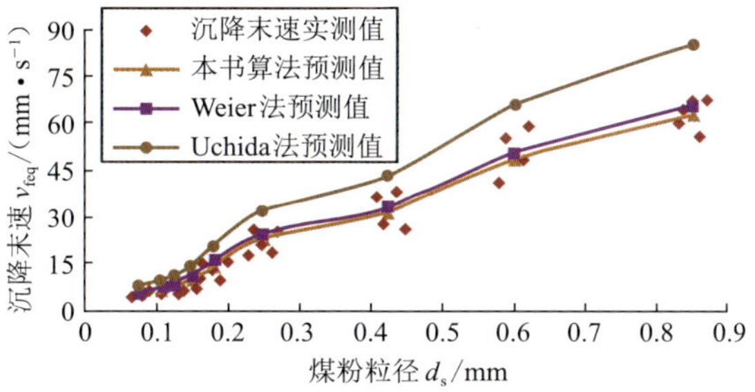

图 4-7　杆管环空中群体煤粉的煤粉粒径与沉降末速的关系

从上图可以看出，Weier 法和 Uchida 法群体煤粉沉降末速预测值的整体平均误差分别为 8.3%和 41.7%，最大误差分别为 22.5%和 60.3%。依据群体煤粉颗粒沉降实验得到的沉降末速计算式充分考虑了惯性力的作用，与实际值吻合程度较好，计算结果的平均误差控制在 5%以内(仅为 4.5%左右)，较前两种方法依次降低了 3.8%和 37.2%。

静止井液中群体煤粉沉降规律研究表明，群体煤粉颗粒沉降特性的研究需要依据球形煤粉和任意形状煤粉沉降特性的实验及理论分析结果。同时，对给定地区的群体煤粉沉降特性进行研究，需要进行现场调研，采集该地区的实际煤样，通过煤粉沉降规律实验获取该地区煤粉校正系数，最终得到以实验统计结果为依据的群体煤粉沉降末速表达式。另外，同一煤层产出煤粉颗粒的校正系数比较接近，为便于工程应用可取各粒径煤粉颗粒的综合校正系数，如鄂尔多斯盆地产出的群体煤粉校正系数可取为 0.410。

4.2　杆管环空中固液两相管流数学模型

4.2.1　固液两相流的基本方程与本构方程

固液两相流的计算模型是在统计平均的情况下得到的[157,158]，该模型假设：① 颗粒相和井液相视为连续介质；② 各相具有其相应的速度场、体积浓度场和压力场；③ 各相间的相互作用体现在相间耦合上。

固液两相流基本方程依据时空统计法得到。井液相和颗粒相的质量守恒方程[159]为：

$$\left.\begin{aligned}&\frac{\partial(\rho_s S_c)}{\partial t}+\nabla(\rho_s S_c \boldsymbol{v}_c)=0\\&\frac{\partial[\rho_w(1-S_c)]}{\partial t}+\nabla[\rho_w(1-S_c)\boldsymbol{v}_w]=0\end{aligned}\right\}\tag{4-15}$$

井液相和颗粒相的动量守恒方程[160,161]为：

$$\left.\begin{aligned}&\frac{\partial(\rho_s S_c \boldsymbol{v}_c)}{\partial t}+\nabla(\rho_s S_c \boldsymbol{v}_c \boldsymbol{v}_c)=\operatorname{div}[S_c \boldsymbol{\sigma}_c]+\rho_s S_c \boldsymbol{m}+\boldsymbol{F}_c\\&\frac{\partial[\rho_w(1-S_c)\boldsymbol{v}_w]}{\partial t}+\nabla[\rho_w(1-S_c)\boldsymbol{v}_w \boldsymbol{v}_w]=\operatorname{div}[(1-S_c)\boldsymbol{\sigma}_w]+\rho_w(1-S_c)\boldsymbol{m}+\boldsymbol{F}_w\end{aligned}\right\}\tag{4-16}$$

式中 S_c——井液中煤粉颗粒的体积分数，%；

t——时间，s；

ρ_s，ρ_w——煤粒相和井液相的密度，kg/m^3；

$\boldsymbol{F}_c$，$\boldsymbol{F}_w$——煤粒相和井液相附加作用力（$\boldsymbol{F}_c=-\boldsymbol{F}_w$），N；

$\boldsymbol{m}$——单位体积的重力，N/m^3；

$\boldsymbol{v}_c$，$\boldsymbol{v}_w$——煤粒相和井液相运移速度矢量；

$\boldsymbol{\sigma}_c$，$\boldsymbol{\sigma}_w$——煤粒相和井液相的应力张量。

在忽略煤粉颗粒的拟热扩散项的情况下，煤粉颗粒相的脉动能量方程[162]为：

$$1.5\rho_s \mathrm{d}v_c^2/\mathrm{d}t=\boldsymbol{s}_c:\nabla \boldsymbol{v}_c-\varepsilon \tag{4-17}$$

式中 ε——煤粉颗粒非弹性碰撞引起的能量损耗率。

式(4-15)～式(4-17)中含有 30 个未知变量，需要补充足够的方程才能达到封闭状态。对固液两相流相间的本构方程[163]分别进行研究，煤粒相应力的本构方程为：

$$\boldsymbol{\sigma}_c=-p_c \boldsymbol{n}+\boldsymbol{s}_c \tag{4-18}$$

井液相应力的本构方程为：

$$\boldsymbol{\sigma}_w=-p_w \boldsymbol{n}+\boldsymbol{s}_w \tag{4-19}$$

式中 $\boldsymbol{s}_c$，$\boldsymbol{s}_w$——煤粒相和井液相的偏应力张量；

p_c，p_w——煤粒相和井液相的压力，N；

$\boldsymbol{n}$——单位张量。

将杆管环空中的井液视为牛顿流体，则有：

$$\boldsymbol{s}_w=(\mu_w+\mu_t)\boldsymbol{A}_w \tag{4-20}$$

式中 μ_w——井液黏度，Pa·s；

$\boldsymbol{A}_w$——一阶井液张量。

为封闭井液层流应力，井液层流黏度 μ_t 可表示为：

$$\mu_t=K\rho_w y|\boldsymbol{v}_w| \tag{4-21}$$

式中 K——常数；

y——距管壁的距离，m。

Givler[164]通过平板外部流动的实测数据将系数 K 确定为 0.022。在圆形管道中，管壁对井液流动的限制要比平板强得多，在相同井液流速下圆形管道中的层流强度将比平板外弱得多。为此，依据光滑圆形杆管环空中的层流实验统计数据，对 Givler 模型系数进行修正，并将其确定为 0.006 5。

固液两相流各相间作用的本构方程为：

$$\boldsymbol{F} = \boldsymbol{F}_c = -\boldsymbol{F}_w = \boldsymbol{F}_U + \boldsymbol{F}_D + \boldsymbol{F}_S \tag{4-22}$$

Saffman[165]研究了单个固体颗粒在剪切流中升力项 $\boldsymbol{F}_U$ 的升力系数张量 $\boldsymbol{U}$,将其结果推广于固液两相流中,其升力项为:

$$\boldsymbol{F}_U = \boldsymbol{U}(\boldsymbol{v}_w - \boldsymbol{v}_c) = 3.084\,4\,\frac{S_c}{d_s}\left(\frac{\rho_w \mu_w}{|\boldsymbol{v}_w|}\right)^{0.5} \boldsymbol{A}_w(\boldsymbol{v}_w - \boldsymbol{v}_c) \tag{4-23}$$

固液两相流相间的阻力项 $\boldsymbol{F}_D$ 为:

$$\boldsymbol{F}_D = \boldsymbol{D}(\boldsymbol{v}_w - \boldsymbol{v}_c) = 0.75C_R'\frac{\rho_w}{d_s}|\boldsymbol{v}_w - \boldsymbol{v}_c|\boldsymbol{n}(\boldsymbol{v}_w - \boldsymbol{v}_c) \tag{4-24}$$

式中 d_s——煤粉颗粒的有效粒径;

$\boldsymbol{D}$——阻力系数张量,任意形状煤粉阻力系数 C_R' 可由式(4-9)确定。

固液两相流相间的扩散项 $\boldsymbol{F}_S$ 为:

$$\boldsymbol{F}_S = p_w \nabla S_c \tag{4-25}$$

由此式(4-16)可表示为:

$$\left.\begin{aligned}
&\partial(\rho_s S_c \boldsymbol{v}_c)/\partial t + \nabla(\rho_s S_c \boldsymbol{v}_c \boldsymbol{v}_c) = \nabla(S_c \boldsymbol{s}_c) - S_c \nabla p_w + \rho_s S_c \boldsymbol{m} + \\
&\qquad (\boldsymbol{D}+\boldsymbol{U})(\boldsymbol{v}_w - \boldsymbol{v}_c) - \nabla[S_c(p_c - p_w)] \\
&\partial[\rho_w(1-S_c)\boldsymbol{v}_w]/\partial t + \nabla[\rho_w(1-S_c)\boldsymbol{v}_w\boldsymbol{v}_w] = \nabla[(1-S_c)\boldsymbol{s}_w] - (1-S_c)\nabla p_w + \\
&\qquad \rho_w(1-S_c)\boldsymbol{m} - (\boldsymbol{D}+\boldsymbol{U})(\boldsymbol{v}_w - \boldsymbol{v}_c)
\end{aligned}\right\} \tag{4-26}$$

其中,$p_c - p_w$ 为煤粒相和井液相间的压力差。依据 Givler 的研究成果可得到:

$$p_c - p_w = 0.281\rho_w|\boldsymbol{v}_w - \boldsymbol{v}_c|^2 \tag{4-27}$$

4.2.2 杆管环空中固液两相流动计算模型

模型假设:① 煤粒相和井液相均视为连续介质;② 固液两相具有其相应的速度场、体积浓度场和压力场;③ 忽略悬点载荷引起的杆管变形且不考虑杆管间的相对运动;④ 固液两相在环空中的运动是轴对称的。由此,可将杆管环空中固液两相流动物理模型简化成固液两相流在外径为 r_t、内径为 r_r 的垂直管道环空中的向上稳定流动,建立如图4-8所示的柱坐标系 (r, θ, z)。

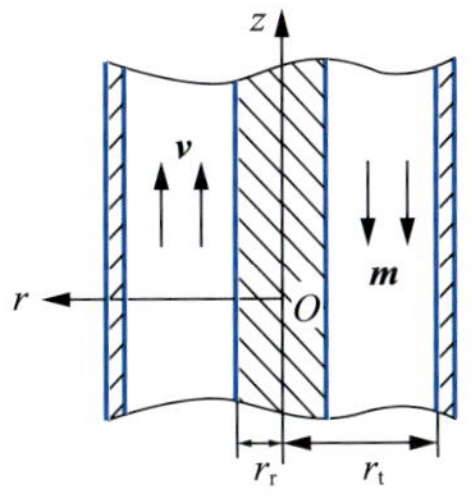

图4-8 垂直杆管环空及其坐标系

设杆管环空中固液两相流煤粉体积分数 $S_c = S_c(r)$,压力 $p = p(r, z)$,煤粉颗粒的拟热速度 $v_s = v_s(r)$,则有:

$$\left.\begin{aligned}
\boldsymbol{v}_c &= (0, 0, v_c(r)) \\
\boldsymbol{v}_w &= (0, 0, v_w(r))
\end{aligned}\right\} \tag{4-28}$$

柱坐标系中,煤粉颗粒相和井液相的偏应力张量分别为:

$$\left.\begin{aligned}
\boldsymbol{s}_c &= 0.054\,8\,\frac{(1+e)\rho_s S_c d_s v_s}{S_c^* - S_c^{1/3} S_c^{*\,2/3}} \boldsymbol{v}_c' \begin{pmatrix} 0 & 0 & 1 \\ 0 & 0 & 0 \\ 1 & 0 & 0 \end{pmatrix} - 0.068\,5\,\frac{(1+e)\rho_s S_c \boldsymbol{v}_s^2}{S_c^* - S_c^{1/3} S_c^{*\,2/3}} \begin{pmatrix} 1 & 0 & 0 \\ 0 & 1 & 0 \\ 0 & 0 & 1 \end{pmatrix} \\
\boldsymbol{s}_w &= [\mu_w - \rho_w S_c^*(r_t - r)\boldsymbol{v}_w]\boldsymbol{v}_w' \begin{pmatrix} 0 & 0 & 1 \\ 0 & 0 & 0 \\ 1 & 0 & 0 \end{pmatrix}
\end{aligned}\right\} \tag{4-29}$$

式中 e——弹性恢复系数;

S_c^*——井液的极限煤粉体积分数,%;

$\boldsymbol{v}_c', \boldsymbol{v}_w'$——$\boldsymbol{v}_c$ 和 $\boldsymbol{v}_w$ 的一阶导数。

固液两相流相间阻力系数张量和升力系数张量分别为:

$$\left.\begin{aligned}\boldsymbol{D} &= 0.75C_{\mathrm{R}}'\frac{\rho_{\mathrm{w}}}{d_{\mathrm{s}}}(\boldsymbol{v}_{\mathrm{w}}-\boldsymbol{v}_{\mathrm{c}})\begin{pmatrix}1&0&0\\0&1&0\\0&0&1\end{pmatrix}\\ \boldsymbol{U} &= 3.0844\frac{S_{\mathrm{c}}}{d_{\mathrm{s}}}\left(\frac{\rho_{\mathrm{w}}\mu_{\mathrm{w}}}{|\boldsymbol{v}_{\mathrm{w}}'|}\right)^{0.5}\boldsymbol{v}_{\mathrm{w}}'\begin{pmatrix}0&0&1\\0&0&0\\1&0&0\end{pmatrix}\end{aligned}\right\} \tag{4-30}$$

煤粉颗粒非弹性碰撞[166]引起的能量损耗率 ε 为：

$$\varepsilon = 0.196\frac{S_{\mathrm{c}}^{4/3}\rho_{\mathrm{s}}d_{\mathrm{s}}v_{\mathrm{s}}}{S_{\mathrm{c}}^{*1/3}-S_{\mathrm{c}}^{1/3}}(1-e^2)\left(0.267v_{\mathrm{c}}'v_{\mathrm{c}}'+0.667\frac{v_{\mathrm{s}}^2}{d_{\mathrm{s}}^2}\right) \tag{4-31}$$

固液两相流中煤粒相的表观速度 v_{sc} 和井液相的表观速度 v_{sw} 分别为：

$$\left.\begin{aligned}v_{\mathrm{sc}} &= 0.318q_{\mathrm{c}}/(r_{\mathrm{t}}^2-r_{\mathrm{r}}^2)\\ v_{\mathrm{sw}} &= 0.318q_{\mathrm{w}}/(r_{\mathrm{t}}^2-r_{\mathrm{r}}^2)\end{aligned}\right\} \tag{4-32}$$

式中　$q_{\mathrm{c}}, q_{\mathrm{w}}$——煤粒相和井液相的体积总流量，$\mathrm{m^3/s}$。

以 v_{sw}，r_{t} 和 ρ_{w} 为速度、长度和密度的特征量，可定义无量纲 $v_{\mathrm{c}}^* = v_{\mathrm{c}}/v_{\mathrm{sw}}$，$v_{\mathrm{w}}^* = v_{\mathrm{w}}/v_{\mathrm{sw}}$，$v_{\mathrm{s}}^* = v_{\mathrm{s}}/v_{\mathrm{sw}}$，$d_{\mathrm{s}}^* = d_{\mathrm{s}}/r_{\mathrm{t}}$，$r^* = r/r_{\mathrm{t}}$，$\delta^* = \delta/r_{\mathrm{t}}$，$\rho_{\mathrm{s}}^* = \rho_{\mathrm{s}}/\rho_{\mathrm{w}}$，$p_r^* = p(r)'/(\rho_{\mathrm{w}}g)$，$p_z^* = -p(z)'/(\rho_{\mathrm{w}}g)$。$p_r^*$ 和 p_z^* 分别为无量纲的径向压力梯度和轴向压力梯度。

在模型满足质量守恒方程的情况下，将式(4-28)～式(4-32)代入式(4-17)和式(4-26)中，整理后可得到固液两相流的控制方程，其动量方程为：

$$S_{\mathrm{c}}p_r^{*\prime}+0.0685A_2\rho_{\mathrm{s}}^*d_{\mathrm{s}}^*(A_1S_{\mathrm{c}}^2v_{\mathrm{s}}^{*2})'(1+e)/S_{\mathrm{c}}^*-3.084\frac{A_2S_{\mathrm{c}}}{Re^{0.5}}|v_{\mathrm{w}}^{*\prime}|^{-0.5}v_{\mathrm{w}}^{*\prime}(v_{\mathrm{w}}^*-v_{\mathrm{c}}^*)+$$
$$0.281A_2d_{\mathrm{s}}^*[S_{\mathrm{c}}(v_{\mathrm{w}}^*-v_{\mathrm{c}}^*)^2]'=0 \tag{4-33a}$$

$$(1-S_{\mathrm{c}})p_r^{*\prime}+3.0844\frac{A_2S_{\mathrm{c}}}{Re^{0.5}}|v_{\mathrm{w}}^{*\prime}|^{-0.5}v_{\mathrm{w}}^{*\prime}(v_{\mathrm{w}}^*-v_{\mathrm{c}}^*)=0 \tag{4-33b}$$

$$(1-S_{\mathrm{c}})p_z^*+\frac{A_2d_{\mathrm{s}}^*}{r^*Re}\{r^*(1-S_{\mathrm{c}})[1+6.5\times10^{-3}Re(1-r^*)v_{\mathrm{w}}^*]v_{\mathrm{w}}^{*\prime}\}'-(1-S_{\mathrm{c}})-$$
$$0.75A_2C_{\mathrm{R}}'|v_{\mathrm{w}}^*-v_{\mathrm{c}}^*|(v_{\mathrm{w}}^*-v_{\mathrm{c}}^*)=0 \tag{4-33c}$$

$$S_{\mathrm{c}}p_z^*+0.0548\rho_{\mathrm{s}}^*d_{\mathrm{s}}^{*2}A_2\frac{1+e}{S_{\mathrm{c}}^*r^*}(A_1S_{\mathrm{c}}^2r^*v_{\mathrm{s}}^*v_{\mathrm{c}}^{*\prime})'-\rho_{\mathrm{c}}^*S_{\mathrm{c}}+0.75A_2C_{\mathrm{R}}'|v_{\mathrm{w}}^*-v_{\mathrm{c}}^*|(v_{\mathrm{w}}^*-$$
$$v_{\mathrm{c}}^*)=0 \tag{4-33d}$$

其中：

$$Re=\rho_{\mathrm{w}}(r_{\mathrm{t}}-r_{\mathrm{r}})v_{\mathrm{sw}}/\mu_{\mathrm{w}}$$

$$A_1=\frac{S_{\mathrm{c}}^{*1/3}}{S_{\mathrm{c}}^{*1/3}-S_{\mathrm{c}}^{1/3}},\quad A_2=\frac{v_{\mathrm{sw}}^2}{r_{\mathrm{t}}gd_{\mathrm{s}}^*}$$

求解式(4-33a)和(4-33b)，可得无量纲的径向压力梯度 p_r^* 的表达式为：

$$p_r^*=-0.0685A_2\rho_{\mathrm{s}}^*d_{\mathrm{s}}^*(A_1S_{\mathrm{c}}^2v_{\mathrm{s}}^{*2})'(1+e)/S_{\mathrm{c}}^*-0.281A_2d_{\mathrm{s}}^*[S_{\mathrm{c}}(v_{\mathrm{w}}^*-v_{\mathrm{c}}^*)^2]'=0 \tag{4-34}$$

固液两相流的能量方程为：

$$0.0698\frac{1}{S_{\mathrm{c}}^*}(v_{\mathrm{c}}^{*2})'-0.25\left(\frac{S_{\mathrm{c}}}{S_{\mathrm{c}}^*}\right)^{1/3}(1-e)\left[0.267(v_{\mathrm{c}}^{*2})'+0.667\frac{v_{\mathrm{s}}^{*2}}{d_{\mathrm{s}}^{*3}}\right]=0 \tag{4-35}$$

求解式(4-35)可得无量纲的煤粉颗粒拟热速度 v_{s}^* 的表达式为：

$$v_s^* = 0.647\frac{S_c^{-1/6}}{S_c^{*1/2}}\frac{d_s^*}{1-e}|v_c^{*\prime}|[S_c^{*1/3}-0.955S_c^*(1-e)S_c^{1/3}]^{0.5} \tag{4-36}$$

由此，通过进一步整理以上各式，得到杆管环空中固液两相流控制方程的表达式为：

$$0.1\rho_s^* d_s^{*2}\frac{1+e}{1-e}(1-S_c)[2A_1Av_c^{*\prime}v_c^{*\prime\prime}+BS_c^{\prime}(v_c^{*2})^{\prime}]-10.97S_c\frac{\text{sign}(v_w^{*\prime})}{Re^{0.5}d_s^*}A_1^2\times$$
$$|v_w^{*\prime}|^{0.5}(v_w^*-v_c^*)+(1-S_c)A_1^2[(v_w^*-v_c^*)^2S_c^{\prime}+2S_c(v_w^*-v_c^*)(v_w^{*\prime}-v_c^{*\prime})]=0 \tag{4-37a}$$

$$A_2A_3d_s^*[(1-S_c)(v_w^{*\prime}+r^*v_w^{*\prime\prime})-r^*v_w^{*\prime}S_c^{\prime}]/Re+A_3(1-S_c)(p_z^*-1)r^*+6.5\times10^{-3}\times$$
$$A_2A_3d_s^*\{5(1-S_c)[r^*(1-2r^*)v_w^*v_w^{*\prime}+r^{*2}(1-r^*)(v_w^{*2})^{\prime}+r^{*2}(1-r^*)v_w^*v_w^{*\prime\prime}]-$$
$$r^{*2}(1-r^*)v_w^*v_w^{*\prime}S_c^{\prime}\}=0.27A_2S_c\left[\frac{66.67}{Red_s^*}+\frac{17.22|v_w^*-v_c^*|^{0.427}}{(Red_s^*)^{0.573}}+|v_w^*-v_c^*|\right]\times$$
$$(v_w^*-v_c^*)r^* \tag{4-37b}$$

其中：

$$A=\left(\frac{S_c}{S_c^*}\right)^{1.667}-0.96S_c^*(1-e)\left(\frac{S_c}{S_c^*}\right)^2,\quad A_3=\left(1-\frac{S_c}{S_c^*}\right)^{2.5S_c^*}$$

同时，杆管环空中固液两相流控制方程还需满足：

$$\text{sign}(v_c^{*\prime})A_3B[A_1A(v_c^{*2})^{\prime}+2A_1Av_c^{*\prime}v_c^{*\prime\prime}r^*+r^*C(v_c^{*2})^{\prime}S_c^{\prime}]+A_1^2A_3A^{0.5}r^*(p_z^*-\rho_c^*)+$$
$$0.27A_1^2A_2A^{0.5}\left[\frac{66.67}{Red_s^*}+\frac{17.22}{(Red_s^*)^{0.573}}|v_w^*-v_c^*|^{0.427}+|v_w^*-v_c^*|\right](v_w^*-v_c^*)r^*=0 \tag{4-37c}$$

其中：

$$B=\left[1.592S_c^*(1-e)\left(\frac{S_c}{S_c^*}\right)^{4/3}-(1.91S_c^*-1.91S_c^*e+1.33)\frac{S_c}{S_c^*}+1.667\left(\frac{S_c}{S_c^*}\right)^{2/3}\right]\frac{1}{S_c}$$

$$C=\left[1.592S_c^*(1-e)\left(\frac{S_c}{S_c^*}\right)^{4/3}-(1.91S_c^*-1.91S_c^*e+1.5)\frac{S_c}{S_c^*}+1.833\left(\frac{S_c}{S_c^*}\right)^{2/3}\right]\frac{1}{S_c}$$

杆管环空中固液两相流模型的边界条件。环空中间部位，$r^*=0.5(r_r+r_t)/r_t$，有：

$$v_w^{*\prime}=v_c^{*\prime}=S_c^{\prime}=0 \tag{4-38}$$

杆壁处，$r^*=r_r/r_t$，有 $v_w^*=0$ 和 $v_c^*=v_{feq}/v_{sw}$；管壁处，$r^*=r_t/r_t=1$，有 $v_w^*=0$ 和 $v_c^*=v_{feq}/v_{sw}$，同时有：

$$\text{sign}(v_c^{*\prime})A_3A^{0.5}[Dv_c^{*\prime}v_c^*+E(v_c^{*\prime})^2]-\delta A_1A_3(p_z^*-\rho_c^*)/r_t+$$
$$0.27A_1A_2\frac{\delta}{r_t}\left[\frac{66.67}{Red_s^*}+\frac{17.22}{(Red_s^*)^{0.573}}|v_c^*|^{0.427}+|v_c^*|\right]v_c^*=0 \tag{4-39}$$

其中：

$$D=0.266(\cos^3\theta_0-3\cos\theta_0+2)\frac{(1+e_w)\rho_s^*d_s^{*3}A_2}{(1-e)^{0.5}S_c^{*0.5}}$$

$$E=0.0355\frac{(1+e)\rho_s^*d_s^{*3}A_2}{(1-e)^{0.5}S_c^{*0.5}}$$

式中 Re——煤粉颗粒的雷诺数；

e_w——煤粉颗粒与杆管壁间的弹性恢复系数；

δ——无量纲常数；

θ_0——煤粉颗粒与杆管壁碰撞的最大角度，rad。

此外，杆管环空流场中的煤粉体积分数分布情况还需满足下列守恒条件：

$$2\int_{r_r/r_t}^{1} v_w^* r^* dr^* - 2\int_{r_r/r_t}^{1} S_c v_w^* r^* dr^* = 1 \tag{4-40}$$

式(4-37)～式(4-40)构成了杆管环空中固液两相流动模型的定解条件。

4.2.3 杆管环空中固液两相管流问题求解

杆管环空固液两相管流计算模型是关于未知场函数 $v'_w(r)$，$v'_c(r)$ 和 $S'_c(r)$ 的非线性耦合的方程组，采用配置法对问题进行求解。在未知场函数的定义域 Ω 和边界 Ψ 处选择一系列的点 r_i 作为配点，则待求变量 v 的定解问题为：

$$\left.\begin{aligned} F\bar{v} - f_i = 0 \quad (r_i \in \Omega) \\ G\bar{v} - g_j = 0 \quad (r_j \in \Psi) \end{aligned}\right\} \tag{4-41}$$

$$\bar{v} = \sum_{j=0}^{n} \varepsilon_j N_j$$

式中 F，G——微分算子；

f，g——源项；

$\bar{v}$——试函数；

N_j——试函数项；

ε_j——待定系数。

配置法其实为一种半解析法，通过解出待定系数 ε_j 获得两相管流问题的近似解。考虑到杆壁处的边界条件，式(4-37)～式(4-40)幂级数形式的试函数为：

$$\bar{v}_c = \varepsilon_{c1} + \sum_{j=2}^{n+1} \varepsilon_{cj} r^j, \quad \bar{v}_w = \varepsilon_{w1} + \sum_{j=2}^{n+1} \varepsilon_{wj} r^j, \quad \bar{S}_c = \varepsilon_{d1} + \sum_{j=2}^{n+1} \varepsilon_{dj} r^j \tag{4-42}$$

上述试函数的各阶导数为：

$$\left.\begin{aligned} \bar{v}'_c = \sum_{j=2}^{n+1} j\varepsilon_{cj} r^{j-1}, \quad \bar{v}''_c = \sum_{j=2}^{n+1} j(j-1)\varepsilon_{cj} r^{j-2} \\ \bar{v}'_w = \sum_{j=2}^{n+1} j\varepsilon_{wj} r^{j-1}, \quad \bar{v}''_w = \sum_{j=2}^{n+1} j(j-1)\varepsilon_{wj} r^{j-2} \\ \bar{S}'_c = \sum_{j=2}^{n+1} j\varepsilon_{dj} r^{j-1}, \quad \bar{S}''_c = \sum_{j=2}^{n+1} j(j-1)\varepsilon_{dj} r^{j-2} \end{aligned}\right\} \tag{4-43}$$

式中 ε_{cj}——煤粉固相待定系数；

ε_{wj}——液相待定系数。

试函数中共含有 $3(n+1)$ 个待定系数，需用 $3(n+1)$ 个独立方程进行求解。将试函数及其各阶导数代入管壁处边界条件和守恒条件式(4-40)获得 3 个独立方程，同时为简单起见，略去无量纲符号“ * ”，则 3 个方程依次为：

$$\varepsilon_{w1} + \sum_{j=2}^{n+1} \varepsilon_{wj} = \delta_{a1} \tag{4-44}$$

$$0.27A_1A_2\frac{\delta}{r_t}\left[\frac{66.67}{Red_s} + \frac{17.22}{(Red_s)^{0.573}}\left|\sum_{j=2}^{n+1}\varepsilon_{cj}\right|^{0.427} + \left|\sum_{j=2}^{n+1}\varepsilon_{cj}\right|\right]\sum_{j=2}^{n+1}\varepsilon_{cj} - A_1A_3\frac{\delta}{r_t}(p_z - \rho_s) +$$

$$\mathrm{sign}(v'_c)A^{0.5}A_3\left[D\sum_{j=2}^{n+1} j'\varepsilon_{cj}\sum_{j=2}^{n+1}\varepsilon_{cj} + E\left(\sum_{j=2}^{n+1} j'\varepsilon_{cj}\right)^2\right] = \delta_{a2}, j' = \begin{cases} 0 & (j=1) \\ j & (j=2, 3, \cdots, n+1) \end{cases} \tag{4-45}$$

$$-\varepsilon_{w1}\sum_{j=2}^{n+1}\frac{2\varepsilon_{dj}}{j+2}-\sum_{j=2}^{n+1}\left(\varepsilon_{dj}\sum_{j=2}^{n+1}\frac{2\varepsilon_{wk}}{j+k+2}\right)-(\varepsilon_{d1}-1)\left(\varepsilon_{w1}+\sum_{j=2}^{n+1}\frac{2\varepsilon_{wj}}{j+2}\right)-1=\delta_{con} \tag{4-46}$$

其中，δ_{a1}，δ_{a2} 和 δ_{con} 为试函数代入方程后产生的残差。

同理，在井液场中选取 n 个配点 $r_1,r_2,\cdots,r_n$，并将 n 个配点的试函数和各阶导数代入固液两相流的控制方程式(4-37)和式(4-38)，获得 $3n$ 个独立方程。同时定义 δ_{ci}，δ_{wi} 和 δ_{di} 为试函数及其导数代入控制方程后产生的残差，η_{ci}，η_{wi} 和 η_{di} 为权参数，并令：

$$[\eta_{c1}\delta_{a1}\quad \eta_{c2}\delta_{a2}\quad \eta_{d}\delta_{con}\quad \eta_{w1}\delta_{w1}\quad \eta_{c1}\delta_{c1}\quad \eta_{d1}\delta_{d1}\quad \cdots\quad \eta_{wn}\delta_{wn}\quad \eta_{cn}\delta_{cn}\quad \eta_{dn}\delta_{dn}]^{T}=0 \tag{4-47}$$

获得由 $3(n+1)$ 个非线性独立方程组成的方程组。考虑到固液两相速度与体积分数分布间的影响敏感，此方程组非线性程度强，求解中几乎无法同时收敛，为此采用欠松弛迭代数值方法求解这 $3(n+1)$ 个待定系数，将两相管流问题分解为以下两个子问题。

1. 煤粒相和井液相速度的定解问题

$$\boldsymbol{F}_p=[\eta_1\delta_{w1}\quad \eta_2\delta_{c1}\quad \eta_3\delta_{w2}\quad \eta_4\delta_{c2}\quad \cdots\quad \eta_{2n+1}\delta_{wn+1}\quad \eta_{2n+2}\delta_{cn+1}]^{T}=0 \tag{4-48}$$

式(4-48)为求解 ε_{ci} 和 ε_{wi} 的一组非线性方程，其循环迭代过程为：

$$\left.\begin{aligned}\boldsymbol{x}_p^{(k+1)}&=\boldsymbol{x}_p^{(k)}+\mu\Delta\boldsymbol{x}_p^{(k)}\\ \boldsymbol{Q}\Delta\boldsymbol{x}_p^{(k)}&=-\boldsymbol{F}_p[\boldsymbol{x}_p^{(k)}]\end{aligned}\right\} \tag{4-49}$$

式中 $\boldsymbol{Q}$——$\boldsymbol{F}_p$ 的导数矩阵，见式(4-50a)；

$\boldsymbol{x}_p$——固液相速度试函数中待定系数的解向量，见式(4-50b)；

μ——松弛因子。

$$\boldsymbol{Q}=\begin{bmatrix}q_{11} & q_{12} & \cdots & q_{1,2n+1} & q_{1,2n+2}\\ \vdots & \vdots & & \vdots & \vdots\\ q_{2n+2,1} & q_{2n+2,2} & \cdots & q_{2n+2,2n+1} & q_{2n+2,2n+2}\end{bmatrix} \tag{4-50a}$$

$$\boldsymbol{x}_p=[\varepsilon_{w1}\quad \varepsilon_{c1}\quad \varepsilon_{w2}\quad \varepsilon_{c2}\quad \cdots\quad \varepsilon_{wn+1}\quad \varepsilon_{cn+1}]^{T} \tag{4-50b}$$

依据式(4-44)和式(4-45)以及试函数形式的控制方程，获得 q_{ij} 的计算式为：

$$q_{2i-1,2j}=\eta_{2i-1}\partial\delta_{wi}/\partial\varepsilon_{cj}=0.27\eta_{2i-1}A_2S_{ci}M_i\quad (i=1,\ 2,\ 3,\cdots,\ n) \tag{4-51}$$

$$q_{2i,2j}=\eta_{2i}\frac{\partial\delta_{ci}}{\partial\varepsilon_{cj}}=\eta_{2i}\{2A_{3i}B\,\mathrm{sign}(v'_{ci})[A_iA_{1i}(v''_{ci}j'r_i^{j'}+v'_{ci}j'^2r_i^{j'-1})+S'_{ci}C_iv'_{ci}j'^2r_i^{j'}]-0.27A_{1i}^2A_2A_j^{0.5}M_i\} \tag{4-52}$$

$$q_{2i,2j-1}=\eta_{2i}\partial\delta_{ci}/\partial\varepsilon_{wj}=0.27\eta_{2i}A_{1i}^2A_j^{0.5}A_2M_i\quad (j=1,\ 2,\ 3,\cdots,\ n+1) \tag{4-53}$$

其中：

$$M_i=r_i^{j'-1}\left[\frac{66.67}{Red_s}+\frac{24.57}{(Red_s)^{0.573}}|v_{wi}-v_{ci}|^{0.427}+2|v_{wi}-v_{ci}|\right]$$

2. 煤粒相浓度的定解问题

$$\boldsymbol{F}_c=[\eta_{c1}\delta_{c1}\quad \eta_{c2}\delta_{c2}\quad \eta_{c3}\delta_{c3}\quad \cdots\quad \eta_{cn}\delta_{cn}\quad \eta_{cn+1}\delta_{cn+1}]^{T}=0 \tag{4-54}$$

上式的循环迭代过程为：

$$\left.\begin{aligned}\boldsymbol{x}_c^{(k+1)}&=\boldsymbol{x}_c^{(k)}+\mu_c\Delta\boldsymbol{x}_c^{(k)}\\ \boldsymbol{P}\Delta\boldsymbol{x}_c^{(k)}&=-\boldsymbol{F}_c[\boldsymbol{x}_c^{(k)}]\end{aligned}\right\} \tag{4-55}$$

式中 $\boldsymbol{P}$——$\boldsymbol{F}_c$ 的导数矩阵；

$\boldsymbol{x}_c$——煤粒相浓度试函数中待定系数的解向量；

μ_c——煤粒相松弛因子。

$$\boldsymbol{P}=\begin{bmatrix} p_{11} & p_{12} & \cdots & p_{1,n+1} \\ \vdots & \vdots & & \vdots \\ p_{n+1,1} & p_{n+1,2} & \cdots & p_{n+1,n+1} \end{bmatrix},\quad \boldsymbol{x}_{\mathrm{c}}=\begin{bmatrix} \varepsilon_{\mathrm{c}1} \\ \vdots \\ \varepsilon_{\mathrm{c}n+1} \end{bmatrix} \tag{4-56}$$

依据式(4-46)和试函数形式的控制方程，获得 p_{ij} 的计算式为：

$$\begin{aligned} p_{ij}=\eta_{\mathrm{c}i}\frac{\partial \delta_{\mathrm{c}i}}{\partial \varepsilon_{\mathrm{c}j}}=\eta_{\mathrm{c}i}\Big\{& M_{1i}-0.1\rho_{\mathrm{s}}d_{\mathrm{s}}^{2}\frac{1+e}{1-e}\left[2A_{i}A_{1i}v'_{\mathrm{c}i}v''_{\mathrm{c}i}+B_{i}S'_{\mathrm{c}i}(v_{\mathrm{c}i}^{2})'\right]r_{i}^{j'}- \\ & 11\frac{\operatorname{sign}(v'_{\mathrm{w}i})}{Re^{0.5}d_{\mathrm{s}}}\left|v'_{\mathrm{w}i}\right|^{0.5}S_{\mathrm{c}}(A_{1i}^{2}+2S_{\mathrm{c}i}A_{1i}A'_{1i})(v_{\mathrm{w}i}-v_{\mathrm{c}i})r_{i}^{j'}+ \\ & \left[2(1-S_{\mathrm{c}i})A_{1i}A'_{1i}-A_{1i}^{2}\right]\left[(v_{\mathrm{w}i}-v_{\mathrm{c}i})^{2}S'_{\mathrm{c}i}+2S_{\mathrm{c}i}(v_{\mathrm{w}i}-v_{\mathrm{c}i})(v'_{\mathrm{w}i}-v'_{\mathrm{c}i})\right]r_{i}^{j'}+ \\ & (1-S_{\mathrm{c}i})A_{1i}^{2}\left[j'r_{i}^{j'-1}(v_{\mathrm{w}i}-v_{\mathrm{c}i})^{2}+2r_{i}^{j'}(v_{\mathrm{w}i}-v_{\mathrm{c}i})(v'_{\mathrm{w}i}-v'_{\mathrm{c}i})\right]\Big\} \end{aligned} \tag{4-57}$$

其中：

$$\begin{aligned} M_{1i}=0.1\rho_{\mathrm{s}}d_{\mathrm{s}}^{2}\frac{1+e}{1-e}(1-S_{\mathrm{c}i})\big[&(B'_{i}S'_{\mathrm{c}i}r_{i}^{j'}+B_{i}j'r_{i}^{j'-1})(v_{\mathrm{c}i}^{2})'+ \\ & 2(A'_{1i}A_{i}+A_{1i}A'_{i})v'_{\mathrm{c}i}v''_{\mathrm{c}i}r_{i}^{j'}\big] \end{aligned}$$

分别求解上述两个子问题，进行循环迭代。其具体步骤为：① 设定一个浓度场，循环迭代求解式(4-48)，求得环空中两相流的速度分布情况(v_{c}，v_{w})；② 依据两相速度结果迭代求解式(4-54)，求得煤粉体积分数分布情况 S_{c}；③ 依据煤粉体积分数结果，重复步骤①和②，反复迭代，直至收敛。

4.3 杆管环空中煤粉运移规律分析

4.3.1 固液两相管流计算结果

依据固液两相流的基本方程和本构方程，建立两相混合物在垂直杆管环空中作充分发展稳定流动的计算模型。考虑到计算模型是一个强非线性耦合方程组[167,168]，采用配置法求解两相混合物环空管流问题，并使用欠松弛迭代数值算法具体求解环空管流数学模型，且为改善数学模型的收敛性取 $\mu<1$ 和 $\mu_{\mathrm{c}}<1$。

利用鄂尔多斯盆地三交区块 SJ5-V1 井分析杆管环空中固液两相管流情况。该井排采参数取值为：排采管管径 73.02 mm，杆柱直径 19 mm，接箍外径 38 mm，柱塞直径 38 mm，井液密度 1 010 kg/m^3，井液黏度 0.88 mPa • s，煤粒密度 1 490 kg/m^3，煤粉与杆管壁间的弹性恢复系数 0.80，井液的极限煤粉体积分数 55%。

煤层气井进入稳定生产后的产液量通常较低，使得杆管环空中井液流速显著降低，需要考虑固液两相低速流动对煤粉排出所产生的影响。在固液两相流初始速度为 0.06 m/s 时，煤粉颗粒粒径为 100 目，煤粉体积分数为 5.0%的管流数学模型数值计算结果如图 4-9 和图 4-10 所示(其中，杆管环空轴线为坐标原点)。

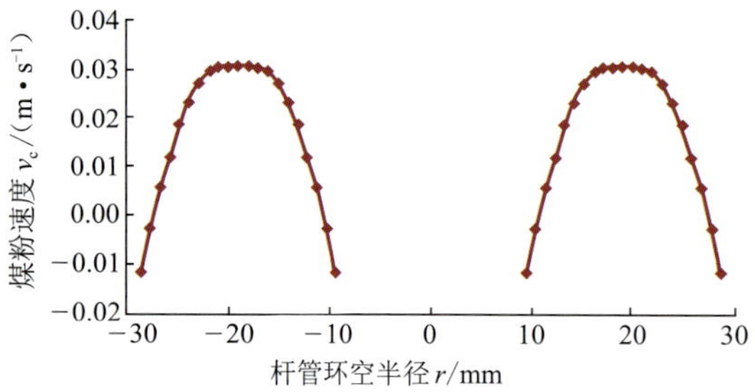

图 4-9 固液两相管流中煤粉运移速度分布情况

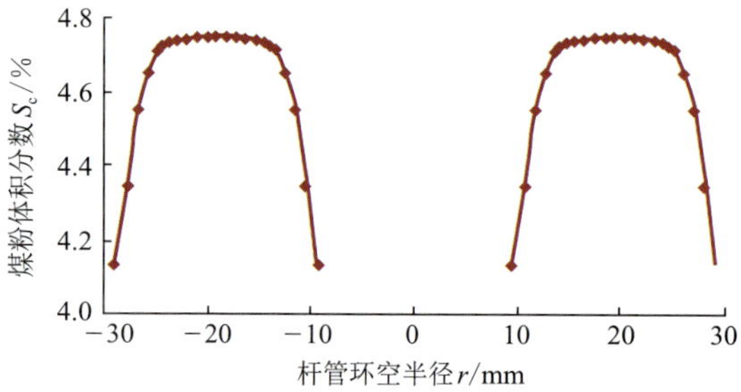

图 4-10 固液两相管流中煤粉体积分数情况

从图 4-9 中可以看出，在杆管环空各横截面的中间区域，固液两相流中煤粉颗粒的运移速度达到最大值，而在环空截面两侧，即排采杆壁和排采管内壁附近区域的煤粉运移速度较小，其值在杆管壁面上达到最小。

从图 4-10 中可以看出，固液两相在杆管环空流动的过程中，随井液运移的煤粉颗粒群体主要集中在杆管环空截面的中间部位且分布比较均匀，而在环空两侧的煤粉含量则较低。

4.3.2　固液两相管流仿真分析

杆管环空中固液两相的流动状态是井液相、煤粒相和杆管边界三者相互作用的结果，采用 Fluent 中的 Eulerian 模式分析两相流动的速度以及体积分数分布情况。为研究简便，设置杆管环空入口处固液两相流具有一定的初始速度以代替柱塞和排采杆的运行情况，同时假设井液在排采管中作层流运动，在考虑接箍对固液两相流动影响的情况下，将杆管环空物理模型简化成二维变截面矩形垂直环空圆管，如图 4-11 所示。模型中网格划分采用四边形网格，杆柱轴线与 y 轴重合，环空中井液沿 y 轴方向流动。

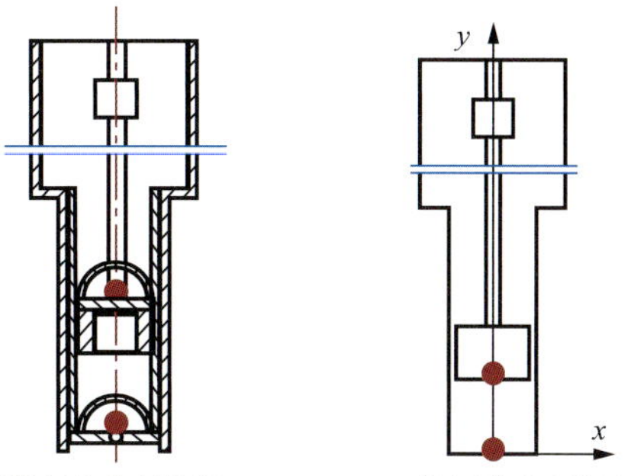

图 4-11　杆管环空两相管流简化模型

仿真分析区域包括入口、杆管环空和出口，为此模型的边界条件为在井液入口处，两相流初速度和煤粒相体积分数在轴向均匀分布；在排采管内壁和杆壁处，采用在颗粒相表面的无滑移和无穿透边界条件；在井液出口处，采用自由出口边界条件。

依据固液两相管流模型和 Fluent 软件进行仿真分析，可以得到在煤粉和井液初速度分别为 0.06 m/s 和 0.12 m/s 时，考虑排采杆接箍效应的煤粉颗粒群体在固液两相流中的运移速度云图，如图 4-12 所示。

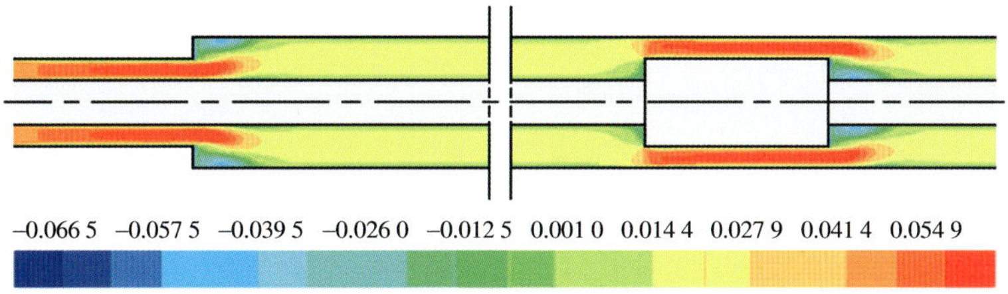

（a）煤粉粒径100目，两相流初速度0.06 m/s

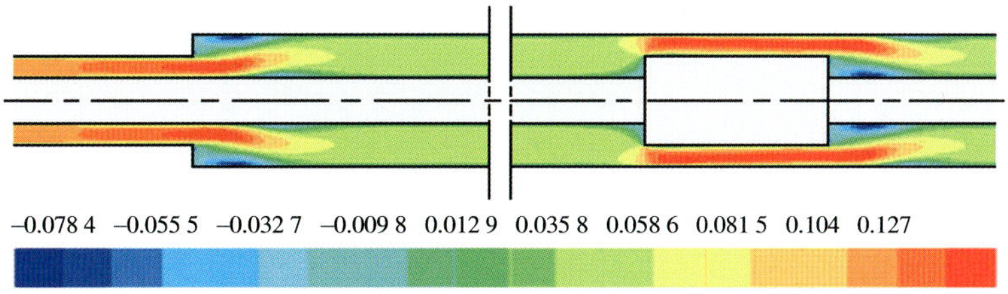

（b）煤粉粒径100目，两相流初速度0.12 m/s

图 4-12　杆管环空两相流中煤粉颗粒群体的运移速度云图

图 4-13 和图 4-14 分别给出了两相流初速度为 0.06 m/s 时，杆管环空截面煤粉运移速度分布和煤粉体积分数的仿真分析结果。

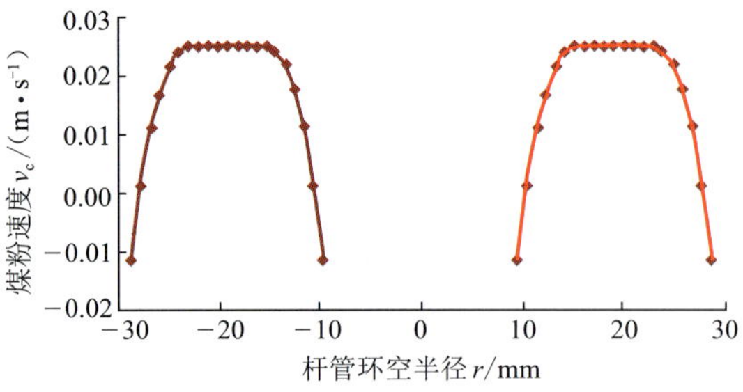

图 4-13 杆管环空截面煤粉运移速度分布情况

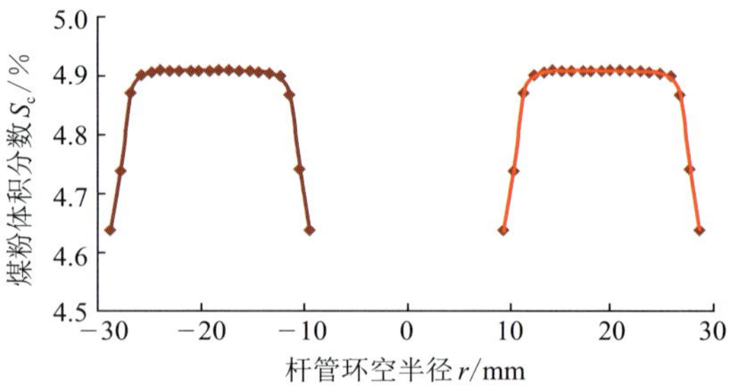

图 4-14 杆管环空截面煤粉体积分数情况

从管流模型的计算结果(图 4-9 和图 4-10)和 Fluent 软件仿真分析结果(图 4-13 和图 4-14)的对比情况可以看出,依据两相管流模型计算与仿真分析均可得到的杆管环空截面上煤粉速度和体积分数的变化情况,并且速度和体积分数变化趋势基本一致,说明依据两相管流模型得到的仿真结果可以满足杆管环空固液两相流分析的需要。另外,仿真模型考虑了排采杆接箍对煤粉运移的影响,为方便分析杆管环空不同截面的两相流动情况,采用仿真分析的方法对煤粉运移规律作进一步研究。

4.3.3 固液两相管流规律分析

利用三交区块 SJ5-V1 井排采参数和仿真分析结果,可得到固液两相流初速度分别为 0.06 m/s 和 0.12 m/s 时杆管环空和箍管环空截面的煤粉体积分数,如图 4-15 所示。

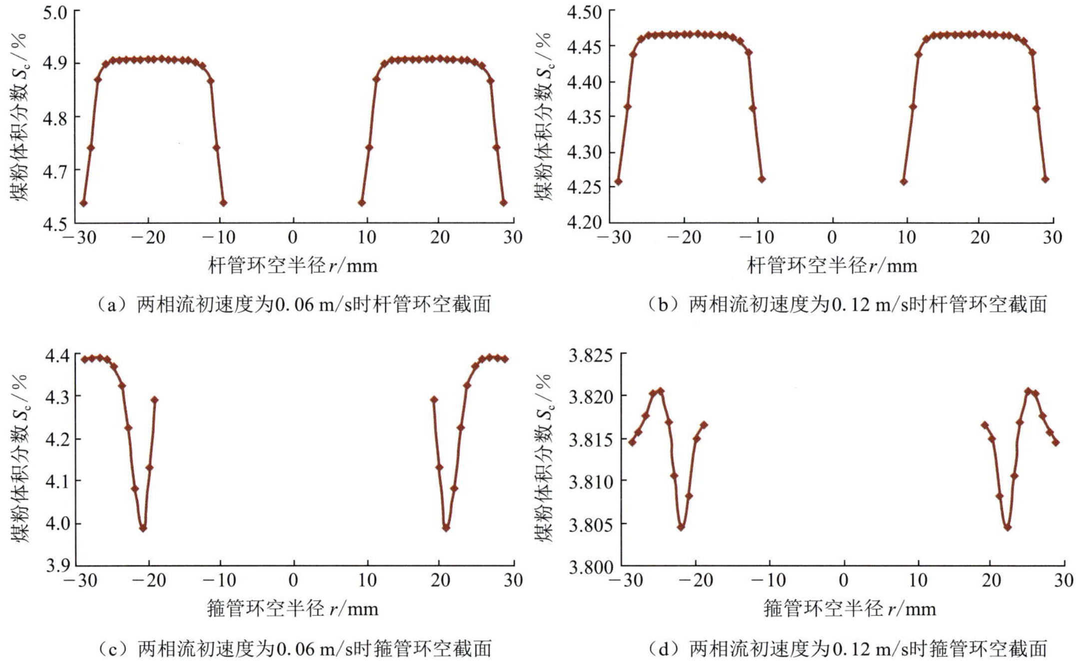

(a) 两相流初速度为0.06 m/s时杆管环空截面

(b) 两相流初速度为0.12 m/s时杆管环空截面

(c) 两相流初速度为0.06 m/s时箍管环空截面

(d) 两相流初速度为0.12 m/s时箍管环空截面

图 4-15 固液两相流中煤粉在杆管环空和箍管环空截面的体积分数情况

目前煤层气井的实际生产中普遍采用带接箍的排采杆,为此需要考虑接箍对固液两相流中煤粉运移的影响。从图 4-15 中可以看出:

(1) 两相流初速度分别为 0.06 m/s 和 0.12 m/s 时,杆管环空截面上煤粉颗粒群体的平均体积分数分别为 4.86% 和 4.43%,井液沿流动方向的平均流速为 0.028 0 m/s 和

0.055 8 m/s，所以杆管环空中煤粉排出的体积分数随井液流速的增大而显著减小，当降低杆管环空中固液两相流速时，煤粉颗粒群体在环空截面产生明显的沉降现象。

(2) 箍管环空截面上煤粉颗粒群体的平均体积分数分别为 4.26% 和 3.81%，井液沿流动方向的平均流速为 0.051 4 m/s 和 0.102 m/s，为此减小杆管环空截面的面积，可以有效增大井液流速，从而提高煤粉颗粒的排出量。

(3) 箍管环空截面处煤粉颗粒群体分布的规律性变差。

由此可知：在有杆泵设备参数相同的情况下，提高排液量可以增大杆管环空中的井液流速，提高煤粉颗粒排出量；另外在煤层产液量一定的情况下，可以通过减小煤层气井杆管环空截面的面积来增大井液流速，提高煤粉颗粒的排出量。

图 4-16 给出了在不同两相流初速度的情况下，考虑排采杆接箍影响时的杆管环空中煤粉和井液运动速度的规律特征。从图 4-16(a)和(b)可以看出，在两相流初始速度分别为 0.06 m/s 和 0.12 m/s 时，固液两相流在杆管环空截面处煤粒沿井液流动方向的平均运移速度为 0.018 m/s 和 0.045 m/s，而井液的平均流速为 0.028 m/s 和 0.056 m/s；从图4-16(c)和(d)可以看出，箍管环空截面处煤粒平均运移速度为 0.036 m/s 和 0.086 m/s，而井液平均流速为 0.051 m/s 和 0.10 m/s。进一步分析可知：

(1) 杆管环空中井液运动速度规律和煤粉颗粒运移速度规律相似。

(2) 杆管环空中井液携煤粉运动达到稳定状态时，煤粉颗粒群体运移速度接近于井液流速，但相对于井液流动，煤粉速度分布在整体上沿井液流动方向减小了某个单位量，而且减小量的相对值随着井液流速的增大呈逐渐降低的趋势。

(3) 受到排采杆接箍效应的影响，箍管环空截面煤粉颗粒和井液在排采杆壁一侧的运移速度偏低，这种影响随井液流速的增大而愈发明显。

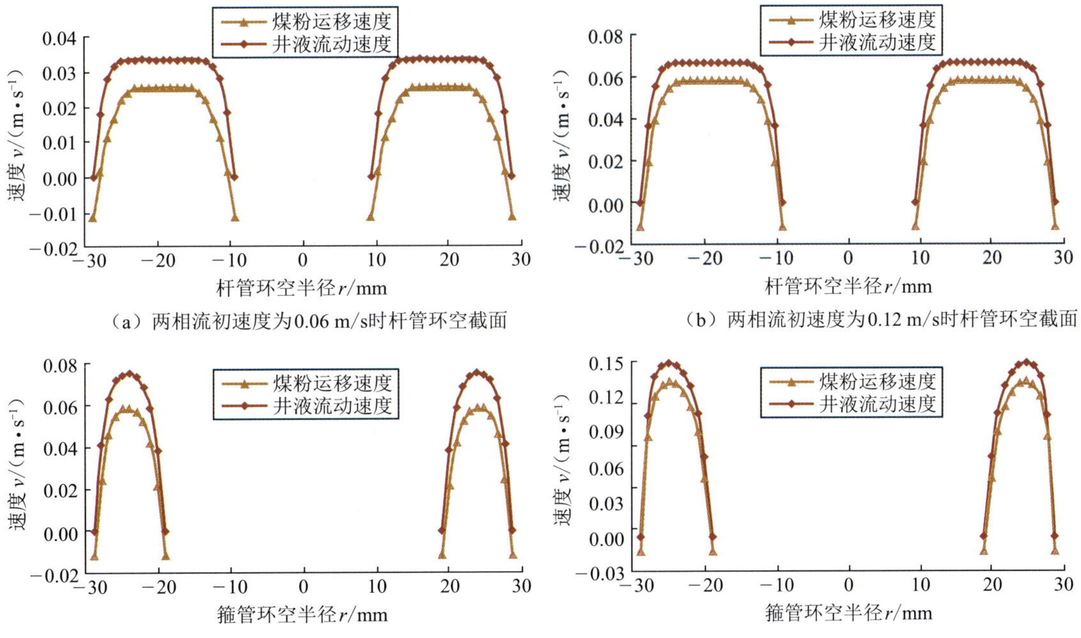

(a) 两相流初速度为0.06 m/s时杆管环空截面　(b) 两相流初速度为0.12 m/s时杆管环空截面

(c) 两相流初速度为0.06 m/s时箍管环空截面　(d) 两相流初速度为0.12 m/s时箍管环空截面

图 4-16　不同两相流初速度下杆管环空和箍管环空截面处的两相流动情况

(4) 图 4-16(a)和(b)以及图 4-16(c)和(d)对比表明，固液两相流速降低时，煤粉颗粒群体在杆管和箍管环空截面的运移速度显著降低，使得部分煤粉颗粒发生沉降，直接影响到环空中煤粉的排出量。

煤层气井生产系统防煤粉的途径之一是井筒防煤粉。煤储层产出的煤粉随流体进入管套环空中并通过滤煤粉管进入杆管环空中。当滤煤粉管筛缝较大时，管套环空中煤粉沉降不充分，较大颗粒煤粉直接进入排采管，在产水量不足的情况下大颗粒煤粉容易在杆管环空中发生沉降而引起卡泵等现象；当筛缝较小时，小于筛缝的煤粉都会沉积到井底口袋，这就加速了煤粉的累积速度，增加了煤粉埋产层、埋泵等故障发生的频率。因此需要研究煤粉颗粒在杆管环空中的沉降规律，并以此为依据设计机械滤煤粉管的筛缝大小，保证煤粉在管套环空中进行充分沉降，同时顺利通过杆管环空及时排至地面。

4.4 杆管环空中井液流动规律

杆管环空的固液两相流中煤粉颗粒的沉降速度随井液流速的变化而改变，为此分析杆管环空截面井液流动规律可以为煤粉沉降规律的研究提供理论依据。

4.4.1 实际井液运动微分方程

流动的井液中存在着内摩擦力或黏性力，从流动的井液中取一微小六面体来分析其平衡状况，如图 4-17 所示，六面体平行于坐标轴各边的长度分别为 $\mathrm{d}x$，$\mathrm{d}y$ 和 $\mathrm{d}z$，其质量 $m=\rho_w \mathrm{d}x\mathrm{d}y\mathrm{d}z$，$\rho_w$ 为井液密度。

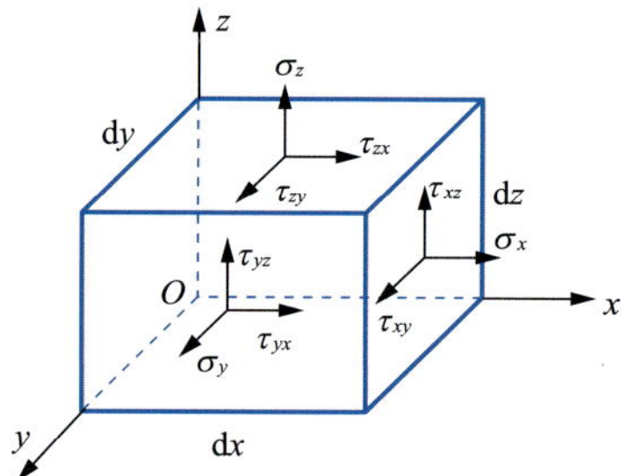

图 4-17 井液中的微元体及其受力状况

六面体各表面承受与受压面垂直的法向应力 σ 及平行于作用面坐标轴的切向应力 τ，计入质量力（X_m，Y_m 和 Z_m），依据牛顿第二定律，所取块单元受力总和 $\sum F_k = ma_x$，得沿 x 轴的平衡方程式为：

$$\rho_w \mathrm{d}x\mathrm{d}y\mathrm{d}zX_m - \frac{\partial\sigma_x}{\partial x}\mathrm{d}x\mathrm{d}y\mathrm{d}z + \frac{\partial\tau_{yx}}{\partial y}\mathrm{d}x\mathrm{d}y\mathrm{d}z + \frac{\partial\tau_{zx}}{\partial z}\mathrm{d}x\mathrm{d}y\mathrm{d}z = \rho_w \mathrm{d}x\mathrm{d}y\mathrm{d}z\frac{\mathrm{d}v_x}{\mathrm{d}t} \tag{4-58}$$

上式两端除以 $\rho_w \mathrm{d}x\mathrm{d}y\mathrm{d}z$，可以得到单位质量力的总和等于沿 x 轴加速度的平衡式。

同理，可以得到 y 轴和 z 轴的平衡方程式。

$$\left.\begin{aligned} X_m + \frac{1}{\rho_w}\left(-\frac{\partial\sigma_x}{\partial x} + \frac{\partial\tau_{yx}}{\partial y} + \frac{\partial\tau_{zx}}{\partial z}\right) = \frac{\mathrm{d}v_x}{\mathrm{d}t} \\ Y_m + \frac{1}{\rho_w}\left(\frac{\partial\tau_{xy}}{\partial x} - \frac{\partial\sigma_y}{\partial y} + \frac{\partial\tau_{zy}}{\partial z}\right) = \frac{\mathrm{d}v_y}{\mathrm{d}t} \\ Z_m + \frac{1}{\rho_w}\left(\frac{\partial\tau_{xz}}{\partial x} + \frac{\partial\tau_{yz}}{\partial y} - \frac{\partial\sigma_z}{\partial z}\right) = \frac{\mathrm{d}v_z}{\mathrm{d}t} \end{aligned}\right\} \tag{4-59}$$

上式即为以应力形式表示的实际井液流动微分方程。因变形与流速变化有关，为此找出应力与流速变化之间的关系后，可达到减少上式未知数的目的。按照牛顿流体内摩擦定律[169]，层间内摩擦应力与流速梯度成正比，且流速梯度等于流体变形角速度。另外由于切向应力两两相等，故所产生的变形角速度亦相等，即流体质点本身并不发生旋转。为此对整个六面体来说，其切向应力的计算式为：

$$\left.\begin{aligned}\tau_{xy}=\tau_{yx}=\mu_{w}\left(\frac{\partial v_{y}}{\partial x}+\frac{\partial v_{x}}{\partial y}\right)\\\tau_{yz}=\tau_{zy}=\mu_{w}\left(\frac{\partial v_{z}}{\partial y}+\frac{\partial v_{y}}{\partial z}\right)\\\tau_{zx}=\tau_{xz}=\mu_{w}\left(\frac{\partial v_{x}}{\partial z}+\frac{\partial v_{z}}{\partial x}\right)\end{aligned}\right\}\tag{4-60}$$

式中 μ_w——井液黏度，mPa·s。

对于不可压缩的流体，其连续性方程为：

$$\frac{\partial v_{x}}{\partial x}+\frac{\partial v_{y}}{\partial y}+\frac{\partial v_{z}}{\partial z}=0\tag{4-61}$$

不可压缩的实际井液中，微元六面体趋于点 O，应力 σ_x，σ_y 和 σ_z 就成为该点各坐标轴向的压应力，三者彼此间不相等，其算数平均值 $(\sigma_x+\sigma_y+\sigma_z)/3$ 即为水动压强 σ。为此对整个六面体来说，其切向应力的计算式为：

$$\left.\begin{aligned}\sigma_{x}=\sigma-2\mu_{w}\partial v_{x}/\partial x\\\sigma_{y}=\sigma-2\mu_{w}\partial v_{y}/\partial y\\\sigma_{z}=\sigma-2\mu_{w}\partial v_{z}/\partial z\end{aligned}\right\}\tag{4-62}$$

将式(4-60)～式(4-62)代入式(4-59)中可得到实际井液运动的微分方程：

$$\left.\begin{aligned}X_{m}-\frac{1}{\rho_{w}}\frac{\partial\sigma}{\partial x}+\frac{\mu_{w}}{\rho_{w}}\left(\frac{\partial^{2}v_{x}}{\partial x^{2}}+\frac{\partial^{2}v_{x}}{\partial y^{2}}+\frac{\partial^{2}v_{x}}{\partial z^{2}}\right)=\frac{\mathrm{d}v_{x}}{\mathrm{d}t}\\Y_{m}-\frac{1}{\rho_{w}}\frac{\partial\sigma}{\partial y}+\frac{\mu_{w}}{\rho_{w}}\left(\frac{\partial^{2}v_{y}}{\partial x^{2}}+\frac{\partial^{2}v_{y}}{\partial y^{2}}+\frac{\partial^{2}v_{y}}{\partial z^{2}}\right)=\frac{\mathrm{d}v_{y}}{\mathrm{d}t}\\Z_{m}-\frac{1}{\rho_{w}}\frac{\partial\sigma}{\partial z}+\frac{\mu_{w}}{\rho_{w}}\left(\frac{\partial^{2}v_{z}}{\partial x^{2}}+\frac{\partial^{2}v_{z}}{\partial y^{2}}+\frac{\partial^{2}v_{z}}{\partial z^{2}}\right)=\frac{\mathrm{d}v_{z}}{\mathrm{d}t}\end{aligned}\right\}\tag{4-63}$$

微分方程式(4-63)共包含四个未知数 σ，v_x，v_y 和 v_z。该方程式具有普遍意义，它可为进一步研究圆管层流问题提供依据，通过求解该式可以得到层流问题的精确解。

4.4.2 杆管环空中井液运动分析

随杆管环空中井液流速的增大，井液流动状态依次可以分为：层流状态，表现为液体质点的摩擦与变形；紊流状态，表现为液体质点的互相撞击和掺混；临界状态，表现为层流到紊流的过渡。通常采用雷诺数来判别流动状态[170,171]。雷诺数能同时反映出管径、流速和井液物理性质对流态的影响，综合了引起流动阻力的外因与内因。在层流状态下，惯性力较弱，黏性力居主导地位，雷诺数较小；在紊流状态下，惯性力占主要作用，雷诺数较大[172,173]。雷诺数的表达式为：

$$Re=\frac{\rho_{w}v_{w}d_{t}}{\mu_{w}}=\frac{v_{w}d_{t}}{\nu_{w}}\tag{4-64}$$

式中 d_t——排采管内径，m；

v_w——井液流速，m/s；

ν_w——井液运动黏度，m^2/s。

对于煤层气井杆管环空中的低速井液，习惯上取临界雷诺数[174,175] Re_c 为 2 300。如果雷诺数 $Re\leqslant 2\,300$，则认为环空管流为层流；如果 $Re>2\,300$，则认为是紊流。煤层气井进入稳定生产后，排液量通常稳定在 5～15 m^3/d，排采管管径集中在 48.26～88.9 mm，杆管环空中的井液流速为 0.01～0.09 m/s，运动黏度为 $(1.3\sim1.5)\times10^{-6}$ m^2/s，由此井液的雷诺数通常为 700～2 700。因此，可以认为稳定生产阶段杆管环空中的井液流动为层流，适合用微分方程式(4-63)求出精确解。

模型假设：① 忽略悬点静载荷和动载荷引发的杆管变形；② 井液的运动为轴对称，且仅有沿环空轴线方向的速度；③ 井液作定常流动；④ 井液黏度为常数且不可压缩。由此，将杆管环空中井液运动的物理模型简化为井液随杆柱在等截面同心环空 z 轴的层流，由此将同心环空流场取为柱坐标系(r, θ, z)，如图 4-18 所示，其中 r_r 和 r_t 分别为排采杆半径和排采管内半径。井液中各质点只沿着轴向流动，而无径向运动，则有 $v_x=v_y=0$ 和 $v_z=v$。对于不可压缩井液在杆管环空中的稳定流动，有：

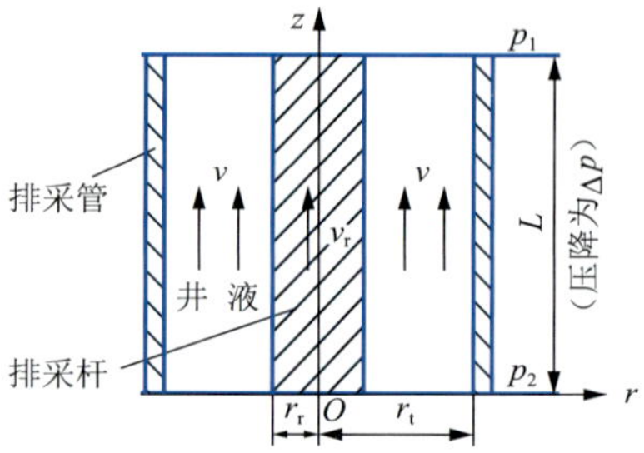

图 4-18　杆管环空中井液的流场

$$\frac{\mathrm{d}v_z}{\mathrm{d}t}=\mu_w\frac{\partial v_z}{\partial x}+\mu_w\frac{\partial v_z}{\partial y}+\mu_w\frac{\partial v_z}{\partial z}=0 \tag{4-65}$$

由井液流动连续性方程知：

$$\frac{\partial v_x}{\partial x}+\frac{\partial v_y}{\partial y}+\frac{\partial v_z}{\partial z}=0 \tag{4-66}$$

由此可知 $\frac{\partial v_x}{\partial x}=\frac{\partial v_y}{\partial y}=0$，$\frac{\partial v_z}{\partial z}=\frac{\partial v}{\partial z}=0$，且 $\frac{\partial^2 v_z}{\partial z^2}=0$，又因 $Z_m=0$，同时井液各质点的压应力 σ 记为 p，则井液运动的微分方程可以简化为：

$$\mu_w\left(\frac{\partial^2 v}{\partial x^2}+\frac{\partial^2 v}{\partial y^2}\right)=\frac{\partial p}{\partial z} \tag{4-67}$$

在柱坐标系中，令 $x=r\cos\theta$，$y=r\sin\theta$ 和 $\theta=\arctan(y/x)$，则有：

$$\left.\begin{aligned}\frac{\partial v}{\partial x}&=\frac{\partial v}{\partial r}\frac{\partial r}{\partial x}+\frac{\partial v}{\partial \theta}\frac{\partial \theta}{\partial x}=\cos\theta\frac{\partial v}{\partial r}-\sin\theta\frac{1}{r}\frac{\partial v}{\partial \theta}\\ \frac{\partial v}{\partial y}&=\frac{\partial v}{\partial r}\frac{\partial r}{\partial y}+\frac{\partial v}{\partial \theta}\frac{\partial \theta}{\partial y}=\sin\theta\frac{\partial v}{\partial r}+\cos\theta\frac{1}{r}\frac{\partial v}{\partial \theta}\end{aligned}\right\} \tag{4-68}$$

由此可以推导出：

$$\begin{aligned}\frac{\partial^2 v}{\partial x^2}&=\left(\cos\theta\frac{\partial v}{\partial r}-\sin\theta\frac{1}{r}\frac{\partial}{\partial \theta}\right)\left(\cos\theta\frac{\partial v}{\partial r}-\sin\theta\frac{1}{r}\frac{\partial v}{\partial \theta}\right)\\&=\cos^2\theta\frac{\partial^2 v}{\partial r^2}-\frac{2\sin\theta\cos\theta}{r}\frac{\partial^2 v}{\partial r\partial\theta}+\frac{\sin^2\theta}{r}\frac{\partial v}{\partial r}+\frac{2\sin\theta\cos\theta}{r^2}\frac{\partial v}{\partial \theta}+\frac{\sin^2\theta}{r^2}\frac{\partial^2 v}{\partial \theta^2}\end{aligned} \tag{4-69a}$$

同理，可以推导出：

$$\frac{\partial^2 v}{\partial y^2}=\sin^2\theta\frac{\partial^2 v}{\partial r^2}+\frac{2\sin\theta\cos\theta}{r}\frac{\partial^2 v}{\partial r\partial\theta}+\frac{\cos^2\theta}{r}\frac{\partial v}{\partial r}-\frac{2\sin\theta\cos\theta}{r^2}\frac{\partial v}{\partial \theta}+\frac{\cos^2\theta}{r^2}\frac{\partial^2 v}{\partial \theta^2} \tag{4-69b}$$

将式(4-69a)和式(4-69b)代入式(4-67)中，整理得到：

$$\mu_w\left(\frac{\partial^2 v}{\partial r^2}+\frac{1}{r}\frac{\partial v}{\partial r}+\frac{1}{r^2}\frac{\partial^2 v}{\partial \theta^2}\right)=\frac{\partial p}{\partial z} \tag{4-70}$$

考虑到井液在等截面同心杆管环空中作轴对称流动，同时压强沿环空轴向的变化率为定值，微分方程式(4-70)可进一步简化为：

$$\frac{\partial^2 v}{\partial r^2}+\frac{1}{r}\frac{\partial v}{\partial r}=-\frac{1}{\mu_w}\frac{\Delta p}{L} \tag{4-71}$$

其中：

$$\frac{\partial p}{\partial z}=-\frac{p_1-p_2}{L}=-\frac{\Delta p}{L}$$

井液流速 v 只与环空截面尺寸有关，则式(4-71)的偏导数可写为全导数，变为可降解的二阶微分方程，令 $v'=f(r)$ 和 $v''=f'(r)$，则式(4-71)可转化为一阶线性微分方程，即：

$$\frac{\mathrm{d}f}{\mathrm{d}r}=-\frac{1}{\mu_{\mathrm{w}}}\frac{\Delta p}{L}-\frac{1}{r}f \tag{4-72}$$

式(4-72)为典型的非齐次方程，其通解为：

$$f=\frac{\mathrm{d}v}{\mathrm{d}r}=\mathrm{e}^{-\int(1/r)\mathrm{d}r}\left[\int\left(-\frac{1}{\mu_{\mathrm{w}}}\frac{\Delta p}{L}\mathrm{e}^{\int(1/r)\mathrm{d}r}\right)\mathrm{d}r+A\right]=-\frac{1}{2\mu_{\mathrm{w}}}\frac{\Delta p}{L}r+\frac{A}{r} \tag{4-73}$$

式(4-73)为可分离变量方程，对其求解即可得到式(4-71)的通解，由此获得杆管环空中井液速度分布情况的表达式为：

$$v=-\frac{1}{\mu_{\mathrm{w}}}\frac{\Delta p}{L}\frac{r^2}{4}+A\ln r+B \tag{4-74}$$

式中的积分常数 A 和 B 可由边界条件 $r=r_{\mathrm{r}}, v=v_{\mathrm{r}}, r=r_{\mathrm{t}}$ 和 $v=0$ 来确定(v_{r} 为排采杆移动速度)，整理后得：

$$A=-\frac{v_{\mathrm{r}}}{\ln r_{\mathrm{t}}-\ln r_{\mathrm{r}}}+\frac{\Delta p}{4\mu_{\mathrm{w}}L}\frac{r_{\mathrm{t}}^2-r_{\mathrm{r}}^2}{\ln r_{\mathrm{t}}-\ln r_{\mathrm{r}}} \tag{4-75}$$

$$B=\frac{v_{\mathrm{r}}\ln r_{\mathrm{t}}}{\ln r_{\mathrm{t}}-\ln r_{\mathrm{r}}}+\frac{\Delta p}{4\mu_{\mathrm{w}}L}\frac{r_{\mathrm{r}}^2\ln r_{\mathrm{t}}-r_{\mathrm{t}}^2\ln r_{\mathrm{r}}}{\ln r_{\mathrm{t}}-\ln r_{\mathrm{r}}} \tag{4-76}$$

取半径 r 处厚度为 $\mathrm{d}r$ 的微小环面积，通过此环截面的流量 $\mathrm{d}Q=2\pi vr\mathrm{d}r$，在整个有效截面上积分后，即可得到环空中井液的流量 Q 为：

$$Q=\int_{r_{\mathrm{r}}}^{r_{\mathrm{t}}}2\pi vr\,\mathrm{d}r=\frac{\pi\Delta p}{8\mu_{\mathrm{w}}L}(r_{\mathrm{t}}^4-r_{\mathrm{r}}^4)-\pi v_{\mathrm{r}}r_{\mathrm{r}}^2+\frac{\pi}{2(\ln r_{\mathrm{t}}-\ln r_{\mathrm{r}})}\left[v_{\mathrm{r}}(r_{\mathrm{t}}^2-r_{\mathrm{r}}^2)-\frac{\Delta p}{4\mu_{\mathrm{w}}L}(r_{\mathrm{t}}^2-r_{\mathrm{r}}^2)^2\right] \tag{4-77}$$

由此杆管环空截面井液整体流速 v 为：

$$v=\frac{Q}{\pi(r_{\mathrm{t}}^2-r_{\mathrm{r}}^2)}=\frac{\Delta p}{8\mu_{\mathrm{w}}L}(r_{\mathrm{t}}^2+r_{\mathrm{r}}^2)-\frac{v_{\mathrm{r}}r_{\mathrm{r}}^2}{r_{\mathrm{t}}^2-r_{\mathrm{r}}^2}+\frac{1}{2(\ln r_{\mathrm{t}}-\ln r_{\mathrm{r}})}\left[v_{\mathrm{r}}-\frac{\Delta p}{4\mu_{\mathrm{w}}L}(r_{\mathrm{t}}^2-r_{\mathrm{r}}^2)\right] \tag{4-78}$$

为此需要分析杆管环空中井液的整体流速，以便求出井液平均流速 v 的具体值，从而获得杆管环空轴向长度 L 的压力降 Δp 的计算式，即：

$$-\frac{\Delta p}{4\mu_{\mathrm{w}}L}=\frac{2v+\dfrac{2v_{\mathrm{r}}r_{\mathrm{r}}^2}{r_{\mathrm{t}}^2-r_{\mathrm{r}}^2}-\dfrac{v_{\mathrm{r}}}{\ln r_{\mathrm{t}}-\ln r_{\mathrm{r}}}}{\dfrac{r_{\mathrm{t}}^2-r_{\mathrm{r}}^2}{\ln r_{\mathrm{t}}-\ln r_{\mathrm{r}}}-r_{\mathrm{t}}^2-r_{\mathrm{r}}^2} \tag{4-79}$$

4.4.3　杆管环空中井液整体流速

煤层气井排采泵的工作过程由三部分组成，包括柱塞在泵筒中让出容积、井液进入泵筒以及从泵筒中排出，由此完成一个工作循环。在泵效为 100%的理想情况下，上下冲程进入和排出泵筒的井液体积 V 等于柱塞让出的容积，该井液体积 V 为：

$$V=S_{\mathrm{Y}}(A_{\mathrm{H}}-A_{\mathrm{R}})+S_{\mathrm{Y}}A_{\mathrm{R}}=A_{\mathrm{H}}S_{\mathrm{Y}} \tag{4-80}$$

由此可以得到排采泵每天的排液量 Q 为：

$$Q = 24 \times 60 A_H S_Y \eta n = 1\,440 A_H n S_Y \eta \tag{4-81}$$

式中 A_H——柱塞截面积，m^2；

A_R——杆柱截面积，m^2；

n——冲次，次/min；

S_Y——泵的有效冲程，m；

η——泵效，即泵实际排液量与理论排液量的比值。

泵效计算结果[176-178]表明，η 主要由以下几部分构成：

$$\eta = \eta_F \eta_S \eta_L \eta_C \tag{4-82}$$

式中 η_F——泵筒充满系数，主要是进泵井液为气液混合物；

η_S——泵冲程损失系数，主要是杆柱和管柱产生变形对泵冲程的影响；

η_L——泵筒井液漏失系数，主要是柱塞与泵筒间隙产生的井液漏失；

η_C——井液收缩系数，考虑到井液受温度和压力变化的影响。

泵的有效冲程可以通过分析杆柱和管柱的弹性变形量得到。有杆泵设备运行时，地面驱动设备(抽水机)悬点上作用的载荷主要有静载荷和动载荷。悬点静载荷包括杆柱重量、液柱重量和管套环空液柱对柱塞的作用力。上冲程中，泵游动阀关闭，杆柱和液柱重量直接作用于悬点上，同时泵固定阀的打开使得管套环空中的液柱对柱塞下端产生向上的作用力；下冲程中，游动阀打开，杆柱浸入井液中而受井液的浮力作用，固定阀的关闭使得液柱载荷作用于管柱上，同时管套环空中的液柱对柱塞下表面不产生作用力。依据作者的推导结果[179]，上下冲程中作用于悬点的静载荷 F_{JS}和 F_{JX}分别为：

$$\left.\begin{aligned} F_{JS} &= A_R \rho g L + (A_H - A_R)\rho_w g L - A_H(\rho_m g h_C + p_G) \\ F_{JX} &= A_R(\rho - \rho_w) g L \end{aligned}\right\} \tag{4-83}$$

式中 h_C——泵筒沉没度，m；

L——杆柱长度，m；

p_G——动液面处压力，MPa；

ρ——杆柱密度，kg/m^3；

ρ_m——管套环空井液密度，kg/m^3；

ρ_w——杆管环空井液密度，kg/m^3。

抽水机正常工作时，上下死点为上冲程和下冲程的转折点，死点处作用于杆柱和管柱上的静载荷发生了变化。其中，上死点处的载荷由静载荷 F_{JS}变为 F_{JX}，载荷变量 $\Delta F = F_{JS} - F_{JX}$ 引起管柱的伸长和杆柱的缩短；下死点处的载荷由 F_{JX}变为 F_{JS}，管柱缩短而杆柱伸长。为此，悬点静载荷引发的杆管静变形量 λ_J 包括杆柱变形 λ_R 和管柱变形 λ_T，即：

$$\lambda_J = \lambda_R + \lambda_T = \frac{(F_{JS} - F_{JX})L}{E}\left(\frac{1}{A_R} + \frac{1}{A_B}\right) = \frac{[A_H \rho_w g L - A_H(\rho_m g h_C + p_G)]L}{E}\left(\frac{1}{A_R} + \frac{1}{A_B}\right) \tag{4-84}$$

式中 A_B——排采管壁截面积，m^2；

E——排采杆弹性模量，取为 202 GPa。

悬点动载荷由惯性载荷和振动载荷组成[180,181]。上冲程中，杆柱带着液柱作变速运动，产生杆柱和液柱的惯性力；下冲程中，只有杆柱随着悬点运动，产生杆柱的惯性力。不考虑杆柱和管柱的弹性作用，认为二者与悬点的运动规律一致，由此可以得到上下冲程中作用于悬点的惯性载荷 F_{IS}和 F_{IX}分别为：

$$\left.\begin{aligned}F_{IS} &= a_A\rho A_R L + a_A\rho_w A_R L\,\frac{(A_H - A_R)^2}{A_R(A_G - A_R)}\\F_{IX} &= a_A\rho A_R L\end{aligned}\right\}\tag{4-85}$$

式中　A_G——排采管截面积，m^2。

悬点加速度 a_A 的研究结果[182]表明，上冲程中，悬点实际最大加速度 a_{AS} 大于将悬点看成简谐运动时的理想加速度 a_{AD}，而下冲程中，悬点最大加速度 a_{AX} 可按悬点理想加速度 a_{AD} 近似计算，于是有：

$$\left.\begin{aligned}a_{AS} &= Ka_{AD} = K\frac{\omega^2}{2}S = K\frac{\pi^2}{1\ 800}n^2 S\\a_{AX} &\approx a_{AD} = \frac{\omega^2}{2}S = \frac{\pi^2}{1\ 800}n^2 S\end{aligned}\right\}\tag{4-86}$$

式中　ω——曲柄角速度，rad/s；

n——电机转速，r/min；

K——抽水机结构比例系数；

S——悬点冲程长度，m。

悬点惯性载荷随悬点加速度 a_A 的大小和方向的变化而不断变化[183]，由此上下冲程中惯性载荷的最大值 F_{ISD} 和 F_{IXD} 分别为：

$$\left.\begin{aligned}F_{ISD} &= (1 + C)\frac{\pi^2 K A_R\rho L}{1\ 800}n^2 S\\F_{IXD} &= \frac{\pi^2 A_R\rho L}{1\ 800}n^2 S\\C &= \frac{\rho_w}{\rho}\,\frac{(A_H - A_R)^2}{A_R(A_G - A_R)}\end{aligned}\right\}\tag{4-87}$$

惯性载荷的最大值发生在上冲程和下冲程的终点处。上死点处惯性载荷方向向上，减小了排采杆柱重量，使得杆柱受压缩，柱塞因而产生附加冲程长度 λ_1；下死点处正好相反，惯性载荷方向向下，杆柱被拉长，柱塞又产生附加冲程长度 λ_2。惯性载荷沿排采杆柱均匀分布，可看成作用在排采杆柱重心处的集中力[176]。为此，由悬点惯性力引发的杆管动变形 λ_D 即附加冲程长度 $\lambda_1 + \lambda_2$，表达式为：

$$\lambda_D = \lambda_1 + \lambda_2 = \frac{p_{ISD}L}{2EA} + \frac{p_{IXD}L}{2EA} = \frac{\pi^2\rho(CK + K + 1)}{3\ 600E}n^2 SL^2\tag{4-88}$$

式中　p_{ISD}——上冲程中惯性载荷，Pa；

p_{IXD}——下冲程中惯性载荷，Pa；

A——抽油杆截面积，m^2。

悬点往复运动中，上下死点处静载荷引起的杆管静变形使泵的有效冲程 S_Y 比悬点冲程 S 减少了 λ_J，而惯性载荷产生的杆管动变形使 S_Y 增加了 λ_D，由此泵的有效冲程为：

$$S_Y = S - \frac{[A_H\rho_w gL - A_H(\rho_m gh_C + p_G)]L}{E}\left(\frac{1}{A_R} + \frac{1}{A_B}\right) + \frac{\pi^2\rho(CK + K + 1)}{3\ 600E}n^2 SL^2\tag{4-89}$$

由此可以得到上下冲程中杆管环空井液的平均流速 v_S 和 v_X 分别为：

$$\left.\begin{aligned}v_S &= \frac{(A_H - A_R)nS_Y\eta}{30(A_G - A_R)}\\v_X &= \frac{A_R nS_Y\eta}{30(A_G - A_R)}\end{aligned}\right\}\tag{4-90}$$

抽水机工作时，杆管环空截面井液平均流速 v 为：

$$v=\frac{A_{H}nS_{Y}\eta}{60(A_{G}-A_{R})} \tag{4-91}$$

在分析上述杆管环空中井液流动的数学模型后，即可通过式(4-91)求得井液整体流速 v 的具体值，然后依据式(4-79)获得环空轴向长度 L 的压力降 Δp，最后依据式(4-74)得到杆管环空中井液速度分布规律，并通过现场煤层气井的排采参数进行实例分析。

【实例 4.1】 利用鄂尔多斯盆地三交区块 SJP01-2 煤层气井分析杆管环空中井液速度分布规律。煤层原始参数和排采参数取值为：杆柱长 655 m，排采管管径 73.02 mm，管壁厚 7.82 mm，杆柱直径 19 mm，泵径 44 mm，杆管环空井液密度 1 010 kg/m^3，管套环空井液密度 856 kg/m^3，井液黏度 0.88 mPa·s，排液量 15 m^3/d，井底压力 1.892 MPa，冲程 1.50 m。依据上述计算模型可求得杆管环空井液速度的具体分布情况，如图 4-19 所示。

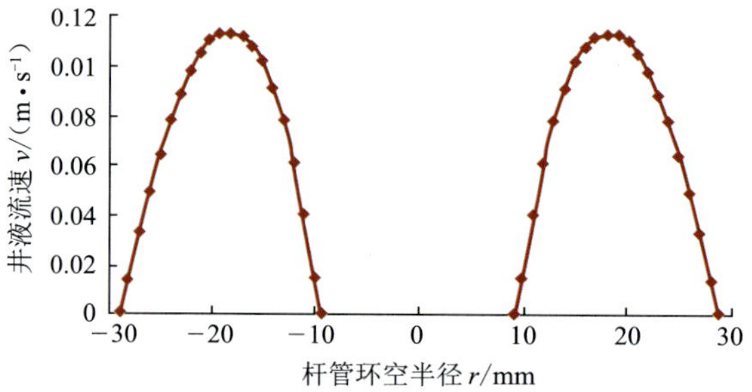

图 4-19 煤层气井杆管环空截面井液流速分布情况

可以看出：① 杆管环空井液流速与半径 r 近似为抛物线关系，最大流速偏离杆管环空中间部位，并靠近排采杆的杆壁面，图中环空中间部位对应半径±19.1 mm 处，而最大流速 0.114 m/s 发生在±18.0 mm 处；② 井液速度分布的不均匀性使得环空中不同位置的煤粉颗粒表现出不同的运动形式；③ 当杆管环空中井液流动的平均速度与井液中煤粉颗粒的沉降末速相等时，处于杆管环空中间的环形区域内的煤粉将被井液携带上升，而此区域内表面至杆壁以及外表面至管壁的两个环形区域内将表现为沉降运动。

4.5 煤层气井排水采气模拟实验装置

4.5.1 搭建模拟实验装置的目的

井筒沉砂规律模拟实验装置由中石化胜利采油厂和中国石油大学石油工程学院合作建立，如图 4-20 所示，用于模拟油井出砂在井筒中的运移规律。该实验装置包括动力机、抽油机模型、透明管、抽油杆和抽油泵模型。实验时，向抽油杆和透明管组成的环空中加入一定粒径的砂粒和介质水，用秒表测量砂粒稳定沉降一定距离所用的时间，获得砂粒在静止液体中的沉降规律。通过启动动力装置，由抽油机模型将动力机的旋转运动转换成悬点的上下往复运动，以此近似模拟油井开发中的井下状况，获得砂粒在流动液体中沉降速度与液体流速间的动态关系。现有的携砂实验装置包括李明忠和王治中等[184,185]搭建的井筒流体携砂实验装置，如图 4-21 所示，主要由离心泵、水箱、流量计、实验管、加砂管段和漏斗组成。实验时，砂粒由漏斗放入实验管内，通过调节阀门改变管内流体的流量，用秒表测量砂粒稳定沉降一定距离的时间，获得砂粒在流体中的沉降末速；调节阀门获得一定粒径砂粒在不同流体流速下的沉降速度，以此进行油井流体携带产砂的实验。

图 4-20　井筒沉砂规律实验装置

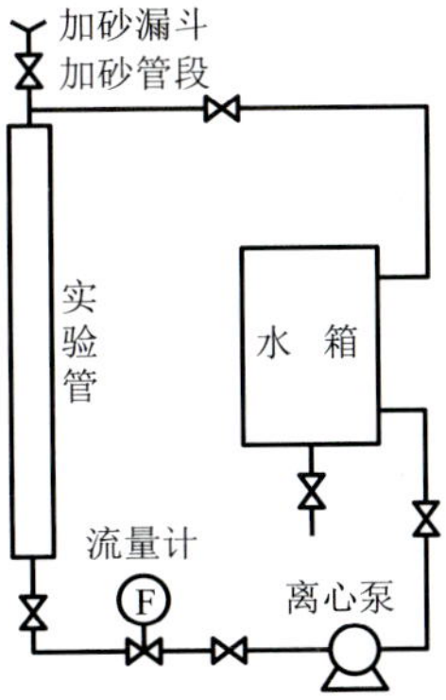

图 4-21　井筒流体携砂实验装置原理

进一步分析可知这些实验装置存在以下不足之处：

(1) 现有实验装置没有设计套管柱使其与油管构成油套环空，为此不能实现杆管环空进行排水，同时油套环空出气的抽排状况并不适合作为产水气井的模拟装置；

(2) 现有实验装置在具体实验时只能向杆管环空中注入定量的液体，无法模拟实际排采井中杆管环空充满井液的情况，同时其外的油套环空中也存在一定沉没度的液体，且沉没度的高度随排采的进行而不断变化；

(3) 透明管高度通常仅为 1.0～3.0 m，不能实现对动液面和沉没度高度变化的模拟；

(4) 现有实验装置中抽油机模型的冲次一定，不能连续调整，而实际开发中排液量随煤层产液量的多少而不断变化，需要实现无级调速以满足排液要求；

(5) 现有实验装置中抽油泵模型由透明管、进液阀和出液阀组成，不能很好地模拟抽油泵在井下真实的工作状况，由此增大了砂粒沉降速度与流体流速间动态关系的实验误差，同时无法实现泵阀开启条件的实验研究。

为了克服现有的有杆举升模拟实验装置的不足，建立了一种排水采气模拟实验装置。该模拟装置不仅能实现杆管环空排水、管套环空出气，同时沉没度在一定高度内和排液量在一定范围内可实时调整，而且能够实现排液量、动液面、井压、井液成分和杆件受力实时监测，以及冲次在较大范围内连续可调的实验要求，以完成井筒中煤粉颗粒沉降规律、排采泵的泵阀开启条件和杆管环空颗粒排出条件模拟等实验。

4.5.2　模拟实验装置的整体方案

排水采气模拟实验装置是一种杆柱和管柱的高度为 30.0 m，抽水机冲次在 1.3～7 次/min 内连续可调，具有排量、压力、含气量和含煤粉计量系统的排水采气模拟实验装置，包括螺旋锥齿轮减速机、抽水机、井口装置、储水装置、检测装置、套管柱、排采管柱、排采杆柱和排采泵，如图 4-22 所示。

模拟实验装置的工作原理：排采杆柱、排采管柱和套管柱由内而外依次排列，用排采管柱把排采泵的泵筒下到井内动液面以下，用排采杆柱把柱塞从排采管柱内下入泵筒。排采管柱从套管柱内下入而形成管套环形空间，用于模拟气水两相流进行采气；排采杆柱从排采管柱内下入而形成杆管环形空间，用来输送井液。排采杆柱上端的光杆通过井口装置悬挂在抽水机的驴头上，借助于抽水机的四连杆机构把减速机的旋转运动变为悬点的往复运动。动力从地面经排采杆柱传到井下，排采泵的柱塞在杆柱的带动下往复运动，从而将井中的液体经由杆管环空输送至井口的三通，然后通过储水装置的出水管输送至

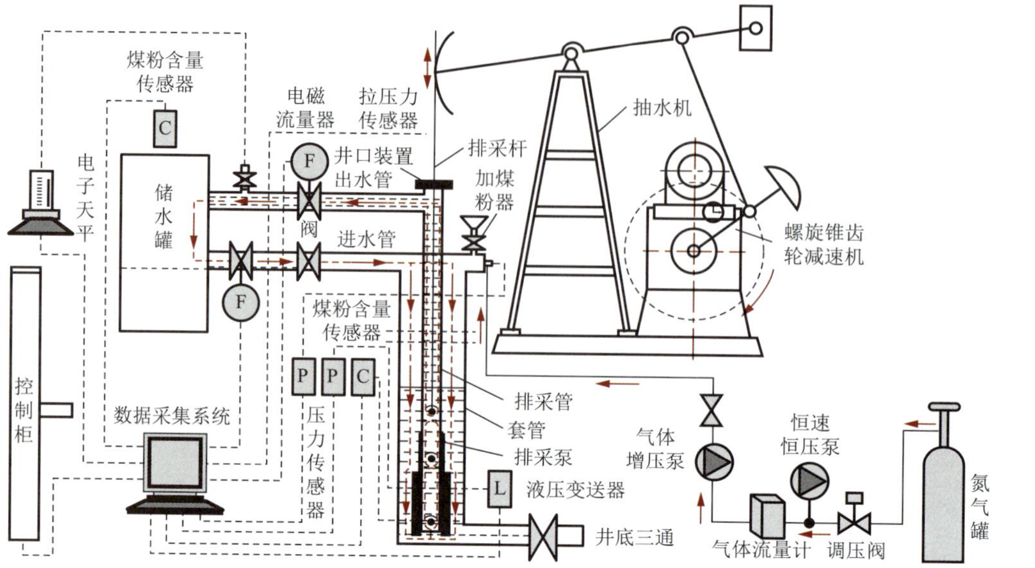

图 4-22 排水采气模拟实验装置的流程图

储水罐中储存，并通过储水罐及时向井中补充井液。液体经由进水管输送至井口的四通，进入管套环空中，再经尾管和泵柱塞进入杆管环空，由此实现模拟实验中井液的循环利用和井下动液面的相对稳定。另外，减速机将电动机、调速器和减速器集成在一起，保证实验中冲次在较大传动比范围内的连续调整；无线动态应力测试仪、激光测距仪、拉压力传感器、压力变送器、电磁流量计、液位变送器、数据采集器等检测装置保证实验中数据的实时采集、分析与处理。

4.5.3 模拟实验装置的结构与功能

如图 4-23 所示，抽水机是地面驱动装置的主体，用来把动力机的旋转运动变为排采杆柱的往复运动。它采用复合平衡的方式，曲柄平衡采用单曲柄结构，游梁平衡采用可调式的结构，平衡重采用分体式结构。在进行平衡调整时，只需要增加或减少平衡块的数量，即可使抽水机处在较好的平衡状态，对实现节能和减轻工人调平衡块劳动强度有较大意义。抽水机的曲柄通过曲柄销与连杆连接，连杆采用槽钢结构，并通过开式滑动轴承结构的横梁支撑与游梁连接在一起。游梁主体采用工字钢结构，驴头主体由槽钢焊接而成，可进一步简化抽水机的结构。游梁通过游梁支撑作用在支架上，支架的前腿和后腿以及横撑和斜撑均采用角钢焊接而成。抽水机的底座设计有导轨装置，同时底座的一端设计有螺杆和手柄，通过旋转手柄而使底座产生沿导轨方向的轴向运动，便于修井作业时抽水机让出井口位置。采用螺旋锥齿轮减速机作为抽水机的动力机及无级变速传动系统，该减速机将电动机、调速器和减速器集成在一起，其调速器上设计调速手柄，通过旋转手柄实现冲次在较大传动比范围内的连续调整。减速机的输出力矩可依据所调整冲次的大小而变化，可满足小型抽水机输出力矩的需要。

井口装置自上而下依次由密封盒、三通、排采管头、四通、套管头和井口支撑等连接而成，如图 4-24 所示。井口支撑上下两端均设计有圆盘状法兰，通过地脚螺栓固定在地面上。套管头采用塑料材质的双片法兰，用来实现套管柱顶端的固定。套管头通过双头螺栓与四通和井口支撑连接在一起。三通的端口与出水管连接，而四通的一个端口与进水

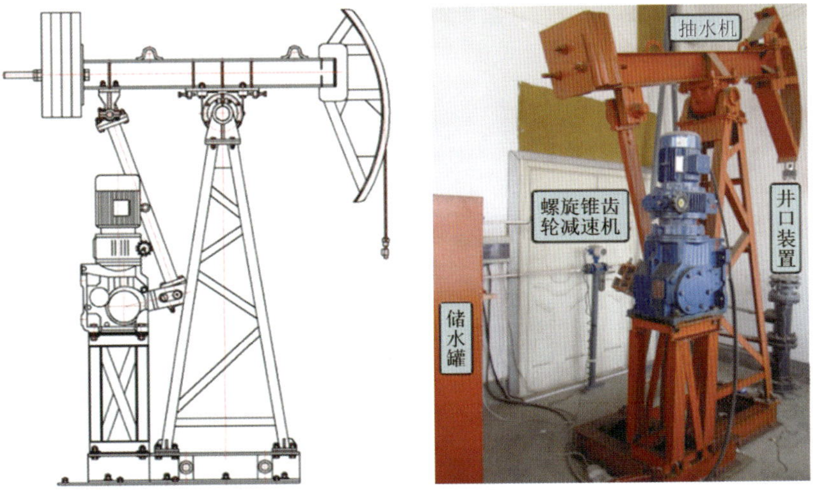

图 4-23　模拟实验装置抽水机和动力机的结构简图

管连接,另一个端口与出气管连接,也可与入气管连接。排采管头用来实现排采管柱顶端的固定,与三通和四通的两端均采用双片法兰结构,并通过螺栓连接在一起。密封盒包括压盖、密封腔和底板三个部分,其外端均设计有法兰盘结构,压盖与密封腔间通过螺栓连接,通过调节螺栓轴向移动压盖来压紧密封腔中的盘根,实现井口装置与光杆的密封。实验中,井中的液体通过杆管环空的输送,从三通的端口排出进入储水罐储存,然后通过四通的一个端口向管套环空中注入等体积、相同成分的井液,及时补充排出的井液,由此实现井液的循环利用,保持一定的沉没度。四通的另一个端口用于排出和补充管套环空中的气体,并安装有压力计,实时测量井口压力值。

储水装置用来储存井液并及时向井中补充井液,包括储水罐、罐底座、进水管、出水管和水阀几部分,如图 4-25 所示。储水罐由钢板焊接而成,中间部分用角钢圆周焊的方式进行加固,罐底座的主体采用槽钢,并用地脚螺栓固定在地面上。出水管和进水管由水管、变径接头、90°弯头和三通连接而成。出水管的一端与储水罐连接,另一端与井口三通连接,

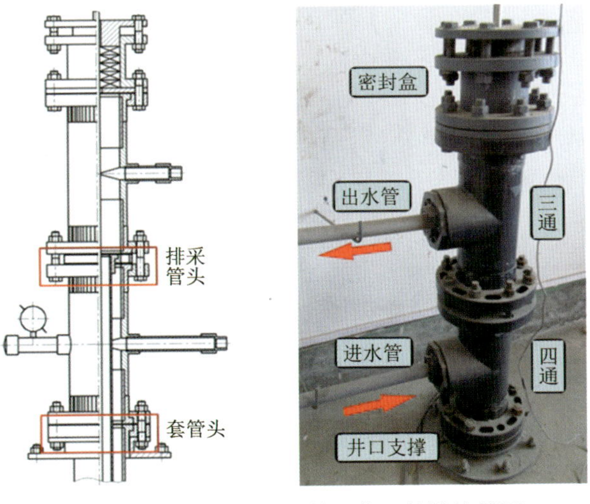

图 4-24　模拟实验装置井口装置的结构简图

图 4-25　模拟实验装置的储水装置

而进水管的一端与储水罐连接，另一端则与井口四通连接。出水管和进水管上均安装有水阀，用于控制液体流速，进而模拟井中排液量的变化。另外，改变进水管和出水管中的井液流速，可调整管套环空中的动液面高度。

排采杆柱用于抽水机和井下排采泵之间的连接，包括光杆、排采杆、接箍和变径短节四部分。排采杆采用实心圆形断面的钢杆，两端加工有外螺纹接头、卸载槽和扳手方颈。外螺纹接头采用普通螺纹，用来与接箍相连。如图 4-26(a)所示，光杆是排采杆柱上部一根特殊的排采杆，其结构和尺寸与排采杆相同，但需要进行精密加工，表面要进行抛光处理，以实现与井口密封盒的配合，密封井口。接箍采用圆环形断面的钢管，管外壁带扳手方颈，与光杆和排采杆的外螺纹接头相配合。如图 4-26(d)所示，变径短节两端加工有不同尺寸的外螺纹接头，其上端与排采杆柱下部的接箍连接，下端与排采泵柱塞连接。

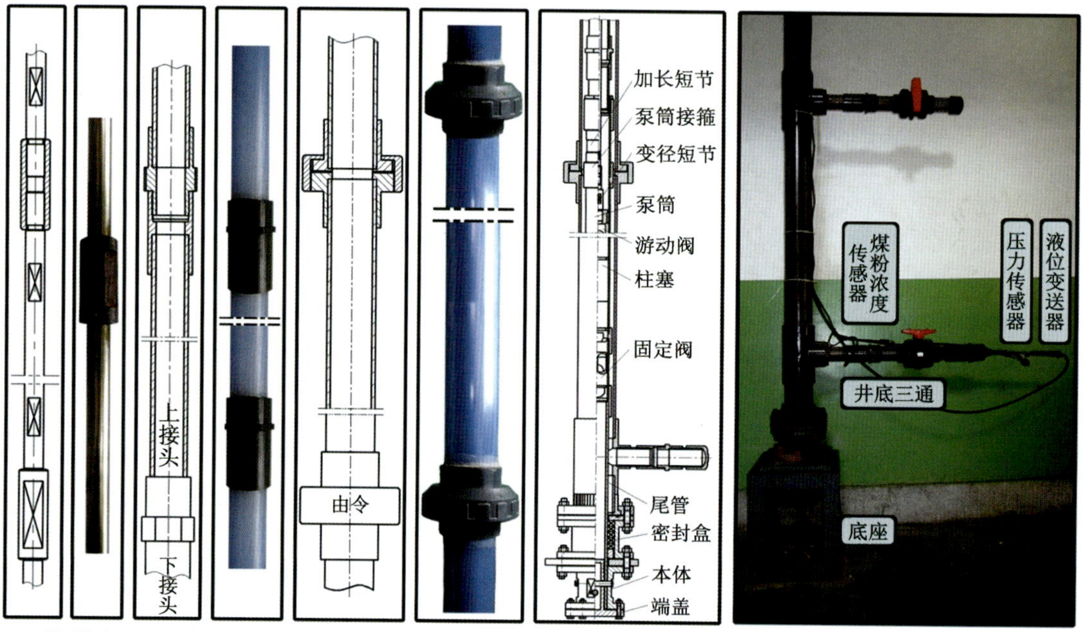

(a) 排采杆柱 (b) 排采管柱 (c) 套管柱 (d) 排采泵和井底总成

图 4-26 模拟实验装置的杆管泵与井底总成结构简图

排采管柱与排采杆柱组成杆管环形空间，用来输送液体，并进行排水，包括排采管、上接头、下接头、尾管、本体和底部端盖几部分。如图 4-26(b)所示，排采管、上接头和下接头均采用 PVC 材质，上接头和下接头通过螺纹连接在一起后，两端再与排采管连接；尾管贯穿于本体的腔体中，其上端与泵筒和排采管柱的下部顺次连接，下端通过销轴与底部端盖和本体锚定在一起，管壁上加工有不同直径的筛孔，便于井液携带不同大小的固体颗粒穿过。如图 4-26(d)所示，本体位于排采管柱的最下面，两端采用法兰盘结构，上端通过双头螺纹固定在底座上。底部端盖上端采用柱状结构，置入尾管内壁中。端盖上端加工有 5 个环形沟槽，用来放置 O 形橡胶密封圈，实现井底尾管的密封；端盖下端为法兰盘结构，通过螺栓与本体底部连接在一起。

套管柱与排采管柱构成管套环形空间。套管柱包括套管、由令、井底三通和密封盒四部分。如图 4-26(c)所示，套管采用透明 PVC 材质，通过由令连接；井底三通位于套管柱的底部，其端口与入气管连接，上端通过螺栓与套管柱连接，下端通过双片法兰与密封盒的密封底板和密封本体连接，当煤粉和煤矸石等造成井底堵塞时，可从井底三通的端口清理出淤积的固体颗粒。如图 4-26(d)所示，密封盒包括衬套、密封本体、密封盘根和密封底板。盘根采用矩形密封圈，衬套从尾管的底端置入密封腔中，密封底板上加工有一个环形沟槽，放置 O 形橡胶密封圈，密封本体的下端通过双头螺栓与底板连接，底板通过由槽钢焊接而成的框架结构固定在井底的端面上。实验中，管套环形空间的物性分布从上至下依次为气柱段、气水两相液柱段和水柱段。杆管环形空间产出水的同时，管套环形空间中产出气体。

排采泵由泵筒总成、柱塞总成和固定阀总成组成，如图 4-26(d)所示。泵筒总成包括排采管接箍、加长短节、泵筒和泵筒接箍。排采管接箍直接连接在井下排采管柱的下端，把排采泵固定在排采管柱上，而泵筒接箍上端与加长短节连接并密封，下端与泵筒连接并密封。加长短节上下各一件，分别连接在两端的泵筒接箍上。柱塞总成包括柱塞和游动阀总成。游动阀总成位于柱塞上端，包括游动阀罩、游动阀球与阀座。实验中，该游动阀只能向上打开，以便将泵筒中柱塞下部的井液及时排入杆管环空中。固定阀总成位于泵筒的下端，包括固定阀罩、固定阀球和阀座。实验中，该固定阀只能向上打开，以保证管套环形空间中的液体流经尾管进入泵筒中。

数据采集系统(图 4-27)用来完成实验中数据的实时采集、分析与处理。在抽水机的各杆件和排采杆柱的上端贴上无线动态应力仪的应变片以测量杆件受力，采用无线动态应力、加速度测试仪测量抽水机负荷与位移、杆件应力与应变和曲柄轴扭矩等，以便完善有杆泵设备的设计与计算；采用激光测距仪和转速表测量悬点与柱塞的位移及速度，检验设备动力学性能；在井口装置的四通端口和井底三通端口处安装压力变送器，测量井口和井底压力值，检测压力与产能的变化关系；在储水装置的进水管和出水管上安装电磁流量计，测量管中液体流速和排液量；液位变送器安装在管套环空中动液面以下的井底处，用来测量液位，监控动液面和沉没度的变化；数据采集器和单输入通道仪表通过串口连接，一端与检测设备连接，另一端与计算机连接，通过检测设备测试采集到的所有数据均由数据采集器和单输入通道仪表及时输入计算机，对数据进行分析和反馈，并进行相应处理。

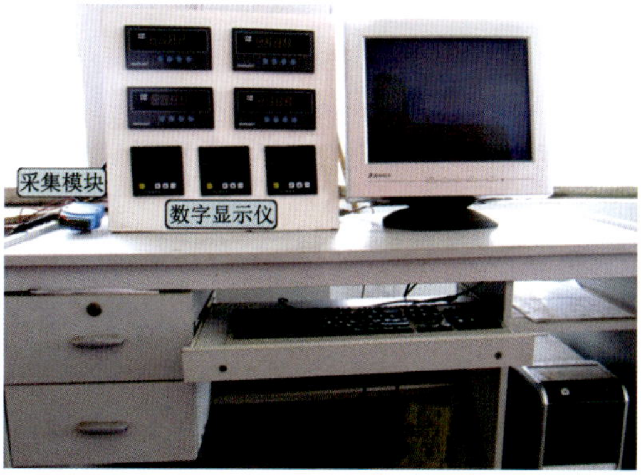

图 4-27　模拟实验装置的数据采集系统

综上所述，整个模拟实验装置可以实现的功能有：

(1) 采用排采杆柱、排采管柱和套管柱，提供两个环形空间，在实现杆管环空排水的同时，实现管套环空出气的现场模拟。

(2) 管套环空中自上而下的气柱、气水两相液柱和水柱物性分布的现场模拟，可完成不同气液比、压力和排液速度等工况下两相流对排采泵充满度影响的实验研究。

(3) 采用螺旋锥齿轮减速机构成无级变速传动系统，实现较大传动比和冲次连续可调，并结合电磁流量计实现排液量实时测量和冲次在 1.3～7 次/min 范围任意调整的低排量现场模拟，完成砂、煤粉和煤焦的运动特性及排出条件的实验研究。

(4) 管柱总高度 30 m，通过液位变送器实现管套环空中动液面的实时测量和沉没度在 0～20.0 m 范围内任意调整的现场模拟，完成低沉没度下泵阀开启条件的实验研究。

(5) 安装压力变送器，实时测量井口压力和井底压力，完成产能随井底流压变化的气井动态分析初步研究。

(6) 采用无线动态应力测试仪和激光测距仪，完成驴头悬点载荷以及杆件应力与应变随位移变化的实时测量。

(7) 游梁平衡重采用分体式结构，曲柄平衡重位置可连续调整，实现抽水机的较好平衡，并且在底座上设计导轨和旋转螺杆，以便修井时移动整机，让出井口位置。

4.6 杆管环空流场中煤粉沉降规律

煤层气井排采时，在排采泵的抽汲作用下管套环空中小粒径的煤粉通过滤煤粉管进入井筒的杆管(排采杆和排采管)环空中。理论分析表明，煤粉颗粒在流动井液中的沉降速度应为沉降末速与井液实际流速的矢量和，即在井液流速小于煤粉沉降末速时，煤粉沉降，反之煤粉被携带上升。然而，实际杆管环空煤粉沉降受井液速度场的影响而趋于复杂，为此需要研究杆管环空中煤粉颗粒的沉降规律，得到流场中煤粉沉降的特性，从而为滤煤粉的设计提供依据。

4.6.1 杆管环空流场中煤粉沉降特性

形状不规则煤粉颗粒在流动井液中沉降轨迹的随机性较大[186,187]，而且排采中杆管环空井液流速场较为复杂，单靠理论分析很难准确预测煤粉颗粒在流动井液中的实际沉降末速[188,189]，需要借助实验手段，利用理论计算与统计分析结合法研究给定煤层产出的煤粉在一定井液环境下的沉降规律。为此，利用煤层气井排采模拟实验装置实现环空煤粉沉降模拟实验，如图 4-22 所示。

实验方法：通过调节动力机冲次来改变杆管环空中井液的流速，使用秒表测量一定粒径的煤粉稳定沉降一段距离所用的时间，由此获得不同粒径煤粉颗粒的沉降末速与杆管环空井液流速间的相互关系。

实验物品：选用水为实验介质，选用鄂尔多斯盆地采集的煤样，实验选用总长度为 23 m、内径为 52 mm 的 PVC 透明管柱，排采杆径为 16 mm，泵径为 44 mm，冲程为 1.0 m，冲次在 1.3～7 次/min 范围连续可调，外加标准筛、秒表和加煤粉器等。

经标准筛分析，分选 3 组不同粒度的煤粉颗粒，粒径分别为 40 目、50 目和 60 目，测试其对应的沉降末速。流动井液中煤粉沉降规律实验的具体步骤为：

(1) 先将不同粒径的煤粉颗粒进行润湿，然后开启实验流程，从 1.3 次/min 开始由低到高依次调节动力机冲次，改变杆管环空中流体的流速与流量。

(2) 抽水机稳定工作后，将少量煤粉颗粒通过加煤粉器和井口四通放入实验管内。

(3) 待煤粉颗粒经由排采泵进入杆管环空并稳定沉淀一段时间后，使用秒表测量煤粉颗粒每沉降 0.2 m 环空管段所对应的时间，并计算出相应的沉降速度。

(4) 用同一粒径的煤粉颗粒重复步骤(2)～(3)，测量稳定沉降段上的时间并求出沉降速度值，获得第 2 组数据，每 3 组数据得出一个最后的平均值。

(5) 调节动力机的调速阀，改变抽水机的冲次，重复步骤(2)～(4)，采集相关数据然后计算平均值，即可获得该粒径的煤粉颗粒在不同杆管环空井液流速下的沉降末速。

(6) 更换另一粒径的煤粉颗粒重复步骤(2)～(5)，直至采集全部所需的实验数据。

实验统计数据及相应的计算结果见表 4-3。

表 4-3　杆管环空流动井液中煤粉颗粒沉降末速实验数据

序号	粒径 d_s 为 40 目		粒径 d_s 为 50 目		粒径 d_s 为 60 目	
	井液流速 $v'/(m \cdot s^{-1})$	沉降末速 $v_f/(m \cdot s^{-1})$	井液流速 $v'/(m \cdot s^{-1})$	沉降末速 $v_f/(m \cdot s^{-1})$	井液流速 $v'/(m \cdot s^{-1})$	沉降末速 $v_f/(m \cdot s^{-1})$
1	0	0.035 20	0	0.030 13	0	0.025 85
2	0.014 30	0.031 95	0.013 83	0.028 82	0.013 35	0.023 55
3	0.023 24	0.026 13	0.019 89	0.024 06	0.018 36	0.020 07
4	0.030 38	0.020 11	0.027 43	0.018 78	0.024 29	0.012 08
5	0.037 92	0.013 77	0.033 96	0.012 21	0.029 43	0.010 76
6	0.046 45	0.009 42	0.041 15	0.008 25	0.034 98	0.008 96
7	0.053 99	0.008 62	0.048 04	0.006 73	0.039 51	0.003 58
8	0.062 53	0.002 55	0.054 57	0.001 68	0.045 78	0.001 23
9	0.068 57	0.001 77	0.061 08	0.001 19	0.051 78	0.000 89

表 4-3 的实验结果给出了不同井液平均流速 v' 对应的煤粉颗粒沉降末速 v_f 实测值。从图 4-28(a)可以看出，同一粒径的煤粉颗粒在杆管环空中的沉降末速与井液平均流速近似为线性关系。利用线性函数对 3 种粒径煤粉的沉降速度进行拟合，可得到 3 条直线的斜率分别为－0.528，－0.549 和－0.558，平均值为－0.55，截距与相应粒径煤粉在静液中的沉降末速(见表 4-2)近似相等，说明 3 条拟合直线的线性相关性比较理想。

煤层气井产出煤粉和油气井产出砂粒同为固体颗粒，为了便于对比分析，在选用相同介质水和同等粒度颗粒大小的情况下，引用李明忠等[153]关于垂直圆管中的砂粒沉降规律的研究，通过搭建流体携砂装置，并用离心泵、流量计和调节阀门等改变实验管中介质水的流量及流速的方法，完成井筒流体携砂能力实验，利用统计分析的方法获得流体平均速度 v'_o与砂粒沉降末速 v_o 的关系，如图 4-28(b)所示。

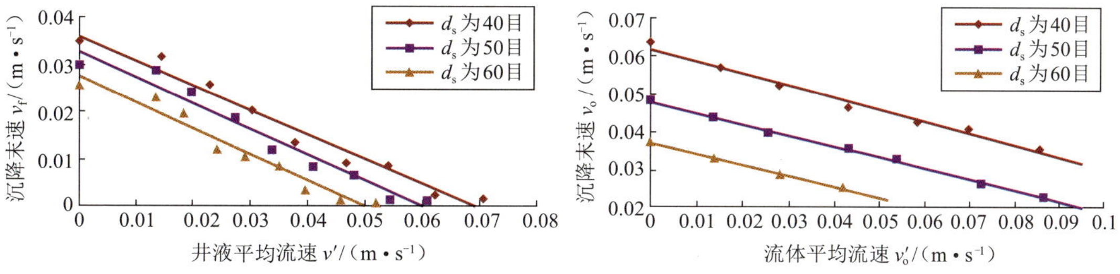

(a) 杆管环空中的煤粉沉降情况　　(b) 垂直圆管中的砂粒沉降情况

图 4-28　固体颗粒沉降末速与井液流速间的关系

对实验统计结果进行归一化处理，得到杆管环空中煤粉实际沉降末速 v_f 与井液平均流速 v' 间的函数关系，以及砂粒在流体中的沉降速度计算式，即：

$$\left.\begin{aligned} v_f &= v'_{fe} - 0.55v' \\ v_o &= v'_{oe} - 0.299v'_o \end{aligned}\right\} \tag{4-92}$$

式中 v'_{fe}，v'_{oe}——煤粒和砂粒在静液中的沉降末速，m/s。

由此，依据实验分析结果可得：

(1) 固体颗粒煤粉和砂粒在井筒流动井液中有相似的沉降规律，颗粒的沉降末速与井液流速间均近似为线性关系。另外，在井液流速相同的情况下，煤粉颗粒的沉降末速要小于砂粒的沉降速度，说明同样条件下煤粉更容易排出井筒。

(2) 一旦停泵，没有了井液的携带作用，煤粉颗粒很快以在静液中的沉降末速发生沉降。大颗粒的煤粉最先发生沉降，随着粒径的减小，煤粉发生沉降所用时间逐渐延长。因此，煤粉产出严重的煤层气井应当尽量避免关井。

(3) 随着煤粉粒径的减小，杆管环空中煤粉实际沉降末速呈现下降的趋势，使得排出该煤粉所需要的井液流速不断降低，进一步验证了小颗粒的煤粉更容易排出杆管环空。

(4) 同一粒径煤粉颗粒的沉降末速随着井液流速的增大而减小，因此排出煤粉的最直接方法就是提高井液流动速度。

4.6.2 杆管环空中井液携煤粉能力

煤粉颗粒在杆管环空井液中的运动速度 v_c 等于井液实际流速 v 与沉降末速 v_f 的矢量和。其中，井液实际流速 v 通过求解杆管环空井液流动规律的数学模型获得，煤粉的沉降末速 v_f 通过流动井液中煤粉颗粒沉降速度实验结果获得。

【实例 4.2】 利用鄂尔多斯盆地韩城区块 WL2-001 井现场参数（排采管管径 73.02 mm，杆柱直径 19 mm，泵径 44 mm，泵效 70%，冲次 5.9 次/min，冲程 1.50 m，煤粒密度 1 490 kg/m^3），结合杆管环空中井液流动规律分析煤粉沉降实验结果，可得到该井杆管环空中煤粉体积分数为 1.0%时，粒径 40 目、60 目和 80 目的煤粉颗粒运动速度分布规律，如图 4-29 所示。

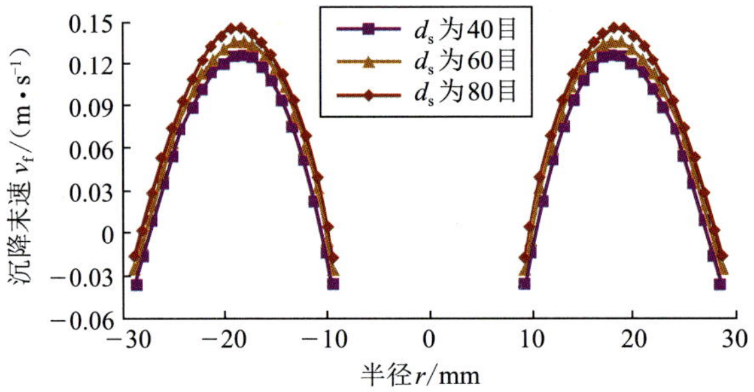

图 4-29 煤层气井杆管环空截面煤粉速度分布情况

由此可以看出：

(1) 当煤粉速度大于 0 时，表示煤粉颗粒在杆管环空中向上运移，可以随井液携带出井；当速度小于 0 时，煤粉处于沉降状态。

(2) 随着煤粉粒径的减小，煤粉在杆管环空中的速度不断增大，表明小粒径的煤粉不容易发生沉降，有利于随井液一起排出。

(3) 在井液充足的情况下，杆管环空中绝大部分的煤粉能够排出，只有极少量的煤粉颗粒沿杆壁和管内壁的近流速区域发生沉降。

依据鄂尔多斯盆地煤层气井现场采样得到的井液煤粉含量实验测试结果(见附表2),环空中井液携带的是具有一定含量的煤粉颗粒,煤粉体积分数通常小于5%,为此在研究煤粉沉降规律时,通常认为煤粉颗粒均匀分布于杆管环空中。依据杆管环空煤粉速度曲线,可以计算煤粉的排出量。方法是获得煤粉颗粒运移速度正负分界点所在的径向位置,然后计算煤粉速度大于0时所在环形区域的横截面积,除以杆管环空的截面积,即可得到该粒径煤粉的排出量情况。图4-29中粒径40目、60目和80目煤粉的速度正负分界点依次为±10.40 mm和±27.42 mm,±10.13 mm和±27.82 mm以及±9.85 mm和±28.10 mm,由此可得煤粉的排出量依次为87.8%,91.5%和94.5%。

4.7 有杆泵泵阀的运动规律

煤层气井较低的沉没度一方面增大了生产压差,利于煤层中气体的解吸;另一方面却不利于有杆泵的正常工作,对泵阀的顺利开启提出了更高的要求。

4.7.1 泵阀开启压差确定

泵阀的开启和关闭对泵正常工作有着重要的影响,确定合理泵阀压差是建立泵阀运动模型的基础。阀球与阀孔密封部分的座口结构分为不完全研合式、带护锥式和倒圆角式。目前煤层气井用有杆泵泵阀通常采用不完全研合的阀口结构,阀座口的结构决定了泵阀的开启压差[190]。对于不完全研合的阀座口,阀球所受井液作用力 F_L 的表达式为:

$$\begin{aligned} F_L &= \frac{\pi}{4}d_1^2 p_D - \frac{\pi}{4}d_2^2 p_U + 2\pi\int_{0.5d_2}^{0.5d_1}\left[p_D + \frac{2(p_D - p_U)}{d_2 - d_1}(r - 0.5d_1)\right] r\,\mathrm{d}r \\ &= 0.262(d_1^2 + d_1 d_2 + d_2^2)(p_D - p_U) \end{aligned} \tag{4-93}$$

式中 d_1, d_2——阀球下端和上端承压面直径,mm;

p_U, p_D——研合密封弦以上和以下阀球所受的液体压力,MPa;

r——阀球半径,mm。

泵阀在开启前可以看成处于静止的状态,此时不需要考虑其惯性力作用,依据式(4-93)可得到泵阀的开启压差 Δp 为:

$$\Delta p = p_D - p_U = \frac{3.82F_L}{d_1^2 + d_1 d_2 + d_2^2} \tag{4-94}$$

对于游动阀,设 p_{AO} 为泵筒井液排出口的压力,则游动阀的开启压差 Δp_A 为:

$$\Delta p_A = p_{AI} - p_{AO} = \frac{3.82F_L}{d_1^2 + d_1 d_2 + d_2^2} \tag{4-95}$$

对于固定阀,井底压力 p_{wf} 即为泵筒井液入口的压力,则固定阀的开启压差 Δp_S 为:

$$\Delta p_S = p_{wf} - p_{SI} = \frac{3.82F_L}{d_1^2 + d_1 d_2 + d_2^2} \tag{4-96}$$

式中 p_{AI}, p_{SI}——游动阀和固定阀开启时泵内的压力,MPa。

4.7.2 固定阀的运动规律

模型假设:① 忽略泵筒内井液流动的摩阻损失;② 井液在泵筒内各点的密度与压力相等。图4-30所示为典型有杆泵固定阀的结构。

根据井液在泵筒内各点的连续方程,可以得到 t 时刻泵筒内的井液质量 m 为:

$$m = \rho[A_H(S_0 + S_h) - V_S] \tag{4-97}$$

式中 ρ——井液密度，kg/m^3；

A_H——泵筒截面积，m^2；

S_0——泵筒的防冲距，m；

S_h——柱塞位移，m；

V_S——阀球、阀座与阀隙间的体积，m^3。

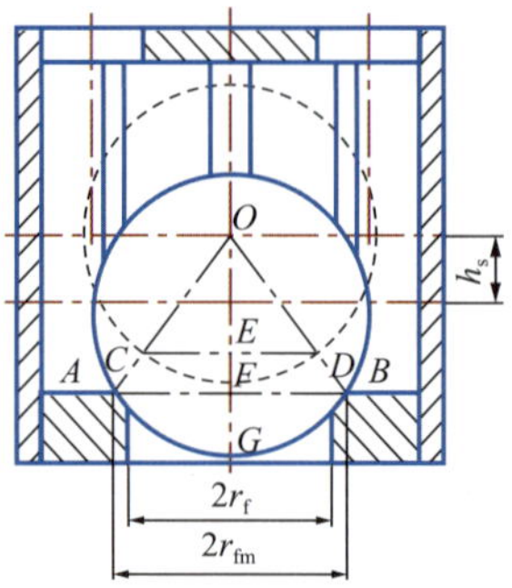

图 4-30 煤层气井有杆泵固定阀的结构

$$V_S = \frac{\pi}{3} r_{fm}^2 h_s + \frac{2\pi}{3} r_f^3 \frac{(r_f^2 - r_{fm}^2)^{0.5} + h_s}{\sqrt{r_f^2 + h_s^2 + 2h_s (r_f^2 - r_{fm}^2)^{0.5}}} - \frac{2\pi}{3} r_f^2 (r_f^2 - r_{fm}^2)^{0.5} \tag{4-98}$$

式中 r_f, r_{fm}——固定阀孔孔径和研合带的最大半径，m；

h_s——固定阀阀球的升程，m。

$t + dt$ 时刻时，有杆泵柱塞的位移为 $S_h + dS_h$，泵筒内的井液密度为 $\rho + d\rho$，泵筒内压力为 $p + dp$，泵筒内的井液质量为 $m + dm$，则泵筒内增加的井液质量 dm 为：

$$dm \approx [A_H (S_0 + S_h) - V_S] d\rho - \rho dV_S + dS_h A_H \rho \tag{4-99}$$

时间增量 dt 内，流经泵阀进入泵筒内的井液质量增量 dm'为：

$$dm' = \sqrt{2} \varepsilon_s \delta_v A_{XS} \rho_w^{0.5} \, |p_{wf} - p|^{0.5} dt \tag{4-100}$$

式中 δ_v——标准型阀的流量系数；

ε_s——系数（$p_{wf} \geqslant p$ 时 $\varepsilon_s = 1$，$p_{wf} < p$ 时 $\varepsilon_s = -1$）；

ρ_w——流经泵阀的井液密度，kg/m^3；

p_{wf}——井底压力，Pa；

A_{XS}——固定阀阀隙的过流面积，m^2。

$$A_{XS} = 2\pi r_{fm} h_s \frac{(r_f^2 - r_{fm}^2)^{0.5} + 0.5 h_s}{\sqrt{r_f^2 + 2h_s (r_f^2 - r_{fm}^2)^{0.5} + h_s^2}} \tag{4-101}$$

依据井液连续流动方程，井液压力与密度间存在函数关系，即 $\rho = f(p)$，而根据质量守恒原理，泵筒内增加的井液质量 dm 应等于流经泵阀进泵的井液质量增量 dm'，则有：

$$\frac{dp}{dt} = \frac{1}{A_H (S_0 + S_h) - V_S} \left(\sqrt{2} \varepsilon_s \delta_v A_{XS} \rho_w^{0.5} \, |p_{wf} - p|^{0.5} + \rho \frac{dV_S}{dt} - A_H \rho \frac{dS_h}{dt} \right) \frac{dp}{d\rho} \tag{4-102}$$

假设固定阀的阀球沿阀孔轴线上下运动，则依据阀球的平衡条件可建立固定阀运动的微分方程如下：

$$\frac{d^2 h_s}{dt^2} = \frac{A_{VS}}{m_S} (p_{wf} - p) \tag{4-103}$$

式中 m_S——固定阀阀球的质量，kg；

A_{VS}——固定阀的工作面积，m^2。

$$A_{VS} = \frac{\pi}{3} r_{fm}^2 + \frac{2\pi}{3} r_{fm}^2 \frac{r_f^3}{r_f^2 + 2h_s (r_f^2 - r_{fm}^2)^{0.5} + h_s^2} \tag{4-104}$$

根据泵筒内井液连续流动方程，可得到固定阀运动的微分方程组：

$$\left.\begin{aligned}&\frac{\mathrm{d}p_1}{\mathrm{d}t}=\frac{1}{A_{\mathrm{H}}(S_0+S_{\mathrm{h}})-V_{\mathrm{S}}}\left(\sqrt{2}\varepsilon_{\mathrm{s}}\delta_{\mathrm{v}}A_{\mathrm{XS}}\rho_{\mathrm{w}}^{0.5}\ |p_{\mathrm{wf}}-p_1|^{0.5}x_2+\rho A_{\mathrm{VS}}v_3-A_{\mathrm{H}}\rho\frac{\mathrm{d}S_{\mathrm{h}}}{\mathrm{d}t}\right)\frac{\mathrm{d}p_1}{\mathrm{d}\rho}\\&\frac{\mathrm{d}x_2}{\mathrm{d}t}=v_3\\&\frac{\mathrm{d}v_3}{\mathrm{d}t}=\frac{A_{\mathrm{VS}}}{m_{\mathrm{S}}}(p_{\mathrm{wf}}-x_1)\end{aligned}\right\}\tag{4-105}$$

式中　p_1——泵筒内井液压力，MPa；

x_2——固定阀阀球的升程高度，m；

v_3——固定阀阀球的运动速度，m/s。

固定阀运动规律模型的边界条件为：

$$p_1\big|_{t=0}=p_{\mathrm{SI}},\quad x_2\big|_{t=0}=0,\quad v_3\big|_{t=0}=0\tag{4-106}$$

由此，首先通过式(4-96)建立泵阀开启的压差条件，然后依据固定阀运动的微分方程组建立泵阀运动规律的数学模型，最后运用模型的边界条件进行数值求解，即可得到有杆泵排采泵阀的运动规律。

4.7.3　泵阀运动规律计算结果与分析

【实例 4.3】　为了揭示泵阀的运动规律，以鄂尔多斯盆地韩城区块 WL1-001 井的排采参数为依据进行计算与分析。该井生产参数取值为：排采管管径 73.02 mm，套管管径 177.8 mm，泵径 38 mm，井底压力 3.16 MPa。计算中，柱塞的位移变化看成悬点简谐运动的正弦变化规律，利用上述数学模型进行数值求解，可得到排液量为 10 $\mathrm{m^3/d}$ 和泵出口压力为 5.2 MPa 时不同工况下泵阀的运动规律。

图 4-31 给出了抽水机冲次为 5.0 次/min 时不同冲程的固定阀阀球运动规律曲线。可以看出，在冲次一定的情况下，随着冲程长度的增大，阀球的升程高度不断提高。图 4-31(a)中，冲程由 1.5 m 增大到 3.0 m 时，阀球的最大升程由 6.57 mm 上升到 11.56 mm，这有利于低沉没度情况下井液进入泵筒中，从而提高有杆泵的充满系数和泵效。图 4-31(b)中，阀球的初始速度变化较大，说明其加速度的变化较快，且增大冲程长度使得阀球的速度变化进一步变大且加速度的变化加快。这一方面有利于增大井液进泵的流速，提高井液携带煤粉颗粒的能力；另一方面，速度变化过快会减小阀球和阀罩的使用寿命，加上泵筒内压差变化较大，容易造成阀球出现“抖动”现象，从而降低泵效。

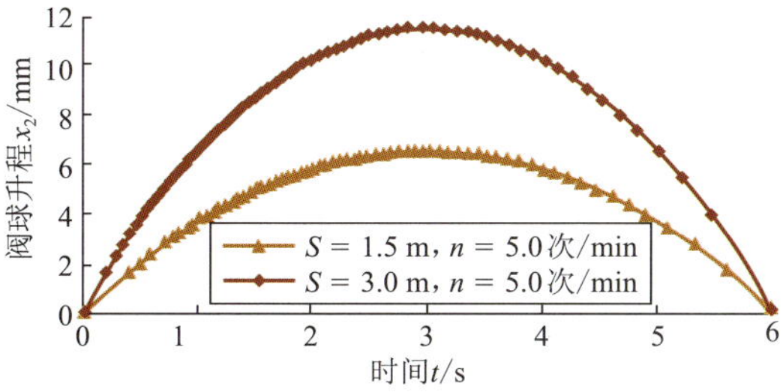

(a) 阀球升程曲线

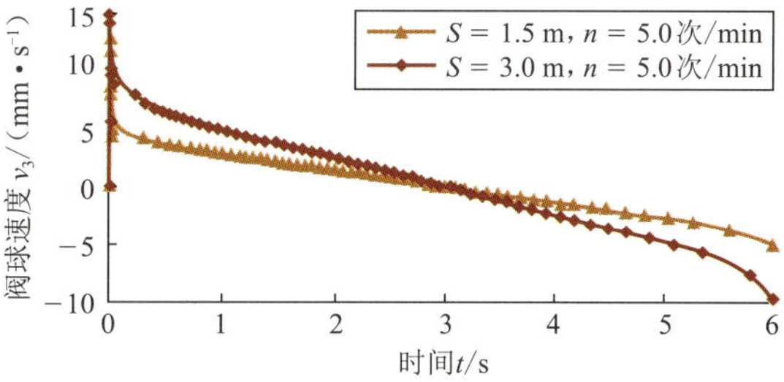

(b) 阀球运动速度曲线

图 4-31　不同冲程时上冲程中固定阀阀球的运动曲线

忽略杆管弹性影响，认为柱塞运动规律和抽水机悬点完全一致，柱塞的位移近似为简谐运动的余弦变化规律，由此可得抽水机冲程为 1.5 m 时不同冲次的固定阀阀球运动规律曲线，如图 4-32 所示。可以看出，在冲程长度一定的情况下，随着冲次的增大，阀球升程高度不断提高。图 4-32(a)中，冲次由 5.0 次/min 提高到 10.0 次/min 时，阀球的最大升程由 6.57 mm 上升到 11.55 mm；同样，图 4-32(b)中，阀球初始速度变化较大，且冲次的增大使得阀球的速度变化进一步变大。

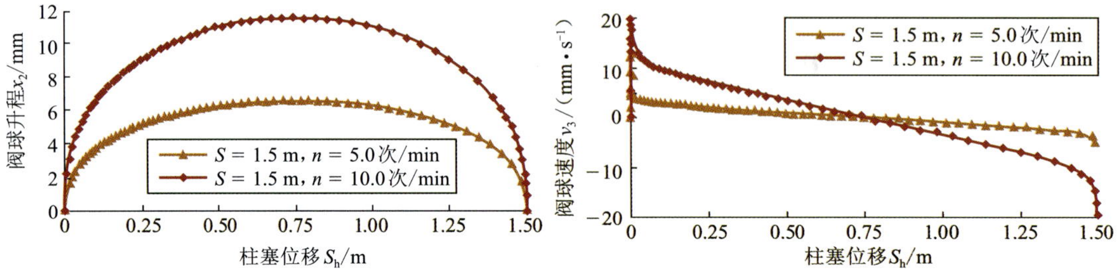

(a) 阀球升程曲线　　(b) 阀球运动速度曲线

图 4-32　不同冲次时上冲程中固定阀阀球的运动曲线

综上分析，随着抽汲速度(即冲程和冲次乘积 nS)的增大，泵阀阀球的升程高度不断提高，阀球速度变化逐渐加大。

4.8　有杆泵排采泵阀开启条件和合理沉没度

有杆泵排采泵阀开启条件，即排采管外井液柱对泵入口处最低压力要求能够克服泵吸入口流动阻力[191]，是井液进泵所需的最低沉没度。确定临界沉没度对保证泵正常工作具有重要意义。Rowlan[192,193]和林日亿[194]等通过计算泵吸入口处压力，得到沉没度的优化设计方法，但这些方法针对的是油井几百米的高沉没度，且没有给出泵阀顺利开启所需的沉没度条件。为此，研究泵阀的运动规律和水力损失，依据数值求解和实验测试结果得到不同工况下泵阀的临界沉没度，据此给出有杆泵正常工作的合理沉没度。

4.8.1　有杆泵排采泵阀开启临界条件

抽水机工作的上冲程中，在内外压差的作用下泵阀开启，井液进入泵筒内，进泵过程中井液需要克服固定阀的水力损失，即流经阀隙的水力损失和固定阀惯性压头损失。

井液流动处于稳定状态时，依据固定阀运动的微分方程，可得到考虑惯性力作用的阀球受力平衡方程式为：

$$\psi' s_V \rho_w A_{VS} g = m_S g + m_S a_V \tag{4-107}$$

式中　s_V——阀隙的阻力损失，m；

ψ'——阀球的受力系数，通常取为 1.0；

a_V——固定阀阀球的加速度，m/s^2。

$$a_V = \frac{d^2 h_s}{dt^2} = \frac{A_{VS}}{m_S}(p_{wf} - p) \tag{4-108}$$

由此，可以得到井液流经阀隙的阻力损失为：

$$s_V = \frac{m_S}{\psi' \rho_w A_{VS}} + \frac{p_{wf} - p}{\psi' \rho_w g} \tag{4-109}$$

固定阀的惯性压头损失是用于克服阀球和井液流经阀隙通道的惯性而损失的能量。设 dt 时间内阀球升程增加 dh，则井液流经阀隙时克服阀球惯性所消耗的能量 e_1 为：

$$\mathrm{d}e_1 = \frac{G_V}{g} a_L \mathrm{d}h \tag{4-110}$$

式中 a_L——井液加速度，m/s^2；

G_V——井液中的阀球重量，N。

同时，井液也移动了 $\mathrm{d}h$，为克服井液自身的惯性所消耗的能量 e_2 为：

$$\mathrm{d}e_2 = \frac{G_L}{g} a_L \mathrm{d}h = \rho_w A_{VS} a_L \mathrm{d}h^2 \tag{4-111}$$

式中 G_L——移动井液的重量，N。

由此，$\mathrm{d}t$ 时间内体积 $A_{VS}\mathrm{d}h$ 的井液克服惯性作用所消耗的总能量 e 为：

$$\mathrm{d}e = \mathrm{d}e_1 + \mathrm{d}e_2 = \left(\frac{G_V}{g} + \frac{G_L}{g}\right) a_L \mathrm{d}h \approx \frac{G}{g} a_L \mathrm{d}h \tag{4-112}$$

依据式(4-112)中井液的加速度 a_L，可得到泵筒内井液连续流动方程为：

$$A_{VS} v_L = A_H v_H \tag{4-113}$$

式中 v_L——井液流速，m/s；

v_H——柱塞运行的速度，m/s。

上式两端对时间 t 进行一次微分，则有：

$$a_L = \frac{A_H}{A_{VS}} a_H = \frac{A_H}{A_{VS}} \frac{\mathrm{d}v_H}{\mathrm{d}t} \tag{4-114}$$

式中 a_H——柱塞运行的加速度，m/s^2。

单位重量的井液克服惯性力所消耗的能量即为惯性压头损失，以 s_I 表示。依据式(4-112)，可以得到：

$$s_I = \frac{\mathrm{d}e}{\rho_w A_{VS} g \mathrm{d}h} = \frac{G}{\rho_w g^2} \frac{A_H}{A_{VS}^2} \frac{\mathrm{d}v_H}{\mathrm{d}t} \tag{4-115}$$

柱塞运行的最大加速度可按悬点的最大加速度 a_{max} 近似计算，采用把抽水机悬点看成简谐运动的近似公式，则有：

$$\left(\frac{\mathrm{d}v_H}{\mathrm{d}t}\right)_{max} \approx a_{max} = \frac{\pi^2 n^2 S}{1\ 800} \tag{4-116}$$

惯性压头损失 s_I 主要受冲次及阀座过流面积的影响，通常以其最大值 s_{ID} 进行计算，即：

$$s_{ID} = 5.70 \times 10^{-5} \frac{G A_H}{\rho_w A_{VS}^2} n^2 S \tag{4-117}$$

上冲程中，有杆泵的固定阀打开，泵阀主要受到泵筒内井液压力、泵入口处压力、阀球和井液的惯性力[195]作用。由此，有杆泵排采泵阀的水力损失 s 为：

$$s = s_V + s_{ID} \tag{4-118}$$

临界沉没度 h_{VC} 是泵阀顺利开启并能够完全打开所需要的最低沉没度，它主要由泵阀水力损失 s、泵筒内余隙[196]高度 h_A 和柱塞有效冲程 S_Y(见 4.4.3 节)组成，即：

$$h_{VC} = \frac{m_S g + A_{VS}(p_{wf} - p)}{\psi' \rho_w A_{VS} g} + 5.70 \times 10^{-5} \frac{G A_H}{\rho_w A_{VS}^2} n^2 S + h_A + S_Y \tag{4-119}$$

4.8.2 泵阀开启条件计算与分析

【实例 4.4】 利用实例 4.2 韩城区块煤层气井的现场参数，同时泵内余隙高度取 0.50 m。依据泵阀运动规律的分析，并对泵阀开启条件数学模型进行数值求解，可得到不同工况下泵阀瞬时开启所要求的条件。

图 4-33 所示为不同冲程和冲次组合时泵阀开启瞬间阀球加速度随开启时间的变化曲线。可以看出，在刚开启瞬间，固定阀的阀球有很大的加速度，且加速度幅值波动的频率较快。由于开启瞬间阀球上下压差的巨大变化以及开启过程中的阻力影响，使幅值在短时间内迅速变小，趋向平缓，然后加速度以一定斜率逐渐减小。图 4-33(a)中阀球在泵阀开启的 0.004 s 内，其加速度迅速增大至 12.5 mm/s^2，并以周期函数的形式进行波动，周期约 0.005 s，0.03 s 后加速度变化迅速减小，并趋向稳定。在冲程一定的情况下，随着冲次的增大，泵阀开启瞬间阀球加速度的变化幅值加大且变化周期延长，加速度趋向稳定所需要的时间缩短且稳定后加速度减小的速度变快。图 4-33(a)和(b)中，在抽水机冲次由 5.0 次/min 增大到 10.0 次/min 后，阀球加速度变化的幅值由 18.1 mm/s^2 提高到 26.7 mm/s^2，变化周期由 0.005 s 延长到 0.005 5 s，趋向稳定所历经的时间由 0.03 s 缩短到 0.02 s，稳定后加速度减小的斜率变大。冲程长度对泵阀开启瞬间的阀球加速度变化幅值、变化周期、趋向稳定所需时间以及稳定后加速度减小的影响相对较小。图 4-33(a)和(c)中，冲程由 1.5 m 提高到 3.0 m 后，阀球加速度变化的幅值仅由 18.1 mm/s^2 提高到 20.7 mm/s^2，变化周期均为 0.005 s 左右，趋向稳定所历经的时间由 0.03 s 缩短到 0.025 s，稳定后加速度减小的斜率略微变大。

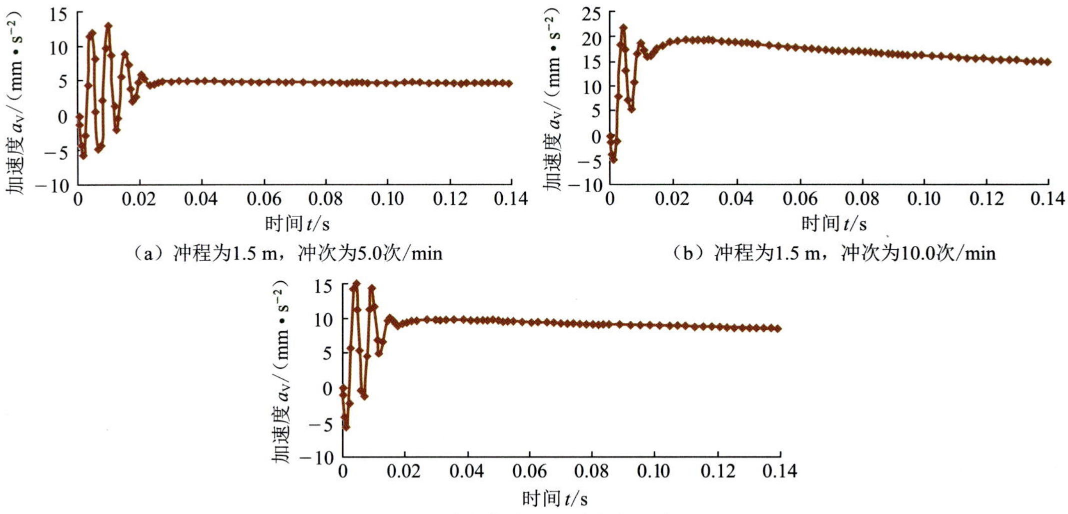

(a) 冲程为1.5 m，冲次为5.0次/min

(b) 冲程为1.5 m，冲次为10.0次/min

(c) 冲程为3.0 m，冲次为5.0次/min

图 4-33 不同工况下上冲程泵阀阀球的瞬间加速度曲线

图 4-34 所示为不同工况下泵阀开启瞬间固定阀的水力损失随时间的变化曲线。可以看出，泵阀在开启瞬间，固定阀的水力损失很大且幅值波动的频率较快，波动在短时间内迅速减小，然后趋向平缓。图 4-34(a)中，水力损失幅值在泵阀开启瞬间达到最大值(1.094 m)，然后以周期函数的形式进行波动，0.03 s 后水力损失的值迅速减小，并逐渐趋向稳定。另外，随着冲程和冲次的增大，上冲程中泵阀水力损失的变化幅值加大且趋向稳定所需要的时间缩短。图中，泵阀水力损失变化幅值的最大值依次为 1.094 m，1.490 m 和 1.230 m，趋向稳定所历经的时间依次为 0.03 s，0.02 s 和 0.025 s。

以水力损失幅值的最大值作为泵阀开启的最低条件，可得到泵阀的临界沉没度，结合式(4-119)，可得该型泵在上述三种工况下顺利开启泵阀所需的临界沉没度依次为 2.89 m，3.29 m 和 3.03 m。同样可以总结出，随着冲程和冲次的增大，临界沉没度不断增大，其中冲程的变化对临界沉没度的影响相对较小。

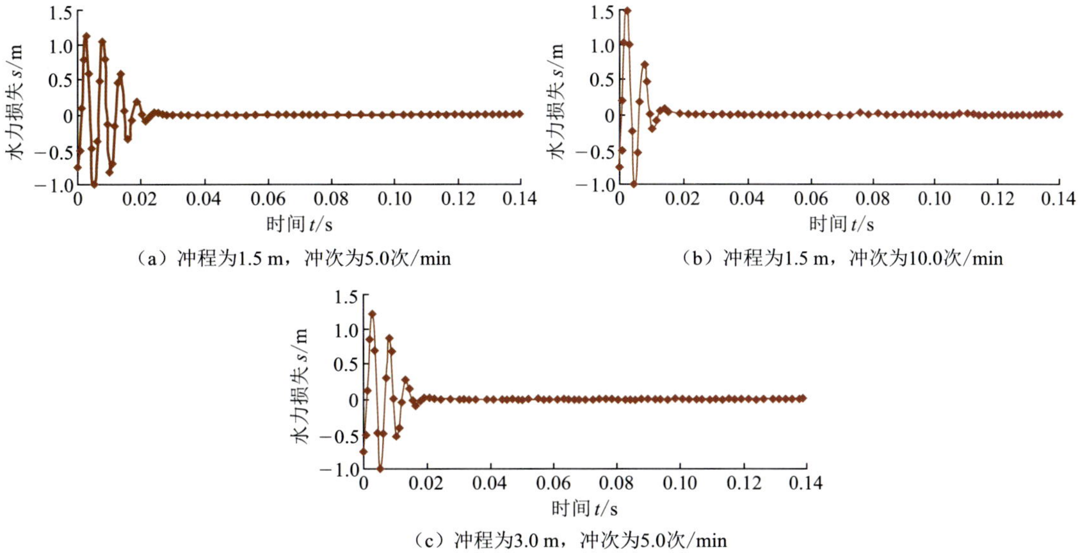

（a）冲程为1.5 m，冲次为5.0次/min

（b）冲程为1.5 m，冲次为10.0次/min

（c）冲程为3.0 m，冲次为5.0次/min

图 4-34　不同工况下上冲程泵阀瞬间水力损失变化曲线

依据模型的求解结果及其分析，可以得到不同泵径、冲次和冲程时泵阀开启所需的临界沉没度。对排水采气模拟实验装置用 44 mm 泵进行分析，得到该泵在不同冲次时临界沉没度的计算结果，见表 4-4。

从表 4-4 中可以看出，泵阀开启条件的数学模型充分考虑了泵阀运动规律、井液流经阀隙的水力损失和阀球惯性压头损失的影响，使得理论分析结果与实验测试结果基本吻合。同时可知，在相同泵型和冲程的情况下，泵阀开启临界沉没度随冲次的提高而逐渐增大。对于 1.0 m 冲程 44 mm 泵，冲次由 2.0 次/min 调整为 7.0 次/min 时，临界沉没度由 2.55 m 提升到 3.05 m。另外，依据临界沉没度与冲次间的理论分析和实验统计结果，同时考虑冲程和防冲距等因素，可以推知煤层气排采井主要泵型（38 mm，44 mm 和 56 mm）的临界沉没度通常介于 3.0～6.0 m，这与煤层气井实际生产动态一致。这可以很好地解释稳定生产后，泵阀沉没度低于临界沉没度时井口出现的“间歇式出水”现象。

表 4-4　不同冲次时泵阀开启临界沉没度的计算结果

冲次 n /(次·min^{-1})	最大水力损失 s/m	临界沉没度 h_{VC}/m		误差 E/%
		计算值	实验值	
2.03	1.33	2.83	2.55	−10.98
3.01	1.39	2.89	2.62	−10.31
3.98	1.47	2.97	2.75	−8.00
5.14	1.54	3.04	2.86	−6.29
6.12	1.63	3.13	3.00	−4.33
6.60	1.72	3.22	3.05	−5.57

4.8.3　泵阀开启条件实验与分析

煤层气井较低沉没度对有杆泵排采泵阀的顺利开启提出了更高的要求。煤层气井泵阀开启条件的理论分析是以一定的假设为前提，所以需要借助实验手段，利用实验数据统计分析并结合理论推导研究泵阀顺利开启所需要的临界沉没度。为此，利用煤层气井排水采气模拟实验装置实现泵阀开启条件模拟实验。实验装置的流程如图 4-22 所示。一方面，统计排采中泵阀由关闭变为开启状态所对应的沉没度大小，验证开启泵阀临界沉没度的理论推导结果；另一方面，确定在不同工况和沉没度条件下有杆泵的工作情况，为有杆排采系统设置合理的沉没度提供依据。

实验方法：测量临界沉没度的实验方法主要是观察有杆泵在不同沉没度情况下的排量，然后计算泵效。泵效为 0，表示有杆泵的泵阀处于关闭状态；泵效大于 0，则表示泵阀已经开启，井液开始进泵。

实验物品及参数：选用水作为实验介质，排采管选用外径 60.3 mm、壁厚 4.15 mm 的 PVC 透明管柱，排采杆径为 16 mm，泵径为 44 mm，冲程为 1.0 m，冲次在 1.3～7 次/min 范围连续可调。实验数据采集模块及各显示器如图 4-35 所示，实验用储水装置、电源和流量计等如图 4-36 所示。

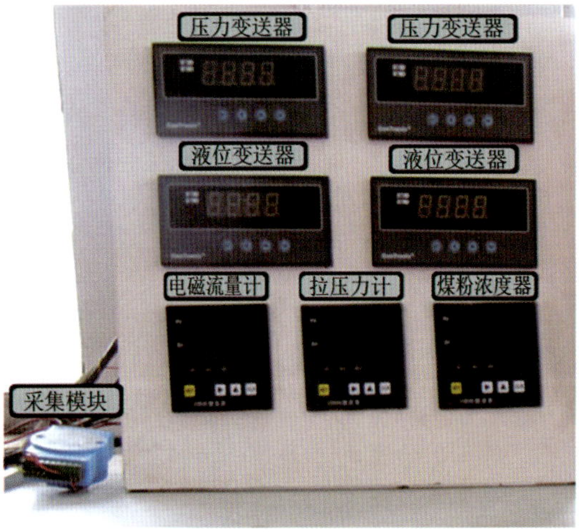

图 4-35 数据采集模块与显示器

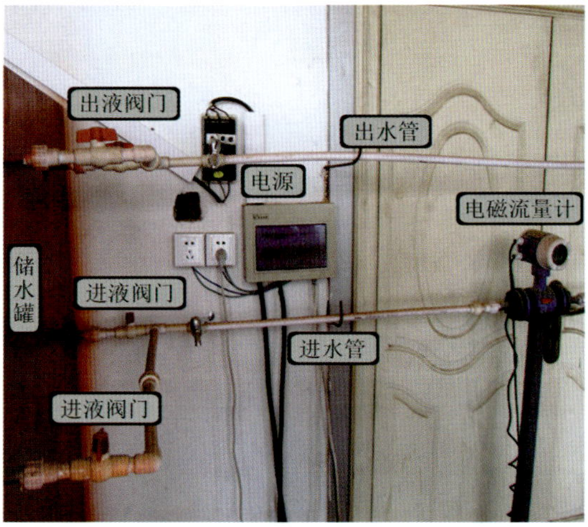

图 4-36 储水装置、电源和流量计等

泵阀开启条件实验的具体操作步骤为：

（1）开启实验流程，向井口的储水罐中注满水，然后接通电源，打开数据采集系统，各传感器数字显示仪表（图 4-35）置 0。

（2）如图 4-36 所示，打开进液阀门，使实验介质水通过井口的进水管进入管套环空，当液位变送器（图 4-35）对应数字显示仪读数为 15.0 左右时关闭进液阀门，停止注水。开启抽水机，水通过泵阀进入泵筒和杆管环空中，依据有杆泵柱塞的上下抽汲工作将管套环空中的水排出，待液位变送器对应仪表读数为 0 时，关闭抽水机电源，此时杆管环空中已经注满水。

（3）再次打开进液阀门，通过进水管向管套环空中注水，观察液位变送器对应数字显示仪的数值，实时调节进液阀门的流量，当仪表读数为 1.0 左右时关闭阀门，停止注水。调节螺旋锥齿轮减速机，将冲次调整为 2.0 次/min，并开启抽水机。

（4）观察井口出水管上电磁流量计显示仪表（图 4-36）和电子秤数值的变化，通过数据采集器采集并保存实验数据。

（5）重复步骤（3）～（4），数据采集系统取数并求平均值，获得第 2 组数据。每 3 组数据得出一个最后的平均值。

(6) 抽水机的冲次保持不变,重复步骤(3)～(5),分别采集沉没度在 2.0 m,3.0 m,…,20.0 m 时有杆泵排出的井液量。

(7) 调节螺旋锥齿轮减速机,将抽水机冲次依次调整为 2.5 次/min,3.0 次/min,…,7.0 次/min,重复步骤(3)～(6),获得不同冲次和沉没度条件下有杆泵的排液量情况。

有杆泵排采泵阀开启条件模拟实验的统计数据见附表 7。在已知泵径的情况下,依据实验数据中有杆泵排出的井液量,可以得到有杆泵排采中不同冲次和沉没度时的泵效情况,见表 4-5。

表 4-5　不同冲次和沉没度条件下有杆泵的泵效实验结果

n = 2.03 次/min		n = 3.01 次/min		n = 3.98 次/min		n = 5.14 次/min		n = 6.12 次/min		n = 6.60 次/min	
沉没度 h_C/m	泵效 η/%	沉没度 h_C/m	泵效 η/%	沉没度 h_C/m	泵效 η/%	沉没度 h_C/m	泵效 η/%	沉没度 h_C/m	泵效 η/%	沉没度 h_C/m	泵效 η/%
1.00	0	1.00	0	1.20	0	1.00	0	1.00	0	1.00	0
2.00	0	2.00	0	2.00	0	2.00	0	2.00	0	2.00	0
2.55	0	2.62	0	2.75	0	2.86	0	3.00	0	3.05	0
2.65	32.9	2.72	32.7	2.85	32.5	2.91	31.6	3.15	32.2	3.15	32.8
2.95	55.9	2.92	49.3	3.05	49.3	3.31	52.6	3.66	52.6	3.25	49.3
3.75	65.8	3.72	59.2	3.75	57.9	4.21	59.2	4.42	56.5	4.05	55.9
4.75	72.4	4.92	69.1	5.05	62.5	5.41	63.1	5.12	59.8	5.05	59.2
5.95	75.7	5.87	72.4	6.05	65.1	6.21	65.1	6.23	62.5	6.05	61.8
6.95	77.6	6.92	74.3	7.15	67.1	7.16	66.4	7.15	65.1	7.15	64.4
7.95	78.9	7.92	75.6	8.10	69.1	8.21	69.1	8.17	67.1	8.05	66.4
8.95	80.3	8.92	77.6	9.05	73.7	9.11	70.4	9.25	68.4	9.15	67.7
10.05	80.3	9.92	78.9	10.00	75.6	10.11	71.7	10.15	69.7	10.05	69.0
10.91	81.8	10.92	79.6	11.15	76.9	11.01	73.6	11.12	71.7	11.05	70.3
12.95	81.6	12.37	79.6	12.05	77.0	12.16	75.0	12.17	73.0	12.15	71.7
13.95	82.2	12.92	80.2	12.95	78.0	13.01	75.6	13.15	74.3	13.05	73.6
14.65	82.3	14.12	80.9	13.95	78.2	14.16	76.9	14.25	75.3	14.15	75.0
15.80	82.6	14.92	81.2	14.95	78.3	15.01	77.6	15.16	75.6	15.25	75.3
16.85	82.7	15.58	81.3	16.45	78.9	16.01	78.1	16.19	76.3	16.45	75.6
17.95	82.7	16.87	81.5	17.55	78.9	17.41	78.2	17.21	76.6	17.55	76.3
18.95	82.8	17.92	81.7	18.60	79.1	18.21	78.3	18.13	76.9	18.25	76.7
19.20	82.9	18.92	82.0	19.05	80.5	19.16	78.7	19.15	77.9	19.15	77.8
19.65	82.9	19.45	82.2	19.50	80.6	19.50	78.9	19.58	78.2	19.52	78.1
20.00	82.9	20.00	82.2	20.00	80.6	20.00	78.9	20.00	78.2	20.00	78.1

依据泵阀开启条件实验测试数据与结果分析,可以得到有杆泵排采中不同冲次时的临界沉没度。表 4-5 中,抽水机冲次为 2.03 次/min 时,有杆泵的沉没度在小于 2.55 m 的

情况下，泵阀处于关闭状态，没有井液排出泵外，而在沉没度大于 2.55 m 后，泵阀开启，开始排出井液，由此可以确定该工况下的临界沉没度即为 2.55 m。同理，可以确定 44 m 有杆泵在不同冲次时的临界沉没度值，如图 4-37 所示。

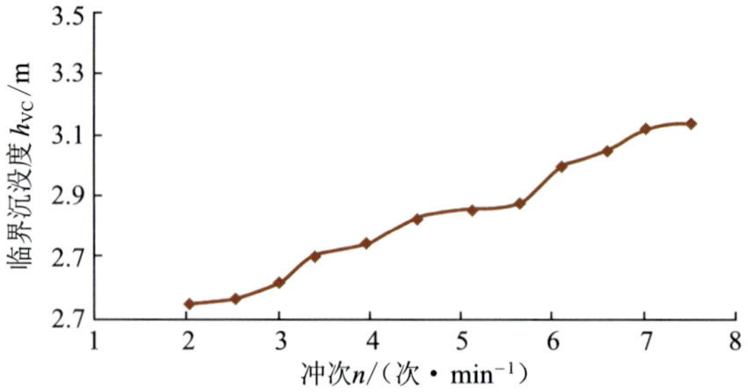

图 4-37 有杆泵泵阀开启临界沉没度与抽水机冲次间的关系

图中，抽水机冲次为 3.01 次/min，5.14 次/min 和 6.60 次/min 时，泵的临界沉没度依次为 2.62 m，2.86 m 和 3.05 m。由此推知，随着冲次（即抽汲速度）的增大，有杆泵排采泵阀开启的临界沉没度逐渐增大。实验测试结果进一步验证了泵阀开启条件的理论分析结论。

4.8.4 有杆泵合理沉没度的确定

煤层气井有杆泵的沉没度和沉没压力直接影响有杆排采设备工作的优劣[197]。有杆泵合理沉没度要求可以克服泵吸入口的水力损失，减小气体对泵的影响，有效提高泵效，同时沉没度还会影响煤层气井的生产压差和产能[198,199]，故需要依据泵阀开启条件实验确定有杆泵在排采中合理的沉没度。

依据泵阀开启条件实验的统计分析结果，可得到不同冲次时的有杆泵泵效与沉没度间的变化关系。图 4-38 给出了抽水机冲次为 2.03 次/min，3.98 次/min 和 6.12 次/min 时泵效随沉没度大小的变化情况。

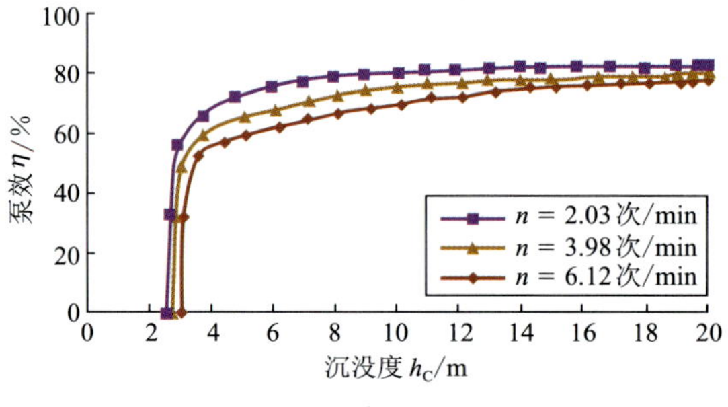

图 4-38 有杆泵泵效与沉没度间的关系

可以看出，随着泵沉没度的升高，有杆泵排出的井液量不断增加，泵效逐渐提高。在泵的沉没度超过临界沉没度后，泵阀开启，井液进入泵筒中，沉没度的升高使得泵效迅速增大；当泵效在 70%～80%之间时，这种增长关系开始放慢；当泵效达到 80%后则出现拐点，虽然沉没度不断提升，但泵效的增长缓慢。图中，在冲次为 2.03 次/min 的情况下，泵的沉没度由 2.55 m 上升到 4.75 m，再上升到 8.95 m，最后到 20.0 m 时泵效先由 0 迅速增大到 72.4%，再到 80.3%，最后仅为 82.9%。另外，随着抽水机冲次的增大，有杆泵在相同沉没度下的泵效呈现减小的趋势，图中冲次依次调整为 2.03 次/min，3.98 次/min 和 6.12 次/min 后，沉没度为 6 m 左右时的泵效分别为 75.7%，65.1%和 61.8%。

煤层气井排采中泵的沉没度需要提升至合理的范围，以保证有杆泵具有较高的泵效。依据泵阀开启条件实验的统计分析结果，图 4-39 给出了保证排采中泵效超过 70%时抽水机各冲次的工况下有杆泵需要满足的最低沉没度。

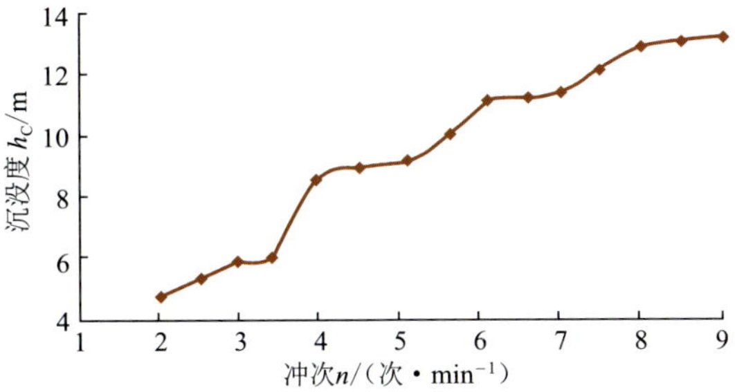

图 4-39　泵效大于 70%时各冲次对应的沉没度

可以看出，在保证高泵效的情况下，随着冲次的增大，泵所需的沉没度大小不断提升。图中冲次由 2.03 次/min 调整为 9.0 次/min 后，所需的沉没度则由 4.75 m 增大到 13.21 m。同时，依据图中泵效大于 70%时所需沉没度的实验结果，同时考虑实际排采中冲程和防冲距等因素，可以确定煤层气井主要泵型 38 mm，44 mm 和 56 mm 的排采中，在冲次小于 5.0 次/min 的情况下，泵的沉没度不得低于 9.0～12.0 m，合理的沉没度是保持在 15.0～20.0 m 以上，以维持 80%左右的高泵效；当冲次大于 5.0 次/min 时，泵的沉没度不得低于 13.0～16.0 m，合理的沉没度是保持在 20.0 m 以上，以维持大于 80%的泵效。

上述有杆泵合理沉没度是依据实验测试数据确定的，由于没有考虑到煤层气体对泵效的影响，所确定的合理沉没度实质上是保持高泵效所需要的最低沉没度。对于具体的煤层气井而言，应以举升效率为目标，进行动态数值模拟分析，合理配置设备排采参数及其对应的沉没度，以保证煤层气井高效抽排。

4.9　煤层气井气体对有杆泵抽汲运行的影响

煤层气井井筒中的井液存在一定的气液比，有杆泵在抽汲运行中气水两相总是同时入泵，煤层气相的存在会减小进泵的井液量，从而造成目前所用有杆泵的充满度通常较小、泵效较低[200]且磨损严重。低充满度会极大减小泵中井液排出量，降低井液在杆管环空的流速，使得煤粉容易发生沉积而造成卡泵等故障。当前对泵充满度的研究主要采用常规油气井的分析方法[201-203]，通常只考虑柱塞在上下死点等特定位置时泵内的井液量，而忽略井液入泵阻力、沉没压力、冲程和冲次等因素的影响。为此，有必要采用气水两相流动理论，研究有杆泵在各种因素共同作用下动态充满度的变化关系。

4.9.1　有杆泵动态充满度数学模型

上冲程中进泵的井液量与柱塞升程容积间的比值即为泵的充满度，气水两相流在进泵时会受到泵入口压力和气液比、余隙体积和气液比、气体膨胀和泵工作制度（冲程和冲次等）的影响。

根据煤层气井排采实际，模型假设为：① 泵腔内温度恒定；② 气水两相流均匀入泵且进泵后煤层气相处于液面上方；③ 柱塞伴随悬点作简谐运动。

1. 井液入泵数学模型

如图 4-40 所示，有杆泵泵筒中端面 1-1 位于固定阀的下方，端面 2-2 位于进泵井液的液面处，煤层气体位于端面 2-2 上方的泵腔内。

泵筒两端面 1-1 和 2-2 处，井液总流稳定流动的伯努利方程[204]为：

$$Z_1+\frac{p_1}{\rho_1 g}+\frac{v_1^2}{2g}=Z_2+\frac{p_2}{\rho_2 g}+\frac{v_2^2}{2g}+h_g+h_r \tag{4-120}$$

式中 h_g, h_r——惯性和阻力水头损失，m；

Z_1, Z_2——截面 1 和截面 2 的基准势能，J；

v_1, v_2——井液流经阀孔和泵腔液面的流速，m/s；

ρ_1, ρ_2——井液在入泵前后的密度，kg/m³；

p_1, p_2——泵入口处和泵腔内压力，Pa。

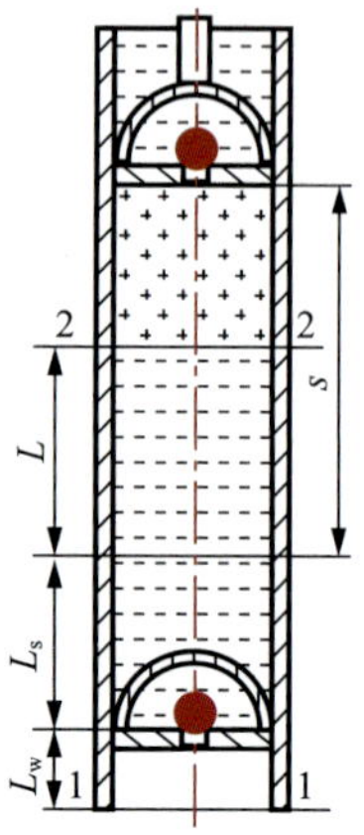

图 4-40 泵筒内气水两相流场分布

对于气水两相流，等径垂直井筒中井液流速仅与时间相关，而与位移变化无关，由此惯性水头损失 h_g 为：

$$h_g=\frac{1}{g}\frac{\mathrm{d}v}{\mathrm{d}t}\int_0^L \mathrm{d}L=\frac{L+L_s+L_w}{g}\frac{\mathrm{d}v_2}{\mathrm{d}t} \tag{4-121}$$

式中 L——泵腔液体高度，m；

L_s——泵筒中余隙的长度，m；

L_w——固定阀的阀座高，m。

泵筒中井液流动的连续性方程为：

$$A_w v_1=A_H v_2 \tag{4-122}$$

式中 A_H——柱塞截面积，m²；

A_w——尾管截面积，m²。

泵筒中端面 1-1 和端面 2-2 间的阻力水头损失 h_r 为：

$$h_r=\frac{1}{2g\mu^2}\left(\frac{A_H v_2}{A_v}\right)^2 \tag{4-123}$$

其中：

$$\mu=0.18(1.106-1.77\times 10^5 Re)^{-1.496}$$

式中 A_v——阀孔的横截面积，m²；

Re——两相混合物的雷诺数；

μ——固定阀的流量系数[205]。

将式(4-121)～式(4-123)代入式(4-120)，可得泵筒内液面速度变化的微分表达式，即：

$$\frac{\mathrm{d}v_2}{\mathrm{d}t}=\frac{A_w}{A_w L+A_w L_s+A_H L_w}\left[\frac{p_1}{\rho_1}-\frac{p_2}{\rho_2}+\left(\frac{A_H^2}{A_w^2}-1-\frac{A_H^2}{\mu^2 A_v^2}\right)\frac{v_2^2}{2}\right]-g \tag{4-124}$$

2. 泵充满度数学模型

气水两相混合物流经泵阀进入泵筒后，可建立有杆泵动态充满度的表达式，即：

$$\eta(s)=\frac{1}{sA_H}\int_{t_0}^{t_s} Q_L \mathrm{d}t=\frac{L(s)}{s} \tag{4-125}$$

式中 $\eta(s)$——充满度；

$L(s)$——液体充满的长度，m；

t_0——初始时刻，s；

t_s——末时刻，s；

Q_L——入泵的井液量，m^3/d；

s——柱塞升程，m。

泵筒内液面高度变化 dL 为：

$$dL = \frac{Q_L}{A_H}dt = v_2(s)dt \tag{4-126}$$

另外，柱塞升程增量 ds 所对应的泵腔液面高度增量 dL 的计算式为：

$$\frac{dL}{ds} = \frac{dL}{dt}\frac{dt}{ds} = \frac{30}{\pi n_s}(-s^2 + sS)^{-0.5}v_2(s) \tag{4-127}$$

式中　n_s——冲次，次/min；

S——冲程，m。

由此，可以推导出泵筒内液面高度动态变化的关系式为：

$$L(s) = \frac{30}{\pi}\int_{s_0}^{s}\frac{1}{n_s}(-s^2 + sS)^{-0.5}v_2(s)ds \tag{4-128}$$

式中　s_0——固定阀打开时的柱塞位移，m。

3. 泵筒内煤层气相状态方程

有杆泵抽汲运行的任意时刻 t 柱塞升程为 s，泵腔内煤层气体的物质的量为 n_m，泵腔压力为 p。上冲程中，当柱塞升程增加 ds 时，入泵井液量为 $A_H dL$，气体的物质的量和压力分别变为 $n_m + dn$ 和 $p + dp$，在温度保持不变的情况下，依据气体状态方程可以得到：

$$p(s - L)A_H = Zn_m RT \tag{4-129}$$

$$(p + dp)(s + ds - L - dL)A_H = \left(Z + \frac{\partial Z}{\partial p}dp\right)(n_m + dn)RT \tag{4-130}$$

式中　Z——煤层气的偏差系数；

R——气体的通用常数；

T——气体温度，K。

式(4-129)与式(4-130)相除，同时忽略二阶最小量，整理后可推导出：

$$\frac{dp}{ds} = \left[\frac{p}{n_m}\frac{dn}{ds} - \frac{p}{s - L}\left(1 - \frac{dL}{ds}\right)\right]\left(1 - \frac{p}{Z}\frac{\partial Z}{\partial p}\right)^{-1} \tag{4-131}$$

由于煤层气井的井底流压相对较低且煤层气较难溶于水，所以具有一定矿化度的井液中溶解的气非常少，可以认为气水两相流进泵后煤层气相以游离状态存在[206]。柱塞升程增量 ds 时，从管套环空进入泵筒的自由气体量 dn 为：

$$dn = 44.64R_p A_H dL \tag{4-132}$$

式中　R_p——泵入口处的气液比，m^3/m^3。

综上所述，泵动态充满度模型是由式(4-124)、式(4-125)、式(4-128)和式(4-131)组成的方程组，获得方程组的定解条件后即可求得该模型相应的解。

4.9.2　有杆泵动态充满度求解与分析

上冲程中，柱塞向上运行，泵腔压力降低，当泵腔内外压差可以克服固定阀阀球本身的重量时，泵阀开启且井液开始进泵，此时柱塞移动的距离为 s_0，其即为求解方程组的定解条件。固定阀打开时，井底流压 p_{wf} 即为泵筒井液入口的压力，泵阀上端的压力即为泵内部压力。以不完全研合阀口计算固定阀的开启条件为：

$$p_{SI} \geqslant p_{wf} - \frac{3.82G}{d_1^2 + d_1 d_2 + d_2^2} \tag{4-133}$$

式中 G——阀球重量，N。

固定阀开启前，泵筒余隙内存有自由气体，依据气体压缩多变过程[207]可得：

$$\left(\frac{L_s R'}{L_s R' + s_0}\right)^n p_{wf} = p_{SI} - \Delta p \tag{4-134}$$

式中 n——多变过程指数，通常取为1.1[208]；

Δp——泵阀的开启压差，MPa；

R'——泵余隙的气液比，m^3/m^3。

由此，可以获得固定阀打开时的柱塞位移 s_0 为：

$$s_0 = L_s R' \frac{\sqrt[n]{p_{wf}}}{\sqrt[n]{p_{SI} - \Delta p}} - L_s R' \tag{4-135}$$

获得泵动态充满度方程组的定解条件后，即可对该模型进行数值求解，并依据鄂尔多斯盆地韩城区块某井排采参数进行计算并分析，揭示受各种因素影响的泵充满度瞬时动态变化规律。该井稳定生产阶段的基本参数为：套管外径177.8 mm，排采管外径73.02 mm，泵径38 mm。设定4种不同的有杆泵工况条件（表4-6），以利于分析排液量10 m^3/d和井口套压0.55 MPa时不同排采因素对泵充满度的影响。

表4-6 某煤层气井有杆泵工况条件

工况条件	冲次 n_s/(次·min^{-1})	冲程 S/m	泵入口气液比 R_p/($m^3 \cdot m^{-3}$)	泵口压力 p_s/MPa
工况1	10.0	1.50	1.0	2.29
工况2	10.0	1.50	4.0	2.29
工况3	10.0	1.50	4.0	3.12
工况4	5.0	1.50	4.0	2.29

依据井液进泵和充满度的微分方程及数值求解，获得煤层气井有杆泵内液面和动态充满度的变化规律，以及泵充满度与冲次、泵入口气液比和压力等参数间的相互关系。

图4-41所示为工况1和工况2下泵内液面高度与充满度的变化曲线。两种工况对比分析表明：随着泵入口处气液比的增大，泵筒内液面高度显著降低，由此泵的充满度也大幅度减小。这是由于气液比增大后，更多的煤层气体进泵，泵筒内压力难以降低且气体占据泵腔的容积空间，降低了泵的充满度。

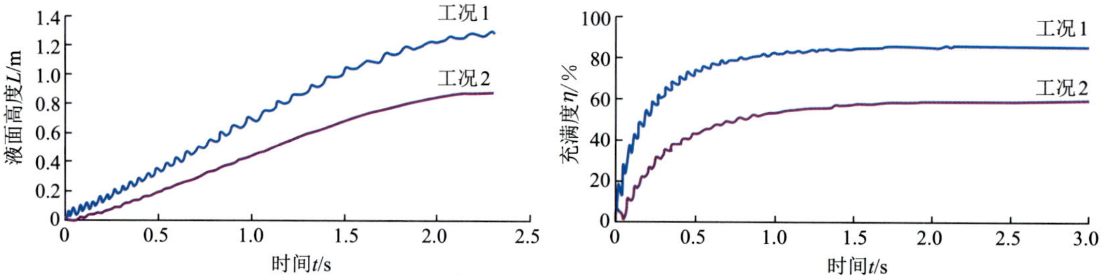

（a）上冲程中泵内液面高度随时间变化关系　（b）上冲程中泵充满度随时间变化关系

图4-41 有杆泵在工况1和2下泵内液面高度与充满度的变化规律

图 4-42 所示为工况 2 和工况 3 下泵内液面高度与充满度的变化曲线。两种工况对比分析表明：随着泵入口处压力的增大，泵筒内液面高度不断升高，由此泵的充满度也逐渐升高。这是由于固定阀打开前，增大泵的沉没压力使得开启泵阀变得更加容易，泵阀开启后，增大泵入口处压力使得泵筒内压力升高，从而减小自由气体占据泵腔的容积空间，即增大了泵的充满度。

图 4-43 所示为工况 2 和工况 4 下泵内液面高度与充满度的变化曲线。两种工况对比分析表明：随着冲次的增加，泵筒内液面高度逐渐下降，从而泵的充满度不断降低。这是由于高冲次时，泵筒内的压力变化速度加快，井液不稳定流动的惯性影响加大，固定阀阀球的跳动次数增多，柱塞无效冲程长度增加，从而造成泵的充满度下降。

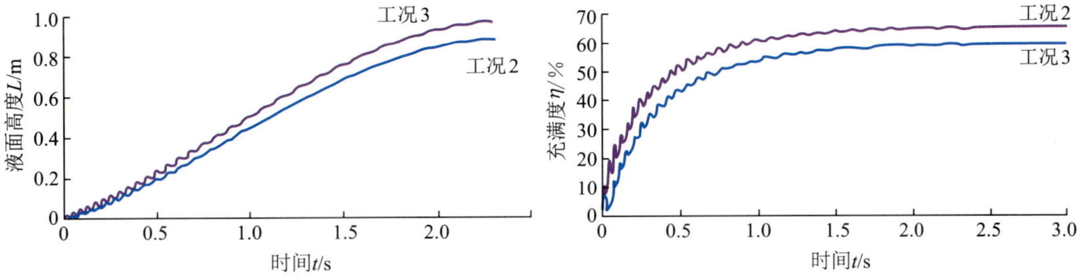

（a）上冲程中泵筒内液面高度随时间变化关系　　（b）上冲程中泵充满度随时间变化关系

图 4-42　有杆泵在工况 2 和 3 下泵内液面高度与充满度的变化规律

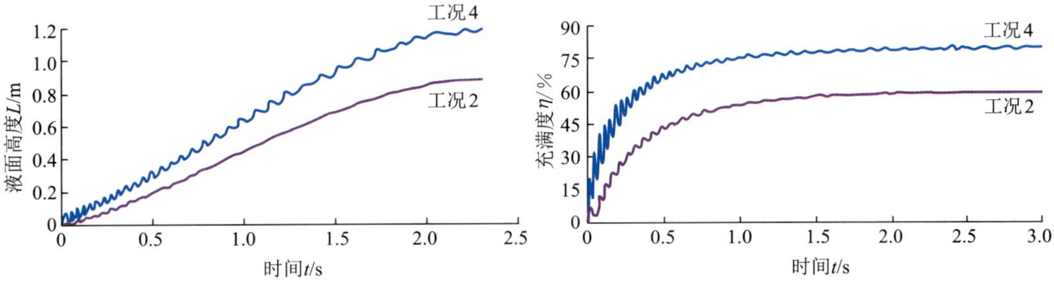

（a）上冲程中泵筒内液面高度随时间变化关系　　（b）上冲程中泵的充满度随时间变化关系

图 4-43　有杆泵在工况 2 和 4 下泵内液面高度与充满度的变化规律

由于煤层气井排采与常规油气井开发存在一定的差异性，要维持较低的沉没度，泵入口处压力通常较低，这会影响到泵阀的顺利启闭并降低泵的充满度。上述四种工况对比结果表明有杆排采泵入口处的气液比对泵效的影响明显超过冲次与泵入口处压力，为此在气液比较大时需配置气锚等设备分离气体，以达到提升泵充满度的目的。

4.10　泵筒中井液携煤粉运移规律

研究煤粉颗粒在泵筒固液两相流中的运移规律是解决埋泵和卡泵现象的关键。通过分析泵筒中井液流动和煤粉运移的计算模型，并依据仿真分析得到不同排液量和煤粉粒径情况下煤粉在泵筒内的运移特性，为排采泵的结构设计提供依据。

4.10.1　泵筒中井液流动规律

有杆泵的结构和工作原理[209]如图 4-44 所示，上冲程中，柱塞随排采杆柱向上运动，游动阀关闭，在泵外沉没压力作用下固定阀开启，井液进入泵腔；下冲程中，柱塞向下运动，固定阀关闭，泵筒内压力大于柱塞上部的液柱压力后游动阀打开，泵筒内的井液排至排采管内。这样，柱塞上下运动一次完成一个冲程，实现进液和排液两个过程。

现场调研鄂尔多斯盆地各区块，发现煤层气井进入稳定生产后排液量通常介于 5～15 m^3/d，泵径集中在 38～56 mm，泵筒中的井液流速为 0.02～0.12 m/s，运动黏度为 $(1.3\sim1.5)\times10^{-6}\ m^2/s$。由此，井液的雷诺数通常为 700～3 000，可认为稳定生产阶段泵筒中的井液流动为层流运动，适合用实际井液运动的微分方程式(4-63)求出精确解。

模型假设：① 井液相和煤粉颗粒相均为连续介质；② 泵筒中井液的运动为轴对称，且仅有沿环空轴线方向的速度；③ 井液作定常流动；④ 柱塞的运动采用动边界；⑤ 忽略气体对泵工作的影响。由此，将稳定生产阶段泵筒中井液流动的物理模型简化成井液在等截面垂直圆管中作层流运动，垂直圆管流场取为柱坐标系$(r,\ \theta,\ z)$，如图 4-45 所示，其中的 r_h 为泵筒内半径。

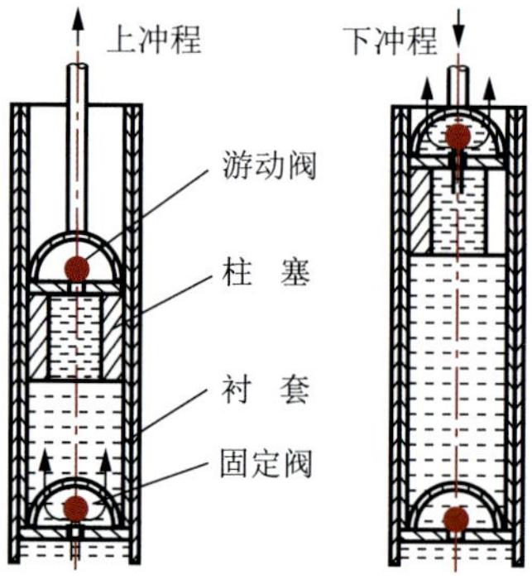

图 4-44 有杆泵的工作原理图

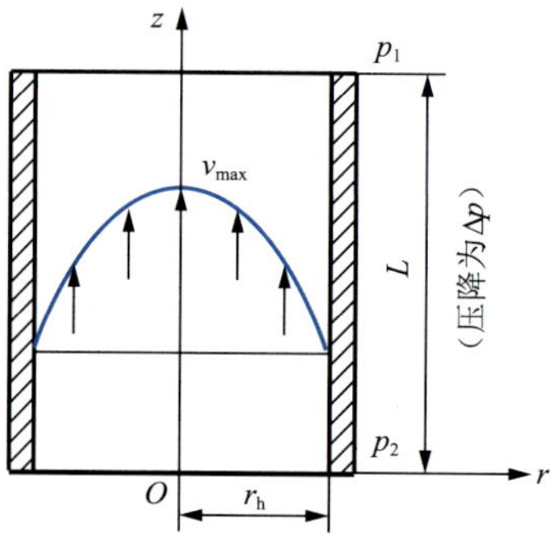

图 4-45 泵筒中井液的流体场

对于不可压缩井液稳定流动，考虑连续性方程后，井液流动的微分方程采用 4.4 节中求得的简化公式：

$$\mu_w\left(\frac{\partial^2 v}{\partial x^2}+\frac{\partial^2 v}{\partial y^2}\right)=\frac{\partial p}{\partial z}=-\frac{p_1-p_2}{L}=-\frac{\Delta p}{L} \tag{4-136}$$

x，y 和 z 方向的质量力 X_m，Y_m，Z_m 及速度 v_x，v_y 和 v_z 分别为：

$$X_m=Y_m=Z_m=0$$

$$v_z=v\ ,\quad v_x=v_y=0$$

$$\frac{\partial v}{\partial z}=0,\quad \frac{\partial^2 v}{\partial z^2}=0,\quad \frac{\partial v}{\partial t}=0$$

式(4-136)中，Δp 为泵筒长度为 L 的上下压强差。泵筒中井液对称流动，坐标轴 x 和 y 皆为半径方向，可换成柱坐标中的变数 r，且仅为 r 的函数，由此井液流速 v 对半径 r 的偏导数可以写成全导数，则式(4-136)变为：

$$2\mu_w\frac{d^2 v}{dr^2}=-\frac{\Delta p}{L} \tag{4-137}$$

上式对半径 r 积分，可以得到：

$$\frac{dv}{dr}=-\frac{\Delta p}{2\mu_w L}+C_1 \tag{4-138}$$

积分常数 C_1 由边界条件 $r=0$，$dv/dr=0$ 确定，即 $C_1=0$。对上式再次积分，得：

$$v=-\frac{1}{\mu_{\mathrm{w}}}\frac{\Delta p}{L}\frac{r^2}{4}+C \tag{4-139}$$

积分常数 C 可由边界条件 $r=r_{\mathrm{h}}, v=0$ 来确定，整理后可得：

$$C=\frac{\Delta p}{4\mu_{\mathrm{w}}L}r_{\mathrm{h}}^2 \tag{4-140}$$

取泵筒半径 r 处厚度为 $\mathrm{d}r$ 的微小圆环面积，通过此截面的流量 $\mathrm{d}Q=2\pi vr\mathrm{d}r$，在整个有效环截面上积分后，可得到泵筒中井液的流量 Q 为：

$$Q=\int_0^{r_{\mathrm{h}}}2\pi vr\mathrm{d}r=\frac{\pi\Delta p}{2\mu_{\mathrm{w}}L}\int_0^{r_{\mathrm{h}}}(r_{\mathrm{h}}^2-r^2)r\mathrm{d}r=\frac{\pi\Delta p}{8\mu_{\mathrm{w}}L}r_{\mathrm{h}}^4 \tag{4-141}$$

由此，可以得到煤层气井泵筒中井液速度分布规律为：

$$v=\frac{2Q}{\pi r_{\mathrm{h}}^4}(r_{\mathrm{h}}^2-r^2) \tag{4-142}$$

【实例 4.5】 利用鄂尔多斯盆地三交区块 SJP01-2 井分析泵筒中井液速度分布规律。排采参数取值：泵径 44 mm，冲程 1.50 m，排采管管径 73.02 mm，杆柱直径 19 mm，井液密度 1 010 kg/m^3，井液黏度 0.88 mPa·s。依据泵筒井液流动模型，可求得不同排液量时泵筒中井液速度的分布情况，如图 4-46 所示。

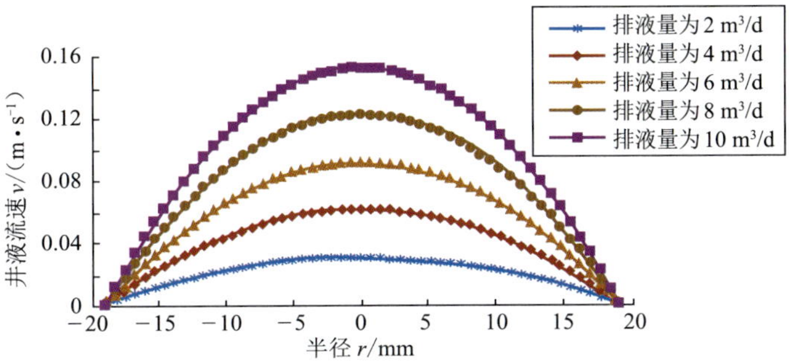

图 4-46　煤层气井泵筒截面上井液速度分布情况

理论分析表明，泵筒内井液流动实质上属于圆管层流运动，泵筒截面上各点井液流速与点所在半径 r 近似为二次抛物线关系，最大流速位于泵筒中心部位。另外，很显然给定泵筒中的井液流速大小随煤层气井排液量的增大而不断提高，近似为正比关系。图中排液量分别为 2 m^3/d，4 m^3/d 和 8 m^3/d 时，其所对应的泵筒截面井液流速最大值依次为 0.030 4 m/s，0.060 8 m/s 和 0.122 m/s。

4.10.2　泵筒中煤粉运移规律

实际泵筒中煤粉的运移受井液速度场和泵筒与柱塞边界条件的影响而趋于复杂，为此有必要研究泵筒中煤粉颗粒的运移规律，给出煤粉的排出条件，从而为井下排采泵的设计提供依据。煤粉颗粒在泵筒井液中的运移速度 $\boldsymbol{v}_{\mathrm{c}}$ 应等于井液实际流速 $\boldsymbol{v}$ 与煤粉实际沉降末速 $\boldsymbol{v}_{\mathrm{f}}$ 的矢量和，即：

$$\boldsymbol{v}_{\mathrm{c}}=\boldsymbol{v}+\boldsymbol{v}_{\mathrm{f}} \tag{4-143}$$

其中，井液实际流速通过求解泵筒井液流动规律的数学模型获得，煤粉颗粒沉降末速通过流动井液中煤粉颗粒沉降速度实验获得。将 4.6 节中依据实验统计得到结果代入式(4-143)，可以推导出泵筒中煤粉在井液中的运移速度为：

$$\boldsymbol{v}_{\mathrm{c}}=\boldsymbol{v}+\boldsymbol{v}_{\mathrm{f}}=\boldsymbol{v}+\boldsymbol{v}'_{\mathrm{fe}}-0.55\boldsymbol{v}' \tag{4-144}$$

式中 v'——泵筒中井液的平均流速，m/s；

v'_{fe}——静止井液中煤粉颗粒的沉降末速，m/s。

在煤层气井各排采参数已经测定的情况下，泵筒中井液运动和煤粉颗粒运移都与有杆泵的实际排液量大小密切相关。下面通过实例来介绍煤粉颗粒在泵筒中的运移情况。

【实例 4.6】 已知三交区块 SJP02-2 井现场参数：冲程 1.50 m，泵径 38 mm，泵效 70%，煤粉体积分数 1.0%，煤粒密度 1 490 kg/m^3。假设泵筒截面上煤粉颗粒均匀分布，依据井液流动和煤粉运移分析，可以求得不同排液量时粒径 40 目煤粉在泵筒截面上运移速度的具体分布情况，如图 4-47 所示。

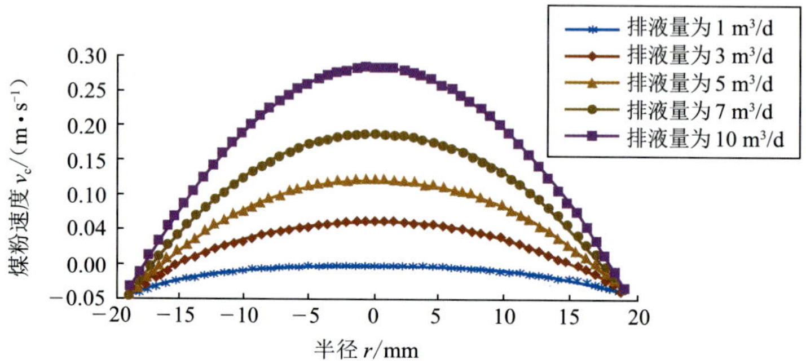

图 4-47 煤层气井泵筒截面上煤粉颗粒运移速度分布情况

可以看出，泵筒中煤粉颗粒伴随井液流动进行运移，且煤粉的运移速度接近于井液流速，二者的运动规律相近。在煤粉体积分数较低的情况下，煤粉运移速度在泵筒截面中心部位出现一个很高的峰值。给定泵径后，煤层气井的排液量低于某一临界值，如本例中为 1 m^3/d 时，煤粉颗粒在泵筒任一截面各点上的运移速度均小于 0，表明此时煤粉颗粒在泵筒中处于完全沉降的状态，井液根本无法携带煤粉颗粒向上运动而排出泵筒；在排液量高于此临界值后，煤粉运移速度在泵筒截面的中间部位为正，该部分煤粉向上运动，可以被井液携带出泵，而泵筒壁附近的煤粉运移速度为负；煤粉颗粒运移速度正负的分界点随排液量的增大而逐渐扩大，使得排出泵筒的煤粉量不断提升。图中排液量分别为 5 m^3/d，7 m^3/d 和 10 m^3/d 时，泵筒截面上煤粉运移速度正负分界点依次为±16.5 mm，±17.3 mm 和±17.8 mm，随排液量增加，被井液携带出泵的煤粉量则由 77.4%增大到 83.8%和 88.7%。这为研究给定粒径煤粉进入泵筒顺利排出所需要排液量大小和泵筒截面尺寸的参数设计提供了重要依据。

4.10.3 泵筒中固液两相流动仿真分析

井液携带煤粉颗粒在泵筒中的流动状态是液相、煤粉颗粒相和泵筒边界三者相互作用的结果。在分析固液两相管流的动理论基础上，建立模拟垂直圆管两相流动的物理模型，采用 Fluent 流体仿真软件中的 Eulerian 模式分析泵筒中井液相和煤粉颗粒相的速度以及体积分数分布情况。

为便于建立仿真模型，假设：泵筒和柱塞为轴对称构造且载荷对称分布；柱塞运动的动边界采用匀速运动代替实际运动规律；忽略气体和温度对泵的影响。由此，将有杆泵排采泵筒中固液两相流动物理模型简化成二维矩形垂直圆管两相流动，如图 4-48 所示，采用边界条件代替泵阀的开启并用动边界代替柱塞的运动。模型中网格划分采用四边形网格，泵筒轴线与 y 轴重合，泵筒中井液沿 y 轴方向流动。

仿真分析区域包括泵入口、泵筒腔室和泵出口，为此模型的边界条件为：泵入口处，两相流初速度和煤粉颗粒相体积分数在轴向均匀分布；筒壁处，采用固定的壁面模型与动边界条件；出口处，仿真前出口压力和速度未知，采用自由出口边界条件。

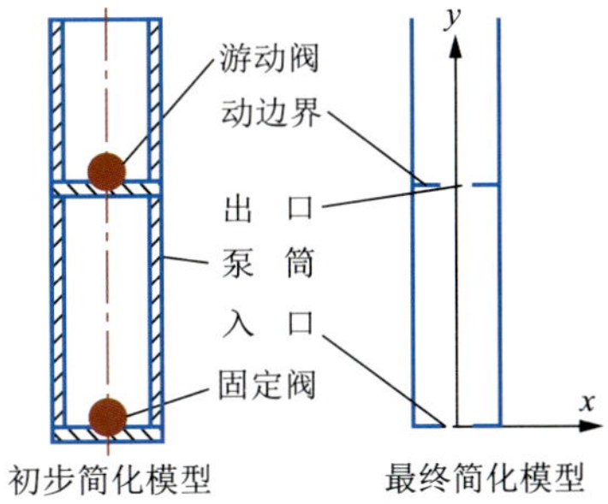

图 4-48　有杆泵排采简化模型

【实例 4.7】 已知三交区块 SJP02-2 井现场参数：泵径 38 mm，井液密度 1 010 kg/m^3，井液黏度 0.88 mPa·s，冲程 1.50 m。依据两相管流模型和 Fluent 软件进行仿真分析，可以得到固液两相流初始速度为 0.40 m/s、煤粒粒径为 120 目和煤粉体积分数为 5.0%情况下，有杆泵在上冲程过程中泵筒内煤粉体积分数(图 4-49)和井液携煤粉的运移速度云图(图 4-50)。

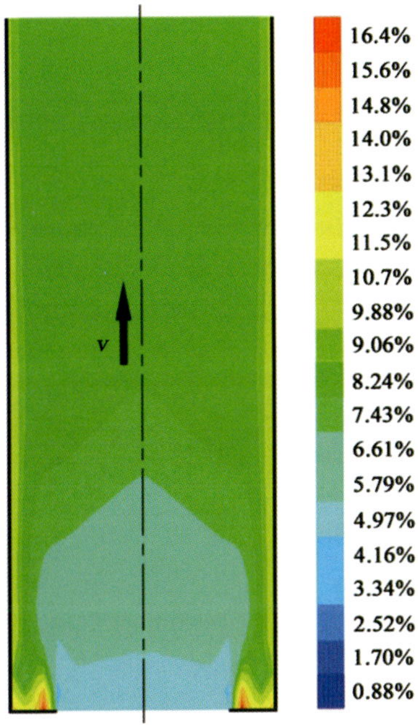

图 4-49　泵筒截面的煤粉体积分数分布情况

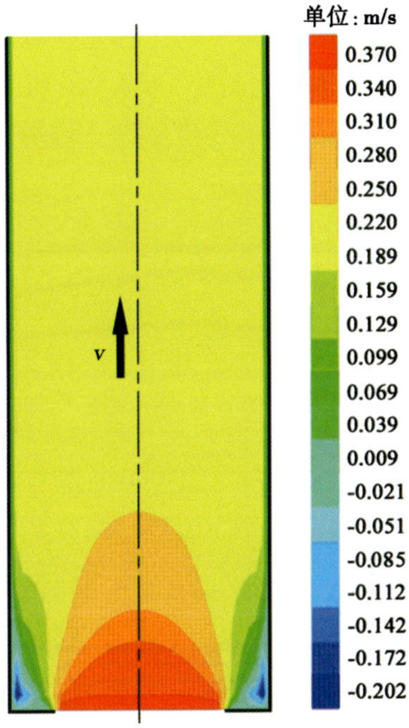

图 4-50　泵筒中煤粉颗粒轴向运移速度云图

图 4-49 中，上冲程时，有杆泵入口附近的煤粉体积分数较大，这说明较大颗粒的煤粉随井液进入泵筒后，在井液没有足够初速度的情况下煤粉在泵筒中会发生沉积。另外，泵筒各部的煤粉体积分数分布极不均匀，在泵固定阀阀孔的两侧煤粉体积分数最大，沉积的煤粉最多，因此在有杆泵正常抽汲过程中发生沉积的煤粉绝大部分是沿近泵筒壁的近流速区沉降到泵入口处周围；泵筒上部的煤粉体积分数较小，且其分布相对泵入口处比较均匀。图 4-50 中，有杆泵入口附近煤粉颗粒运移速度分布不均匀，发生明显的湍流现象。固定阀阀孔两侧的煤粉颗粒轴向速度为负值，说明煤粉在此处发生沉积，这种情况与阀孔两侧的涡流现象有关。另外，泵筒上部煤粉颗粒的运移速度相对较小，可认为泵筒中固液两相流动为层流运动。

综上所述，固液两相流在泵入口附近发生湍流现象，煤粉粒径较大时颗粒在固定阀阀孔两侧不断沉积，最终有可能造成固定阀堵塞，影响泵的正常工作，因此有必要研究不同工况下泵筒中煤粉的运移规律，分析其对有杆泵抽汲的影响。

图 4-51 所示为不同两相流进泵速度时，泵筒各截面上 120 目粒径煤粉的体积分数和轴向运移速度曲线。可以看出，固液两相流速度对煤粉颗粒沉积的影响也较大。随着两相流进泵初始速度的减小，泵入口附近开始出现煤粉沉积的现象。当进泵速度减小到一定程度时，粒径为 120 目的煤粉完全沉积，不能随井液排出，因此有必要保证两相流的进泵速度。图 4-51(a)中两相流进泵速度为 0.15 m/s 时，泵筒中的煤粉体积分数最高达到 5.05%就开始有少量的煤粉发生沉积，在距离泵入口 10 mm，30 mm 和 50 mm 处泵筒截面上的平均煤粉体积分数依次为 5.01%，4.83%和 4.60%，分别比阀孔处的数值增大了 0.2%，减小了 3.4%和 8.0%。图 4-51(b)中当进泵速度调整为 0.30 m/s 后，平均煤粉体积分数依次为 4.76%，4.22%和 3.49%，与阀孔处相比分别减少了 4.8%，15.6%和 30.2%。另外，随着两相流进泵速度的不断提升，煤粉颗粒群体运移速度损失逐渐加大。图 4-51(c)中当进泵速度为 0.15 m/s 时，在距离泵入口 50 mm，100 mm 和 150 mm 处 3 个泵筒截面上的煤粒平均运移速度分别为 0.118 m/s，0.108 m/s 和 0.098 m/s，与进泵速度相比分别损失了 21.3%，28.0%和 34.6%；图 4-51(d)中速度为 0.30 m/s 时各截面上的平均运移速度为 0.193 m/s，0.186 m/s 和 0.179 m/s，分别损失了 35.6%，38.0%和 40.3%。

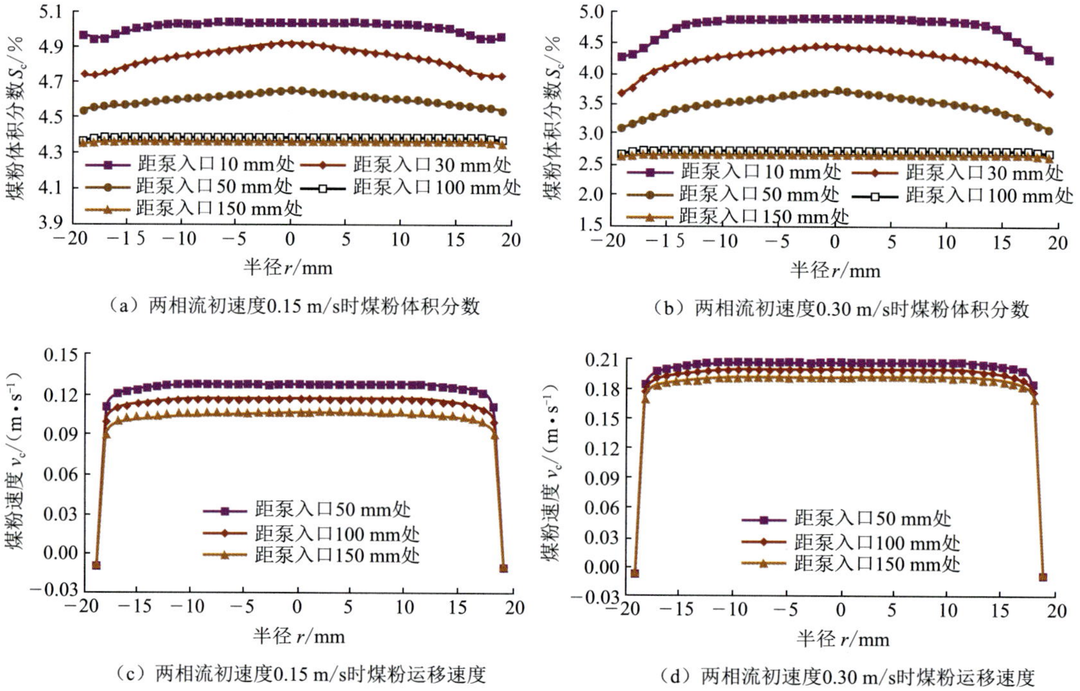

(a) 两相流初速度0.15 m/s时煤粉体积分数

(b) 两相流初速度0.30 m/s时煤粉体积分数

(c) 两相流初速度0.15 m/s时煤粉运移速度

(d) 两相流初速度0.30 m/s时煤粉运移速度

图 4-51 不同两相流初速度时的煤粉体积分数和运移速度分布情况

图 4-52 所示为固液两相流初始速度为 0.20 m/s 时，泵筒各截面上不同粒径煤粉体积分数和煤粉轴向运移速度规律曲线。可以看出，煤粉粒径的大小对颗粒沉积的影响较大，在井液进泵速度稳定的情况下，随着煤粉粒径的增大，泵入口附近的煤粉逐渐发生沉积，大颗粒煤粉不能有效地随井液排出，因此需要在泵下端采用防煤粉筛管等必要措施以防止大颗粒煤粉进泵。

图 4-52(a)中当煤粉粒径为 120 目时，在距离泵入口 100 mm，150 mm 和 300 mm 处

泵筒截面上的平均煤粉体积分数依次为 3.30%，3.24% 和 3.21%，比阀孔处分别减小了 34.0%，35.2% 和 35.8%，没有煤粉发生沉积。图 4-52(b)中当煤粉粒径增大为 30 目后，平均煤粉体积分数依次为 5.50%，5.01% 和 4.89%，分别为阀孔处的 1.1，1.01 和 0.98 倍，出现煤粉沉积的现象。另外，煤粉颗粒的筒壁面滑移速度为负，随着煤粉粒径的增大，固液两相流中煤粉颗粒运移速度损失加大。图 4-52(c)中当煤粉粒径为 120 目时，在距离泵入口 50 mm，100 mm 和 150 mm 处泵筒截面上的煤粒平均运移速度分别为 0.143 m/s，0.135 m/s 和 0.127 m/s；图 4-52(d)中当粒径为 30 目时，各截面上的平均速度分别为 0.105 m/s，0.097 m/s 和 0.090 m/s。

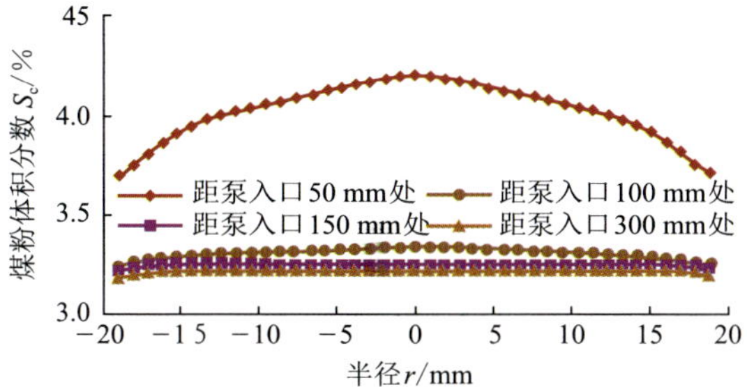

(a) 粒径120目煤粉体积分数

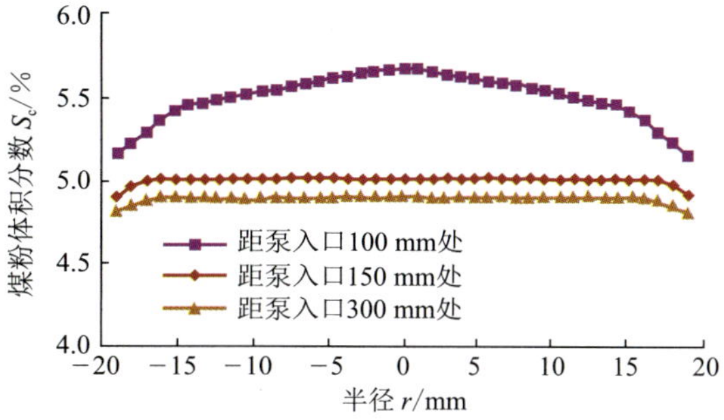

(b) 粒径30目煤粉体积分数

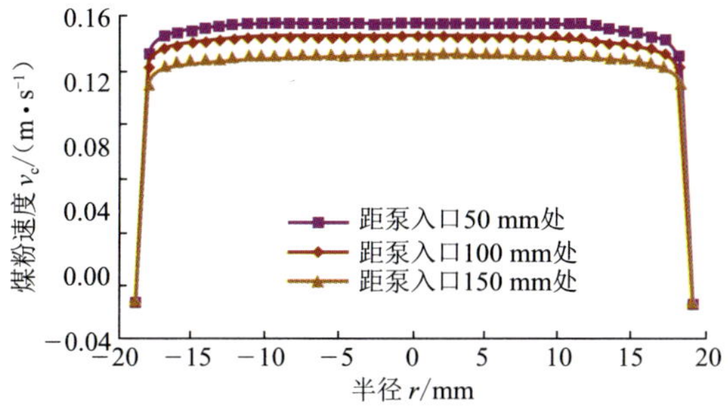

(c) 粒径120目煤粉运移速度

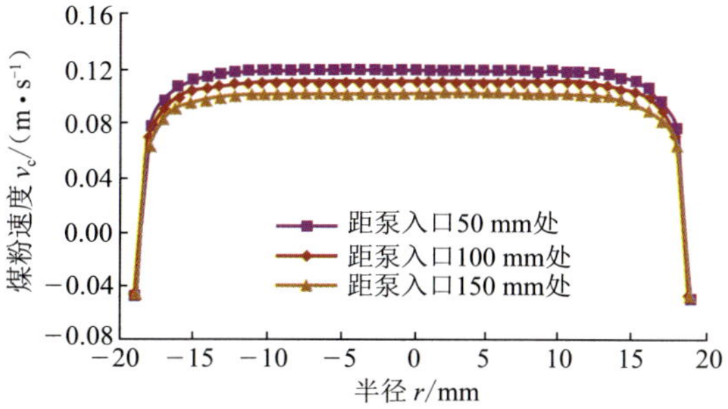

(d) 粒径30目煤粉运移速度

图 4-52　不同粒径煤粉体积分数和运移速度分布情况

第5章

煤层气井排采技术评价与井下设备设计

不同排采设备的特点和适应性有所不同，采取不同的排采方案对后期地面设备设计、生产管理、排采效果等有着重要的影响。根据排采设备的特点和适应性，结合现场具体条件，建立一套动态评价机制，以此来指导现场科学有效、方便快捷地实现排采技术选型至关重要。

本章在研究煤层气井动态参数的基础上，对其地面环境、井下状况、开发条件、维修管理等因素进行分析；建立煤层气排采技术多层次模糊评价体系，应用AHP方法计算指标体系的权重向量，量化各项指标在工程总体上的地位和作用；结合不同排采方案的经济投入、可靠性、设计难易、维护简便性等因素，对不同排采设备进行综合对比分析和技术经济指标论证，最后确定采用何种排采设备，完成最佳排采设备的优选。

5.1 排采设备的特点及适应性

5.1.1 排采设备特点

目前用于煤层气排采的设备主要有三抽排采设备、螺杆泵、电潜泵三种。这三种设备各有其特点和适应性。

三抽排采设备适应性强、操作简单、性能可靠、几乎不需保养，其工作深度和排量都能适应煤层气开发的要求。煤层气专用抽水机的载荷主要有摩擦负荷较小、上下冲程载荷差变化较小、振动负荷影响较小、气体载荷影响小及井况较差等特点，可适用于垂直井及煤粉含量较少、采液量较低且变化平缓的煤层气井。

螺杆泵排水采气具有地面设备结构简单、操作方便、占地面积小、自动化程度相对较高、运行稳定、不易气锁、投资较小和排量小等特点。它在防砂、排粉、平稳降液及产气控制井底压力方面更具优越性，因此在煤层气开发的某些特殊场合有一定的应用。此外，丛式井、水平井、大斜度井也往往采用螺杆泵进行排采。影响煤层气螺杆泵排采寿命的主要问题有：

(1) 煤层气井的井眼轨迹不好，会加速螺杆泵驱动抽油杆的磨损，缩短螺杆泵寿命。

(2) 煤层气采出液与油田采出液的物性不同，按照油田采出液特点而配置的橡胶定子已不能满足煤层气排采的需要，因此缩短了螺杆泵的使用寿命。

(3) 转子的型线结构不能满足煤层气排采的需要。

(4) 控制系统的调速范围小，排采量变化范围小，不能满足煤层气井精确排采的需要。

(5) 煤粉等固性颗粒穿过定子、转子之间的空间，造成转子磨损严重。

(6) 必须保持足够的动液面，即不能抽空。

电潜泵是油田上应用成熟的采油设备，但是在煤层气排采中，由于工作环境和使用要求与油田不一样，导致从油田移植过来的电潜泵出现一些技术问题，如：煤层气排液量较小，使泵对气体的适应性变差，容易产生气蚀或气锁；地层液中煤粉含量较多时泵容易烧坏等。相比三抽排采设备和螺杆泵排采系统，电潜泵排采系统有其自身特点：

(1) 排量较大，适合大排量排采的情况。

(2) 管理方便，可以通过远程控制调节生产参数，保持稳定的动液面，容易实现远程控制。

(3) 能实现连续抽汲，对煤储层的激励较小，可以有效减少煤粉的产出，延长检泵周期。

(4) 电机直接驱动离心泵而不用传递动力用的杆柱，对煤层气排采的水平井和斜井有很好的适应性。

(5) 电潜泵系统的缺点是：

① 必须保证足够的排水量将电机的热量带出，如果抽空则会严重影响电机的正常运转。

② 由于扬程与频率的平方成正比，故不能通过变频进行大幅度的排量调整，排量适应性差。如果通过调压进行转速的调整，则效率较低。

③ 电潜泵设备的防气锁能力较差，当液体中的游离气含量较高时，容易产生故障而影响生产。

④ 相比三抽排采系统和螺杆泵系统，电潜泵系统的投资成本相对较高。

5.1.2　排采设备适应性

煤层气专用排采设备的设计与选型不能只是对采油采气举升方式进行简单的“移植”，而应该根据煤层气井的地质特点与实际生产情况做大量适应性改进、创新和配套完善工作。

通过查阅文献与现场统计资料，对煤层气各排采设备的工作原理和主要技术特点进行对比总结，见表 5-1。

表 5-1　常用煤层气排采设备的适应性对比

指标 \ 设备	排采设备	三抽排采系统	螺杆泵	电潜泵
生产参数	最大排量 $H:Q$ /[m : (m^3 · d^{-1})]	1 500 : 160	1 500 : 100	1 200 : 640
	最小排量/(m^3 · d^{-1})	1～20	5～15	<20
	井深/m	<2 000	<1 500	<1 200

续表

指标 \ 设备	排采设备	三抽排泵系统	螺杆泵	电潜泵
地层参数	温度/℃	≤300	≤120	≤200
	地层压力/MPa	不　限	<10	不　限
	最小流压/MPa	<1.0	<0.1	< 1.4
开发条件	固性颗粒体积比/%	<3	<5	<2
	气水体积比/%	<2	<10	<5
	腐蚀限制	适　宜	适　宜	适　宜
地面环境	地面环境	装置较大且较重适宜	装置小适宜	装置小、高压电源较好
井下状况	小井眼	磨损严重	适　宜	不适宜
	分层措施	一　般	不适宜	不适宜
	井斜限制	<5°	斜井、弯曲井不适用	<60°
	总效率(水功率/输入功率)	25%～45%	30%～50%	<40%
维修管理	检　泵	较简单	较麻烦	麻　烦
	免修期	平均2年	平均1年	平均1.5年
	生产管理	较方便	方　便	方　便
	自动控制	适　宜	一　般	适　宜
	生产测试	较　好	较　好	较　好
	灵活性	适　宜	一　般	适　宜
其他条件	可靠性	生产时效95%	对温度、杆柱故障敏感	对温度、电故障敏感
	设计维护难易	简　便	较　易	复　杂
	系统灵活性	灵　活	不灵活	较灵活
	投资成本	较　低	一　般	较　高
	适应性	适用范围广	适用范围广	地层压力低，产液量大

5.2 基于AHP-FCE的煤层气排采技术评价

5.2.1 多层次模糊评价技术

多层次模糊综合评价(AHP-FCE)结合了层次分析评价和模糊评价的优点，是一种定性、量化相结合的混合评价方法。多层次模糊综合评价的分析步骤可以根据研究对象的不同而有所变化，总的来讲可以分为以下几步：

(1) 建立指标体系和层次分析结构。所谓指标，就是根据研究对象和目的，能够确定地反映研究对象某一方面情况的特征依据。每个评价指标都从不同侧面刻画了对象所具有的某种特征。指标体系是指由一系列相互关联的指标所构成的有机整体。它能够根据研究对象和目的，综合反映出对象各个方面的情况。指标体系不仅受评价客体与评价目标的制约，也受评价主体价值观念的影响。因此，选取指标体系要遵循简单性、独立性、代表性和可行性等原则，并对指标进行无量纲化处理，通过经验方法和数学方法建立指标体系。

层次分析结构就是把研究对象、指标体系、备选方案按照一定的规律融合在一起，构成一个立体的层次分析体系。一般情况下采用三层分析结构，即最高层、中间层、方案层。最高层也称目标层，即问题的预定目标或理想结果。中间层也称准则层，包括为实现目标所涉及的中间环节，也可以由若干层次组成，包括所考虑的准则、子准则。最底层也称方案层，是指实现目标的各种措施、方案等。图 5-1 是递阶层次分析结构示意图。

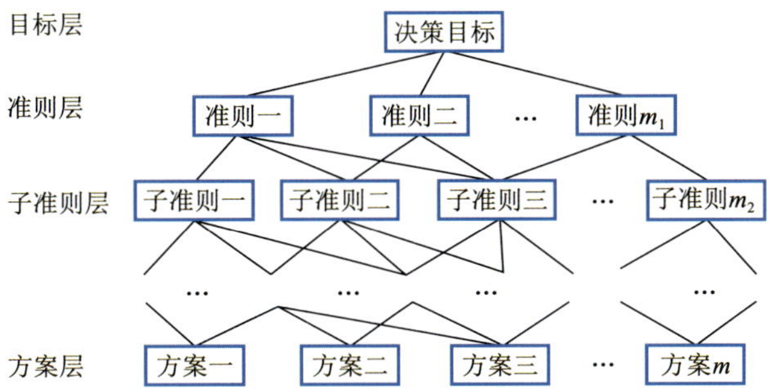

图 5-1　递阶层次分析结构示意图

(2) 确定各层次指标的权重。为了体现各个评价指标在评价体系中的作用地位以及重要程度，在指标确定后必须对指标赋予不同的权重系数。权重是以某种数量形式对比、衡量被评价事物总体的各指标相对重要程度的量值，是各指标相对重要程度的一种客观度量的反映。确定权重的方法有经验加权和数学加权。经验加权使用简单，能比较客观地反映各指标的重要程度。为了提高科学性，一般采用数学加权。AHP 是美国运筹学家 T. L. Saaty 教授于 20 世纪 70 年代初期提出的一种简便、灵活而又实用的方法。运用 AHP 法确定指标权重，首先将指标进行两两比较，得出相对重要性（判断标度如表 5-2 所示），构成权重评判矩阵；再进行一致性检验，看是否满足一致性条件；满足一致性条件后，对矩阵进行列归一化处理，然后将行向量相加得到权重向量，归一化处理后即可得到指标的权重值。

表 5-2　判断矩阵标度及其含义

判断尺度	定　义
1	I 和 J 同样重要
3	I 比 J 稍微重要
5	I 比 J 重要
7	I 比 J 明显重要
9	I 比 J 绝对重要
2,4,6,8	介于以上两个相邻判断尺度之间
倒　数	I 和 J 的重要性比为 λ，则 J 和 I 的重要性比为 $1/\lambda$

(3) 对方案层进行模糊评价。首先确定被评判对象的因素（指标）集和评价（等级）集；再分别确定各个因素的权重及它们的隶属度向量，获得模糊评价矩阵。一般情况下，评价集可分为 3～5 个等级。本书将评价集分为 5 个等级，对应的等级及所属的含义如表 5-3 所示。

表 5-3 评价等级及其含义

评价等级	1	3	5	7	9	2,4,6,8
含　义	不适合/不满意	较适合/较满意	适合/满意	很适合/很满意	非常适合/非常满意	介于之前两个相邻评价尺度之间

(4) 计算准则层及目标层的评价矩阵,必要时做一些技术处理。假设目标层为 $\boldsymbol{A}$,准则层为 $\boldsymbol{B}(b_1,b_2,b_3,\cdots,b_m)$,方案层为 $\boldsymbol{C}(c_1,c_2,c_3,\cdots,c_n)$,则由此可以构成模糊评价矩阵 $\boldsymbol{R}(m,n)$。在进行模糊评价时,要把定性的指标定量化,实际处理过程中需要用到很多方法,这将在后文详细阐述。

(5) 根据计算结果对各个方案进行分析评价,最终选定方案。假设准则层对目标层的指标权重向量为 $\boldsymbol{W}(m)$,则有目标的评价向量 $\boldsymbol{A}=\boldsymbol{WR}$。对 $\boldsymbol{A}$ 进行分析,根据 $\boldsymbol{A}$ 中的向量元素大小选择最优方案,并作出相应的评价。

5.2.2 排采设备评价的多层次分析模型

根据实验数据和现场实践经验,结合各排采设备的特点与实际操作的可行性,剔除次要因素,对影响排采设备最优方案的因素进行分类整理,得到一级评价指标 $B=\{$动态主控因素(B_1),静态决定因素$(B_2)\}$以及二级评价指标 $B_1=\{$生产参数(B_{11}),开发条件(B_{12}),井下状况(B_{13}),地层参数$(B_{14})\}$和 $B_2=\{$维修管理(B_{21}),其他条件$(B_{22})\}$,然后可将二级评价指标的各项细化到三级指标。指标体系的层次模型如图 5-2 所示[36]。

5.2.3 指标体系权重的确定

指标体系权重的确定是评价过程的重要步骤之一,更是后续评价与计算的基础与前提。通过确定指标的权重来控制评价的主控因素和次要因素。确定权重的方法有经验加权和数学加权。AHP 是一种简便、灵活而又实用的方法,该方法能够很好地处理多准则决策问题,把一个复杂问题按各因素隶属关系由高到低表示为有序的递阶层次结构。

1. 建立判断矩阵

构造评判矩阵时,首先采用 1～9 标度法对同一层次的各因素进行两两对比,得到评判矩阵,相应的标度如表 5-2 所示。然后以各位专家判断矩阵计算结果(各风险因素的权重)的平均值作为排采技术综合评判的基础[210]。

这样,可以邀请专家按表 5-2 所列各项的意义,对各层次指标准则的重要性作两两对比的判断矩阵 $\boldsymbol{C}=(c_{ij})_{n\times n}$,其中 c_{ij} 表示 B_i 比 B_j 准则的重要性程度。以第一位专家为例,得到评判矩阵:

$$\boldsymbol{C}_0=\begin{bmatrix}1 & 2\\ 1/2 & 1\end{bmatrix},\quad \boldsymbol{C}_1=\begin{bmatrix}1 & 3 & 3 & 5\\ 1/3 & 1 & 1 & 2\\ 1/3 & 1 & 1 & 2\\ 1/5 & 1/2 & 1/2 & 1\end{bmatrix},\quad \boldsymbol{C}_2=\begin{bmatrix}1 & 1\\ 1 & 1\end{bmatrix},$$

$$\boldsymbol{C}_{11}=\begin{bmatrix}1 & 1 & 3\\ 1 & 1 & 3\\ 1/3 & 1/3 & 1\end{bmatrix},\quad \boldsymbol{C}_{12}=\begin{bmatrix}1 & 1 & 5\\ 1 & 1 & 5\\ 1/5 & 1/5 & 1\end{bmatrix},\quad \boldsymbol{C}_{13}=\begin{bmatrix}1 & 2 & 3 & 6\\ 1/2 & 1 & 2 & 3\\ 1/3 & 1/2 & 1 & 2\\ 1/6 & 1/3 & 1/2 & 1\end{bmatrix},$$

$$C_{14}=\begin{bmatrix}1 & 2 & 3\\ 1/2 & 1 & 2\\ 1/3 & 1/2 & 1\end{bmatrix},\quad C_{21}=\begin{bmatrix}1 & 1 & 3 & 4\\ 1 & 1 & 3 & 4\\ 1/3 & 1/3 & 1 & 2\\ 1/4 & 1/4 & 1/2 & 1\end{bmatrix},\quad C_{22}=\begin{bmatrix}1 & 3 & 3 & 5\\ 1/3 & 1 & 1 & 2\\ 1/3 & 1 & 1 & 2\\ 1/5 & 1/2 & 1/2 & 1\end{bmatrix}$$

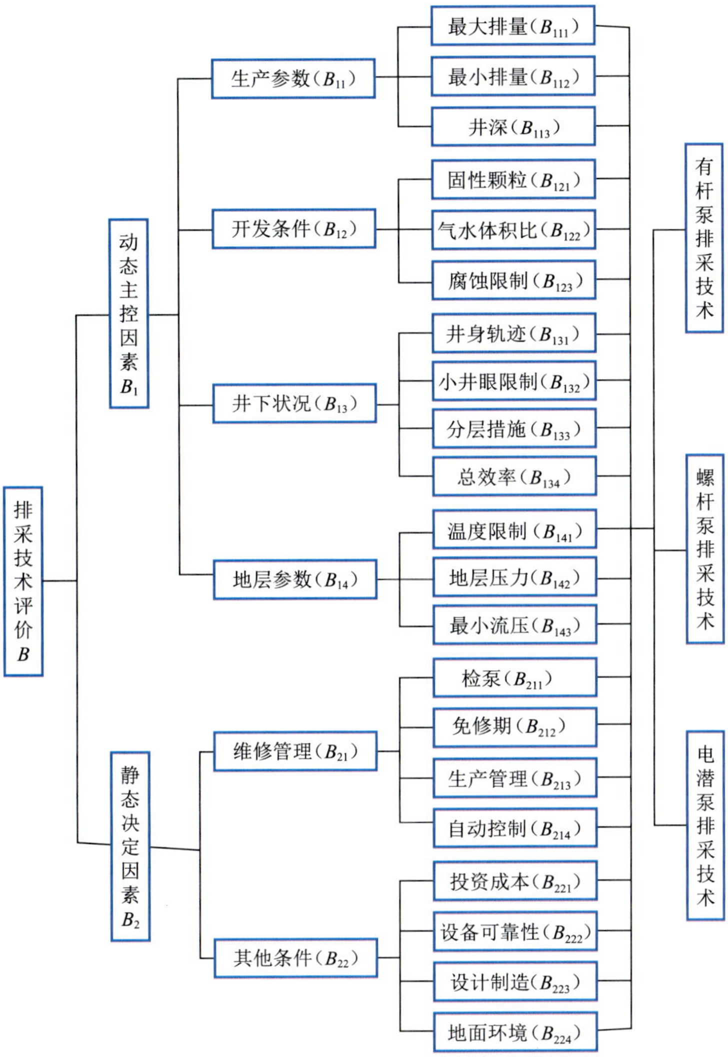

图5-2　排采设备评价指标多层次结构图

2. 权重计算与一致性检验

在由上述建立的判断矩阵 $C=(c_{ij})_{n\times n}$ 的基础上计算被比较指标各自所占的相对权重，可以求出最大特征值 λ_{max} 及对应的特征向量 $W=(\omega_1,\omega_2,\cdots,\omega_n)$。当 $n<4$ 时，可以通过笔算直接求得；对于 $n>5$ 的矩阵，通过笔算求解特征值与特征向量比较麻烦，可以利用 Matlab 软件进行求解。然后，可以根据求出的最大特征值求解各组评价矩阵的一致性检验指标 CI，计算方法如下式所示[38,39]：

$$CI=\frac{-1}{n-1}\sum_{i=2}^{n}\lambda_i=\frac{\lambda_{max}-n}{n-1} \tag{5-1}$$

式中　λ_i——特征值。

在求得一致性指标的基础上,可按照下式求出一致性比率 CR:

$$CR=\frac{CI}{RI} \tag{5-2}$$

其中,随机一致性指标 RI 可从表 5-4 中查用。

表 5-4 随机一致性指标表

矩阵阶数 n	1	2	3	4	5	6	7	8	9	10	11
RI	0	0	0.52	0.89	1.12	1.24	1.32	1.41	1.45	1.49	1.51

当一致性比率 $CR<0.1$ 时,认为判断矩阵具有满意的一致性,说明各评价指标的重要性判断是可靠的,否则就需要重新计算判断矩阵,直到其具有满意的一致性。求得的对应特征向量即为各项准则的权重系数。

用 Matlab 软件计算出 $\boldsymbol{C}_i$ 对应的 $\lambda_{i\max}$,CI_i,CR_i,ω_i,如表 5-5 所示。

表 5-5 $\boldsymbol{C}_i$ 对应的权重

$\boldsymbol{C}_i$	$\lambda_{i\max}$	CI_i	CR_i	ω_i
$\boldsymbol{C}_0$	2	0	0	(0.666 7,0.333 3)
$\boldsymbol{C}_1$	4.004 2	0.001 4	0.001 6	(0.531 7,0.185 6,0.185 6,0.097 2)
$\boldsymbol{C}_2$	2	0	0	(0.5,0.5)
$\boldsymbol{C}_{11}$	3	0	0	(0.428 6,0.428 6,0.142 9)
$\boldsymbol{C}_{12}$	3	0	0	(0.454 5,0.454 5,0.090 9)
$\boldsymbol{C}_{13}$	4.010 4	0.003 5	0.003 9	(0.495 8,0.267 1,0.154 4,0.082 6)
$\boldsymbol{C}_{14}$	3.009 2	0.004 6	0.008 8	(0.539 0,0.297 3,0.163 8)
$\boldsymbol{C}_{21}$	4.020 6	0.006 9	0.007 7	(0.384 5,0.384 5,0.143 3,0.087 8)
$\boldsymbol{C}_{22}$	4.004 2	0.001 4	0.001 4	(0.531 7,0.185 6,0.185 6,0.097 2)

同理,根据专家 2～10 的判断矩阵,可分别计算出符合一致性检验的权重向量 ω_2～ω_{10}。将结果平均,得到最终值如下:

$\omega_0=(0.654\ 5,0.345\ 5)$;

$\omega_1=(0.542,0.181,0.181,0.096)$;

$\omega_2=(0.5,0.5)$;

$\omega_{11}=(0.428\ 6,0.428\ 6,0.142\ 9)$;

$\omega_{12}=(0.445,0.445,0.11)$;

$\omega_{13}=(0.501\ 5,0.221\ 8,0.185\ 0,0.091\ 7)$;

$\omega_{14}=(0.553\ 6,0.262\ 8,0.183\ 6)$;

$\omega_{21}=(0.375\ 0,0.375\ 0,0.129\ 3,0.120\ 7)$;

$\omega_{22}=(0.521\ 8,0.184\ 4,0.184\ 4,0.109\ 4)$。

通过以上权重的计算结果可以得出主导指标为:最大排量、最小排量、固性颗粒、气水体积比、井身轨迹、检泵、免修期、投资成本,共 8 个;辅助指标为:井深、腐蚀限制、小井眼限制、分层措施、温度限制、地层压力、最小流压,共 7 个;参考指标为:总效率、生产管理、自动控制、设备可靠性、设计制造、地面环境,共 6 个。在实际工程中往往会有特殊情况出现,这时候就需要对上述指标权重进行调整以改变其在整个指标体系中的控制地位。

5.3 模糊关系矩阵的建立与方案评价

各影响因素隶属关系矩阵是建立在单因素评价的基础上的。从单独一个因素出发，对对象进行评价，可以得出单因素评价集。隶属函数建立的恰当与否直接影响评价结果的正确性。确定隶属函数的方法有专家评分法、模糊统计法等。

对于动态主控指标的评价，由于其评判矩阵随着井口的条件不同而不同，为了便于软件自动化的实现，通过现场调研和专家打分，建立动态主控指标的评价函数。对于静态评价指标，由于其评判矩阵基本上不随井口条件而改变，故采用专家打分法建立评价函数。

5.3.1 动态主控指标的评价函数

1. 最大排量的评价函数

令 3 种设备的产水量函数为 $f_1(x)$，$f_2(x)$，$f_3(x)$，根据实验室和现场的实践经验，结合各排采设备的排量适应性，通过数据拟合的方法构造出最大产水能力的评价函数为：

$$f_1(x)=\begin{cases}0.45x & 0<x\leqslant 20\\ 9 & 20<x\leqslant 40\\ -0.2x+17 & 40<x\leqslant 60\\ 5 & 60<x\leqslant 160\\ 0 & x>160\end{cases} \tag{5-3}$$

$$f_2(x)=\begin{cases}0 & 0<x\leqslant 6\\ 0.3x-1.8 & 6<x\leqslant 36\\ 9 & 36<x\leqslant 60\\ -0.1x+15 & 60<x\leqslant 100\\ 5 & 100<x\leqslant 160\\ 0 & x>160\end{cases} \tag{5-4}$$

$$f_3(x)=\begin{cases}0 & 0<x\leqslant 32\\ 0.125x-4 & 32<x\leqslant 104\\ 9 & 104<x\leqslant 600\\ 0 & x>600\end{cases} \tag{5-5}$$

2. 最小排量的评价函数

运用同样的方法构造出最小产水能力的评价函数为：

$$f_1(x)=\begin{cases}1.5x & 0<x\leqslant 6\\ 9 & 6<x\leqslant 100\\ 0 & x>160\end{cases} \tag{5-6}$$

$$f_2(x)=\begin{cases}0 & 0<x\leqslant 6\\ 1.5x-9 & 6<x\leqslant 12\\ 9 & 12<x\leqslant 100\\ 0 & x>100\end{cases} \tag{5-7}$$

$$f_3(x)=\begin{cases}0 & 0<x\leqslant 25\\ x-25 & 25<x\leqslant 34\\ 9 & 34<x\leqslant 500\\ 0 & x>500\end{cases} \tag{5-8}$$

3. 井深的评价函数

在设立井深的评价函数时，要注意并没有明确的界限，可将前后界限设置 50 m 左右的缓冲区域来客观反映设备对井深的适应性。所以，得出井深适应性的评价函数为：

$$f_1(x)=\begin{cases}0.2x & 0<x\leqslant 45\\ 9 & 45<x\leqslant 2\,650\\ -0.2x+540 & 2\,650<x\leqslant 2\,700\\ 0 & x>2\,700\end{cases} \tag{5-9}$$

$$f_2(x)=\begin{cases}0.2x & 0<x\leqslant 45\\ 9 & 45<x\leqslant 1\,450\\ -0.2x+300 & 1\,450<x\leqslant 1\,500\\ 0 & x>1\,500\end{cases} \tag{5-10}$$

$$f_3(x)=\begin{cases}0.2x & 0<x\leqslant 45\\ 9 & 45<x\leqslant 2\,900\\ -0.2x+590 & 2\,900<x\leqslant 2\,950\\ 0 & x>2\,950\end{cases} \tag{5-11}$$

4. 固性颗粒的评价函数

固性颗粒的含量对排采设备有很大影响，当煤粉等固性颗粒含量超出一定的范围时，不仅会影响排采设备的工作性能，而且会使排采设备受到损害。不同的排采设备对煤粉颗粒含量的适应能力和要求也不一样，基于此构造出固性颗粒含量评价函数。以各排采设备的适应上限评价为较适合(3)，以 0 评价为非常适合(9)，不限评价为适合(6)，这样得出各评价函数为：

$$f_1(x)=\begin{cases}-60x+9 & 0\leqslant x\leqslant 0.15\\ 0 & x>0.15\end{cases} \tag{5-12}$$

$$f_2(x)=\begin{cases}-0.8x+9 & 0\leqslant x\leqslant 11.25\\ 0 & x>11.25\end{cases} \tag{5-13}$$

$$f_3(x)=\begin{cases}-400x+9 & 0\leqslant x\leqslant 0.022\,5\\ 0 & x>0.022\,5\end{cases} \tag{5-14}$$

5. 气水体积比的评价函数

不同的排采泵对气体含量都有一个上限。气体含量对泵来说是一个不利因素，它不仅降低泵的效率，而且会产生气蚀等，影响泵的工作性能。同理，构造出气水体积比的评价函数。以各排采设备的适应上限评价为较适合(3)，以 0 评价为非常适合(9)，不限评价为适合(6)，这样得出各评价函数为：

$$f_1(x)=\begin{cases}-16x+9 & 0\leqslant x\leqslant 0.562\,5\\ 0 & x>0.562\,5\end{cases} \tag{5-15}$$

$$f_2(x)=\begin{cases}-1.6x+9 & 0\leqslant x\leqslant 5.625\\ 0 & x>5.625\end{cases} \tag{5-16}$$

$$f_3(x)=\begin{cases}-160x+9 & 0\leqslant x\leqslant 0.056\,25\\ 0 & x>0.056\,25\end{cases} \tag{5-17}$$

6. 腐蚀限制的评价函数

腐蚀限制的评价很难界定，因此把腐蚀限制当成拟动态指标来处理。将腐蚀限制的评判按照腐蚀的程度分为严重腐蚀、轻度腐蚀、基本没有腐蚀3个级别，对应的评价函数为(3,3,3)，(5,5,5)，(7,7,7)。

7. 井身轨迹/狗腿度的评价函数

为了研究方便，将狗腿度按照程度分为无狗腿、一般狗腿、严重狗腿3种情况。将井身轨迹按照好坏程度分为以下6个等级：1°以下，1°～5°，5°～10°，10°～25°，25°～50°，50°～60°。这样评价函数为18种：(8,6,9)，(7,5,9)，(6,4,8)，(5,3,8)，(3,2,5)，(2,1,3)，(7,5,9)，(6,4,9)，(4,3,8)，(3,2,8)，(2,1,5)，(1,1,3)，(5,3,9)，(4,2,9)，(3,1,8)，(1,1,8)，(1,1,5)，(1,1,3)。

8. 小井眼限制的评价函数

参照腐蚀限制的评价方法，把小井眼限制当成拟动态指标来处理。在实际中有小井眼和非小井眼两种情况：如果是非小井眼，则评价函数为(7,7,7)；如果为小井眼，则评价函数为(3,5,2)。

9. 分层措施的评价函数

参照腐蚀限制的评价方法，把分层措施的限制当成拟动态指标来处理。在实际中有分层和不分层两种情况：如果不分层，则评价函数为(7,7,7)；如果分层，则评价函数为(5,2,5)。

10. 总效率的评价函数

以设计或者要求达到的效率作为参照，根据现现场条件和排采设备的调节范围分为5个等级：50%～70%，40%～50%，30%～40%，15%～30%，15%以下；对应的评价函数为(3,5,1)，(5,7,3)，(7,8,5)，(9,9,7)，(9,9,8)。

11. 温度限制的评价函数

对于温度的适应性，由于并没有明确的界限，给出的上限也只是一个参考值。在此，以设备的适应性上限为准，评价为较适合(3)，将其之前的20 ℃范围作为缓冲区域，其适应性由非常适合(9)向较适合(3)过渡。从0 ℃到20 ℃为过渡缓冲区，由适合(5)向非常适合(9)过渡，室温(20 ℃)到过渡区之前都评判为非常适合(9)，由此建立各设备的评价函数为：

$$f_1(x)=\begin{cases}0.2x+5 & 0\leqslant x\leqslant 20\\ 9 & 20<x\leqslant 100\\ -0.2(x-80)+9 & 100<x\leqslant 130\\ 0 & x>130\end{cases} \tag{5-18}$$

$$f_2(x)=\begin{cases}0.2x+5 & 0\leqslant x\leqslant 20\\ 9 & 20<x\leqslant 70\\ -0.3(x-70)+9 & 70<x\leqslant 100\\ 0 & x>100\end{cases} \tag{5-19}$$

$$f_3(x)=\begin{cases}0.2x+5 & 0\leqslant x\leqslant 20\\ 9 & 20<x\leqslant 129\\ -0.3(x-129)+9 & 129<x\leqslant 159\\ 0 & x>159\end{cases} \tag{5-20}$$

12. 地层压力的评价函数

对于地层压力并不是越小越好，它的大小决定着煤层气的产出。在此不构造函数，把地层压力因素作为拟动态函数处理。当满足条件时，评价为(7,7,7)，边界浮动值设置为0.5。对于螺杆泵和射流泵来说，当地层压力 $p>10.5$ MPa 时，认为不满足条件，评价为(7,1,7)；当 $9.5<p\leqslant 10.5$ MPa 时，评价为(7,3,7)。

13. 最小流压的评价函数

每一种泵都有一个最小流压，小于这个最小流压，泵就不能工作。泵的最小流压越小，其适应性越强。取其上限值为适宜值，判分为5，最高值为9，由此构造线性关系的评价函数为：

$$f_1(x)=\begin{cases}5x & 0<x\leqslant 1.8\\ 9 & x>1.8\end{cases} \tag{5-21}$$

$$f_2(x)=\begin{cases}50x & 0<x\leqslant 0.18\\ 9 & x>0.18\end{cases} \tag{5-22}$$

$$f_3(x)=\begin{cases}3.57x & 0<x\leqslant 2.52\\ 9 & x>2.52\end{cases} \tag{5-23}$$

5.3.2 静态评价指标的评价函数

邀请若干专家和有现场经验的工程技术人员对静态指标按照评价等级进行打分，通过统计分数得到各因素各评价等级对应的比例，综合每一因素的评价等级比例可以得到每位专家的模糊关系矩阵 $\boldsymbol{R}_i$。其中，评价等级采用9级打分制，评价等级及含义如表5-3所示。对每一位专家的模糊关系矩阵 $\boldsymbol{R}_i$ 进行加权平均，得到最终的评价矩阵 $\boldsymbol{R}$ 如表5-6所示。

表5-6 静态评价因素的评价矩阵

指标 \ 评价 \ 设备	有杆泵	螺杆泵	电潜泵
检　泵	5	5	3
免修期	8	5	7
生产管理	8	7	6
自动控制	7	7	6
投资成本	9	7	4
设备可靠性	8	6	4
设计制造	8	6	4
地面环境	6	7	5

表5-6所示的是通过专家评价得出的矩阵，在实际工程中可以根据实际条件做适当的修改，以满足需要。评价矩阵的专家组应该由煤层气排采专家、地质专家、工程管理人员、设备专家、现场经理等组成。

5.3.3 实例计算

某井的测试数据资料如下：最大产气量 $q_{\text{sc max}}=6\ 162\ \text{m}^3/\text{d}$，最小产气量 $q_{\text{sc min}}=320\ \text{m}^3/\text{d}$；最大排液量 $q_{\text{w max}}=45\ \text{m}^3/\text{d}$，最小排液量 $q_{\text{w min}}=3.6\ \text{m}^3/\text{d}$。煤层分为一个主采煤层和一个次要煤层，主采煤层的深度 $H=490$ m，厚度 $h=6$ m，油管直径 $d_1=73.02$ mm，

套管直径 $d_2=177.8$ mm，煤层气相对重度 $\gamma_G=0.59$，地层液重度 $\gamma_w=1.016$ t/m^3；井口温度 $T_{tf}=14.34$ K，地层温度 $T_{wf}=22.74$ K；地层压力 $p_r=2.58$ MPa，最小井底压力 $p_{wf}=1.349$ MPa；水的表面张力 $\sigma_w=52$ mN/m，含砂、煤粉 0.022%；气水比 0.21；井斜角＜4°，狗腿度情况一般；煤层水中氯离子质量浓度为 5 138～6 280 mg/L，总矿化度为10 090～12 801 mg/L，水型为 $NaHCO_3$ 型；煤层气井在山区，供电情况一般。

(1) 依据煤田的具体情况，参考图 5-2 所示的指标体系及结构建立多层次分析模型如表 5-7 所示。

(2) 根据评价函数对指标进行评价，对数据处理后汇总如表 5-7 所示。

表 5-7　多层次分析模型

一级指标		二级指标		三级指标		排采方案		
指　标	权　重	指　标	权　重	指　标	权　重	有杆泵	螺杆泵	电潜泵
动态主控因素 B_1	0.654 5	生产参数 B_{11}	0.542	最大排量	0.428 6	8	9	1.63
				最小排量	0.428 6	5.4	2	0
				井　深	0.142 8	9	9	9
		开发条件 B_{12}	0.181	固性颗粒	0.445 0	7.68	8.99	2.4
				气水体积比	0.445 0	6.48	8.75	0
				腐蚀限制	0.110 0	5	5	5
		井下状况 B_{13}	0.181	井身轨迹	0.501 5	7	5	9
				分层措施	0.221 8	5	2	5
				小井眼限制	0.185 0	7	7	7
				总效率	0.091 7	7	8	5
		地层参数 B_{14}	0.096	温度限制	0.553 6	9	9	9
				地层压力	0.262 8	7	7	7
				最小流压	0.183 6	6.75	9	4.82
静态决定因素 B_2	0.345 5	维修管理 B_{21}	0.5	检　泵	0.375 0	5	5	3
				免修期	0.375 0	8	5	7
				生产管理	0.129 3	8	7	6
				自动控制	0.120 7	7	7	6
		其他条件 B_{22}	0.5	投资成本	0.521 8	9	4	4
				设备可靠性	0.184 4	8	6	4
				设计制造	0.184 4	8	6	4
				地面环境	0.109 4	6	7	5

(3) 多层次模糊综合评价的计算根据表 5-7 中的数据，可得二级指标的单因素评价函数为：

$$\boldsymbol{B}_{11}=\omega_{11}\boldsymbol{R}_{11}=(7.029\ 3,6.000\ 7,1.984\ 7)$$

$$\boldsymbol{B}_{12}=\omega_{12}\boldsymbol{R}_{12}=(6.8512,8.4443,1.6180)$$
$$\boldsymbol{B}_{13}=\omega_{13}\boldsymbol{R}_{13}=(6.5564,4.9797,7.3760)$$
$$\boldsymbol{B}_{14}=\omega_{14}\boldsymbol{R}_{14}=(8.0613,8.4744,7.7070)$$
$$\boldsymbol{B}_{21}=\omega_{21}\boldsymbol{R}_{21}=(6.7543,5.5000,5.2500)$$
$$\boldsymbol{B}_{22}=\omega_{22}\boldsymbol{R}_{22}=(8.3030,5.0658,4.1094)$$

由此,二级指标体系的评价函数为:

$$\boldsymbol{R}_1=[\boldsymbol{B}_{11}\quad \boldsymbol{B}_{12}\quad \boldsymbol{B}_{13}\quad \boldsymbol{B}_{14}]=\begin{bmatrix}7.0293 & 6.0007 & 1.9847\\ 6.8512 & 8.4443 & 1.6180\\ 6.5564 & 4.9797 & 7.3760\\ 8.0613 & 8.4744 & 7.7070\end{bmatrix}$$

$$\boldsymbol{R}_2=[\boldsymbol{B}_{21}\quad \boldsymbol{B}_{22}]=\begin{bmatrix}6.7543 & 5.5000 & 5.2500\\ 8.3030 & 5.0658 & 4.1094\end{bmatrix}$$

同理,一级指标的单因素评价函数为:

$$\boldsymbol{B}_1=\omega_1\boldsymbol{R}_1=(7.0106,6.4957,3.4435)$$
$$\boldsymbol{B}_2=\omega_2\boldsymbol{R}_2=(7.5287,5.2829,4.6797)$$

一级指标体系的评价函数为:

$$\boldsymbol{R}_0=[\boldsymbol{B}_1\quad \boldsymbol{B}_2]=\begin{bmatrix}7.0106 & 6.4957 & 3.4435\\ 7.5287 & 5.2829 & 4.6797\end{bmatrix}$$

最终可得排采技术评价函数为:

$$\boldsymbol{B}=\omega_0\boldsymbol{R}_0=(7.1896,6.0767,3.8706)$$

(4) 分析与评价上述计算结果可知,最优的排采方案为有杆泵排采技术。在一级指标体系中,有杆泵排采方案的动态主控因素和静态评价因素指标都得分最高;在二级指标体系中,有杆泵排采方案的生产参数和井下状况指标得分最高,而螺杆泵排采方案的开发条件和地层参数指标得分最高,可见螺杆泵排采方案也具有一定的优势。但是由于在维修管理和其他条件指标方面,有杆泵排采方案明显优于螺杆泵排采方案,因此选择有杆泵排采技术为最佳方案。

5.4 煤层气排采技术评价的计算机实现

根据多层次模糊综合评价的思想,首先要建立指标的权重数据;然后进行工程数据的录入;接着进行方案层的评价,如果需要,可以对方案层的评价结果做微幅调整,但是不能超过 10%;再根据方案层的评价结果进行二级指标、一级指标和总指标的评价,得到评价矩阵,根据评价矩阵得到最优排采方案;最后进行报告的编辑和打印。所建立的 VB 优选模型如图 5-3 所示。

结合排采技术设备评价与优选思路,基于 VB 编制的优选软件主要包括数据录入、权重编辑、评价计算和报告生成四大模块。其中,数据录入模块主要完成排采条件的录入,为动态评价函数计算做准备;权重编辑模块主要提供指标主体权重的查看/修改功能,可以根据现场的工程需要修改某个指标的权重来确定其在指标体系中的地位;评价计算模块主要完成动态指标的评价计算和二级指标、一级指标以及总的评价矩阵的计算功能;报告生成模块主要是将评价的过程和结果以 Word 的形式打印到文档,完成评价过程和结果的查看及保存。

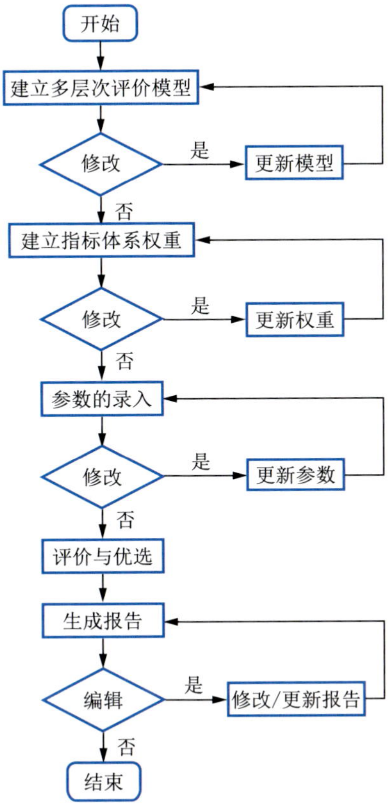

图 5-3 排采技术评价与优选流程图

5.5 机械滤煤粉管设计

5.5.1 机械滤煤粉管缝宽设计

依据杆管环空煤粉沉降规律的分析及杆管环空井液实际流速和流动井液中煤粉沉降速度实验，可以得到煤粉颗粒在杆管环空井液中的运动速度分布情况。然后通过计算结果中煤粉运移速度正负分界点所在的位置，可以求出均匀分布于杆管环空中的煤粉排出量，由此可以得到给定排液量和杆管泵组合时，杆管环空中各种粒径煤粉颗粒的排出量情况。

图 5-4 给出了排液量 7.0 m^3/d，冲程 1.50 m 时，泵径 38 mm、杆径 16 mm 和管径 60.32 mm，泵径 44 mm、杆径 19 mm 和管径 70.02 mm 以及泵径 56 mm、杆径 19 mm 和管径 88.9 mm 3 种杆管泵组合各粒径煤粉的排出情况。

依据图 5-4 可以看出：

(1) 给定排液量和杆管泵组合时，煤粉排出量随颗粒粒径的增大而减少，图中直径 38 mm 的泵，煤粉粒径由 200 目增大到 20 目后，其煤粉排出量由 97.3%减小到 64.4%。

(2) 随着泵径的增大，同一粒径煤粉的排出量不断减小，而且相同煤粉排出量所对应的颗粒粒径随泵径的减小而增大，图中泵径 38 mm，44 mm 和 56 mm，粒径 40 目煤粉的排出量依次为 83.8%，74.8%和 57.4%。

(3) 对于上述 3 种杆管泵组合，在煤粉粒径小于 80 目后，绝大部分煤粉都可以随井液携带出井筒，其排出量可以达到 85%以上。

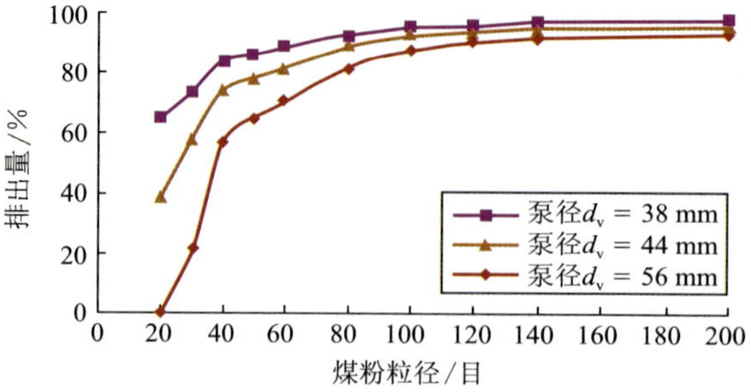

图 5-4 煤层气井杆管环空煤粉颗粒排出量情况

图 5-4 的分析结果表明,给定排液量和杆管组合即可求出不同粒径煤粉颗粒的排出量大小,在保证煤粉排出量达到 85%以上的情况下,可以求出给定杆管组合时允许进入杆管环空的最大煤粉粒径,即井液能将煤粉携带出杆管环空的最大颗粒。可据此设计滤煤粉管的缝宽,以便阻挡所允许最大粒径以外的煤粉颗粒进入杆管环空。

由此,依据杆管环空中井液流动规律和煤粉沉降规律的分析结果,设计机械滤煤粉管的缝宽。对于煤层气井有杆泵排采设备,在排液量为 10.0 m^3/d 时,不同机型、泵径和杆管组合所需要的滤煤粉管缝宽大小见表 5-8。

表 5-8 机械滤煤粉管缝宽规格选择表

泵径 d_v/mm	滤煤粉管缝宽/mm						
	CYJ2 型机	CYJ3 型机	CYJ4 型机	CYJ5 型机		CYJ6 型机	CYJ8 型机
	冲程 0.6 m	冲程 1.2～2.1 m	冲程 1.5～3.0 m	冲程 1.8～2.1 m	冲程 2.5～3.0 m	冲程 2.5 m	冲程 2.1～3.0 m
28	0.75	0.75	0.50	0.50	0.50	0.50	0.50
32	0.75	0.75	0.50	0.50	0.50	0.50	0.50
38	0.50	0.50	0.30	0.30	0.30	0.30	0.30
44	0.50	0.50	0.30	0.30	0.30	0.30	0.30
51	0.30	0.30	0.30	0.30	0.30	0.30	0.30
56	0.30	0.30	0.30	0.30	0.30	0.30	0.30
63	0.30	0.30	0.30	0.30	0.20	0.20	0.20
70	0.20	0.20	0.20	0.20	0.15	0.15	0.15

注:抽水机机型参考国标 GB 11649—1989。

从表 5-8 中可以看出,选定机型时,滤煤粉管缝宽随泵径的增大而减小;选定泵径时,滤煤粉管缝宽随机型的增大而减小;对于同一机型和泵径,滤煤粉管缝宽有随冲程增长而减小的趋势。

5.5.2 直丝筛管结构与性能

目前国内采用以不锈钢绕丝筛管为主导的机械防煤粉技术,它具有耐腐蚀、缝隙连续、流通面积大、施工作业方便等优点[211,212],但同时也存在煤层产出的细煤粉常会堵塞筛管的渗滤介质、降低产能、容易造成煤粉埋泵的缺点。另外,绕丝筛管在通过井眼轨迹较差、斜度大和水平井弯段时,难免与井壁或者套管壁发生碰撞、摩擦和挤压,造成筛管损坏或者发生乱丝现象，降低完井质量和防煤粉效果，严重时造成大修作业。割缝筛管工艺简单、操作方便、成本低、强度高且刚度大，在通过大斜度和水平井弯段时不易损坏[213,214]，然而缺点是割缝深且流通面积较小，应用在煤粉颗粒较细和产液量较小的煤层气井时容易发生堵塞，且割缝处容易发生腐蚀等问题。为了有效解决煤粉排出问题并克服现有机械滤砂管防砂技术中存在的不足，研发了一种适合煤层气井防煤粉的鼠笼式 V 形直丝筛管。该直丝筛管通过特殊的构造和工艺，实现滤煤粉、井液调速和自清洁功能，防止套管损坏、煤粉卡泵、埋泵和举升设备磨损。

鼠笼式 V 形直丝筛管（图 5-5）主要由筛管接箍、基体、环筋、上下环箍以及直丝筛管套组成，其工作原理如图 5-5(b)所示。煤层产出井液必须依次流经直丝筛管套的筛缝、环筋的缝隙和基体中基管壁上的圆孔才能进入直丝筛管的通道中，然后通过基体推承面台肩中间的变截面圆形通道和筛管接箍内部的变截面阶梯回转体通道的两次井液流速调节后，井液进入排采管并流到地面；粒径小于筛缝宽度的细小煤粉颗粒在井液的携带下依次通过直丝筛管套的筛缝、环筋的缝隙和基体中基管壁上的圆孔进入直丝筛管的通道中，并最终被井液携带至地面，较大的固体颗粒则被阻挡在直丝筛管套的外面，并在颗粒自身重力作用下沉降到井底，达到防煤粉的目的。

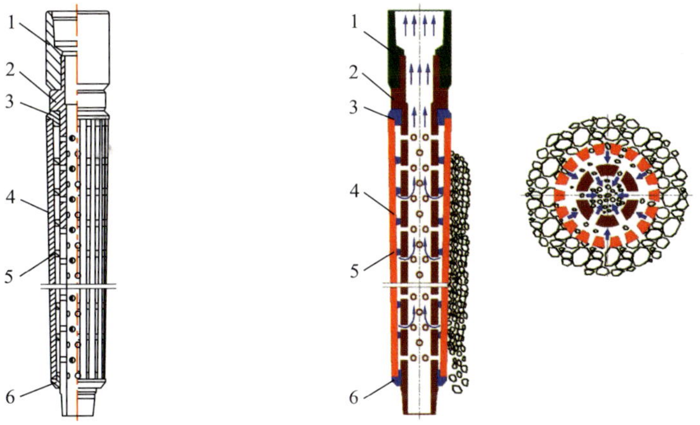

（a）结构简图　　　（b）工作原理

图 5-5　鼠笼式 V 形直丝筛管

1—接箍；2—基体；3—上环箍；4—直丝；5—环筋；6—下环箍

筛管接箍位于直丝筛管的最上部，采用变截面阶梯回转体结构，材料选用中碳结构钢，整体采用正火加回火的调质处理，以使其达到预期的机械性能，能够承受变动载荷的作用。然后对热处理后的筛管接箍表面进行磷化处理，使其表面产生残余压应力。筛管接箍由上下内螺纹接头、接头过渡区和卸载槽组成。上内螺纹接头中间加工有密封性圆锥管螺纹，与其上部的有杆泵固定阀支撑短节下端的圆锥外螺纹按照一定的预紧力要求进行连接并完成密封，从而将直丝筛管与有杆泵泵筒连接在一起。接头过渡区采用锥形结构，避免筛管接箍截面和刚度的急剧变化，同时调节筛管接箍通道中的井液流速，其上端连接上内螺纹接头，下端连接卸载槽。下内螺纹接头与基体上端的外螺纹台肩连接。

基体主体采用变截面阶梯回转体结构，中间加工有圆形截面流道，材料选用中碳结构钢，基体内外表面喷焊处理，喷焊层与基体金属牢固结合。基体由上下外螺纹接头、卸荷槽、推承面台肩、基管和管体过渡区组成。推承面台肩中间加工有上粗下细的变截面圆形通道，用于调节通道中的井液流速，而且推承面台肩上端面与筛管接箍下端面结合处产生足够大的应力，防止井液对螺纹产生腐蚀和工作中直丝筛管的脱扣。基管采用等径圆管，其上钻有一定密度和孔径的圆孔，每层面的孔眼均匀分布，各层面间的孔眼交错排列，为井液通过直丝缝隙流入基管提供通道。下外螺纹接头的外锥面加工有圆锥管螺纹，与尾管接头的内螺纹按照一定的预紧力连接在一起，从而将尾管组合成排采管柱最下端的一部分。

环筋是用来支撑直丝的部件，分层交错排列，每层均匀分布 3 个横筋。环筋剖面为夹角 24°左右的等腰梯形，梯形小的一端环绕制于基管外表面，相邻两层环筋间形成缝隙的剖面也呈梯形，并且该缝隙梯形外窄内宽。直丝采用 1Cr18Ni12Ti 不锈钢丝，通过轧制的方法形成一定尺寸的等腰梯形截面。直丝梯形剖面的两斜边夹角为 30°左右，梯形底边短的一端朝内放置，并与环筋的外端面接触。直丝沿环筋的外环面均匀排列，相邻直丝间形成直丝筛管的筛缝。该筛缝的剖面也呈梯形，且筛缝梯形外窄内宽。不锈钢直丝和环筋的每一个交叉接触点都用电阻焊按照单面角焊缝的方式焊接在一起，使所有均布的直丝形成具有一定强度的鼠笼式直丝筛管套，且每层环筋的高度由上而下依次递减，焊接其外环面的直丝筛管套形成一个上粗下细的倒锥形，即呈现 V 形，锥度取为 1∶500～1∶200。直丝筛管套的高度取 1.0～4.0 m，锥度大的取低值，锥度小的取高值。取定高度后，将直丝筛管套的两端切平，上端面与上环箍轴肩的下端面进行焊接，而下端面与下环箍轴肩的上端面焊接在一起。上下环箍采用变截面阶梯回转体结构，选用 1Cr18Ni12Ti 不锈钢材料。环箍的内环面与基体中基管的外环面紧密配合，上环箍轴肩的上端面与基体推承面台肩的下端面连接，并用电阻焊焊接在一起。直丝筛管套的上端与上环箍轴肩的下端面焊接在一起，而其下端与下环箍轴肩的上端面焊接在一起，下环箍采用圆周焊与基管焊接在一起，从而将整个直丝筛管套固定在基体上。

依据上述结构，该直丝筛管可以实现的功能有：

(1) 基体推承面台肩和筛管接箍内部采用变截面圆形通道，实现井液流速在通道中的两次调节；

(2) 相邻层环筋间形成缝隙的剖面呈梯形，可避免固体颗粒聚集在缝隙中，具有环筋自冲洗功能；

(3) 相邻不锈钢直丝间形成的筛缝呈夹角为 30°左右的梯形，可避免随井液通过筛缝的固体颗粒卡死在缝隙内而发生堵塞，具有筛缝自清洁作用；

(4) 不锈钢直丝比绕丝的强度高且抗刮擦，可有效解决打捞难和绕丝易脱层等问题；

(5) 鼠笼式直丝筛管套的外环面呈上粗下细的倒锥形，可保证较大的固体颗粒及时沉积到井底，不会卡死在缝隙内而造成筛缝堵塞，具有直丝自清洁作用；

(6) 直丝筛管套外环面的 V 形结构可以有效增大井液通过筛缝进入筛管通道的流通面积，同时减少直丝筛管随排采管柱下入井内时直丝与套管内壁发生碰撞的概率，最终达到防止卡泵和埋泵的目的。

5.5.3 直丝筛管的特性分析

1. 受拉和受压特性

截面是等腰梯形的 1Cr18Ni12Ti 不锈钢丝，可作为纵筋焊成绕丝筛管，也可作为直丝焊成直丝筛管套。假设两种筛管单根不锈钢丝的截面积相同，则绕丝筛管纵筋的根数和直丝筛管直丝的根数之比即反映出两种筛管的抗拉强度之比。不同尺寸筛管抗拉强度的比较见表 5-9。

表 5-9　直丝筛管和绕丝筛管抗拉强度比较

套管规格 d_{ca}/mm	筛管外径 d_s/mm	基管外径 d_b/mm	直丝筛管直丝根数 n_s/根	绕丝筛管纵筋根数 n_w/根	抗拉强度比值 η
139.7	74	59	125	22	5.68
168.3	89	73	150	26	5.77
177.8	89	73	160	28	5.71
193.7	104	89	174	30	5.80
219.1	117	104	186	32	5.81
244.5	130	114	210	36	5.83

由上表数据可得，直丝筛管受拉面的截面积与绕丝筛管截面积的比值平均为 5.77，与此相应的直丝筛管抗拉强度也达到绕丝筛管的 5.5 倍以上。

使用中的筛管主要受到井壁方向的压力和上下井筒的拉力或者压力，在井眼轨迹差的井和多分支水平井弯曲段中所承受的挤压摩擦力更为明显。这些压力将通过不锈钢绕丝传递给纵筋或者通过直丝传递给环筋，并最终作用在基管上。绕丝或直丝的支撑面积越大，筛管管壁的变形量愈小。以外径为 104 mm 的筛管为例进行分析，不锈钢绕丝和直丝的宽度取为 2.5 mm，筛缝宽度取为 0.15 mm。绕丝筛管的纵筋数为 30，每米筛管上的绕丝圈数为 1 000/2.65＝377，焊点总数为 1.131×10^4 个，每个绕丝支撑面的面积为 1.2 mm^2，筛管绕丝支撑面的总面积为 $1.357\ 2\times10^4$ mm^2；直丝筛管的直丝数为 174，环箍间隔取为 8 mm，单位长度上的焊点总数为 2.175×10^4 个，每个直丝支撑面的面积为 1.2 mm^2，筛管绕丝支撑面的总面积为 2.61×10^4 mm^2。直丝筛管受压支撑面的面积与绕丝筛管的比值达到 1.9，与此相应的直丝筛管抗压变形能力明显要高于绕丝筛管，提高近 1 倍。

2. 筛管表面摩擦特性

在筛管上下井的过程中，筛管外壁与井壁和表面凸起、井内填充物以及煤粉等固体颗粒接触，绕丝或者直丝会承受一定的摩擦力作用。绕丝筛管的绕丝焊接在纵筋上，与井眼轨迹方向正好为 90°，三角绕丝外环面的底角上有倒圆角，为此绕丝筛管的外壁可近似看成浅螺纹状，如图 5-6(a)所示。这就大大增加了筛管外壁与井壁间的摩擦力，在井眼轨迹差的井或者水平井中施工时常常会引起筛管绕丝拉伤，从而影响防煤粉效果甚至导致施

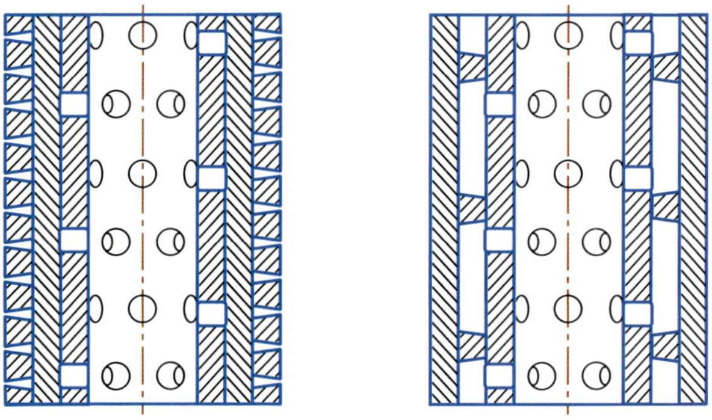

(a) 绕丝筛管　　(b) 直丝筛管

图 5-6　筛管纵向截面剖视图

工失败。直丝筛管的不锈钢直丝沿环筋纵向均匀分布，如图 5-6(b)所示，在上下井的过程中，与井壁间摩擦力较小，挤压变形也较小。在井眼轨迹差的井中，直丝筛管套一侧受拉时，相应的另一侧则受压，而且主要受力沿井眼轨迹方向，不会引起筛管筛缝间隙发生变化，避免出现“乱丝”现象而导致防煤粉效果失败。

为此，绕丝筛管在与井壁发生受挤摩擦时容易出现撸丝现象，而直丝筛管套的 V 形结构使得管壁抗挤压摩擦的能力较强，更加适应煤层气井的井眼轨迹差、斜井和多分支水平井的防煤粉工况。

3. 筛管体的受力分析

绕丝筛管的纵筋承受管外壁的多种外力作用，沿管体方向上由于纵筋数量较少，无法完全弥补基管上钻出圆形通道后管体抗拉强度下降的缺陷。有限元分析表明，外径为 89 mm 的筛管管体抗拉强度相对于未钻圆形通道的管体平均下降 15%～20%。而直丝筛管套抗拉面积是绕丝筛管纵筋受拉截面积的 5.5 倍以上，通过将直丝筛管套焊接在基管上，可以很好地补充筛管体的抗拉强度和刚度值。

另外，直丝筛管的直丝与环筋间的焊点数多且焊缝质量要求高，加上直丝与环箍、环箍与基体间的焊缝，使得直丝筛管的造价较高(通常超过同型号绕丝筛管的 2 倍、割缝筛管的 4～6 倍)。同时，筛管套上的直丝为均布排列，制造精度的高低直接关系到筛缝的大小，从而影响滤煤粉的效果。

5.6 井下防煤粉排采泵设计

理论分析表明，煤层气井稳产阶段的产液量较低，使得泵的沉没度较低，由此导致泵阀顺利开启困难，泵的充满系数和泵效较低，且容易发生卡泵；井液中煤粉颗粒较多并伴有煤焦等黏性物，泵下端液体入泵流速较低，煤粉颗粒在泵筒外和泵腔中易沉积，造成埋泵。依据杆管环空煤粉沉降实验，可以看出：① 煤粉沉降落入柱塞和衬套之间后，一般很难再被排出，由此需要改造有杆泵的结构；② 长泵筒、短柱塞结构容易使附着在泵筒内壁和沉积的煤粉进入柱塞与泵筒的间隙，加剧二者的磨损，严重时造成煤粉卡柱塞，降低泵的使用寿命；③ 排采中，柱塞上下往复运动，通常很少有煤粉颗粒堆积于有杆泵的游动阀系统；④ 关闭抽水机而停泵后，井筒中的煤粉很快开始沉降，沉积在有杆泵的柱塞上，造成卡泵和煤粉埋泵。为此，在设计有杆泵具体结构时，需要充分考虑关井后的卡泵问题。

5.6.1 防煤粉排采泵的结构设计

为了克服现有煤层气井所移植的油气井防砂泵的不足，同时解决煤层气井实际排采中存在的上述问题，设计一种煤层气井防煤粉专用的长柱塞式双筒排采泵。该排采泵依据所设计的特殊结构，可实现低沉没度下泵阀顺利启闭和自冲洗以及沉煤粉功能，防止柱塞与泵筒间的偏磨以及煤粉埋泵筒和卡泵。

长柱塞式双筒防煤粉排采泵主要由扶正体、泵筒总成、柱塞总成、出液阀和进液阀总成组成，如图 5-7 所示。泵筒总成、防煤粉筛管、进液阀总成和尾管随排采管柱一起下到井筒中的设计深度，扶正体、柱塞总成和出液阀总成随排采杆下入排采管柱中。

泵筒总成采用双筒构造，如图 5-8 所示，主要包括泵筒、外筒和上下接箍。泵筒总成由里而外依次为泵筒和外筒，外筒的内壁表面化学镀处理，两端加工有外螺纹，下端通过内螺纹与进液阀接头连接。泵筒与进液阀支撑短节连接且固定在外筒下端，外表面喷焊处理，内孔表面化学镀处理，再进行精密加工，保证泵筒具有良好的耐腐蚀和耐磨特性，并与

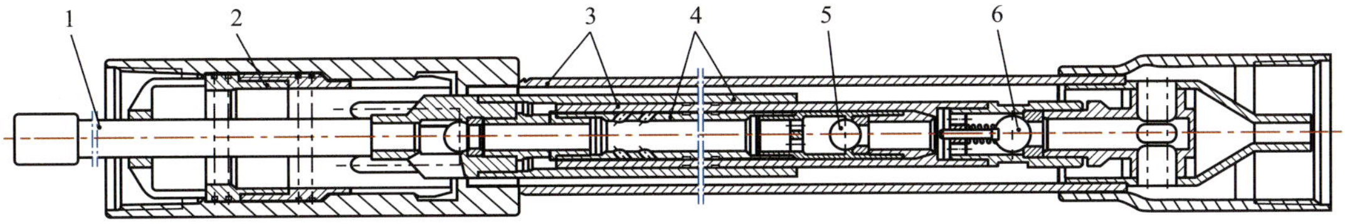

图 5-7 防煤粉排采泵结构简图

1—排采杆；2—扶正体；3—泵筒；4—柱塞；5—出液阀；6—进液阀

柱塞高精度配合。泵筒内孔尺寸比柱塞外径略大一点，泵筒长度需保证柱塞在冲程上死点处能越出泵筒一定长度，而在冲程下死点处柱塞下部的下出液阀能高出泵筒下端一段长度，以便及时带出柱塞和泵筒间隙中沉积的煤粉。外筒和泵筒之间形成一个环形空腔，杆管环空中沉积的煤粉经此空腔回落到泵筒下端的尾管中，防止煤粉在泵腔中和柱塞上部沉积，发生埋泵现象。上下接箍带有管螺纹，内表面镀铬处理而外表面磷化处理，上接箍内螺纹上部腔室为锁套与扶正锁爪精密配合，限位倒角部分精磨处理。

柱塞总成也采用双筒构造，如图 5-9 所示，包括柱塞和内筒两部分。柱塞总成由里而外依次为柱塞和内筒。内筒的内孔表面化学镀处理，上端加工有内螺纹，与上出液阀罩连接，可以阻挡杆管环空沉积的煤粉颗粒进入柱塞和泵筒的间隙。内筒的内孔尺寸比泵筒外径略大一些，并与泵筒外环面高精度配合；内筒长度需保证其下端面与柱塞的下端面平齐。柱塞外表面喷焊处理，再进行精密加工，保证柱塞表面孔隙率低，具有良好的耐腐蚀和减磨性能；柱塞两端的螺纹均采用内螺纹，其上端与上出液阀接头连接，下端连接下出液阀罩，从而将整个上下出液阀连接在一起。柱塞外径比泵筒内径略小一些，并与泵筒内环面高精度配合。内筒、泵筒和柱塞上部形成一个环形槽，即防煤粉槽，可以暂时容纳进入柱塞和泵筒间隙的少量煤粉，减小煤粉等固体颗粒对柱塞和泵筒的磨损，并且在柱塞的

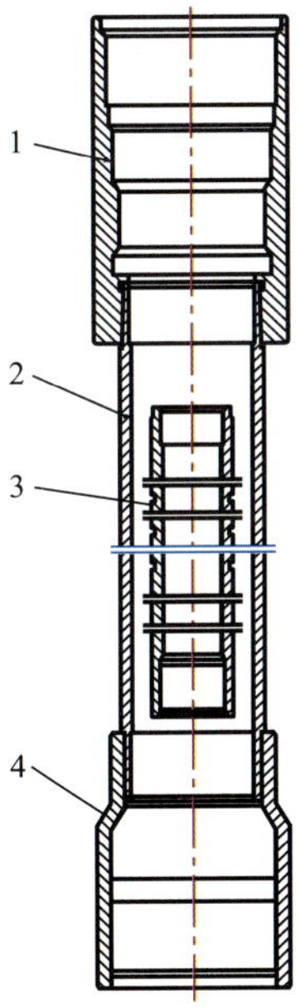

图 5-8 排采泵泵筒结构简图

1—上接箍；2—外筒；3—泵筒；4—下接箍

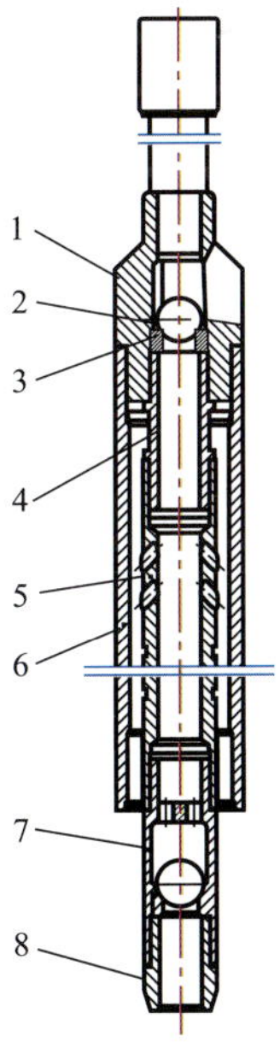

图 5-9 排采泵柱塞和出液阀结构简图

1—上出液阀罩；2—出液阀球；3—出液阀座；4—上阀接头；5—柱塞；6—内筒；7—下出液阀罩；8—下阀接头

上端加工有射流孔。射流孔的孔眼紧挨上出液阀罩，分两层布置，每层 8 个均布排列，层间孔眼交错排列，孔眼的剖面呈平行四边形。

出液阀总成包括上出液阀和下出液阀两部分，分别由阀罩、阀球、阀座和接头组成，如图 5-9 所示。上出液阀罩表面磷化处理，上端带有内螺纹，将整个出液阀总成和柱塞连接在排采杆柱的下端，内部装有出液阀球和出液阀座；阀罩壁上加工有与泵筒上腔室与下腔室连通的流道，3 个流道均布排列，形状为流线型，可以降低井液流经阀罩时的局部压力损失。阀球和阀座的材料分别采用 9Cr18Mo 和 6Cr18Mo，密封面精密研磨后需经退磁处理，再进行配研。上出液阀接头和下出液阀罩表面磷化处理，下出液阀罩顶壁加工 6 个均布排列的圆形流道，内部装有出液阀球和阀座。

扶正体包括滑阀罩和扶正锁爪，如图 5-10 所示。滑阀罩材料采用 35CrMo，表面氧化处理，顶壁正中央为圆形通道，与贯穿其中的排采杆精密配合。上端加工有杆管环空与泵筒连通的流线型流道，4 个均布排列，中间加工有两个环形沟槽，放置 O 形密封圈，实现滑阀罩与上接箍之间的密封。扶正锁爪材料采用 60Si2Mn，中间的外环面有两个环形沟槽，放置 O 形密封圈，实现扶正锁爪与上接箍之间的密封；下端均匀排列 6 个锁爪，倒角限位部分进行精磨处理，将锁爪直接插入上接箍下部的锁套中进行定位。

进液阀总成包括进液阀罩、弹簧、进液阀球、进液阀座、支撑短节和进液阀接头，如图 5-11 所示。进液阀罩表面磷化处理，顶壁周围加工有 6 个均匀排列的圆形流道，内装有进液阀球、弹簧和进液阀座。进液阀球分为球体和定位销两部分，定位销采用阶梯轴结构。上端与进液阀罩顶壁连接并与其内孔精密配合，下端与球体端面连接形成轴肩，以定位贯穿其外的弹簧。弹簧通过进液阀球定位销的导向作用实现伸缩，辅助进液阀球的快速复位，实现低沉没度下泵阀的顺利启闭。支撑短节下端采用丝堵进行密封，中间均匀排列 4 个贯穿基体的类圆形管道，管道端部所在的圆环面分别与进液阀接头的内孔过盈配合，实现支撑短节与接头间的固定。进液阀接头表面磷化处理，上端与外筒连接，从而实现泵筒与进液阀的固定与密封；中间加工有 4 个类圆形流道，对应于支撑短节的 4 个管道且相贯通；下端与尾管相连接，储存杆管环空沉积的煤粉。

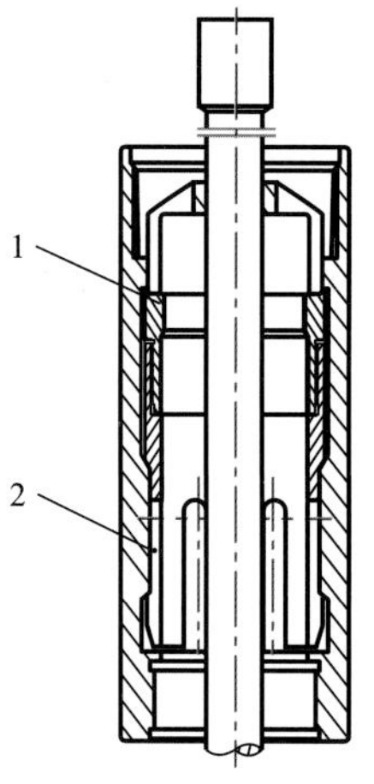

图 5-10 排采泵扶正体结构简图

1—滑阀罩；2—扶正锁爪

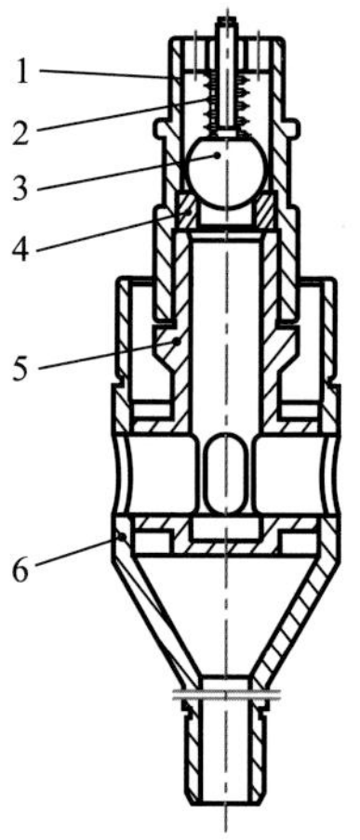

图 5-11 排采泵进液阀结构简图

1—进液阀罩；2—弹簧；3—进液阀球；4—进液阀座；5—支撑短节；6—进液阀接头

5.6.2　防煤粉排采泵工作原理与功能

防煤粉排采泵的柱塞总成和出液阀总成直接接在排采杆的下端并上下运动。泵筒总成上部与排采管柱下端连接，下部接防煤粉筛管；进液阀总成上部接泵筒总成，下部接沉煤粉尾管，尾管底部用丝堵密封。泵筒总成和柱塞总成高精度配合，由内而外依次为柱塞、泵筒、内筒和外筒。外筒位于最外面，与内筒构成沉煤粉的环空。

防煤粉排采泵的工作原理如图 5-12 所示。上冲程中，排采杆带动柱塞和出液阀向上运动，柱塞、泵筒和内筒形成的防煤粉槽中压力减小，进液阀弹簧沿定位销方向收缩，进液阀球在泵内外压差与弹簧压缩力的作用下离开进液阀座，进液阀顺利开启。井液由防煤粉筛管中先后流经进液阀接头的流道、支撑短节的管道、进液阀座和进液阀罩的流道进入泵筒下腔室内，并且一部分井液经射流孔进入防煤粉槽中；同时，柱塞总成和出液阀总成以上的井液伴随排采杆向上运动，举升至地面，上冲程结束时完成泵筒下腔室进液和上腔室出液的过程。下冲程中，排采杆向下运动，出液阀开启，弹簧沿定位销方向伸长，进液阀关闭，井液经射流孔进入上出液阀罩内，同时由泵筒下腔室进入柱塞以上的泵筒上腔室内，下冲程结束时完成泵筒下腔室出液和上腔室进液的过程。

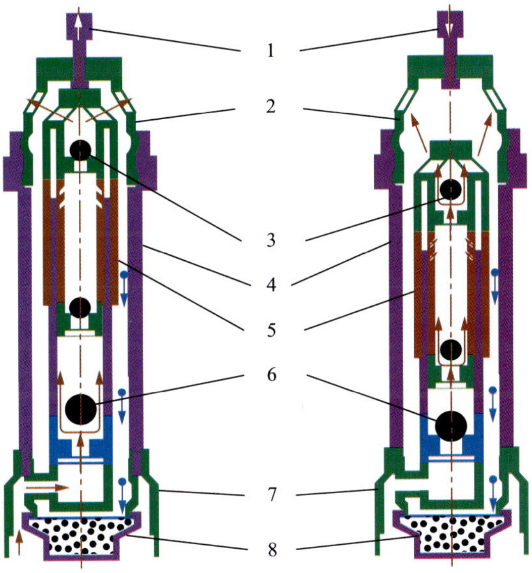

图 5-12　防煤粉排采泵工作原理图

1—排采杆；2—扶正体；3—出液阀；4—泵筒；5—柱塞；6—进液阀；7—密封总成；8—防煤粉总成

上下冲程中，杆管环空中沉积的煤粉伴随井液先后通过扶正体流道、外筒和泵筒的环形空腔及进液阀接头的锥形漏斗进入尾管，而不会在泵筒内腔和柱塞上部沉积。

依据上述结构和工作原理，该防煤粉排采泵可实现的功能有：

(1) 扶正锁爪直接插入上接箍下部的锁套中，实现扶正体的定位密封，防止柱塞在泵筒中摆动，避免柱塞与泵筒间发生偏磨；

(2) 杆管环空中沉积的煤粉经外筒和泵筒间的环形空腔回落到泵筒下端的尾管中，防止煤粉在泵筒内腔中和柱塞上部发生沉积，导致埋泵；

(3) 采用长柱塞短泵筒的结构，可以及时带出柱塞和泵筒间隙中沉积的煤粉，保护泵筒内外工作表面，防止煤粉卡泵；

(4) 泵筒总成的双筒构造可有效减小同型号泵的柱塞直径和流通断面的面积，提高井液在泵筒内的流动速度，有利于煤粉在液力作用下被携带出泵；

(5) 柱塞总成的双筒构造可阻挡杆管环空沉积的煤粉进入柱塞和泵筒间隙，同时内筒往复运动，不断搅动外筒和泵筒间环形空腔的井液及煤粉，防止通道发生堵塞；

(6) 防煤粉槽的顶部设有射流孔，利用槽中储存的井液冲洗出液阀罩内和出液阀上部沉积的煤粉，实现出液阀的自冲洗功能，防止煤粉沉积而造成堵泵；

(7) 弹簧通过进液阀球定位销的导向作用实现伸缩，辅助进液阀球的快速复位，减少漏失，实现低沉没度下泵阀的顺利启闭。

5.6.3 防煤粉排采泵设计计算

由于防煤粉排采泵各零件的结构、作用和工作状况的不同，设计与计算的内容也相应有所区别。泵筒和柱塞侧重于强度和刚度的计算，而阀球和阀座为减少成本和便于使用维修，直接采用常规抽油泵用的标准件，侧重于结构设计计算，此处不再校核。

1. 应力极限图解法

该防煤粉排采泵实质上是一种往复式管式泵，各个零件承受着交变载荷的作用，由此可采用应力极限图[215,216](即古德曼图)进行泵使用寿命的计算，需要确定相关材料性质的屈服强度 σ_s、抗拉强度 σ_b 和实际耐久极限 σ_n。

(1) 实际耐久极限 σ_n。

泵零件的主体材料采用 45 钢，其实际耐久极限 σ_n 与抗拉强度 σ_b 之间的关系为：

$$\sigma_n = K_L K_D K_R K_H K_P \sigma_b \tag{5-24}$$

式中 K_H——井液腐蚀系数，实际计算中取 0.50～1.0；

K_L——偏载系数，通常取 0.80；

K_P——加载方式系数，轴向拉压时取 0.50，弯曲时取 0.70，扭转时取 0.40；

K_D，K_R——直径系数和零件表面系数。

K_D 和 K_R 可采用下式计算：

$$K_D = 10^{-5} d^2 - 4.4 \times 10^{-3} d + 1.035 \tag{5-25a}$$

$$K_R = -2.18 \times 10^{-4} \sigma_b + 0.89 \tag{5-25b}$$

式中 d——工件直径，mm。

(2) 交变应力和应力集中。

最大应力 σ_{max}、最小应力 σ_{min}、平均应力 σ_m、应力幅值 σ_a 与应力振程 σ_r 间的关系为：

$$\sigma_m = 0.5(\sigma_{max} + \sigma_{min}) \tag{5-26a}$$

$$\sigma_a = 0.5(\sigma_{max} - \sigma_{min}) \tag{5-26b}$$

$$\sigma_r = 2\sigma_a = \sigma_{max} - \sigma_{min} \tag{5-26c}$$

应力集中现象对耐久极限产生重要影响。对于该排采泵，主要零件的危险截面在横截面积相对较小的螺纹处，且主要零件的调质处理布氏硬度均大于 200，为此应力集中系数 K_C 可以确定为 3.0。

(3) 应力极限图解法。

应力极限图解法的目的是判定泵零件实际使用寿命能否满足要求，并确定疲劳安全系数的具体值。应力极限图横坐标 σ_m 上任意点所对应的纵坐标上的两个应力分别为该平均应力 σ_m 下最大允许应力 σ_D 和最小允许应力 σ_X，由此最大允许应力振程 σ_{rD} 为：

$$\sigma_{rD}=\sigma_D-\sigma_X \tag{5-27}$$

实际的应力振程 $\sigma_r<\sigma_{rD}$时，泵零件的疲劳强度满足要求，此时安全系数 n 为：

$$n=\frac{\sigma_{rD}}{\sigma_r} \tag{5-28}$$

2. 防煤粉排采泵泵筒的设计计算

(1) 泵筒的强度计算。

防煤粉排采泵采用长柱塞短泵筒，危险工况发生在下冲程中，泵筒的全长均为危险部位，而危险断面则位于下端的内螺纹处，螺纹的直径和危险断面承载面积 A 为：

$$A=0.25\pi(D_2^2-D_1^2)=0.25\pi[D_2^2-(D_2-0.97t)^2] \tag{5-29}$$

式中　D_1——内螺纹内径，mm；

D_2——内螺纹外径，mm；

t——螺距，mm。

泵筒的内外压力会造成轴向载荷，两种压力是由杆管环空气柱和液柱流动产生的。泵外压力(即泵入口处压力)可由井底压力值得到，泵筒内压力可用排采泵排出口压力计算式得到，与下泵深度有关。

另外，泵筒和尾管重量、井液的浮力以及柱塞和泵筒间的摩擦力等也会造成附加的轴向载荷，泵筒壁厚相对较薄且长度短，其自重占轴向载荷的比重较小，可以忽略。同时，为了计算安全起见，井液的浮力作用也不予考虑，由附加轴向载荷 F_c 可得到附加轴向应力 σ_c 为：

$$\sigma_c=\frac{F_c}{A}=\frac{G_t+f_m}{A} \tag{5-30}$$

式中　f_m——柱塞与泵筒间的摩擦力，N；

G_t——沉煤粉尾管重量，N。

对泵筒进行应力分析，任取一应力元，它受到 3 个方向的应力，危险部位发生在泵筒的内径处。管式泵的泵筒主要受到疲劳破坏，其第一主应力 σ_1、第二主应力 σ_2 和第三主应力 σ_3 分别为：

$$\left.\begin{aligned}\sigma_1&=\sigma_\theta=\frac{K^2+1}{-K^2+1}p_{wf}\\ \sigma_2&=\sigma_z=\frac{K^2}{-K^2+1}p_{wf}+\sigma_c\\ \sigma_3&=\sigma_r=-p_{wf}\end{aligned}\right\} \tag{5-31}$$

其中：

$$K=\frac{D_1}{D_2}$$

采用第四强度理论解决塑性材料的三向应力强度问题，其当量应力 σ_e 为：

$$\sigma_e=\sqrt{\frac{3}{-K^2+1}p_{wf}^2+\sigma_c^2} \tag{5-32}$$

强度条件为许用应力$[\sigma]\geqslant\sigma_e$。忽略附加轴向载荷时，最大下泵深度 H_{max} 为：

$$H_{max}=58.85\sqrt{(1-K^2)([\sigma]^2-\sigma_c^2)}-101.94p_{tf} \tag{5-33}$$

$$[\sigma]=\frac{\sigma_s}{n}$$

式中 n——安全系数，管式泵通常取 1.4；

p_{tf}——井口套压，MPa；

σ_s——屈服极限，MPa。

(2) 泵筒的疲劳强度计算。

排采泵在工作中受到交变拉压应力作用，需对泵筒进行疲劳强度校核。泵筒最小轴向应力为 σ_c，最大轴向应力是泵筒内压力形成的轴向应力与 σ_c 的和，由此交变应力为：

$$\left.\begin{aligned}\sigma_{max}&=CK_C p_{wf}+K_C\sigma_c\\ \sigma_{min}&=K_C\sigma_c\\ \sigma_m&=0.5CK_C p_{wf}+K_C\sigma_c\\ \sigma_a&=0.5CK_C p_{wf}\\ \sigma_r&=CK_C p_{wf}\end{aligned}\right\}\tag{5-34}$$

$$C=\frac{K^2}{-K^2+1}$$

式中 K_C——应力集中系数。

依据应力极限图，得到Ⅰ区和Ⅱ区分界处的平均应力 σ_m，由此求得疲劳强度条件为：

$$\sigma_{rD}\geqslant\sigma_m=\frac{\sigma_b(\sigma_s-\sigma_n)}{\sigma_b-\sigma_n}\tag{5-35}$$

式中的 σ_{rD} 为最大应力振程。在最大下泵深度的情况下，$\sigma_c=0$，$\sigma_{min}=0$。若泵工作在Ⅰ区，则最大应力振程 σ_{rD} 和下泵深度 H_{ID} 分别为：

$$\sigma_{rD}=2(\sigma_s-\sigma_m)=CK_C p_{wf}\tag{5-36}$$

$$H_{ID}=101.94\left(\frac{\sigma_s}{CK_C}-p_{tf}\right)\tag{5-37}$$

若泵工作在Ⅱ区，则最大应力振程 σ_{rD} 和下泵深度 H_{IID} 分别为：

$$\sigma_{rD}=2\sigma_n\left(1-\frac{\sigma_m}{\sigma_b}\right)\tag{5-38}$$

$$H_{IID}=\frac{203.88}{CK_C}\frac{\sigma_b\sigma_n}{\sigma_b+\sigma_n}-101.94p_{tf}\tag{5-39}$$

3. 防煤粉排采泵柱塞的设计计算

柱塞危险断面位于两端的内螺纹处，柱塞最大载荷 Q_{max} 发生在上冲程中，最大和最小应力可由下式计算：

$$\left.\begin{aligned}\sigma_{max}&=\frac{Q_{max}}{A}=\frac{4\,600D_2^2H}{A}\\ \sigma_{min}&=\frac{Q_{min}}{A}=0\end{aligned}\right\}\tag{5-40}$$

式中 H——下泵深度，m。

由此，可以应用应力极限图解法和第四强度理论计算柱塞的强度和疲劳强度。

三交区块 SJP03-1 井排采泵的下泵深度 H 为 525 m，泵筒和柱塞的材料选用 45 钢，屈服强度 σ_s 为 353 MPa，抗拉强度 σ_b 为 637 MPa，外筒内径 56 mm，泵筒外径 42 mm，筒壁厚 4.5 mm。计算耐久极限的各系数见表 5-10。

表 5-10　防煤粉排采泵设计计算系数

加载方式系数 K_P	偏载系数 K_L	直径系数 K_D	零件表面系数 K_R	井液腐蚀系数 K_H
0.5	0.80	0.90	0.96	0.90

依据设计计算方法，可以得到泵筒和柱塞的设计与校核参数，见表 5-11。从表 5-11 可以看出，$[\sigma]>\sigma_e$，因此泵筒和柱塞的强度设计满足要求；$\sigma_{rD}>\sigma_m$，因此泵筒和柱塞的疲劳强度设计也满足要求；下泵深度 $H<H_{ID}$，同时 $H<H_{IID}$，满足要求。由此，防煤粉排采泵的结构设计完全满足条件。

表 5-11　排采泵泵筒和柱塞的设计计算结果

参数	附加轴向应力 σ_c/MPa	第一主应力 σ_1/MPa	第二主应力 σ_2/MPa	第三主应力 σ_3/MPa	当量应力 σ_e/MPa
泵筒	38.90	88.85	40.00	8.85	69.85
柱塞	51.15	68.15	52.00	8.85	70.35
参数	分界平均应力 σ_m/MPa	最大应力振程 σ_{rD}/MPa	许用应力 $[\sigma]$/MPa	Ⅰ区最大下泵深度 H_{ID}/m	Ⅱ区最大下泵深度 H_{IID}/m
泵筒	203.15	299.70	252.15	2 550	1 650
柱塞	203.15	299.70	252.15	2 550	1 650

5.6.4　防煤粉排采泵检验与现场应用

1. 防煤粉排采泵的检验

防煤粉排采泵的主要技术参数见表 5-12。

表 5-12　防煤粉排采泵的技术参数

规　格	参　数		
泵的代号(API 标准)	20-125TH	25-150TH	25-175TH
基本泵径 d_v/mm	31.8	38.1	44.5
柱塞长度 L_p/mm	1 219～3 352	1 219～3 352	1 219～3 352
泵筒长度 L_v/mm	2 438～7 620	2 438～7 620	2 438～7 620
冲程长度 S/mm	1 200～3 000	1 200～3 000	1 200～3 000
配接排采杆杆径 d_r/mm	19×16	19×16	22×19
配接排采管螺纹直径 d_t/mm	63.02	73.02	73.02
内筒的最大外径 d_i/mm	50.80	57.15	63.50
外筒的最大外径 d_o/mm	66.675	73.025	79.375
最大下泵深度 L_D/m	2 300	1 800	1 500

防煤粉排采泵委托某石油装备有限公司制造。该排采泵于 2010 年 11 月 5 日制造完成后，在厂内抽油泵专用实验台上与现有普通抽油泵一起进行了模拟检验。在不同的煤粉体积分数条件下，这两种泵处于排采状态以及停泵后柱塞上方煤粉沉积量和上冲程时的起抽力对比情况见表 5-13。

表 5-13　防煤粉排采泵的模拟检验结果

实验	实验条件	实验项目	实验结果	
			常规抽油泵	新型排采泵
一	① 实验介质为清水； ② 柱塞上方液柱高度为 4.0 m； ③ 排采泵的泵径为 38.1 mm； ④ 停泵 4 h 后，测量柱塞上方煤粉沉积量，然后重新启动排采泵，测量上冲程时的起抽力	柱塞上方煤粉沉积量	无	无
		上冲程的最大起抽力	2.95 kN	2.93 kN
二	① 实验介质所用井液的煤粉体积分数为 1.0%； ② 柱塞上方液柱高度为 4.0 m； ③ 排采泵的泵径为 38.1 mm； ④ 停泵 4 h 后，测量柱塞上方煤粉沉积量，然后重新启动排采泵，测量上冲程时的起抽力	柱塞上方煤粉沉积量	约 1.5 mm	微　量
		上冲程的最大起抽力	4.56 kN	3.25 kN
三	① 实验介质所用井液的煤粉体积分数为 1.0%； ② 柱塞上方液柱高度为 4.0 m； ③ 排采泵的泵径为 38.1 mm； ④ 排采泵以冲次 2 次/min、冲程 1.2 m 运行 4 h 后，测量柱塞上方煤粉沉积量和上冲程时的起抽力	柱塞上方煤粉沉积量	约 1.0 mm	微　量
		上冲程的最大起抽力	3.55 kN	3.15 kN

可以看出，柱塞在运动和停止两种状态下，经过 4 h 的充分沉积后，常规抽油泵柱塞上方出现 1.5 mm 左右的明显煤粉堆积现象，而防煤粉排采泵柱塞上方均无明显的煤粉堆积；相对于实验井液介质为清水(煤粉体积分数为 0)的情况，在煤粉体积分数为 1.0%的井液中常规抽油泵起抽力最大增加幅度达到 55%，而防煤粉排采泵的起抽力增加幅度可以控制在 15%以内，可以有效解决煤粉卡泵问题。该排采泵配合所设计的直丝筛管和井底口袋，预计可以有效延长检泵周期，解决煤粉卡泵问题。

2. 排采泵下泵前的准备与操作使用

防煤粉排采泵组装时应根据煤层气井井况选取化学镀镍的泵筒总成和喷焊的柱塞总成构成摩擦副，不允许相同表面处理方式的柱塞和泵筒配合。组装后，对排采泵进行密封性能和漏失量试验，然后在外筒的外表面喷漆。下泵前，应首先检查护帽、标牌、管塞以及其他包缠物是否去掉；然后检查柱塞总成在泵筒总成中的灵活度，往复拉动和转动柱塞应轻快灵活且无阻滞，并保持柱塞和泵筒的润滑与清洁；最后检查各螺纹连接处是否牢固，有无松动、损伤和锈蚀。

排采泵下泵时，首先将泵筒总成、防煤粉筛管、进液阀总成和尾管随排采管柱一起下到井筒中的设计深度(图 5-13a)，尾管最下端用丝堵密封，根据要求下沉煤粉尾管 50～100 m，要求尾管上紧并密封；再将扶正体、柱塞总成和出液阀总成随排采杆下入排采管柱中，到位后靠排采泵的自重实现柱塞入泵筒，靠排采杆的重量实现扶正体锁爪的入位与密封(图 5-13b)；泵安装完成后，在下冲程位置提升柱塞总成，并通过井口处光杆卡子位置来调准防冲距(图 5-13c)，随后泵即可正常工作。

排采泵起泵时，上提排采杆就可使柱塞总成与泵筒总成脱离，进而提到地面上来，然后起出排采管柱就可以把泵筒总成取出。

3. 防煤粉排采泵的现场应用

某石油装备有限公司负责制造 20-125TH，25-150TH 和 25-175TH 三个泵型的防煤粉排采泵，其生产样机见图 5-14。

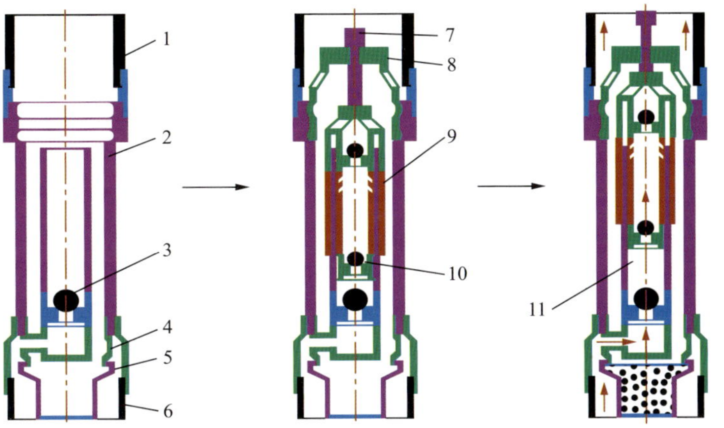

(a) 下入泵筒　　(b) 下入柱塞　　(c) 上提防冲距

图 5-13 防煤粉排采泵下井流程示意图

1—排采管；2—泵筒总成；3—进液阀总成；4—密封总成；5—尾管；6—防煤粉筛管；7—排采杆；8—扶正体；9—柱塞总成；10—出液阀总成；11—防冲距

(a) 防煤粉排采泵样机　　(b) 防煤粉排采泵现场试验井

图 5-14 防煤粉排采泵及其应用现场

2010 年 11 月 25 日，将研制的 3 套防煤粉排采泵在鄂尔多斯盆地韩城区块 3 口煤层气井韩 3-043、韩 3-3-107 和合试 13 进行了安装及现场试验。无故障运行 6 个月，期间抽汲效果良好，其试验结果见表 5-14。可以看出，3 口试验井在采用常规抽油泵时的平均泵效为 50%～65%，而安装经过精细设计的专用防煤粉排采泵后，平均泵效大幅度提高到 80%～93%。韩 3-3-107 井排采泵的泵效试验结果如图 5-15 所示，采用冲程 2.5 m、直径 44.5 mm 的常规抽油泵时的泵效仅为 56.7%，而使用冲程 2.1 m、直径 38.1 mm 的新型排采泵后泵效提高到 90.9%，最低泵效也高于 80%。

表 5-14 防煤粉排采泵现场试验结果

井 号	泵型(API 标准)		冲程 S/m		泵效 η/%		检泵周期 T/月	
	常规抽油泵	新型排采泵	常规抽油泵	新型排采泵	常规抽油泵	新型排采泵	常规抽油泵	新型排采泵
韩 3-043	25-150TH	20-125TH	2.5	1.5	63.7	93.2	3～4	6
韩 3-3-107	25-175TH	25-150TH	2.5	2.1	56.7	90.9	3～4	6
合试 13	25-225TH	25-175TH	3.0	2.5	51.7	86.5	3～4	6

3 套排采泵设备运行 6 个月的抽汲效果良好。目前普遍采用的常规抽油泵的平均检泵周期为 3～4 个月，使用新型排采泵后的检泵周期平均延长 30％以上。目前，20-125TH，25-150TH 和 25-175TH 等泵型的防煤粉排采泵配套筛管及尾管的多种结构形式在韩城区块等煤层气田已经逐渐推广应用。

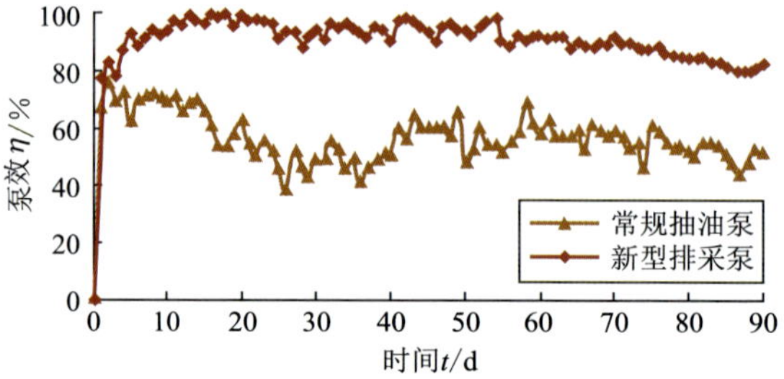

图 5-15　韩 3-3-107 井排采泵的泵效曲线

第 6 章

煤层气井三抽排采系统优化设计

三抽排水采气系统(机杆泵系统)以其设备简单、运行可靠、适应性强的优点被广泛应用于煤层气井的排水采气中。与油田排采不同的是,煤层气井在“排采初期—稳产期—排采后期”三个阶段的产水量变化范围较大,从 50 m^3/d 到 0.5 m^3/d 不等。而煤层气排采需要稳定降压以及持续稳定的动液面下降速度,这就要求煤层气排采中机杆泵工作的抽汲参数不仅要在前期较大排量时能满意工作,还要在排采后期很好地适应小排量时的稳定排水降压,而且要能根据井况实现连续的排量变化。

本章结合煤层气的工程特点,研究如何确定合适的抽水机、杆柱、泵、电动机型号,充分发挥设备性能;通过研究煤粉排出条件,设计合适的工作参数,使其与煤层生产能力及煤层气井条件相适应,从而保证煤层气井高效、稳定生产。除特殊说明外,本章所提及的抽水机均为游梁式抽水机。

6.1 抽水机系统分析

图 6-1 所示为三抽排采设备机杆泵装置简图,三抽排水采气系统主要由地面装置、泵装置和连接装置组成[217]。地面装置主要包括电动机、抽水机、连杆机构,实现动力输出与运动循环;通过连接装置(主要是杆柱)将动力传到泵装置,带动抽油泵系统,实现排水采气。

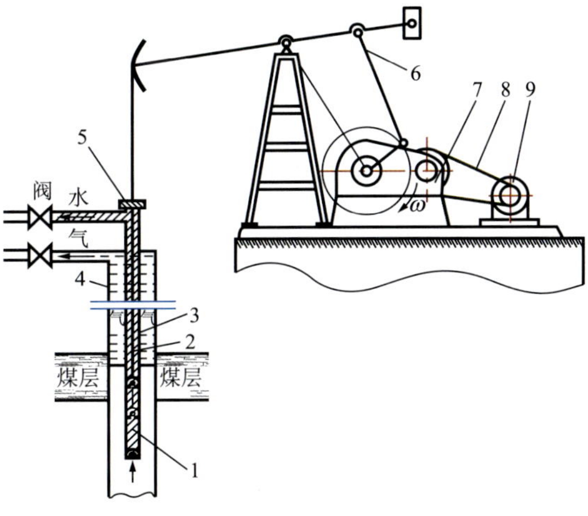

图 6-1　三抽排采设备机杆泵装置简图

1—抽油泵;2—杆柱;3—油管;4—套管;5—井口装置;6—抽水机;7—减速装置;8—传动带;9—动力机

6.1.1 抽水机运动学分析

以后置游梁式抽水机为例,根据相关文献[218-222],可将抽水机简化为四连杆结构,其结构示意图如图 6-2 所示。

根据对四连杆机构的分析,得到对应抽水机游梁 3 的角加速度 α_3 的计算式为:

$$\alpha_3 = \frac{\omega_1^2 R\cos(\theta_1 - \theta_2) - \omega_2^2 P - \omega_3^2 C\cos(\theta_3 - \theta_2)}{P\sin(\theta_3 - \theta_2)} \tag{6-1}$$

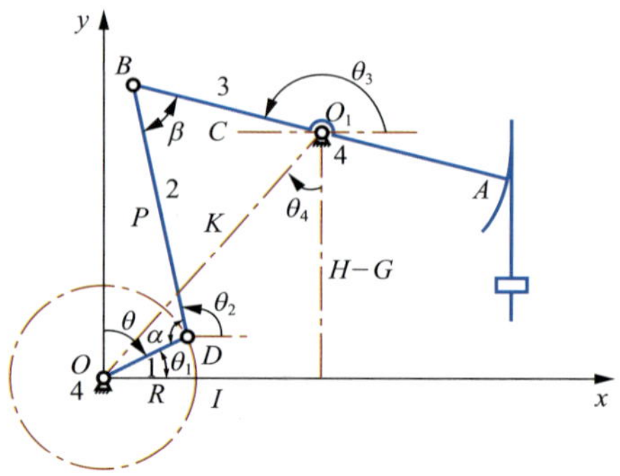

图 6-2 抽水机四连杆结构示意图

$$\omega_2 = -\frac{R\omega_1\cos(\theta_1-\theta_2)}{P\sin(\theta_2-\theta_3)} = \frac{R\omega_1\sin(\theta_3-\theta_1)}{P\sin(\theta_2-\theta_3)} \tag{6-2}$$

$$\omega_3 = \frac{R\omega\sin(\theta_2-\theta_1)}{C\sin(\theta_2-\theta_3)} \tag{6-3}$$

$$\theta_2 = \arccos\frac{-C_1A_1-\sqrt{C_1^2A_1^2-(C_1^2-B_1^2)(B_1^2+A_1^2)}}{B_1^2+A_1^2} \tag{6-4}$$

$$\theta_3 = -\arcsin\frac{-C_2B_2+\sqrt{C_2^2B_2^2-(C_2^2-A_2^2)(B_2^2+A_2^2)}}{B_2^2+A_2^2}+\pi \tag{6-5}$$

其中：

$$A_1=(2RP\sin\theta-2PK\cos\theta_4)$$

$$B_1=(2RP\cos\theta-2PK\sin\theta_4)$$

$$C_1=R^2+P^2+K^2-C^2-2RK\sin(\theta+\theta_4)$$

$$A_2=(2CK\cos\theta_4-2RC\sin\theta)$$

$$B_2=(2CK\sin\theta_4-2RC\cos\theta)$$

$$C_2=-2RK\sin(\theta+\theta_4)+C^2+K^2+R^2-P^2$$

$$K=\sqrt{(H-G)^2+I^2}$$

$$\theta_4=\arctan\frac{H-G}{I}$$

由此可得出悬点速度 v 为：

$$v=A\omega_3=-\frac{AR\omega\cos(\theta+\theta_2)}{C\sin(\theta_2-\theta_3)} \tag{6-6}$$

悬点加速度 a_A 为：

$$a_A=A\alpha_3 \tag{6-7}$$

冲程 S 为：

$$S=A(\theta_{3\max}-\theta_{3\min}) \tag{6-8}$$

悬点位移 s 为：

$$s=A(\theta_3-\theta_{3\min}) \tag{6-9}$$

式中 $\theta_{3\min}$—— θ_3 的最小值，由几何关系知 $\theta_{3\min}=\pi-\arccos\frac{C^2+K^2-(P+R)^2}{2CK}+\theta_4$；

A—— 游梁前臂长度，m；

C ——游梁后臂长度，m；

R ——曲柄长度，m；

P ——连杆长度，m；

K ——游梁旋转中心到曲柄旋转中心的距离，m；

I ——游梁旋转中心到曲柄旋转中心的水平距离，m；

$H-G$——游梁旋转中心到曲柄旋转中心的垂直距离，m。

下面通过一个现场实例对三抽系统的运动参数进行仿真分析。

【实例 6.1】 某抽水机型号为 CYJ3-1.5-6.5HB，具体结构参数如下：曲柄长度 $R=0.505$ m；连杆长度 $P=1.96$ m；游梁后臂长度 $C=1.32$ m；游梁前臂长度 $A=1.79$ m；游梁旋转中心到曲柄旋转中心的距离 $K=2.62$ m；游梁旋转中心到曲柄旋转中心的水平距离 $I=1.845$ m；游梁平衡重至游梁支点距离 $C_b=2.1$ m；曲柄平衡重的质量 $Q_r=920$ kg；游梁平衡重的质量 $Q_b=808$ kg；冲程 $S=1.5$ m，冲次 $n=6$ 次/min，抽油泵的泵径 $D_p=38$ mm，杆径 $d=19$ mm，油管规格 2 in，管内径 $D_t=44.48$ mm。

采用 Matlab 程序语言编写计算程序，以下死点为起点，模拟其在一个冲程范围内的悬点位移、速度、加速度曲线，分别如图 6-3～图 6-5 所示。

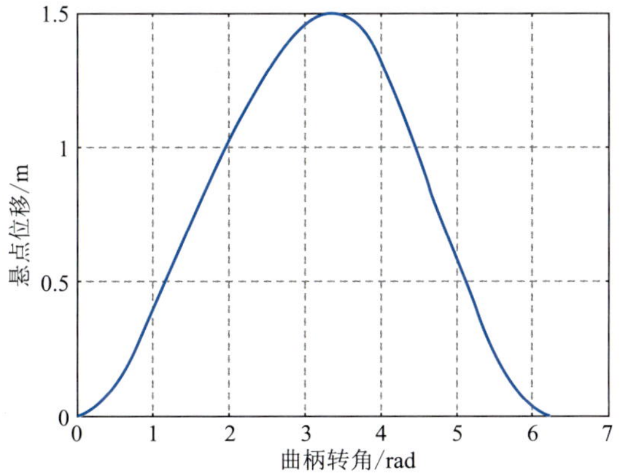

图 6-3　悬点位移模拟曲线

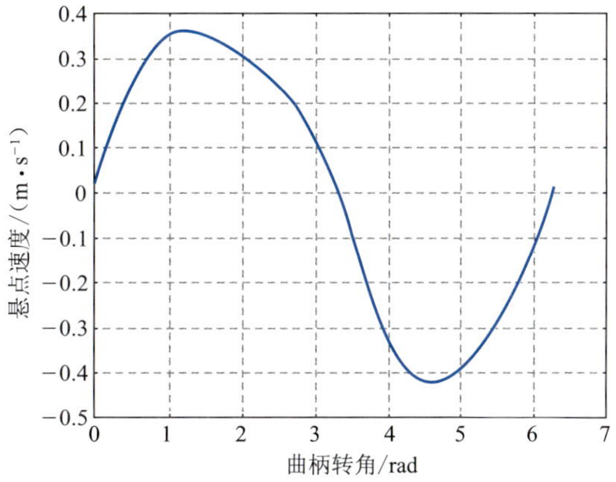

图 6-4　悬点速度模拟曲线

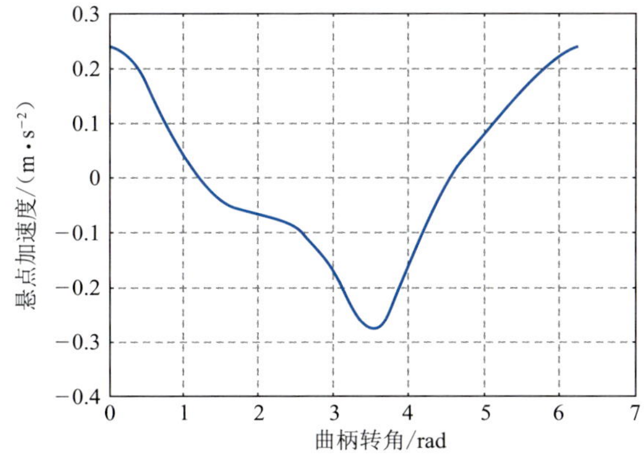

图 6-5　悬点加速度模拟曲线

6.1.2 抽水机动力学分析

1. 悬点载荷的计算分析

(1) 悬点载荷理论计算。

根据文献[217]和[223]的分析可知,悬点载荷的计算公式如下:

$$P_A = P_G + P_L + P_H + P_I + P_v + P_f \tag{6-10}$$

式中 P_A——悬点载荷,N;

P_G——杆柱在液体中的自重,N;

P_L——液柱重量,N;

P_H——油管外液柱对柱塞的压力,N;

P_I——杆柱和液柱因变速运动产生的惯性载荷,N;

P_v——杆柱和管柱振动产生的振动载荷,N;

P_f——摩擦载荷,N。

① 杆柱在液体中的自重 P_G。

上冲程时,游动阀关闭,杆柱不受浮力作用;下冲程时,游动阀打开,杆柱受到浮力作用。杆柱在上下冲程中的自重 P_{Gu} 和 P_{Gd} 分别为:

$$\left.\begin{aligned} &\text{上冲程} \quad P_{Gu} = \rho_r g A_R L_p \\ &\text{下冲程} \quad P_{Gd} = (\rho_r - \rho_L) g A_R L_p \end{aligned}\right\} \tag{6-11}$$

式中 ρ_r——抽油杆的密度,$\rho_r = 7\ 850\ \text{kg/m}^3$;

ρ_L——油管内液体的密度,$\rho_L = 1\ 018\ \text{kg/m}^3$;

A_R——抽油杆柱的截面积,m^2;

L_p——下泵深度,m;

g——重力加速度,m/s^2。

② 液柱重量 P_L。

作用在柱塞上的液柱重量为:

$$P_L = (A_H - A_R)\rho_L g L_p \tag{6-12}$$

式中 A_H——泵的柱塞面积,m^2。

③ 油管外液柱对柱塞的压力 P_H。

P_H 主要与油管压力、套管压力和柱塞面积有关,表达式为:

$$P_H = (p_t - p_c) A_H \tag{6-13}$$

式中 p_t——油管压力,Pa;

p_c——套管压力,Pa。

④ 惯性载荷 P_I。

惯性载荷主要由杆柱和液柱的运动变化而产生。上冲程时,游动阀关闭,液柱的惯性力直接作用在柱塞上;下冲程时,游动阀打开,液柱的惯性力没有作用在柱塞上。由此可知上下冲程中的惯性载荷 P_{Iu} 和 P_{Id} 分别为:

$$\left.\begin{aligned} &\text{上冲程} \quad P_{Iu} = A_R \rho_r L_p a_A + (A_H - A_R)\rho_L L_p \varepsilon a_A \\ &\text{下冲程} \quad P_{Id} = A_R \rho_r L_p a_A \end{aligned}\right\} \tag{6-14}$$

$$\varepsilon = \frac{A_H - A_R}{A_G - A_R}$$

式中 a_A——悬点运动加速度,m/s^2;

ε——液体因过流断面变化而引起的加速度变化系数;

A_G——油管过流断面面积，m^2。

a_A 在之前的运动分析中已经得出，在实际计算过程中也可以按照下式计算：

$$a_A = \frac{Sn^2}{1\ 790} \tag{6-15}$$

式中　n——冲次，次/min。

⑤ 杆柱和管柱振动产生的振动载荷 P_v。

根据文献[224]可以得出，静变形结束瞬间开始的杆柱纵向振动可用杆柱纵向振动的波动方程来描述。杆柱纵向自由振动在悬点上引起的振动载荷 P_v 的表达式为：

$$P_v = -EA_R\frac{\partial \mu}{\partial x}\bigg|_{y=0} = \frac{8EA_R v_0}{\pi^2 C}\sum_{n=0}^{\infty}\frac{(-1)^n}{(2n+1)^2}\sin(2n+1)\omega_0 t \tag{6-16}$$

$$v_0 = \frac{\lambda_J}{0.5S}v_{max} = \frac{\pi n \lambda_J}{30} \tag{6-17}$$

式中　E——钢材的弹性模量，一般取 2.1×10^{11} N/m²；

μ——杆柱任一截面的弹性位移，m；

C——弹性纵波在杆柱中的传播速度，单级杆柱 C=5 000 m/s，二级杆柱 C=5 400 m/s，三级杆柱 C=5 800 m/s；

v_0——静变形结束时的悬点速度，m/s；

v_{max}——悬点最大加速度，m/s；

n——求和项中的项数；

ω_0——自由振动圆频率，Hz；

t——时间，s；

λ_J——光杆的静变形量，m。

⑥ 摩擦载荷 P_f。

摩擦载荷 P_f 主要由杆管间的摩擦力、泵筒与柱塞间的半干摩擦力、杆柱与液柱间的摩擦力、油管与液柱间的摩擦力和液体通过游动阀的阻力组成，计算公式如下：

$$\left.\begin{aligned}&\text{上冲程}\quad P_f = F_1 + F_2 + F_4\\&\text{下冲程}\quad P_f = F_1 + F_2 + F_3 + F_5\end{aligned}\right\} \tag{6-18}$$

$$F_2 = \frac{0.94D_p}{\delta} - 140 \tag{6-19}$$

$$F_3 = 0.33Sn\mu L_p\frac{m^2-1}{(m^2+1)\ln m-(m^2-1)} \tag{6-20}$$

$$F_5 = \frac{\pi^2\rho_L}{7\ 200\mu^2}\cdot\frac{A_H^3(Sn)^2}{A_{zk}^2} \tag{6-21}$$

式中　F_1——杆管间的摩擦力，直井内不超过杆柱重量的 1.5%，N；

F_2——柱塞与泵筒间的半干摩擦力，N；

F_3——杆柱与液柱间的摩擦力，N；

F_4——油管与液柱间的摩擦力，根据统计资料取值为 $0.77F_3$；

F_5——液体通过游动阀的阻力，N；

D_p——泵柱塞直径，m；

δ——抽油泵筒单面间隙，m；

μ——井液的动力黏度，一般取 $(0.6\sim1)\times10^{-3}$ Pa·s；

m——油管内径 D_t 与杆柱直径 D_r 之比值；

A_{zk}——游动阀阀座孔断面面积，m^2。

(2) 悬点载荷近似计算。

悬点载荷在实际计算中常用的公式有美国石油协会公式(API RP 11L)、威尔诺夫斯基-阿道宁公式、史诺尼杰尔公式、美尔斯公式[225]，这些公式计算简便且结果和实测值较接近。需要指出的是，改进的美尔斯公式计算简便且能保证一定的精度：

$$P_{max}=(P_l+P_r)\cdot\left(1+\frac{Sn^2}{1\ 790}\right) \tag{6-22}$$

$$P_{min}=P_r\left(1-\frac{Sn^2}{1\ 790}\right) \tag{6-23}$$

式中 P_l——液柱载荷，与液体密度、井深及液柱横截面积有关，N；

P_r——杆柱载荷，与钢材密度、杆柱直径、井深有关，N；

P_{max}——最大悬点载荷，N；

P_{min}——最小悬点载荷，N；

S——光杆冲程，m；

n——冲次，次/min。

(3) 抽水机示功图。

抽水机在运行过程中可以分为"下死点(静变形开始)—静变形结束—上死点(静变形开始)—静变形结束—下死点(静变形开始)"四个阶段。示功图是指悬点载荷随悬点位移变化的曲线；静力示功图是指悬点受到的静力随悬点位移变化的曲线。根据实例 6.1 的参数，绘出静力示功图和示功图如图 6-6 所示。

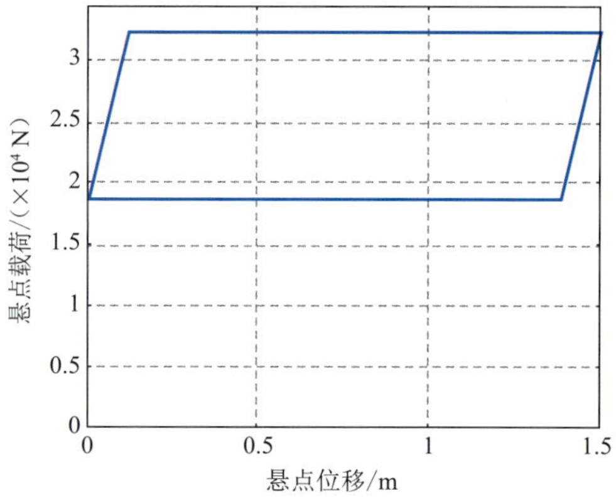

(a) 静力示功图

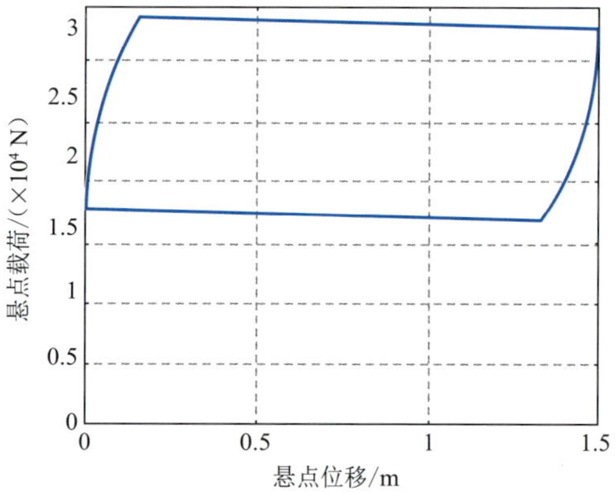

(b) 考虑惯性载荷的示功图

图 6-6 悬点示功图

2. 曲柄力矩的计算

根据文献[217]和[218]，抽水机的游梁受力和曲柄受力分析如图 6-7 所示，作用在曲柄上的力 F 可表示为：

$$F=\left[P_A\frac{A}{C}-Q_b\frac{C_b}{C}\left(\cos\theta-\frac{C_b a_A}{Ag}\right)\right]\frac{\sin\alpha}{\sin\beta}-Q_r\sin\varphi \tag{6-24}$$

复合平衡时，减速箱的曲柄扭矩 M 为：

$$M=\left[P_A\frac{A}{C}-Q_b\frac{C_b}{C}\left(\cos\theta-\frac{C_b a_A}{Ag}\right)\right]\frac{\sin\alpha}{\sin\beta}R-L_R Q_r\sin\varphi \tag{6-25}$$

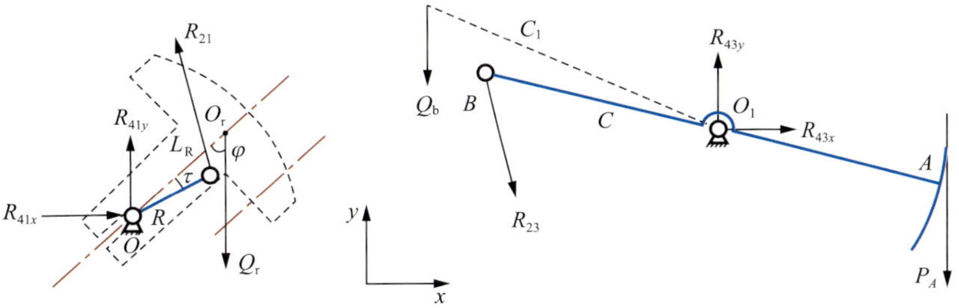

图 6-7　复合平衡游梁式抽水机受力分析简图

游梁平衡时，$Q_r=0$，减速箱的曲柄扭矩 M_Y 为：

$$M_Y=\left[P_A\frac{A}{C}-Q_b\frac{C_b}{C}\left(\cos\theta-\frac{C_b a_A}{Ag}\right)\right]\frac{\sin\alpha}{\sin\beta}R \tag{6-26}$$

曲柄平衡时，$Q_b=0$，减速箱的曲柄扭矩 M_Q 为：

$$M_Q=P_A\frac{A}{C}\frac{\sin\alpha}{\sin\beta}R-L_R Q_r\sin\varphi \tag{6-27}$$

因此，悬点载荷在曲柄上所产生的扭矩 M_P 为：

$$M_P=P_A\frac{A}{C}\frac{\sin\alpha}{\sin\beta}R \tag{6-28}$$

式中　P_A——悬点载荷，N；

Q_r——曲柄平衡重合力，N；

L_R——曲柄平衡重重心至曲柄转动中心的距离，m；

Q_b——游梁平衡重合力，N；

C_b——游梁平衡重至游梁支点 O 的距离，m；

α——曲柄与连杆夹角，rad；

β——连杆与游梁后臂间的夹角，rad。

将单位悬点载荷在曲柄上所产生的扭矩定义为扭矩因数 TF，则有：

$$TF=\frac{A}{C}\frac{\sin\alpha}{\sin\beta}R \tag{6-29}$$

$$\alpha=\arccos\frac{R^2+P^2-C^2-K^2+2CK\cos\theta_1}{2RP} \tag{6-30}$$

$$\beta=\arccos\frac{C^2+P^2-R^2-K^2+2RK\cos\theta_1}{2CP} \tag{6-31}$$

$$\psi=\arctan\frac{I}{H-G}=\theta_1+\tau \tag{6-32}$$

式中　θ_1——曲柄转角，rad；

ψ——曲柄平衡重重心和曲柄转动中心连线与 x 轴的夹角，rad；

τ——曲柄平衡重偏置角，rad。

根据以上公式可以计算出减速箱扭矩随曲柄转角的变化规律，通过解析法可以求出最大扭矩。

3. 悬点载荷与曲柄扭矩的计算误差分析

下面通过现场实例对抽水机的悬点载荷、曲柄扭矩的计算误差进行分析。已知柳林某煤层气井现场典型的 4 口井数据如表 6-1 所示。

表 6-1 柳林某煤层气井现场部分井数据

参数＼井号	T-1-012	T-3-003	T-8-055	T-9-101
抽水机型号	3-1.5-6.5HB	3-2.5-13HY	4-3-18HY	4-2.5-13HY
泵径/mm	32	44	44	38
管径/in	2	2½	2½	2
杆径/in（百分比）	0.5	0.625×0.5（0.44×0.56）	0.625×0.5（0.65×0.35）	0.75×0.625（0.42×0.58）
井深/m	638	755	892	1 063
最大排量/($m^3\cdot d^{-1}$)	10	20	30	20
最小排量/($m^3\cdot d^{-1}$)	2	3	5	5
泵沉没度/m	30	42	57	58

按照悬点载荷与曲柄扭矩的计算公式，计算出各井的最大、最小悬点载荷及曲柄扭矩数值如表 6-2 所示，计算误差如图 6-8 所示。

表 6-2 4 口井的部分动力学参数计算值对比

计算参数＼井号		T-1-012	T-3-003	T-8-055	T-9-101
最大悬点载荷	理论值/N	11 999	22 353	26 481	34 114
	实测值/N	11 897	22 116	26 103	33 766
	误差/%	0.86	1.07	1.45	1.03
最小悬点载荷	理论值/N	4 205	9 316	10 709	18 287
	实测值/N	4 147	9 231	10 573	18 022
	误差/%	1.40	0.92	1.29	1.47
曲柄最大扭矩	理论值/(N·m)	2 921	8 148	11 829	9 891
	实测值/(N·m)	2 872	7 939	11 575	9 632
	误差/%	1.71	2.63	2.19	2.69

分析表 6-2 可以得出以下结论：① 解析法求出的值与实测值的误差较小，都在 3%以内且都偏大，在实际运用中具有指导意义；② 解析法求出的悬点载荷误差都在 2%以内，具有较高的精确性；③ 利用解析法求出的曲柄扭矩误差在 3%以内，这可能与平衡重的选取有关系。需要说明的是，平衡效果越好，解析法计算出的误差越小。

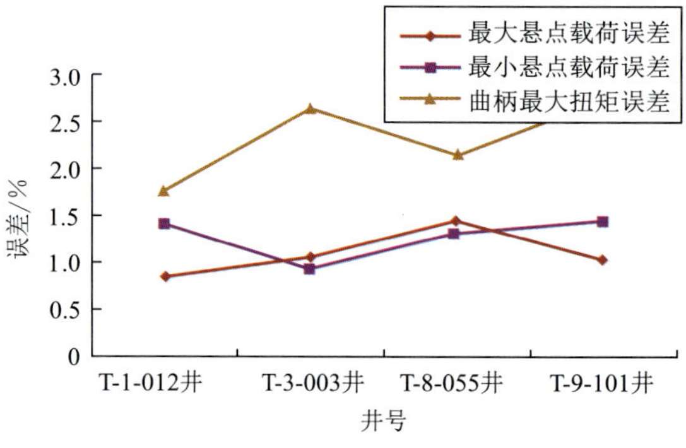

图 6-8 动力学参数的误差分析

6.1.3 柱塞有效冲程计算

杆柱在上下冲程中静载荷的变化以及

惯性力的作用引起杆、管变形，使得柱塞实际运动的路程不等于光杆冲程。对于杆柱，在下死点瞬间，载荷增加使得杆柱伸长，但柱塞还停留在原来的位置（即柱塞对泵筒没有相对运动）。杆柱伸长量 λ_r 为：

$$\lambda_r = \frac{\Delta P L_p}{EA_R} = \frac{(P_{js} - P_{jx})L_p}{EA_R} = \frac{P_1 L_p}{EA_R} \tag{6-33}$$

式中 E——钢材的弹性模量，一般取 $2.1\times10^{11}\ \mathrm{N/m^2}$；

ΔP——载荷变化量，N；

P_{js}——上冲程静载荷，N；

P_{jx}——下冲程静载荷，N。

在下冲程变为上冲程瞬间，管柱因卸载而缩短，缩短量为 λ_t：

$$\lambda_t = \frac{\Delta P L_p}{EA_G} = \frac{P_1 L_p}{EA_G}$$

则静变形 λ 的大小为：

$$\lambda = \lambda_r + \lambda_t = \frac{P_1 L_p}{EA_R} + \frac{P_1 L_p}{EA_G} = \frac{P_1 L_p}{EA_R}\left(1 + \frac{A_R}{A_G}\right) = \frac{\lambda_r}{\varphi} \tag{6-34}$$

$$\varphi = \frac{1}{1 + A_R/A_G}$$

式中 φ—— 变形分配系数，一般可取 0.6 ～ 0.9。

以上分析表明，杆、管的静变形使柱塞有效冲程比光杆冲程小。考虑静变形的有效冲程 S_e 为：

$$S_e = S - \lambda \tag{6-35}$$

考虑杆柱的惯性载荷时，在上、下死点处惯性载荷方引起的附加冲程长度分别为 e_1 和 e_2，此时柱塞有效冲程 S_e 为：

$$S_e = S - \lambda + e_1 + e_2 \tag{6-36}$$

e_1 和 e_2 的计算公式与 λ 相似，将惯性力看成集中于杆柱中点的集中力，则有：

$$e_1 + e_2 = \frac{P_{Iu} L_p}{2EA_R} + \frac{P_{Id} L_p}{2EA_R} = \frac{L_p}{2EA_R}(P_{Iu} + P_{Id}) \tag{6-37}$$

上式中的 P_{Iu} 和 P_{Id} 分别为上、下死点处的最大惯性载荷，代入相应的数值（π 取 3.141 6，$E = 2.1\times10^{11}\ \mathrm{N/m^2}$），计算可得：

$$e_1 + e_2 = 2.076\times10^{-10} L_p^2 S n^2$$

将上式代入式(6-36)，可得到考虑惯性载荷作用后柱塞有效冲程表达式为：

$$S_e = S(1 + 2.076\times10^{-10} L_p^2 n^2) - \lambda = SK - \lambda \tag{6-38}$$

$$K = 1 + 2.076\times10^{-10} L_p^2 n^2$$

式中 K——冲程增加系数。

当采用普通抽汲工况时，K 值一般很小，仅有 1.5%～2.5%的差别。随着下泵深度 L_p 和冲次 n 的增加，K 迅速增加。例如，当 L_p=1 000 m 和 n=5 次/min 时，K=1.005 2；当 L_p=1 500 m 和 n=10 次/min 时，K=1.045 2。

6.2 机杆泵系统优化模型的建立

6.2.1 确定目标函数

机杆泵系统的优化设计模型分析是一个多目标离散变量优化问题。目标函数有 3

个,分别为最小抽水机型号、最小抽油泵、最小杆柱直径,均为离散变量。使用最小抽水机型号可以有效节约资源,减少能源浪费,避免出现“大马拉小车”现象;最小抽油泵可以充分利用泵效,合理利用抽油泵,而且对于推荐的杆管组合来说,小油管可以减小杆管环空,提高煤粉排出能力;最小杆柱直径可以减小钢材浪费,更重要的是可以减小抽水机的悬点载荷,合理发挥抽水机的系统功效。

对于抽水机而言,确定抽水机型号的主要参数有最大悬点载荷、最大冲程、最大减速箱扭矩和对应的最小冲程,即抽水机型号的目标函数 Y_1 和最大悬点载荷 P_{max}、最大冲程 S_{max}、最大减速箱扭矩 T_{max}、最小冲程 S_{min} 为对应关系,可表示为:

$$\boldsymbol{Y}_1 = [P_{max} \quad S_{max} \quad T_{max} \quad S_{min}]^T$$

即有:

$$\min \boldsymbol{Y}_1 = \min\{[P_{max} \quad S_{max} \quad T_{max} \quad S_{min}]^T\} \tag{6-39}$$

对于抽油泵而言,确定了抽油泵型号也就确定了抽油泵的直径,其目标函数 Y_2 可以表示为:

$$\min Y_2 = \min D_p \tag{6-40}$$

式中 D_p——抽油泵直径,mm。

对于杆柱而言,确定了杆柱型号和组合也就确定了杆柱直径,其目标函数 Y_3 可表示为:

$$\min Y_3 = \min d \tag{6-41}$$

式中 d——杆柱直径,mm。

6.2.2 分析约束条件

1. 最大排量约束

煤层气排采不同于油井排采,其中一个典型的区别是:油井排采要求稳产、稳定动液面、高效,而煤层气排采需要稳定降压以及持续稳定的动液面下降。这就要求煤层气排采中机杆泵工作的抽汲参数不仅要在前期较大排量时能满意工作,还要在排采后期很好地适应小排量时的稳定排水降压,而且要能根据井况实现连续的排量变化。

抽水机的排量主要与冲次、冲程、泵径以及泵效有关,可以用下式表示:

$$Q = 1\,440 A_F S n \tag{6-42}$$

式中 Q——泵的理论排量,m^3/d;

A_F——活塞的断面面积,m^2。

排量系数取为 $K = 1\,440 A_F$,则有:

$$Q = KSn \tag{6-43}$$

煤层气常用排采泵对应的排量系数如表 6-3 所示。

表 6-3 煤层气常用排采泵的排量系数

泵径/mm	32	38	44	51	56	63	70
活塞面积/($\times 10^{-4}$ mm^2)	8.04	11.37	15.2	20.43	25.52	31.37	38.48
排量系数 K	1.157 8	1.633	2.188 8	2.9417	3.674 5	4.488 8	5.541 1

在实际排采过程中,泵效 η 为:

$$\eta = \eta_{充} \eta_{冲} \eta_{漏} \eta_{缩}$$

式中 $\eta_{充}$——泵的充满度系数;

$\eta_{冲}$——冲程损失系数;

$\eta_{漏}$——液体的漏失系数;

$\eta_{缩}$——液体的压缩系数。

对于具体抽水机而言，η 在一定程度上可以作为评价设备和抽汲工况选择正确与否的指标。泵效主要受杆柱和油管的弹性变形、柱塞与泵筒之间的漏失、吸入阀和排出阀的关闭滞后以及溶解气的游离等因素的影响。η 的变化范围很大，在我国煤层气现场一般低于0.8，当抽汲工况不良时可能只有0.2～0.3。一般认为当 $0.8 \geqslant \eta \geqslant 0.5$ 时，抽油泵工作是正常的。于是，可得出泵的最大排量为：

$$Q_{max} = \eta_{max} K S_{max} n_{max} \tag{6-44}$$

泵的最大排量要不小于煤层气井的最大产液量，以保证液体能全部产出，即有：

$$Q_{max} \geqslant [Q_{max}]$$

或

$$\eta_{max} K S_{max} n_{max} \geqslant [Q_{max}] \tag{6-45}$$

式中　$[Q_{max}]$——煤层气井预测得到的最大产液量，m^3/d；

η_{max}——工程允许的较大值，计算时一般不大于0.8；

K——排量系数，与泵径有关；

S_{max}——光杆最大冲程，与抽水机型号有关，m；

n_{max}——抽水机最大冲次，受抽水机型号、最大冲程和泵径约束，次/min。

2. 最小排量约束

在排采后期，煤层气井的产水量很少，主要是产气，这时更要稳定液面下降，疏通产气通道，以保证高产气周期的延续。因此，在排采后期，抽汲参数要保证最小排量低于煤层气井的预测最小排量，即：

$$\eta_{min} K S_{min} n_{min} \leqslant [Q_{min}] \tag{6-46}$$

式中　$[Q_{min}]$——煤层气井的预测最小排量，m^3/d；

η_{min}——工程允许的较小值，计算时一般不低于0.5；

S_{min}——光杆最小冲程，由抽水机型号、最大冲程的对应关系唯一确定，m；

n_{min}——抽水机最小冲次，与电动机转速和减速比有关，取值一般不低于0.5～1次/min。

3. 抽水机最大悬点载荷约束

游梁式抽水机的悬点载荷，特别是最大载荷是正确设计和选择抽水机、杆柱以及电动机的主要依据之一。由第6.1.2节分析可知，抽水机悬点主要受到6种载荷作用。其中，①，②和③项载荷与杆柱运动无关，称为静载荷；④和⑤项载荷与杆柱运动有关，称为动载荷；⑥项载荷也与杆柱运动有关，但在煤层气排采的直井、斜度较小的井中，它的大小在总载荷中占2%～5%，一般可以忽略不计。

目前的计算公式主要有两种：一是理论推导结合试验矫正系数；另一种是纯粹的经验公式。可采用式(6-22)及(6-23)所示美尔斯公式计算。

作为约束条件，在选择抽水机时必须使选择的抽水机的最大悬点载荷大于等于计算得到的最大悬点载荷，即有：

$$P_{max} = (P_1 + P_r) \cdot \left(1 + \frac{S_{max} n_{max}^2}{1\,790}\right) \leqslant [P_{max}] \tag{6-47}$$

式中　$[P_{max}]$——抽水机的允许最大悬点载荷，与抽水机型号有关，N。

4. 最大冲次约束

高冲次工况可以用较小的抽水机完成正常抽汲工况下需要较大型抽水机才能完成的

工作，在保证一定产量的同时可以选用较小的冲程，这样可以使抽水机尺寸和减速箱减小。但是高冲次工况恶化了杆柱的工况条件，降低了杆柱的工作可靠性。当杆柱的最大冲次高于一定值时，会使抽水机产生很大的振动，杆柱的损坏次数也增加。因此，杆柱的最大允许冲次$[n_{max}]$由下式确定[222]：

$$[n_{max}] \leqslant \sqrt{\frac{1\ 790}{S_{max}}} \tag{6-48}$$

还要注意最大冲次 n_{max}不能与杆柱自振频率的整数倍重合，以免发生共振。杆柱自振频率 f_r 为：

$$f_r = \frac{7\ 2137.6}{L} \tag{6-49}$$

式中 L——下泵深度，m。

此外，当采用大冲程和大泵径时，杆柱的冲次也有一定的约束。根据工程条件，其最大允许值如表 6-4 所示。根据我国煤层气现场的抽水机使用经验，悬点最大冲次 n_{max}一般低于 8～10 次/min。

表 6-4 不同泵径对不同冲程抽水机的冲次最大允许值

冲程/m	冲次最大允许值/(次·min^{-1})		
	泵径 95 mm	泵径 70 mm	泵径 56 mm
6.0	5.32	6.06	6.45
4.5	6.15	6.99	7.45
3.0	7.53	8.56	9.13

5. 杆柱强度约束

在实际排采过程中杆柱主要承受随时间变化的不对称循环应力，其最大值为最大悬点载荷 P_{max}对应的应力 σ_{max}，最小值为最小悬点载荷 P_{min}对应的应力 σ_{min}。杆柱失效主要有最大应力破坏和疲劳失效两种情况，所以杆柱的设计主要考虑其最大应力强度和疲劳强度。现场的实际使用数据表明杆柱的上部、中部和下部都有断裂发生。分析原因可知，杆柱的破坏主要是受到循环应力的长期作用所致，而井液的腐蚀更是加速了其断裂破坏过程。因此，在杆柱的设计过程中主要是通过疲劳强度进行设计，通过最大应力强度进行校核，只要满足最大应力强度即可。

1）疲劳强度约束

设杆柱自振频率为 f_r，分析可知杆柱的最大应力 σ_{max}和最小应力 σ_{min}分别为：

$$\sigma_{max} = \frac{P_{max}}{f_r}, \quad \sigma_{min} = \frac{P_{min}}{f_r} \tag{6-50}$$

所以其平均应力 σ_m 和应力幅值 σ_a 分别为：

$$\sigma_m = \frac{\sigma_{max} + \sigma_{min}}{2}, \quad \sigma_a = \frac{\sigma_{max} - \sigma_{min}}{2} \tag{6-51}$$

式中 P_{max}，P_{min}——杆柱最大、最小工作载荷，由煤层气井特性选择计算方法，或者由实测示功图得出，kN。

引入相当应力 σ_d 表示杆柱的当量循环疲劳强度，有：

$$\sigma_d = \sqrt{\sigma_a \sigma_{max}} \tag{6-52}$$

则杆柱的疲劳校核条件为：

$$\sigma_d = \sqrt{\sigma_a \sigma_{max}} \leqslant [\sigma] = \frac{\sigma_{-1}}{K_n} \tag{6-53}$$

式中 K_n——安全系数；

σ_{-1}——试件在对称循环应力作用下的疲劳极限应力，MPa；

$[\sigma]$——杆柱的许用应力，即奥金格$[\sigma]$值，MPa。

不同材料杆柱的奥金格$[\sigma]$值如表6-5所示。

表6-5 不同材料杆柱的奥金格$[\sigma]$值

泵径/mm	杆柱的钢牌号	热处理	奥金格$[\sigma]$值/MPa
28,32,38,44	45号碳钢	正 火	≤70
28,32,38,44	20NiMo合金钢	正 火	≤90
28,32,38,44	45号碳钢	高频淬火	≤120
56,70,83,95	45号碳钢	高频淬火	≤100
28,32,38,44	20NiMo合金钢	高频淬火	≤130
56,70,83,95	20NiMo合金钢	高频淬火	≤110

2）最大应力强度约束

根据API杆柱设计方法，杆柱最大许用应力$[\sigma_{max}]$为：

$$[\sigma_{max}]=(0.25\sigma_b+0.562\,5\sigma_{min})K_F \tag{6-54}$$

可以得出最大应力强度的约束条件为：

$$\sigma_{max}=\frac{P_{max}}{f_r}\leqslant[\sigma_{max}]=(0.25\sigma_b+0.562\,5\sigma_{min})K_F \tag{6-55}$$

式中 σ_b——杆柱材料的最低抗拉强度，MPa；

K_F——杆柱的使用系数。

K_F由井液腐蚀条件决定，无腐蚀性液体时取1，介质为地层水时D级杆取0.9，含H_2S时D级杆取0.7，H级杆一般取0.9即可。

6. 抽油泵强度条件决定的下泵深度约束

在抽油泵的设计过程中主要考虑泵筒的强度约束。泵筒按受力方式可以分为挤扁和复合抗力两种。底部固定杆式泵(RHB,RWB,RSB)和动筒式杆式泵(RHT,RWT,RST)受挤扁应力，而管式泵(TH,TP)和顶部固定杆式泵(RHA,RWA ,RSA)受复合抗力[48]。泵筒的强度约束主要有最大应力强度约束和疲劳强度约束两种。煤层气排采用泵主要是杆式泵。

1）强度条件决定的下泵深度约束

采用第四强度理论可以很好地解决塑性材料三向应力强度问题。设三个主应力为σ_1，σ_2和σ_3，根据第四强度理论，相当应力σ_{d4}为：

$$\sigma_{d4}=\sqrt{\sigma_1+\sigma_2+\sigma_3-(\sigma_1\sigma_2+\sigma_2\sigma_3+\sigma_3\sigma_1)} \tag{6-56}$$

各种泵型相当应力计算式见表6-6。

表6-6 各种泵型受力形式和校核依据

泵 型	TH,TP	RHA,RWA,RSA	RHB,RWB,RSB	RHT,RWT,RST
受力形式	闭口内压	闭口内压	开口外压	开口外压
σ_{d4}	$\sqrt{\frac{3p^2}{1-K^2}+\sigma_c^2}$	$\frac{\sqrt{3}p}{1-K^2}$	$\frac{2p}{1-K^2}$	$\frac{2p}{1-K^2}$
强度核算	疲 劳	疲 劳	挤 扁	挤 扁

强度条件为：

$$\sigma_{d4} \leqslant [\sigma] = \frac{\sigma_s}{K_{n2}} \tag{6-57}$$

式中 $[\sigma]$——许用应力，MPa；

σ_s——材料的屈服极限，MPa；

K_{n2}——安全系数，$K_{n2}=1.2\sim1.6$，一般管式泵可取 $K_{n2}=1.4$，杆式泵工作条件较好，可取 $K_{n2}=1.2$。

现以底部固定杆式泵为例分析，设泵筒的外压力为 p，则有：

$$p = 9.8\times10^{-6}\rho_1 H + p_B \tag{6-58}$$

式中 ρ_1——井液的密度，kg/m^3；

H——液体深度，m；

p_B——井口回压，依据实际情况而定，一般取 $p_B=1.5\sim5$ MPa，计算时可取 2 MPa。

底部动筒式杆式泵的相当应力为：

$$\sigma_{d4} = \frac{2p}{1-K^2} \tag{6-59}$$

$$K = D_1/D_2$$

式中 K——泵筒螺纹处的内外径之比；

D_1——泵筒螺纹处内径，mm；

D_2——泵筒螺纹处外径，mm。

联立以上三式，可解得：

$$H_{1\max} = \frac{\dfrac{1-K^2}{2K_{n2}}\sigma_s - p_B}{9.8\times10^{-6}\rho_1} \tag{6-60}$$

式中 $H_{1\max}$——泵筒强度约束条件下的最大下泵深度，m。

泵筒强度约束条件下的下泵深度约束为：

$$H_{1\max} = \frac{\dfrac{1-K^2}{2K_{n2}}\sigma_s - p_B}{9.8\times10^{-6}\rho_1} > H \tag{6-61}$$

式中 H——实际下泵深度，根据具体井口确定，m。

2）疲劳强度条件决定的下泵深度约束

对于底部固定杆式泵和动筒式杆式泵，它们仅承受挤扁应力，且与尾管质量问题无关，故疲劳强度可以简化。相对壁厚的倒数 T 为：

$$T = \frac{D_2}{\delta} = \frac{2D_2}{D_2-D_1} = \frac{2}{1-K} \tag{6-62}$$

式中 δ——泵筒壁厚，mm。

推荐筒内许用压力 $[p]$ 为：

$$\left.\begin{aligned} &T \geqslant 14 \text{ 时} \quad [p] = 0.75\sigma_n(2.5/T - 0.046) \\ &T < 14 \text{ 时} \quad [p] = 1.5\sigma_n(T-1)/T^2 \end{aligned}\right\} \tag{6-63}$$

对于杆式泵而言，壁厚为 5～10 mm，泵径为 32～63 mm，故 T 在 3.2～12.6 之间变化。当取壁厚为 6.3 mm、泵径为 38 mm 时，$T\approx6.032$。

6.2.3 建立数学模型

根据之前的物理模型，个自变量为：

$$\boldsymbol{X}=[[P_{\max}]\quad S_{\max}\quad [T_{\max}]\quad S_{\min}\quad D_{\mathrm{p}}\quad d]^{\mathrm{T}}=[x_1\quad x_2\quad x_3\quad x_4\quad x_5\quad x_6]^{\mathrm{T}}$$

则目标函数可以表示为：

$$\left.\begin{aligned}
f_1(X)&=\min\,[P_{\max}]=\min\,x_1\\
f_2(X)&=\min\,S_{\max}=\min\,x_2\\
f_3(X)&=\min\,[T_{\max}]=\min\,x_3\\
f_4(X)&=\min\,S_{\min}=\min\,x_4\\
f_5(X)&=\min\,D_{\mathrm{p}}=\min\,x_5\\
f_6(X)&=\min\,d=\min\,x_6
\end{aligned}\right\}\tag{6-64}$$

约束条件可以表示为：

$$\left.\begin{aligned}
&g_1(X)=[Q_{\max}]-\frac{1\ 440\pi}{4}x_5^2x_2n_{\max}\eta_{\max}\leqslant 0\\
&g_2(X)=\frac{1\ 440\pi}{4}x_5^2x_2n_{\min}\eta_{\min}-[Q_{\min}]\leqslant 0\\
&g_3(X)=\left[\frac{\pi}{4}\rho_1 g(d^2-x_6^2)H+\frac{\pi}{4}\rho_{\mathrm{r}}gx_6^2H\right]\left(1+\frac{x_2n_{\max}^2}{1\ 790}\right)-x_1\leqslant 0\\
&g_4(X)=n_{\max}-\sqrt{1\ 790/x_2}\leqslant 0\\
&g_5(X)=0.5-n_{\min}\leqslant 0\\
&g_6(X)=\sqrt{\frac{(P_{\max}+P_{\min})P_{\max}}{2(\pi x_6^2/4)^2}}-\frac{\sigma_{-1}}{K_{\mathrm{n}}}\leqslant 0\\
&g_7(X)=\frac{P_{\max}}{\pi x_6^2/4}-\left(0.25\sigma_{\mathrm{b}}+0.562\ 5\frac{P_{\min}}{\pi x_6^2/4}\right)K_{\mathrm{F}}\leqslant 0\\
&g_8(X)=H-\left(\frac{1-K^2}{2K_{\mathrm{n2}}}\sigma_{\mathrm{s}}-p_{\mathrm{B}}\right)/(9.8\times 10^{-6}\rho_1)\leqslant 0
\end{aligned}\right\}\tag{6-65}$$

式中　ρ_{r}——杆的密度，$\mathrm{kg/m^3}$。

综上所述，三抽系统优化设计的数学模型可表示为[49]：

$$\left.\begin{aligned}
&\boldsymbol{V}-\min\,\boldsymbol{F}(X)=\min\,[f_1(X)\quad f_2(X)\quad f_3(X)\quad f_4(X)\quad f_5(X)]^{\mathrm{T}}\\
&\boldsymbol{X}\in\boldsymbol{D}\subset\mathbf{R}\\
&\boldsymbol{D}:g_u(X)\leqslant 0\quad (u=1,2,3,\cdots,8)
\end{aligned}\right\}\tag{6-66}$$

需要说明的是，以上 x_1,x_2,x_3,x_4,x_5,x_6 为变量；$S_{\min},d,K,n_{\max},n_{\min}$ 为间接变量；其他均为已知量，可以在实际的设计条件中确定。至此便建立了煤层气排采及机杆泵优化设计的数学模型。由于这是一个离散多目标优化问题，根据其特点可以将问题转变，应用 VB 语言编写程序解决。

6.3　杆柱设计计算

在实际排采过程中杆柱主要承受随时间变化的不对称循环应力，因此在杆柱的设计过程中，必须使其最大应力值和疲劳强度都满足工况要求。由于杆柱任意截面的最大应力和最小应力是不同的，所以在杆柱设计时必须考虑下列要求：

(1) 杆柱应有足够的疲劳强度。

(2) 杆柱总质量应尽量轻。

(3) 由杆柱弹性伸长所造成的柱塞冲程损失不应太大。

(4) 杆柱成本应尽量低。

6.3.1 杆柱计算分析

常见的杆柱设计方法主要有威尔诺夫斯基杆柱设计方法、API 杆柱设计方法和克鲁曼杆柱设计方法。考虑到煤层气排采特点及杆柱的实际工况，本书将 API 杆柱设计与威尔诺夫斯基杆柱设计方法相结合进行应用。

1. 单级杆柱

第一步，求得最大应力和最小应力，见式(6-50)；第二步，用威尔诺夫斯基方法计算杆柱的应力幅值，见式(6-51)；第三步，计算奥金格许用应力，见式(6-52)；第四步，进行疲劳强度校核，见式(6-53)；第五步，根据 API 方法，计算最大许用应力并进行强度校核，见式(6-54)及(6-55)。

2. 多级杆柱

假设杆柱级数为 n，由下而上的第 i 级杆柱的长度为 L_i，总长度为 L。

第一步，求 σ_{mi} 与 L_i 的关系式：

$$\sigma_{mi}=\rho_l g\left(\frac{D^2}{d_i^2}-1\right)H_d+\rho_r g\left(L-\sum_{\substack{k=1\\k\neq i}}^{n}L_k+\sum_{\substack{k=1\\k\neq i}}^{n}L_k\frac{d_k^2}{d_i^2}\right) \tag{6-67}$$

第二步，求 σ_{ai} 与 L_i 的关系式：

$$\sigma_{ai}=\frac{1}{2}\alpha_0\rho_l g\frac{D^2}{d_i^2}H_d+m_a\rho_r\frac{\omega^2 S}{2}\left(L-\sum_{\substack{k=1\\k\neq i}}^{n}L_k+\sum_{\substack{k=1\\k\neq i}}^{n}L_k\frac{d_k^2}{d_i^2}\right) \tag{6-68}$$

第三步，计算 $\sigma_{\max i}$ 与 L_i 的关系：

$$\sigma_{\max i}=\sigma_{mi}+\sigma_{ai} \tag{6-69}$$

第四步，建立方程组：

$$\sigma_{ai}\sigma_{\max i}=\sigma_{a(i+1)}\sigma_{\max(i+1)}\quad (i=1,2,3,\cdots,n-1) \tag{6-70}$$

第五步，建立补充方程：

$$\sum_{k=1}^{n}L_k=L \tag{6-71}$$

第六步，联立方程，解方程组：

$$\left.\begin{aligned}&\sigma_{ai}\sigma_{\max i}=\sigma_{a(i+1)}\sigma_{\max(i+1)}\quad (i=1,2,3,\cdots,n-1)\\&\sum_{k=1}^{n}L_k=L\end{aligned}\right\} \tag{6-72}$$

第七步，疲劳强度校核：

$$\sqrt{\sigma_{ai}\sigma_{\max i}}\leqslant[\sigma]\quad (i=1,2,3,\cdots,n-1) \tag{6-73}$$

式中 H_d——从动液面到井口的距离，m；

α_0——考虑柱塞处集中阻力的影响系数，一般取 1.1×10^4 N/m^3；

D——抽油泵直径，m；

d——杆柱直径，m；

S——冲程，m；

ω——抽水机曲柄角速度，rad/s；

m_a——抽水机平均运动指标，取 1.00。

6.3.2　杆柱的设计

第一步，初算各级杆柱长度，按照各级杆柱顶部压力范围相等的原则计算出各级杆柱长度，初定级数和杆径：

$$\left.\begin{aligned} &\text{一级抽油杆柱}\quad L_1=[(A-EF_1)/J]/(9.8q_1)\\ &\text{二级抽油杆柱}\quad L_2=[(A-EF_2)/J-L_1q_1]/(9.8q_2)\\ &\text{三级抽油杆柱}\quad L_3=[(A-EF_3)/J-L_1q_1-L_2q_2]/(9.8q_3)\\ &\text{四级抽油杆柱}\quad L_4=[(A-EF_4)/J-L_1q_1-L_2q_2-L_3q_3]/(9.8q_4) \end{aligned}\right\}\tag{6-74}$$

$$A=7.7D_p^2\rho_1 LB$$

$$J=0.562\ 5PL\times D\times SF-D\times PL+D-B$$

$$B=1-\rho_1/\rho_r+Sn^2/1\ 790$$

$$D=1-\rho_1/\rho_r-Sn^2/1\ 790$$

$$E=0.25T\times SF\times PL$$

式中　L_1,L_2,L_3,L_4——各级杆柱长度（各级杆柱由下往上数，下同），m；

F_1,F_2,F_3,F_4——各级杆柱截面积，mm；

q_1,q_2,q_3,q_4——各级杆柱单位长度的质量，kg/m；

D_p——泵径，m；

n——抽水机冲次，次/min；

T——杆柱屈服强度，MPa；

E——弹性模量，MPa；

SF——杆柱使用系数，与腐蚀环境等情况有关；

PL——应力范围，在 0.9～1 之间。

使用式(6-74)的计算公式，先设置应力范围、杆柱钢级和最下一级的杆柱直径，代入进行迭代，计算出 L_1。如果 $L_1<0$，则说明杆柱钢级过低和（或）杆柱杆径过小，需调整后重新计算；如果 $L_1\geqslant H_p$（下泵深度），则说明杆柱为一级杆柱；如果 $0<L_1<H_p$，则可进行 L_2 的计算。如果所计算出的 $L_2<0$，则说明杆柱钢级过低和（或）杆柱杆径过小，需调整后重新计算；如果 $L_2\geqslant(H_p-L_1)$，则说明杆柱为二级杆柱；如果 $0<L_2<(H_p-L_1)$，则可进行 L_3 的计算，以此类推。当各级杆柱总长度大于泵深时，说明应力范围偏高或钢级和杆径偏大，需调整后重新计算。由此可以得出杆柱级数。

第二步，计算各级杆柱长度占总长度的比例。按照各级杆柱顶部最大应力相等的原则计算各级杆柱的长度。由第一步得出的杆柱级数和各级杆柱的直径，按照下式计算各级杆柱长度占杆柱总长度的比例：

$$\varepsilon_i=\frac{W_{\max}}{B}\cdot\frac{d_i^2-d_{i+1}^2}{d_1^2d_i^2}\tag{6-75}$$

$$B=0.006\ 587\ 8H_p(1-0.128\rho_L+0.225)\tag{6-76}$$

式中　ε_i——各级杆柱长度比例（一级指顶部）；

d_i——各级杆柱直径，mm；

$W_{\max}$——悬点最大载荷，N；

H_p——泵深，m；

ρ_L——油管内液体相对密度；

i——各级杆柱级数，一级为最顶部。

最后一级杆柱按以下公式计算：

（1）二级杆柱最后一级长度比例：

$$\varepsilon_2 = 1 - \varepsilon_1$$

（2）三级杆柱最后一级长度比例：

$$\varepsilon_3 = 1 - \varepsilon_1 - \varepsilon_2$$

（3）四级杆柱最后一级长度比例：

$$\varepsilon_4 = 1 - \varepsilon_1 - \varepsilon_2 - \varepsilon_3$$

第三步，按各级杆柱长度计算各级杆柱顶部最大载荷和最大、最小应力。根据公式 $\frac{\sigma_{\max 1}}{[\sigma_{\max 1}]} = \frac{\sigma_{\max 2}}{[\sigma_{\max 2}]} = \frac{\sigma_{\max 3}}{[\sigma_{\max 3}]}$ 计算应力范围比，然后计算泵效及产量，如果不满足则返回第二步重新计算，直到满意为止。

第四步，计算最大载荷、最小载荷、扭矩和功率，若计算结果表明抽水机指标超标，则调整参数重新设计或更换抽水机型号。

第五步，进行抽油最后参数优选。一般要考虑以下几个方面：

（1）产供协调，要求设计泵的生产能力与预测产量越接近越好，偏差一般不要超过 10%。

（2）校核泵效，一般认为泵效在 50%～80%之间为合理。

（3）校核系统效率。系统效率是一个重要的经济指标，它随着油井情况、技术装备水平的不同而变化。油井越深、产量越底、气液比越高、黏度越大的油井，系统效率越低，反之则较高。系统效率一般在 20%～45%之间。

各项利用率应符合以下要求：抽水机载荷利用率一般认为在 40%～80%之间为合理；抽水机扭矩利用率一般认为在 40%～80%之间为合理；杆柱应力范围一般认为在 0.60～0.95 之间为合理。

校核加速度因子，按以下公式计算：

$$C = \frac{Sn^2}{1\ 790} \leqslant 0.11 \tag{6-77}$$

第六步，加重杆的设计计算，视具体情况而定。

6.4 抽水机拖动装置设计

抽水机拖动装置的设计目标是根据实际工程状况选择最优的电动机类型，使其充分发挥启动性能和过载能力。合理选择电动机不仅可以提高电能的利用效率，还可以充分发挥排采设备以及煤层的生产能力。

6.4.1 拖动装置优选方法

1. 电动机功率的计算

电动机功率与曲柄扭矩的关系为：

$$M = 9\ 550 \frac{N_r}{n} \eta_m \tag{6-78}$$

式中 M——曲柄扭矩，N·m；

N_r——电动机功率，kW；

n——曲柄转速，计算时可以取为冲次，r/min；

η_m——从电动机到曲柄的机械效率，计算时可以取 0.85～0.9。

曲柄扭矩在整个工作循环中是变化的，在冲程的上下死点达到最大值。如果以最大瞬时扭矩计算，则会使电动机低负载工作而效率低下；如果以平均扭矩计算，又会使电动机超负荷工作而过热。作为实际计算，常常以等值扭矩来代替。等值扭矩的实质是用一个固定不变的扭矩替代实际变化的扭矩，使电机的发热条件一样。根据定义，等值扭矩 M_e 可以通过曲柄扭矩的变化规律计算：

$$M_e = \sqrt{\frac{\sum (M_i^2 \Delta\varphi_i)}{\sum \Delta\varphi}} \tag{6-79}$$

式中　M_i——曲柄瞬时扭矩，N·m；

$\Delta\varphi_i$——瞬时转角变化量，rad；

$\Delta\varphi$——曲柄转角变化量，rad。

计算时通常将一个循环 n 等分，即取 $\Delta\varphi = 2\pi/n$。n 值越大，计算结果越准确，常取 $n = 36$ 或 24。

在实际计算过程中，常常通过寻找 M_e 与曲柄最大扭矩 M_{max} 的关系来简化计算。通过对实际煤层气井况的扭矩进行回归分析，并考虑不平衡因素，可取 $M_e \approx 0.6M_{max}$，代入式(6-78)，可得：

$$N_r = \frac{0.6M_{max}n}{9\ 550\eta_m} \tag{6-80}$$

其中的 M_{max} 可以实测出来或者通过计算得出。分析抽水机使用的大量统计资料得知：绝大多数情况下减速箱的曲柄最大扭矩和悬点载荷的峰值是同时产生的。在抽水机正确平衡和抽油泵泵筒完全充满液体的条件下，上式计算结果和实测扭矩较接近；对于大泵径（大于 57mm）抽水机，由此式计算得出的 M_{max} 值偏低一些，需要再加大 1.05～1.15 倍。将勒马柴诺夫经验公式代入电动机功率的计算公式，可得：

$$N_r = \frac{0.6n[300S + 0.236S(P_{max} - P_{min})]}{9\ 550\eta_m} \tag{6-81}$$

式中　P_{max}——悬点最大载荷，kN；

P_{min}——悬点最小载荷，kN。

2. 电动机功率的估算

由于抽水机的悬点载荷和扭矩的变化规律很复杂，要准确地计算拖动装置的功率是比较困难的，目前还没有精确的计算公式。下面推荐一组适用于近似分析和计算的简便公式：

$$N_r = 0.113\ 6 \times 10^{-6} Q_1 \rho_1 L(0.335 + \eta)K \tag{6-82}$$

或

$$N_r = \frac{QLg}{43\ 200} \tag{6-83}$$

式中　Q_1——理论排量，m^3/d；

L——有效举升高度，即动液面和泵沉没度之和，m；

K——形状系数，与平衡状况有关，一般取 1.2～3.4，平衡时取 1.2，严重不平衡时取 3.4；

η——电动机效率；

Q——日产水量，m^3/d。

3. 游梁式抽水机电动机类型的选择

游梁式抽水机常用的电动机有常规转差率电动机、高转差率电动机和超高转差率电动机。合理选择电动机类型涉及各种类型电动机在游梁式抽水机上工作性能的评价，这是一个复杂的技术经济问题，要对煤层气井的工况进行分析后才能做出合理选择。主要考虑以下两方面性能：

(1) 电动机的启动性能。游梁式抽水机启动时需要带动平衡块，是带载启动，所以要求启动转矩较大。抽水机启动时电流较大，启动瞬间供电电压很低，以致转矩不足。考核电动机启动性能通常以启动转矩与启动电流之比表示，称为“启动品质因数”。其数值越大，说明电动机启动性能越好。电动机转子电阻越大，则启动电流越小，启动转矩越大。各类电动机在额定电压时“启动品质因数”分别为：超高转差率电动机具有较大的转子电阻，其“启动品质因数”较高，为 3.5～4.5 N·m/A；常规转差率电动机的转子电阻较小，其“启动品质因数”较低，约为 1.3 N·m/A；高转差率电动机的转子电阻介于两者之间，其“启动品质因数”中等，约为 2.3 N·m/A。由此可见，高转差率电动机启动过程较平稳，启动电流较小，对电网的冲击较小。在考虑电动机启动性能时，要尽量考虑抽水机运行效率，尽可能避免“大马拉小车”的现象。

(2) 电动机的过载能力。抽水机的一个重要特点是承受交变载荷，选择电动机时一般基于平方根扭矩。所以，电动机运行时每一个冲程都要经受最大扭矩，电动机必须具有足够的过载能力。通常将抽水机工作时最大扭矩与均方根扭矩之间的比值称为过载系数。它依据煤层气井工作状况的不同而有所变化，一般在 1.8～2.2 之间。各类电动机的过载系数如下：J_2 或 JO_2 电动机的过载系数为 1.8；JQO_2 高启动转矩电动机的过载系数为 2.0～2.2；Y 系列电动机过载系数为 2.0 左右；高转差率电动机过载系数较大，JHO_2 系列为 2.2～2.3，YH 系列为 2.4～2.6；超高转差率电动机 YCCH 过载系数为 2.5～3.2。选择电动机时可以参考以上数据进行优选。

6.4.2 电动机系统效率分析

一般的异步电动机在输出功率 P_2 为额定输出功率 P_N 的 60%～100%工况下运转时，其工作效率等于或者略高于额定条件下的效率 η_N，但功率因数总是随着输出功率的减小而降低。由于每台电动机的额定效率 η_N 在铭牌上都已给出，只要电动机的工作负荷在 $(0.6\sim1.0)P_N$ 范围变化，便可认为电动机的效率基本稳定，即约等于 η_N。这时，电动机损失功率 ΔP_2 随着输出功率 P_2 的降低而减小，可由下式求得：

$$\Delta P_2 = \frac{P_2(1-\eta_N)}{\eta_N} \tag{6-84}$$

需要指出的是，有杆采油系统的电动机负荷变化是剧烈而频繁的，其瞬时功率较大值可能超过 P_N；而极小值一般为负值，电动机不仅不输出功率，反而由抽水机拖动发电。电动机的额定效率约为 90%，因此当其工作负荷在 $(0.6\sim1.0)P_N$ 范围内时，电动机损耗约为 10%。电动机损耗功率随输出功率的变化如图 6-9 所示。图中，P_{Cu}，P_{Fe}，P_Z，P_{fw} 分别为铜耗、铁耗、可变损耗和风耗。

在已知 ΔP_2 及 P_2 的情况下，可得到电动机效率 η_1 随输出功率 P_2 的变化关系如下：

$$\eta_1 = \frac{\Delta P_2}{P_2+\Delta P_2} \tag{6-85}$$

绘制电动机效率随输出功率 P_2 的变化曲线如图 6-10 所示。从图中可以看出，当 P_0

在(0.6～1.0)P_N 范围内变化时,电动机效率 η_1 最高;当电动机负荷低于 0.5P_N 以后,效率急剧下降。因此,在进行电动机设计计算时,应充分考虑到电动机的负载,使其在(0.6～1.0)P_N 范围内。

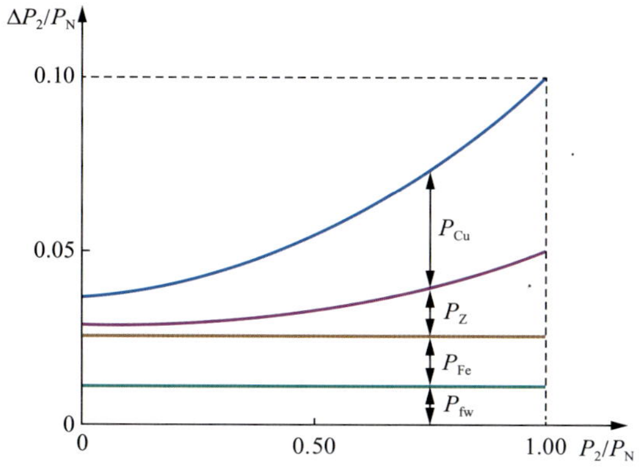

图 6-9　异步电动机损耗功率随输出功率变化图

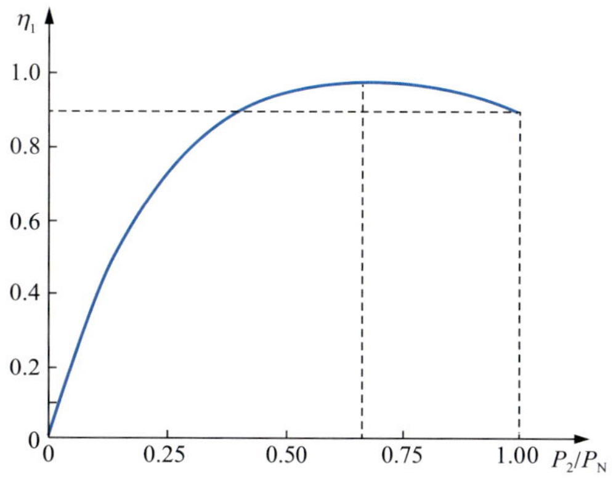

图 6-10　电动机效率随输出功率变化曲线

6.5　三抽系统工作参数设计

三抽系统的工作参数设计不仅要考虑系统的工作效率,还要考虑设备无故障运行周期。在煤层气井中,因煤粉导致的埋泵、卡泵问题是影响三抽系统正常工作的重要因素。本节主要对三抽系统工作参数与煤粉排出的关系展开研究。

6.5.1　煤粉排出井筒条件分析

1. 煤粉颗粒的受力与沉降末速

第 4.1 节中分析了煤粉的沉降特性,实际中通常采用下式计算煤粉颗粒的自由沉降末速 v_{s0}:

$$v_{s0}=0.1528\left[\frac{d_s^{1.6}(\rho_s-\rho_l)g}{\rho_l^{0.4}\mu^{0.6}}\right]^{0.714}$$

1)体积分数的影响

(1)低体积分数时煤粉颗粒群沉降速度。

巴切勒(Batchelor)从统计理论出发,推导出低含砂量情况下煤粉颗粒群沉降速度 v_{sc} 的理论公式:

$$v_{sc}=v_{s0}(1-6.55S_c) \tag{6-86}$$

根据现场资料统计,当体积分数 $S_c \leqslant 5\%$时,利用上式计算的准确性较高[229]。

(2)高体积分数时煤粉颗粒群沉降速度。

霍利克斯(Hawkslcy)以斯托克斯定律为基础,得出高体积分数煤粉颗粒群的沉降速度为:

$$\frac{v_{s0}}{v_{sc}}=\xi(1-S_c)^2\exp\left(\frac{-k_1S_c}{1-k_2S_c}\right) \tag{6-87}$$

式中　ξ——判别系数,当 $\xi=1$ 时固体颗粒不发生絮凝现象,当 $\xi\approx 2/3$ 时存在絮凝现象;

k_1——形状系数,球体时 $k_1=2.5$,非球体时 $k_1=2.5\Lambda$(Λ 为颗粒球度);

k_2——颗粒间的影响系数，当把颗粒近似为球体时 $k_2=39/64$。

2）边界条件的影响

在沉降速度公式的推导中，一般都假定水体范围为无穷大，这在实际应用中几乎是不可能的，特别是在实验室研究颗粒的沉降规律时，由于所采用的试验装置的尺寸较小，因此探讨管道边界条件对颗粒沉降速度的影响很有必要。本书采用修正系数 F_w 来反映边界对沉降速度的影响：

$$F_w=1-\left(\frac{d_s}{D-d}\right)^2 \tag{6-88}$$

式中 D,d——油管直径和杆柱直径，mm。

考虑体积分数和边界条件的油管中煤粉颗粒群的沉降末速如下：

（1）颗粒体积分数小于 5%时：

$$v_{sc}=0.152\,8(1-6.55S_c)\left[1-\left(\frac{d_s}{D-d}\right)^2\right]\left[\frac{d_s^{1.6}(\rho_s-\rho_l)g}{\rho_l^{0.4}\mu^{0.6}}\right]^{0.714} \tag{6-89}$$

（2）颗粒体积分数大于 5%且小于 20%时：

$$v_{sc}=\frac{0.152\,8\times\left[1-\left(\frac{d_s}{D-d}\right)^2\right]\left[\frac{d_s^{1.6}(\rho_s-\rho_l)g}{\rho_l^{0.4}\mu^{0.6}}\right]^{0.714}}{\xi(1-S_c)^2\exp\left(\frac{-k_1S_c}{1-k_2S_c}\right)} \tag{6-90}$$

2. 最小提升速度

由于颗粒间以及颗粒与流体间的相对运动，尾流区扩大。当尾流对颗粒的影响增强时，颗粒的层流层将转变为紊流附面层，导致颗粒的阻力系数 C_d 突然下降[230]。在实际开发过程中，个别颗粒的粒径过大、形状的不规则度偏大、颗粒质量分数的微小改变、管壁粗糙度的加大等，都会引起管中流体产生极高的紊流脉动强度，造成阻力系数 C_d 下降，使颗粒沉降速度 v_{s0} 急剧增大。设计的最小提升速度 v_{min} 为：

$$v_{min}=v_{sc}\sqrt{\frac{C_{d0}}{C_d}} \tag{6-91}$$

式中 C_{d0}——标准阻力系数。

对于煤层气三抽排采系统，假设其达到紊流状态，则 $C_d=0.44$，故有：

$$v_{min}=v_{sc}\sqrt{\frac{C_{d0}}{0.44}} \tag{6-92}$$

通过大量的试验研究，得出不规则形状的拟合阻力系数 C_d 与 S_f 在双对数坐标上为直线关系[231]：

$$S_f=\frac{c}{\sqrt{ab}}$$

$$C_d=0.52S_f^{-1.63} \tag{6-93}$$

式中 S_f——形状校正系数；

a,b,c——煤粉颗粒尺寸，mm。

通过实验测得煤粉颗粒在水中的沉降末速及形状校正系数如表 6-7 所示[227]。形状校正系数、沉降末速与颗粒直径的关系如图 6-11 和图 6-12 所示。

表 6-7　煤粉在水中的沉降末速及形状校正系数

粒径/mm	沉降末速/(m·s^{-1})		形状校正系数
	实测值	计算值	
0.417	0.069 97	0.076 39	0.916
0.355	0.057 99	0.063 17	0.918
0.208	0.030 96	0.033 62	0.921
0.149	0.020 80	0.022 68	0.917
0.105	0.013 85	0.015 01	0.923

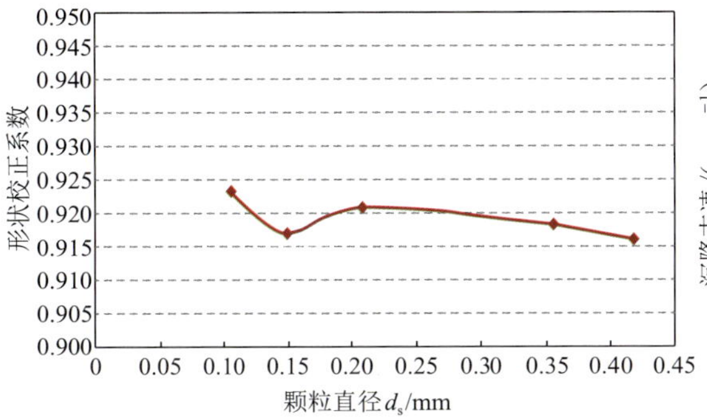

图 6-11　形状校正系数与颗粒直径的关系

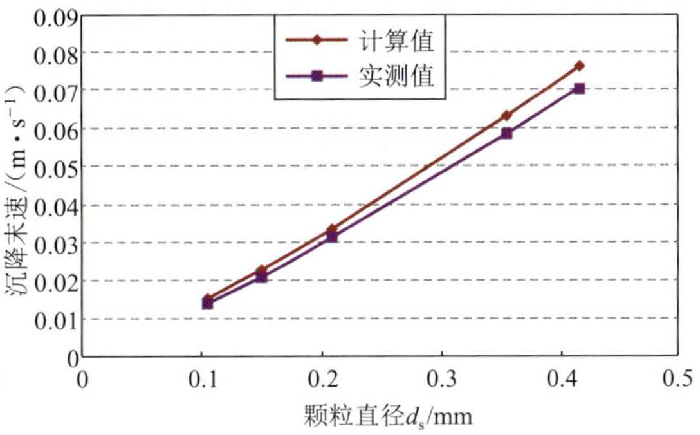

图 6-12　沉降末速与颗粒直径的关系

如图 6-11 所示，通过分析形状校正系数与颗粒直径在坐标上的关系，利用线性最小二乘法对上述在水中的形状系数进行拟合，设其函数为：

$$y = kx + b \tag{6-94}$$

则 k 和 b 的表达式为：

$$\left.\begin{aligned} k &= \frac{\frac{1}{n}\sum x_i y_i - \left(\frac{1}{n}\sum x_i\right)\times\left(\frac{1}{n}\sum y_i\right)}{\left(\frac{1}{n}\sum x_i^2\right) - \left(\frac{1}{n}\sum x_i\right)^2} \\ b &= \frac{1}{n}\sum y_i - \frac{k}{n}\sum x_i \end{aligned}\right\} \tag{6-95}$$

代入数据后解得：

$$\left.\begin{aligned} k &= -0.020\ 92 \\ b &= 0.925\ 2 \end{aligned}\right\} \tag{6-96}$$

则有：

$$y = -0.020\ 92x + 0.925\ 2 \tag{6-97}$$

或写为：

$$S_f = -0.020\ 92d + 0.925\ 2 \tag{6-98}$$

因此有：

$$C_d = 0.52 \times (-0.020\ 92d + 0.925\ 2)^{-1.63} \tag{6-99}$$

式中　d——当量直径。

由上述函数可知，煤粉的形状系数和煤粉颗粒的直径为正相关。根据现场数据分析，煤层气井产出煤粉颗粒的粒径变化范围较大，从 3～4 mm 到 100 目不等，大部分甚至更细。假设 d_s=0.149～5 mm 时，煤粉颗粒的阻力系数 C_d 也在 0.593 5～0.717 8 之间变化。由式(6-92)计算得到的最小水流提升速度 v_{min} 应为煤粉颗粒的自由沉降末速 v_{s0} 的 1.16～1.28 倍。

3. 煤粉排出量计算

设横截面 r 处的流体速度为 $u(r)$，当 $u(r)-v_{sc}>0$ 时，沿 $u(r)$ 往中心分布的煤粉都能排出井筒。当井液中煤粉颗粒体积分数 S_c 小于 5%时，$u(r)$ 由截面速度分布公式可得：

$$2\overline{u}\left(1-\frac{r^2}{r_0^2}\right)=v_{sc} \tag{6-100}$$

式中 r——截面任意处半径，mm；

r_0——杆的半径，mm；

$\overline{u}$——液体流速，m/s。

由前分析可知，煤粉排出体积分数 $\lambda_V=r/r_0$，代入上式并整理得：

$$\overline{u}=\frac{v_{sc}}{2(1-\lambda_V^2)} \tag{6-101}$$

或写为：

$$\lambda_V=\left(1-\frac{v_{sc}}{2\overline{u}}\right)^{0.5} \tag{6-102}$$

将 v_{sc} 代入上面两式可得：

$$\overline{u}=\frac{0.076\,4}{1-\lambda_V^2}(1-6.55S_c)\left[1-\left(\frac{d_s}{D-d}\right)^2\right]\left[\frac{d_s^{1.6}(\rho_s-\rho_l)g}{\rho_l^{0.4}\mu^{0.6}}\right]^{0.714} \tag{6-103}$$

或写为：

$$\lambda_V=\left\{1-0.076\,4(1-6.55S_c)\left[1-\left(\frac{d_s}{D-d}\right)^2\right]\left[\frac{d_s^{1.6}(\rho_s-\rho_l)g}{\rho_l^{0.4}\mu^{0.6}}\right]^{0.714}/\overline{u}\right\}^{0.5} \tag{6-104}$$

由式(6-102)，v_{sc}=0.098 m/s 时 λ_V 与 $\overline{u}$ 的关系如表 6-8 与图 6-13 所示。

表 6-8 煤粉排出体积分数与液体流速关系

λ_V/%	10	20	30	40	50	60	70	80	90
$\overline{u}$ /(m·s^{-1})	$\frac{v_{sc}}{1.98}$	$\frac{v_{sc}}{1.92}$	$\frac{v_{sc}}{1.82}$	$\frac{v_{sc}}{1.68}$	$\frac{v_{sc}}{1.5}$	$\frac{v_{sc}}{1.28}$	$\frac{v_{sc}}{1.02}$	$\frac{v_{sc}}{0.72}$	$\frac{v_{sc}}{0.38}$

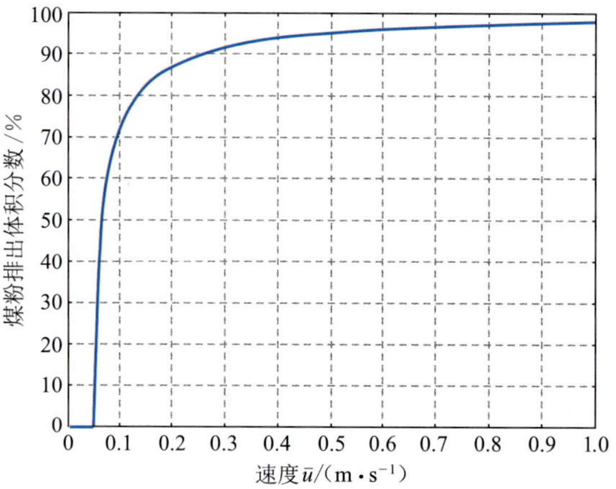

图 6-13 煤粉排出体积分数与液体流速关系

分析表 6-8 与图 6-13，可得出以下结论：

(1) 当 $\overline{u}=0\sim0.049$ m/s 时，没有煤粉排出，这说明 0.049 m/s 是煤粉颗粒在管中的沉降末速；

(2) 当 $\overline{u}=0.049\sim0.098$ m/s 时，煤粉排出体积分数 λ_V 由 0 迅速增加到 70%，煤粉排出效果显著；

(3) 当 $\overline{u}=0.098\sim0.136$ m/s 时，煤粉排出体积分数 λ_V 由 70%很快增加到 80%，但是增速减缓；

(4) 当 $\overline{u}=0.136\sim0.263$ m/s 时，煤粉排出体积分数 λ_V 由 80%较快增加到 90%，增速已经小于 1；

(5) 当 $\overline{u}>0.263$ m/s 时，煤粉排出体积分数 λ_V 增加得非常缓慢。

由以上分析可知，煤粉排出体积分数 λ_V 在 70%甚至 80%以上时具有显著的效果和实际工程意义。

4. 计算实例

【实例 6.2】 已知某井的参数如下：煤层气井井深 h_p 为 800 m；煤粉颗粒的密度 ρ_s 为 1.5×10^3 kg/m³，体积分数 S_c 为 0.02，粒径 d_s 为 0.8 mm；水的密度 ρ_l 为 1.0×10^3 kg/m³，黏度 μ 为 1.0×10^{-3} Pa·s；抽水机的型号为 3-2.5-9，冲次 n 为 5 次/min，泵效 η 为 0.68；油管直径 D 为 50 mm；杆柱直径 d 为 19 mm；有杆泵直径 d_p 为 38 mm。计算井筒煤粉排出体积分数。

第一步，计算煤粉的沉降末速 v_{sc}。首先计算煤粉的自由沉降末速：

$$v_{s0}=0.152\ 8\times\left[\frac{0.000\ 8^{1.6}\times(1\ 500-1\ 000)\times9.81}{1\ 000^{0.4}\times0.001^{0.6}}\right]^{0.714}$$
$$=0.051\ 25\ (\text{m/s})$$

则有：

$$v_{sc}=(1-6.55\times0.02)\times\left[1-\left(\frac{0.8}{50-19}\right)^2\right]\times0.051\ 25$$
$$=0.044\ 51\ (\text{m/s})$$

第二步，计算液体平均流速 $\overline{u}$。根据抽油泵排量(单位 m³/d)计算公式：

$$Q=\frac{\pi}{4}(D^2-d^2)\overline{u}t=KSn\eta \tag{6-105}$$

可得：

$$\overline{u}=\frac{4KSn\eta}{\pi(D^2-d^2)t}=\frac{4\times1.633\times2.5\times5\times0.68}{3.141\ 59\times(0.05^2-0.019^2)\times86\ 400}$$
$$=0.095\ 63\ (\text{m/s})$$

第三步，计算煤粉排出体积分数 λ_V，根据式(6-102)有：

$$\lambda_V=\left(1-\frac{v_{sc}}{2\overline{u}}\right)^{0.5}=\left(1-\frac{0.044\ 51}{2\times0.095\ 63}\right)^{0.5}=87.59\%$$

6.5.2　排采参数与煤粉排出量的关系

在煤层气井中，煤粉排出量是排采设计的重要考虑因素。研究煤粉排出量与各排采参数的关系不仅可以为排采参数设计提供基础，还可以给排采设备的设计选型提供理论依据。

1. 煤粉排出量与日产水量的关系

由以上分析可知，联立式(6-86)，(6-89)，(6-102)和(6-105)，解得：

$$\lambda_V = \left\{1 - 1\,650.24\pi(D^2 - d^2)(1 - 6.55S_c)\left[1 - \left(\frac{d_s}{D-d}\right)^2\right]\left[\frac{d_s^{1.6}(\rho_s - \rho_l)g}{\rho_l^{0.4}\mu^{0.6}}\right]^{0.714}/Q\right\}^{0.5} \tag{6-106}$$

对于某一区块煤层气井，井液中的煤粉排出体积分数与煤粉颗粒中径可以通过实验获得，这样由前文公式可知 v_{s0} 为固定值，于是又有：

$$\lambda_V = \left\{1 - 10\,800\pi(D^2 - d^2)(1 - 6.55S_c)\left[1 - \left(\frac{d_s}{D-d}\right)^2\right]v_{s0}/Q\right\}^{0.5} \tag{6-107}$$

令 $k_Q = 10\,800\pi(D^2 - d^2)(1 - 6.55S_c)\left[1 - \left(\frac{d_s}{D-d}\right)^2\right]v_{s0}$，则上式变为：

$$\lambda_V = \left(1 - \frac{k_Q}{Q}\right)^{0.5} \tag{6-108}$$

将上式中的 λ_V 对 Q 求导，得：

$$\frac{d\lambda_V}{dQ} = \frac{k_Q}{2}Q^{-1.5}(Q - k_Q)^{-0.5} \tag{6-109}$$

下面以实例 6.2 的参数为基础，进一步研究煤粉排出体积分数与排量的关系。通过计算得 $v_{s0} = 0.051\,25$ m/s，则有：

$$k_Q = 10\,800\pi(D^2 - d^2)(1 - 6.55S_c)\left[1 - \left(\frac{d_s}{D-d}\right)^2\right] \times 0.051\,25 = 3.230$$

将 k_Q 代入式(6-108)和(6-109)得：

$$\left.\begin{aligned} \lambda_V &= \left(1 - \frac{3.230}{Q}\right)^{0.5} \\ \frac{d\lambda_V}{dQ} &= 1.615Q^{-1.5}(Q - 3.230)^{-0.5} \end{aligned}\right\}$$

用 Matlab 分别绘出 λ_V 与 Q，$\frac{d\lambda_V}{dQ}$ 与 Q 的关系，如图 6-14 和图 6-15 所示。分析可知：

(1) 当 $Q = 0 \sim 3$ m³/d 时，煤粉排出体积分数一直为 0，表示没有煤粉排出，这说明 $Q = 3$ m³/d 是煤粉排出的临界条件。

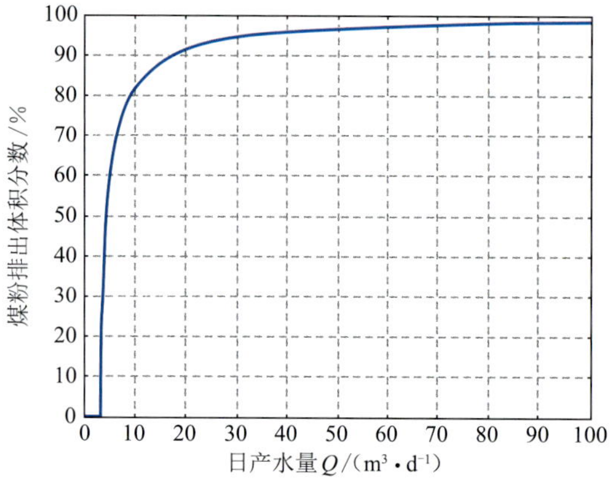

图 6-14　煤粉排出体积分数与日产水量的关系

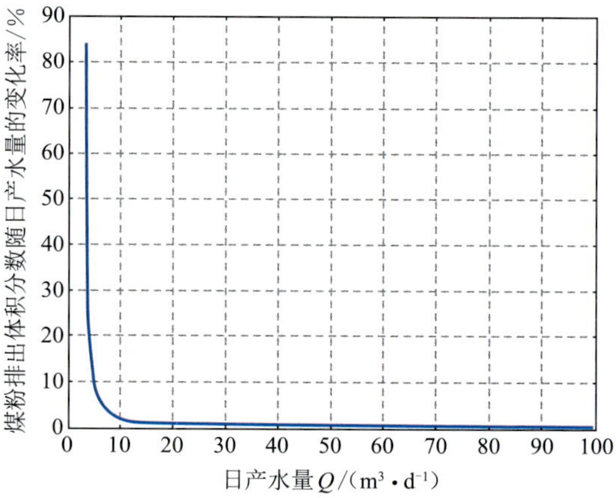

图 6-15　煤粉排出体积分数随日产水量的变化率与日产水量的关系

(2) 当 $Q=3\sim8\ \mathrm{m^3/d}$ 时，煤粉排出体积分数由0迅速增加至80%，这说明当 Q 在 $3\sim8\ \mathrm{m^3/d}$ 范围内变化时，煤粉排出体积分数增长迅速，并且煤粉排出体积分数的变化率一直为较大值且逐渐变小。由此可以得出，此区域为煤粉排出体积分数的显著增长区。

(3) 当 $Q=8\sim17\ \mathrm{m^3/d}$ 时，煤粉排出体积分数由80%缓慢增加至90%，这说明当 Q 在 $8\sim17\ \mathrm{m^3/d}$ 范围内变化时，煤粉排出体积分数的增长速度已经变缓，并且煤粉排出体积分数的变化率已渐渐变小。由此可以得出，此区域为煤粉排出体积分数的缓慢增长区。

(4) 当 $Q>17\ \mathrm{m^3/d}$ 时，煤粉排出体积分数由90%开始非常缓慢地增加，直至逼近100%，这说明当 $Q>17\ \mathrm{m^3/d}$ 以后，煤粉排出体积分数的增长速度已经非常缓慢，并且煤粉排出体积分数的变化率已经非常小。由此可以得出，此区域为煤粉排出体积分数的逐渐滞涨区。

通过分析可以得出：在煤层气井的排采参数设计中，煤粉排出体积分数的显著增长区对排采参数的设计具有指导意义，其缓慢增长区具有参考意义，而其逐渐滞涨区对排采设计已经没有参考意义了。实际上，在煤粉排出设计中只需要考虑煤粉排出体积分数在70%～90%即可。

2. 煤粉排出量与冲程和冲次的关系

将 $Q=KSn\eta$ 代入式(6-107)可得：

$$\lambda_{\mathrm{V}}=\left\{1-\frac{10\ 800\pi(D^2-d^2)(1-6.55S_{\mathrm{c}})\left[1-\left(\dfrac{d_{\mathrm{s}}}{D-d}\right)^2\right]v_{\mathrm{s0}}}{KSn\eta}\right\}^{0.5} \tag{6-110}$$

令 $k_S=\dfrac{10\ 800\pi(D^2-d^2)(1-6.55S_{\mathrm{c}})\left[1-\left(\dfrac{d_{\mathrm{s}}}{D-d}\right)^2\right]v_{\mathrm{s0}}}{Kn\eta}$，代入式(6-110)可得煤粉排出体积分数与冲程的关系：

$$\lambda_{\mathrm{V}}=\left(1-\frac{k_S}{S}\right)^{0.5} \tag{6-111}$$

令 $k_n=\dfrac{10\ 800\pi(D^2-d^2)(1-6.55S_{\mathrm{c}})\left[1-\left(\dfrac{d_{\mathrm{s}}}{D-d}\right)^2\right]v_{\mathrm{s0}}}{KS\eta}$，代入式(6-110)可得煤粉排出体积分数与冲次的关系：

$$\lambda_{\mathrm{V}}=\left(1-\frac{k_n}{n}\right)^{0.5} \tag{6-112}$$

比较式(6-111)，(6-112)与(6-108)，不难看出三式具有相似性，只是系数不同。由此可知，λ_{V} 与 S 的关系、λ_{V} 与 n 关系和 λ_{V} 与 Q 的关系具有相似性，只是前面的系数 k_S，k_n，k_Q 不同，但是其煤粉排出体积分数增长区所对应的 S，n，Q 的值是相互关联的。

3. 煤粉排出量与泵径的关系

令 $k_{\mathrm{p}}=\dfrac{30(D^2-d^2)(1-6.55S_{\mathrm{c}})\left[1-\left(\dfrac{d_{\mathrm{s}}}{D-d}\right)^2\right]v_{\mathrm{s0}}}{Sn\eta}$，由式(6-111)可得煤粉排出体

积分数与泵径的关系：

$$\lambda_V = \left(1 - \frac{k_p}{d_p^2}\right)^{0.5} \tag{6-113}$$

将上式中的 λ_V 对 d_p 求导，得：

$$\frac{d\lambda_V}{dd_p} = k_p d_p^{-5.5} (d_p^2 - k_p)^{-0.5} \tag{6-114}$$

下面以实例 6.2 的数据为基础，进一步研究 λ_V 与 d_p 的关系。通过计算得 $v_{s0} = 0.051\ 25$ m/s，则有：

$$k_p = \frac{30 \times (0.05^2 - 0.019^2) \times (1 - 6.55 \times 0.02) \times \left\{1 - \left[\frac{0.8 \times 10^{-3}}{(50-19) \times 10^{-3}}\right]^2\right\} \times 0.051\ 25}{2.5 \times 5 \times 0.68}$$
$$= 3.34 \times 10^{-4}$$

将 k_p 代入式(6-113)和(6-114)可得：

$$\left.\begin{aligned} \lambda_V &= \left(1 - \frac{3.34 \times 10^{-4}}{d_p^2}\right)^{0.5} \\ \frac{d\lambda_V}{dd_p} &= 3.34 \times 10^{-4} \times d_p^{-5.5}(d_p^2 - 3.34 \times 10^{-4})^{-0.5} \end{aligned}\right\}$$

用 Matlab 分别绘出 λ_V 与 d_p，$\frac{d\lambda_V}{dd_p}$ 与 d_p 的关系如图 6-16 和图 6-17 所示。分析可知：

(1) 当泵径在 28～51 mm 之间变化时，煤粉排出体积分数在 75.8%～93.6%之间变化，变化速度较大，且变化速率迅速减小，为煤粉排出体积分数的显著增长区。

(2) 泵径在 51～70 mm 之间变化时，煤粉排出体积分数在 93.6%～97.2%之间变化，且变化速率缓慢减小，为煤粉排出体积分数的缓慢增长区。

(3) 泵径在 70～95 mm 之间变化时，煤粉排出体积分数在 97.2%～98.5%之间变化，变化速度很小，且变化速率逐渐趋于 0，为煤粉排出体积分数的过渡滞涨区。

泵径在 28～51 mm 变化时，对排采设备的设计具有指导意义。当泵径为 32 mm，38 mm，44 mm 时，煤粉排出体积分数分别为 82%，88%，91.5%，对泵型选择具有重要参考意义。

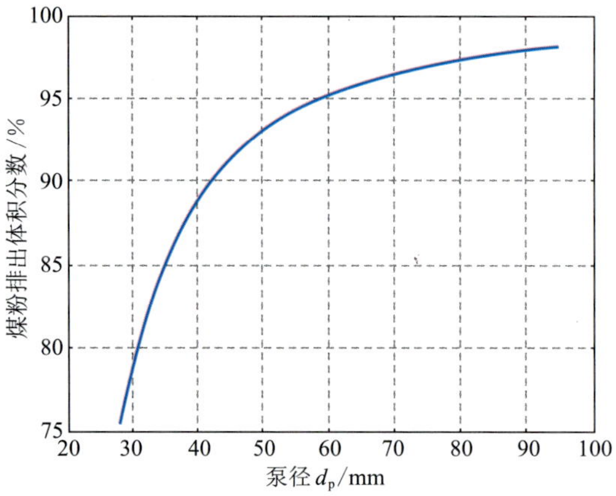

图 6-16 煤粉排出体积分数与泵径的关系

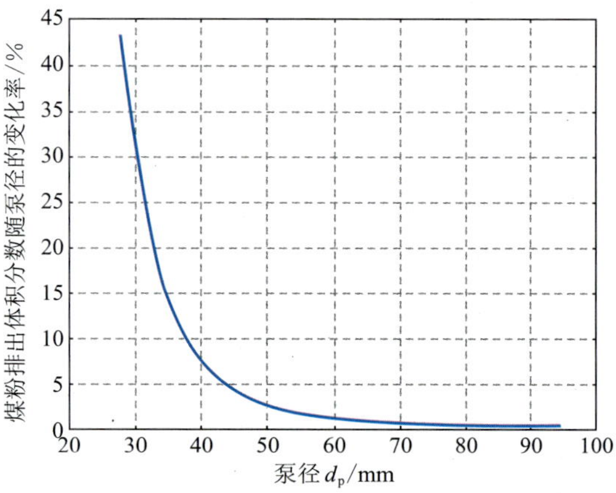

图 6-17 煤粉排出体积分数随泵径的变化率与泵径的关系

4. 煤粉排出量与杆、管直径的关系

前文中已经得出 λ_V 的公式如式(6-110)所示，即：

$$\lambda_V=\left\{1-\frac{10\ 800\pi(D^2-d^2)(1-6.55S_c)\left[1-\left[\dfrac{d_s}{D-d}\right]^2\right]v_{s0}}{KSn\eta}\right\}^{0.5}$$

为了进一步研究 λ_V 与杆径 d 的关系，仍以实例 6.2 的数据为基础，$v_{s0}=0.051\ 25$ m/s，将相关参数代入上式得煤粉排出体积分数与杆径的关系为：

$$\lambda_V=\left\{1-108.863\ 4\times(0.05^2-d^2)\left[1-\left(\frac{0.000\ 8}{0.05-d}\right)^2\right]\right\}^{0.5}$$

同样，煤粉排出体积分数与管径 D 的关系为：

$$\lambda_V=\left\{1-108.863\ 4\times(D^2-0.019^2)\left[1-\left(\frac{0.000\ 8}{D-0.019}\right)^2\right]\right\}^{0.5}$$

利用 Matlab 分别绘出 λ_V 与 d，λ_V 与 D 的关系如图 6-18 和图 6-19 所示。分析可知：

(1) 煤粉排出体积分数随杆径的增加而增加，随管径的增加而减小。

(2) 煤粉排出体积分数随杆径、管径的变化也可以分为显著增长区、缓慢增长区、过渡滞涨区 3 个区域。

(3) 当杆径在 13～29 mm 之间变化时，煤粉排出体积分数在 86.4%～91.0%之间变化，煤粉排出体积分数变化较快，但变化范围较小，这说明在此工程条件下改变杆径对提高煤粉排出体积分数的意义不大。

(4) 当管径在 30～95 mm 之间变化时，煤粉排出体积分数在 97%～28%之间变化，煤粉排出体积分数变化较快，变化范围也较大，这对油管的选择具有重要参考意义。需要指出的是，油管的选择还需要考虑和泵径配合的因素。

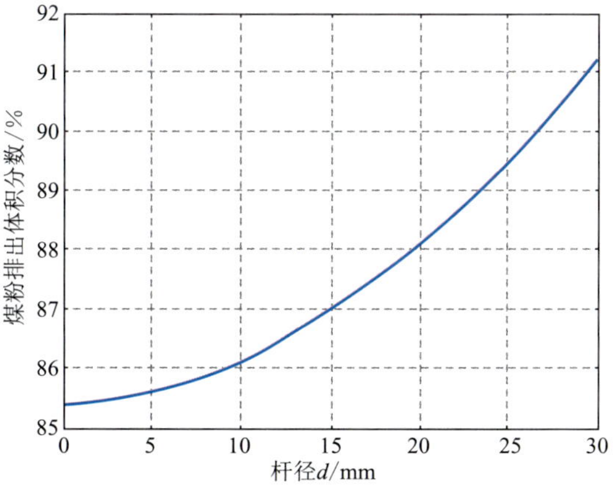

图 6-18 煤粉排出体积分数与杆径的关系

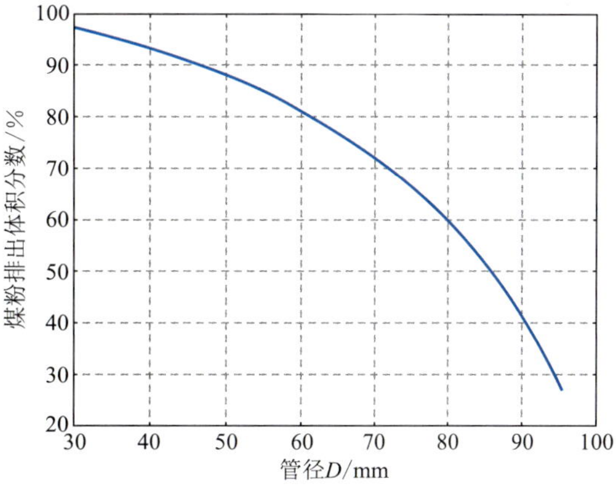

图 6-19 煤粉排出体积分数与管径的关系

6.5.3 基于煤粉排出条件的杆管组合优化

根据分析，杆管组合设计就是在杆柱强度约束、最大悬点载荷约束、管径强度约束、泵径对管径的约束条件下，求出使煤粉排出体积分数最大的杆管组合。在煤层气井排采中，常用的杆柱直径为 13，16，19，22 mm，常用的油管内径为 38.1，50.66，59，74.22 mm(如表

6-9 所示)。

表 6-9 煤层气井常用油管及其尺寸参数

代 号	外径/mm	名义线质量(不加厚)/(kg·m^{-1})	壁厚/mm	内径 d/mm	计算质量(平端)/(kg·m^{-1})
1.050	26.70	2.19	2.87	20.96	2.31
1.315	33.40	3.26	4.55	24.3	3.24
1.660	42.16	4.51	4.85	32.46	4.46
1.900	48.28	5.48	5.08	38.10	5.41
2⅜	60.32	6.85	4.83	50.66	6.61
2⅞	73.02	11.61	7.01	59	11.41
3½	88.9	15.18	7.34	74.22	14.76
4	101.6	19.64	8.83	84.84	19.27

对于某一区块煤层气井,井液中的煤粉排出体积分数与煤粉颗粒中径可以通过实验获得,这样 v_{s0} 为固定值,于是有:

$$\lambda_V = \left\{1 - 10\ 800\pi(D^2 - d^2)(1 - 6.55S_c)\left[1 - \left(\frac{d_s}{D - d}\right)^2\right] v_{s0}/Q\right\}^{0.5}$$

当煤粉颗粒的密度 ρ_s 为 1.5×10^3 kg/m^3,体积分数 S_c 为 0.02,粒径 d_s 为 0.8 mm,水的密度 ρ_l 为 1.0×10^3 kg/m^3,黏度 μ 为 1.0×10^{-3} Pa·s 时,可以计算出 $v_{s0}=0.051\ 25$ m/s,上式可变为:

$$\lambda_V = \left\{1 - 1\ 511.08(D^2 - d^2)\left[1 - \left(\frac{0.000\ 8}{D - d}\right)^2\right]/Q\right\}^{0.5}$$

用 Matlab 绘出不同杆管直径时所对应的煤粉排出体积分数随日产水量的变化关系,如图 6-20 所示。分析可知:

(1) 对于同一杆径,随着管径的增大,煤粉排出体积分数的临界点、显著增长区、缓慢增长区、过渡滞涨区逐渐向后移动;

(2) 对于同一管径,随着杆径的增大,煤粉排出体积分数的临界点、显著增长区、缓慢增长区、过渡滞涨区逐渐向前移动;

(3) 在煤粉排出体积分数的显著增长区,日产水量固定时,不同管径对煤粉排出体积分数影响比较明显,且日产水量越小影响程度越明显;

(4) 在煤粉排出体积分数的缓慢增长区,煤粉排出体积分数固定时,不同管径对所需要的日产水量影响比较明显,且煤粉排出体积分数越大影响程度越明显。

需要指出的是,在煤粉排出体积分数的显著增长区,在日产水量固定时,改变杆管直径组合可以显著提高煤粉排出体积分数,这对实际煤层气井排采设备的设计具有指导意义。

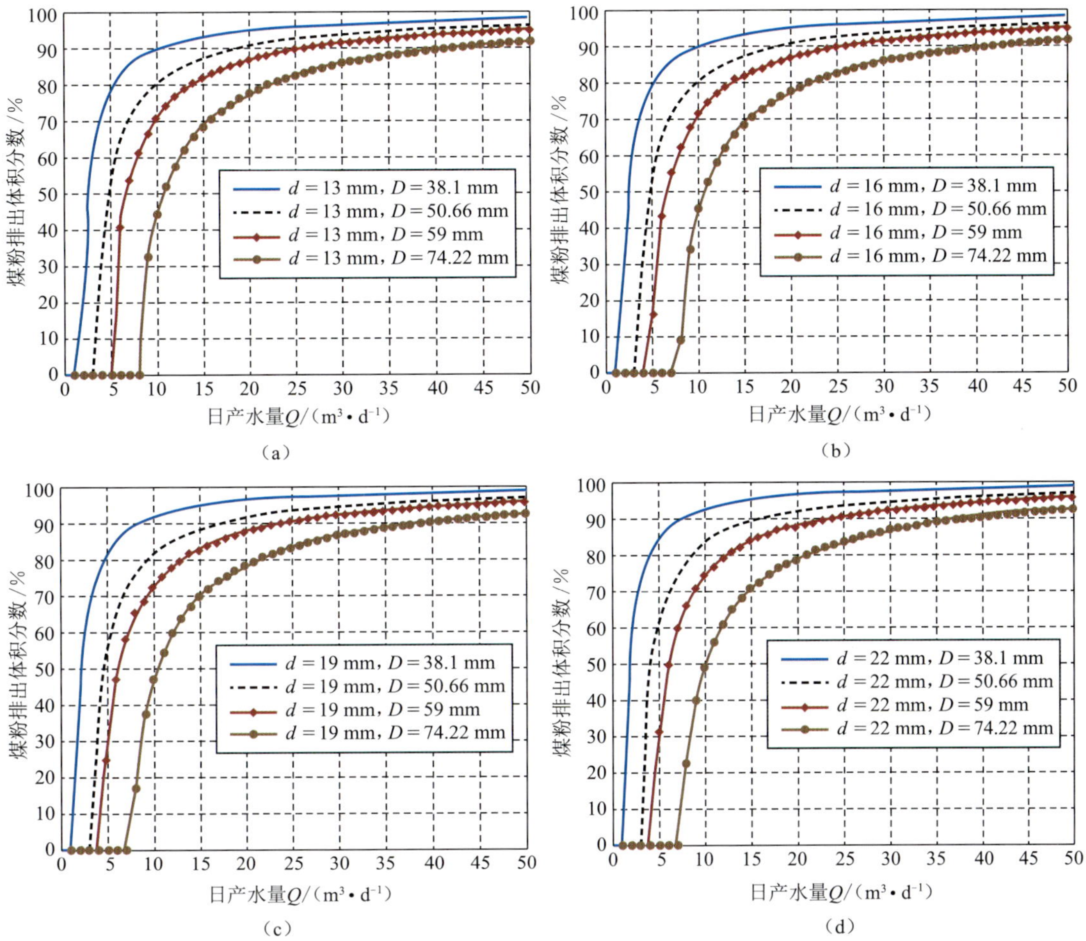

图 6-20　不同杆管直径对应的煤粉排出体积分数随日产水量的变化关系

6.6　基于 VB 的机杆泵系统优选

第 6.2 节中已经建立了机杆泵系统优化设计的数学模型，这属于离散目标优化问题。自变量是一系列有规律的离散变量。根据此问题的特性对其进行转化，应用 VB 编写程序求解。首先，将与抽水机有关的 4 个直接变量和 3 个间接变量按照一一对应关系，组成一个从小到大变化的关系数据表；再将与抽油泵有关的 1 个直接变量和 2 个间接变量按照一一对应关系，组成从小到大变化的关系数据表；最后将与杆柱有关的直接变量由小到大排列。于是，可将问题转化为：从小到大在抽水机、抽油泵、杆柱数据中寻优，找到满足约束条件的最小机杆泵组合，即为最优解。

依据以上思想，得出机杆泵系统优化设计流程图如图 6-21 所示。设计出的机杆泵优化系统应该主要包括参数设置模块、条件输入模块、自变量数据关系库模块、机杆泵优化设计主模块、电动机设计计算模块、排煤粉分析模块六大功能模块。条件输入模块主要提供工程参数的输入；自变量数据关系库模块主要提供抽水机、抽油泵、杆柱数据库关系的导入和编辑；机杆泵优化设计主模块主要有机杆泵初选、杆柱设计和机杆泵系统优化三大功能；电动机设计计算模块主要完成电力拖动装置的设计和选型；排煤粉分析模块主要包括能使80%煤粉排出井筒的最小排量设计。

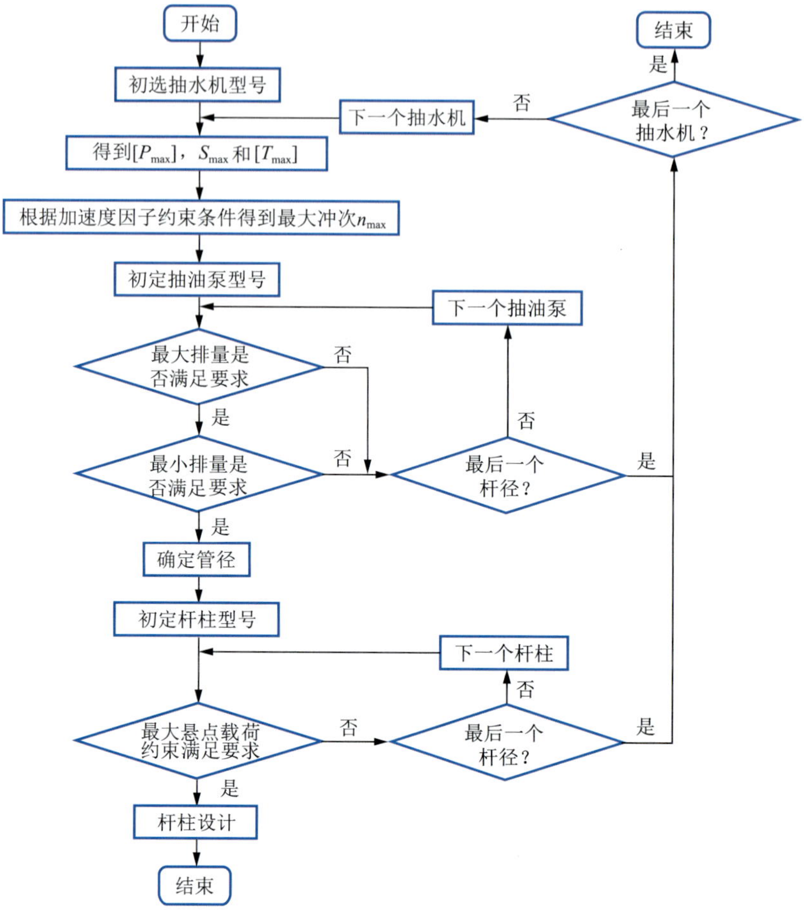

图6-21 基于VB的机杆泵系统优化设计流程图

6.7 煤层气井杆管规格组合设计

煤层气井的下泵深度确定后，即可得到排采杆柱的长度。在有杆泵排采设备工作中要保证排采杆柱的安全，就需要根据杆柱材料强度确定其直径。

6.7.1 单级排采杆柱设计

杆柱在排采设备正常工作中承受随抽排时间变化的载荷，其内部产生由σ_{max}到σ_{min}的不对称循环应力[232]。现场排采实践证明，杆柱在交变载荷作用下发生破坏的原因往往不是最大拉应力作用，而是长期在循环载荷作用下的疲劳破坏[233,234]，再加上井液的腐蚀作用。这是由于最大拉应力作用下杆柱的破坏主要应发生在拉应力最大的杆柱上端，而现场杆柱的上端、中间和下端都出现过断裂，所以排采杆柱的设计应当依据疲劳强度。分析排采杆柱任意截面i处所承受的应力变化，可得最大循环应力σ_{maxi}和最小循环应力σ_{mini}分别为：

$$\left.\begin{aligned}\sigma_{maxi}&=\frac{F_{maxi}}{A_i}\\\sigma_{mini}&=\frac{F_{mini}}{A_i}\end{aligned}\right\}\tag{6-115}$$

式中 A_i——任意截面 i 处的截面积，mm^2；

F_{maxi}，F_{mini}——任意截面 i 处所承受的最大和最小载荷，N。

排采杆柱任意截面 i 处所承受的平均应力 σ_m 和应力幅值 σ_a 分别为：

$$\left.\begin{aligned}\sigma_m &= 0.5(\sigma_{maxi}+\sigma_{mini})\\ \sigma_a &= 0.5(\sigma_{maxi}-\sigma_{mini})\end{aligned}\right\} \tag{6-116}$$

排采设备工作中杆柱任意截面承受不对称循环的应力变化，即 $\sigma_a \neq 0$，为此排采杆柱的强度计算既要考虑最大循环应力 σ_{max}，也要考虑应力幅值 σ_a。不同煤层气井的不同抽汲工况使得同时考虑两因素相对困难。实际设计中，引入当量应力 σ_e 作为统一表征循环应力变化的参数[235]，其实质是将杆柱中的不对称循环应力转化为计算中的对称循环应力，并用当量应力 σ_e 表示出来，即：

$$\sigma_e = \sqrt{\sigma_a\sigma_{max}} = \sqrt{\frac{F_{max}}{A}\,\frac{F_{max}-F_{min}}{2A}} \tag{6-117}$$

排采杆柱的疲劳强度计算条件为：

$$\sigma_e = \frac{\sqrt{2F_{max}(F_{max}-F_{min})}}{2A} \leqslant [\sigma] \tag{6-118}$$

式中 A——单级排采杆柱的截面积，mm^2；

F_{max}，F_{min}——排采杆柱所承受的最大和最小载荷，N；

$[\sigma]$——排采杆柱的许用相当应力，MPa。

由此，在不考虑摩擦载荷作用的情况下，通过计算杆柱疲劳强度可以得到单级排采杆柱直径（截面积）计算式为：

$$2[\sigma]^2A^2 = (A_H\rho_w gL - A_H\rho_m gh_C - A_H p_G + mA)\times(A_H\rho_w gL - A_H\rho_m gh_C - A_H p_G + nA) \tag{6-119}$$

$$m = (\rho_r - \rho_m)gL + 5.5\times10^{-3}\rho_l(1+C)KLn^2S + Ev_r/S_c$$

$$n = 5.5\times10^{-3}\rho_l(K+CK+1)KLn^2S + 2Ev_r/S_c$$

$$C = \frac{\rho_w(A_H - A_R)^2}{\rho_l A_R(A_G - A_R)}$$

式中 h_C——泵的沉没度，m；

L——杆柱长度，m；

ρ_w——杆管环空井液密度，kg/m^3；

ρ_m——管套环空井液密度，kg/m^3；

ρ_r——杆的密度，kg/m^3；

v_r——杆的速度，m/s；

p_G——动液面处的压力，MPa。

在给定下泵深度 L、冲程 S、冲次 n 和截面积 A_H 的情况下，即可采用上述算法确定所需要的排采杆柱直径。

6.7.2 多级组合排采杆柱设计

对于下泵深度和泵径都较小的煤层气井，选用单级排采杆柱即可满足要求。而随着下泵深度的增大，为减少杆柱重量对悬点的影响并节约钢材，依据等强度原则，通常采用上部大杆径而下部小杆径的多级组合排采杆柱[236,237]。目前我国主要矿区煤层气井的井深小于1 000 m，为此多级杆柱的设计通常不超过两级[238]。

各级排采杆柱所占的长度依据等强度原则确定，即各级排采杆柱上端横截面上有相同的当量应力 σ_e，即有：

$$\sigma_{a1}\sigma_{max1}=\sigma_{a2}\sigma_{max2} \tag{6-120}$$

式中　σ_{a1}，σ_{a2}——第一级和第二级杆柱上端横截面的应力幅值，MPa；

σ_{max1}，σ_{max2}——第一级和第二级杆柱上端横截面的最大循环应力，MPa。

对于两级排采杆柱，靠近排采泵柱塞的第一级所求横截面积为 A_1 和总长度为 L_1 的排采杆柱上端横截面的应力为：

$$\sigma_{min1}=\rho g L_1+\rho_1\frac{(1+C)K}{178.9}L_1 n^2 S+\frac{Ev_r}{S_c}+\rho_w g L\frac{A_H-A_1}{A_1}-(\rho_m g h_C+p_G)\frac{A_H}{A_1} \tag{6-121}$$

$$\sigma_{a1}=\rho_w g L_1+\rho_1 L_1 n^2 S\frac{K+CK+1}{182.38}+\rho_w g L\frac{A_H-A_1}{A_1}-(\rho_m g h_C+p_G)\frac{A_H}{A_1}+\frac{2Ev_r}{S_c} \tag{6-122}$$

式中　σ_{min1}——第一级杆柱上端横截面的最小循环应力，MPa。

靠近抽水机悬点，即第二级所求横截面积为 A_2 和总长度为 L_2 的排采杆柱上端横截面的应力为：

$$\sigma_{max2}=\rho_r g\frac{A_1L_1+A_2L_2}{A_2}+\rho_w g L_1\frac{A_H-A_1}{A_2}+\rho_w g L_2\frac{A_H-A_2}{A_2}+\frac{\rho_r(1+C)Kn^2S}{182.38}\frac{A_1L_1+A_2L_2}{A_2}-(\rho_m g h_C+p_G)\frac{A_H}{A_2}+\frac{Ev_r}{S_c} \tag{6-123}$$

$$\sigma_{a2}=\rho_w g\frac{A_1L_1+A_2L_2}{A_2}+\rho_w g L_1\frac{A_H-A_1}{A_2}+\rho_w g L_2\frac{A_H-A_2}{A_2}+\frac{2Ev_r}{S_c}+\frac{\rho_r(K+CK+1)n^2S}{182.38}\frac{A_1L_1+A_2L_2}{A_2}-(\rho_m g h_C+p_G)\frac{A_H}{A_2} \tag{6-124}$$

式中的 ρ_r 为排采杆柱材料密度，计算中忽略接箍截面变化的影响，将单个杆柱看成截面相同的等径直杆，为此 ρ_r 取为 8 200 kg/m^3。

将式(6-121)至(6-124)计算所求的各应力值代入式(6-120)中，便可得到各级排采杆柱的长度 L_i。L_i 的总和即为排采杆柱总长度 L。

6.7.3　排采杆管规格组合选择

实际计算中依据上述算法逐步确定各级排采杆柱长度比较烦琐，为此采用上述方法绘制相应的图表，以供选择多级组合杆柱和强度校核使用[239,240]。图表法的前提条件如下：

(1) 煤层气井的井液密度取为 1 000 kg/m^3。

(2) 考虑泵余隙容积和泵吸入口气液比等实际因素的影响，泵效 η 采用煤层气井修理期间的平均泵效，取为 70%。

(3) 考虑到煤层气井稳定生产中较低的沉没度，认为下泵深度和井液举升高度相等，并且管套环空中动液面处压力 p_G 为 0。

(4) 计算中最大冲程和冲次取为对应型号抽水机的最大允许冲程和冲次。

对于单级排采杆柱，依据上述算法即可进行设计；对于多级组合排采杆柱，考虑到煤层气井下泵深度不是很大，通常忽略振动载荷的影响，在满足假设前提的情况下，可将式(6-120)简化为：

$$aL_1^2+(b_1+b_2)L_1L+cL^2=0 \tag{6-125}$$

其中：

$$a=10^{8}\left(8+\frac{1+C}{200}Kn^{2}S\right)\left(1+\frac{K+CK+1}{200}n^{2}S\right)-$$
$$5\times10^{5}(K+CK+1)\left(7+\frac{1+C}{200}Kn^{2}S\right)\frac{(A_{1}-A_{2})^{2}}{A_{2}^{2}}n^{2}S$$

$$b_{1}=10^{8}\left\{\left(8.8+\frac{2K+2CK+1}{200}n^{2}S\right)\frac{A_{\mathrm{H}}-A_{1}}{A_{1}}+\right.$$
$$\left.\left[\frac{6.9A_{\mathrm{H}}}{A_{2}}+\frac{(K+CK)(K+CK+1)}{2.5\times10^{4}}n^{4}S^{2}\right]\frac{A_{2}-A_{1}}{A_{2}}\right\}$$

$$b_{2}=5\times10^{6}(1.6K+1.6CK+1.5)\frac{A_{2}-A_{1}}{A_{2}}n^{2}S+$$
$$4.4\times10^{5}n^{2}S(2K+2CK+1)\frac{(A_{\mathrm{H}}-A_{2})(A_{2}-A_{1})}{A_{2}^{2}}$$

$$c=-10^{8}\left[2.5\times10^{-5}(1+C)Kn^{2}S+\frac{A_{\mathrm{H}}+7A_{2}}{A_{2}}\right]\left(\frac{K+CK+1}{200}n^{2}S+\frac{A_{\mathrm{H}}}{A_{2}}\right)+$$
$$9.6\times10^{7}\frac{(A_{\mathrm{H}}-A_{1})^{2}}{A_{1}^{2}}$$

求解式(6-125)，即可得到第一级排采杆柱长度占杆柱总长度的比例 ε_1（$\varepsilon_1=L_1/L$）。同理，可求出其他各级排采杆柱所占的比例 ε_i。

在杆柱设计计算的基础上，充分考虑排采杆柱直径与排采泵泵径以及泵径与排采管径间的匹配问题，可以获得标准系列的有杆泵排采设备所配置排采杆柱和管柱规格尺寸选择图表，见表6-10和表6-11。

表6-10　煤层气井有杆泵排采设备所配置排采杆柱和管柱规格组合选择表(一)

泵径 d_p/mm	杆径 d_r，管径 d_t	抽水机型号(GB 11649—1989)						
		CYJ2 $S=0.6$ m	CYJ3 $S=1.2$ m	CYJ3 $S=1.5$ m	CYJ3 $S=2.1$ m	CYJ4 $S=1.5$ m	CYJ4 $S=2.5$ m	CYJ4 $S=3.0$ m
28	d_r/mm	13	13	13	13	16×13 (0.43×0.57)	16×13 (0.39×0.61)	16×13 (0.37×0.63)
	d_t/mm	42.16	48.26	48.26	48.26	60.32	60.32	60.32
32	d_r/mm	13	13	13	13	16×13 (0.48×0.52)	16×13 (0.43×0.57)	16×13 (0.41×0.59)
	d_t/mm	42.16	48.26	48.26	48.26	60.32	60.32	60.32
38	d_r/mm	16	16	16	16	19×16 (0.41×0.59)	19×16 (0.37×0.63)	19×16 (0.35×0.65)
	d_t/mm	60.32	60.32	60.32	60.32	73.02	73.02	73.02
44	d_r/mm	16	19	19	19	19×16 (0.47×0.53)	19×16 (0.41×0.59)	19×16 (0.40×0.60)
	d_t/mm	60.32	60.32	60.32	60.32	73.02	73.02	73.02
51	d_r/mm	16	19	19	19	19	19×16 (0.46×0.54)	19×16 (0.44×0.56)
	d_t/mm	73.02	73.02	73.02	73.02	73.02	73.02	73.02
56	d_r/mm	19	19	19	19	19	19	19
	d_t/mm	73.02	73.02	73.02	73.02	73.02	73.02	73.02

续表

泵径 d_h/mm	杆径 d_r，管径 d_t	抽水机型号(GB 11649—1989)						
		CYJ2 S= 0.6 m	CYJ3 S= 1.2 m	CYJ3 S= 1.5 m	CYJ3 S= 2.1 m	CYJ4 S= 1.5 m	CYJ4 S= 2.5 m	CYJ4 S= 3.0 m
63	d_r/mm	19	19	19	19	19	19	19
	d_t/mm	73.02	73.02	73.02	73.02	73.02	73.02	73.02
70	d_r/mm	22	22	22	22	22	22	22
	d_t/mm	88.90	88.90	88.90	88.90	88.90	88.90	88.90

表 6-11 煤层气井有杆泵排采设备所配置排采杆柱和管柱规格组合选择表(二)

泵径 d_p /mm	杆径 d_r，管径 d_t	抽水机型号(GB 11649—1989)							
		CYJ5 S=1.8 m	CYJ5 S=2.1 m	CYJ5 S=2.5 m	CYJ5 S=3.0 m	CYJ6 S=2.5 m	CYJ8 S=2.1 m	CYJ8 S=2.5 m	CYJ8 S=3.0 m
28	d_r /mm	19×16 (0.31×0.69)	19×16 (0.30×0.70)	19×16 (0.30×0.70)	19×16 (0.29×0.71)	19×16 (0.30×0.70)	22×19 (0.25×0.75)	22×19 (0.24×0.76)	22×19 (0.23×0.77)
	d_t /mm	60.32	60.32	60.32	60.32	60.32	60.32	60.32	60.32
32	d_r /mm	19×16 (0.34×0.66)	19×16 (0.33×0.67)	19×16 (0.32×0.68)	19×16 (0.31×0.69)	19×16 (0.32×0.68)	22×19 (0.27×0.73)	22×19 (0.26×0.74)	22×19 (0.25×0.75)
	d_t /mm	60.32	60.32	60.32	60.32	60.32	60.32	60.32	60.32
38	d_r /mm	19×16 (0.40×0.60)	19×16 (0.38×0.62)	19×16 (0.37×0.63)	19×16 (0.35×0.65)	19×16 (0.37×0.68)	22×19 (0.30×0.70)	22×19 (0.29×0.71)	22×19 (0.28×0.72)
	d_t /mm	73.02	73.02	73.02	73.02	73.02	73.02	73.02	73.02
44	d_r /mm	19×16 (0.45×0.55)	19×16 (0.43×0.57)	19×16 (0.41×0.59)	19×16 (0.40×0.60)	22×19 (0.32×0.68)	22×19 (0.33×0.67)	22×19 (0.32×0.68)	22×19 (0.31×0.69)
	d_t /mm	73.02	73.02	73.02	73.02	73.02	73.02	73.02	73.02
51	d_r /mm	22×19 (0.39×0.61)	22×19 (0.37×0.63)	22×19 (0.36×0.64)	22×19 (0.34×0.66)	22×19 (0.36×0.64)	22×19 (0.37×0.63)	22×19 (0.36×0.64)	22×19 (0.34×0.66)
	d_t /mm	73.02	73.02	73.02	73.02	73.02	73.02	73.02	73.02
56	d_r /mm	22×19 (0.42×0.58)	22×19 (0.40×0.60)	22×19 (0.38×0.62)	22×19 (0.36×0.64)	22×19 (0.38×0.62)	22×19 (0.40×0.60)	22×19 (0.38×0.62)	22×19 (0.36×0.64)
	d_t /mm	73.02	73.02	73.02	73.02	73.02	73.02	73.02	73.02
63	d_r /mm	22×19 (0.45×0.55)	22×19 (0.43×0.57)	22×19 (0.40×0.60)	22×19 (0.38×0.62)	22×19 (0.41×0.59)	22×19 (0.43×0.57)	22×19 (0.41×0.59)	22×19 (0.38×0.62)
	d_t /mm	73.02	73.02	73.02	73.02	73.02	73.02	73.02	73.02
70	d_r /mm	22	22	22×19 (0.46×0.54)	22×19 (0.43×0.57)	22×19 (0.45×0.55)	22×19 (0.48×0.52)	22×19 (0.45×0.55)	22×19 (0.43×0.57)
	d_t /mm	88.90	88.90	88.90	88.90	88.90	88.90	88.90	88.90

从以上两表中可以看出，多级组合排采杆柱的选择不超过两级，排采杆柱直径的大小较油气井用抽油杆[241]普遍降低一个规格尺寸，多级杆柱设计中的第一级杆柱所占比例也要小于油田。我国煤层气井有杆泵设备所选用的排采杆柱直径以 16 mm 和 19 mm 为主；采用 2 型机和 3 型机的小泵径时，可以选用 13 mm 的杆柱；采用 5 型机、6 型机和 8 型机的大泵径时，需选用 22 mm 的杆柱。排采设备所选用的排采管柱为小型管，其规格尺寸以 60.32 mm 和 73.02 mm 为主；采用 2 型机和 3 型机的小泵径时，可以选用 42.16 mm 和 48.26 mm 的管柱；泵径大于 70 mm 时，需选用 88.9 mm 的管柱。

图 6-22 给出了煤层气井单级排采杆柱的直径随泵径的变化关系。可以看出，排采杆柱的杆径和排采管柱的管径规格尺寸随着泵型的增大而呈现增大的趋势。图 6-22(a)中，泵径由 28 mm 增大到 38 mm 和 56 mm 时，杆径由 13 mm 增大到 16 mm 和 19 mm，管径由 42.16 mm 增大到 60.32 mm 和 73.02 mm。采用较大型号的抽水机时需要较粗的排采杆柱。图 6-22(a)和(b)对比分析发现，在只考虑机型因素的情况下，对于 44 mm 和 51 mm 的泵，2 型机变为 3 型机时所选择的杆柱直径由 16 mm 增大到 19 mm。另外，同一机型不同冲程长度的抽水机选用相同杆径的排采杆柱。

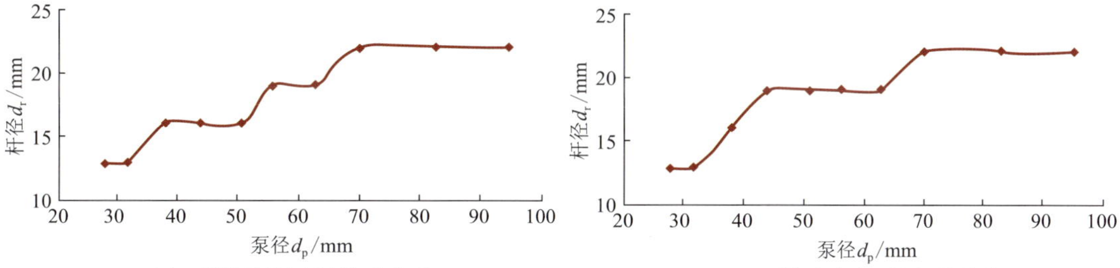

（a）2型机杆径与泵径间的关系　　（b）3型机杆径与泵径间的关系

图 6-22　煤层气井单级排采杆柱的直径随泵径的变化关系

图 6-23 给出了煤层气井抽水机采用不同冲程长度时多级组合排采杆柱的第一级杆柱比例与泵径的变化关系。可以看出，对于同一冲程的抽水机，机型增大后所需要的组合杆柱规格也相应增大，抽水机型号由 5 型机提高到 8 型机后所选用的组合杆柱直径 d_r 由 19 mm×16 mm 提高到 22 mm×19 mm；同一机型和冲程长度的排采设备所选用的杆柱直径随泵径的增大而逐渐增大，图 6-23(a)中 5 型机所用泵径由 44 mm 增大到 51 mm 后，

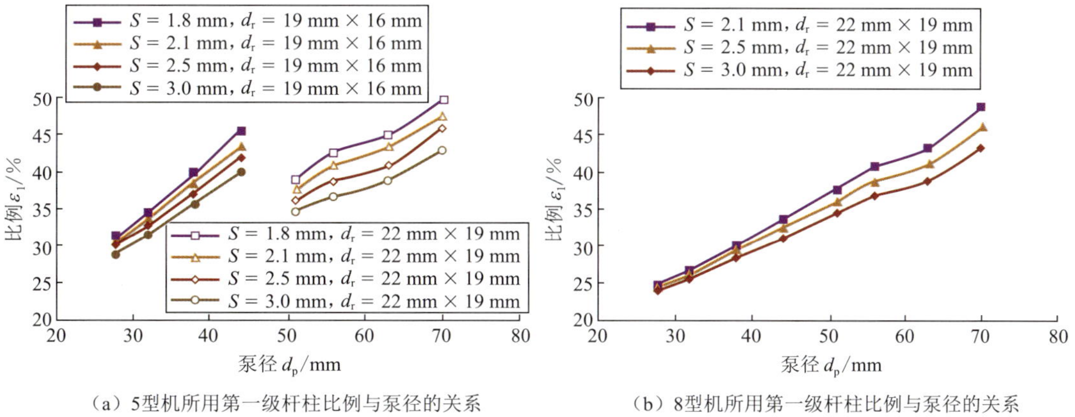

（a）5型机所用第一级杆柱比例与泵径的关系　　（b）8型机所用第一级杆柱比例与泵径的关系

图 6-23　煤层气井多级组合排采杆柱第一级杆柱比例与泵径的变化关系

需要选择的组合杆柱直径由 19 mm×16 mm 提高到 22 mm×19 mm;第一级杆柱所占的比例随冲程长度的增长而呈现降低的趋势,对于 56 mm 的泵,冲程由 1.8 m 提高到 3.0 m 后第一级杆柱的比例由 42%降低为 36%。此外,同一机型和冲程长度的排采设备所选用的组合排采杆柱中,第一级杆柱所占比例会随着泵径的增大而增大。例如,图 6-23(b)中 2.1 m 冲程的 8 型机所用排采杆柱在泵径由 28 mm 增大到 70 mm 后,第一级杆柱的比例由 25%提高到 48%。

6.7.4 实例计算与分析

依据杆管规格组合选择表 6-10 和表 6-11,可以初步选择不同机型和泵型在相应冲程条件下的杆柱和管柱尺寸。选择好杆管后,依据杆管环空煤粉沉降规律可分析出煤粉颗粒在杆管环空井液中的运动速度分布情况,然后通过计算煤粉运移速度正负分界点所在的位置求出均匀分布于杆管环空中的煤粉排出量,由此可得到给定机型和杆管泵组合时不同泵排液量所对应的杆管环空中煤粉颗粒排出量情况。

图 6-24 给出了泵径 44 mm、煤粉粒径 60 目,1.5 m 冲程 3 型机、2.5 m 冲程 5 型机和 3.0 m 冲程 8 型机以及相应杆管组合时,煤粉排出量与泵排液量之间的关系。分析表明,对于 3 个不同机型和冲程的排采设备,只有在排液量分别超过 9.2 m^3/d,9.8 m^3/d 和 10.1 m^3/d 后,煤粉排出量才大于 85%。对于小机型和短冲程的排采设备,由于其较小的杆管环空截面积,使得相同排液量的情况下煤粉的排出量较多,然而排出量增加的幅度并不明显。

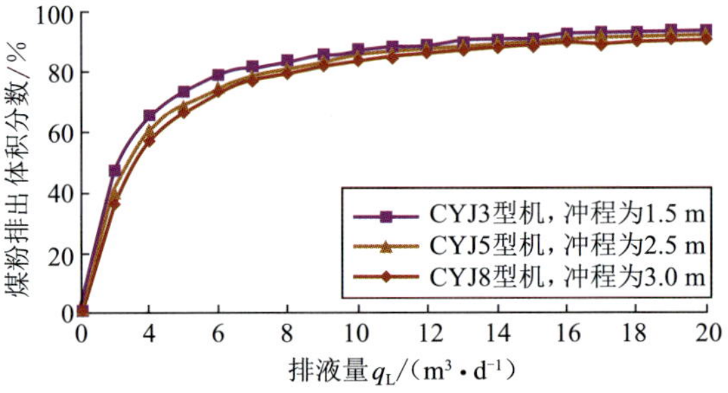

图 6-24 杆管环空中煤粉排出量与泵排液量的关系

对图 6-24 的分析结果表明,给定机型、泵型和相应的杆管组合时,即可获得杆管环空中煤粉排出量与泵排液量之间的对应关系,由此可以确定出杆管环空中煤粉顺利排出(即煤粉排出量达到 85%以上)所需要的最低排液量,见表 6-12。

从表 6-12 可以看出,采用有杆泵排采设备进行抽排的煤层气井在对杆管规格组合设计后,要想将杆管环空中的煤粉完全排出,所需要的最低排液量通常介于 9.0~10.0 m^3/d,即排液量超过 10.0 m^3/d 时煤层气井井筒中的煤粉可以顺利排出。但是现场调研发现,鄂尔多斯盆地主要矿区的煤层气井在抽排前期煤层的产液量一般可以达到几十立方米,在采用选择好的杆管泵和筛管等配套设备后,排采中进入杆管环空的煤粉是可以顺利排出的;但在煤层气井进入稳定生产阶段后,煤层的产液量通常情况下会低于 10.0 m^3/d,此时仍然采用依据杆柱疲劳强度和杆管匹配所设计的杆管规格组合就不能完全满足煤层气井实际排采的需要,同时较低的排液量也不能保证进入杆管环空的煤粉完全排出,容易造成煤粉沉积,引起卡泵和埋泵等故障。

表 6-12　不同机型和泵径时井筒煤粉排出所需要的最低排液量

泵径 d_p/mm	最低排液量 q_L/($m^3 \cdot d^{-1}$)						
	CYJ2 型机	CYJ3 型机	CYJ4 型机	CYJ5 型机		CYJ6 型机	CYJ8 型机
	冲程 S 为 0.6 m	冲程 S 为 1.2～2.1 m	冲程 S 为 1.5～3.0 m	冲程 S 为 1.8～2.1 m	冲程 S 为 2.5～3.0 m	冲程 S 为 2.5 m	冲程 S 为 2.1～3.0 m
28	8.00	9.00	9.10	9.35	9.50	9.60	9.70
32	8.00	9.00	9.25	9.35	9.50	9.60	9.70
38	8.95	9.20	9.55	9.70	9.80	9.90	10.10
44	8.95	9.20	9.55	9.70	9.80	10.00	10.10
51	9.20	9.40	9.80	9.85	9.95	10.00	10.10
56	9.20	9.40	9.80	9.85	9.95	10.00	10.10
63	9.20	9.40	9.80	9.85	9.95	10.00	10.10
70	9.60	9.80	9.95	10.00	10.10	10.20	10.25

6.8　煤层气井杆管规格组合优选

依据杆柱疲劳强度及杆管匹配设计单级和多级组合杆柱，初步选择杆管规格尺寸，然后依据杆管环空中煤粉排出条件对杆管尺寸进一步优选，给出煤层气井稳定生产时小排液量条件下排采管柱和排采杆柱的具体组合参数，建立相应的选择规范。

6.8.1　杆管环空中煤粉排出条件

依据杆管环空固液两相流动规律和井筒煤粉沉降规律，可得到煤层气井煤粉排出量与排液量、井液流速以及环空尺寸有密切关系。这主要涉及排采杆径和排采管径，以及泵径、冲程和冲次等排采参数。下面研究在沉没压力和排液量的限制下，井液流速以及各排采参数对煤粉排出的影响，从而给出将进入杆管环空中的煤粉排出所需的排液量、排采参数和环空尺寸设定等条件。

【实例 6.3】 利用三交区块 SJP01-2 井分析煤粉排出量与排采设备规格尺寸及各排采参数间的相互关系。煤层原始参数和排采参数取值为：杆柱长度 655 m，排采管直径 73.02 mm，杆柱直径 19 mm，泵径 44 mm，井底压力 1.892 MPa，冲次 3.2 次/min，冲程 1.50 m，煤粒密度 1 490 kg/m^3，井液密度 1 010 kg/m^3，井液黏度 0.88 mPa · s。

依据杆管环空煤粉沉降规律，计算煤粉运移速度正负分界点所在的位置，求出杆管环空中煤粉排出量，由此通过实例设定具体参数值，给出煤粉排出量与煤层气井各排采参数间的相互关系。图 6-25 给出了在给定排液量 7 m^3/d 和煤粉粒径的情况下，杆管环空中煤粉排出量与排采杆径和排采管径的关系曲线。

图 6-25(a)中，一方面随排采杆径的逐渐增大，煤粉排出量不断提升，这是由于排采杆径和截面面积的变大使得杆管环空截面积减小及井液流速增大而造成的；另一方面，排采杆径尺寸的增大对煤粉排出量的影响相对较小，图中杆径由 16 mm 增大到 25 mm 后，粒径 60 目和 80 目煤粉的排出量仅提高了 3.95％和 3.0％，由此通过减小杆管环空面积来提高煤粉排出量时，不能单纯依靠增大排采杆径的办法。图 6-25(b)中，煤粉排出量随排采管径的增大而显著减小，这主要是管径及其截面积的增大会造成杆管环空面积的增大，从

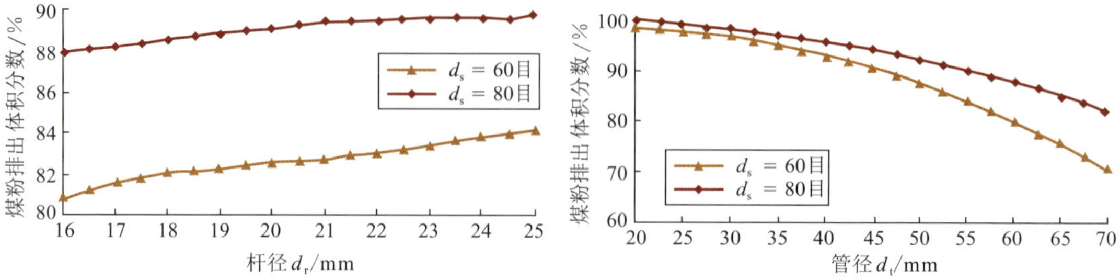

（a）煤粉排出体积分数随排采杆径的变化情况　（b）煤粉排出体积分数随排采管径的变化情况

图 6-25　杆管环空中煤粉排出量与排采杆管尺寸的关系

而减慢环空中的井液流速。由此，在其他参数一定的条件下，优化杆管尺寸及其组合，合理地设定杆管环空面积，能够有效提升煤粉的排出量。

图 6-26 给出了杆管环空中粒径 60 目和 80 目煤粉的排出量与泵径、冲程和冲次等影响泵排液量的排采参数的关系曲线。

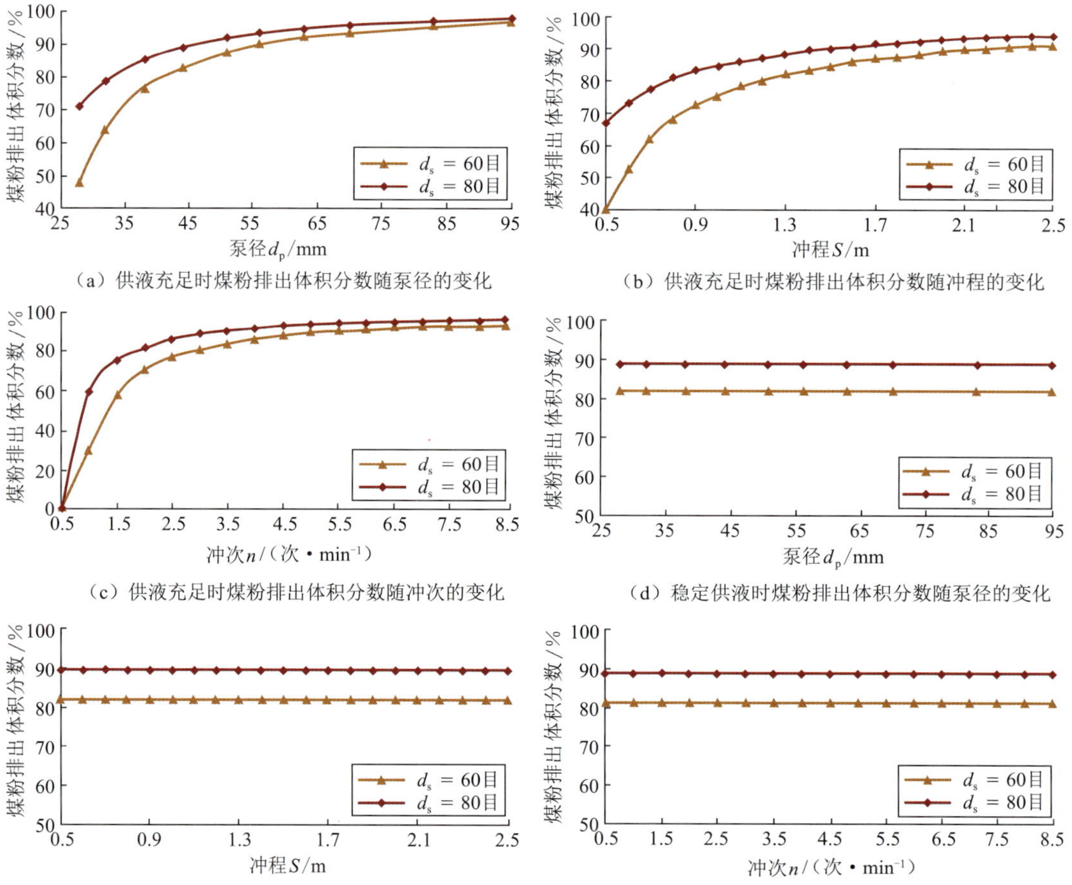

（a）供液充足时煤粉排出体积分数随泵径的变化　（b）供液充足时煤粉排出体积分数随冲程的变化

（c）供液充足时煤粉排出体积分数随冲次的变化　（d）稳定供液时煤粉排出体积分数随泵径的变化

（e）稳定供液时煤粉排出体积分数随冲程的变化　（f）稳定供液时煤粉排出体积分数随冲次的变化

图 6-26　杆管环空中煤粉排出量与各排采参数间的关系

可以看出，在煤层供液量充足的情况下，随着泵径、冲程和冲次的增大，煤粉排出量逐渐增大。这是由于泵径、冲程和冲次 3 个参数的变大直接提升了排液量的大小，井液流速随之增大。而且，相对于杆管环空的减小，泵径等 3 个参数值的增大对煤粉排出量的影响较小。鄂尔多斯盆地煤层气井采用的泵径通常集中在 38～56 mm，冲程主要为 1.2～2.5

m,冲次通常为 3～7 次/min。对于粒径 80 目的煤粉,图 6-26(a)中,泵径由 38 mm 增大到 56 mm 后,煤粉排出量仅提高了 7.9%;图 6-26(b)中,冲程由 1.2 m 增大到 2.5 m 后,煤粉排出量仅提高了 6.5%;图 6-26(c)中,冲次由 3 次/min 增大到 7 次/min 后,煤粉排出量仅提高了 6.5%。另外,从图 6-26(d),(e)和(f)中可以看出,当排液量稳定在 7 m^3/d 时,采用增大泵径、冲程和冲次的方式并不能影响粒径 60 目和 80 目煤粉的排出量。

综上分析,煤层气井抽排的前期产水量比较充足,此时可以采用减小杆管环空、加快井液流速的办法,也可以通过增大泵径等提高排液量的方式来增大煤粉排出量;但当煤层气井进入稳定生产阶段以后,煤层供液量一定,使得泵的排液量大小也相对稳定,此时只能通过改变杆管环空截面尺寸的方法达到增强排出煤粉的目的。

6.8.2 杆管环空大小对悬点载荷的影响

通过上述分析可知,减小杆管环空的大小将有助于煤层气井煤粉颗粒的排出。减小杆管环空截面尺寸的方式主要是增大排采杆径和减小排采管径,且环空大小的改变在满足排煤粉需要的同时对有杆排采系统悬点载荷将产生极大的影响,为此有必要研究这两种方式对悬点载荷产生的具体要求。

有杆排采设备在不同抽汲参数下运行时,地面驱动设备抽水机悬点上作用的动载荷包括排采杆柱和液柱作变速运动时产生的惯性载荷及振动载荷。煤层气井排采杆柱为弹性体,可以看成一根长弹簧,在抽水机运行中必然产生不同程度的弹性振动。在杆管静变形结束的瞬间,排采杆柱突然卸去或者加上液柱的重量,必然产生振动。对杆柱的弹性振动载荷值进行精确计算非常困难。现以抽水机悬点为坐标原点,将整个排采杆柱的弹性振动问题简化成上端固定、下端自由的细长杆柱纵向振动问题[242,243],即基于弹性体的振动理论建立排采杆柱的振动模型,如图 6-27 所示。图中,L 为杆的长度,F 为悬拉力,F_1 为杆重力。

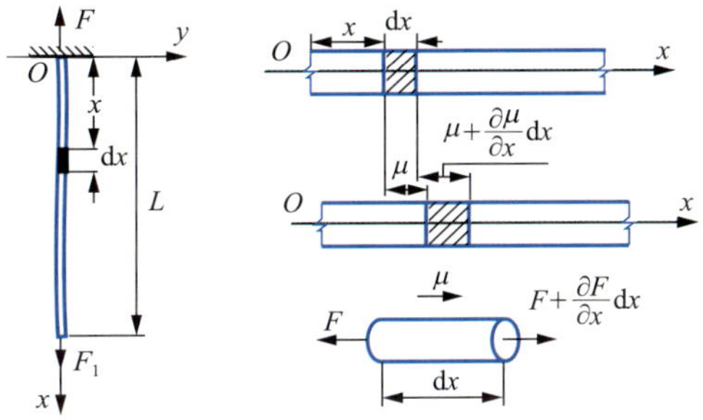

图 6-27 煤层气井排采杆柱的纵向振动模型

杆管静变形结束瞬间产生的杆柱纵向振动可以用振动的波动方程[244-247]来描述,即:

$$c_v^2\frac{\partial^2\mu(x,t)}{\partial x^2}=\frac{\partial^2\mu(x,t)}{\partial t^2} \tag{6-126}$$

排采杆柱纵向振动的初始条件和边界条件依次为:

$$\left.\begin{aligned}&\mu\big|_{t=0}=0,\quad \left.\frac{\partial\mu}{\partial t}\right|_{t=0}=-v_r\frac{y}{L}\\&\mu\big|_{x=0}=0,\quad \left.\frac{\partial\mu}{\partial x}\right|_{x=L}=0\end{aligned}\right\} \tag{6-127}$$

式中 c_v——弹性纵波在杆柱中的传播速度,单级杆柱取 5 000 m/s,二级杆柱取 5 400 m/s;

t——从杆柱变形开始时的时间,s;

x——从杆柱上端面至任一截面的距离,m;

y——杆柱变形结束时纵向上的变形总量,m;

μ——杆柱截面发生的位移,m;

v_r——杆柱变形结束时下端相对于悬点的速度,m/s。

结合式(4-84)和式(4-88),同时采用将抽水机悬点看成简谐运动的悬点最大速度 v_{max} 近似公式,可得到 v_r 的计算式为:

$$v_r = \frac{\lambda_D - \lambda_J}{0.5S} v_{max} = \frac{\pi n L^2}{30E}\left[\frac{A_H \rho_w g L - A_H(\rho_m g h_C + p_G)}{L}\left(\frac{1}{A_R} + \frac{1}{A_B}\right) - \frac{\rho(CK + K + 1)}{365} n^2 S\right] \tag{6-128}$$

式中 λ_D——光杆的动变形量,mm。

上式中 v_{max} 为:

$$v_{max} = \frac{\pi n S}{60}$$

利用上述初始条件和边界条件,采用分离变量的方法对波动方程进行求解,可以得到排采杆柱纵向振动作用在悬点上的振动载荷 F_Z 为:

$$F_Z = \frac{0.81 E A_R v_r}{c_v} \sum_{n=0}^{\infty} \frac{(-1)^n}{(2n+1)^2} \sin[(2n+1)\omega_0 t] \tag{6-129}$$

式中 ω_0——杆柱纵向振动的圆频率,Hz。

振动载荷 F_Z 是周期为 2π 的关于 $\omega_0 t$ 的周期函数,最大载荷值发生在 $\pi/2, 5\pi/2, \cdots$ 处。实际排采中,环空中存在各种阻力,纵向振动的振幅随时间的变化呈现减小的趋势,为此振动载荷的最大值位于 $\omega_0 t = \pi/2$ 处,其具体大小为:

$$F_{Z\,max} = \frac{E A v_r}{c_v} = \frac{\pi A n L^2}{30 c_v}\left[\frac{A_H \rho_w g L - A_H(\rho_m g h_C + p_G)}{L}\left(\frac{1}{A_R} + \frac{1}{A_B}\right) - \frac{\rho(CK + K + 1)}{365} n^2 S\right] \tag{6-130}$$

抽水机运行的上冲程中,惯性载荷和振动载荷将进一步增大悬点载荷的大小,而下冲程中却将减小悬点载荷的大小。

作用于抽水机悬点上的摩擦载荷主要是排采杆柱(及接箍)、排采管柱、井液柱和泵柱塞之间相互作用的摩擦力。排采杆柱与管柱之间的摩擦力 F_1 在上下冲程中保持不变,不随抽汲速度(即 nS)发生变化,且由于井液中含有煤粉等颗粒,可以起到润滑的功效,使得 F_1 的值并不太大,具体计算中可取该井排采杆柱重量的 1.5%,即 $0.015\rho A_R L$。依据鄂尔多斯盆地排采实际,煤层气井所用泵的泵径通常小于 70 mm,泵筒与柱塞之间的半干摩擦力 F_2 不超过 1 700 N,而且其值也不随抽汲速度发生变化,计算中可由下式[247]估算:

$$F_2 = 1.88 \frac{r_H}{\delta} - 140 \tag{6-131}$$

式中 r_H——泵柱塞横截面半径,m;

δ——泵筒与柱塞间的单面间隙,m。

抽水机运行的上冲程中,液柱伴随排采杆柱运动,两者间不产生摩擦力;液柱与杆柱间的摩擦力 F_3 产生于下冲程,与杆柱运动方向相反,其方向向上,其值主要与杆柱长度 L、运行速度 v 和杆管环空中井液黏度 μ_w 有关,可由下式[248]得到:

$$F_3 = 2\pi\mu_w L \frac{K_1^2 - 1}{(K_1^2 + 1)\ln K_1 - (K_1^2 - 1)} v_{max} \tag{6-132}$$

式中 K_1——排采管内半径 r_t 和排采杆半径 r_r 之比。

上式中 v_{max} 可按悬点最大速度来计算,采用将悬点看成简谐运动的近似计算式,有:

$$F_3=\frac{0.329\mu_w L(K_1^2-1)}{(K_1^2+1)\ln K_1-(K_1^2-1)}nS \tag{6-133}$$

抽水机运行的上冲程中，排采管柱和液柱间发生相对运动而产生与液柱上行方向相反的摩擦力 F_4；下冲程中，固定阀关闭，井液作用在管柱上，两者间没有摩擦力作用。依据煤层气井排采实际，井液的主要成分为具有一定矿化度的水，其黏度远小于介质油，由此估算 F_4 的值通常小于 $77\%F_3$。煤层气井中排采杆柱下部发生弯曲的主要原因是井液流经泵阀时产生的阻力 F_5，该阻力通过杆柱最终作用于悬点上。排采中井液流经泵阀的速度随柱塞运行速度不断变化，将柱塞看成类似抽水机悬点的简谐运动，则柱塞运动速度 $v_H=0.5\omega S\sin(\omega t)$。忽略煤层气较浅井排采杆柱的弹性变形，可推导出井液流经泵阀的压头损失 s_v 以及由压头损失产生的泵柱塞下行阻力 F_5 的计算式[249]为：

$$F_5=\rho_w g A_H s_v=1.37\times10^{-3}\frac{A_H^3}{A_f^2}\frac{\rho_w}{\delta_v^2}n^2S^2 \tag{6-134}$$

$$\left.\begin{aligned}s_v&=\frac{2.109\nu_w^2}{\rho_w}\\ \delta_v&=8.06\times10^{-7}\frac{A_H}{A_f}\frac{d_f}{\nu_w}nS\end{aligned}\right\} \tag{6-135}$$

式中　A_f——阀孔的横截面积，m^2；

d_f——泵阀座孔的孔径，m；

δ_v——标准型阀的流量系数[250]；

ρ_w——井液的密度，kg/m^3；

ν_w——井液的运动黏度，m^2/s。

抽水机运行的上冲程中，固定阀打开而游动阀关闭，井液伴随排采杆柱一起运动，排采管柱与井液间产生相对运动；下冲程中，固定阀关闭而游动阀开启，井液作用于排采管柱上，并与排采杆柱间产生相对运动。由此，在上冲程中，作用于抽水机悬点上的摩擦力 F_S 由 F_1，F_2 和 F_4 共同合成，该力方向朝下，对悬点载荷起到增大作用；在下冲程中，作用于悬点的摩擦力 F_X 由 F_1，F_2，F_3 和 F_5 共同合成，该力方向朝上，进一步减小悬点载荷，即：

$$\left.\begin{aligned}F_S&=F_1+F_2+F_4\\ F_X&=F_1+F_2+F_3+F_5\end{aligned}\right\} \tag{6-136}$$

依次求得悬点静载荷、惯性载荷、振动载荷和摩擦载荷后，即可获得作用于悬点的总载荷。悬点最大载荷 F_{max} 由静载荷、动载荷和摩擦载荷的峰值共同组成，发生在上冲程杆管静变形结束的瞬间；悬点最小载荷 F_{min} 由静载荷与动载荷、摩擦载荷极值的差值组成，发生在下冲程杆管静变形结束的瞬间，即：

$$\left.\begin{aligned}F_{max}&=F_{JS}+F_{ISD}+F_Z+F_S\\ F_{min}&=F_{JX}-F_{IXD}-F_Z-F_X\end{aligned}\right\} \tag{6-137}$$

式中　F_{JS}——上冲程静载荷，N；

F_{JX}——下冲程静载荷，N；

F_{JSD}——上冲程惯性载荷，N；

F_{JXD}——下冲程惯性载荷，N；

【实例 6.4】　利用三交区块 SJ9-V1 井分析煤层气井排采杆管直径与悬点载荷之间的关系。该井排采参数为：杆柱长 590 m，排采杆柱直径 19 mm，排采管柱直径 73.02 mm，管壁厚 7.82 mm,泵径 56 mm,井底压力 2.83 MPa,井液密度 1 010 kg/m^3,井液黏度 0.88 mPa·s,冲程 1.68 m,冲次 6.2 次/min。依据上述算法,可以得到排采杆和管的直径与抽水机悬点载荷的关系(图 6-28 和图 6-29)以及排采杆柱截面上载荷的纵向分布情况(见图 6-30)。

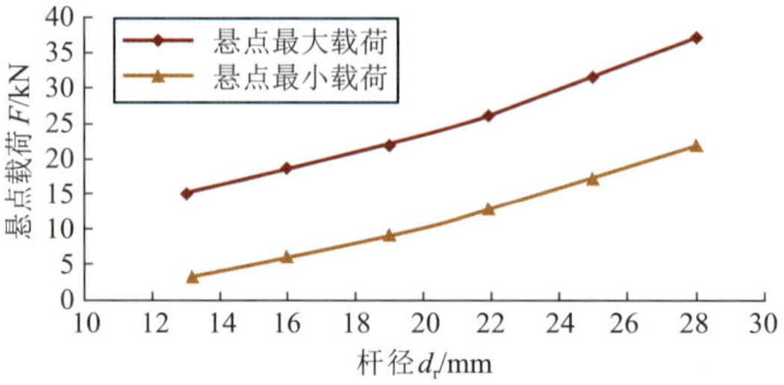

图 6-28 抽水机悬点载荷随杆径的变化关系

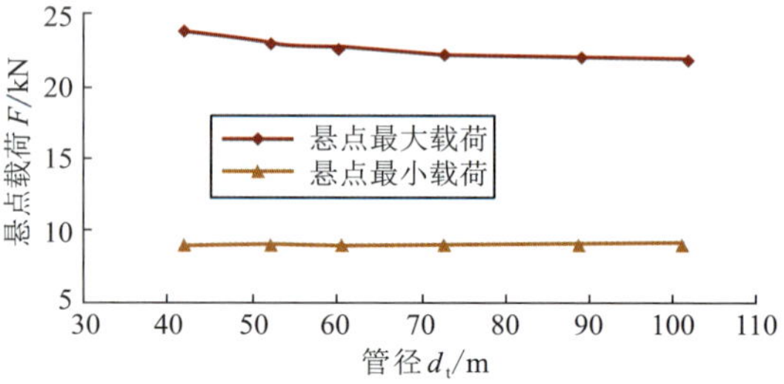

图 6-29 抽水机悬点载荷随管径的变化关系

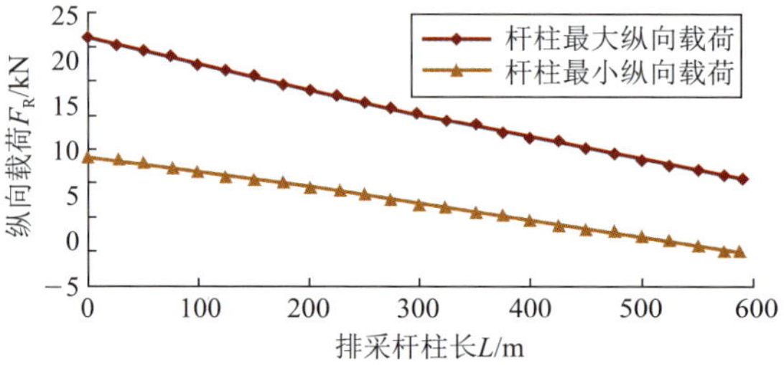

图 6-30 排采杆柱截面上载荷的纵向分布情况

从图 6-28 可以看出,煤层气井排采杆柱的直径对抽水机悬点载荷的影响较大,随着杆柱直径的增大,悬点载荷显著提高。图中,杆柱外径由 13 mm 增大到 28 mm 时,悬点最大和最小载荷分别由 15.51 kN 和 3.26 kN 迅速提高到 37.11 kN 和 22.08 kN。

从图 6-29 可以看出,煤层气井排采管柱直径对抽水机悬点载荷的贡献较小,管柱直径的改变仅引起悬点载荷小幅度的变化。图中,管柱内径由 42.16 mm 增大到 101.6 mm 时,悬点最大载荷仅由 24.04 kN 下降到 21.87 kN,变化幅度为 9.02%;悬点最小载荷由 8.92 kN 提高到 9.17 kN,变化幅度仅为 2.80%。

从图 6-30 可以看出,随着排采杆柱的延长,即井深的增大,作用在杆柱纵向上的最大和最小载荷逐渐减小,且在抽水机运行的下冲程中,排采杆柱下部的某一位置处,其横截面上分布的纵向载荷值为 0。

另外,综合分析以上三图,可知在减小杆管环空的大小时,应通过减小排采管径的方式达到设计要求,而不宜增大排采杆径。这可直接为煤层气井排采杆管尺寸的优化组合提供依据。

6.8.3 箍管环空大小对煤粉排出的影响

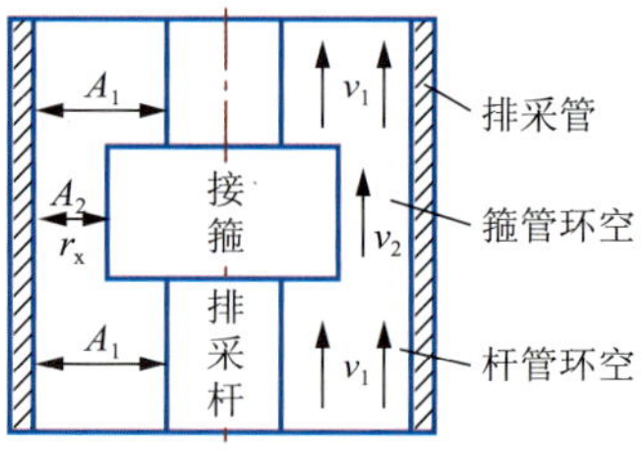

图 6-31 排采杆接箍处的井液流场

依据前文分析,杆管环空中煤粉排出的多少与截面积有很大关系,并应采用减小排采管径的方法来实现煤粉的排出条件。但随着排采管径的减小,排采杆接箍和排采管间的环空(即箍管环空)的截面积也在不断减小,接箍处的井液流速逐渐增大。图 6-31 给出了接箍处的井液流场。当井液由杆管环空进入箍管环空时,横截面积由 A_1 缩小为 A_2,井液流

速由 v_1 提升为 v_2，接箍处产生低压区，压力低于这一井深处井液的饱和蒸气压力后，部分井液发生汽化而产生气泡；当井液由箍管环空进入杆管环空时，横截面积由 A_2 扩大为 A_1，井液流速由 v_2 降低为 v_1，井液压力增大，导致气泡破裂而重新恢复到液相。这一产生气泡和气泡破裂的过程即为气蚀，此时井液的流速很快，对排采管和排采杆接箍有很大的冲刷破坏力，而且气泡破裂过程释放的能量对箍管环空中的管和接箍伤害很大。为此，在优选杆管组合尺寸时，要合理确定箍管环空的大小，防止箍管环空气蚀现象的发生，保证接箍处井液压力高于该井深下井液的饱和蒸气压力。

实际井液可看成不可压缩的流体，符合流体连续性方程，且作用于井液上的质量力只有重力，并取杆管环空井液速度的均值来描绘截面处实际流速的大小，由此煤层气井箍管环空入口和出口两断面处井液稳定流动的伯努利方程可表示为：

$$Z_1+\frac{p_1}{\rho_w g}+\frac{v_1^2}{2g}=Z_2+\frac{p_2}{\rho_w g}+\frac{v_2^2}{2g}+h_L \tag{6-138}$$

式中 h_L——井液的水头损失，m；

p_1,p_2——箍管环空入口和出口处的井液压力，Pa；

v_1,v_2——杆管环空和箍管环空中的井液流速，m/s；

Z_1,Z_2——箍管环空入口和出口处的液柱高度，m。

依据流体力学中的包达定理，箍管环空井液的局部能量损失可近似看成圆管进行计算，则有：

$$h_L=\frac{v_2^2}{2g}\frac{(A_1-A_2)^2}{A_1^2}+\frac{v_2^2}{4g}\frac{A_1-A_2}{A_1}=0.5\delta\frac{v_2^2}{g} \tag{6-139}$$

式中 A_1,A_2——杆管和箍管环空的横截面积，m^2；

δ——井液的局部阻力系数。

考虑到煤层气井口处井液柱高度为0，排采杆接箍承受较低的压强，较之井底处更易发生气蚀，由此将井口处的箍管环空作为研究对象，此处的压强为大气压，即 $p_1=1.01\times 10^5$ Pa，同时有 $Z_1=Z_2=0$。依据井液总流连续性方程，有：

$$v_2=\frac{A_1}{A_2}v_1 \tag{6-140}$$

将式(6-139)代入式(6-138)，整理得：

$$\frac{p_1}{\rho_w g}+\frac{v_1^2}{2g}=\frac{p_2}{\rho_w g}+(1+\delta)\frac{v_2^2}{2g} \tag{6-141}$$

考虑式(6-140)，可得排采杆接箍处的井液压力为：

$$p_2=p_1+\rho_w v_1^2\frac{A_2^2-A_1^2-\delta A_1^2}{2A_2^2} \tag{6-142}$$

当接箍处的井液压力 p_2 低于该井温下井液的饱和蒸气压力 p_g 时，箍管环空发生气蚀，此时箍管环空间隙 r_x 已经小于 p_2 达到井液饱和蒸气压力的间隙 r_{min}。研究 r_{min} 的大小可以为优选杆管组合尺寸提供依据，保证优选后的箍管环空间隙 $r_x>r_{min}$。确定 r_{min} 值的程序流程如图6-32所示。

根据煤层气井实际排采需要，进一步分析不同排液量情况下井液压力 p_2 达到饱和蒸气压力 p_g 的箍管环空间隙 r_{min}，依据箍管环空发生气蚀的条件和杆管环空井液流速分析的结果，并利用实例6.4给定的排采参数，得到该井抽排初期最大排液量为50 m^3/d 和井液温度为298 K时箍管环空间隙 r_{min} 与排液量间的关系曲线，如图6-33所示。

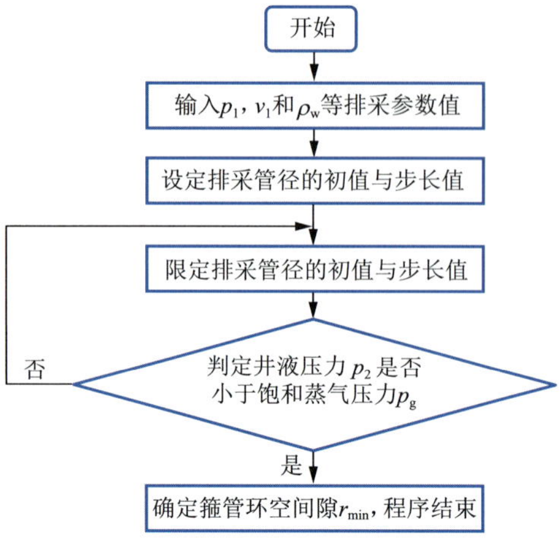

图 6-32 确定煤层气井箍管环空间隙的程序流程图

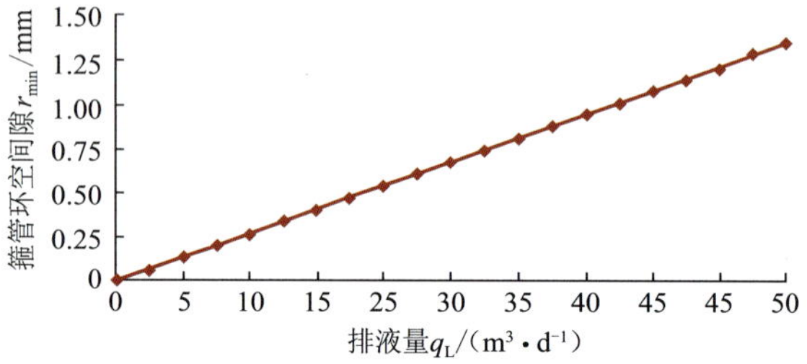

图 6-33 煤层气井箍管环空间隙随排液量的变化关系

从图 6-33 可以看出，箍管环空间隙 r_{min} 与排采泵的排液量 q_L 近似为线性关系，煤层气井抽排前期为单相水流动阶段，煤层产水量较大。在排液量达到 50 m^3/d 时，排采管与排采杆接箍的间隙 r_x 不得小于 1.35 mm 才可以避免接箍处井液发生气蚀。计算模型的前提条件采用杆管环空井液速度的均值，而实际截面处井液流速的分布呈抛物线状，为此还需要考虑一定的安全系数作为最终的计算结果。此处安全系数 n 取 2 即可，所以井液压力达到饱和蒸气压力的箍管环空间隙 r_{min}应为 2.70 mm。

6.8.4 煤层气井排采杆管组合优选

依据杆管环空固液两相流动规律和煤粉排出条件分析，可知煤粉排出量与排液量及环空尺寸有密切关系，在煤层气井处于稳定的小产液量的情况下，可采用减小杆管环空的途径来提高煤粉排出量。另一方面，依据杆管环空煤粉排出量与杆管尺寸关系和杆管环空对悬点载荷影响的分析结果，减小杆管环空截面尺寸时，主要通过减小排采管径的方式达到设计要求，而不宜采用增大排采杆径的方式。

依据杆管环空煤粉沉降规律，可以计算出煤粉运移速度正负分界点和煤粉排出量，然后依据煤粉排出条件的分析结果，得到给定排液量和机杆泵组合时煤粉排出量随排采管径的变化情况。

三交区块 SJP01-2 井的煤层原始参数和排采参数取值：杆柱长 655 m，泵径 44 mm，井液密度 1 010 kg/m^3，井液黏度 0.88 mPa·s，煤粉体积分数 1.0%，煤粒密度 1 490 kg/m^3。采用上述分析方法，可得到排液量稳定在 7 m^3/d 时，1.5 m 冲程 CYJ3 型机和 2.5 m 冲程 CYJ5 型机煤粉排出量与排采管径的关系曲线，如图6-34 所示。

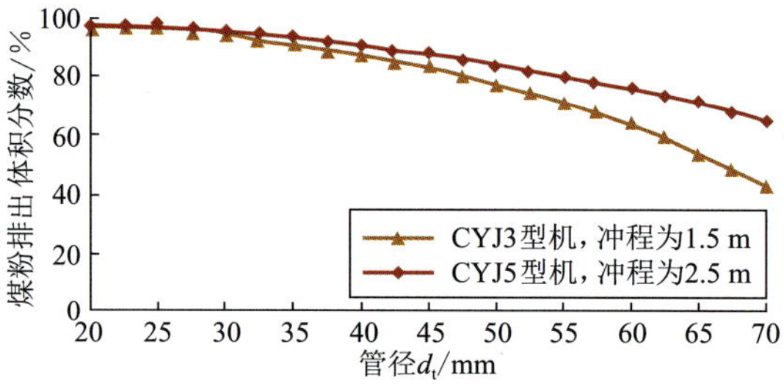

图 6-34 煤层气井煤粉排出量与排采管径的关系

对图 6-34 的分析表明，对于 1.5 m 冲程的 CYJ3 型机和 2.5 m 冲程的 CYJ5 型机，只有在排采管径分别缩小为 44 mm 和 51 mm 后，煤粉排出体积分数才大于 85%。对于大机型和长冲程的排采设备，由于其较粗的排采杆径使得相同排采管径情况下煤粉的排出量较多，这种增幅在管径较大时更为明显。

由此，依据杆管环空煤粉沉降规律和煤粉排出条件的分析结果，可以求出给定排液量和机杆泵组合时不同排采管径所对应的煤粉排出量。在保证煤粉排出量大于 85%的情况下，可以确定所允许的最大排采管径，并据此对依据杆柱疲劳强度和杆管匹配初步设计的杆管规格尺寸进一步进行优选。在考虑杆管环空煤粉完全排出和籂管环空对煤粉排出的影响因素后，煤层气井在较小定产液量 5.0 m^3/d 时，不同机型、泵径和冲程的有杆泵设备所配置的杆管规格组合优选尺寸见表 6-13 和表 6-14。

表 6-13 煤层气井有杆泵排采设备所用杆柱和管柱规格组合优选表(一)

泵径 d_p/mm	杆径 d_r，管径 d_t	抽水机型号(GB 11649—1989)						
		CYJ2 $S=0.6$ m	CYJ3 $S=1.2$ m	CYJ3 $S=1.5$ m	CYJ3 $S=2.1$ m	CYJ4 $S=1.5$ m	CYJ4 $S=2.5$ m	CYJ4 $S=3.0$ m
28	d_r/mm	13	13	13	13	16×13 (0.43×0.57)	16×13 (0.39×0.61)	16×13 (0.37×0.63)
	d_t/mm	33.4	33.4	33.4	33.4	52.4	52.4	52.4
32	d_r/mm	13	13	13	13	16×13 (0.48×0.52)	16×13 (0.43×0.57)	16×13 (0.41×0.59)
	d_t/mm	33.4	33.4	42.16	42.16	52.4	52.4	52.4
38	d_r/mm	16	16	16	16	19×16 (0.41×0.59)	19×16 (0.37×0.63)	19×16 (0.35×0.65)
	d_t/mm	52.4	52.4	52.4	52.4	60.32	60.32	60.32
44	d_r/mm	16	19	19	19	19×16 (0.47×0.53)	19×16 (0.41×0.59)	19×16 (0.40×0.60)
	d_t/mm	52.4	52.4	52.4	52.4	60.32	60.32	60.32
51	d_r/mm	16	19	19	19	19	19×16 (0.46×0.54)	19×16 (0.44×0.56)
	d_t/mm	60.32	60.32	60.32	60.32	60.32	60.32	60.32
56	d_r/mm	19	19	19	19	19	19	19
	d_t/mm	60.32	60.32	60.32	60.32	60.32	60.32	60.32
63	d_r/mm	19	19	19	19	19	19	19
	d_t/mm	60.32	60.32	60.32	60.32	60.32	60.32	60.32
70	d_r/mm	22	22	22	22	22	22	22
	d_t/mm	73.02	73.02	73.02	73.02	73.02	73.02	73.02

可以看出，煤层气井进入稳定生产后，煤层产液量较小且相对稳定，此时需要减小井下排采管径，以确保进入杆管环空中的煤粉及时排出至地面。所确定的排采管径大小较油气井用油管普遍降低 1～2 个规格尺寸。优选后，煤层气井有杆泵设备所用的排采管柱为小型管，其规格尺寸以 52.4 mm 和 60.32 mm 为主。采用 CYJ2 型机和 CYJ3 型机的小泵径时，可以选

用 33.4 mm 和 42.16 mm 管柱，而泵径大于 70 mm 时，需选用 73.02 mm 管柱。

表 6-14　煤层气井有杆泵排采设备所用杆柱和管柱规格组合优选表(二)

泵径 d_p /mm	杆径 d_r，管径 d_t	抽水机型号(GB 11649—1989)							
		CYJ5 S=1.8 m	CYJ5 S=2.1 m	CYJ5 S=2.5 m	CYJ5 S=3.0 m	CYJ6 S=2.5 m	CYJ8 S=2.1 m	CYJ8 S=2.5 m	CYJ8 S=3.0 m
28	d_r/mm	19×16 (0.31×0.69)	19×16 (0.30×0.70)	19×16 (0.30×0.70)	19×16 (0.29×0.71)	19×16 (0.30×0.70)	22×19 (0.25×0.75)	22×19 (0.24×0.76)	22×19 (0.23×0.77)
	d_t/mm	52.4	52.4	52.4	52.4	52.4	52.4	52.4	52.4
32	d_r/mm	19×16 (0.34×0.66)	19×16 (0.33×0.67)	19×16 (0.32×0.68)	19×16 (0.31×0.69)	19×16 (0.32×0.68)	22×19 (0.27×0.73)	22×19 (0.26×0.74)	22×19 (0.25×0.75)
	d_t/mm	52.4	52.4	52.4	52.4	52.4	52.4	52.4	52.4
38	d_r/mm	19×16 (0.40×0.60)	19×16 (0.38×0.62)	19×16 (0.37×0.63)	19×16 (0.35×0.65)	19×16 (0.37×0.68)	22×19 (0.30×0.70)	22×19 (0.29×0.71)	22×19 (0.28×0.72)
	d_t/mm	60.32	60.32	60.32	60.32	60.32	60.32	60.32	60.32
44	d_r/mm	19×16 (0.45×0.55)	19×16 (0.43×0.57)	19×16 (0.41×0.59)	19×16 (0.40×0.60)	22×19 (0.32×0.68)	22×19 (0.33×0.67)	22×19 (0.32×0.68)	22×19 (0.31×0.69)
	d_t/mm	60.32	60.32	60.32	60.32	60.32	60.32	60.32	60.32
51	d_r/mm	22×19 (0.39×0.61)	22×19 (0.37×0.63)	22×19 (0.36×0.64)	22×19 (0.34×0.66)	22×19 (0.36×0.64)	22×19 (0.37×0.63)	22×19 (0.36×0.64)	22×19 (0.34×0.66)
	d_t/mm	60.32	60.32	60.32	60.32	60.32	60.32	60.32	60.32
56	d_r/mm	22×19 (0.42×0.58)	22×19 (0.40×0.60)	22×19 (0.38×0.62)	22×19 (0.36×0.64)	22×19 (0.38×0.62)	22×19 (0.40×0.60)	22×19 (0.38×0.62)	22×19 (0.36×0.64)
	d_t/mm	60.32	60.32	60.32	60.32	60.32	60.32	60.32	60.32
63	d_r/mm	22×19 (0.45×0.55)	22×19 (0.43×0.57)	22×19 (0.40×0.60)	22×19 (0.38×0.62)	22×19 (0.40×0.59)	22×19 (0.43×0.57)	22×19 (0.41×0.59)	22×19 (0.38×0.62)
	d_t/mm	60.32	60.32	60.32	60.32	60.32	60.32	60.32	60.32
70	d_r/mm	22	22	22×19 (0.46×0.54)	22×19 (0.43×0.57)	22×19 (0.45×0.55)	22×19 (0.48×0.52)	22×19 (0.45×0.55)	22×19 (0.43×0.57)
	d_t/mm	73.02	73.02	73.02	73.02	73.02	73.02	73.02	73.02

图 6-35 给出了依据杆柱疲劳强度和杆管匹配设计，以及依据煤粉排出条件优选前后的排采管径随泵径变化的对比情况。

可以看出，优选前后的排采管径随泵型的增大而出现相同的阶梯形增大趋势，而优选后的管径尺寸明显要小于优选前的。图中对于采用 CYJ3 型、CYJ5 型和 CYJ8 型抽水机和 44 mm 泵的排采设备，优选前的排采管径分别选用 60.32 mm，73.02 mm 和 73.02 mm，而优选后的管径依次为 52.4 mm，60.32 mm 和 60.32 mm。优选前后管径规格尺寸的变化幅度随着泵型的增大而变大，图 6-35(b)中，对于 2.5 m 冲程的 CYJ5 型机，泵径为 8～32 mm 时，管径变化幅度为 7.92 mm；泵径为 38～63 mm 时，管径变化幅度为 12.7 mm；泵径大于 70 mm 时，变化幅度则为 15.88 mm。另外，采用较大型号的抽水机时需要较粗的排采杆柱，图中对于 32 mm 的泵，抽水机的型号由 CYJ3 型增大到 CYJ8 型时，随之配套的优选管径由 42.16 mm 增大为 52.4 mm。

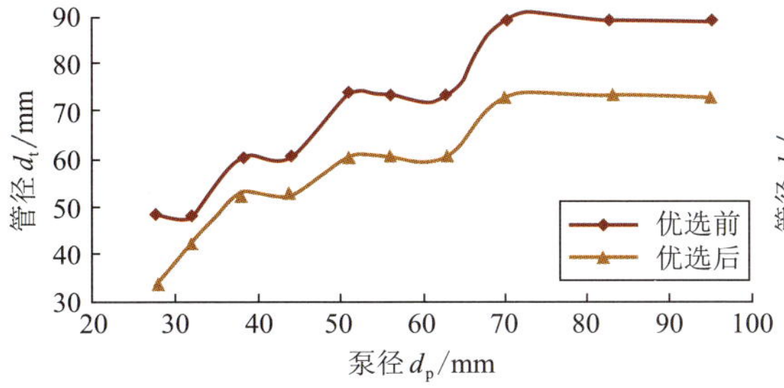

（a）1.5 m冲程CYJ3型机不同杆管组合设计对比

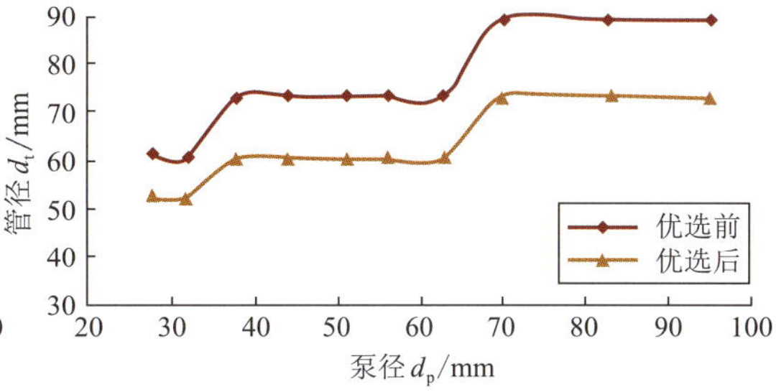

（b）2.5 m冲程CYJ5型机不同杆管组合设计对比

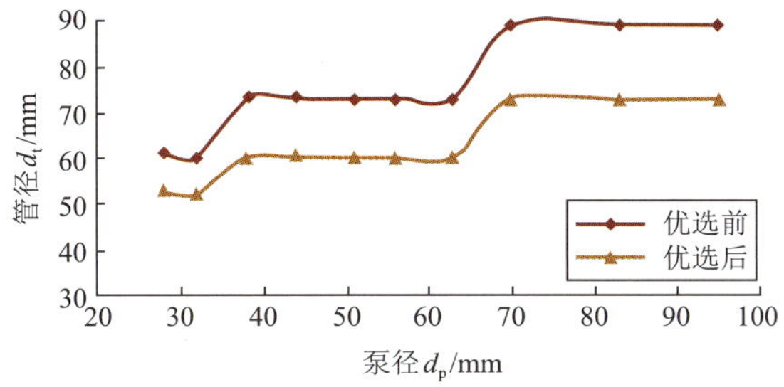

（c）3.0 m冲程CYJ8型机不同杆管组合设计对比

图 6-35 煤层气井不同机型排采管径随泵径变化的对比情况

图 6-36 给出了煤层气井稳定生产阶段煤层产水量为 6 m^3/d 时，排采杆管组合优选前后杆管环空中煤粉排出量随泵径变化的对比情况。

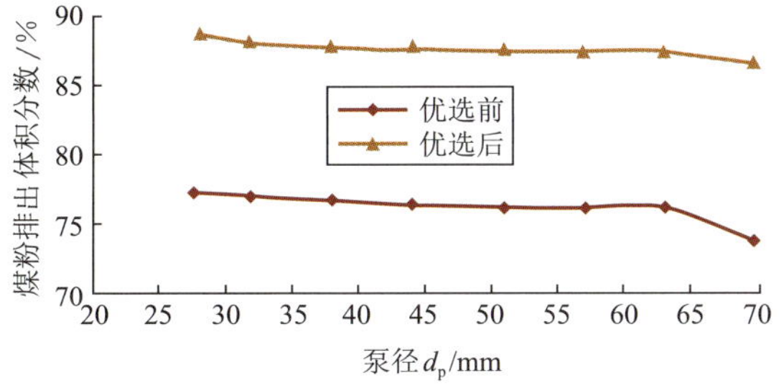

（a）1.5 m冲程CYJ3型机杆管组合优选前后对比

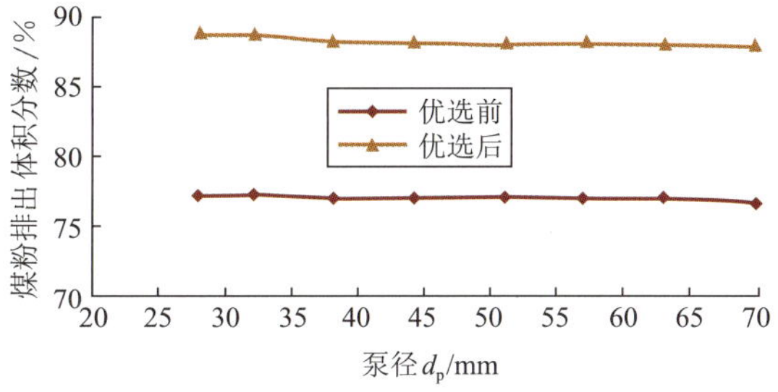

（b）2.5 m冲程CYJ5型机杆管组合优选前后对比

图 6-36 煤层气井不同机型煤粉排出量随泵径变化的对比情况

可以看出，杆管组合优选后的排煤粉效果显著，煤粉排出量要显著大于优选前的排量。图中对于采用 CYJ3 型和 CYJ5 型抽水机的 56 mm 泵的排采设备，优选前的煤粉排出体积分数分别仅为 76.1％和 76.9％，显然部分煤粉会发生沉降现象；而优选后的排出体积分数则达到 87.5％和 88.0％，超过煤粉排出量 85％的要求，能够有效解决由于稳定生产阶段煤层产水量不足而无法及时排出井筒中煤粉的问题，且排出体积分数提高幅度分别为 11.4％和 11.1％，效果显著。另外，还可以看出杆管组合优选前后煤粉排出量随泵型的增大都出现降低的趋势，这主要是随着泵径的增大，管径和环空面积也随之变大，但降低的幅度较小。图 6-36(a)中，1.5 m 冲程 CYJ3 型机的泵径为 28 mm，44 mm 和 70 mm 时所对应的煤粉排出体积分数在杆管组合优选前依次为 77.2％，76.3％和 73.7％，减小的幅度为 3.5％，优选后分别为 88.6％，87.6％和 86.5％，减小的幅度仅为 2.1％。另外，随着冲程长度和机型的增大，煤粉排出量也呈现略微增大的趋势。图中 1.5 m 冲程 CYJ3 型机和 2.5 m 冲程 CYJ5 型机，38 mm 泵优选后的煤粉排出体积分数分别为 87.8％和 88.1％。

6.9 煤层气井小接箍排采杆设计

依据前文分析，可知优选杆管组合尺寸时，要合理确定排采杆箍管的大小，防止箍管环空处发生气蚀现象。当现有排采杆及其接箍尺寸不满足要求时，需要改变排采杆与接箍外形尺寸，以满足杆管环空煤粉顺利排出的条件。

6.9.1 小排采杆接箍设计

依据杆管规格组合优选的结果，采用现有普通排采杆接箍时，其外形尺寸过大，大于排采管的内径或者在箍管环空处井液发生气蚀；而采用小井眼接箍时，其外形尺寸使箍管环空井液处于发生气蚀的临界状态，该情况下的煤粉排出情况并不理想。为此需要在接箍受力分析的基础上，研究小排采杆接箍。为减小对现有排采杆与接箍的改动，只对接箍的外形尺寸进行设计，而不改变原有的结构。

在排采设备工作中，排采杆柱受到交变载荷的作用，伴随杆柱的振动和弯曲会导致连接排采杆的接箍螺纹发生脱扣[251,252]，为此在设计排采杆接箍时需要保证连接螺纹处有足够的预紧力，这主要通过排采杆上扣扭矩获得。上扣扭矩 T_j 包括克服螺纹副的力矩和推承面的摩擦力矩，即：

$$T_j = 0.5F_c d\left[\frac{d_2}{d}\tan(\psi+\varphi)+\frac{2f(d_w^3-d_n^3)}{3d(d_w^2-d_n^2)}\right]=\delta F_c d \tag{6-143}$$

式中 d，d_2——螺纹公称直径和中径，m；

d_n，d_w——接箍与推承面台肩端面接触的内径和外径，m；

F_c——轴向力，不承受轴向工作载荷时即为初始预紧力，N；

f——推承面摩擦系数；

δ——螺纹拧紧系数；

φ——当量摩擦角，rad；

ψ——螺纹中径升角，rad。

排采设备工作时，作用在排采杆与接箍间螺纹上的力包括螺纹拉力 F_p 和推承面剩余预紧力 F_s，即：

$$\left.\begin{aligned}F_p &= F_c+\frac{k_b}{k_b+k_c}F\\ F_s &= F_c-\frac{k_c}{k_b+k_c}F\end{aligned}\right\} \tag{6-144}$$

式中 F——作用在排采杆柱上的外载荷，N；

k_b——排采杆螺纹接头的刚度，可由杆柱弹性模量 E_r 和螺纹截面积 A_r 的乘积获得，Pa；

k_c——接箍的刚度，随接箍外径的改变而发生变化，可由接箍弹性模量 E_c 和截面积 A_c 的乘积获得，Pa。

在排采杆与接箍间不存在预紧力的情况下，排采杆发生脱扣所需的扭矩 T_0 为：

$$T_0 = 0.5F_c d_2\tan(\psi+\varphi) \tag{6-145}$$

由此，排采杆与接箍间螺纹连接的松紧取决于外载荷 F、初始预紧力 F_c、刚度 k_b 和 k_c 的大小。由于排采杆柱受到动载荷的作用，为保证排采杆和接箍间螺纹不发生脱扣、螺纹接头不发生屈服、推承面台肩与接箍端面间有足够的挤压强度，排采杆与接箍间的螺纹力需满足以下条件。

$$
\left.\begin{aligned}
&F_c-\frac{k_c}{k_b+k_c}F_{\max}>0\\
&F_c+\frac{k_b}{k_b+k_c}F_{\max}\leqslant[\sigma]A_d\\
&F_c-\frac{k_c}{k_b+k_c}F_{\min}\leqslant 0.25\pi[\sigma](d_f^2-d_m^2)
\end{aligned}\right\}\tag{6-146}
$$

式中 A_d——排采杆螺纹端面危险截面面积，mm^2；

d_f，d_m——推承面台肩外径和接箍内径，mm；

$F_{\max}$，$F_{\min}$——排采杆承受的最大和最小工作载荷，N；

$[\sigma]$——接箍处螺纹的许用拉应力，MPa。

另外，接箍的设计还需要满足排采泵抽排时抗拉强度的要求。接箍在承受上扣扭矩作用时会产生剪切应力，其最大剪应力 $\tau_{\max}$ 需满足强度要求，即：

$$
\tau_{\max}=\frac{16T_j}{\pi d_e^3(1-d_m^4/d_e^4)}\leqslant[\tau]
$$

式中 d_e——接箍外径，m；

$[\tau]$——接箍材料的许用剪切应力，MPa。

接箍的抗拉应力 σ 需满足：

$$
\sigma_{\max}=\frac{4F_c}{\pi(d_e^2-d_d^2)}\leqslant[\sigma]\tag{6-147}
$$

式中 d_d——接箍螺纹危险截面直径，m；

$\sigma_{\max}$——接箍的最大抗拉应力，MPa。

依据以上排采杆接箍扭矩作用下的应力要求和强度校核分析的计算模型，在满足API推荐上扣扭矩的情况下，可确定合理的接箍尺寸。另外，为了保证接箍上扣扳手的位置和接箍与排采杆间连接螺纹的强度，设计的接箍采用与普通接箍相同的长度。

【实例 6.5】 调研鄂尔多斯盆地韩城区块和三交区块煤层气井的排采现场，获得具有代表性的排采参数：井深最大 1 000 m，井液密度 1 010 kg/m^3，冲程 2.5 m，泵效 70%，井液黏度 0.88 mPa·s，最大排液量 30 m^3/d，推承面摩擦系数 0.15，排采杆和接箍材料屈服应力 680 MPa，弹性模量 209 GPa，材料安全系数 1.5。

依据上述计算模型，可以重新设计煤层气井不同排采杆径所需配套的接箍规格尺寸，见表 6-15。

表 6-15 煤层气井用小排采杆接箍规格尺寸

小接箍规格	排采杆径 D/mm	螺纹公称直径 d/in	接箍外径 d_e/mm			接箍最小长度 $L_{\min}$/mm
			接箍Ⅰ型	接箍Ⅱ型	小接箍	
XJG13	13	3/4	—	26	25.0	70.0
XJG16	16	15/16	38	32	30.8	101.6
XJG19	19	1 1/16	41	38	36.5	101.6
XJG22	22	1 3/16	46	41	39.3	101.6
XJG25	25	1 3/8	56	51	47.0	101.6

从排采杆接箍规格尺寸设计的结果可以看出，相对于油气井的开发，在采用现有普通接箍的情况下，煤层气井的排采现场采用Ⅱ型及小接箍亦可满足强度要求和防脱扣需要，而不必采用Ⅰ型。在不改变现有排采杆接头螺纹尺寸的情况下，依据煤层气井排采现场的状况，重新设计后的接箍尺寸相对于普通接箍Ⅰ型有所减小，但减小的幅度并不明显，平均仅为5%左右。设计后的规格尺寸仍然无法避免箍管环空处井液发生气蚀现象，有必要在设计规格的基础上进一步减小排采杆接箍尺寸。

6.9.2 小接箍排采杆设计

排采杆接箍尺寸优化时，推承面台肩上初始预紧力大小与排采杆的脱扣问题有很大关系，同时预紧力的变化也会影响排采杆接头螺纹和接箍的强度[253]。影响预紧力的主要因素是排采杆的上扣扭矩，在给定上扣扭矩的情况下，排采杆接头螺纹和推承面台肩的尺寸直接影响接箍端面预紧力的值。为此，可以通过减小排采杆接头螺纹尺寸的途径达到进一步优化接箍尺寸的目的。具体的程序流程如图6-37所示。

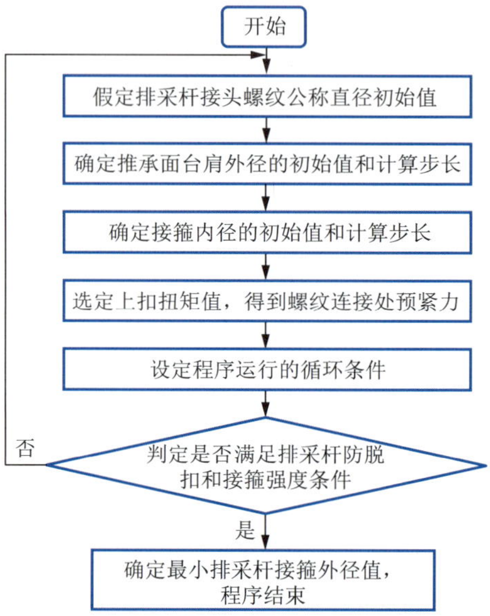

图6-37 优化排采杆接箍尺寸程序流程图

依据上述程序，可以获得在减小排采杆接头螺纹尺寸的情况下，满足排采设备工作中杆柱防脱扣、接头螺纹抗拉强度、推承面台肩与接箍端面间挤压强度以及接箍抗剪切强度要求的最小接箍外径大小。采用实例6.5的各参数，通过改变排采杆接头螺纹尺寸确定最小的排采杆接箍外径值，优选后的计算结果见表6-16。

表6-16 优选后煤层气井小接箍排采杆规格尺寸

小接箍规格	排采杆径 D/mm	螺纹公称直径 d/in		接箍外径 d_e/mm		
		优选前	优选后	接箍Ⅱ型	优选前小接箍	优选后小接箍
XJG13	13	$\frac{3}{4}$	$\frac{11}{16}$	26	25.0	23
XJG16	16	$\frac{15}{16}$	$\frac{7}{8}$	32	30.8	28
XJG19	19	$1\frac{1}{16}$	1	38	36.5	34
XJG22	22	$1\frac{3}{16}$	$1\frac{1}{16}$	41	39.3	38
XJG25	25	$1\frac{3}{8}$	$1\frac{1}{4}$	51	47.0	43

从排采杆接箍规格尺寸优选的结果可以看出，为获得最小排采杆接箍尺寸，需要减小排采杆接头螺纹的公称直径，而且在保证排采杆防脱扣和接箍强度条件的情况下，接头螺纹尺寸减小的幅度相对较小，通常为低一级的公称直径尺寸。另一方面，减小接头螺纹尺寸后，所优选接箍的外径减小幅度明显，平均可以达到12%左右，最高达16%，所获得最小接箍尺寸可以有效防止箍管环空处井液发生气蚀。

确定接箍尺寸后，需要设计相应的小接箍排采杆。为了保证接箍端面和推承面台肩端面产生足够大的应力以及接头螺纹和卸载槽部位的强度，防止排采杆在使用中的早期断裂[254,255]，需使推承面台肩外圆截面积与排采杆体截面积的比值保持在 3.0 以上，此处取推承面外圆直径 d_f 近似等于接箍外径 d_e。另外，为了煤层气井修井作业时排采杆的吊装，同时避免凸缘处发生井液的气蚀，通常在适当减小推承面外圆直径 d_f 的基础上确定凸缘直径 d_u。

在设计扳手时，为保证排采杆上扣扳手的位置，使扳手的长度与普通抽油杆扳手一样，只需重新设计扳手的宽度即可。

设计扳手的宽度时，首先需要满足排采杆上扣扭矩强度的要求。扳手的纵向剖面为矩形，在上扣扭矩的作用下最大剪应力发生在剖面的长边处，则有：

$$\tau_{max}=\frac{T_j}{\delta b^2 h}\leqslant[\tau] \tag{6-148}$$

式中　T_j——上扣扭矩，N·m；

b——扳手宽度，mm；

h——扳手长度，mm；

δ——矩形截面扭转系数[256]。

同时，所设计的扳手还要满足排采设备工作中抗拉强度的要求，即：

$$\sigma_{max}=\frac{F_{max}}{b^2}\leqslant[\sigma] \tag{6-149}$$

另外，扳手横截面外接圆的半径不会大于接箍外径 d_e，即 $b\leqslant d_e\sin 45°$。

依据上述模型，通过编辑程序，可以获得煤层气井小接箍排采杆优选尺寸后的接头螺纹、推承面台肩和凸缘尺寸，以及满足扳手上扣扭矩和强度要求的合理宽度。依据表 6-16 的小接箍规格参数，对小接箍排采杆各结构的主要尺寸进行设计，结果见表 6-17。

表 6-17　煤层气井小接箍排采杆的规格尺寸

规　格	优化前后	杆体直径 D/mm	螺纹公称直径 d/in	推承面台肩外径 d_f/mm	扳手宽度 b/mm	扳手长度 h/mm	凸缘直径 d_u/mm	排采杆长度 L /mm
CYG13	优化前	$13^{+0.25}_{-0.36}$	3/4	$25.4^{+0.13}_{-0.25}$	15.9	19.1	$22.2^{+0.13}_{-3.17}$	8 000±50 7 620±50
	优化后	$13^{+0.25}_{-0.36}$	11/16	$22.7^{+0.13}_{-0.25}$	14.3	19.1	$19.5^{+0.13}_{-3.17}$	
CYG16	优化前	$16^{+0.25}_{-0.36}$	15/16	$31.8^{+0.13}_{-0.25}$	22.2	31.8	$31.0^{+0.13}_{-3.17}$	
	优化后	$16^{+0.25}_{-0.36}$	7/8	$28.3^{+0.13}_{-0.25}$	18.9	31.8	$27.5^{+0.13}_{-3.17}$	
CYG19	优化前	$19^{+0.25}_{-0.41}$	1 1/16	$38.1^{+0.13}_{-0.25}$	25.4	31.8	$35.7^{+0.13}_{-3.17}$	
	优化后	$19^{+0.25}_{-0.41}$	1	$33.8^{+0.13}_{-0.25}$	23.2	31.8	$31.4^{+0.13}_{-3.17}$	
CYG22	优化前	$22^{+0.30}_{-0.41}$	1 3/16	$41.3^{+0.13}_{-0.25}$	25.4	31.8	$38.1^{+0.13}_{-3.17}$	
	优化后	$22^{+0.30}_{-0.41}$	1 1/16	$37.8^{+0.13}_{-0.25}$	23.2	31.8	$34.6^{+0.13}_{-3.17}$	
CYG25	优化前	$25^{+0.30}_{-0.46}$	1 3/8	$50.8^{+0.13}_{-0.25}$	33.3	38.1	$48.4^{+0.13}_{-4.76}$	
	优化后	$25^{+0.30}_{-0.46}$	1 1/4	$43.2^{+0.13}_{-0.25}$	28.1	38.1	$40.8^{+0.13}_{-4.76}$	

由此，优选小接箍排采杆尺寸后，需要配套相应的小接箍排采杆，现有普通抽油杆不再适用。该小接箍排采杆的接头螺纹、推承面台肩、扳手和凸缘等结构尺寸都要小于普通抽油杆的相关尺寸，设计的依据主要为井液气蚀发生条件、排采杆防脱扣条件和材料强度条件。

6.9.3 小接箍排采杆检验与现场应用

1. 小接箍排采杆的检验

小接箍排采杆委托胜利油田某煤层气装备公司制造。该排采杆于 2010 年 11 月 10 日制造完成后，在厂内实验台上进行了相关测试，检验结果见表 6-18。

表 6-18 小接箍排采杆检验结果

参数	小接箍排采杆一		小接箍排采杆二		小接箍排采杆三	
	设计前	设计后	设计前	设计后	设计前	设计后
杆体直径 d_r/mm	19	16	22	19	25	22
排采杆重量 G_r/N	184.5	127.9	246.4	181.3	321.0	242.9
接箍外径 d_e/mm	38	28	41	34	51	38
接箍重量 G_e/N	4.68	2.03	5.24	3.44	7.67	4.68

可以看出，小接箍排采杆的杆体直径较之设计前用油气井抽油杆降低了一个规格尺寸，加上排采杆杆头规格尺寸的进一步优选，设计后的小接箍排采杆重量大幅度降低。表中设计前杆体直径采用 19 mm，22 mm 和 25 mm，而设计后的杆体直径依次为 16 mm，19 mm 和 22 mm，相应的排采杆重量分别下降 30.7%，26.4% 和 24.3%，平均降幅超过 25%，这对降低抽水机悬点载荷具有重要意义。另外，接箍尺寸和重量较普通小接箍也显著降低，表中对应于 16 mm，19 mm 和 22 mm 的排采杆，小排采杆接箍的重量依次降低了 56.6%，34.3% 和 39.0%，平均降幅超过 40%。

2. 小接箍排采杆的现场应用

由胜利油田某煤层气装备公司制造 CYG16 和 CYG19 两个规格的小接箍排采杆，其中 CYG16 规格的排采杆如图 6-38 所示。

(a) 小接箍排采杆杆头

(b) 小接箍排采杆杆体

图 6-38 现场用小接箍排采杆

2010 年 12 月 5 日，所研制的两种规格小接箍排采杆在鄂尔多斯盆地韩城区块 3 口煤层气井韩 1-008、韩 1-017 和合试 13 进行了安装及现场试验。3 口试验井在排采前期采用常规油气井选型方法所选择的有杆泵设备，平均检泵周期为 3～4 个月。待煤层气井进入稳定排采阶段，修井作业后全部更换为杆管优化组合方法选择的小排采管和小接箍排采杆。运行 6 个月，期间抽汲状态良好，无须检泵，试验结果见表 6-19。

表 6-19 小接箍排采杆现场试验结果

井号	规格(CYG)		机型(CYJ)		泵径 d_p/mm		煤粉排出体积分数/%	
	普通杆	新型杆	普通杆	新型杆	普通杆	新型杆	普通杆	新型杆
韩 1-008	19	16	4-2.5-13	3-1.5-6.5	44	38	77.1	91.5
韩 1-017	19	16	4-2.5-13	3-2.1-13	44	38	80.9	92.0
合试 13	22	19	5-3.0-26	4-2.5-13	56	44	82.9	92.5

从表 6-19 中可以看出，3 口试验井采用普通抽油杆时的机型分别为 CYJ4 型、CYJ4 型和 CYJ5 型，而安装杆管优化组合方法选择的小接箍排采杆后，杆体尺寸普遍降低一个规格，抽水机悬点载荷也大幅度降低，所需要的机型依次降低为 CYJ3 型、CYJ3 型和 CYJ4 型。另外，3 口井采用普通抽油杆时煤粉排出体积分数的平均值分别为 77.1%，80.9%和 82.9%，而使用小接箍排采杆配套小接箍和小排采管可增大杆管环空的有效截面积，提升煤粉排出能力，3 口井的煤粉排量均在 90%以上，依次为 91.5%，92.0%和 92.5%。

韩 1-008 井煤粉排出情况的试验结果如图 6-39 所示，选用小排采杆管后的煤粉排出量提高了，最小排出体积分数也高于 85%。可见，小接箍排采杆的设计对降低抽水机悬点载荷和提升井液携煤粉能力具有重要意义。目前 CYG16 和 CYG19 等规格的小接箍排采杆配套防煤粉排采泵和筛管的多种结构形式已经在韩城区块逐渐推广应用。

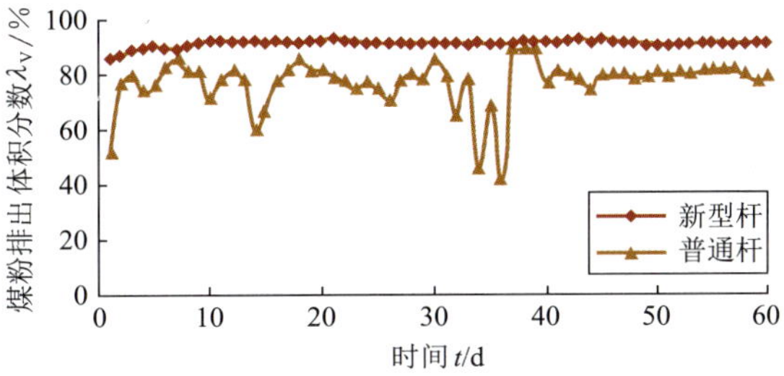

图 6-39 韩 1-008 井煤粉排出情况

第7章

煤层气井作业系统设计

我国煤层气开发尚处于初级阶段，煤层气开发配套设备还不齐全，修井工艺主要借鉴常规油气井的修井工艺。由于煤层具有弹性模量低、地层压力小、压缩性大、天然裂隙发育等特点，与常规油气井地质情况有着明显的区别，因此存在着煤层气井修井工艺严重不配套的问题。

常规油气井常用的冲砂方式主要有水力冲砂、机械捞砂、连续冲砂（泡沫连续冲砂）和负压冲砂。目前煤层气井主要采用机械捞煤粉以及洗泵两种修井作业方式。机械捞煤粉作业方式效率低下，无法确定井底煤粉是否全部捞出，在作业过程中需要压井或放空井口。由于井底煤层比较“娇气”，压井容易造成“压敏”效应，放空需要较长时间，且污染空气，易产生“速敏”效应，这使得作业后煤层气井产量降低。洗泵作业方式只能清除油管内沉积的煤粉，无法清除套管内沉积的煤粉。针对以上两种修井作业方式存在的问题，设计了快速排煤粉作业系统，在此基础上进一步设计了不压井排煤粉作业系统。

7.1 负压射流排煤粉作业系统

7.1.1 快速排煤粉作业系统

1. 快速排煤粉作业工作原理

快速排煤粉作业系统主要实现快速清除油套环空内沉积的煤粉，缩短修井作业时间。该系统主要由井下负压射流举升装置、中间连接管柱以及地面作业系统三部分组成[257]，如图7-1所示。

地面作业系统主要由复合水龙头、固液分离装置、工作泵、地面管线以及普通修井机等组成。复合水龙头是针对负压射流排煤粉作业系统设计的，其主要作用是连接地面管线以及作业管柱，并为动力液和返出液提供流道。工作泵初选为三柱塞高压往复泵，具有防腐蚀、耐高温的特点，其主要功能是将低压动力液转变为高压动力液，为负压射流举升装置提供动力。固液分离装置选择油田常用的沉降罐，其功能包括液固分离、动力液过滤、煤粉等固性颗粒回收等。由中心管返出的混合液进入固液分离装置（即沉降罐）。固液分离装置将煤粉等固性颗粒与水分离，分离出的煤粉等固性颗粒由回收装置进行回收，分离出的水作为低压动力液流入地面工作泵中。它具有结构简单和操作方便的特点。普通修井机的主要功能是起升、下入油管和抽油杆,并为地面工作泵提供工作动力。

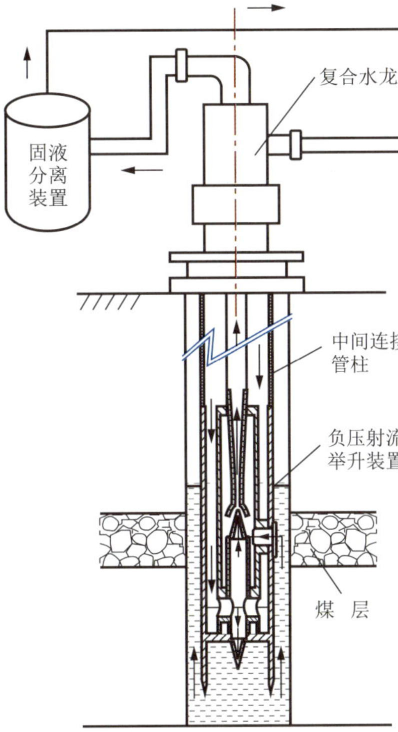

图 7-1 快速排煤粉作业系统

中间连接管柱为同心管柱,主要起连接作用。

井下负压射流举升装置即同心管射流泵,主要由接头、内筒、喉道扩散管、外筒、套筒、高压腔以及密封圈组成。它的主要功能是搅拌井底沉积的煤粉,并将其卷吸到射流泵中,然后返排至地面。

快速排煤粉作业系统的工作原理为:地面工作泵泵出的高压动力液经复合水龙头进入同心管柱,动力液沿着内外管组成的环空流道向下到达同心管射流泵。在同心管射流泵中,高压动力液分为两部分:一部分由搅拌喷嘴喷出,冲洗井底煤粉,使煤粉与地层液充分混合;另一部分由高压喷嘴喷出,高速流体产生负压吸附"文丘里"效应,将井底的煤粉、煤焦、煤泥等固性颗粒吸入射流泵内,在射流泵内部动力液与返出液充分混合,混合后的返出液沿着中心管上返到地面的固液分离装置中,分离后的低压动力液经工作泵形成高压动力液,供循环使用,通过不断加深管柱最终将井底煤粉全部排出。

快速排煤粉作业系统通过负压射流举升装置不断将井底煤粉排出,与机械捞煤粉作业相比,大大缩减了油管起下的次数。另外,在作业的过程中井口处于完全打开状态,管柱在起下的过程中不会受到密封橡胶阻力的作用,管柱起下速度较快,因此缩短了修井作业时间,提高了工作效率,从而实现了快速排煤粉作业。其缺点是修井前需要进行压井作业。

2. 快速排煤粉作业工艺分析

快速排煤粉作业系统在作业过程中,煤层气井处于压井状态。图 7-2 所示为快速排煤粉作业系统的工艺流程，其具体的工艺如下[258]：

1）施工前准备工作

（1）施工前对所有操作人员进行 HSE 培训，尤其注意当现场施工压力较高时，操作人员应远离井口，同时加强安全防范措施。

（2）施工前应事先检查负压射流举升装置有无损坏，发现问题及时处理。

（3）布置好修井作业车、地面工作泵、储液罐和固液分离装置，连接好地面冲煤粉管线，准备好足够的冲煤粉液量，接好地面的动力液进液管线、循环过滤装置、供液地面工作泵以及混合液出液管线。

（4）准备冲煤粉管柱和其他下井工具，准备灵敏的管柱悬重指重表。

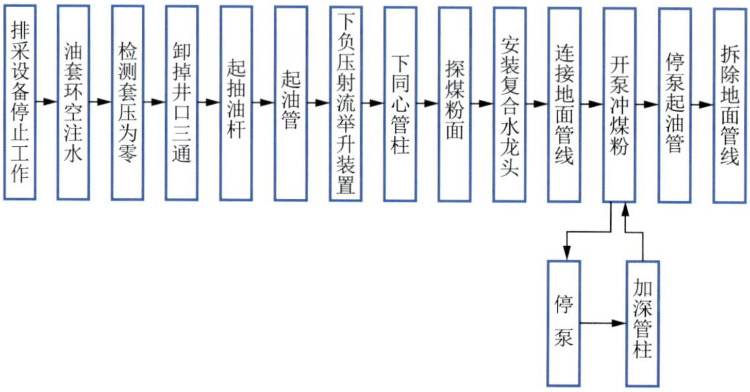

图 7-2　快速排煤粉作业系统的工艺流程

2）施工步骤

（1）排采设备停止工作，往油套环空中注水直至套压为 0，目的是防止作业过程中井内气体溢出，保证作业安全。

（2）拆除井口三通，通过修井作业车起出抽油杆以及油管。

（3）将负压射流举升装置与中间连接管柱连接，下负压射流举升装置，通过修井作业车以及连接工具不断加深中间连接管柱。

（4）探煤粉面。当负压射流举升装置下至距煤层上方 20 m 时，下放速度应小于 1.2 m/min，以悬重下降 10～20 kN 时为遇煤粉面，上提重新试探，两次误差不超过 0.5 m，则探得煤粉面深度。

（5）连接复合水龙头以及地面管线。

（6）冲煤粉操作。提中间连接管柱至离煤粉面 2 m 以上，开泵循环冲煤粉作业，观察工作泵压力表及排量变化情况，正常后缓慢下放管柱。

（7）加深管柱。当冲完一根管柱后，停泵，卸掉复合水龙头，通过修井机连接另一节同心管柱；连接复合水龙头，开泵继续冲煤粉。

（8）冲煤粉至设计深度后，保持循环至出口排量，当返出液中煤粉体积分数小于 0.3%时，上提冲煤粉管柱 20 m 以上，结束本次冲煤粉作业。

（9）收尾工作。冲洗地面管线，泄压、拆卸各类装置，交接验收等。

3）技术要求

（1）冲煤粉过程中要缓慢均匀地加深管柱，以免造成煤粉堵塞或憋泵。

（2）冲煤粉施工需要沉煤粉池，进、出口罐应分开，不得将冲出的煤粉又带入井内。

(3) 需有专人观察出口返液情况，若发现出口不能正常返液，应停止冲煤粉施工，迅速上提管柱至原煤粉面以上 20 m，并活动管柱。

(4) 冲煤粉施工中途若作业机出故障，必须进行彻底循环洗井。若工作泵出现故障，应迅速上提管柱至原煤粉面以上 20 m，并活动管柱。

(5) 因管柱下放过快而造成憋泵，应立即上提管柱，泵压正常后可继续加深管柱，进行冲煤粉。

4) 冲煤粉质量标准

冲煤粉的质量标准是返出液含煤粉为 0.3%以下，替入净液体积为井筒容积的 1.2～1.5 倍，停泵 2 h 以上探煤粉面，煤粉面上升不超过井深的 0.05%。

7.1.2　不压井排煤粉作业系统

快速排煤粉作业虽然能够快速将井底沉积的煤粉冲洗干净，但是在作业过程中煤层气井处于压井状态，容易造成煤层产生“压敏”现象，破坏煤层结构，作业完成后煤层气井的产量很难恢复到作业前的产量，仍然没有解决“压敏”产生的问题。基于此，在快速排煤粉作业系统的基础上进一步设计了不压井排煤粉作业系统。

目前煤层气井采用的是简易井口装置，其结构如图 7-3 所示。而油田采油常用的不压井修井作业装置的主要特点为：密封压力较大；井口装置规范；作业井较深，需要搭建井台；结构较为复杂，成本较高，作业效率低下。基于以上特点，油田上所采用的不压井修井设备不能直接适用于煤层气井，需要重新设计一套不压井作业装置。

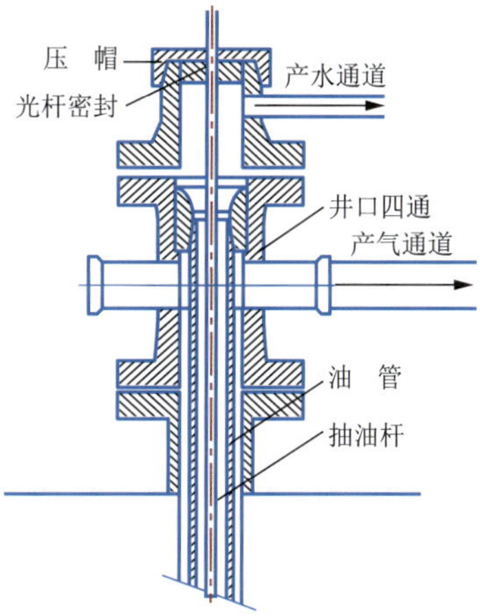

图 7-3　煤层气井简易井口装置

针对煤层气井井口装置的结构，在快速排煤粉作业系统的基础上进一步设计了不压井排煤粉作业系统。该作业系统可以在维持套压的基础上冲洗井底煤粉，达到保护煤层的目的。

1. 不压井排煤粉作业工作原理

不压井排煤粉作业系统同样由井下负压射流举升装置、中间连接管柱以及地面作业系统三部分组成，如图 7-4 所示。与快速排煤粉作业系统相比，地面作业系统增加了井口密封系统、阻尼器以及加压装置。

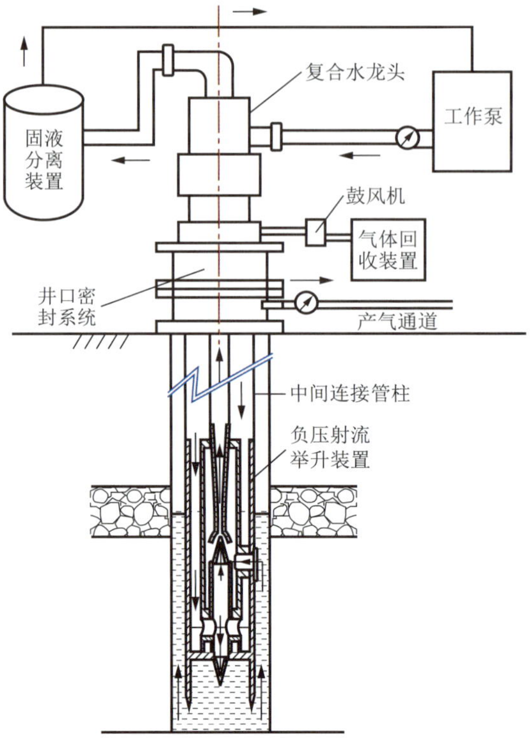

图 7-4 不压井排煤粉作业系统

井口密封系统[22]主要由双闸板防喷器、油管环形防喷器、油管自密封装置、抽油杆环形防喷器、抽油杆自密封装置、气体回收装置和鼓风机组成，如图 7-5 所示。其中，图 7-5(a)所示为抽油杆密封系统，在抽油杆起下作业过程中实现对杆管环空的密封；图 7-5(b)所示为油管密封系统，在油管起下作业过程中实现对油套环空的密封。气体回收装置以及鼓风机的主要作用是将溢出的煤层气进行回收，保证作业安全。

在作业过程中，井口双闸板防喷器、油管环形防喷器以及油管自密封装置三者依次对油管进行半封、全封、环封和自封；抽油杆环形防喷器以及抽油杆自密封装置实现对抽油杆的环封以及自封，从而实现不压井作业。

在起油管作业过程中，当油管所受向上的气体作用力大于油管自身的重力时启动阻尼器，从而保证油管缓慢匀速起出，防止对操作人员造成伤害。

初始下油管过程中，当油管所受的重力小于油管所受向上的气体作用力时，启动加压装置，保证油管顺利下入。

不压井排煤粉作业工作原理与快速排煤粉作业相同：地面工作泵泵出的高压动力液经复合水龙头进入同心管柱，动力液沿着内外管组成的环空流道向下到达同心管射流泵，利用高速流体产生的负压吸附“文丘里”效应，将井底的煤粉、煤焦、煤泥等固性颗粒吸入射流泵内，在射流泵内部动力液与返出液充分混合，混合后的返出液沿着中心管上返到地面的固液分离装置中，分离后的低压动力液经工作泵形成高压动力液，供循环使用，通过不断加深管柱最终将井底煤粉全部排出。

不压井排煤粉作业系统通过井口密封系统可有效保护井底煤层，防止“压敏”和“速敏”效应的产生，从而实现不压井快速排煤粉作业。

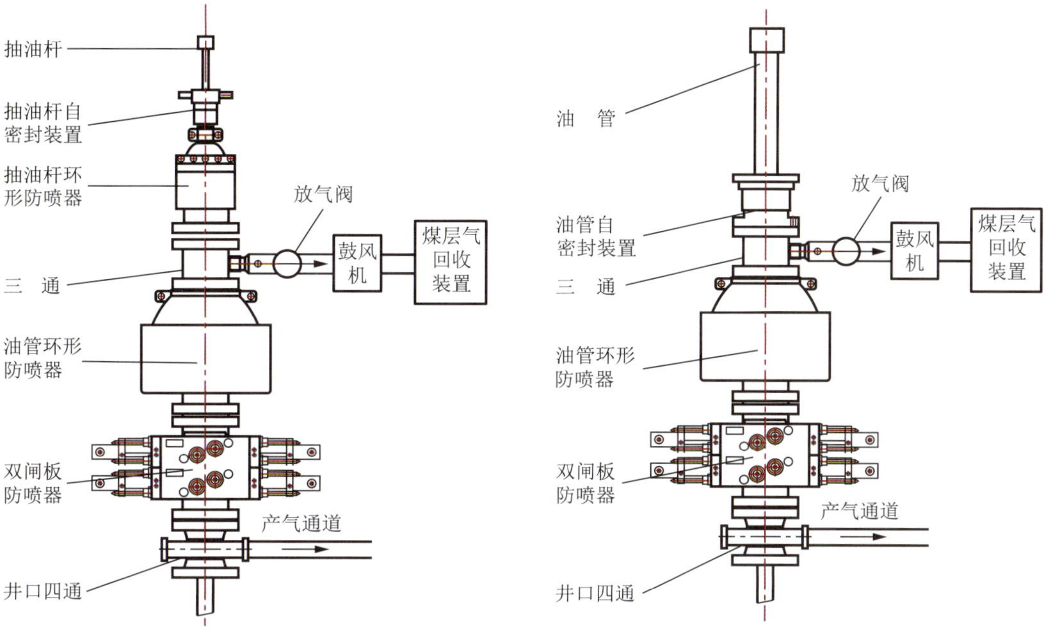

（a）抽油杆密封系统　　（b）油管密封系统

图 7-5　井口密封系统

另外，该井口密封系统不仅适用于快速排煤粉作业装置，也适用于煤层井检泵、换泵以及洗泵等小修作业，从而实现不压井修井作业，有效保护煤层。

2. 不压井排煤粉作业工艺分析

不压井排煤粉作业工艺与快速排煤粉作业工艺相比，增加了井口密封系统安装的工艺步骤，省去了注水加压的工艺步骤，工艺流程如图 7-6 所示。

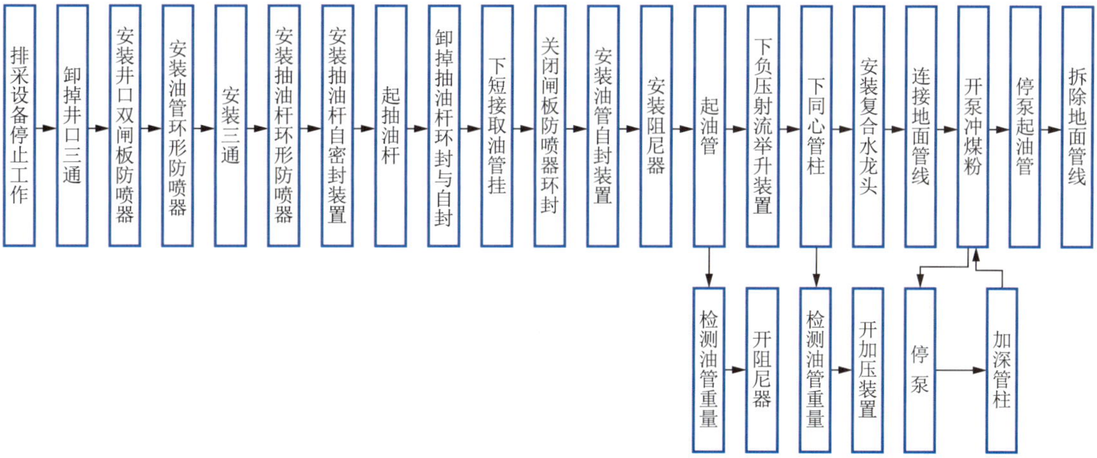

图 7-6　不压井排煤粉工艺流程

不压井排煤粉作业的具体工艺流程如下：

1）施工准备

不压井排煤粉作业与快速排煤粉作业工艺施工准备相同。

2）施工步骤

（1）排采设备停止工作，拆除井口三通，如图 7-7 所示。

（2）安装双闸板防喷器。修井机的钢丝绳与抽油杆吊卡连接，抽油杆吊卡卡住抽油杆接箍，缓慢下放修井机钢丝绳，使吊卡卡在井口位置，取出修井机钢丝绳；抽油杆短接与抽油杆接箍连接，使双闸板防喷器穿过抽油杆短接并置于吊卡上方（图 7-8）；取另外一个抽油杆吊卡卡住抽油杆短接接箍，通过修井机上提抽油杆短接，取出位于双闸板防喷器下端的抽油杆吊卡，然后通过螺栓使双闸板防喷器与井口四通连接，完成双闸板防喷器的安装。

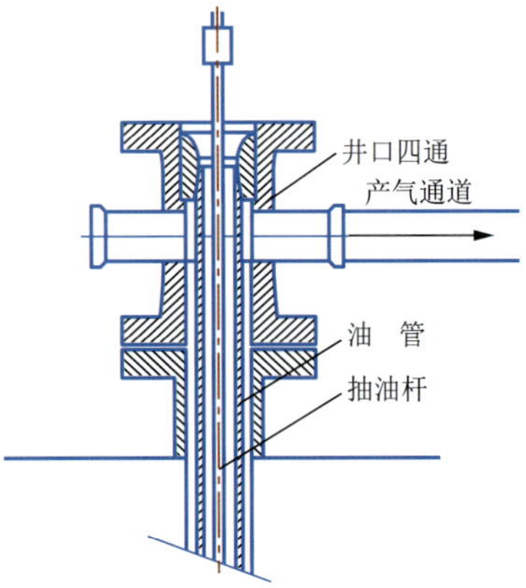

图 7-7　井口状态图

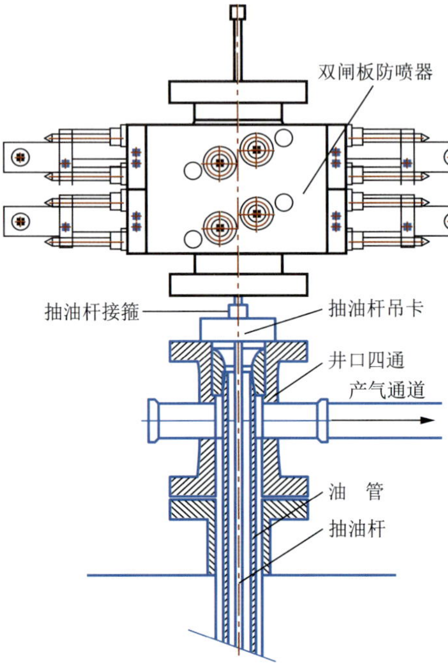

图 7-8　双闸板防喷器安装工艺示意图

（3）采用相同的方法依次安装油管环形防喷器、三通、抽油杆环形防喷器以及抽油杆自密封装置，并通过管线将鼓风机、煤层气回收装置以及三通连接，完成抽油杆密封系统的安装，如图 7-5(a)所示。

（4）起抽油杆。采用常规方法完成抽油杆、柱塞的起出，整个作业过程中抽油杆密封系统对杆管环空进行密封，保证作业安全。

（5）抽油杆以及柱塞全部起出后关闭井口全封，卸掉抽油杆环形密封器以及抽油杆自密封装置，如图 7-9(a)所示。

（6）起油管挂。打开井口全封，迅速下入油管短接，使油管短接与油管挂螺纹连接，吊卡卡住油管短接的接箍，通过修井机将坐落在井口四通内的油管挂缓慢起出，此时迅速关闭闸板防喷器以及油管环形防喷器，对油套环空实现密封，如图 7-9(b)所示。

（7）安装油管自密封装置。起出油管挂后，吊卡卡住油管接箍，卸掉油管挂；通过液压大钳将油管短接与油管螺纹连接，连接完成后将吊卡卡在三通的上表面，则油管处于悬空状态；将油管自密封装置从油管短接的上端穿过油管短接，放置于三通上端，如图 7-9(c)所示；取另外一个吊卡卡住油管短接的接箍，通过修井机上提油管短接，此时取出位于油管自密封装置与三通之间的吊卡，通过螺栓将自密封装置与三通紧密连接，之后解除闸板防喷器的环封，通过自密封装置以及环形防喷器实现对油管的自封和环封，完成油管密封系统的安装，如图 7-5(b)所示。

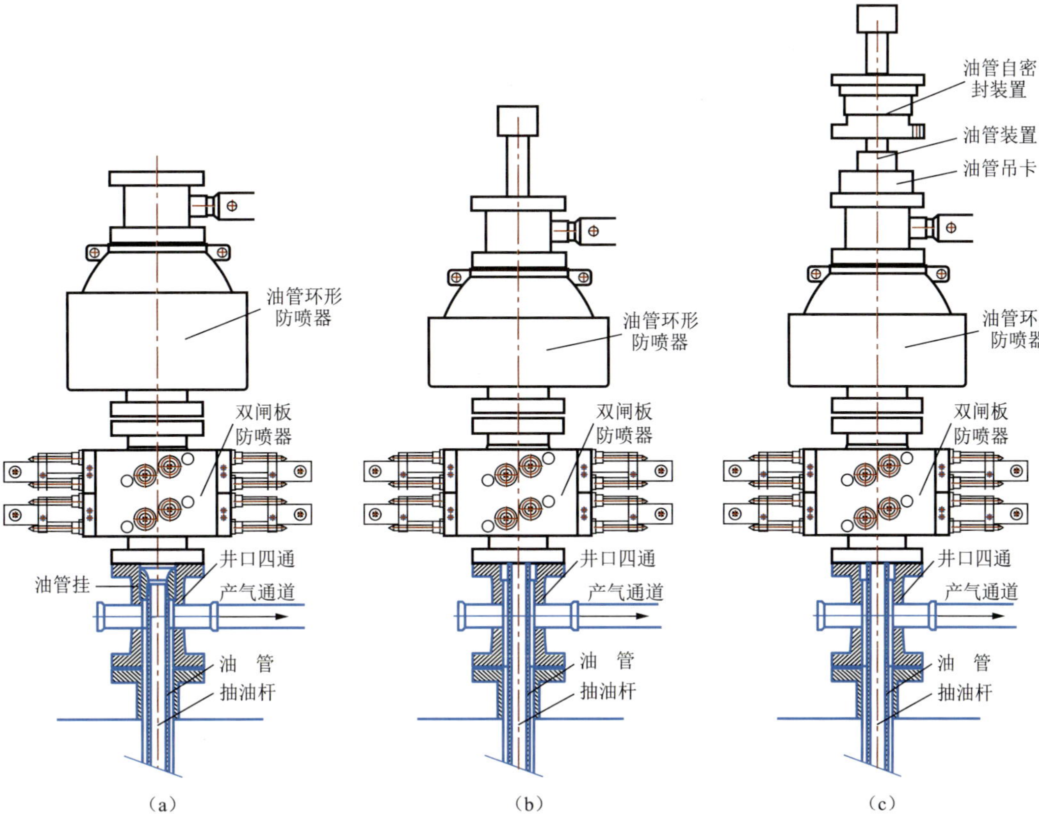

图 7-9 油管自密封装置安装工艺示意图

(8) 起油管。按照常规作业方式，起升油管，同时开启鼓风机，当油井中油管的重量小于井底压力产生的向上推力时启动阻尼器，如图 7-10 所示。

(9) 油管起升完毕后关闭井口全封，完成起升作业，如图 7-11 所示。

(10) 将负压射流举升装置与中间连接管柱连接，下入负压射流举升装置，当管柱的重力小于气体的向上推力时启动加压装置，如图 7-12 所示。

(11) 通过修井作业车以及连接工具不断加深中间连接管柱。

(12) 探煤粉面。当负压射流举升装置下至距煤层气上界 20 m 时，下放速度应小于 1.2 m/min，以悬重下降 10～20 kN 时为遇煤粉面，上提重新试探，两次误差不超过 0.5 m，则探得煤粉面深度。

(13) 连接复合水龙头以及地面管线。

(14) 冲煤粉操作。提中间连接管柱至离煤粉面 2 m 以上，开泵进行循环冲煤粉作业，观察工作泵压力表及排量变化情况，正常后缓慢下放管柱。

(15) 加深管柱。当冲完一根管柱后，停泵，卸掉复合水龙头，通过修井机连接一节同心管柱；连接复合水龙头，开泵继续冲煤粉。

(16) 冲煤粉至设计深度后，保持循环至出口排量，当返出液中煤粉体积分数小于 0.3%时，提起冲煤粉管柱 20 m 以上，结束本次冲煤粉作业。

(17) 收尾工作。冲洗地面管线，泄压、拆卸各类装置，交接验收等。

3）技术要求和冲煤粉质量要求

均与快速排煤粉作业系统相同，此处不再赘述。

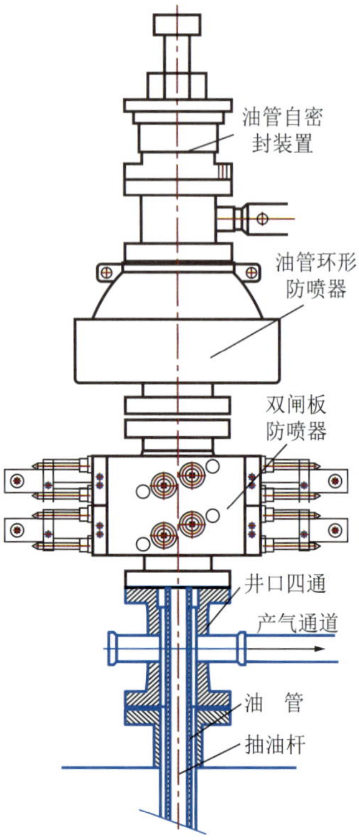

图 7-10 启动阻尼器工艺图

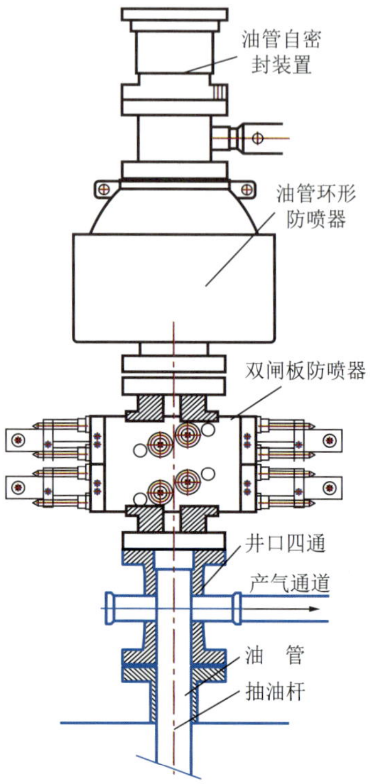

图 7-11 关闭井口全封工艺图

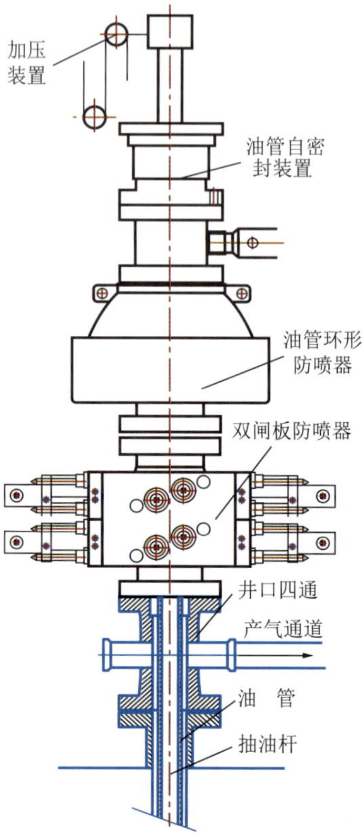

图 7-12 下管柱工艺示意图

7.1.3 两种作业系统工艺特点对比分析

两种作业系统各有特点。快速排煤粉作业系统结构组成较为简单，成本较低，并且整个工艺流程以及现场施工操作简单方便，可快速清除井底沉积煤粉，修井作业效率高，解决了目前捞煤粉作业中存在的一些问题。但该作业系统的缺点是：作业前需要进行注水压井，容易使煤层产生“压敏”效应，破坏煤层结构，不易于修井作业后煤层气井产能的恢复。

在快速排煤粉作业系统的基础上设计的不压井排煤粉作业系统，与快速排煤粉作业系统相比增加了井口密封系统，因此其工艺流程以及现场施工操作较为复杂，成本也相应增加。另外，在抽油杆以及油管起下作业过程中，由于受到密封系统产生摩擦阻力的作用，作业效率相对于快速排煤粉作业系统降低。该井口密封系统同样可用于煤层气井检泵、换泵以及洗泵等小修作业，因此在进行其他小修作业过程中不需要进行压井或放空井口操作，可有效保护煤层，利于煤层气井产能的恢复。

7.2 井下负压射流举升装置结构设计

7.2.1 射流泵特性研究

负压射流排煤粉作业系统的核心部件是井下负压射流举升装置——射流泵。目前，国内油气田已经开发并应用了射流泵采油技术以及负压冲砂技术（其中辽宁锦州油田、新疆油田利用此技术取得了非常好的效果），但是对于煤层气井修井领域，负压射流排煤粉则是一项全新的技术。美国已利用这项技术设计出相关设备，并得到了非常好的现场应用效果。

1. 射流泵的基本特性参数

射流泵的工作特性主要通过无量纲参数来描述。图 7-13 所示为射流泵的工作原理图，本书定义的基本特性参数如下[259]：

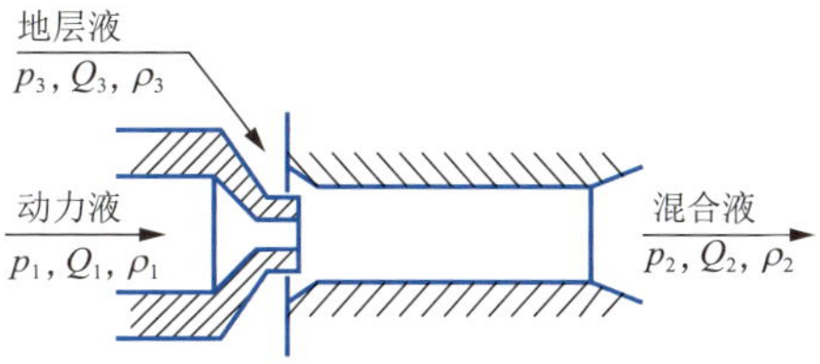

图 7-13　水力射流泵原理图

1）无量纲压力比 P 和无量纲压头比 H

无量纲压力比 P 定义为地层液压力增量（p_2-p_3）与动力液压力降低量（p_1-p_2）之比：

$$P=\frac{p_2-p_3}{p_1-p_2} \tag{7-1}$$

式中　p_1——动力液进泵压力，MPa；

p_2——混合液排出压力，MPa；

p_3——地层液进泵压力，MPa。

无量纲压头比 H 定义为泵内地层液压头增量（h_2-h_3）与动力液压力降低量（h_1-h_2）之比：

$$H=\frac{h_2-h_3}{h_1-h_2} \tag{7-2}$$

式中　h_1——动力液进泵压头，m；

h_2——排出口压头，m；

h_3——吸入液进泵压头，m。

2）无量纲密度比 ρ_r

无量纲密度比 ρ_r 定义为地层（搅拌）液的密度 ρ_3 与动力液的密度 ρ_1 之比：

$$\rho_r=\frac{\rho_3}{\rho_1} \tag{7-3}$$

3）无量纲体积流量比 M 和无量纲质量流量比 G

无量纲体积流量比 M 定义为地层流体的体积流量 Q_3 与动力液的体积流量 Q_1 之比：

$$M=\frac{Q_3}{Q_1} \tag{7-4}$$

目前，在射流泵的特性方程中常采用无量纲体积流量比 M，简称流量比。

无量纲质量流量比 G 定义为地层流体的质量流量 G_3 与动力液的质量流量 G_1 之比：

$$G=\frac{G_3}{G_1}=\frac{Q_3\rho_3}{Q_1\rho_1}=M\rho_r \tag{7-5}$$

4）无量纲面积比 R

无量纲面积比 R 定义为喷嘴出口流道截面积 A_G 与喉管流道面积 A_H 之比：

$$R=\frac{A_G}{A_H} \tag{7-6}$$

当忽略喷嘴出口的外缘厚度时，有：

$$A_S+A_G=A_H \tag{7-7}$$

式中　A_S——喉管入口处吸入液所占的流动截面积，m^2。

因此，存在如下关系：

$$v_3=\frac{Rv_1}{1-R},\quad v_2=R(1+M)v_1 \tag{7-8}$$

式中 v_1——动力液在喷嘴出口处断面的平均流速，m/s；

v_2——混合液在喉管中断面的平均流速，m/s；

v_3——吸入液在射流泵入口断面的平均流速，m/s。

2. 射流泵的基本特性方程研究

射流泵的基本特性方程描述效率、无量纲压力比与无量纲流量比之间的关系。通过基本特性方程绘制的曲线称为射流泵基本特性曲线。等密度体系是指动力液与吸入液是同一种液体，密度相等。

学者 R. G. Cunningham 在 J. E. Gosline 和 M. O. Brien 研究的基础上，对射流泵进行了相关的实验研究。实验采用射流泵面积比 $R=0.1\sim0.6$。基于研究结果，R. G. Cunningham 在 1975 年提出了压力损失系数 β 的概念，并通过动量以及能量定理推导出了如下射流泵基本性能方程：

$$P=\frac{2R+\left[\frac{(1-2R)G^2}{(1-R)^2}-(1+K_t+K_d)(1+G)^2\right]R^2-(1+K_s)\frac{G^2}{c_2}}{1+K_j-2R-\left[\frac{(1-2R)G^2}{(1-R)^2}-(1+K_t+K_d)(1+G)^2\right]R^2+\beta(1+K_s)\frac{G^2}{c_2}} \tag{7-9}$$

式中 K_j——喷嘴的摩擦损失系数；

K_t——喉管的摩擦损失系数；

K_d——扩散管的摩擦损失系数；

K_s——吸入通道的摩擦损失系数；

β——压力损失系数(当喉嘴距为 0 时 $\beta=0$，不为 0 时 $\beta=1$)；

c_2——经验系数。

1980 年，K. E. Brown 和 H. L. Petriel 在前人研究成果的基础上给出了计算压头比 H 的基本特性方程：

$$H=\frac{h_2-h_3}{h_1-h_2}=\frac{1-N_1}{M+N_1} \tag{7-10}$$

式中：

$$N_1=\frac{1+K_j+(1+K_s)\frac{M^3R^2}{(1-R)^2}+(1+K_t+K_d)(1+M)^3R^2-2R(1+M)\left(1+\frac{M^2R}{1-R}\right)}{1+K_j-(1+K_s)\frac{M^2R^2}{(1-R)^2}} \tag{7-11}$$

该方法与 J. E. Gosline 和 M. O. Brien 使用的方法一致，得到的基本性能方程也采用压头比表示。在实际计算过程中，由于压头比不容易确定，常用压力比来代替压头比。很显然，上述关系式只有在动力液与采出液密度相等(等密度体系)时才成立，表明它也只适用于等密度体系。

在实际煤层气井用射流泵冲洗煤粉作业中，由于动力液与返出液的密度不相等，如果采用等密度体系，基本特性方程将给射流泵的设计结果带来较大误差，因此必须对上述等密度体系特性方程进行修正。

Grupping A. W. 等在前人研究的基础上推导了射流泵非等密度特性方程，给出了无量纲压力比公式为：

$$P=\frac{2R+(1-2R)\rho_r\dfrac{M^2R^2}{(1-R)^2}-(1+K_T)\rho_rR^2(1+M)^2}{1+K_J-2R-(1-2R)\rho_r\dfrac{M^2R^2}{(1-R)^2}+(1+K_T)\rho_rR^2(1+M)^2} \tag{7-12}$$

式中　K_T——喉管及扩散管的摩擦损失系数；

K_J——喷嘴的摩擦损失系数。

由于式中未严格区分混合压力和沉没压力以及无量纲质量比和流量比，容易混淆效率计算。王常斌针对前人研究的不足，采用洛伦兹混合损失模型，应用能量守恒定律，即喷嘴提供动力液的能量等于卷吸的地层液得到的能量与摩擦损失能量之和，推导出了非等密度特征方程，得出无量纲压力比为[259]：

$$P=\frac{p_2-p_3}{p_1-p_2}=\frac{1-N}{M+N} \tag{7-13}$$

式中：

$$N=\left[(1+K_j)+(1+K_s)\rho_r\frac{M^3R^2}{(1-R)^2}+(1+K_t+K_d)(1+\rho_rM)R^2(1+M)^2-2R(1+M)(1+\rho_r\frac{M^2R}{1-R})\right]\Big/\left[(1+K_j)-(1+K_s)\rho_r\frac{M^2R^2}{(1-R)^2}\right] \tag{7-14}$$

将式(7-13)和(7-14)与式(7-10)和(7-11)对比可以发现，当密度比 ρ_r 取值为 1 时，式(7-10)和(7-13)相等，表明该推导方法合理。在以后的设计计算过程中，将采用该方程对射流泵进行设计计算。

根据煤层气井现场排出煤粉的含量，取地层液中煤粉的含量为 0.05 m^3/m^3，也就是 1 m^3 的地层液中含 0.05 m^3 煤粉，则地层液的密度为：

$$\rho_3=(998\times0.95+1\ 500\times0.05)\ \text{kg/m}^3=1\ 023.1\ \text{kg/m}^3$$

则密度比为：

$$\rho_r=\frac{1\ 023.1}{998}=1.025$$

可近似认为密度比为 1。

3. 射流泵的效率

射流泵的效率 E 定义为地层(搅拌)液得到的能量 $Q_3(p_2-p_3)$ 与动力液提供的能量 $Q_1(p_1-p_2)$ 之比，即

$$E=\frac{Q_3(p_2-p_3)}{Q_1(p_1-p_2)}=MP \tag{7-15}$$

由式(7-15)可以看出射流泵的效率 E 取决于无量纲流量比 M 与无量纲压力比 P 的乘积。另外，摩擦损失系数取值的大小对于射流泵的工作特性及效率影响差别很大，它主要通过实验的手段确定。目前常用的摩擦损失系数主要有五组，见表 7-1，其中 K_{td} 表示 K_t 与 K_d 之和。

表中各位研究者所得到的摩擦损失系数值的差别较大，分别取 J. E. Gosline 和 M. O. Brien 以及 Petriel 等研究的摩擦系数，采用 Matlab 绘制射流泵的特征曲线，如图 7-14 所

示。从图 7-14 可以看出，摩擦系数取不同的数值，得到的效率计算值差别也很大。采用 J. E. Gosline 和 M. O. Brien 所研究的摩擦系数计算得最高泵效约为 25%，而采用 Petriel 等研究的摩擦系数计算得到最高泵效约为 40%[259]。考虑到加工工艺以及加工的难易程度，设计过程中采用 J. E. Gosline 和 M. O. Brien 研究的摩擦系数。

表 7-1 摩擦损失系数

相关系数研究人员	K_s	K_j	K_t	K_d	K_{td}
J. E. Gosline 和 M. O. Brien	0	0.15	0.28	0.10	0.38
H. L. Petriel 等	0	0.03	—	—	0.20
R. G. Cunningham	0	0.10	—	—	0.30
Sanger	0.036	0.14	0.102	0.102	—
Grupping A. W.	0.008	0.09	0.098	0.102	—

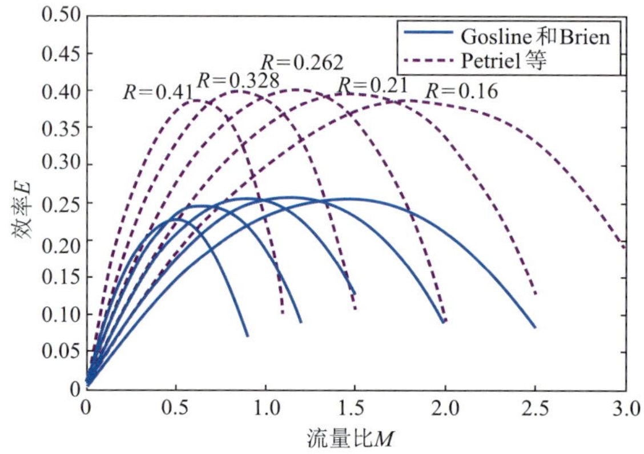

图 7-14 射流泵效率曲线图

4. 气蚀特性

当射流泵喉管入口处或喉管内压力降低到接近液体的汽化压力时，溶于液体内的气体析出，液体发生汽化，产生气蚀现象。气蚀不仅会使射流泵产生震动和噪音现象，造成喉管和扩散管壁受到剥蚀，还会降低射流泵的工作效率。因此，在设计过程中要防止气蚀现象的发生。

K. E. Brown 和 H. L. Petriel 1987 年出版了《升举法采油工艺》一书，他们认为流量比 M 有极限值 M_c，当 $M<M_c$ 时泵的吸入口就不会发生气蚀。M_c 的表达式为[260]：

$$M_c=\frac{1-R}{R}\sqrt{1+K_j}\sqrt{\frac{p_3-p_v}{I_c(p_1-p_3)+p_3-p_v}} \tag{7-16}$$

式中 R——面积比；

K_j——摩擦系数；

p_3——地层液压力，MPa；

p_1——动力液压力，MPa；

I_c——经验气蚀指数；

p_v——吸入液气体蒸发压力，MPa。

经过大量的实验研究，认为 I_c 在 0.8～1.67 之间，保守的设计值为 1.35。

王常斌从理论上对气蚀流量比 M_c 的表达式进行了推导[259]：

$$M_c = \frac{1-R}{R}\sqrt{1+K_j}\sqrt{\frac{p_3 - p_v}{\rho_r(1+K_s)(p_1 - p_v)}} \tag{7-17}$$

将表达式(7-16)与(7-17)进行对比可发现，当 K_s 取值为 0，I_c 和 ρ_r 取值为 1 时，两个表达式相同。

煤层气井内的液体为水，表 7-2 为水在不同温度下发生汽化时的压强与沸点。

表 7-2 水的汽化压强(绝对)与沸点温度

温度/℃	100	80	60	40	20	10	0
压强/Pa	101 300	47 400	20 000	7 400	2 340	1 230	615

从表中可以看出，由于 p_1，p_2 和 p_3 都是 MPa 级，水发生汽化时的压力 p_v 与 p_1，p_2 和 p_3 相比较小，可认为 p_v 为 0，因此煤层气井的气蚀流量比为：

$$M_c = \frac{1-R}{R}\sqrt{1+K_j}\sqrt{\frac{p_3}{p_1}} \tag{7-18}$$

从式(7-18)可以看出，井底压力 p_3 越大越不容易发生气蚀。但是，煤层气本身的井底压力与油井相比较小，较易发生气蚀，因此要从气蚀角度确定射流泵的流量比和压力比。

7.2.2 射流泵主要零件的设计

1. 流量比 R 和压力比 M 的确定

针对井深为 1 200 m，套管直径 5.5 in 的煤层气井，井底压力 p_3 为 1 MPa，设计井下负压射流举升装置，即同心管射流泵[261,262]。

根据射流泵的工作井深，设计射流泵的额定工作压力 p_1 为 35 MPa。射流泵的工作依据是将井底最大煤粉颗粒排出，射流泵的排出压力 p_2 需要克服重力以及管壁的摩擦力将井底煤粉颗粒排出地面，则射流泵的出口压力应满足条件：

$$p_2 \geqslant \Delta p_2 + \rho_2 g h \tag{7-19}$$

式中 h——井深，m；

Δp_2——管柱内返出液的压力损失，MPa；

ρ_2——管柱内返出液的密度，kg/m^3。

暂时不考虑返出液的压力损失，则出口压力的大小应满足条件：

$$p_2 > 11.76\ \text{MPa}$$

射流泵的压力比为：

$$P = \frac{p_2 - p_3}{p_1 - p_2} > \frac{11.76 - 1}{35 - 11.76} = 0.46$$

根据射流泵的基本特性方程以及效率方程，采用 Matlab 绘制射流泵的基本特征曲线，如图 7-15 所示。

从图中可以看出，当压力比 $P>0.46$ 时，只有面积比 R 为 0.262，0.328 和 0.41 可用于冲洗井底煤粉。利用 Matlab 计算可得，当压力比 P 为 0.46 时，面积比 R 为 0.262，0.328 和 0.41 分别对应的射流泵效率为 18.1%，22.5%和 23.3%，面积比为 0.41 时泵的效率最高。从图 7-15 中可明显看出，压力比 P 在 0.46～1.0 范围内时，随着压力比 P 的增加，面积比为 0.41 时泵的工作效率要明显大于面积比为 0.262 和 0.328 时的，因此射流泵的面积比选择为 0.41。

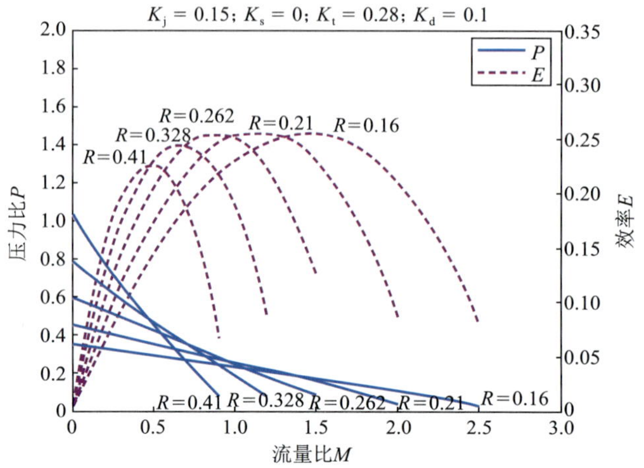

图 7-15 射流泵的基本特征曲线

另外,也可以根据水力喷射泵设计经验数据[263]选出相应的面积比 R。通过表 7-3 可以查得当压力比 $P\geqslant 0.6$ 时,面积比 $R=0.41$。

表 7-3 水力射流泵设计经验数据

P	M	R
<0.15	>1.5	0.17
>0.15~0.25	<1.5~1.0	0.21
>0.25~0.30	<1.0~0.70	0.26
>0.30~0.45	<0.70~0.50	0.33
>0.45~0.80	<0.50~0.10	0.41

面积比确定后,可得出煤层气井的气蚀流量比为:

$$M_c=\frac{1-R}{R}\sqrt{1+K_j}\sqrt{\frac{p_3}{p_1}}=\frac{0.59}{0.41}\times\sqrt{1.15}\times\sqrt{\frac{1}{35}}=0.28$$

因此,流量比 M 的取值范围在 0~0.28 之间。从射流泵的无量纲曲线可以看出,当面积比 R 为 0.41、流量比 M 在 0~0.28 之间时,射流泵的工作效率随流量比的增加而升高。因此在综合考虑射流泵气蚀特性以及工作效率的基础上,选择射流泵的流量比 M 为 0.22。

综上所述,最终确定煤层气井用射流泵的流量比 M 为 0.22、面积比 R 为 0.41,为以后零部件具体尺寸设计计算提供依据。

2. 喉管的设计与计算

喉管直径 d_2 应大于煤粉颗粒直径 d_s,以保证能够通过直径最大的颗粒煤粉。同时,还要设计合理的喉管长度 L_k,在保证动力液与卷吸液充分混合的基础上,尽量使混合液在喉管中的摩擦损失降到最低。喉管一般采用圆柱形,喉管入口则采用圆锥形入口,如图 7-16 所示。

喉管直径为:

$$d_2=ad_s \tag{7-20}$$

式中 d_s——煤粉颗粒直径,mm;

a——安全系数(为了避免煤粉卡住喉管,取安全系数 $a=1.5$)。

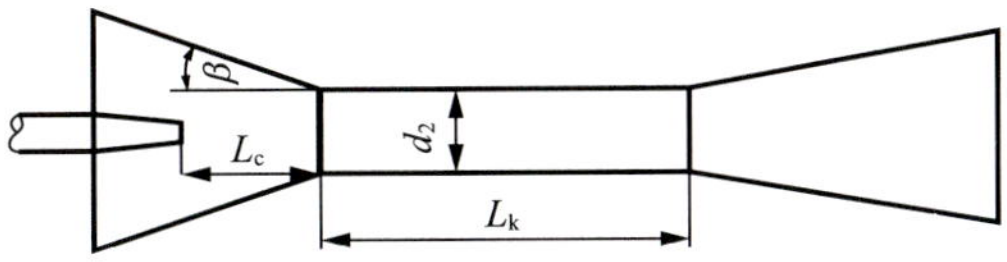

图 7-16 喉管示意图

3. 喉管最优长度的计算

许多学者对喉管最优长度进行了分析和实验研究,但没有得出一致的结论。部分学者认为喉管最优长度 L_k 应为喉管直径 d_2 的 5~7 倍,即 $L_k=(5\sim7)d_2$,而另外一些文献则认为 $L_k=(6\sim8)d_2$。这些文献给定的 L_k 的范围太宽,且没有确定如何选取 L_k。

龙新平和朱劲木等[264]采用数值模拟方法对射流泵内部流动特性和性能进行了数值模拟,其结果与实验资料基本吻合。计算并确定出常用范围内射流泵的喉管最优长度及其与射流泵面积比的关系,即 $n=L_k/d_2$(其中 n 为喉管相对长度),其给出的最优范围比前人给出的范围更加具体和细化,喉管相对长度 n 与面积比 R 满足下列关系:

$$n=\frac{0.2251}{R}+5.6037 \tag{7-21}$$

则喉管最优长度为:

$$L_k=nd_2=\left(\frac{0.2251}{R}+5.6037\right)d_2 \tag{7-22}$$

4. 喉嘴距的计算

一些学者对射流泵的研究表明:喉嘴距大小会对射流泵工作特性产生较大影响。胡湘韩、陆宏圻、杨燕勤等给出了最佳喉嘴距的范围值,并没有确定的数值。龙新平[264]则在以上学者的基础上,运用 Fluent 软件通过数值模拟得出:喉嘴距从 $0.5d_2$ 增加到 d_2 时射流泵的工作效率逐渐增高,再从 d_2 增加到 $3.5d_2$ 时泵的工作效率又转而降低,且当喉嘴距为 $(0.5\sim1.5)d_2$ 时泵的工作效率相对较高,并最终得出喉嘴距为 d_2 时泵的工作效率最佳。

通过上面分析可知喉嘴距 L_c 为 d_2 时的效率最佳:

$$L_c=d_2 \tag{7-23}$$

5. 喷嘴的结构选型

喷嘴在工作中经常会遇到高速流体的冲刷,需要承受来自动力液的很高的压力,因此在设计中对喷嘴的材质及结构形式有严格要求,以保证其高效工作。液体射流泵喷嘴一般采用收缩圆锥形或流线型,如图 7-17 所示(图中 d_1 为喷嘴直径;L_1 为喉嘴长度,一般取 $L_1=0.25d_1$)。

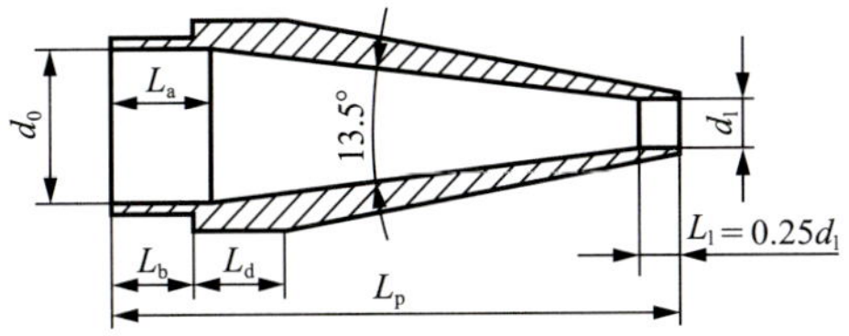

(a) 圆锥形喷嘴

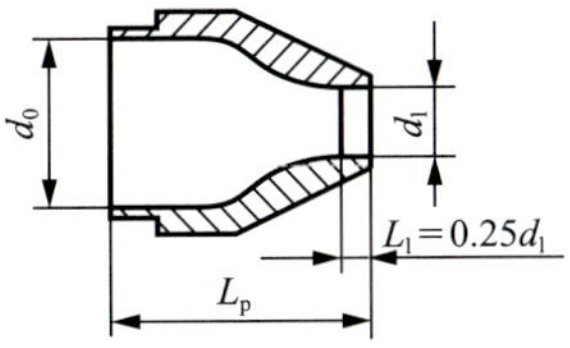

(b) 流线型喷嘴

图 7-17 喷嘴形式

在石油钻井过程中，喷嘴水力参数是影响射流质量的一个重要因素。目前，现场使用的喷嘴的水力特性参数或由厂方提供，或由经验公式计算得到。初迎利采用摄影法研究了喷嘴的水力特性[265]。测试过程中使用直径为1.45 mm的钼铬合金钢喷嘴（图7-18，图中$R=2d_1$），通过测试得到了喷嘴的射流扩散系数、射流扩散角、等速核长度等喷嘴的水力特性参数。

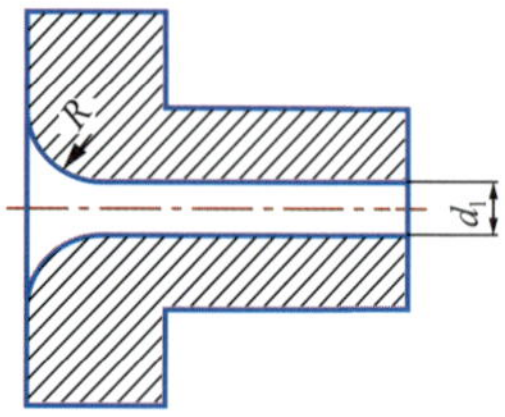

图7-18 初迎利喷嘴示意图

朱宏武[266]采用圆锥收敛形冲煤粉喷嘴进行实验，发现动力液经喷嘴流出后可形成连续不断的高速射流，有较大的能量，能有力地冲起煤粉。此处也选择圆锥收敛形冲煤粉喷嘴。

6. 喷嘴直径的计算

前面已确定面积比$R=0.41$、流量比$M=0.22$，即高压喷嘴出口流道截面积A_G与喉管流道面积A_H之比为0.41，则有：

$$R=\frac{A_G}{A_H}=\frac{d_1^2}{d_2^2}=0.41 \tag{7-24}$$

$$d_1=\sqrt{0.41d_2^2} \tag{7-25}$$

同时为了使井底动液面保持不变，搅拌喷嘴喷出动力液的流量与卷吸地层液的流量相等，即搅拌喷嘴喷出动力液的流量Q_{3J}与高压喷嘴喷出动力液的流量Q_1之比为0.22，如下式所示：

$$\frac{Q_{3J}}{Q_1}=0.22 \tag{7-26}$$

$$\left.\begin{aligned}Q_{3J}&=k_3A_3\Delta p_J^m\\Q_1&=k_1A_1\Delta p_G^m\end{aligned}\right\} \tag{7-27}$$

式中 k_1,k_3——流量系数；

A_1,A_3——高压喷嘴和搅拌喷嘴的过流体截面积，m^2；

$\Delta p_G,\Delta p_J$——高压喷嘴和搅拌喷嘴两端压差，MPa；

m——压力指数。

由于两个喷嘴结构相同并且喷出同样的液体，因此可近似认为两个喷嘴的压差与流量系数分别相等[267]。

将上述条件代入式(7-26)可以得出：

$$\frac{A_3}{A_1}=\frac{Q_{3J}}{Q_1}=0.22 \tag{7-28}$$

可求得搅拌喷嘴直径d_3为：

$$d_3=\sqrt{0.22d_1^2} \tag{7-29}$$

喷嘴各项参数值取：锥角$\alpha=13.5°$，$L_1/d_1=1$，大、小端直径比分别取$n_g=d_{01}/d_1=4$，$n_j=d_{02}/d_3=5$，喷嘴长度为L_a，可以求出高压喷嘴大端直径d_{01}：

$$d_{01}=4d_1 \tag{7-30}$$

搅拌喷嘴大端直径d_{02}：

$$d_{02}=5d_3 \tag{7-31}$$

高压喷嘴总长度L_{p1}：

$$L_{p1}=\frac{d_1}{\tan 6.75^\circ}+d_1+L_a \tag{7-32}$$

搅拌喷嘴总长度 L_{p1}：

$$L_{p2}=\frac{3d_3}{2\tan 6.75^\circ}+d_3+L_a \tag{7-33}$$

7. 喷嘴厚度的计算

喷嘴设计中对材质要求很高，要能承受高压和高速流体的冲击，因此喷嘴的材料选择至关重要。油田井深通常在 1 000～3 000 m，一般选用硬质合金（如 YG5 或 YG3）一次烧结成形方式或铬镍合金钢（如 20Cr2Ni4，调质处理或淬火后回火处理）制造喷嘴，也可选用陶瓷材料来制造喷嘴。陶瓷材料具有较好的耐磨性，但成本较为昂贵。20Cr2Ni4 钢为高强度合金结构钢，有良好的综合力学性能，其淬透性、强韧性均超过 12CrMi3 钢，可用作强度要求较高的渗碳及调质结构件。

煤层气井井深一般为 800～1 200 m，喷嘴材料选择铬镍合金钢 20Cr2Ni4，其主要机械性质为：屈服极限 $\sigma_s=1\ 080$ MPa，强度极限 $\sigma_b=1\ 180$ MPa。

许用应力为：

$$[\sigma]=\frac{\sigma_s}{n}=540\ \text{MPa} \tag{7-34}$$

式中 n——安全系数，在此取 2。

铬镍合金钢 20Cr2Ni4 的许用剪切应力为：

$$[\tau]=0.6\frac{\sigma_s}{n}=324\ \text{MPa} \tag{7-35}$$

整个喷嘴可以是一个既受内压又受外压作业的厚壁筒结构。外压为泵吸入压力，也就是煤层气井底压力，由于井底压力较低，可认为喷嘴外侧所受外压为 0。在无外侧压力而只受内压的情况下，由弹塑性力学的知识可知其弹性解为：

$$\left.\begin{aligned}\sigma_r&=\frac{p_1a^2}{b^2-a^2}-\frac{p_1a^2b^2}{(b^2-a^2)r^2}\\ \sigma_\theta&=\frac{p_1a^2}{b^2-a^2}+\frac{p_1a^2b^2}{(b^2-a^2)r^2}\\ u&=\frac{1-\nu}{E}\frac{a^2rp_1}{b^2-a^2}+\frac{1+\nu}{E}\frac{p_1a^2b^2}{(b^2-a^2)r}\end{aligned}\right\} \tag{7-36}$$

式中 a,b——内壁和外壁半径，m；

u——轴向变形量，m；

ν——泊松比；

p_1——内压，MPa。

材料的屈服一定首先从内侧开始。采用最大剪应力条件，将 $r=a$ 代入式(7-36)中的前两式，可得最大剪应力为：

$$\tau_{\max}=\frac{1}{2}(\sigma_\theta-\sigma_r)=\frac{p_1b^2}{b^2-a^2}\leqslant[\tau] \tag{7-37}$$

式中的 a 为喷嘴的半径，将其代入式(7-37)可以分别求出高压喷嘴和搅拌喷嘴的厚度。

8. 锥形角 β 的计算

射流泵在卷吸煤粉时，为保证最大煤粉颗粒能安全顺利地通过喉管入口和喷嘴间形成的环形空间，所设计的高压喷嘴到喉管锥形体的距离 L 必须大于煤粉颗粒直径 d_s。为使最大煤粉颗粒安全通过，取安全通过系数 a_0，于是高压喷嘴到喉管锥形体的距离为：

$$L = a_0 d_s \tag{7-38}$$

式中 a_0——安全通过系数，在此取 1.2；

d_s——最大颗粒煤粉直径，mm。

由图 7-16 可以得到以下关系：

$$\frac{2L}{\cos\beta} + d_s = d_2 + 2L_c \tan\beta \tag{7-39}$$

9. 扩散管的设计与计算

返出液在经过扩散管的过程中，随着扩散管面积的逐渐增大，返出液的动能逐渐转变为压力能，最终排到地面，因此扩散管形状和关键参数的设计对于返出液流速以及摩擦损失的大小会产生重要的影响。扩散管的主要参数有扩散角以及扩散端面直径。扩散管的结构一般分为均匀扩散和分段扩散两种结构形式，如图 7-19 所示。通常为了方便零件设计加工，扩散管采用均匀扩散的结构形式，其扩散角 $\alpha = 5° \sim 8°$，直径比 $d_c/d_2 = 2 \sim 4$（d_c 为扩散管大端直径，d_2 为扩散管小端直径）。当泵的流量比较大时，为了减少返出液的摩擦损失，一般采用分段扩散，其扩散角 α 为 2°，4°，13°。

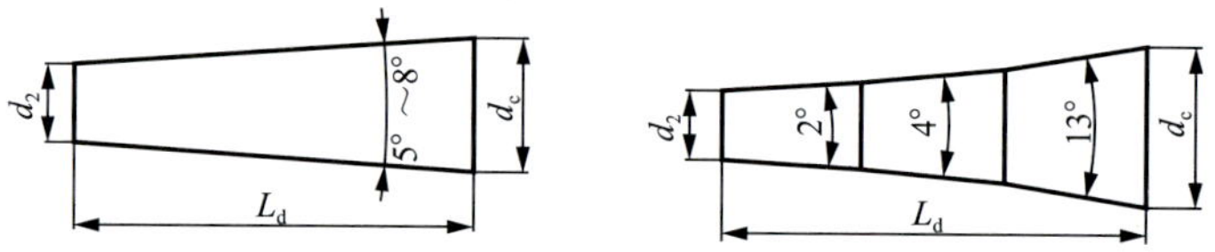

（a）均匀扩散　（b）分段扩散

图 7-19　扩散管形式

扩散管长度 L_d 的确定主要与直径 d_c 和 d_2 及扩散角 α 有关。扩散管的长度可以表示为：

$$L_d = \frac{d_c - d_2}{2} \cdot \frac{1}{\tan(\alpha/2)} \tag{7-40}$$

7.2.3 射流泵详细设计与校核

射流泵装置的主要设计依据是将井底最大直径的煤粉颗粒排出。刘升贵等通过对煤层气井各阶段地层产出的煤粉颗粒进行测量发现，直径小于 3 mm 的煤粉颗粒产量较多，直径为 5～10 mm 的煤粉颗粒产量较少，而且主要集中在第一阶段[268]。另外，对韩城地区修井作业排出的煤粉颗粒取样进行测量，发现煤粉颗粒的直径的范围为 0.3～3 mm，与刘升贵等的测量结果相同。因此，此处设计射流泵可排出的最大颗粒的直径 $d_s = 3$ mm，图 7-20 所示为某煤层气井作业时捞出的煤粉。

1. 同心管射流泵的整体设计

针对套管直径 5.5 in 的煤层气井，结合现场实际作业情况，根据现场冲煤粉作业的要求和目的，对同心管射流泵的结构进行详细设计。由于作业空间限制，同心管射流泵的直径应控制在 110 mm 以内。利用 SolidWorks 进行三维建模与装配，细化同心管射流泵零件的具体尺寸。图 7-21 所示为射流泵的二维结构图。

图 7-20　某煤层气井作业井的煤粉

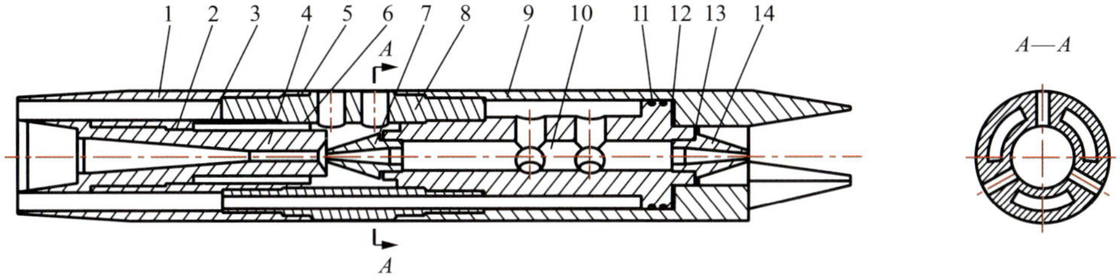

图 7-21　同心管射流泵二维结构图

1—接头;2,5,6,11—橡胶密封圈;3—内筒;4—喉道扩散管;7—高压喷嘴;8—外筒;9—套筒;10—高压腔;12—皮垫片;13—铜垫片;14—搅拌喷嘴

同心管射流泵主要由接头、内筒、喉道扩散管、外筒、套筒、高压腔以及密封圈组成。工作原理为:来自地面三柱塞高压往复泵的高压动力液由同心管柱的环形孔道下行,到达同心管射流泵后通过外筒沿轴向分布的三个环形孔道进入到高压腔与套筒所组成的环空中,再由动力液入口进入高压腔内。动力液在高压腔内分为两路:一部分由喷射嘴高速喷出;另一部分经搅拌喷嘴喷出,冲击井底并搅动煤粉后,地层混合液通过外筒上的地层液入口进入射流泵的内部,再经上返通道进入同心管的混合室内。在高压喷嘴处,动力液压头几乎全部转变为速度水头,使液柱周围压力降低,在其周围形成负压区,在井底压力与负压区之间的压差作用下,混合室内的地层搅拌液和被工作过的废动力液卷吸至喉管。地层液和动力液在喉管中混合后,混合液沿喉管进入扩散管,随扩散管的断面面积逐渐增大,速度水头继续转换为压力水头,从而可使混合液上返到地面上来。同时在搅拌喷嘴处,动力液的总压头也几乎全部变为速度水头,使液柱周围压力降低,在井底周围形成负压区,这样可以完全避免对井底的伤害。混合后的携煤粉液(返出液)沿内管柱返回地面,随着负压射流排煤粉装置的逐渐下放,完成整个煤层气井的排煤粉工作。

该同心管射流泵的设计难点是动力液与返出液流道的设计以及对于喉嘴距尺寸的控制。为了保证煤层气井地层液液面高度保持不变,设计高压喷嘴的卷吸地层液的流量与搅拌喷嘴喷出动力液的流量保持相等,从而实现对井底煤层的保护。另外,可在动力液处安装过滤网,将直径较大的煤粉颗粒过滤,以防堵塞喉管通道。图 7-22 所示为同心管射流泵三维装配示意图。

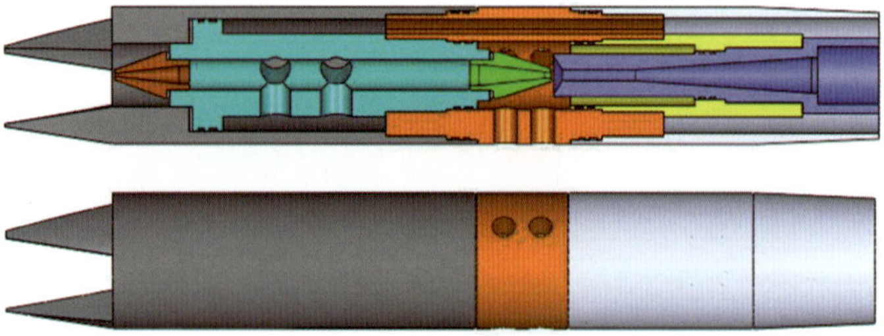

图 7-22　同心管射流泵三维装配图

2. 高压腔的设计与校核

高压腔上下两个内圆面分别与高压喷嘴和搅拌喷嘴通过螺纹连接，螺纹设计为普通螺纹；在高压腔与喷嘴之间安装有铜垫片，实现密封。高压腔的上端外圆面与内筒通过普通螺纹连接，在高压腔的上端外圆面设计有凹槽，内装密封圈。高压腔轴向设计 6 个孔道，为动力液入口，具体结构如图 7-23 所示。

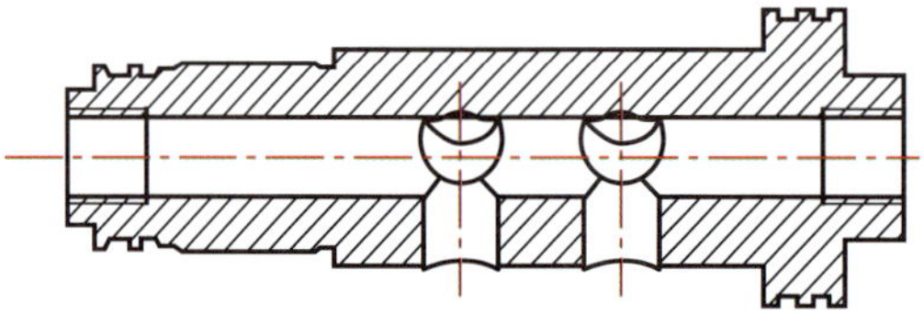

图 7-23　高压腔二维结构图

在工作过程中，高压腔内表面和外表面都要承受来自地面动力液的压力，因此对高压腔的强度要求较高。由于高压腔结构比较简单，因此可将其简化为厚壁筒受内外压力的情况进行校核，简化受力模型如图 7-24 所示。

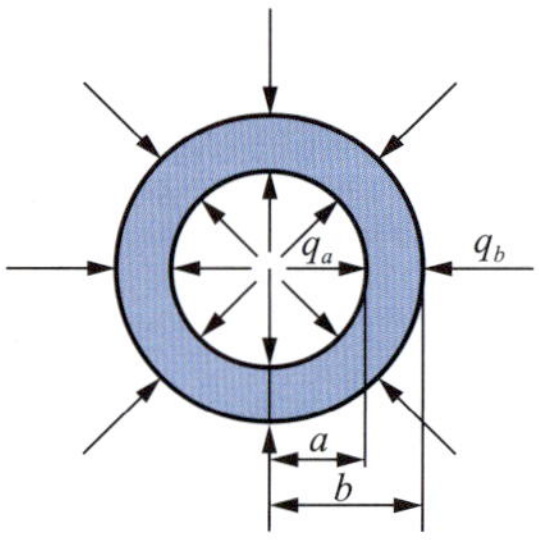

图 7-24　简化受力模型图

参数设定：设计高压腔的内表面半径 $a=10$ mm，外表面半径 $b=27.5$ mm，高压腔所受的内外压 $q_a=q_b=35$ MPa。

高压腔受内外压时的径向应力为：

$$\sigma_r=\frac{a^2b^2(q_b-q_a)}{(b^2-a^2)r^2}+\frac{q_aa^2-q_bb^2}{b^2-a^2} \tag{7-41}$$

环向应力为：

$$\sigma_\theta=-\frac{a^2b^2(q_b-q_a)}{(b^2-a^2)r^2}+\frac{q_aa^2-q_bb^2}{b^2-a^2} \tag{7-42}$$

由弹塑性力学知识可知，厚壁筒在受内外压同时作用时，内表面或外表面首先发生屈服。根据 Tresca 屈服条件，当材料发生屈服时，最大剪切应力为：

$$\tau_{\max}=\frac{1}{2}\left|\sigma_r-\sigma_\theta\right| \tag{7-43}$$

因此计算得最大剪切应力 $\tau_{\max}=0$。

高压腔的材料为硬质合金 20Cr2Ni4，利用粉末冶金方法成型。弹性模量为 211 GPa，泊松比为 0.25，强度极限为 1 180 MPa，屈服极限为 1 080 MPa，因此其许用应力为：

$$[\tau]=0.6\frac{\sigma_s}{n} \tag{7-44}$$

取安全系数 $n=2$，则 $[\tau]=324$ MPa，远大于高压腔内部最大的切应力，所以高压腔的厚度满足强度要求。

3. 喉道扩散管的设计与校核

为了设计和加工方便，扩散管选择均匀扩散型，其扩散角 α 取 8°，如图 7-25 所示。

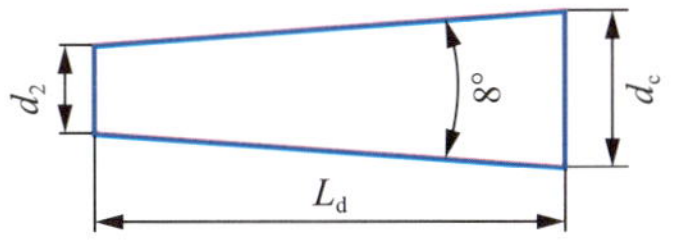

图 7-25 均匀式扩散管

为保证喉管能够通过直径最大的颗粒煤粉，使喉管直径 $d_2 \geqslant d_s$，则有：

$$d_2=ad_s=1.5\times 3=4.5\ (\text{mm})$$

喉管最优长度由式(7-22)得：

$$L_k=nd_2=\left(\frac{0.2251}{R}+5.6037\right)d_2=\left(\frac{0.2251}{0.41}+5.6037\right)\times 4.5=27.7\ (\text{mm})$$

喉嘴距由式(7-23)得：

$$L_c=d_2=4.5\ (\text{mm})$$

对于扩散管长度，直径比 d_c/d_2 取 4，扩散角取 8°，则扩散管长度为：

$$L_d=\frac{d_c-d_2}{2}\times\frac{1}{\tan 4^\circ}=\frac{4\times 4.5-4.5}{2}\times\frac{1}{\tan 4^\circ}=96.5\ (\text{mm})$$

考虑机械加工的简易性以及喉管与扩散管的连接紧密性，将喉道与扩散管设计为一个零件(即喉道扩散管)，其结构如图 7-26 所示。喉道扩散管上端内部设计为管螺纹，与内管柱相连接；下端外圆面设计为普通螺纹，主要是为保证喉管与喷嘴之间的距离，在螺纹的下端外圆面设计有凹槽，凹槽内部安装密封圈。

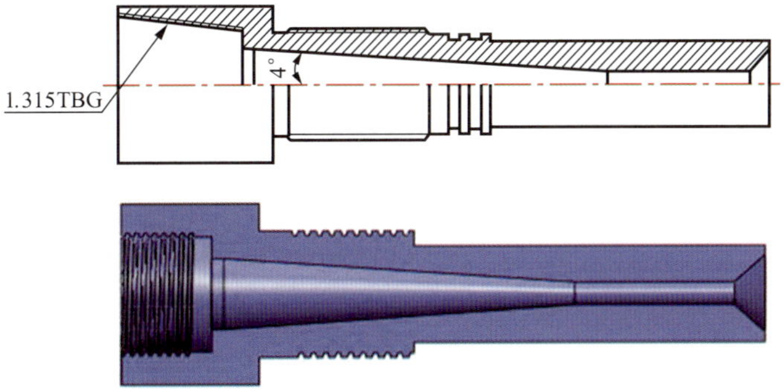

图 7-26 喉道扩散管结构图

喉道扩散管作为射流泵的核心部件，在工作时承受动力液和地层混合液双重作用，要求其具有较高的强度，能承受高速液体的冲刷。设计中采用硬质合金材料 20Cr2Ni4，利用粉末冶金方法成形。弹性模量为 211 GPa，泊松比为 0.25，强度极限为 1 180 MPa，屈服极限为 1 080 MPa。将 SolidWorks 模型简图导入 ANSYS 中，如图 7-27 所示，对其进行自由网格划分，共划分 62 011 个单元，如图 7-28 所示[269]。

按实际工况，对喉道扩散管上端外圆面施加约束，喉道扩散管的内部流道施加 35 MPa 的压力，在喉道扩散管的下端外圆面施加 1 MPa 的压力。分析出得最大变形量很小，为 0.011 6 mm。具体变形如图 7-29 所示。

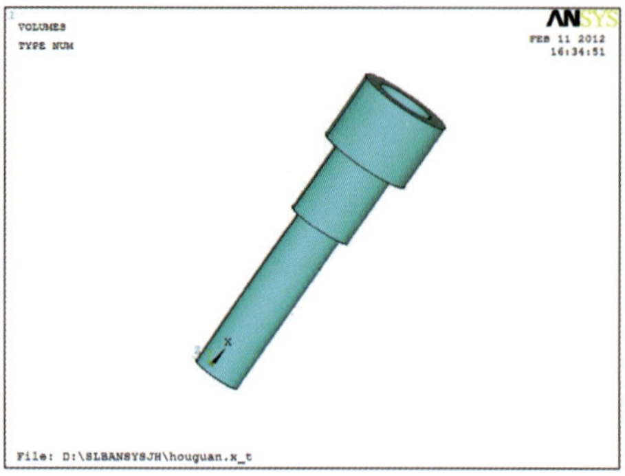

图 7-27 喉道扩散管结构示意图

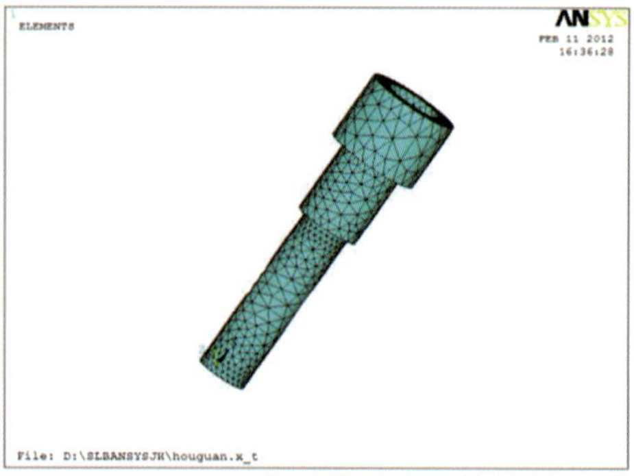

图 7-28 喉道扩散管网格划分示意图

应力云图如图 7-30 所示，可以看出喉道扩散管内部流道的最大应力是 90.2 MPa。所选材料 20Cr2Ni4 的强度极限是 1 180 MPa，远大于喉管所受到的最大应力，满足实际工况的需求。同时可以看出，模型内部所受压力相对较大。

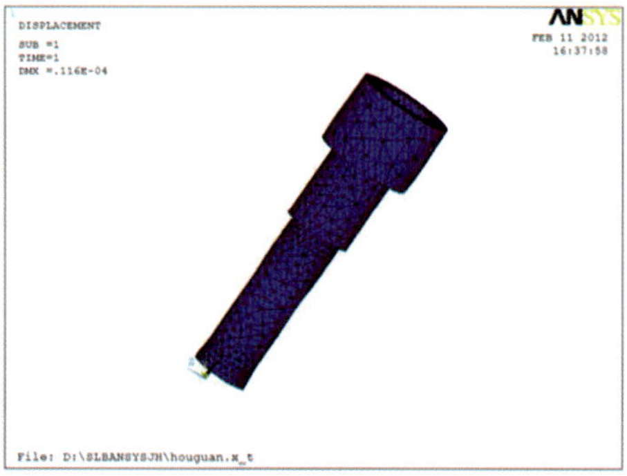

图 7-29 喉道扩散管变形示意图

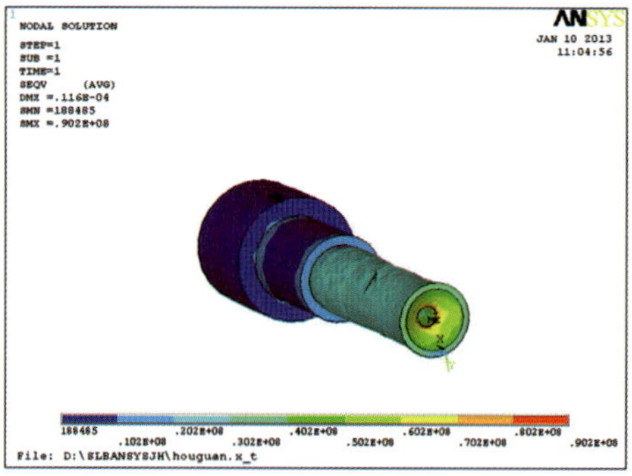

图 7-30 喉道扩散管应力云图

4. 喷嘴的设计与强度校核

喷嘴分为高压喷嘴和搅拌喷嘴，分别与高压腔相连接。根据上述理论推导，选择圆锥收敛形冲煤粉喷嘴。为了加工方便，设计两个喷嘴的结构形式相同。喷嘴参数：锥角 $\alpha=14°$，$L_1/d_1=1$，大、小端直径比分别取 $n_g=d_{01}/d_1=4$，$n_j=d_{02}/d_3=5$，外螺纹为 M20×1.5，螺纹长度 $L_b=15$ mm。

高压喷嘴直径：

$$d_1=\sqrt{0.41d_2^2}=\sqrt{0.41\times4.5^2}=2.9\ (\text{mm})$$

搅拌喷嘴直径：

$$d_3=\sqrt{0.22d_1^2}=\sqrt{0.22\times2.9^2}=1.36\ (\text{mm})$$

高压喷嘴大端直径：

$$d_{01}=4d_1=4\times2.9=11.6\ (\text{mm})$$

搅拌喷嘴大端直径：

$$d_{02}=5d_3=5\times1.36=6.8\ (\text{mm})$$

高压喷嘴结构如图 7-31 所示。

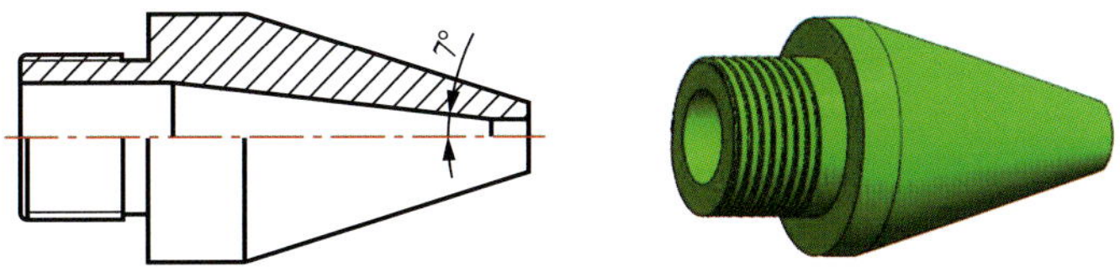

图 7-31 高压喷嘴结构图

两个喷嘴分别与高压腔相连接，因此需要对喷嘴螺纹的连接进行强度校核，防止螺纹发生破坏。螺纹牙的破坏有剪切破坏和弯曲破坏两种。剪切破坏条件为：

$$\frac{F}{\pi d t_1 z} \leqslant [\tau] \tag{7-45}$$

弯曲破坏条件为：

$$\frac{3Fh}{\pi d t_1^2 z} \leqslant [\sigma] \tag{7-46}$$

式中 d——螺纹的大径，mm；

t_1——螺纹牙底宽度，梯形螺纹 $t_1 = 0.634p$（p 为螺距），mm；

F——螺纹所受的轴向力，N；

z——实际工作的螺纹牙的圈数；

h——牙高，mm；

$[\tau]$——螺纹牙的许用切应力，$[\tau]=0.6[\sigma]$，MPa；

$[\sigma]$——螺纹牙的许用弯曲应力，$[\sigma]=\sigma_s/n$，MPa。

由于上下两个喷嘴的螺纹均为 M20×1.5，螺纹的中径 $d_z = 18.875$ mm，因此只需要对其中一个进行校核即可。

高压喷嘴的轴向力主要由动力液产生的压力和螺纹自身的预紧力组成。高压喷嘴轴向液体压力为：

$$F_Y = \frac{p\pi(d_z^2 - d_1^2)}{4} = 9\ 541.1\ \text{N}$$

高压喷嘴的预紧力为：

$$F_J = 1.5F_Y = 14\ 311.7\ \text{N}$$

高压喷嘴所受的轴向力为：

$$F = F_Y + F_J = 23\ 852.8\ \text{N}$$

螺纹的剪切应力为：

$$\tau = \frac{F}{\pi d t_1 z} = 39.94\ \text{MPa}$$

螺纹的弯曲应力为：

$$\sigma = \frac{3Fh}{\pi d t_1^2 z} = 163.78\ \text{MPa}$$

高压喷嘴的许用弯曲应力为：

$$[\sigma] = \frac{\sigma_s}{n} = 540\ \text{MPa}$$

许用切应力为：

$$[\tau]=0.6[\sigma]=324\ \text{MPa}$$

由于 $\tau<[\tau]$，$\sigma<[\sigma]$，可知高压喷嘴与高压腔之间的螺纹连接不会被破坏。同理，对搅拌喷嘴的螺纹进行强度校核，结果均满足要求。

由于喷嘴内部充满动力液，因此需要对其进行强度校核，下面对高压喷嘴进行强度校核。将 SolidWorks 模型简图导入 ANSYS 中，如图 7-32 所示，对其进行自由网格划分，共划分 12 996 个单元，如图 7-33 所示。

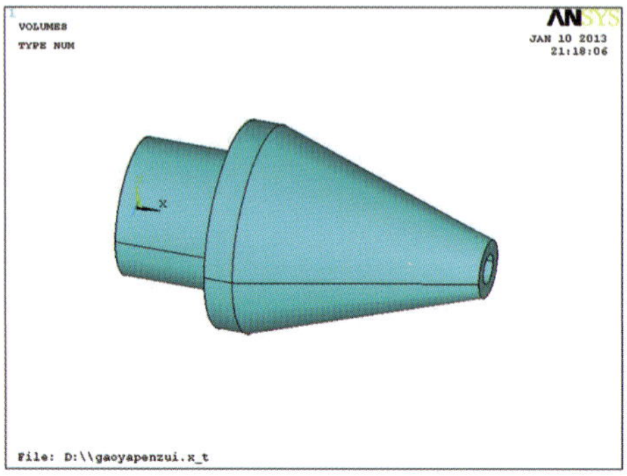

图 7-32　高压喷嘴结构示意图

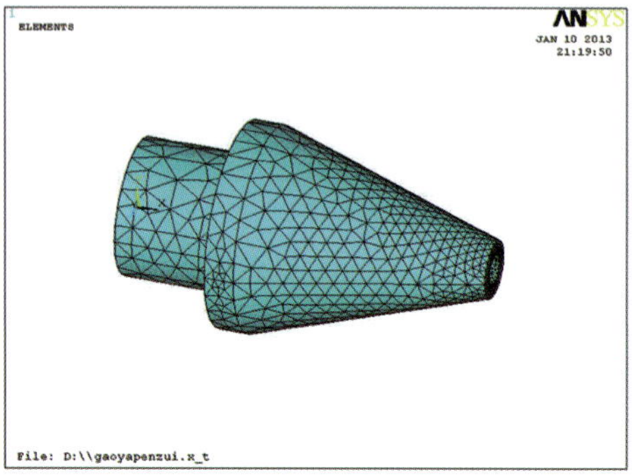

图 7-33　高压喷嘴网格划分示意图

按实际工况，对高压喷嘴的外圆面施加约束，内部施加 35 MPa 的压力，在高压喷嘴上端外圆面施加 1 MPa 的压力。分析得最大变形量很小，为 0.001 2 mm。具体变形如图 7-34 所示。

应力云图如图 7-35 所示，可以看出喷嘴内部流道的最大应力是 72.0 MPa。所选材料 20Cr2Ni4 的强度极限是 1 180 MPa，远大于喷嘴的最大应力，满足实际工况的需求。同时可以看出，高压喷嘴小端直径处所受压力相对较大。

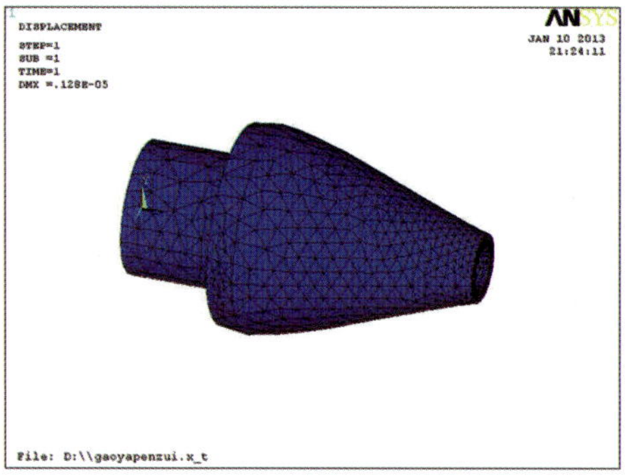

图 7-34　高压喷嘴变形示意图

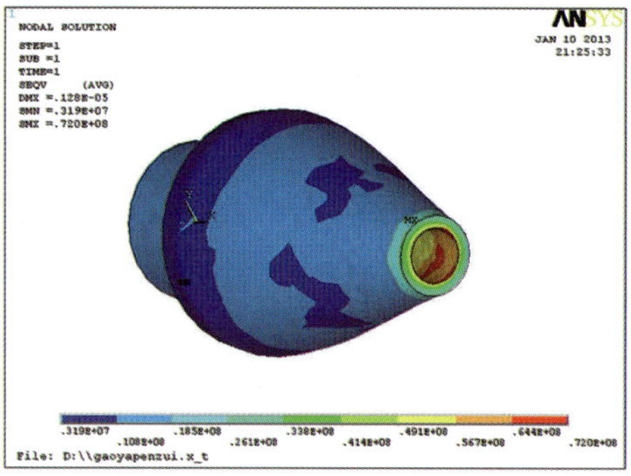

图 7-35　高压喷嘴应力云图

通过应力云图分析可知，高压喷嘴小端内圆面有发生强度破坏的可能性。同理，应用相同的方法对搅拌喷嘴进行强度校核，搅拌喷嘴也满足强度要求。

5. 外筒的设计与强度校核

外筒主要起连接作用，外筒上端内、外圆面分别与内筒的外圆面、接头的内圆面通过螺纹连接，内筒与接头形成的环形孔道为动力液的流道；外筒下端内、外圆面分别与高压腔外圆面、套筒的内圆面通过螺纹连接，动力液到达高压腔与套筒形成的环形空间后，沿着高压腔径向设计的动力液入口进入高压腔内部。连接均采用普通螺纹连接，为确保动力液的密封，外筒设计有凹槽，凹槽内安装 O 形密封。沿外筒轴向设计 3 个动力液环形孔道，外筒径向位置设计 6 个地层液入口，地层液可由此进入同心管射流泵的内部。外筒如图 7-36 所示。

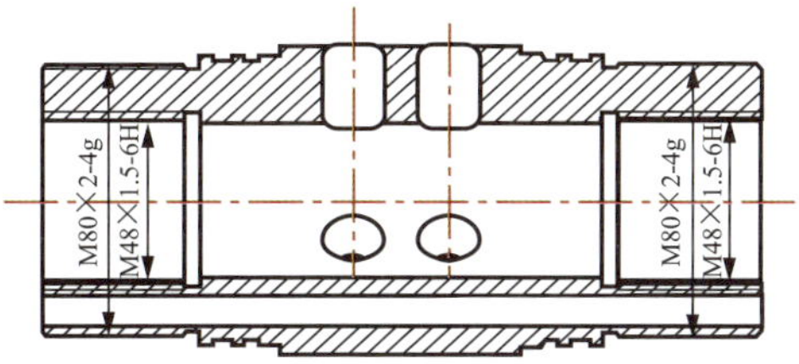

图 7-36　外筒二维结构图

由于外筒结构较为复杂，因此可采用 ANSYS 对其进行强度校核。将 SolidWorks 模型简图导入 ANSYS 中，如图 7-37 所示，对其进行自由网格划分，共划分 35 335 个单元，如图 7-38 所示。

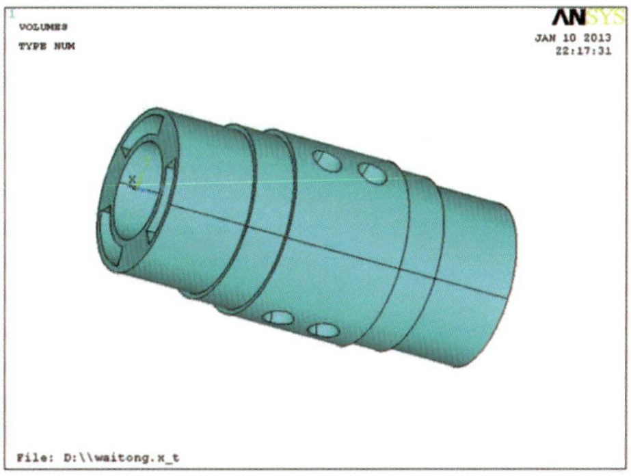

图 7-37　外筒结构示意图

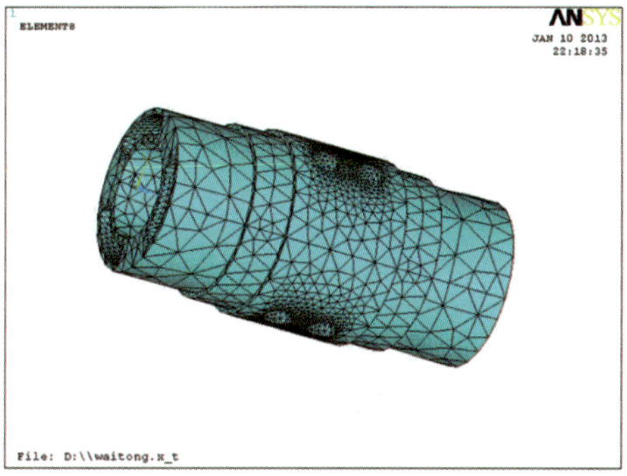

图 7-38　外筒网格划分示意图

按实际工况，对外筒螺纹连接处施加约束，内部 3 个环形孔道施加 35 MPa 的压力。分析得最大变形量为 0.035 7 mm，变形量很小，主要集中在环形孔道的内外侧面。具体变形如图 7-39 所示。

应力云图如图 7-40 所示，可以看出外筒最大应力为 360 MPa。所选材料 20Cr2Ni4 的强度极限是 1 180 MPa，远大于外筒的最大应力，满足实际工况的需求。同时可以看出，外筒内部以及地层液入口所受压力相对较大，存在发生强度破坏的可能性。

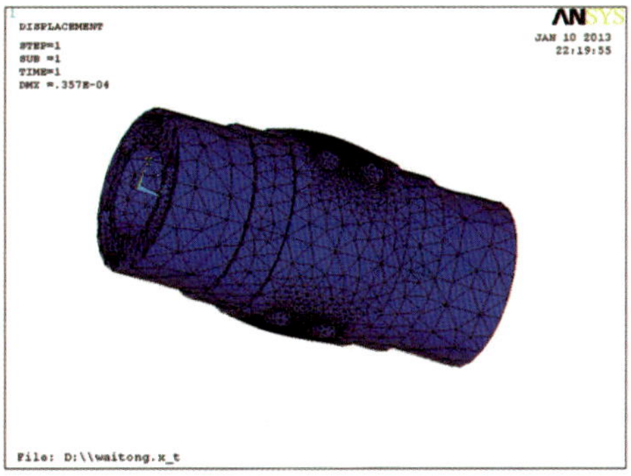

图 7-39　外筒变形示意图

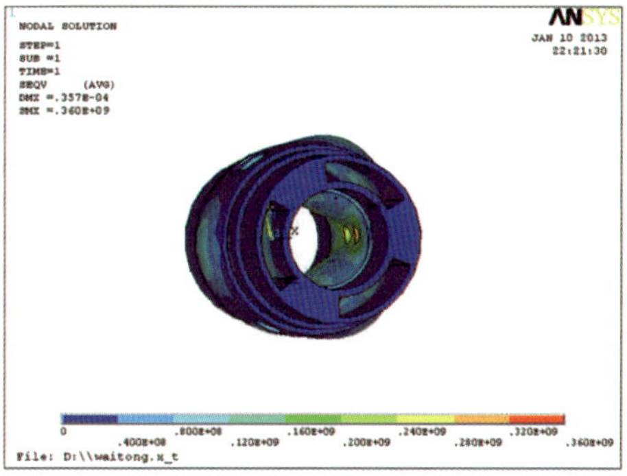

图 7-40　外筒应力云图

6. 其他零件的设计与校核

内筒上端内圆面与喉道扩散管的外圆面采用螺纹连接，下端外圆面与高压腔的内圆面采用螺纹连接；接头上端通过管螺纹与外管柱连接，下端内圆面通过螺纹与外筒外圆面连接；套筒下端设计 3 个冲砂齿，不仅可以防止井底煤粉堵塞下喷嘴，还可以通过其旋转使井底沉积的煤粉与地层液充分混合。图 7-41 所示分别为内筒、接头以及套筒的结构图。

从图 7-41 可看出，3 个零件的形状和结构较为规则简单，因此对其受力分析可简化为厚壁筒受内外压的情况。已知套筒的内径为 76 mm，外径为 100 mm，所受内压为 35 MPa，则套筒内表面应力较大，需要计算其环向应力与径向应力。

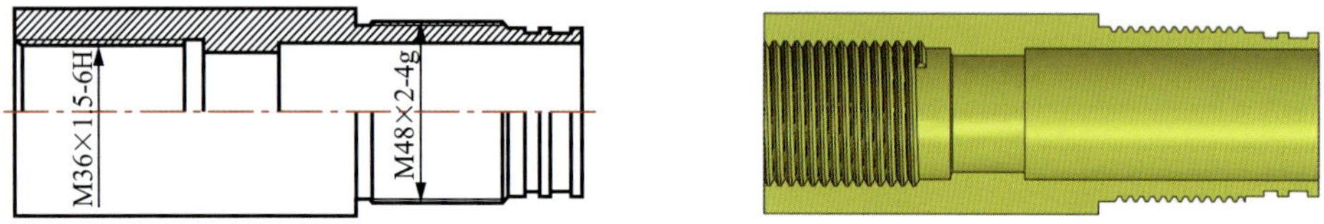

(a) 内筒

(b) 接头

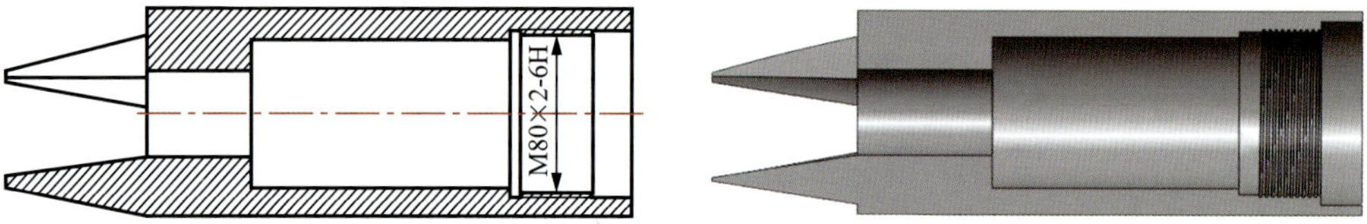

(c) 套筒

图 7-41　部分零件结构图

径向应力为：

$$\sigma_r = -35\ \text{MPa}$$

环向应力为：

$$\sigma_\theta = \frac{35 \times (38^2 + 50^2)}{50^2 - 38^2} = 130.7\ (\text{MPa})$$

最大剪切应力为：

$$\tau_{\max} = \frac{1}{2} \times (130.7 + 35) = 82.85\ (\text{MPa}) < [\tau]$$

因此满足强度要求。在作业过程中，动力液会对其套筒产生轴向力作用，因此需要对套筒螺纹的强度进行校核。已知套筒螺纹为 M48×1.5，长度为 36 mm。

套筒所受的轴向拉力为：

$$F_1 = 2pS_1 = 2 \times 35 \times 3.14 \times \frac{70^2 - 55^2}{4} = 103.03\ (\text{kN})$$

螺纹的剪切应力为：

$$\tau=\frac{F_1}{\pi d t_1 z}=\frac{103\ 030}{3.14\times 48\times 0.951\times 24}=30\ (\mathrm{MPa})$$

螺纹的弯曲应力为：

$$\sigma=\frac{3F_1 h}{\pi d t_1^2 z}=\frac{3\times 103\ 030\times 1.3}{3.14\times 48\times 0.951^2\times 24}=122.8\ (\mathrm{MPa})$$

由于 $\tau<[\tau]$，$\sigma<[\sigma]$，套筒的螺纹强度满足要求。同理可对内筒和接头进行强度校核，结果表明均满足强度要求。

7.3　同心双管柱结构设计

根据负压射流排煤粉作业系统的设计要求，中间连接管柱采用同心双管柱的结构形式。目前，用于修井作业的管柱主要有常规油管和连续油管，因此内外管柱分别有两种选择，四种组合方式。表 7-4 为组合方式比较分析。

表 7-4　同心管柱组合方式比较

组合方式		优　点	缺　点
内管柱	外管柱		
连续油管	连续油管	没有接头，不用接单根，起下速度快、时间短。连续油管可以快速下入与起出，整个作业过程随时可循环，施工人员少，总体作业效率高	连续油管成本高，受技术条件限制，目前国内尚无法采用同心连续油管作业方式进行作业
普通油管（连续油管）	连续油管（普通油管）	无	由于连续油管是缠绕在卷筒上的，因此在进行加深管柱作业时需要先将连续油管起出，下完普通油管后再下入连续油管，操作复杂，效率较低
普通油管（空心抽油杆）	普通油管	作业成本较低，现场作业设备不需要更换新的，可以实现边下管柱边排煤粉作业，提高作业效率	需要管柱连接丝扣的维修、保养费用，需要开发一种连接工具以将两根同心普通油管下入到井下

通过具体比较，可以看出只能采用第三种组合方式。根据煤层气井现场的油管与抽油杆，确定外管柱采用 2⅞ in(外径 73 mm，内径 62 mm)的油管，内管柱采用 36 mm 的空心抽油杆。

为了实现将同心管柱下入井下，设计了两种方案：第一种方案是外油管和空心抽油杆同时下入井下；第二种方案是外油管携带同心管射流泵先下入井下，到达指定位置后将空心抽油杆下入井下，空心抽油杆通过连接工具与同心管射流泵连接。

7.3.1　内外管柱同时下入作业方案

煤层气井现有设备及装置还无法实现内外管柱同时下入井下。要将内外管柱同时下入到井内，需要对管柱接箍的结构形式进行重新设计，以实现一次吊装可将一个同心管柱同时吊起，并且能顺利实现内外管柱的同时连接。为此，本书介绍两种实现方式，一种是重新设计内管柱接箍结构，另一种是设计同心管接箍。

1. 抽油杆双向接头设计计算

1）同心管柱连接实现形式

图 7-42 所示为同心管柱连接结构示意图。该冲煤粉管柱[270]主要由抽油杆双向接头、空心抽油杆、2⅞ in 油管、抽油杆接头、密封圈和 2⅞ in 油管接箍组成。该结构具体有两种实现形式。

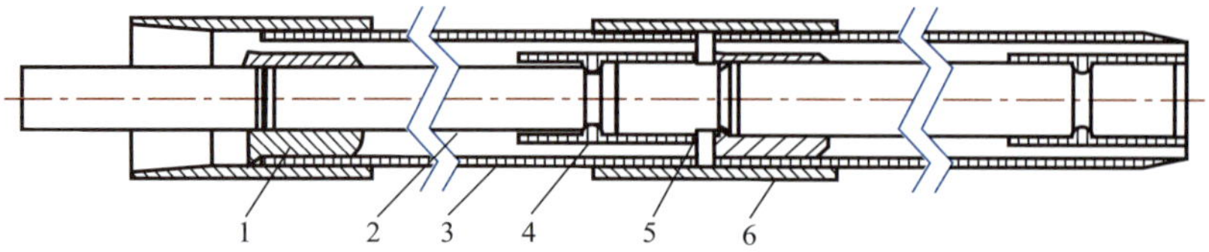

图 7-42 同心管柱连接结构示意图

1—抽油杆双向接头；2—空心抽油杆；3—2⅞ in 油管；
4—抽油杆接头；5—密封圈；6—2⅞in 油管接箍

（1）第一种实现形式。抽油杆双向接头下端内圆面通过螺纹与抽油杆连接。抽油杆双向接头外侧设计 3 个台肩，抽油杆双向接头的台肩可放置于 2⅞ in 油管的上端面，抽油杆下端通过螺纹与抽油杆接头相连接，2⅞ in 油管上端连接 2⅞ in 油管接箍。抽油杆双向接头上端密封槽内设计密封圈。连接好以后通过吊卡将连接的同心管柱吊起，通过液压管钳将 2⅞ in 油管与接箍连接，随着将 2⅞ in 油管与接箍紧密连接，抽油杆双向接头的上半部分插入抽油杆接头的下半部分，在密封圈的作用下实现密封。依次反复便可以实现同心管柱的连接。

（2）第二种实现形式。抽油杆双向接头下端内外表面分别设计螺纹，抽油杆双向接头内圆面通过螺纹与抽油杆连接；在外油管内圆面设计与抽油杆双向接头相配合的螺纹，这样抽油杆双向接头下端外圆面可与外油管上端内圆面螺纹连接。抽油杆双向接头台肩放置于油管上端面。抽油杆与外油管一起被吊卡吊起，在液压大钳的作用下，外油管与接箍连接，同时抽油杆双向接头的上半部分插入抽油杆接头的下半部，从而可以实现同心管柱的连接。

2）同心管柱与射流泵的连接

图 7-43 所示为同心管柱与射流泵连接结构示意图。同心管射流泵通过变径接头与外油管连接，内管接头下端与喉道扩散管螺纹连接，上端直接插入抽油杆接头内部，通过密封圈进行密封。

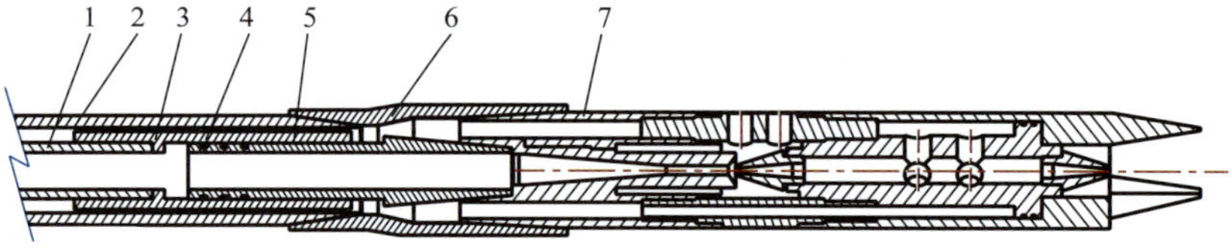

图 7-43 同心管柱与射流泵连接结构示意图

1—空心抽油杆；2—2⅞ in 油管；3—抽油杆接头；4—密封圈；
5—内管接头；6—变径接头；7—同心管射流泵

3）密封圈的选择

内管接头以及抽油杆双向接头的密封可选择 Y 形密封圈或者 O 形密封圈[271]。Y 形密封圈密封压力在 0～20 MPa，属于单向密封圈，Y 开口的方向为压力较大的方向，由于内管接头受内外液体压力均较大，因此需要在内管接头设置两个方向相反的 Y 形密封圈，并设计 Y 形密封圈用挡圈，以防止密封圈的脱落。另外在两个 Y 形密封圈之间设计一个 O 形密封圈，以对泄漏的液体进行再次密封。具体结构如图 7-44 所示。

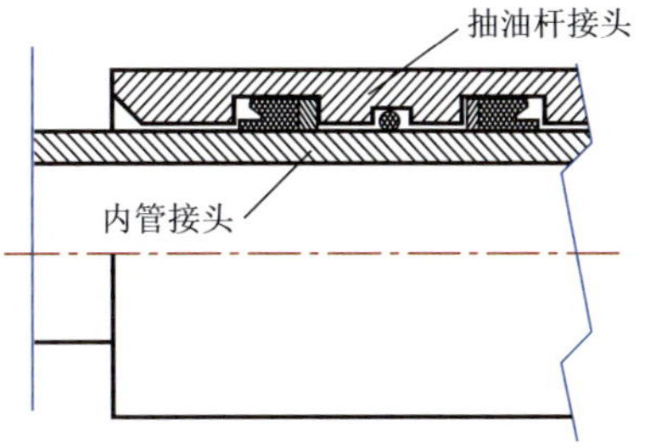

图 7-44　Y 形密封圈密封结构示意图

同样也可采用 O 形密封圈对其进行密封。O 形密封圈结构较为简单，应用范围广泛，密封压力可高达 40 MPa。为了提高密封效果，采用 3～6 个 O 形密封圈，并设计密封挡圈。

4）主要零件结构设计

现场 2⅞ in 油管长度约为 9 m，抽油杆长度约为 8 m，因此设计抽油杆接头长度约为 1 m，以保证内外管柱长度相同。抽油杆双向接头以及内管接头长度设计为 500 mm，可保证有效插入抽油杆接头的内部。针对 O 形密封圈的密封形式，详细设计内管接头、抽油杆双向接头结构。为了保证有效密封，密封圈的数量可设计为 3～6 个。抽油杆双向接头外圆面中部设计 3 个弧形凸台，3 个凸台之间的空间为动力液提供孔道。图 7-45 和图 7-46 所示分别为内管接头以及抽油杆双向接头的结构图。

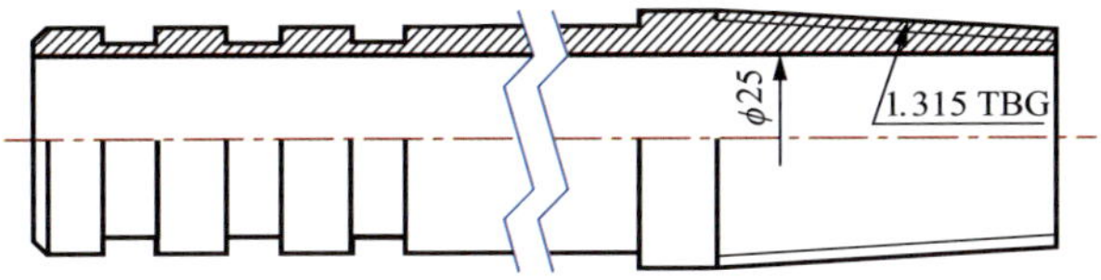

图 7-45　内管接头结构示意图

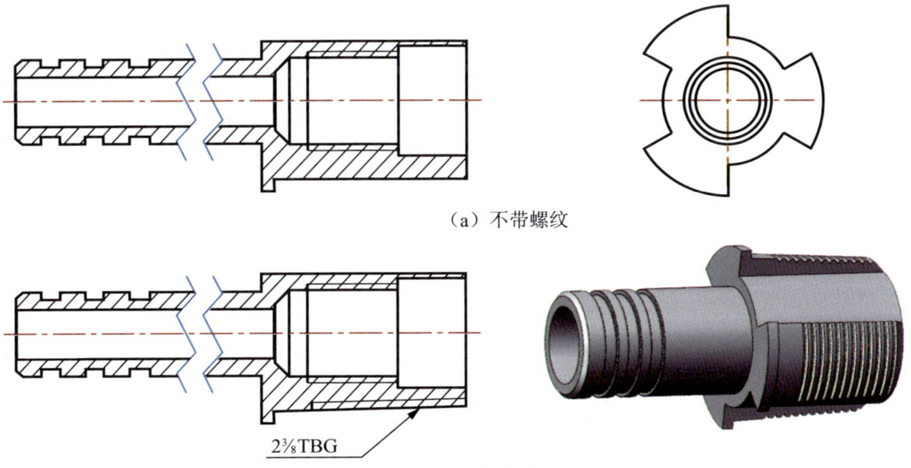

（a）不带螺纹

（b）带螺纹

图 7-46　抽油杆双向接头结构示意图

图 7-47 和图 7-48 所示分别为抽油杆接头以及变径接头的结构图。抽油杆接头上端螺纹与抽油杆的螺纹相配合，变径接头上端内圆面螺纹与外油管螺纹相配合。另外，还可通过更换变径接头与不同尺寸的外油管进行连接，以适应不同作业条件。

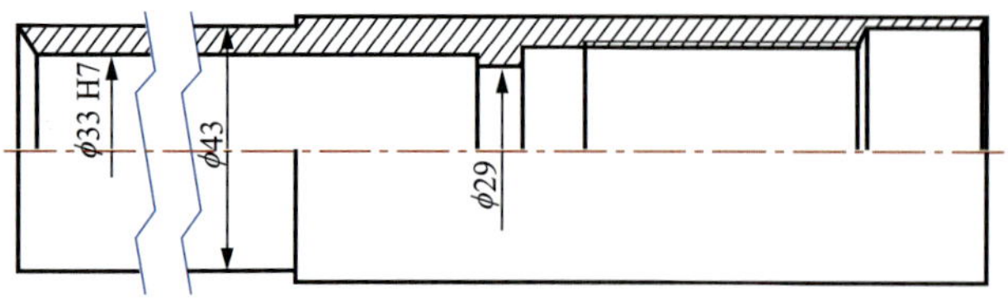

图 7-47 抽油杆接头结构示意图

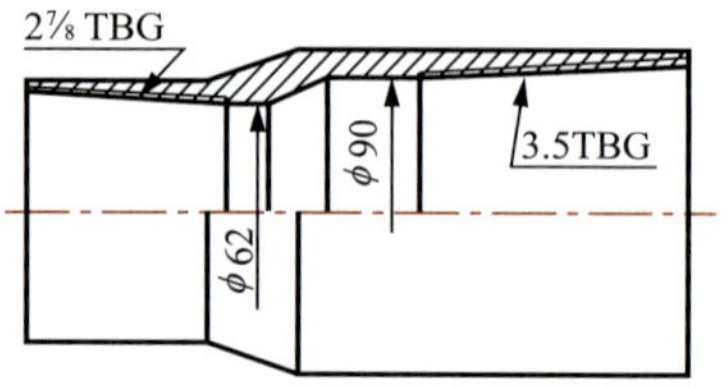

图 7-48 变径接头结构示意图

5）零件强度校核

在作业的过程中，抽油杆双向接头、内管接头和抽油杆接头要承受内外液体压力的作用，变径接头只承受内压。它们均为规则厚壁筒的形状，因此其受力可简化为厚壁筒受内外压力作用。下面校核变径接头壁厚最薄的位置的强度。已知此处所受内压为 35 MPa，内径为 89 mm，外径为 62 mm。零件所选材料为 20Cr2Ni4，利用粉末冶金方法成形。材料发生塑性变形会先从内表面开始，内表面的径向应力为：

$$\sigma_r = -35\ \text{MPa}$$

环向应力为：

$$\sigma_\theta = \frac{35 \times (31^2 + 44.5^2)}{44.5^2 - 31^2} = 101\ (\text{MPa})$$

最大剪切应力为：

$$\tau_{\max} = \frac{1}{2} \times (101 + 35) = 68\ (\text{MPa})$$

由于 $\tau_{\max} < [\tau]$，因此满足强度要求。

同样对其他 3 个零件进行校核，结果表明均满足强度要求。

2. 同心管接箍设计计算

1）同心管柱连接实现形式

在进行冲洗井底煤粉作业过程中，采用常规油管接箍无法实现同心管柱的连接，需要在现有作业条件下对管柱的连接形式以及接箍进行重新设计。具体连接形式为外管采用螺纹连接、内管采用直插的方式连接，如图 7-49 所示。内管采用 36 mm 空心抽油杆，外管为 2⅞ in 油管。此冲煤粉作业同心管柱主要由抽油杆上接头、同心管接箍、外油管、抽油杆以及抽油杆下接头组成。

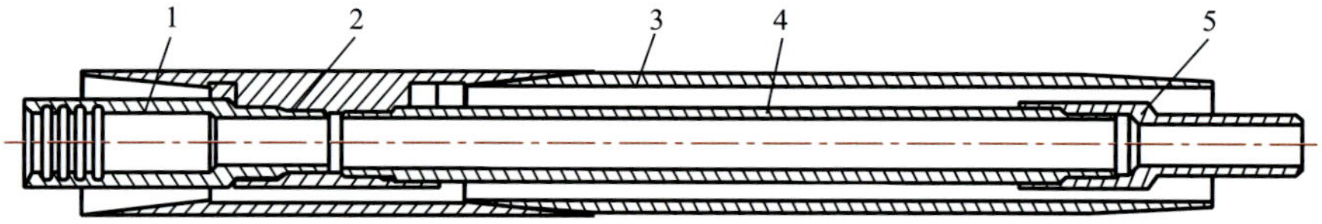

图 7-49 同心管柱结构示意图

1—抽油杆上接头；2—同心管接箍；3—外油管；4—抽油杆；5—抽油杆下接头

同心管接箍是将内外管柱的接箍设计为一个整体。同心管接箍内表面设计有两种不同的管螺纹，分别与内外管柱的外螺纹相连接。同心管接箍上端内侧内圆面与抽油杆上接头连接，抽油杆下接头与抽油杆螺纹连接，因此同心管接箍可分别与内外管柱连接，从而实现一次起吊可将内外管柱同时吊起。同心管柱连接的具体操作原理为：将抽油杆上接头、同心管接箍、外油管、抽油杆以及抽油杆下接头按照图 7-49 所示在地面进行连接，然后通过吊卡将连接好的同心管柱缓慢吊起，移至井口位置，将吊起的抽油杆下接头插入已经在煤层气井内的抽油杆的上接头内部，此时可通过液压大钳将外油管与同心管接箍螺纹连接，从而实现上一级同心管柱与下一级同心管柱的连接。依次循环，便可实现同心管柱的连接。在抽油杆下接头与抽油杆上接头之间设计密封圈以实现密封。

2）同心管柱与射流泵的连接

图 7-50 所示为同心管柱与射流泵连接结构图，该连接形式与图 7-43 所示的连接形式类似，只是内管接头结构形式不同。具体连接形式为：变径接头分别与外油管、射流泵连接，内管接头与喉道扩散管连接，抽油杆下接头插入内管接头的内部，在密封圈的作用下实现密封。

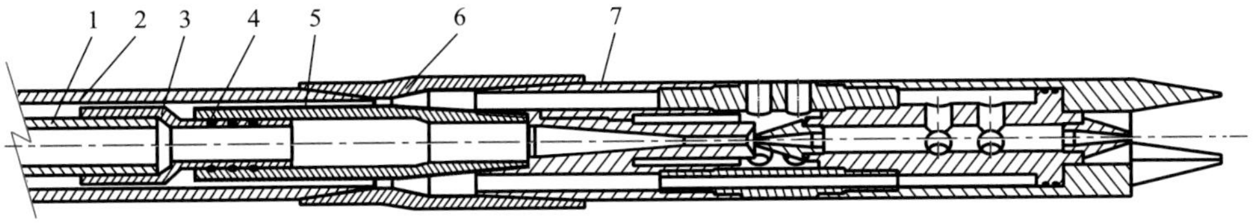

图 7-50　同心管柱与射流泵连接结构示意图

1—抽油杆；2—外油管；3—抽油杆下接头；4—密封圈；5—内管接头；6—变径接头；7—射流泵

3）零件设计校核

为了实现动力液的下行以及返出液的顺利上返，在同心管接箍上设计两个不同流道。其中，中心圆形孔道为返出液的流道，环形孔道为动力液的流道。同心管的内侧螺纹与抽油杆接箍螺纹相同，环空中的内螺纹与外油管螺纹配合，结构如图 7-51 所示。

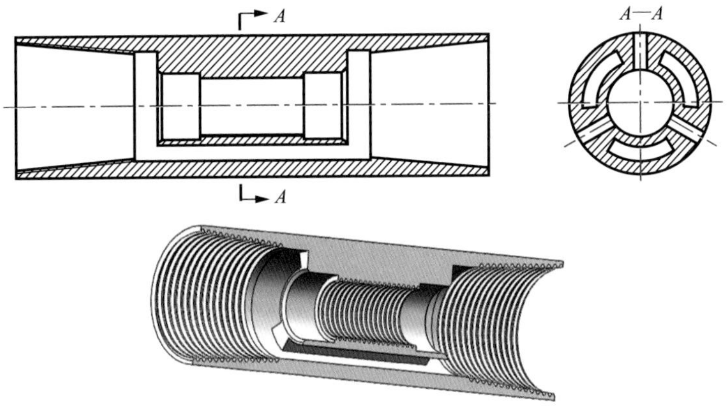

图 7-51　同心管接箍结构示意图

抽油杆下接头与抽油杆上接头之间的密封可采用 O 形密封圈或者 Y 形密封圈，密封圈的数量为 3～6 个。图 7-52 至 7-54 所示分别为抽油杆下接头、抽油杆上接头和内管接头的具体结构图。

在作业过程中，这些零件均受内外高压的作用，需要对其进行强度校核。零件所选用的材料为 20Cr2Ni4，利用粉末冶金方法成形。从图中可以看出，零件为规则的厚壁筒形状，由弹塑性力学可知，厚壁筒在受内外压同时作用时，内表面或者外表首先发生屈服。下面介绍抽油杆下接头壁厚最薄处的强度校核，已知此处内径为 25 mm，外径为 36 mm，所受外压为 35 MPa，通过射流泵的特征方程求得排出压力为 15.45 MPa，所受内压可设定为 18 MPa，则内表面径向应力为：

$$\sigma_r = -18\ \text{MPa}$$

环向应力为：

$$\sigma_\theta = -83.7\ \text{MPa}$$

最大剪切应力为：

$$\tau_{\max} = \frac{1}{2} \times (83.7 - 18) = 32.8\ (\text{MPa})$$

由于 $\tau_{\max} < [\tau]$，因此满足强度要求。

同样对其他 3 个零件进行校核，结果表明均满足强度要求。

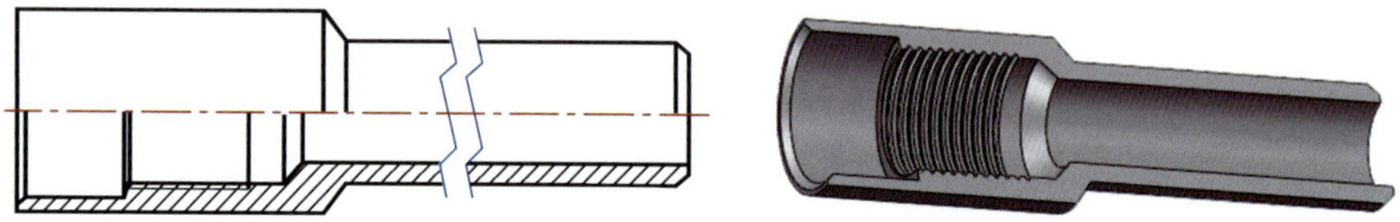

图 7-52　抽油杆下接头结构示意图

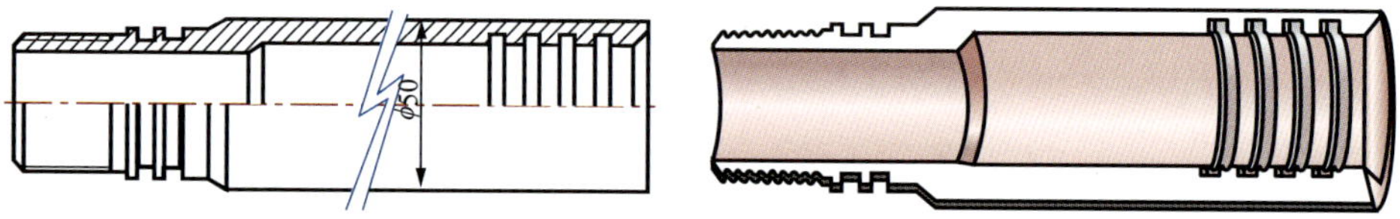

图 7-53　抽油杆上接头结构示意图

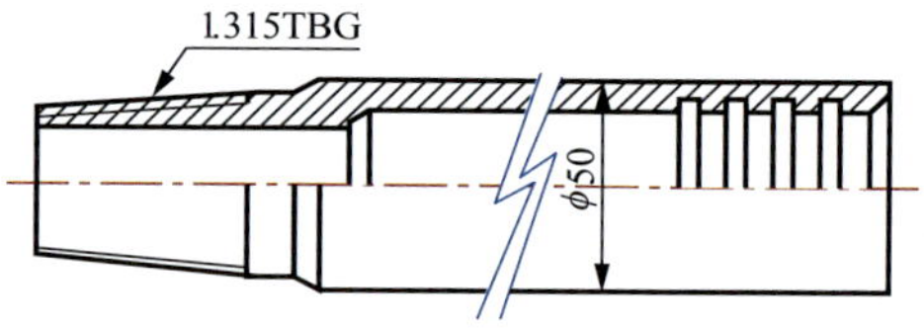

图 7-54　内管接头结构示意图

7.3.2　先下外管柱再下内管柱作业方案

该方案工作原理为：先将外管柱与同心管射流泵下入井下，到达预定位置后再将空心抽油杆下入井下，当空心抽油杆到井下预定的位置后空心抽油杆与同心管射流泵采用安全接头或直接插入式连接方式连接。图 7-55 所示为同心管柱连接的结构示意图。

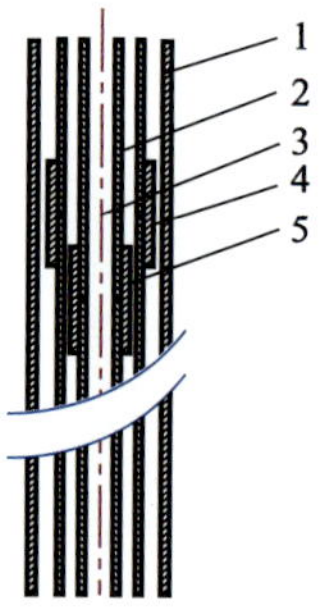

图 7-55　同心管柱连接结构示意图

1—套管；2—空心抽油杆；3—返出液通道；4—油管接箍；5—空心抽油杆接头

1. 插入方式设计计算

插入式连接方式与前文介绍的同心管柱与射流泵的连接方式相类似，主要为：外油管通过变径接头与同心管射流泵连接，内管接头与喉道扩散管通过螺纹连接，射流泵随着外油管先下入井下预定位置，再将空心抽油杆下入井下，抽油杆的下端连接抽油杆接头，在扶正器的作用下内管接头的外圆面直接插入抽油杆接头的内圆面。内管接头外设计密封圈，可以实现动力液与返出液的密封。抽油杆接头及变径接头的结构前文已经详细介绍过，在此不再重复。具体连接形式如图 7-43 所示。

2. 安全接头设计计算

1）具体连接形式

安全接头一般用于钻井、修井、测井、洗井等作业，是一种便于上扣、脱扣的连接工具。它主要由母接头、公接头和密封圈组成，其结构如图 7-56 所示。公接头、母接头的螺纹均为锯齿螺纹。安全接头与管柱连接在一起，可以传递扭矩并承受各种力的作用。

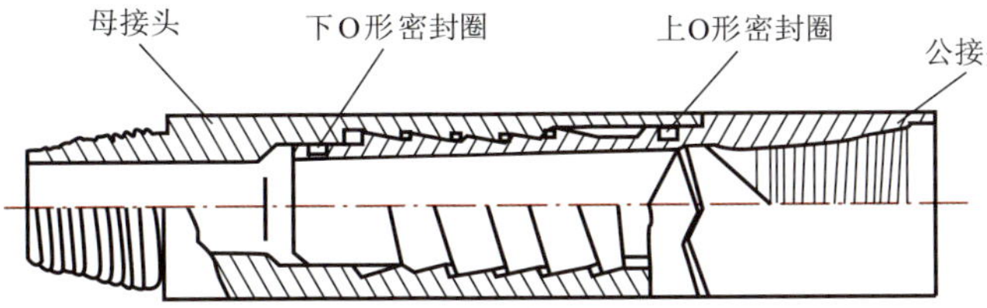

图 7-56　安全接头结构示意图

安全接头一般安装在管柱需要脱开的位置，当井内发生故障时，通过井口操作实现公接头与母接头分离。故障解除后，公接头随管柱下入井下与母接头连接，通过施加一定的扭矩使公接头与母接头拧紧并刚性连接在一起，采用 O 形密封圈密封，从而实现管柱的连接[272]。

空心抽油杆与同心管射流泵的连接可采用安全接头，具体连接形式为：母接头与同心管射流泵连接，随外油管下入到煤层气井预定位置，然后空心抽油杆携带公接头下入井下，到达预定位置后，在扶正器的作用下使公接头与母接头对正，然后在液压大钳或者修井转盘的作用下使安全接头的公接头与母接头完全连接。冲煤粉作业完成后，固定外油管，通过液压大钳或者修井转盘反向转动空心抽油杆，使公接头与母接头完全分离，然后上提抽油杆，取出抽油杆后再将外油管及射流泵取出，最终完成管柱的起出和下入作业。具体连接形式如图 7-57 所示。

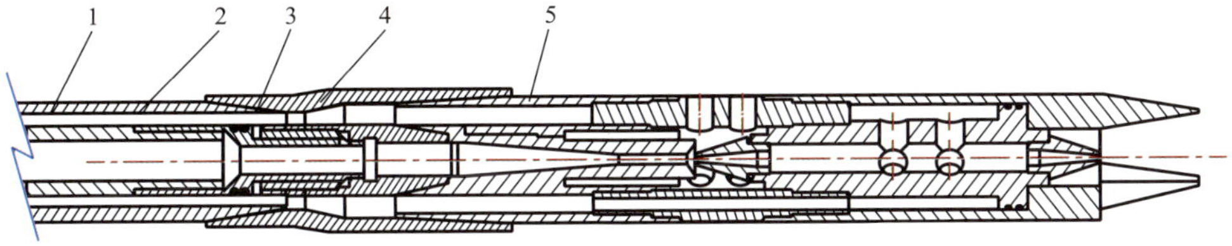

图 7-57　同心管柱与射流泵连接结构示意图

1—空心抽油杆；2—油管；3—安全接头；4—变径接头；5—同心管射流泵

2）公、母接头设计与校核

表 7-5 为目前采用的部分锯齿形安全接头的基本参数[272]。从表中可以看出，安全接头外径尺寸最小为 86 mm，而煤层气现场采用 2⅞ in 油管的内径为 62 mm，因此需要对安全接头的尺寸重新进行设计计算。

根据 36 mm 空心抽油杆接箍的尺寸设计安全接头的外径尺寸为 50 mm，水眼直径为 20 mm，选择锯齿螺纹为 B42×7，锯齿螺纹的长度为 95 mm。公接头的上端内圆面的螺纹为 1⁹⁄₁₆ in 管螺纹，与抽油杆的螺纹相连接；母接头下端外圆面螺纹为 1.315TBG，与喉道扩散管的螺纹连接。冲煤粉作业的过程中，安全接头承受来自外液体压力的作用，因此对其强度要求较高，其材料可选用 20Cr2Ni4。

表 7-5　锯齿形安全接头基本参数

型　号	外径 /mm	连接螺纹	水眼直径 /mm	屈服拉力 /kN	屈服扭矩 /(kN·m)	最大拉力 /kN	最大扭矩 /(kN·m)
AJ-C86	86	NC26	44	1 390	9.55	925	6.35
AJ-C95	95	4⅞REG	32	2 060	15.25	1 370	10.15
AJ-C105	105	NC31	54	2 015	19.10	1 340	12.70
AJ-C108	108	4½REG	38	3 005	20.55	2 005	13.70

图 7-58 所示为同心管柱用安全接头的结构示意图。从图 7-58 可以看出，公、母接头结构比较规则且简单，因此公、母接头可简化为厚壁筒受内外压力的情况。下面对公接头壁厚最薄位置进行强度校核。已知零件所选材料为 20Cr2Ni4，利用粉末冶金方法成形，最薄处所受外压为 35 MPa，内压为射流泵的排出压力，通过射流泵的特征方程求得排出压力为 15.45 MPa，内径为 36 mm，外径为 50 mm。假设所受内压为 18 MPa，由弹塑性力学可知零件内表面的应力较大，材料会从内表面开始发生屈服。内表面径向应力为：

$$\sigma_r = -18\ \text{MPa}$$

环向应力为：

$$\sigma_\theta = -83.7\ \text{MPa}$$

最大剪切应力为：

$$\tau_{\max} = \frac{1}{2} \times (83.7 - 18) = 32.8\ (\text{MPa})$$

由于 $\tau_{\max} < [\tau]$，因此满足强度要求。

同理对母接头进行校核，结果表明也满足强度要求。

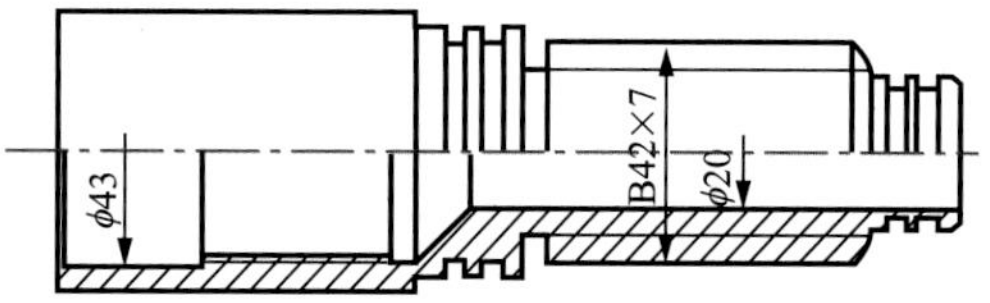

（a）公接头

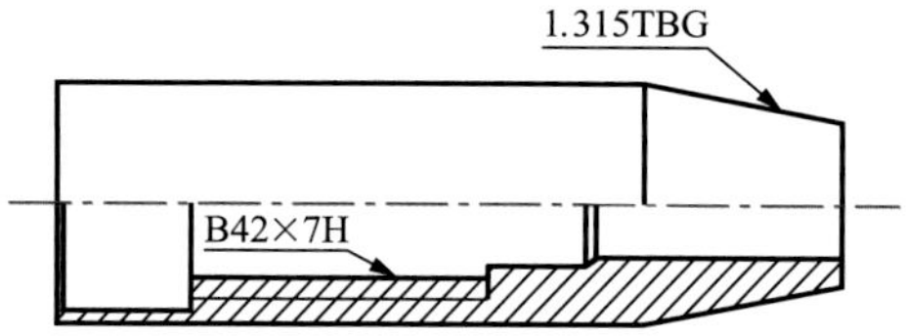

（b）母接头

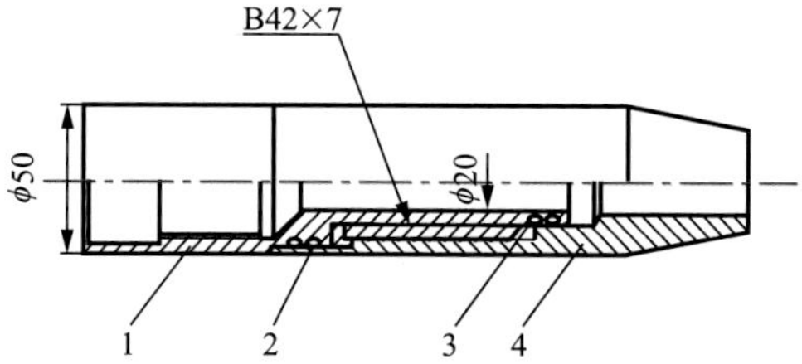

（c）接头的连接

图 7-58　安全接头结构示意图

1—公接头；2，3—密封圈；4—母接头

3）空心抽油杆扭转计算

当井口转盘或液压大钳旋转时，由于井下抽油杆受到阻力作用（包括摩擦阻力及液体黏滞阻力），抽油杆将发生旋转变形，因此需要计算空心抽油杆在连接过程中旋转的角度，为作业提供依据。抽油杆所受阻力扭矩主要包括 O 形密封圈摩擦阻力矩、锯齿螺纹摩擦阻力矩和液体黏滞阻力矩。不考虑接箍的影响，可以将其简化为管柱两端受扭的力学模型。图 7-59 所示为力学模型简图，其中 M 为转盘扭矩，M_f 为阻力扭矩。

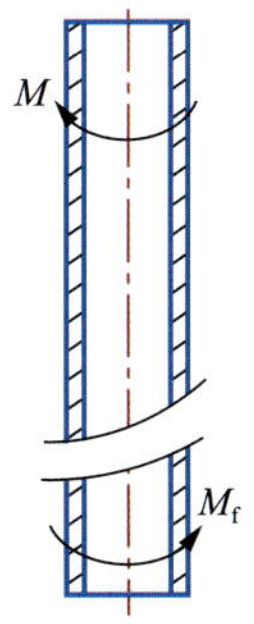

图 7-59　抽油杆扭转模型简图

公接头与母接头的两端分别设计 O 形密封圈，因此公接头与母接头旋转连接时 O 形密封圈会产生摩擦力矩[273] M_f，表达式为：

$$M_f = F_o R = \frac{0.2\pi^2 feEDdR}{1-\nu^2} \tag{7-47}$$

式中　F_o——抽油杆所受阻力，N；

f——O 形圈与筒壁之间的摩擦系数；

e——预压缩率(为 10%～20%)；

E——O 形密封圈的弹性模量，GPa；

ν——O 形密封圈的泊松比；

D——O 形密封圈的外径，mm；

d——O 形密封圈的截面直径，mm；

R——抽油杆平均半径，mm。

公接头与母接头在连接过程中，螺纹牙之间会产生一个摩擦阻力矩 M_j，其表达式为：

$$M_j = F_a R \tan(\psi + \rho') \tag{7-48}$$

$$F_a = F_k + \frac{1}{4}\rho_r \pi (D_c^2 - d_c^2) L$$

式中　F_a——公接头所受轴向力，N；

ψ——螺纹升角，(°)；

ρ'——当量摩擦角，(°)；

L——抽油杆总长，m；

D_c——抽油杆外径，m；

d_c——抽油杆内径，m；

F_k——井口施加的轴向力，N。

其中：

$$\left.\begin{aligned} \rho' &= \arctan \frac{f}{\cos\beta} \\ \psi &= \arctan \frac{P}{\pi d_2} \end{aligned}\right\} \tag{7-49}$$

式中　β——牙侧角，(°)；

f——摩擦系数(一般取值 0.12)；

P——螺距，mm；

d_2——螺纹中径，mm。

抽油杆与射流泵连接时会有部分抽油杆进入地层液中，如图 7-60 所示，因此抽油杆在旋转时地层液会对抽油杆产生黏滞阻力矩 M_y，表达式为：

$$M_y = 2\pi\mu_1 H \frac{(m^2-1)\omega R_2}{(m^2+1)\ln m-(m^2-1)} \tag{7-50}$$

$$m = R_3/R_2$$

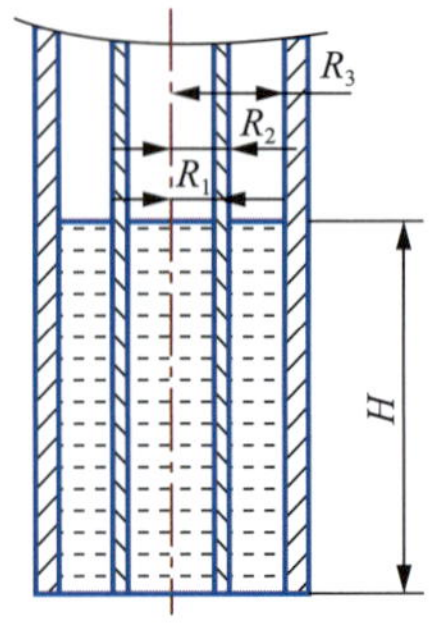

图 7-60 抽油杆受液体黏滞阻力模型简图

式中 m——油管内径与抽油杆外径之比；

R_3——油管的内径，m；

R_2——抽油杆的外径，m；

μ_1——井液的动力黏度，Pa·s；

ω——抽油杆旋转角速度，rad/s；

H——抽油杆在井液中的长度，m。

另外，考虑到空气阻力、抽油杆扶正器以及抽油杆与油管也会产生摩擦阻力，因此抽油杆所受的总阻力扭矩 M 为：

$$M = 1.2(M_f + M_j + M_y) \tag{7-51}$$

根据材料力学可得出抽油杆转角 φ 为：

$$\varphi = \frac{ML}{2\pi R^3 \delta G} \tag{7-52}$$

式中 G——抽油杆剪切弹性模量，GPa；

δ——抽油杆壁厚，m。

参数设定：井深 1 200 m，地层液深度 50 m，井液黏度 0.894 mPa·s，抽油杆内径 25 mm，抽油杆外径 36 mm，油管内径 62 mm，抽油杆剪切弹性模量 80 GPa，抽油杆旋转角速度 1.256 rad/s。安全接头 O 形密封圈截面直径为 2.65 mm，外径分别为 46.5 mm 和 28.9 mm，O 形密封圈材料为丁腈橡胶，其弹性模量 $E=6.1$ MPa，泊松比 $\nu=0.49$，压缩率取 $e=15\%$，摩擦系数 $f=0.05$。锯齿螺纹为 B42×7(中径 36.75 mm)，牙侧角为 30°，井口施加的轴向力为 10 kN。

计算得阻力矩为：

$$M = 280.2\ \text{N}\cdot\text{m}$$

抽油杆转角为：

$$\varphi = 27.4\ \text{rad} = 1\ 570.7^\circ$$

根据抽油杆转角可得到井口扭转动力源，抽油杆转角要旋转 27.4 rad 才能使得安全接头的公接头与母接头开始进行旋转连接，因此在公接头与母接头连接完成后，需要缓慢地卸掉井口旋转工具，以防抽油杆反转，从而确保作业过程中的安全。

根据目前现场的作业设备，地面动力扭转工具可选择液压大钳或者转盘。考虑到现场操作的简便以及扭转所需要的转矩，可选择液压大钳主钳作为安全接头连接所需的动力源。图 7-61 所示为液压大钳的三维图。

图 7-61 液压大钳

3. 同心管柱加深

在作业过程中，当同心管柱采用第二种实现形式连接时，冲完一根管柱后，需要对管柱进行加深，可采用前文介绍的两种同心管柱的连接形式对管柱进行加深，如图 7-62 所示。

当需要加深管柱时，由于同心管柱采用的是先下外管柱再下内管柱的方式，因此无法直接用以上两种方式对同心管柱进行加深，这是由于抽油杆接头(或抽油杆下接头)无法直接与抽油杆配合密封。因此需要设计一个短接接头，该短接接头主要起两个作用：一是可以调节抽油杆与外油管在轴向的距离，为同心管柱加深做准备；二是可与抽油杆接头(或抽油杆下接头)配合，实现密封。针对两种同心管柱加深方式，设计两种短接接头结构如图 7-63 所示。

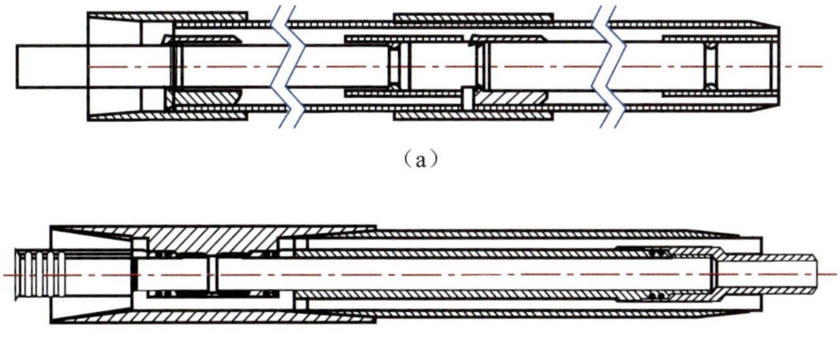

(a)

(b)

图 7-62 同心管柱加深方式

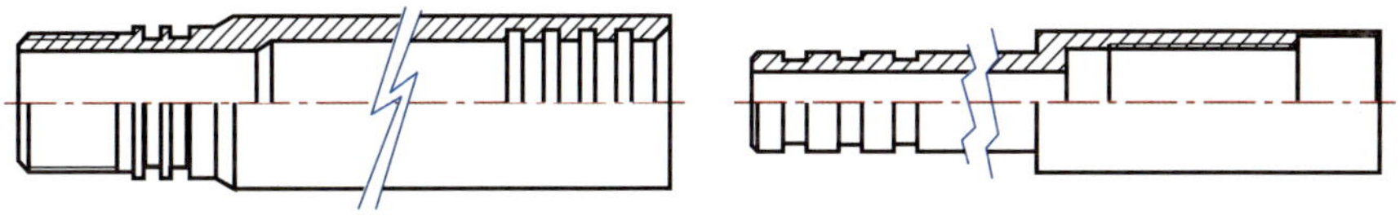

(a)　　(b)

图 7-63 短接接头结构示意图

图 7-63(a)所示的结构形式与抽油杆上接头的结构相同，但是其轴向长度与抽油杆上接头并不相同。短接接头材料为 20Cr2Ni4，利用粉末冶金方法成形。短接接头结构形式较为规则，利用弹塑性力学知识对其进行强度校核，结果表明满足强度要求。

4. 同心管柱受力变形计算

同心管柱在冲煤粉作业过程中，由于内外液体压力差、温度差、摩擦力以及浮重的作用，使得内外管柱发生变形，因此需要对其变形量进行计算[174]。同心管柱下端连接同心管射流泵，上端与井口装置连接，可以假设上端固定、下端自由，建立力学模型如图 7-64 所示。

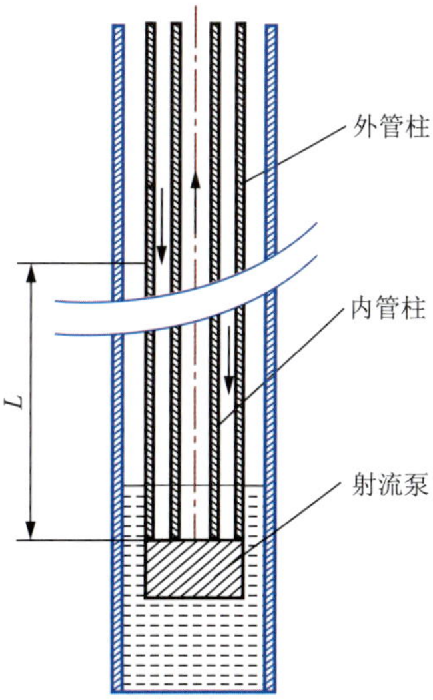

图 7-64 同心管柱力学模型

1) 水力计算

同心管柱在冲煤粉过程中，液体由内外管柱的环空下行，经射流泵后沿中心管柱上返。在整个循环过程中，流体的运动状态较为复杂，因此在水力计算过程中不考虑接箍的影响，动力液为水，属于单相牛顿流体。动力液在流动过程中，液体与流道壁之间存在摩擦力，从而导致液体产生能量损失。由于射流泵压力 p_1，p_2 和 p_3 已经确定，可由下往上确定流体在流道任意位置的压力[174]。

(1) 环空动力液压力计算。

同心管柱环空任一位置 l 处的动力液压力 p_{1l} 为：

$$p_{1l}=p_1+\Delta p_{1l}-\int_0^l \rho_1 g\,dl \tag{7-53}$$

式中 Δp_{1l}——动力液压降，Pa；

ρ_1——动力液密度，kg/m^3。

动力液压降与雷诺数 Re_1 有关。当 $Re_1 \leqslant 2\ 000$ 时，动力液处于层流状态，此时动力液压降为：

$$\Delta p_{1l}=\int_0^l \frac{192\mu_1 Q_1}{\pi(d_{n1}+d_{w2})(d_{n1}-d_{w2})^3}dl \tag{7-54}$$

当 $Re_1>2\ 000$ 时，动力液处于紊流状态，动力液压降为：

$$\Delta p_{1l}=\int_0^l \frac{2.516\ 8\rho_1 Q_1{}^2}{\pi^2(d_{n1}-d_{w2})(d_{n1}^2-d_{w2}^2)^2 Re_1^{0.25}}dl \tag{7-55}$$

其中：

$$Re_1=\frac{4\rho_1 Q_0}{\pi\mu_1(d_{n1}+d_{w2})}$$

$$Q_0=\alpha d_1^2(1+M)\sqrt{\frac{p_1-p_3}{\gamma}}$$

式中 Q_1——动力液流量，m^3/s；

d_{n1}——内管柱的外径，m；

d_{w2}——外管柱的内径，m；

μ_1——动力液黏度，Pa·s；

α——流量系数；

d_1——高压喷嘴直径，mm；

M——流量比；

p_3——泵吸入压力，MPa；

γ——动力液重度，N/m^3。

(2) 内管柱返出液压力计算。

内管柱任一位置 l 处的返出液压力 p_{2l} 为：

$$p_{2l}=p_2-\Delta p_{2l}-\int_0^l \rho_2 g\,dl \tag{7-56}$$

式中 p_2——泵的排出压力，Pa；

Δp_{2l}——内管柱返出液的压降，Pa；

ρ_2——内管柱返出液的密度，kg/m^3。

返出液压降与雷诺数 Re_2 有关。当 $Re_2 \leqslant 2\ 000$ 时，返出液处于层流状态，此时内管柱中返出液的压降为：

$$\Delta p_{2l}=\int_0^l \frac{128\mu_2 Q_0}{\pi d_{n2}^4}dl \tag{7-57}$$

当 $Re_2>2\ 000$ 时，返出液处于紊流状态，返出液的压降为：

$$\Delta p_{2l}=\int_0^l \frac{2.516\ 8\rho_2 Q_0{}^2}{\pi^2 d_{n2}^5 Re_2^{0.25}}dl \tag{7-58}$$

其中：

$$Re_2=\frac{4Q_0\rho_2}{\pi\mu_2 d_{n2}}$$

式中 d_{n2}——内管柱的内径，m；

μ_2——内管柱返出液的动力黏度，Pa·s。

2）管柱内外压力差引起的变形

由于受到内外压力作用，管柱会发生沿轴向的变形，可采用弹塑性力学的知识计算其变形量。

外管柱受内压，发生膨胀变形，使其轴向长度减小，变形量 ΔL_{p1} 为：

$$\Delta L_{p1} = -\int_0^l \frac{2\nu_1 p_{1l}}{E_1(R_1^2 - 1)} dl \tag{7-59}$$

式中 E_1——外管柱的弹性模量，Pa；

ν_1——外管柱的泊松比；

R_1——外管柱外径与内径的比值。

内管柱受内外压力的作用，变形量为 ΔL_{p2}：

$$\Delta L_{p2} = \int_0^l \frac{2\nu_1(p_{1l}R_2^2 - p_{2l})}{E_2(R_2^2 - 1)} dl \tag{7-60}$$

式中 E_2——内管柱的弹性模量，Pa；

ν_2——内管柱的泊松比；

R_2——内管柱外径与内径的比值。

3）流体摩擦力引起的变形

流体在内外管柱所形成的流道内流动过程中，由于液体具有黏滞性，使得流体与管壁产生摩擦力。该摩擦力一方面阻碍动力液的流动，另一方面引起管柱的轴向变形。所以环空中动力液所受的总摩擦力由两部分组成，一部分为外管柱对动力液的摩擦力，另一部分为内管柱对其产生的摩擦力。

动力液所受的总摩擦力 F_h 为：

$$F_h = \frac{\Delta p_{1l} \pi (d_{n1}^2 - d_{w2}^2)}{4} \tag{7-61}$$

环空中动力液对外管柱的摩擦力 F'_h 为：

$$F'_h = \frac{d_{n1} F_h}{d_{n1} + d_{w2}} = \frac{\Delta p_{1l} \pi d_{n1} (d_{n1} - d_{w2})}{4} \tag{7-62}$$

外管柱在摩擦力作用下引起的变形量 ΔL_{h1} 为：

$$\Delta L_{h1} = \int_0^l \frac{4F'_h}{\pi E_1 (d_{w1}^2 - d_{n1}^2)} dl = \int_0^l \frac{\Delta p_{1l} d_{n1}(d_{n1} - d_{w2})}{E_1 (d_{w1}^2 - d_{n1}^2)} dl \tag{7-63}$$

式中 d_{w1}——外管柱的外径，m。

环空中动力液对内管柱的摩擦力 F''_h 为：

$$F''_h = -\frac{d_{w2} F_h}{d_{n1} + d_{w2}} = -\frac{\Delta p_{1l} \pi d_{w2} (d_{n1} - d_{w2})}{4} \tag{7-64}$$

内管柱中返出液对内管柱产生的摩擦力 F_n 为：

$$F_n = \frac{\Delta p_{2l} \pi d_{n2}^2}{4} \tag{7-65}$$

内管柱在摩擦力作用下引起的变形量 ΔL_{h2} 为：

$$\Delta L_{h2} = \int_0^l \frac{4(F_n + F''_h)}{\pi E_2 (d_{w1}^2 - d_{n2}^2)} dl \tag{7-66}$$

4）动力液压力引起的变形

在作业过程中，动力液经过射流泵时会对管柱产生轴向拉力的作用，从而引起管柱的轴向变形。变形量 ΔL_b 为：

$$\Delta L_b = \frac{p_1 A_s L}{E A_x} \tag{7-67}$$

式中 A_s——动力液在射流泵作用下的有效截面积，m^2；

L——管柱的长度，m；

E——管柱的弹性模量，MPa；

A_x——管柱的有效截面积，m^2。

5）重力与浮力引起的变形

内外管柱在井内都会受到浮力与重力的影响，其变形量 ΔL_G 可表示为：

$$\Delta L_G = \int_0^L \frac{GL - F_f}{E(A_w - A_n)} \mathrm{d}L \tag{7-68}$$

式中 G——管柱的重度，N/m；

F_f——管柱所受的浮力，N；

A_w——管柱的外圆截面积，m^2；

A_n——管柱的内圆截面积，m^2。

6）温差引起的变形

随着井深的不断增加，温度会不断升高，上下温差的作用使得管柱沿轴向的长度发生变化。可以取温度变化的平均值，则管柱在温差作用下引起的变形 ΔL_T 为：

$$\Delta L_T = \alpha \Delta T L = \alpha (T_2 - T_1) L / 2 \tag{7-69}$$

式中 ΔT——平均温度差，℃；

α——常量系数，取 1.2×10^{-5} ℃$^{-1}$；

T_1——井口的温度，℃；

T_2——井底的温度，℃。

为方便计算，设动力液和返出液均为清水，忽略煤粉颗粒的影响，则管柱的变形量为：

$$\Delta L = \Delta L_p + \Delta L_G + \Delta L_h + \Delta L_b + \Delta L_T \tag{7-70}$$

参数设定：煤层气井深为 1 200 m，井底压力为 1 MPa，外管柱为 2⅞ in 油管，内径为 62 mm，外径为 73 mm，内管柱为空心抽油杆，内径为 25 mm，外径为 36 mm，井口温度为 15 ℃，井底温度为 64 ℃，射流泵内动力液压力为 35 MPa。

根据设计的两种内管柱与射流泵的连接方式，管柱的变形量分为两种情况进行计算。当内管柱与射流泵采用直接插入的连接方式时，内管柱在流体压力作用下不会发生变形，此时内外管柱的变形量见表 7-6。

表 7-6 管柱变形量

变形因素	压 差	摩擦力	流体压力	浮 重	温 差	总变形
外管柱/m	−0.232	0.053	0.330	0.264	0.294	0.709
内管柱/m	0.150	−0.036	0	0.253	0.294	0.661

当内管柱与射流泵采用安全接头连接时，内外管柱变形量会受流体压力的影响，此时管柱的变形量见表 7-7。

表 7-7 管柱变形量

变形因素	压 差	摩擦力	流体压力	浮 重	温 差	总变形
外管柱/m	−0.232	0.053	0.227	0.264	0.294	0.606
内管柱/m	0.150	−0.036	0.227	0.253	0.294	0.888

通过对同心管柱受力变形的分析可发现，当采用插入式连接方式时，外管柱的变形量要比内管柱长约 40 mm，因此所设计的内管接头插入长度至少为 50 mm，考虑到其他因素的影响，设计其插入长度为 200 mm。当采用安全接头进行连接时，内管柱的变形量比外管柱的变形量长约 300 mm，可能导致内管柱发生弯曲变形，因此在作业过程中需要注意。

7.3.3 同心管柱连接方案对比

表 7-8 为同心管柱连接方案优缺点的对比，从表中可以看出两种作业方案各有优缺点。方案一虽然作业成本较高，但同心管柱的连接工具可在以后作业中重复使用，且方案一中同心管柱结构比较稳定，操作简单，便于管柱的加深和起出，作业效率高。同心管柱的连接方案可选择方案一。方案一有两种连接工具，因此需要对其进行比较，见表 7-9。

表 7-8 同心管柱连接方案优缺点对比

同心管柱连接方案	优 点	缺 点
内外管柱同时下入作业方案（方案一）	可实现一次吊装将同心双管柱同时连接；外管柱采用螺纹连接，内管柱采用插入式连接；现场施工操作简单，作业效率高。由于每一级同心管柱都是一个整体，因此在受到内外液体压力作用时，同心管柱的变形量较小，结构稳定	需要设计新的同心管柱连接工具；由于煤层气井深 1 000 m 左右，因此所需的连接工具数量较多，需要批量生产连接工具，使得作业成本提高。内管柱采用插入式连接方式，可能会造成返出液或者动力液泄漏。另外，动力液在通过连接工具的过程中会使压降损失增加
先下外管柱再下内管柱作业方案（方案二）	采用这种连接方案，只有同心管柱与射流泵连接工具以及管柱加深所需连接工具需要重新设计加工，而一次作业加深管柱的次数小于 10 次，因此需要生产的工具数量较少，可减少作业成本，且环空中动力液的压降损失较小	内管柱与射流泵连接是在井下进行的，无法确定内管柱与射流泵是否完全连接，而且需要现场操作人员有一定的操作水平。在作业过程中，内外管柱会受液体压力的作用，使内外管柱发生变形，可能会对现场作业质量产生一定的影响

表 7-9 方案一连接工具优缺点比较

方案一	优 点	缺 点
抽油杆双向接头	只需一个抽样杆接头与之配套使用，因此需要生产的零件数相对较少，且抽油杆双向接头与抽油杆接头的结构比较简单，容易加工	需要在油管上端内表面加工出内螺纹，工作量大，且抽油杆双向接头的凸台搭放在油管端面，可能会造成油管与油管接箍不能紧密连接，从而引起动力液的泄漏
同心管接箍	通过同心管接箍连接同心管柱，操作简单，加深管柱方便，同心管柱结构稳定	需要两个与之配套使用的零件，因此需要生产的零件数相对较多

从表 7-9 可以看出，同心管接箍的优点多于抽油杆双向接头的，因此优先选择同心管接箍方式实现同心管柱的连接及加深。其他中间管柱的连接方式可作为备选方案。

7.4 地面装置的设计与选型

负压射流排煤粉作业系统的地面装置主要由复合水龙头、固液分离装置、井口密封系统、地面工作泵、修井作业车、阻尼器以及加压装置组成。其中，地面工作泵和修井作业车可根据作业要求对其结构和型号进行选择，而复合水龙头、井口密封系统、固液分离装置、阻尼器以及加压装置的结构和参数需要进行设计。

7.4.1 工作泵的选择

1. 考虑煤粉含量影响的煤粉沉降末速

由煤粉沉降特性和钱宁总结的煤粉颗粒沉积速度与煤粉含量关系的计算公式，可得煤粉颗粒的自由沉降末速 v_{ts} 为：

$$v_{ts}=1.14\sqrt{\frac{d_s(\rho_s-\rho)g}{\rho}}\,(1-S_c)^n \tag{7-71}$$

式中 d_s——煤粉颗粒的直径，mm；

ρ_s——煤粉颗粒的密度，kg/m^3；

ρ——液体的密度，kg/m^3；

S_c——煤粉的体积分数；

n——指数。

2. 排煤粉最低排量计算

在排煤粉时，为确保流体将煤粉颗粒带到地面，流体在返出液管中的速度需大于直径最大的煤粉颗粒的自由沉降末速：

$$v_s=v_1-v_{ts} \tag{7-72}$$

式中 v_s——煤粉颗粒在液体中上升的速度，m/s；

v_1——流体上返的速度，m/s。

为确保煤粉颗粒能顺利排出，设计返出液管中流体的最低流速 $v_1=2v_{ts}$，则返出液的最低排量为：

$$Q_{min}=7\,200Fv_{ts} \tag{7-73}$$

式中 Q_{min}——返出液的最低排量，m^3/h；

F——液流返出时的流动截面积，m^2。

参数设定：冲煤粉液（水）的密度 ρ 为 1 000 kg/m^3，煤粉颗粒的密度 ρ_s 为 1 500 kg/m^3，重力加速度 g 为 9.8 m/s^2，体积分数 S_c 为 0.05，指数 n 为 2.25，煤粉颗粒的最大直径 d_s 为 3 mm，返出液的流动截面积 F 为 4.9×10^{-4} m^2。

最大煤粉颗粒排到地面所需的最小排量为：

$$Q_{min}=7\,200Fv_{ts}=0.43\ \text{m}^3/\text{h}$$

因此，返出液的排量只要大于 0.43 m^3/h 便可将井底煤粉排出。

3. 工作泵的选择

目前常用的工作泵主要有单级离心泵、多级离心泵及往复泵。可根据井下扬程的不同进行选择[277]，具体选取标准见表 7-10。

表 7-10　工作泵的选择

井下扬程 H_c/m	工作泵
10～40	单级离心泵
40～150	多级离心泵
>150	往复泵

煤层气井的井深通常为 1 200 m 左右，因此应该选取往复泵。在泵型和排量已知的情况下，要确定往复泵的具体型号，还应知道作业所需的工作压力以及流量。

1）工作泵流量计算

工作泵的流量就是返出液流体的流量。根据设计要求，返出液中流体的流量由高压喷嘴喷出流体的流量和卷吸地层液流量两部分组成。

高压喷嘴流量 Q_1 为：

$$Q_1 = \alpha {d_1}^2 \sqrt{\frac{p_1 - p_3}{\gamma}} = 250 \times 2.9^2 \sqrt{\frac{35-1}{9\ 800}} = 123.8\ (\mathrm{m^3/d}) = 5.16\ (\mathrm{m^3/h})$$

则返出液的流量 Q_0 为：

$$Q_0 = Q_1(1+M) = 5.16 \times (1+0.22) \approx 6.3\ (\mathrm{m^3/h})$$

式中　α——流量系数，取 250；

d_1——高压喷嘴直径，mm；

γ——液体重度，$\mathrm{N/m^3}$；

p_1——高压腔压力，MPa；

p_3——井底压力，MPa。

工作泵的流量 Q_3 为：

$$Q_3 = 6.3\ \mathrm{m^3/h} > Q_{\min}$$

工作泵的流量远大于最大煤粉颗粒排出所需的最小流量，因此射流泵的设计完全合理。

2）工作泵压力计算

动力液进入射流泵的压力 p_1 为：

$$p_1 = p_0 + HG_1 - \Delta p_1 \tag{7-74}$$

则地面工作泵的压力 p_0 可表示为：

$$p_0 = p_1 - HG_1 + \Delta p_1 \tag{7-75}$$

式中　H——泵深，m；

G_1——动力液柱平均压力梯度，取 0.009 8 MPa/m；

Δp_1——动力液在环空流道中的压力损失，MPa。

需要计算动力液在环空中的压力损失，而流体在流道中的摩擦损失与流体运动的速度、雷诺数及摩擦系数相关。由前文内容可知，外管内径为 62 mm，内管外径为 36 mm，则环空中流体的流速 v_1 为：

$$v_1 = \frac{4Q_0}{\pi(d_{w2}^2 - d_{n1}^2)} = \frac{4 \times 6.3 \times 10^4}{3.14 \times (62^2 - 36^2) \times 36} = 0.86\ (\mathrm{m/s})$$

雷诺数为：

$$Re_1 = \frac{v_1 \rho \sqrt{d_{w2}^2 - d_{n1}^2}}{\mu} = \frac{0.86 \times 1\ 000 \times \sqrt{(0.062^2 - 0.036^2)}}{0.894 \times 10^{-3}} = 48\ 557.98$$

式中 d_{n1}——内管柱的外径，m；

d_{w2}——外管柱的内径，m；

μ——动力液黏度，取 0.894×10^{-3}，Pa·s；

ρ——动力液密度，kg/m³。

由于 $Re_1=48\ 557.98>2\ 000$，所以环空中的流体处于紊流状态，则环空中的相对粗糙度 ε_1 为：

$$\varepsilon_1=\frac{2\Delta_1}{\sqrt{d_{w2}^2-d_{n1}^2}}=\frac{2\times0.001\ 5}{\sqrt{62^2-36^2}}=5.943\times10^{-5}$$

$$\frac{59.7}{\varepsilon_1^{\frac{8}{7}}}=\frac{59.7}{(5.943\times10^{-5})^{\frac{8}{7}}}=4\ 033\ 332.2$$

由于 $2\ 000<Re_1<\frac{59.7}{\varepsilon_1^{\frac{8}{7}}}$，环空中的流体处于水力光滑区，则环空中流体损失压降为：

$$\Delta p_1=\frac{\lambda_1\rho gHv_1^2}{2\sqrt{d_{w2}^2-d_{n1}^2}}=0.192\ \text{MPa}$$

$$\lambda_1=\frac{0.316\ 4}{\sqrt[4]{Re_1}}$$

式中 Δ_1——环空流道的绝对粗糙度，0.001 5 mm；

λ_1——环空中水力摩阻系数。

所需地面工作泵的压力 p_0 为：

$$p_0=35-1\ 200\times0.009\ 8+0.192=23.432\ (\text{MPa})$$

3）返出液压降计算

已知内管柱的内径为 25 mm，则返出液上返的速度 v_2 为：

$$v_2=\frac{4Q_0}{\pi d_{n2}^2}=\frac{4\times6.3\times10^4}{3.14\times25^2\times36}=3.56\ (\text{m/s})$$

雷诺数为：

$$Re_2=\frac{v_2\rho d_{n2}}{\mu}=\frac{0.86\times1\ 000\times0.025}{0.894\times10^{-3}}=24\ 049.2$$

式中 d_{n2}——内管柱的内径，m；

v_2——返出液上返速度，m/s。

由于 $Re_2>2\ 000$，所以内管中的流体处于紊流状态，则内管中相对粗糙度 ε_2 为：

$$\varepsilon_2=\frac{2\Delta_2}{d_{n2}}=\frac{2\times0.001\ 5}{25}=1.2\times10^{-4}$$

$$\frac{59.7}{\varepsilon_2^{\frac{8}{7}}}=\frac{59.7}{(1.2\times10^{-4})^{\frac{8}{7}}}=1\ 806\ 799.8$$

由于 $2\ 000<Re_2<\frac{59.7}{\varepsilon_2^{\frac{8}{7}}}$，因此可认为内管的流体处于水力光滑区，则内管中流体损失压降为：

$$\Delta p_2=\frac{\lambda_2\rho gHv_2^2}{2d_{n2}}=3.25\ \text{MPa}$$

$$\lambda_2=\frac{0.316\ 4}{\sqrt[4]{Re_2}}$$

式中 λ_2——内管中水力摩阻系数；

Δ_2——内管中绝对粗糙度，取 0.001 5 mm。

同时，由能量守恒定律知射流泵的出口压力减去返出液在内管中的压力损失和重力势能增加量，结果应该大于 0，于是有：

$$p_2 - \Delta p_2 - \Delta G > 0$$

式中 ΔG——重力势能的增加量，MPa。

射流泵的特性方程为：

$$P = \frac{2R + (1-2R)\rho_r \dfrac{M^2R^2}{(1-R)^2} - (1+K_T)\rho_r R^2 (1+M)^2}{1+K_J - 2R - (1-2R)\rho_r \dfrac{M^2R^2}{(1-R)^2} + (1+K_T)\rho_r R^2 (1+M)^2} \tag{7-76}$$

根据面积比 R 为 0.41，流量比 M 为 0.22，密度比 ρ_r 为 1，采用 J. E. Gosline 和 M. O. Brien 研究得到的摩擦系数，可得压力比为：

$$P = \frac{p_2 - p_3}{p_1 - p_2} = 0.74$$

计算可得射流泵的出口压力为：

$$p_2 = 15.45\ \text{MPa}$$

可知：

$$p_2 > \Delta p_2 + \Delta G = 15.01\ \text{MPa}$$

另外，从射流泵的无量纲特征曲线可以看出，当面积比为 0.41 时射流泵的效率最高，从而可以看出整个负压射流排煤粉装置的参数设计非常合理。

4）工作泵的选择

考虑到工作泵流量 $Q_0 = 6.3\ \text{m}^3/\text{h}$ 以及工作泵的出口压力 $p_0 = 23.432$ MPa，根据国家标准《机动往复泵》[277]，选择额定出口压力为 25 MPa、额定流量为 6.3 m^3/h、额定输入功率为 52.4 kW 的机动往复泵。另有，某公司生产的 3ZH100 型高压往复泵符合实际要求，其具体性能参数为：泵推力 10 000 kg，泵行程 100 mm，泵质量4 500 kg，柱塞直径 70 mm，额定工作压力 24 MPa，额定流量为 6.9 m^3/h，额定输入功率为 55 kW。另一公司生产的 3DP180 型三柱塞高压泵也符合实际要求，其具体性能参数为：泵推力 9 000 kg，泵行程 180 mm，泵质量 6 000 kg，柱塞直径 75 mm，额定工作压力 26 MPa，额定流量为 8 m^3/h，额定输入功率为 78.5 kW。

7.4.2 复合水龙头的设计计算

复合水龙头主要起连接地面管线与同心管柱的作用，并为动力液和返出液提供流道，即复合水龙头起着承上启下的作用。根据同心管柱的方案，设计两种复合水龙头结构方案。

1. 复合水龙头方案一

如图 7-65 所示，复合水龙头[278]主要由主接头、中心管、转筒、副接头、外壳、滚子轴承、内六方螺钉、中心管变径接头、转筒变径接头、底盖以及密封圈构成。

外壳上端内圆面与副接头下端外圆面、副接头下端内圆面与中心管上端外圆面通过管螺纹连接，中心管下端外圆面与中心管变径接头上端内圆面通过螺纹连接，更换中心管变径接头可与不同尺寸的内管连接。外壳侧面设计有旁通，并与主接头的外圆面通过螺纹连接。在外壳与底盖之间安装转筒,底盖与外壳之间通过螺钉连接,转筒下端内圆面与转筒变径接头上端外圆面通过螺纹连接,更换转筒变径接头可与不同尺寸的外管连接。转筒设计有凸台,凸台的外圆面套装在外壳的内圆面上,凸台上端面与外壳内侧下端面安装有滚子轴承,凸台下端面与底盖上端面之间同样安装滚子轴承,轴承使得转筒相对外壳可灵活转动。另外,通过螺钉可以调节轴承、冲管以及外壳三者之间的预紧力。冲管与中心管之间形成环形孔道,该孔道为动力液提供流道。在中心管与外壳及底盖之间均安装有密封圈,不仅可以实现动力液的密封,还可以对滚动轴承进行密封,有效防止外界灰尘侵入轴承,从而提高轴承的工作寿命。复合水龙头结构简单,连接方便,便于拆装和维修。

复合水龙头工作原理:在冲煤粉作业过程中,主接头与动力液水龙带相连,副接头与返出液水龙带相连,转筒下端通过液压大钳与同心管接箍相连,中心管变径接头插入抽油杆上接头内部,从而实现复合水龙头与同心管的连接。在连接过程中可相对于外壳转动,从而可有效防止在与同心管连接过程中水龙带与复合水龙头发生缠绕现象。图 7-66 所示为复合水龙头三维装配图。

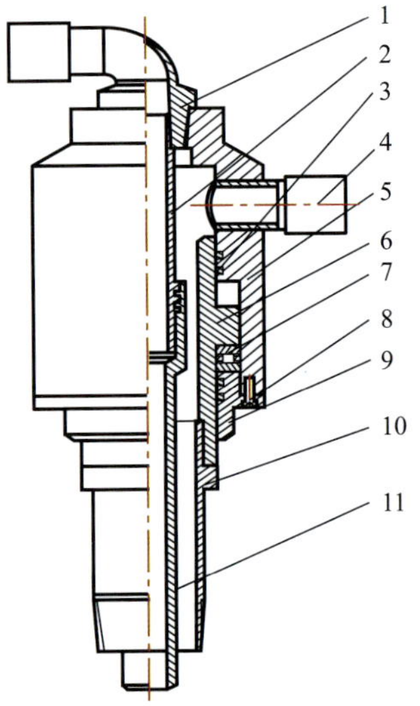

图 7-65 复合水龙头结构示意图

1—主接头;2—中心管;3—密封圈;4—副接头;5—外壳;6—转筒;7—滚子轴承;8—内六方螺钉;9—底盖;10—转筒变径接头;11—中心管变径接头

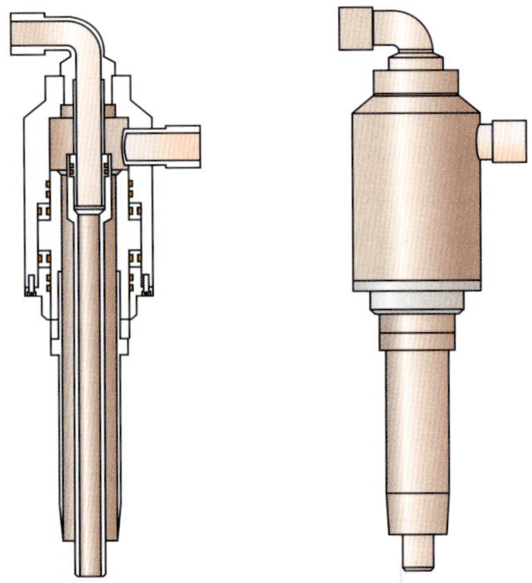

图 7-66 复合水龙头三维装配图

2. 复合水龙头方案二

复合水龙头装置主要由同心管密封装置和快换接头两部分组成,其结构如图 7-67 所示。

1)同心管密封装置

该装置主要包括中心管Ⅰ、外管接头Ⅰ、顶座、密封圈、上密封管、堵头、外筒、中心管、下密封管、中心管接头、中心管Ⅱ、外管接头Ⅱ、弹簧、皮垫片、底座和止动块。上、下密封管可分别沿着中心管上下移动,通过密封管的上下移动实现动力液入口与返出液入口的打开与密封。当同心管密封装置需要下入井下位置时,上、下密封管分别将动力液的入口和出口密封,保证动力液和返出液沿着各自的流道流动。另外,该装置还可以实现同心管柱的连接。

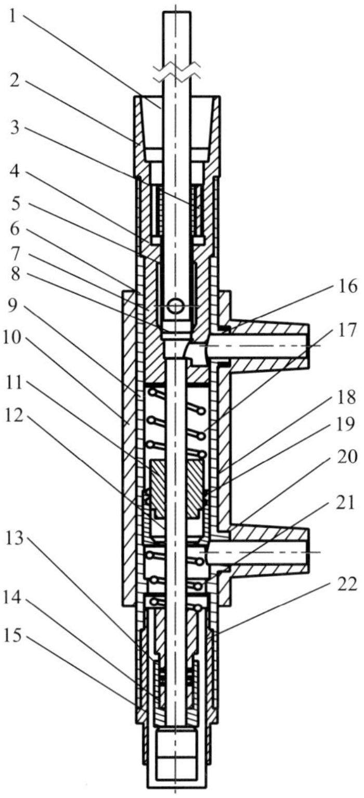

图 7-67　复合水龙头结构示意图

1—中心管Ⅰ；2—外管接头Ⅰ；3—顶座；4，5，6，13，16—密封圈；7—上密封管；8—堵头；9—外筒；10—快换接头Ⅱ；11—中心管Ⅱ；12—下密封管；14—中心管接头；15—外管接头Ⅱ；17，21—弹簧；18—快换接头Ⅰ；19—止动块；20—皮垫片；22—底座

2）快换接头

快换接头由Ⅰ和Ⅱ两部分组成。快换接头Ⅰ和Ⅱ通过螺栓螺母紧扣在同心管密封装置的外筒上。快换接头主要用于连接水龙带，为动力液和返出液提供入口和出口。在进行冲煤粉作业时，它可以随同心管密封装置上下移动，实现连续排煤粉。当冲煤粉管柱加深时，可以将快换接头快速拆下，从而保证同心管密封装置顺利下入到井下位置。

复合水龙头工作原理：排煤粉前先将复合水龙头装置按图 7-68 所示进行连接。该装置的外管接头与 2⅞ in 油管接箍相连，油管接箍连接外油管，中心管接头与 36 mm 空心抽油杆连接。由油管吊卡卡住 2⅞ in 油管的接箍，这样同心管柱水龙头装置可以随着吊卡的下移而往下移动，实现边冲煤粉边下管柱。快换接头连接水龙带，右侧为动力液的入口，动力液通过外管上的孔道进入外管与内管的环行空间，密封管在弹簧力的作用下向上移动，上密封管与顶座紧紧密封，上密封管与中心管Ⅰ的上凸台紧密配合，从而保证动力液只能向下流动，进入内外管柱的环空中，继续向下流入下一个同心管密封装置中。在井下的同心管密封装置中，动力液通过顶座上的孔道向下流动时遇到上、下密封管，在液体压力的作用下上、下密封管压缩弹簧并且向下移动，最终上密封管坐封在止动块上，下密封管坐封在外筒的凸台上，其位置如图 7-68 所示。这样上、下密封管分别将返出液出口和动力液入口密封，动力液通过上密封管的轴向环形孔道继续向下流动。

井底冲起的煤粉通过抽油杆内向上返，进入同心管密封装置中，沿着中心管上返进入上密封管与中心管Ⅰ所组成的环空中。返出液通过中心管Ⅰ上的侧面孔道进入中心管Ⅰ

中，从而继续上返到上一个同心管密封装置内，一直上返到处于井口位置的复合水龙头装置内。由于向上的通道被堵死，所以返出液只能通过返出液出口排出到地面。图 7-69 所示为复合水龙头的三维装配图。

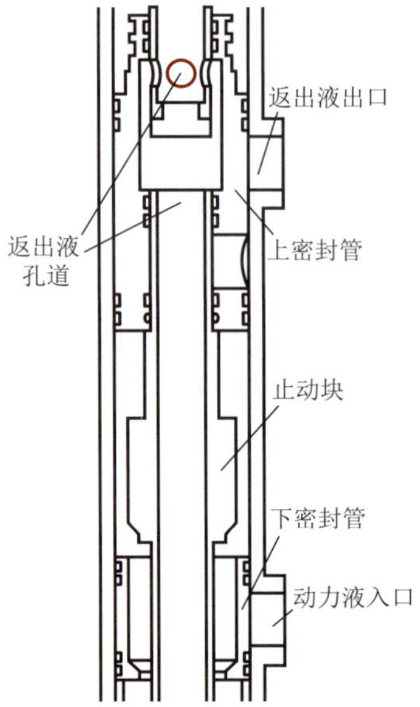

图 7-68　复合水龙头局部放大图

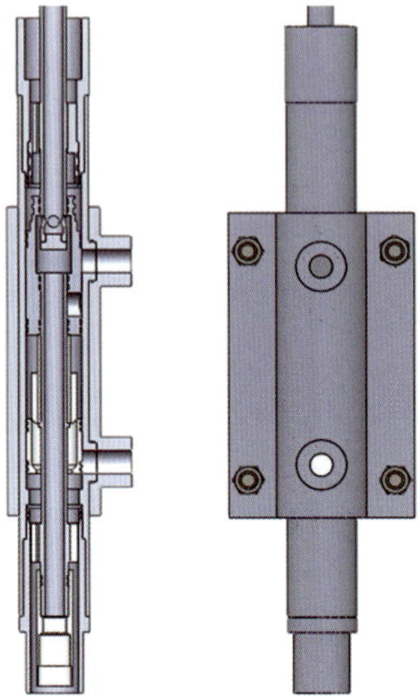
图 7-69　复合水龙头三维装配图

复合水龙头的安装步骤如下：

（1）顶座通过内、外螺纹分别与中心管Ⅰ和外管接头Ⅰ相连。

（2）中心管接头以内螺纹与中心管相连，底座分别以内、外螺纹与中心管和外管接头相连。

（3）外管接头Ⅰ以外螺纹与外筒相连，然后依次将上密封管、弹簧、止动块、下密封管以及弹簧从外筒的另一侧塞入外筒的内部，并且使上密封管的上凸台滑入顶座内表面的凹槽内部（这是为了确保密封管底部的孔道与外管的孔道对正，使返出液体能顺利返出），然后外管接头以外螺纹与外筒连接。

（4）中心管接头以内螺纹与空心抽油杆连接，外管接头以外螺纹与 2⅞ in 油管接箍连接。空心抽油杆下端连接抽油杆接头，该短接长约 1 m，主要是保证抽油杆与油管等长（现场油管长 9 m，抽油杆长 8 m）。

（5）将快换接头与外管通过螺栓连接好，再将动力液和返出液的水龙带与水龙头拧紧。

（6）用吊卡卡住 2⅞ in 油管接箍的位置，然后用修井机提起同心井口排煤粉装置，移动到井口位置，将油管与油管接箍以螺纹连接。抽油杆接头直接插入内外油管接头上端的管柱部分，通过密封圈进行密封，从而实现同心管柱的连接。

（7）冲完一个单根后，接好下一级冲煤粉管柱（此时抽油杆接头插入中心管Ⅰ上端管柱部分，通过密封圈密封），通过换向阀使动力液流向下一级冲煤粉管柱的水龙带中，卸掉上一级管柱的快换接头。上提吊卡，取出下部吊卡，慢慢下放吊卡，实现不停泵连续冲煤粉作业。

复合水龙头装置的技术特点主要是：

（1）在进行排煤粉接单根作业时不停泵，可以有效避免因停泵而造成的井底冲煤粉系统堵塞，并且可以有效提高作业效率。

（2）该装置可以实现同心管柱的连接。

（3）排煤粉下管柱比较方便简单，不需要人工控制液体的流向，使得修井排煤粉变得简单方便。

（4）该装置结构复杂，比较适合于低压油气井和煤层气井。

3. 主要零件设计计算

通过对两种方案进行对比（表 7-11），选择第一种设计方案，下面对其主要零件的结构进行详细设计计算。

表 7-11　复合水龙头两种方案对比

复合水龙头	优　点	缺　点
方案一	结构简单，工作可靠性高，操作较为简单方便	在进行同心管柱加深的过程中需要停泵
方案二	管柱加深的过程中不需要停泵，实现连续冲煤粉	结构复杂，工作可靠性较差

1）轴承的选择与计算

在钻井或修井作业过程中，常规水龙头承载着管柱以及井下作业工具的重力，而这个重力主要作用在水龙头的主轴承上，因此常规水龙头对轴承强度以及额定载荷的要求较高。复合水龙头与常规水龙头不相同，在冲煤粉作业过程中管柱及井下作业装置的重力全部作用在吊卡上，复合水龙头不受该力的作用，因此所选轴承对其额定载荷及强度并没有很高的要求。根据转筒的尺寸设计，初步选择轴承为推力圆柱滚子轴承，轴承代号为 81118。表 7-12 为该轴承的部分参数，图 7-70 所示为该轴承的结构简图。

轴承在工作过程中，若所受轴向载荷过大，会使得轴承的摩擦力过高，温度上升，降低轴承的使用寿命，因此需要对轴承所受载荷进行校核。从图 7-70 可知，在作业过程中，只有当复合水龙头与同心管柱连接时转筒才相对于外壳转动，上下两个轴承处于工作状态，此时下轴承所受的轴向力大于上轴承所受的轴向力，因此只需对下轴承进行强度校核。

表 7-12　推力圆柱滚子轴承的基本参数

基本尺寸/mm				基本额定载荷/kN		最小载荷常数 A/kN	质量/kg
内径 d	外径 D	厚度 H	内倒角 r	C_a	C_{0a}		
90	120	22	1	105	408	0.015	0.67

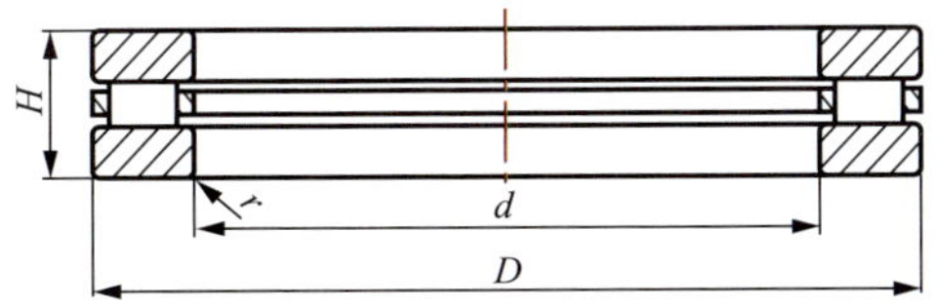

图 7-70　推力圆柱滚子轴承结构简图

下轴承所受的轴向 F 为：

$$F = F_y + G_z \tag{7-77}$$

式中　F_y——预紧力，N；

G_z——图 7-67 中零件 1,2,3,7,9,10,11,12 的重力之和,N。

由于这些零件的结构形状不是很规则,通过计算得出其质量存在难度,可通过在 SolidWorks 中建模求得其质量。求得质量为 31 kg,则重力为 $G_z=310$ N;假设预紧力 $F_y=200$ N,则轴向力 $F=510$ N。

轴承的轴向载荷要满足条件:

$$\frac{C_{0a}}{1\ 000}\leqslant F \quad 且 \quad F>A\left(\frac{n}{1\ 000}\right)^2$$

式中的 n 为轴承的转速,即修井液压大钳的转速,其转速大约为 40 r/min。由此推出 408 N$\leqslant F$,$F>0.024$ N 且 $F<C_a$,此时轴承不会由于轴向力的大小而发生变形,也不会出现轨道与滚子打滑的现象。

2) 密封装置的选择与设计

密封有动密封和静密封之分,动密封又分为旋转式密封和轴向运动式密封。工作介质的种类、压力、温度以及被密封两对零件之间的相对运动速度对密封件的材质、结构都有不同的要求。

复合水龙头在与同心管柱连接的过程中,液压大钳通过转筒变径接头带动转筒相对外壳转动,但是转筒与外壳并不会发生轴向相对运动。在冲煤粉作业过程中,复合水龙头内部充满高压动力液,此时转筒与外壳相对静止。因此,需要在外壳与转筒之间设计密封,以防止动力液泄漏,并保证轴承的密封与润滑,延长轴承的工作寿命。

转筒与外壳之间的密封既属于旋转动密封,也属于静密封。静密封一般采用 O 形密封圈以及垫片等密封形式;旋转密封常采用油密封、Y 形密封圈和 O 形密封圈等密封形式。复合水龙头内部高压动力液的压力可达到 25~30 MPa,油密封并不能承受高压,因此不能选择;而 O 形密封圈的密封压力为 1.33×10^{-5} Pa~40 MPa,温度达−60~200 ℃,当密封压力大于 32 MPa 时需要加密封挡圈,防止密封失效。Y 形密封圈的密封压力在 0~25 MPa,属于单向密封圈,Y 开口的方向为压力较大的方向。综上所述,可在转筒与外壳之间选择 O 形密封圈或者 Y 形密封圈进行密封。图 7-71 所示为转筒与外壳之间的密封结构图。

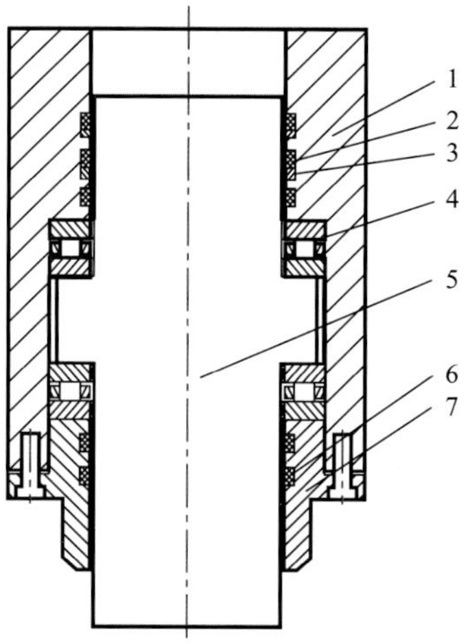

图 7-71 转筒与外壳之间密封结构图

1—外壳;2,6—密封圈;3—挡圈;4—推力圆柱滚子轴承;5—转筒;7—底盖

为了防止动力液的泄漏,更好地保护轴承,轴承的上端设计 3 个密封圈,以实现多次密封,从而有效提高此处的密封性。同理,在转筒与底盖之间也设计 2 个密封圈,实现对轴承的密封,防止灰尘进入轴承中,为此选择了 O 形密封圈。

3) 转筒旋转所需克服扭矩的计算

从图 7-71 可以看出,转筒与外壳相对旋转时需要克服由 O 形密封圈及推力圆柱滚子轴承引起的摩擦阻力矩。

单个 O 形密封圈引起的摩擦阻力 F_o 为:

$$F_o=\frac{0.2\pi^2 feEDd}{1-\nu^2} \tag{7-78}$$

式中 f——O形密封圈与筒壁之间的摩擦系数；

e——预压缩率，为10%～20%；

E——O形密封圈的弹性模量，Pa；

ν——O形密封圈的泊松比；

D——O形密封圈的外径，m；

d——O形密封圈的截面直径，m。

单个O形密封圈引起的摩擦力矩 M_f 为：

$$M_f = F_o R \tag{7-79}$$

式中 R——转筒外表面的半径，m。

单个推力圆柱滚子轴承产生的摩擦力矩 M_t 为：

$$M_t = N f_t R_t \tag{7-80}$$

式中 N——推力圆柱滚子轴承所受的轴向力，N；

f_t——推力圆柱滚子轴承的摩擦系数，取0.004；

R_t——推力圆柱滚子轴承的平均半径，m。

另外，转筒与外壳、底盖之间的摩擦力也会引起摩擦力矩，因此转筒旋转所需要克服的摩擦力矩 M_z 为：

$$M_z = 1.5(5M_f + 2M_t) \tag{7-81}$$

参数设定：所选O形密封圈的截面直径为5.3 mm，外径为106 mm；O形密封圈材料为丁腈橡胶，其弹性模量 E 为6.1 MPa，泊松比 ν 为0.49，压缩率 e 为15%，摩擦系数 f 为0.05；转筒半径为45 mm，滚子轴承所受轴向力为510 N，平均半径为50 mm。计算得摩擦力矩为：

$$M_z = 2.55\ \text{N}\cdot\text{m}$$

查表得修井液压大钳的最大扭矩可达到3 kN·m，远远大于转筒扭转时产生的摩擦力矩，因此可实现转筒与外壳的相对转动。

4）主要零件强度校核

从图7-71可看出，在作业过程中，零件中心管以及中心管变径接头承受来自动力液的外压，转筒变径接头、转筒和外壳承受内压。

（1）中心管。

图7-72所示为中心管结构图，左侧通过管螺纹与主接头连接，右侧通过螺纹与中心管变径接头连接，设计的螺纹与空心抽油杆的螺纹相同。由于受结构的限制，设计中心管内径为28 mm，外径为36 mm，壁厚较薄，其材料选择铬镍合金钢20Cr2Ni4，屈服强度 σ_s 为1 080 MPa，强度极限 σ_b 为1 180 MPa。

中心管结构规则，可将其简化为厚壁筒受外压的情况。根据工作泵的压力计算，设定其所受的外压为30 MPa，内压为0.5 MPa。根据弹塑性力学知识，中心管内表面的应力较大。计算可得中心管内表面的径向应力为：

$$\sigma_r = -0.5\ \text{MPa}$$

环向应力为：

$$\sigma_\theta = -175.2\ \text{MPa}$$

最大剪切应力为：

$$\tau_{max}=\frac{1}{2}\times(175.2-0.5)=87.35\ (MPa)$$

中心管材料的屈服强度$\sigma_s=1\ 080$ MPa，由许用剪切应力$[\tau]=0.6\sigma_s/n$，取安全系数$n=1.5$，则$[\tau]=432$ MPa。由于$\tau_{max}<[\tau]$，因此满足强度要求。

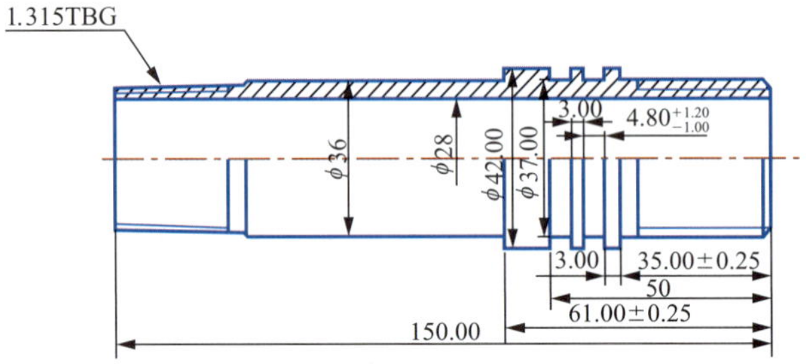

图 7-72 中心管结构示意图

中心管变径接头的结构与中心管的结构类似，且壁厚、材质也相同，同样对其进行强度校核，结果表明满足强度要求。

（2）转筒变径接头。

转筒变径接头上、下两个端面分别与转筒、外管柱的接头相连，其结构如图 7-73 所示。其内径为 62 mm，外径为 73 mm，所受内压为 30 MPa，不受外压，其材料选择铬镍合金钢 20Cr2Ni4。计算可得转筒变径接头内表面的径向应力为：

$$\sigma_r=-30\ \text{MPa}$$

环向应力为：

$$\sigma_\theta=185.3\ \text{MPa}$$

最大剪切应力为：

$$\tau_{max}=\frac{1}{2}\times(185.3+30)=107.65\ (MPa)$$

由于$\tau_{max}<[\tau]=432$ MPa，因此满足强度要求。

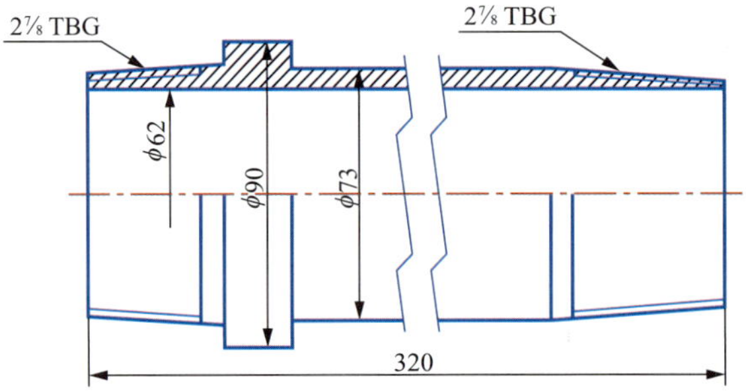

图 7-73 转筒变径接头结构示意图

（3）转筒。

转筒下端与转筒变径接头用螺纹连接，转筒外圆面设计有凸台，凸台的上、下端面分别安装轴承。图 7-74 所示为转筒结构设计图。从图中可看出，转筒结构简单，可将其简化为厚壁筒受内压进行校核。转筒壁厚最薄位置的内径为 66 mm，外径为 89 mm，所受内压为 30 MPa，则内表面的径向应力为：

$$\sigma_r=-30\ \text{MPa}$$

环向应力为：

$$\sigma_\theta = 103.3\ \text{MPa}$$

最大剪切应力为：

$$\tau_{\max} = \frac{1}{2} \times (103.3 + 30) = 66.65\ (\text{MPa})$$

转筒材料为 45 钢，其屈服强度 $\sigma_s = 335$ MPa，由许用剪切应力 $[\tau] = 0.6\sigma_s/n$，取安全系数 $n = 1.5$，则 $[\tau] = 134$ MPa。

可知转筒最大剪切应力 $\tau_{\max} < [\tau]$，满足强度要求。

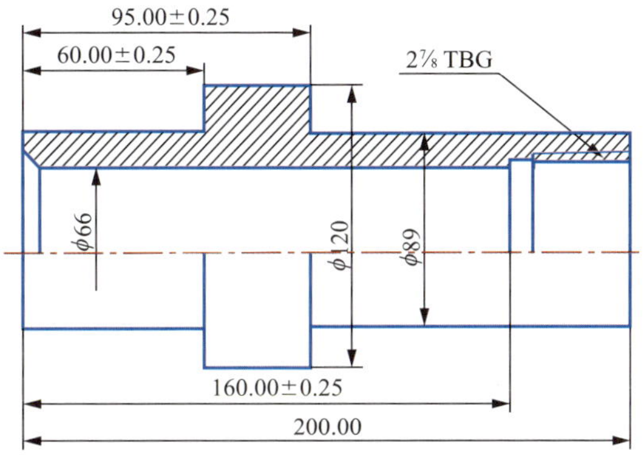

图 7-74　转筒结构示意图

(4) 外壳。

图 7-75 所示为外壳结构示意图。由于外壳的壁厚较厚，因此其材料选择 45 钢。对其壁厚较薄的位置进行强度校核，内径为 120 mm，外径为 150 mm，所受内压为 30 MPa，则内表面的径向应力为：

$$\sigma_r = -30\ \text{MPa}$$

环向应力为：

$$\sigma_\theta = 136.7\ \text{MPa}$$

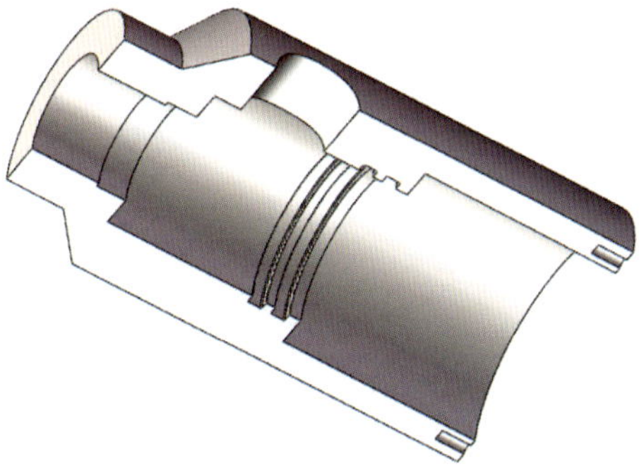

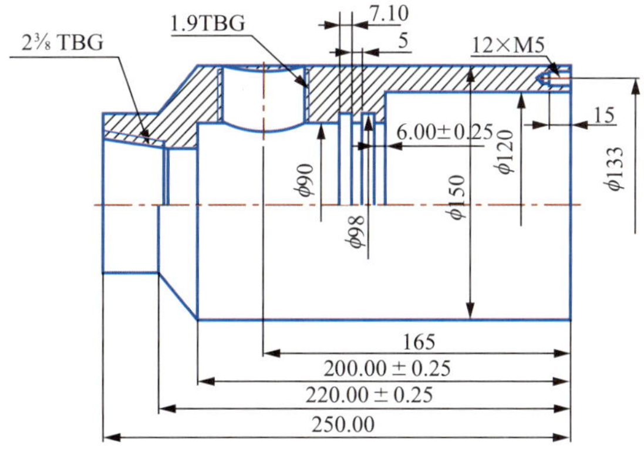

图 7-75　外壳结构示意图

最大剪切应力为：

$$\tau_{\max}=\frac{1}{2}\times(136.7+30)=83.35\ (\text{MPa})$$

由于 $\tau_{\max}<[\tau]=134$ MPa，因此满足强度要求。

(5) 其他零件结构设计。

图 7-76 和图 7-77 所示分别为主接头和底盖的结构。主接头下端内、外圆面分别以螺纹与外壳、中心管连接，上端接头与水龙带连接，返出液可沿着主接头的内部流道到达地面。底盖通过螺钉与外壳连接，因此在其外部凸台上设计有 12 个螺纹孔，内表面设计有凹槽，可安装密封圈。其材料可选用 45 钢。

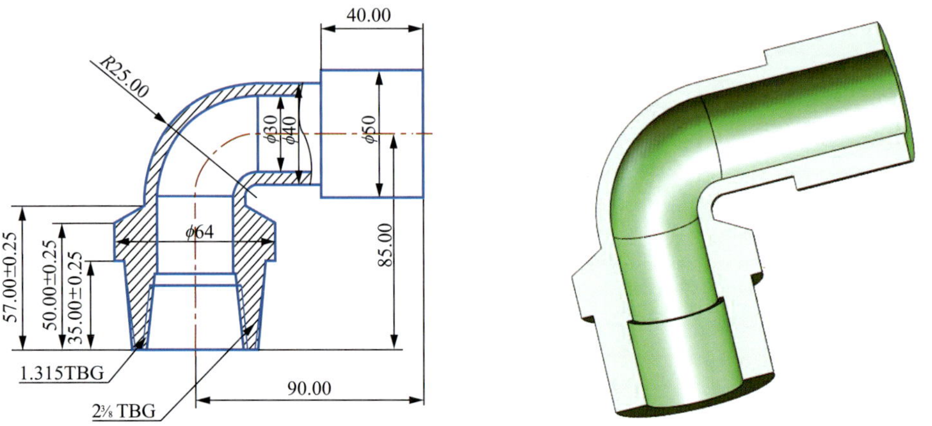

图 7-76　主接头结构示意图

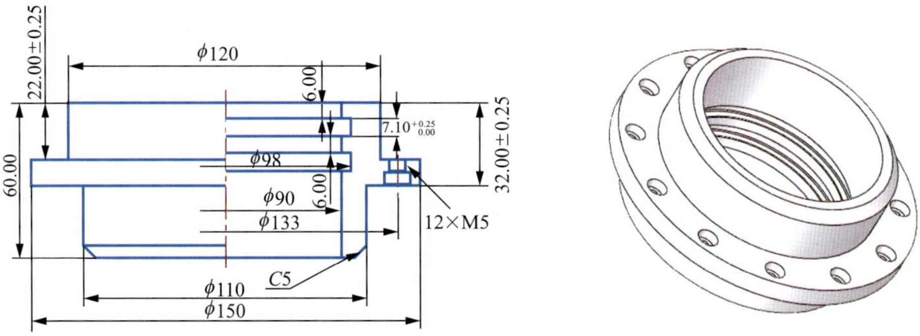

图 7-77　底盖结构示意图

7.4.3　井口密封系统

在修井作业过程中，为了保证煤层气井套管压力维持在 1～3 MPa 之间，防止煤层发生“压敏”或“速敏”现象，也为了保证施工作业的安全，可在井口位置设计安装井口密封装置。目前煤层气井现场所采用的井口装置如图 7-3 所示。

井口密封系统主要由抽油杆密封系统、油管密封系统、煤层气回收装置以及鼓风机四部分组成，如图 7-5 所示。抽油杆密封系统主要由双闸板防喷器、油管环形防喷器、抽油杆环形防喷器以及抽油杆自密封装置组成，如图 7-5(a)所示。在进行起下抽油杆作业过程中，抽油杆自密封装置以及抽油杆环形防喷器对杆管环空进行密封；当抽油杆完全被起出以后，双闸板防喷器可以对油管内的气体实现全封，所以在修井作业之前不需要放空井口，从而缩减作业所需时间，提高作业效率。

油管密封系统主要由双闸板防喷器、油管环形防喷器以及油管自密封装置组成。依次对井口实现全封、环封以及自封。当油管进行起下作业时，自密封装置可对油套环空中的气体进行自封；当油管上卸扣作业时，油管环形密封器对油套环空进行密封；油管全部取出后，双闸板防喷器可对套管进行全封。因此，不需要在作业前进行压井或放空井口作业，从而提高作业效率。

通过井口密封系统可在整个修井作业过程中实现对杆管及油套环空的密封，有效避免“速敏”或者“压敏”现象的产生，利于作业后煤层气井产能的恢复；通过鼓风机及煤层气回收装置可将作业过程中溢出的部分气体进行回收，既可避免环境污染，又可保证作业安全。

1. 双闸板防喷器

双闸板防喷器经常在油田修井、钻井作业过程中控制井内压力，从而有效保证施工安全。双闸板防喷器可实现半封和全封。当井内有管柱时可封闭油套环空，当井内没有管柱时可全封井口。针对煤层气井不压井修井作业系统，选用某石油机械公司生产的手动双闸板防喷器 2SFZ18-35。该防喷器主要由本体、闸板、闸板轴、丝杠以及法兰等组成，如图 7-78 所示[272]。

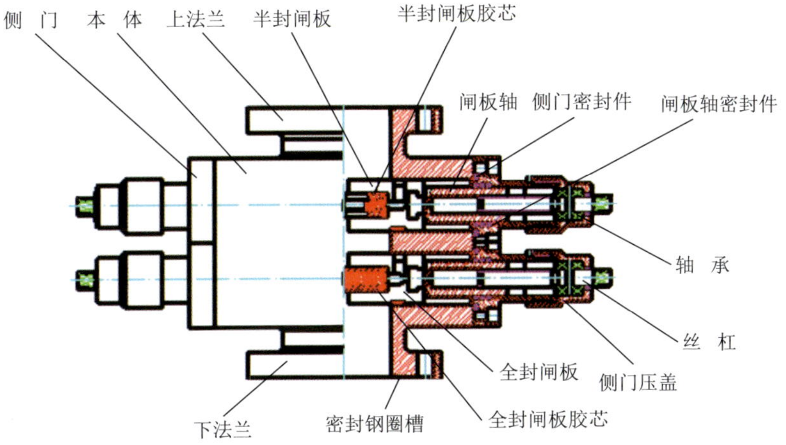

图 7-78 双闸板防喷器结构示意图

双闸板防喷器工作原理：根据作业工艺安装抽油杆密封系统，进行起油管作业，取出抽油杆后拧动丝杠，带动全封闸板防喷器，实现对油管的全封。卸掉抽油杆自密封装置及抽油杆环形防喷器，反向拧动丝杠，带动全封闸板分离，迅速下入油管短接。油管短接与油管挂连接，上提油管短接，取出油管挂后拧动丝杠，带动半封闸板向中心靠拢。最终，半封闸板胶芯抱紧油管，并关闭油管环形防喷器，从而实现油套环空的密封。当油管自密封装置安装完成后拧动丝杠，带动半封闸板远离中心油管，然后进行起油管作业。此时油管环形防喷器和油管自密封装置实现对油套环空的密封。油管全部取出后拧动丝杠，带动全封闸板向中心运动，使得全封闸板胶芯互相压紧而实现全封。在下油管及冲煤粉作业过程中闸板防喷器不工作，仅通过环形防喷器和自密封装置对油套环空进行密封。

闸板防喷器的核心部件是闸板。闸板分为半封闸板、全封闸板和剪切闸板。此处主要选用半封闸板和全封闸板，如图 7-79 所示。

(a) 半封闸板

(b) 全封闸板

图 7-79 闸板结构示意图

半封闸板的胶芯可根据油管尺寸进行更换，煤层气井现场采用 2⅞ in 油管，因此选择 2⅞ in 油管密封胶芯。该闸板防喷器半封和全封的工作压力均为 35 MPa，远大于煤层气井内气体的压力，因此满足工作要求。

该闸板防喷器与井口四通通过螺栓紧密连接，如图 7-80 所示。防喷器的下端设计密封钢圈槽，防喷器与井口四通之间通过安装密封钢圈实现密封。

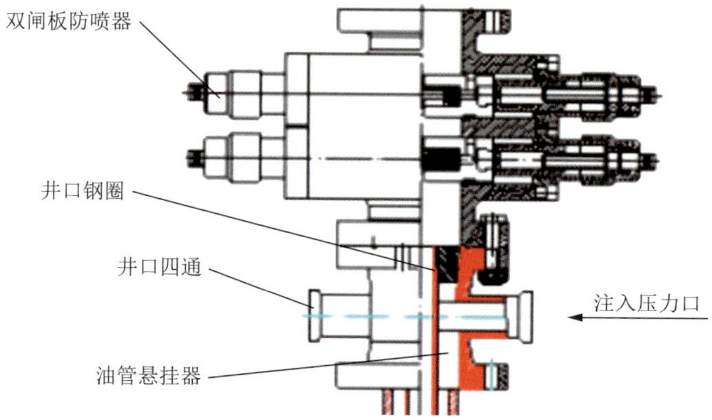

图 7-80 防喷器与井口四通连接示意图

2. 环形防喷器

煤层气井现场一般采用 2⅞ in 油管及¾ in 抽油杆组组合。抽油杆环形防喷器与油管环形防喷器分别对抽油杆及油管进行环封。这两种防喷器都属于环形防喷器，其工作原理以及结构组成相同，只是具体尺寸有所差异。下面对油管环形防喷器的结构以及工作原理进行介绍。环形防喷器的密封压力可达 20 MPa 左右，完全满足密封要求[279]。

环形防喷器一般与闸板防喷器配套使用，可密封环形空间，即当井内存在管柱时，可使用与该管柱相配套的密封胶芯对管柱与套管之间的环空进行密封。另外，在封井的情况下可强行起下管柱。环形防喷器根据胶芯的形状可分为球形胶芯环形防喷器、锥形胶芯环形防喷器和组合防喷器。球形胶芯环形防喷器与另外两种环形防喷器相比具有以下特点：结构简单，工作寿命长，外形尺寸小，密封效果好；胶芯摩擦力小，工作后可自动恢复原状。因此，此处选择球形胶芯环形防喷器，其结构如图 7-81 所示。

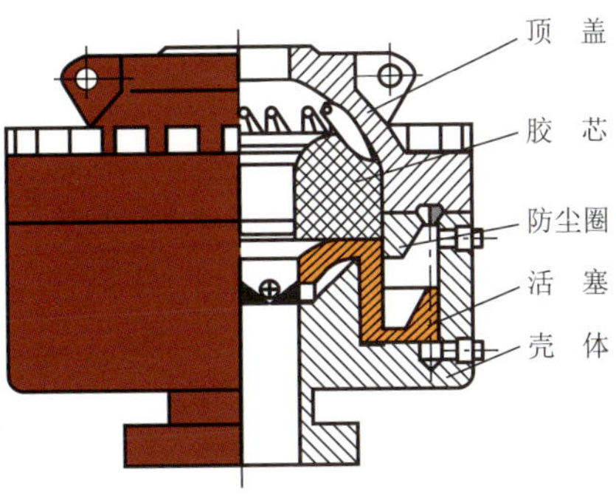

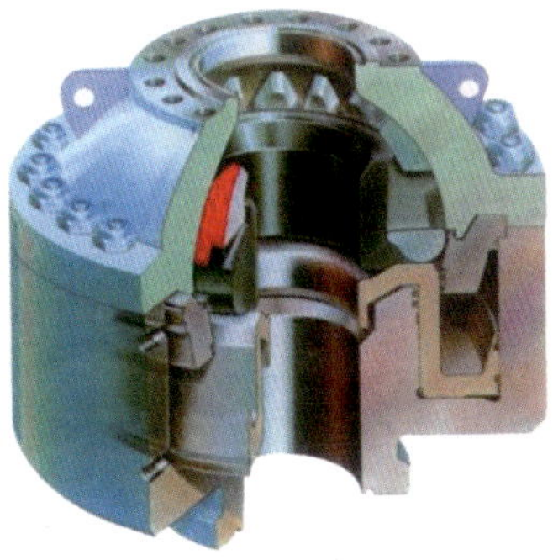

图 7-81　球形胶芯环形防喷器结构示意图

球形胶芯环形防喷器主要由顶盖、胶芯、活塞以及壳体等组成。上、下两端面分别通过法兰与三通、闸板防喷器螺栓连接。在环形防喷器与闸板防喷器、三通之间放置有密封钢圈，从而实现上、下端面的密封。

环形防喷器工作时需要配备液压控制系统，其圆周侧面设计有下油口和上油口，如图 7-82 所示。具体工作原理为：液压油通过下油口进入油缸的关闭腔，推动活塞向上运动，由于顶盖的限制作用，使得密封胶芯只能向中心收缩，从而密封油管与套管之间的环空。解封时，液压油由上油口进入油缸的开启腔，在液压油压力的作用下活塞下行，活塞对密封胶芯的作用力解除，密封胶芯恢复原状，实现解封。

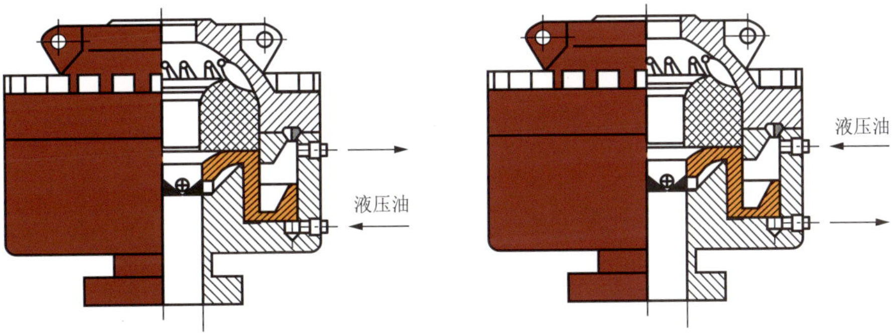

图 7-82　环形防喷器工作原理图

环形防喷器的密封压力可通过调节液压油的压力来控制。在起下管柱的过程中，若密封胶芯损坏，可将胶芯切开起出，同时更换新的密封胶芯，保证作业的顺利进行。

3. 自密封装置

自密封装置同样分为抽油杆自密封装置及油管自密封装置，其结构和工作原理相同。该装置安装在三通的上端，通过法兰连接。三通与自密封装置之间可通过安装密封钢圈实现密封。自密封装置主要由壳体、压盖、压环以及密封胶芯组成，如图 7-83 所示。

密封胶芯的型号可根据油管及抽油杆的外径确定。另外，密封胶芯具有扩张收缩功能，从而可以确保油管接箍安全通过。通过旋转压盖与壳体的拧紧度来调节密封胶芯对油管的密封压力。密封胶芯的材质和所包在内壁的钢骨架决定了封井器的额定工作压力。由于煤层气井底压力为 1～3 MPa，因此可轻松实现密封。

在管柱上体下放的过程中，接箍在过环形防喷器的密封胶芯时会有部分煤层气随油管接箍被带出。被带出的煤层气进入三通中,由于三通与鼓风机相连,在鼓风机的作用下,溢出的部分煤层气被卷吸到煤层气回收装置中,从而保证施工人员的操作安全。

图 7-84 所示为所选择的鼓风机结构图。其主要工作参数:功率为 0.74 kW,最大排量为 49.4 m^3/h,质量为 20 kg。进风口通过管线与三通连接,出风口通过管线与煤层气回收装置连接。

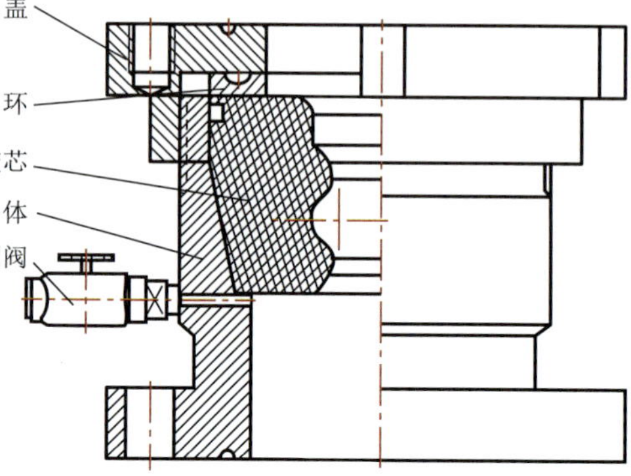

图 7-83　自密封装置结构示意图

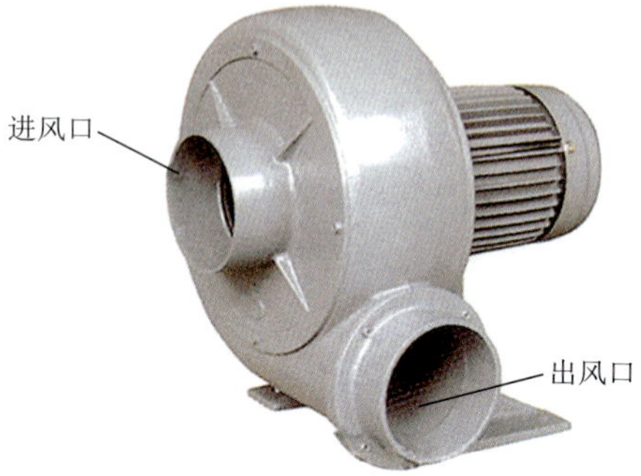

图 7-84　鼓风机

7.4.4　固液分离装置

1. 固液分离装置工作原理

固液分离装置的主要作用是将返出液中煤粉等固性颗粒与水分离,分离后的水经过地面工作泵增压形成高压动力液。这样液体水就可以循环往复使用,减少地面水罐车来回运输水的次数,从而降低作业成本。

目前主要采用重力沉降或者旋流方法使固体与液体进行分离。由于旋流分离罐成本较高,结构比较复杂,因此选择重力沉降方式。重力沉降装置一般采用平流式沉降罐,如图 7-85 所示。平流式沉降罐结构简单,成本低,沉降效果好。

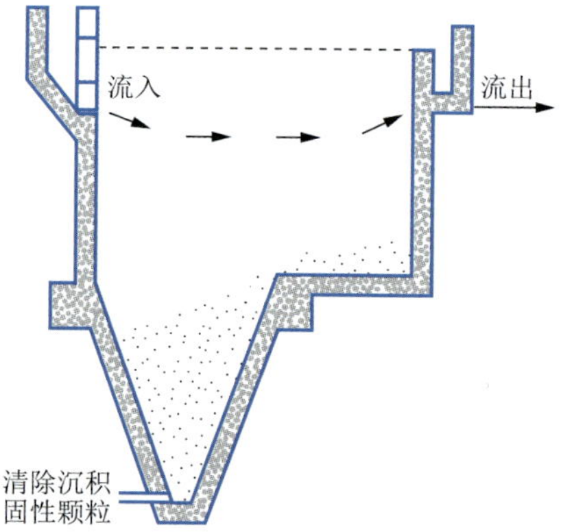

图 7-85　沉降罐结构示意图

平流式沉降罐的沉降原理为:由中心管排出的返出液由入口进入沉降罐中,煤粉及其他固性颗粒在沉降罐中受重力作用而自由沉降,流体则以一定的水平流速由入口位置流向出口位置,固性颗粒由于受液体拖拽力的作用以相同的水平流速由入口位置向出口位置运动。若煤粉及其他固性颗粒在到达出口位置之前已沉至沉降罐的底部,则出口流出的流体不含有固性颗粒。由沉降罐出口流出的液体经工作泵后形成高压动力液,返出液中煤粉等固性颗粒会沉积到沉降罐的底部,这些沉积的煤粉颗粒由沉降罐底部的回收装置进行回收。

2. 固液分离装置设计计算

1) 煤粉颗粒沉降末速[274-276]

在沉降罐中流体只有水平流动的速度,因此煤粉颗粒的运动状态可分为水平运动和垂直运动两部分。水平运动是煤粉颗粒在流体拖拽力的作用下沿水平方向运动,水平运动的速度与流体水平流动的速度相同；垂直运动可看成煤粉颗粒在静止液体中的自由沉降。在沉降罐中，流体的运动速度很小，因此流体所处的状态为层流状态。由斯托克斯沉降末速公式可知，单个煤粉颗粒的自由沉降末速 v_{s0} 为：

$$v_{s0}=\varphi\frac{d_s^2(\rho_s-\rho)g}{18\mu} \tag{7-82}$$

式中 ρ_s——煤粉的密度，kg/m³；

ρ——流体的密度，kg/m³；

μ——流体的黏度，Pa·s；

d_s——煤粉颗粒的直径，m；

φ——形状修正系数，取0.7。

一定体积分数的煤粉颗粒群的沉降末速 v_{sc} 为：

$$v_{sc}=v_{s0}(1-c_s)^n \tag{7-83}$$

式中 c_s——体积分数，以单位体积混合液中颗粒体积表示；

n——指数，取2.25。

由此，得到煤粉颗粒的自由沉降末速公式为：

$$v_{sc}=\varphi\frac{d_s^2(\rho_s-\rho)g}{18\mu}(1-c_s)^n \tag{7-84}$$

2）颗粒自由沉降分析

图7-86所示为沉降罐工作过程示意图，图中 l 为沉降罐的长，b 为沉降罐的宽，h 为沉降罐的高，u 为流体的水平流速，煤粉颗粒的自由沉降末速度为 v_{sc}。根据沉降罐的工作原理，位于沉降罐顶端的煤粉颗粒沉降到底部的时间要小于煤粉颗粒水平运动长度 l 所需的时间。

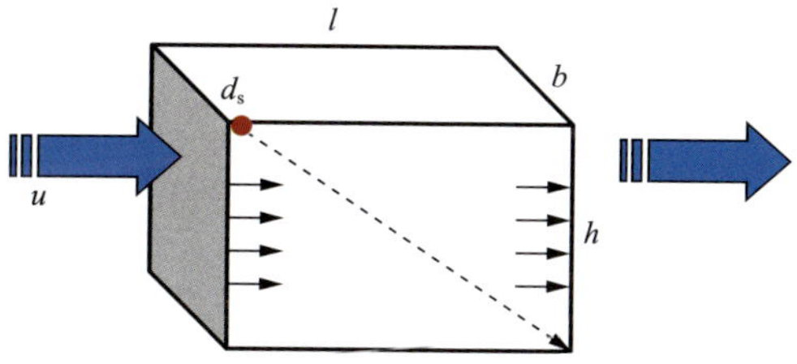

图7-86 沉降罐工作过程示意图

由于煤粉颗粒密度较小，因此煤粉颗粒的沉降速度可在很短的时间内达到煤粉颗粒的自由沉降末速。这段时间忽略不计，则煤粉颗粒沉降到罐的底端所需的时间 t_c 为：

$$t_c=\frac{h}{v_{sc}} \tag{7-85}$$

煤粉颗粒水平运动的速度与流体水平运动的速度相同，则煤粉颗粒水平移动 l 所需的时间 t_s 为：

$$t_s=\frac{l}{u}=\frac{lbh}{ubh}=\frac{lbh}{Q_0} \tag{7-86}$$

要满足固液分离的要求，则应有：

$$\frac{lbh}{Q_0}\geqslant\frac{h}{v_{sc}} \tag{7-87}$$

对表达(7-87)进行整理得：

$$Q_0 \leqslant lbv_{sc} \tag{7-88}$$

上式中 Q_0 为流入沉降罐中流体的流量，也就是中心管返出液的流量。因此，只要确定了沉降罐的宽度，就可以通过表达式(7-88)计算得到沉降罐的长度。

3）沉降罐尺寸设计

目前煤层气井现场所用抽油泵的吸入口都安装有绕丝筛管，隙缝为 0.3 mm，主要目的是阻碍直径大于 0.3 mm 的煤粉颗粒进入抽油泵，所以井底沉积的煤粉颗粒的直径最小为 0.3 mm。另外，根据负压射流排煤粉作业系统设计要求，排出最大煤粉颗粒的直径为 3 mm。于是，排出煤粉颗粒的直径范围为 0.3～3 mm。考虑到井底会沉降部分直径较小的煤粉颗粒，设计沉降罐沉降煤粉颗粒的直径范围为 0.05～3 mm。

参数设定：返出液的流量为 6.3 m^3/h，沉降罐的宽为 1.5 m，返出液的密度为 1 000 kg/m^3；煤粉颗粒的密度为 1 500 kg/m^3，体积分数为 0.05，指数 n 为 2.25；流体的黏度为 1.0×10^{-3} Pa·s。

直径为 0.05 mm 煤粉颗粒的沉降末速为：

$$\begin{aligned} v_{sc} &= \varphi\frac{d_s^2(\rho_s-\rho)g}{18\mu}(1-c_s)^n \\ &= 0.7\times\frac{(0.05\times10^{-3})^2\times(1\ 500-1\ 000)\times9.8}{18\times1.0\times10^{-3}}\times(1-0.05)^{2.25} \\ &= 4.25\times10^{-4}\ (\mathrm{m/s}) \end{aligned}$$

沉降罐的长度设计为：

$$l \geqslant \frac{Q_0}{bv_{sc}} = \frac{6.3}{1.5\times4.25\times10^{-4}\times60\times60} = 2.75\ (\mathrm{m})$$

根据以上计算结果，设计沉降罐的长为 3 m、宽为 1.5 m、高为 1 m，则直径为 0.05 mm 的煤粉颗粒沉降到沉降罐底部所需的时间为：

$$t_c = \frac{h}{v_{sc}} = \frac{1}{4.25\times10^{-4}}\ \mathrm{s} = 39.22\ \mathrm{min}$$

煤粉颗粒随流体由沉降罐入口到达沉降罐出口所需的时间为：

$$t_s = \frac{lbh}{Q_0} = \frac{3\times1.5\times1}{6.3}\ \mathrm{h} = 42.86\ \mathrm{min}$$

由于 $t_c < t_s$，所以满足煤粉颗粒沉降的条件。

为了防止由于冲煤粉作业时间过长而造成缺水的问题，可以配备一台水罐车，以保证动力液的充足。

4）沉降罐结构设计

由中心管排出的返出液的流速较快，压力大，返出液直接流入沉降罐中会冲击沉降罐内的液体，容易使处于沉积状态的煤粉颗粒重新处于悬浮状态，不利于煤粉颗粒的沉降。可在沉降罐的进水口处设计带有流道的挡板，用于降低返出液的流速及压力，从而使返出液缓慢稳定地流入沉降罐内。沉降罐进水口结构如图 7-87 所示，图中两种结构形式均可采用。

同样，为了保证由沉降罐流出的流体能稳定缓慢地流入工作泵中，在沉降罐的出口位置设计一个小型的蓄水槽，如图 7-88 所示。由沉降罐流出的流体经溢流口进入蓄水槽中，流体在蓄水槽中稳定后缓慢流入工作泵中。

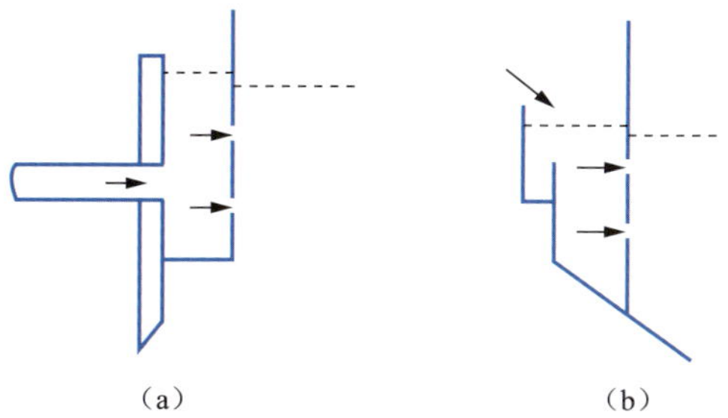

图 7-87 沉降罐进水口结构示意图

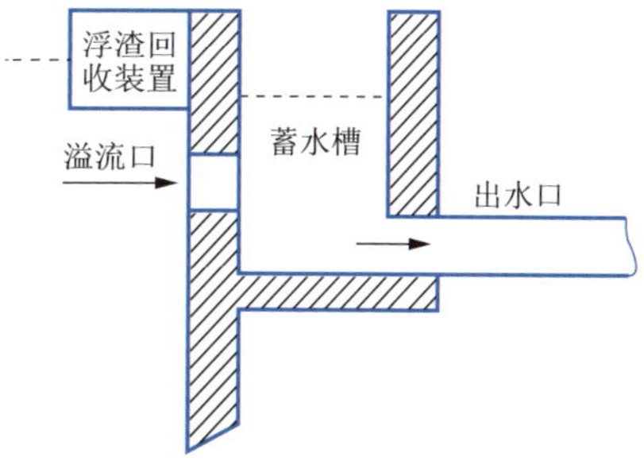

图 7-88 沉降罐出水口结构示意图

返出液中含有部分漂浮杂质，由于其密度小于液体的密度，无法沉降到沉降罐的底端，只能漂浮在液体的上表面，因此可在沉降罐溢流口的上方液体表面安装浮渣回收装置，将漂浮在液体上方的杂质进行回收，以防止其随流体进入工作泵中而对工作泵造成损害。

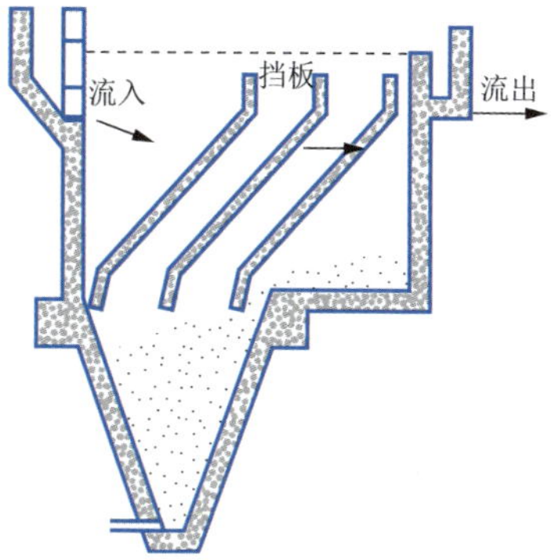

图 7-89 含有挡板的沉降罐

另外，为了增加煤粉颗粒的沉降效果，可在沉降罐中设置几个挡板，用于阻挡煤粉颗粒的横向运动，而不会对流体水平方向的流动产生影响，如图 7-89 所示。煤粉颗粒在横向运动过程中受到挡板的阻挡，阻挡后的煤粉会依附在挡板壁上。煤粉颗粒在重力的作用下顺着挡板壁下滑到沉降罐的底部，最后由回收装置将底部的煤粉颗粒回收。

由于煤层气井地理位置较为偏远，为了便于沉降罐及工作泵的运输和转移，设计了地面控制撬，可将地面工作泵和固液分离装置安装在地面控制撬上，如图 7-90 所示。

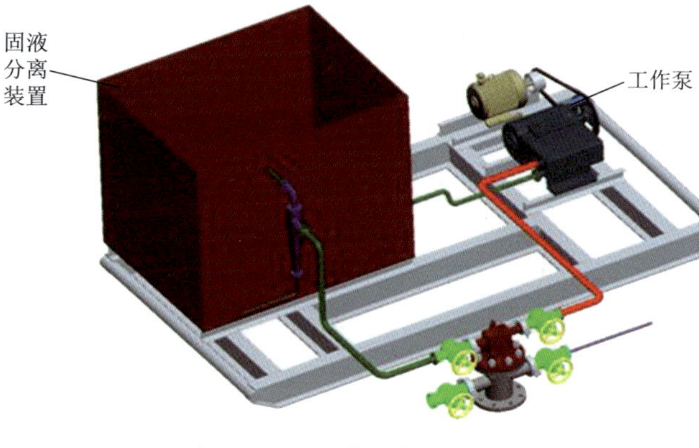

图 7-90 地面控制撬结构示意图

7.4.5 修井作业车

煤层气井现场修井作业一般采用轮式修井机，主要作用是起下油管和抽油杆。轮式修井机主要由动力控制系统、驱动设备、起升系统、传动系统、井架、行走系统等部分组成，如图 7-91 所示。该修井机具有作业适应性强、运用范围广、结构简单的特点，被广泛用于油田或煤层气井的小修作业。

XJ70Z-2BL 洗井修井车（图 7-92）在普通轮式修井车的基础上增加了 HTB200 卧式三

缸往复柱塞泵。该车除具有起下油管和抽油杆的功能外，还具备洗井车的冲砂功能。柱塞泵动力取自底盘发动机，整机结构简单，重量轻，维护成本低。高压管汇设有超压保护装置，可确保设备及人员的安全。该车变速挡位多，单车适应作业范围较广，操作简便，作业效率高，维修方便，是一种高效稳定的新型洗井、修井设备。表 7-13 为该车的主要技术参数。

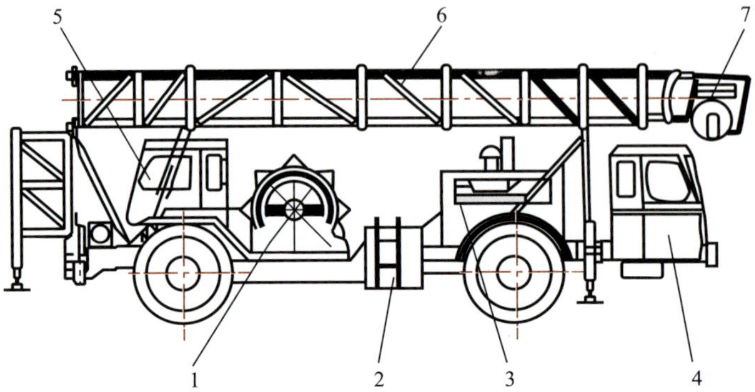

图 7-91　小型轮式修井机示意图

1—绞车；2—传动箱；3—发动机；4—底盘；5—控制室；6—井架；7—天车

图 7-92　XJ70Z-2BL 洗井修井车

表 7-13　XJ70Z-2BL 洗井修井车主要技术参数

修井深度	3 200 m	最大爬坡度	30°
额定钩载	400 kN	最大车速	41 km/h
最大钩载	675 kN	最小转弯半径	11.9 m
大钩速度	0.13～1.67 m/s	最小离地间隙	490 mm
井架高度	18 m	外形尺寸(长×宽×高)	12 010 mm×3 080 mm×3 960 mm
驱动形式	4×4	柱塞泵最高输出压力	25 MPa
发动机型号	WD615G240	柱塞泵最大输出流量	54 m^3/h (900 L/min)
发动机功率	175 kW	整车质量	28 500 kg

7.5　负压射流排煤粉室内实验装置

7.5.1　室内实验的目的

根据前面设计的负压射流举升装置——射流泵，委托河南某泵业有限公司生产射流泵的样机，并在其厂房内搭建室内实验台进行室内实验。实验的主要目的是：

(1) 验证射流泵的工作特性;

(2) 模拟真实的冲煤粉实验,确定排煤粉颗粒所需的流量和压力[280]。

射流泵在工作时内部流体流动属于高雷诺数的强剪切湍流流动,当雷诺数较大时流体流动剧烈并形成涡旋。由于在理论研究和设计中,流场内各相被看成连续流动的工作介质,并未考虑流场内存在涡旋等情况,且加工制造得到的射流泵性能与理想状态下的设计结果相比会存在差异,因此需要通过实验验证射流泵的工作特性。

通过实验模拟真实的负压射流排煤粉作业,从而确定不同密度、直径及压实程度的煤粉颗粒排出所需的流量和压力,并与理论计算的结果进行对比分析,进而对射流泵的结构进行优化。

7.5.2 实验方案的整体设计

负压射流排煤粉室内实验具有流量和压力计量系统。实验装置主要包括储水池、水泥车、流量计、压力计、溢流阀、射流泵和水池,如图7-93所示。

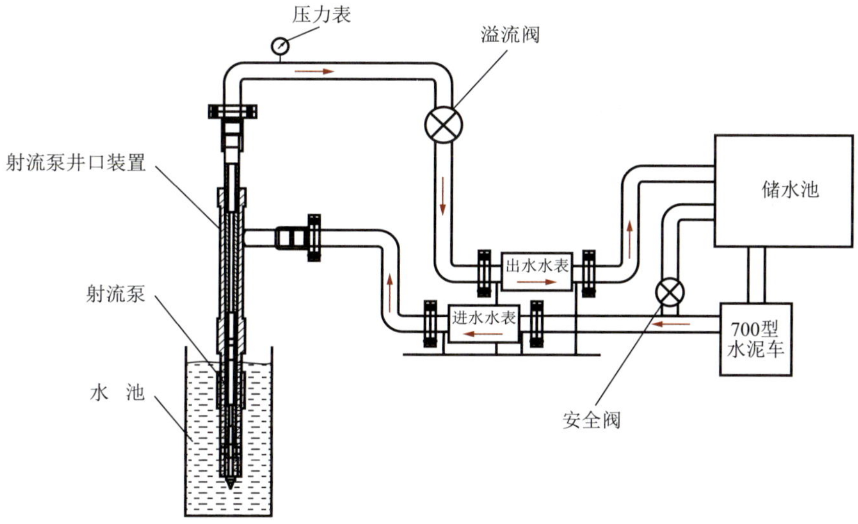

图7-93 实验流程图

模拟实验工作原理:水泥车通过管线与射流泵进液口连接,在进液口与水泥车之间安装流量计,用于记录动力液的流量;射流泵出液口通过管线与储水池连接,在出液口处安装流量计和压力计,用于记录返出液的流量和压力。水池模拟套管,射流泵浸入水池中模拟射流泵在井下的状况。水泥车泵出的高压动力液经管线由动力液入口进入射流泵的高压腔内。在高压腔中动力液被分为两部分:一部分由搅拌喷嘴喷出,用于搅拌沉积在水池底部的煤粉,使煤粉与水池中的水充分混合;另一部分由高压喷嘴喷出,高速流体产生负压,将混合有煤粉的液体卷吸至射流泵内部,并通过射流泵排液口流入储水池中。

7.5.3 实验装置的结构和功能

实验中采用700型水泥车代替三柱塞往复泵,为整个实验系统提供高压动力。该水泥车的最高工作压力可达70 MPa,在最高压力下工作排量为193.366 L/min,最大排量为1 015 L/min,在最大排量时压力为13.33 MPa。

水泥车的外连管线与安全阀连接，当压力超过一定限度后可自动降压以保证实验安全。另外，水泥车出口处连接流量计，可准确测得进入射流泵内部动力液的流量。

连接装置将管线与射流泵连接起来，并为动力液和返出液提供入口和出口，如图 7-94 所示。压力计安装在连接装置的上端，有效量程为 25 MPa，用于测量射流泵的出口压力（p_2），从而可有效确定射流泵的举升高度。在排液口与流量计之间连接有 3.5～16 MPa 溢流阀，主要是稳定射流泵的出口压力，确保实验顺利进行。

图 7-94　实验装置的连接

水池由钢板焊接而成，其四周表面设计加强筋板，防止由于水池内液体压力大而造成的钢板变形。该水池主要用于模拟井底套管。射流泵安装在水池的内部。在水池的下端设计出水口，可有效控制水池中液面的高度，由液面的高度确定射流泵的入口压力（p_3）。

根据前面所设计射流泵的结构和尺寸对样机进行生产。为了加工和生产的方便，对喷嘴直径做了微小改动，其中高压喷嘴直径为 3 mm，搅拌喷嘴直径为 1.5 mm。喉管直径为 4.5 mm，喉嘴距为 4.5 mm。图 7-95 所示为射流泵部分零件。

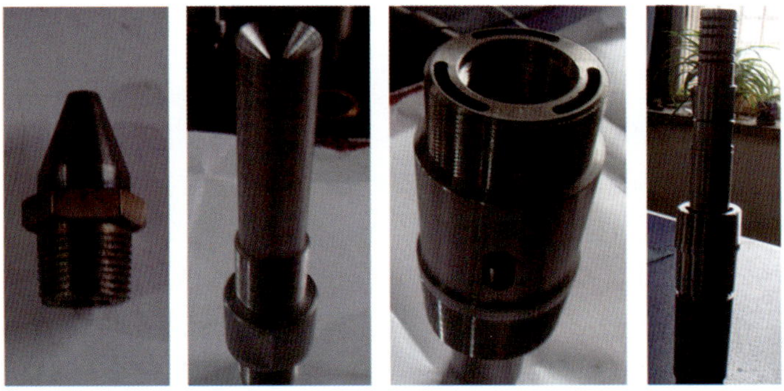

图 7-95　射流泵部分零件

7.5.4　实验内容和方法

1）实验内容

（1）测试射流泵的使用性能；测试不同进口压力条件下射流泵吸入端、扩散管的出口端压力，并将实验结果与理论结果进行对比分析，验证射流泵的设计是否合理。

（2）射流泵的结构参数（面积比、流量比、喉嘴距等）及工作参数（压力、流量等）对气蚀的影响，以找到避免气蚀发生的措施。

(3) 下喷嘴喷出高速流体破碎煤粉结块，搅动井底沉积煤粉并使之流态化的水力冲煤粉性能实验研究，测量及计算煤粉颗粒的流态化程度。

(4) 煤粉颗粒与液体混合并被带出射流泵后进入垂直举升管中的水力特性研究，包括煤粉在水力提升过程中的速度等动态参数及是否发生管路堵塞等。

(5) 煤粉排出时间与效率实验，包括井底煤粉是否能全部排出、返出液中煤粉含量测量、停泵后煤粉的沉降特性、是否发生管路堵塞、重新启动后的排煤粉效果等。

射流泵工作特性验证实验过程未使用搅拌喷嘴，搅拌喷嘴被连接堵头取代，因此排出液体的流量即为动力液的流量与被卷吸液体流量之和。

2) 实验方法

(1) 按照图 7-96 所示连接实验装置，将水池中灌入清水，记录液面高度，通过液面高度可确定射流泵吸入口压力 p_3。

图 7-96　实验装置的连接

(2) 开启水泥车工作泵，调节泵出水的流量和工作压力，待流量和压力稳定后分别记录动力液、返出液的流量和压力，工作 5 min 后分别记录动力液、返出液的流量和压力。

(3) 完成一组测试后，改变水泥车的流量和工作压力进行下一组测试。实验过程中注意观察射流泵的工作状态。

(4) 实验完成后关闭水泥车，并对记录的实验数据进行处理。

7.5.5　实验结果分析

实验中采用高压喷嘴直径为 3 mm，喉管直径为 4.5 mm，喉嘴距为 4.5 mm，面积比为 0.41，射流泵的吸入压力 p_3=0.1 MPa。实验数据记录见表 7-14。

表 7-14　实验数据

序　号	动力液压力 p_1/MPa	返出液压力 p_2/MPa	动力液流量 Q_1/m^3	被抽水流量 Q_3/m^3	实验时长	备　注
1	10	4.3	0.410 0	0.080 0	5 min 5 s	
2	12	6	0.660 0	0.008 0	5 min 5 s	异　常
3	13	5.4	0.307 0	0.075 2	5 min 6 s	

续表

序　号	动力液压力 p_1/MPa	返出液压力 p_2/MPa	动力液流量 Q_1/m^3	被抽水流量 Q_3/m^3	实验时长	备　注
4	16.5	7.5	0.566 0	0.069 0	5 min 4 s	
5	20	9	0.601 5	0.076 0	5 min 12 s	
6	23	10	0.631 2	0.091 0	5 min 7 s	
7	26	11	0.672 1	0.108 0	5 min 6 s	

分析记录的7组数据，第2组数据与其他6组数据相比存在异常，这可能是由现场实验操作不当引起的。进行数据分析时，可将第2组数据忽略。

根据表7-14可以确定流量比的大小。由于射流泵样机的面积比是确定的，因此可根据实际流量比和面积比得到理论压力比和理论泵效。根据实际测得的动力液压力、返出液压力及射流泵吸入压力可确定泵的实际压力比，进而得到实际泵效。详细分析结果见表7-15所示。

表7-15　实验数据分析

序号	动力液流量 Q_1/m^3	被抽水流量 Q_3/m^3	流量比	实际压力比	理论压力比	实际泵效	理论泵效
1	0.410 0	0.080 0	0.195 1	0.736 0	0.811 6	0.141 7	0.145 0
3	0.307 0	0.075 2	0.244 9	0.697 3	0.710 5	0.170 8	0.174 0
4	0.566 0	0.069 0	0.121 9	0.822 2	0.862 8	0.100 2	0.105 2
5	0.601 5	0.076 0	0.126 3	0.809 1	0.856 8	0.102 2	0.108 3
6	0.631 2	0.091 0	0.144 0	0.761 5	0.833 4	0.109 7	0.120 0
7	0.672 1	0.108 0	0.160 9	0.726 7	0.769 2	0.118 4	0.130 6

根据表7-15的数据，分别绘制泵效的对比图和压力比的对比图，如图7-97和图7-98所示。从表7-15可以看出，流量比在0.1～0.25范围内变化，与设计的理论流量比0.22相比，流量比的波动范围较大。这可能是由于水泥车压力与流量不稳定造成的。虽然第3组实验数据中流量比大于0.22，但并未发生气蚀现象，整个实验过程中射流泵工作良好。

从图7-97和图7-98可以看出，当流量比在0.1～0.25范围内变化时，泵效与流量比为直线递增的关系，压力比随流量比的增加而减少。射流泵的理论泵效要略高于实际泵效，理论泵效和实际泵效之间的差值随流量比的增加先增大后减小，最大为9.34%。理论压力比大于实际压力比，二者之间的差值随流量比的增加也是先增加后减小，最大为5.52%。可以看出，实际泵效和压力比要略小于理论泵效和压力比，这可能是由实际生产的射流泵的粗糙度偏大引起的。

另外，根据射流泵的面积比和射流泵的特征方程绘出该样机特征曲线，如图7-99所示。从中可以直观地了解流量比与泵效、流量比与压力比之间的关系。

从图7-99可以明显看出，在流量比为0～0.25范围内，泵效随流量比的增加而增加，压力比随流量比的增加而减小。为防止射流泵产生气蚀现象，设计流量比为0.22。

对比图7-99和图7-98、图7-97，发现通过理论计算得出的结果与实验得出的结果相近，泵效及压力比随流量比的变化趋势相同。综上所述，可知射流泵结构和参数的设计比较合理，初步满足设计和工作要求。

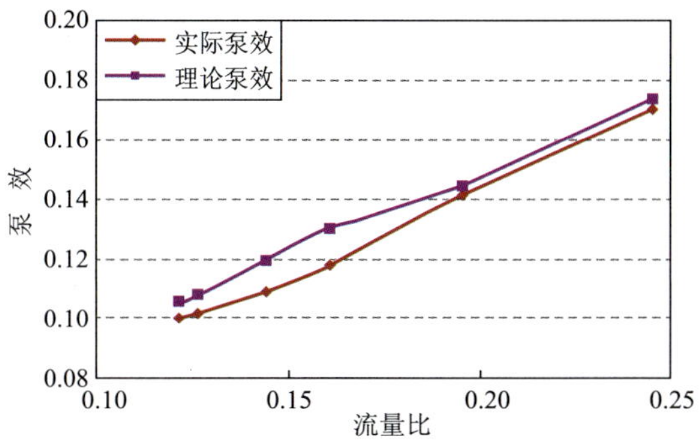

图 7-97 泵效对比图

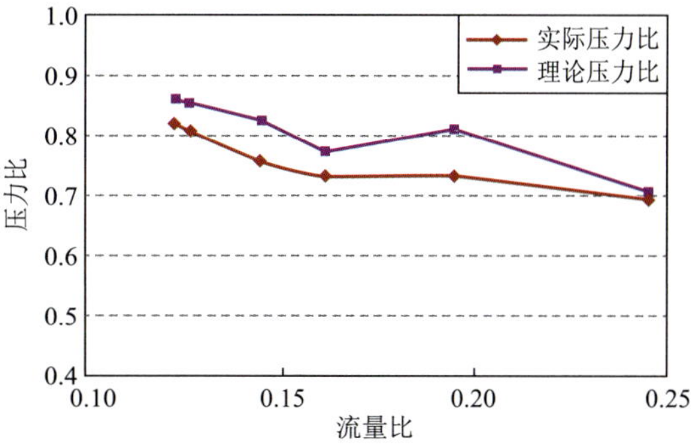

图 7-98 压力比对比图

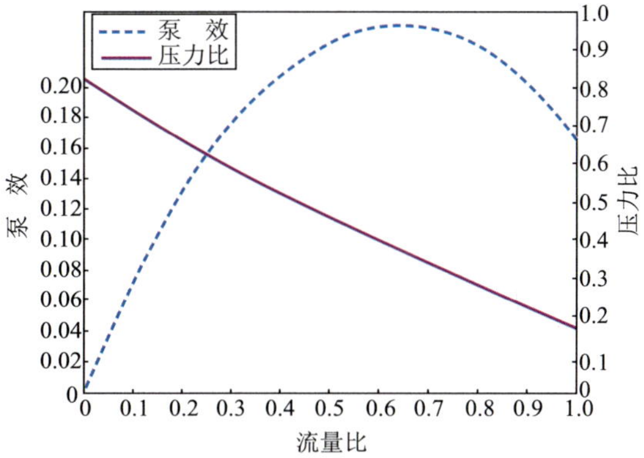

图 7-99 射流泵特征曲线

第 8 章

煤层气井增产措施

8.1 作业后煤层气井产气量降低原因分析

8.1.1 影响煤层气井单井产气量的因素

影响煤层气井单井产气量的因素主要有储层地质参数、储层物性、岩石及流体的特征参数，以及煤层气井的工程工艺技术与施工参数等。

1. *储层地质参数*

储层地质参数主要包括排采面积和储层厚度、温度、压力及含气量等。由于储层的厚度、温度、压力及含气量属于原始地层参数，对于已投产的煤层气井，其参数已确定，所以煤层气井的排采面积是影响已投产煤层气井产气量的主要因素。

2. *储层物性*

储层物性主要包括煤层的孔隙度、裂隙发育程度和渗透率。裂隙发育程度是指在成煤过程中的发育程度，已开发煤层气井其裂隙发育程度一定；孔隙度和渗透率是随着外界条件的变化而变化的。水力压裂造缝可以改善煤层渗透率，提高煤层气渗流能力，增加煤层气井单井产气量。同样，不规范的作业以及排采使煤层渗透率降低，影响单井产气量。

3. *岩石及流体的特征参数*

岩石及流体的特征参数主要有吸附参数、解吸压力、吸附时间常数、原始含水饱和度等。这些参数都属于原始煤层参数，不受排采因素和作业条件的影响。

4. *煤层气井的工程工艺技术与施工参数*

煤层气井的操作参数包括水力压裂参数、表皮系数、井底压力等。主要水力压裂参数（如裂缝的高度、宽度、长度）影响煤层气井的渗流面积；裂缝的支撑剂以及铺砂量直接影响压裂裂缝的导流能力，在同等缝宽条件下，裂缝的导流能力越强，表明裂缝的渗透率越大。

煤层气产出过程是解吸—扩散—渗流。井底压力降低，近井附近的煤层压力也随着降低，当压力降低到临界解吸压力以下时，煤层气开始解吸；随着井底压力的降低，煤储层以井筒为中心形成压降漏斗，压降漏斗随着井底压力的降低逐渐向外扩展，煤层气的解吸面积也逐渐增加，进而煤层气井单井产气量增加；但是随着煤层压力降低，压裂裂缝趋于闭合，导流能力下降，煤层气产出受到抑制。例如，某煤层气井（图 8-1）在 2009 年 12 月井底压力降低过快，裂缝趋于闭合，煤层气井产气量降低，甚至不产气。采取措施后，在 2010 年 5 月井底压力开始缓慢降低，煤层气井产气量增加，平均日产气量最高为 2 000 m^3/d。

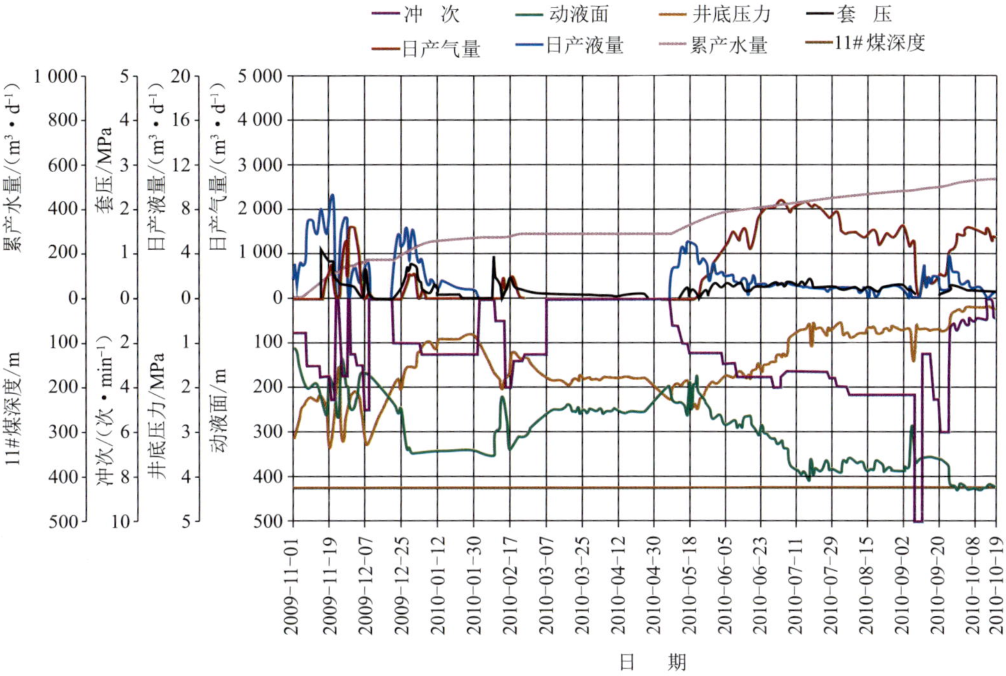

图 8-1　某井排采曲线

5. 其他因素

对于长期开发的煤层气井，储层能量衰减和压裂裂缝导流能力衰减是导致煤层气井产气量降低的原因之一。随着煤层气井开发时间增加，煤储层压力逐渐降低，煤层气井生产压差减小，产气量减少。煤层气井产气量与生产压差的关系为：

$$Q=\frac{kH(p_e-p_w)}{141^2\mu\beta(p_j+S)} \tag{8-1}$$

式中　H——储层厚度，m；

k——煤层渗透率，μm^2；

Q——产气量，m^3/d；

μ——流体黏度，mPa·s；

β——流体体积系数；

p_j——临界解吸压力，MPa；

S——表皮因子。

p_e-p_w——生产压差，MPa。

产气通道的导流能力是时间的函数。随着排采时间增加，压裂裂缝导流能力逐渐衰减。裂缝导流能力衰减规律[281]以指数、线性和多项式三种方式递减，从长期开发来看煤层气井产气量逐渐递减。

8.1.2　作业后煤层气井产气量降低原因分析

通过对上述影响单井产气量的因素进行分析，对已开发煤层气井，排采面积、裂缝导流能力、孔隙度、渗透率和井底压力是主要影响因素。对于长期开发的煤层气井，储层能量衰减和裂缝导流能力衰减也是其主要影响因素。对于排采时间短、高产的煤层气井作业后，井底压力和排采参数虽然又调整到作业前，但是也会出现产气量降低甚至不产气的情况，其主要影响因素是排采面积、裂缝导流能力和渗透率。

在作业前排采强度过大，煤层由于胶结性差，易碎、易坍塌而产生煤粉。煤粉没有及时排出，沉积在产气通道，影响煤层气井产气通道的渗流能力，进而使煤层气井产气量降低。煤粉堵塞远井地带小裂缝，使煤层气井有效产气面积减小，产气量降低。

停止排采后井底压力逐渐恢复，煤层中流体流向井筒的速度逐渐减小，直至为0，井筒内液面逐渐升高。这时煤层又完全浸泡在地层水中，煤的强度随湿度的增加而降低，胶结性差，当有微小压力波动或再次开井生产时，产气通道内煤层骨架发生破坏而产生煤粉。

修井过程中如果放喷，放喷瞬间由于井筒内气体的快速释放，井底压力迅速降低，造成地层液流动过快。当地层液对煤层骨架的拖拽力超过其抗拉强度时，煤颗粒就从骨架表面脱落而形成煤粉，使产气通道遭到破坏。在修井过程中提放杆、管、泵等设备时，上提产生的抽汲作用使地层液流入井筒，下放产生柱塞压缩作用使井筒内液体被压回煤储层。地层液在储层中往复流动，使得本来由于地层水的浸泡而强度降低的煤层，由于地层液的“左拉右拽”而更易出煤粉。煤粉堵塞远井地带煤层的裂隙，使煤层气井单井有效产气面积减少；煤粉沉积在近井地带压裂裂缝内，使裂缝导流能力降低。所以有效产气面积减小，导流能力降低主要是由于排采或作业过程中产生的煤粉导致的。煤粉是影响煤层气井作业后产气量降低的根本因素。

冲煤粉、洗井作业时，循环液体回灌煤储层，液体中的固性颗粒被携带并充填到人造裂缝中和靠近裂缝的煤层内，较小固性颗粒甚至被运移到煤层较深部位并充填到煤层孔隙中。随着冲砂作业的进行，不同大小的固性颗粒被洗井液携带进地层，堵塞和沉积在煤层裂隙内，直接影响煤层气和地层水产出。冲洗液与煤层不配伍而发生反应，也影响煤层气产出。另外，冲煤粉和洗井作业中产生的压力波动易使煤层出煤粉，如图8-2所示。

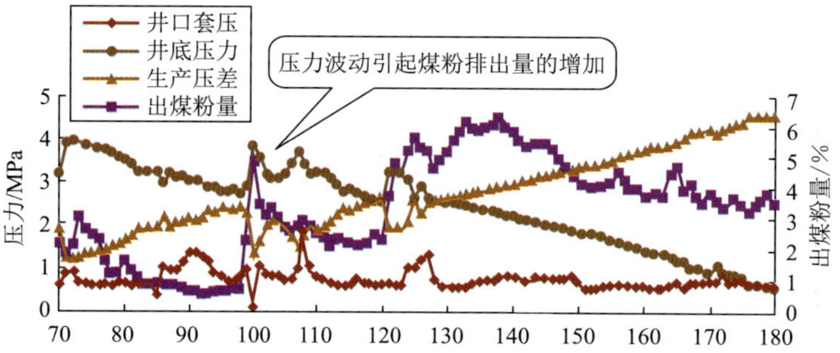

图8-2 煤层气井排采曲线

在煤层气井关井时，压降漏斗范围内煤储层压力随着井底压力恢复而恢复。由于煤储层渗透率的压敏效应，渗透率也随着压力的增大而降低。当再次生产时随着压降漏斗的形成，漏斗范围内储层压力再次降低，储层渗透率增大，但低于原值。作业后再次开井生产时即使生产压差一样，渗透率也将减小。

煤层气井稳产时间短，产气量达到高产后快速下降。这是由于稳产时期产水量小，煤粉无法由地层液携带而排出，滞留在产气通道内，降低了产气通道导流能力，从而降低了煤层气井产气量。

综上所述，对于排采时间短、高产的煤层气井，作业后产气量降低的根本原因有两个：一是煤粉的影响；二是压敏引起的渗透率降低。井底压力恢复和再次开井生产时由压敏效应引起的渗透率降低不可避免，但可通过解决煤粉问题来解决作业后煤层气井产量降低的问题。办法如下：

（1）作业时采取特定的措施，减少储层压力波动，减少煤层出煤粉，保护产气通道。

（2）尽量避免动液面上升再次浸泡煤层而降低其强度，减少出煤粉。

（3）确定防止煤层出煤粉的关井制度和再次开井的生产制度。

（4）煤粉沉积和堵塞后，通过一定的方法疏通煤层气井产气通道，增加其渗流能力，以提高煤层气产气量。

8.1.3 主要因素对产气量的影响分析

1. 排采面积对产气量影响分析

1）未压裂井径向流模型

假设煤层气井单层开发，储层为圆形，在圆形储层中心有一口煤层气井，如图 8-3 所示，煤层厚度为 h，储层压力为 p_e，临界解吸压力为 p_j，井底压力为 p_w，井筒半径为 r_w，解吸半径为 r_j，压降漏斗范围外边界半径为 r_e。

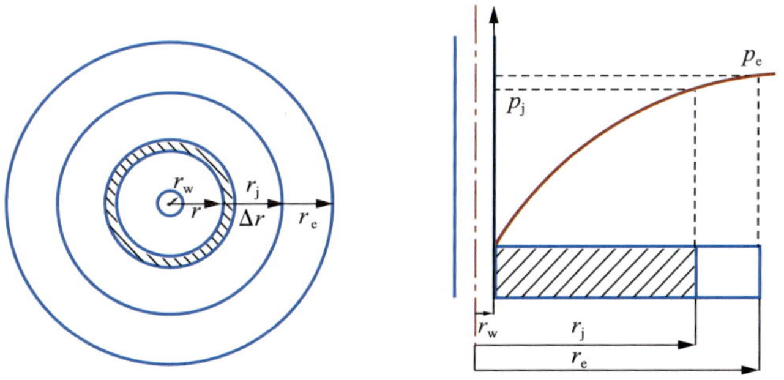

图 8-3 煤层气井排采控制面积图

排采面积为压降漏斗影响范围，也就是煤层气井排采控制区域，用 S_{pai} 表示，其表达为：

$$S_{pai}=\pi r_e^2 \tag{8-2}$$

解吸面积为 S_j，则有：

$$\frac{S_{pai}}{S_j}=\frac{r_e^2}{r_j^2}$$

煤层气井径向稳态渗流方程为：

$$p_e-p_w=\frac{q\mu}{2\pi kh}\left(\ln\frac{r_e}{r_w}+S\right) \tag{8-3}$$

式中 q——地层水的流量，m^3/d；

k——渗透率，μm^2；

μ——地层液的黏度，mPa·s；

h——煤储层的厚度，m；

S——表皮系数。

在图 8-3 中，压降漏斗范围内距井筒距离为 r 处煤储层的压力 p_r 为：

$$p_r = p_w + \frac{q\mu}{2\pi kh}\left(\ln\frac{r}{r_w} + S\right) \tag{8-4}$$

在压降漏斗范围内取环形单元体半径分别为 r 和 $r+\Delta r$。假设 Δr 无限小，该单元体储层压力相同，均为 p_r，储层温度不变。在达到临界解吸压力时，含气量为 Q_j，由朗格缪尔等温吸附公式可知：

$$Q_j = \frac{abp_j}{1+bp_j} \tag{8-5}$$

式中 a,b——朗格缪尔吸附系数。

当单元体煤层压力降到 p_r 时，煤层含气量 Q_r 为：

$$Q_r = \frac{abp_r}{1+bp_r} \tag{8-6}$$

由式(8-5)和(8-6)可知煤层解吸量 Q_m 为：

$$Q_m = Q_j - Q_r = \frac{ab(p_j - p_r)}{(1+bp_j)(1+bp_r)} \tag{8-7}$$

所取单元体解吸量 dQ 为：

$$dQ = Q_m \cdot \pi[(r+dr)^2 - r^2]h\rho \tag{8-8}$$

从井筒到解吸半径 r_j 处积分，得煤层气井单井解吸量 Q 为：

$$Q = \int_{r_w}^{r_j} dQ = \int_{r_w}^{r_j} \frac{\pi h\rho ab(p_j - p_r)}{(1+bp_j)(1+bp_r)}[2rdr + (dr)^2] \tag{8-9}$$

因为 dr 是无穷小，所以 $(dr)^2$ 是高阶无穷小，可以忽略，即：

$$Q = \pi h\rho ab\int_{r_w}^{r_j} \frac{p_j - p_r}{(1+bp_j)(1+bp_r)}2rdr \tag{8-10}$$

结合式(8-4)，压降漏斗范围内不同半径处压降不同，代入式(8-10)并整理得：

$$Q = \frac{\pi h\rho ab}{1+bp_j}\int_{r_w}^{r_j} \frac{p_j - p_w - \frac{q\mu}{2\pi kh}(S - \ln r_w) - \frac{q\mu}{2\pi kh}\ln r}{1 + bp_w + \frac{bq\mu}{2\pi kh}(S - \ln r_w) + \frac{bq\mu}{2\pi kh}\ln r}2rdr \tag{8-11}$$

令 $l_1 = p_j - p_w - \frac{q\mu}{2\pi kh}(S - \ln r_w)$，$l_2 = \frac{q\mu}{2\pi kh}$，$l_3 = 1 + bp_w + \frac{bq\mu}{2\pi kh}(S - \ln r_w)$，$A = \frac{\pi h\rho ab}{1+bp_j}$，对式(8-11)积分并整理，可得解吸量与解吸半径的关系如下：

$$Q = -A\frac{\sqrt{r_j} - \sqrt{r_w}}{b} + A\frac{bl_1 + l_3}{b}\left[\left(\frac{2bl_2 - 4l_3}{b^2l_2^2} + \frac{12l_3^2}{b^3l_2^3}\right)\ln\frac{4l_3 + bl_2\ln r_j}{4l_3 + bl_2\ln r_w} + \frac{bl_2 - 3l_3}{b^2l_2^2}\ln\frac{r_j}{r_w} + \frac{\ln^2 r_j - \ln^2 r_w}{8b^3l_2^3} - \frac{4l_3^2}{b^3l_2^3}\ln 2\right] \tag{8-12}$$

将径向渗流解吸面积与解吸半径关系式代入式(8-12)，可得解吸面积与煤层气解吸量的关系为：

$$Q = -A\frac{(S_j/\pi)^{1/4} - \sqrt{r_w}}{b} + A\frac{bl_1 + l_3}{b}\left[\left(\frac{2bl_2 - 4l_3}{b^2l_2^2} + \frac{12l_3^2}{b^3l_2^3}\right)\ln\frac{4l_3 + bl_2\ln(S_j/\pi)^{1/2}}{4l_3 + bl_2\ln r_w} + \frac{bl_2 - 3l_3}{b^2l_2^2}\ln\frac{(S_j/\pi)^{1/2}}{r_w} + \frac{\ln^2(S_j/\pi)^{1/2} - \ln^2 r_w}{8b^3l_2^3} - \frac{4l_3^2}{b^3l_2^3}\ln 2\right] \tag{8-13}$$

以某煤层气井为例进行分析，煤层有效厚度 6.05 m，井眼半径 75 mm，煤层压力 4.03 MPa，煤的密度 1.3 g/cm^3，临界解吸压力 3.2 MPa，井底流压 1.1 MPa，渗透率 $6.15\times10^{-3}\mu m^2$，表皮系数−2.12，排水量 12 m^3/d，产出水黏度 0.73 mPa·s，朗格缪尔吸附系数 a 为 24.5 m^3/t，b 为 0.466 2 MPa^{-1}。

图 8-4 所示为煤层气井解吸半径与井底压力的关系。从图中可以看出，随着井底压力降低，煤层气井解吸半径逐渐增加，当井底压力为 1.0 MPa 时，解吸半径为 99.73 m。降低井底压力有利于煤层气解吸。

图 8-5 和图 8-6 所示分别为井底压力为 1.1 MPa 时煤储层的压力分布及各点解吸量。从井筒 0.075 m 到 0.625 m 处，由于表皮系数影响，虽然煤层压力低于临界解吸压力，但解吸量几乎为 0，即煤层几乎不解吸，这是由于井壁周围钻井完井时煤层受到污染造成的。从 0.625 m 处开始解吸，距井筒越近，煤层压降越大，解吸量越大。井底压力为 1.1 MPa 时，距井筒中心线 79.20 m 处煤层气解吸量为 0，这就是煤层气井解吸边界。大于这个距离，煤储层压力大于临界解吸压力，煤储层不解吸。

有效解吸半径与煤层气解吸量关系如图 8-7 所示，可以看出随着解吸半径增加，煤层气解吸量增加。当解吸半径为 5 m 时解吸量为 534.29 m^3，当解吸半径为 50 m 时煤层气的解吸量为 56 490.04 m^3，可见解吸半径增加 10 倍，解吸量增加了约 105 倍。煤层气解吸量随着解吸半径增加呈二次函数变化。

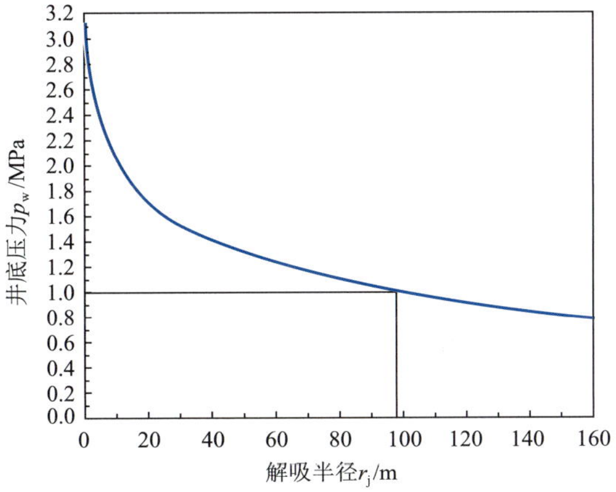

图 8-4　解吸半径和井底压力的关系

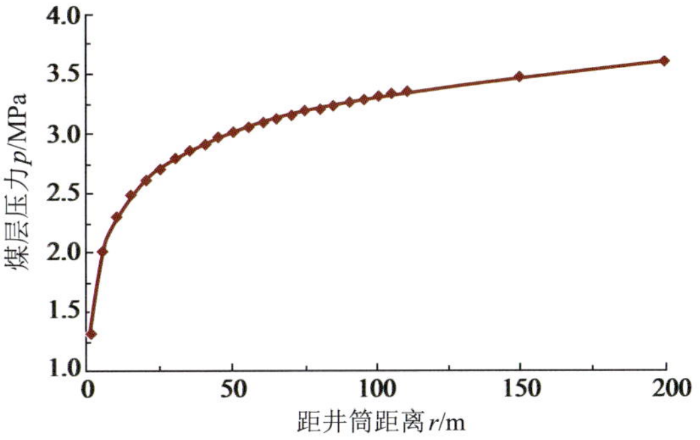

图 8-5　煤储层压力的变化

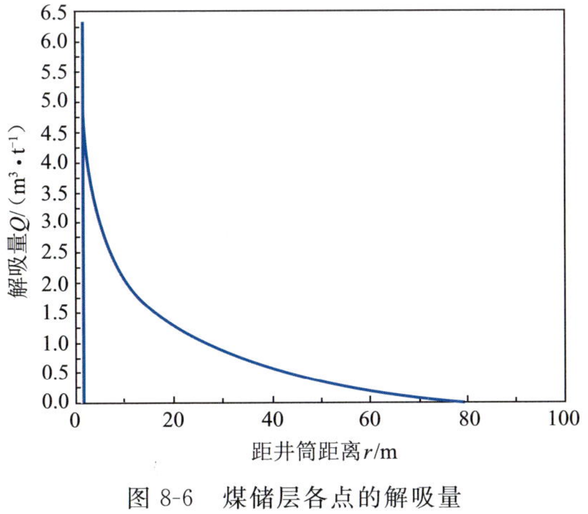

图 8-6　煤储层各点的解吸量

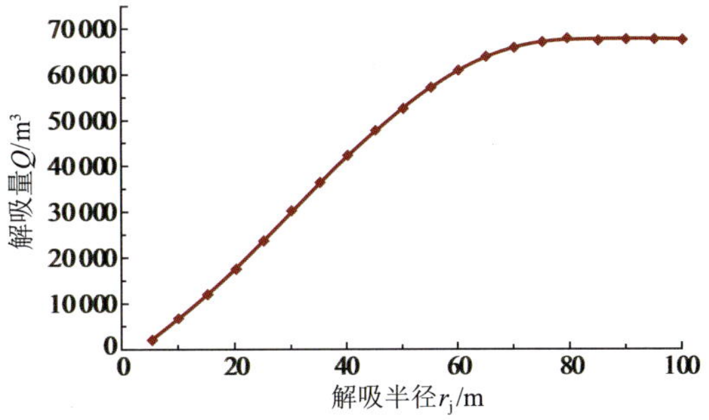

图 8-7　有效解吸半径与解吸量之间的关系

有效解吸面积与煤层气解吸量的关系如图 8-8 所示，可以看出随着解吸面积增加，煤层气解吸量增加，最后趋于稳定。

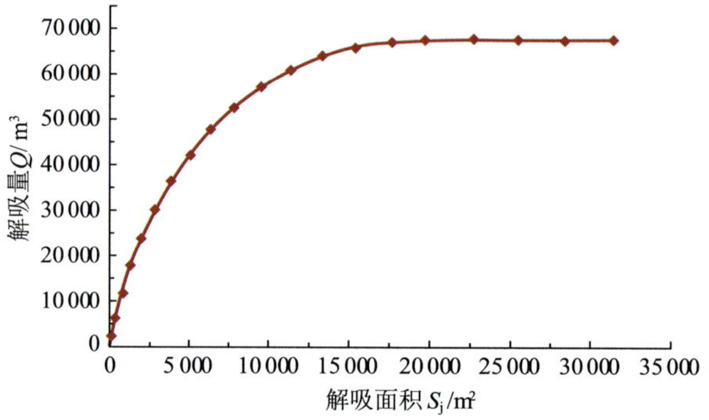

图 8-8 有效解吸面积与解吸量之间的关系

2）压裂煤层气井模型

对于理想压裂煤层气井，其解吸渗流模型可简化为图 8-9 的形式。煤层厚度为 h，压裂裂缝半长为 l，取其解吸范围内等压力处一微元面积为 dS（见图中阴影部分），假设 dS 无限小，其压力和煤层气解吸量处处相等，分别为 p_r 和 dQ。

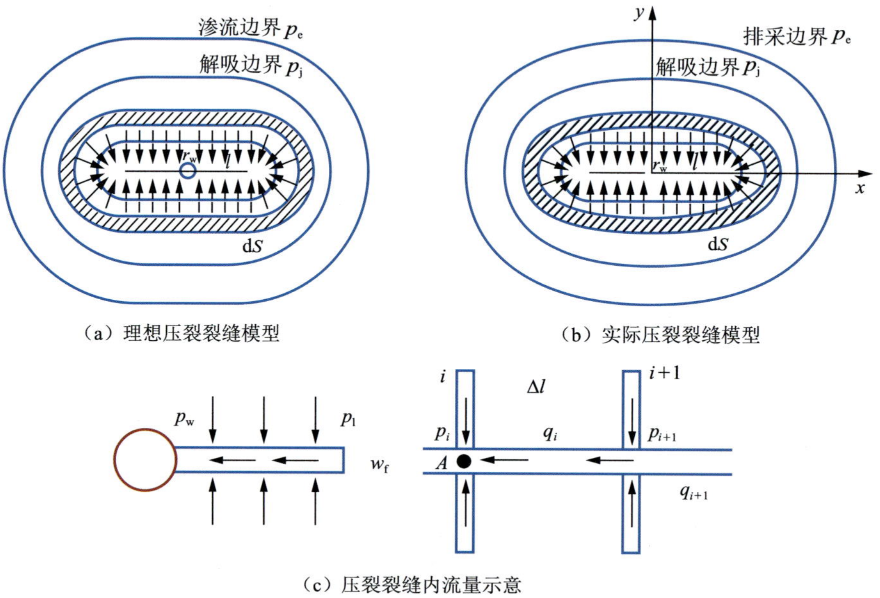

图 8-9 压裂井的解吸渗流模型

所取单元体煤层气解吸量 dQ 为：

$$\mathrm{d}Q=\frac{ab(p_j-p_r)}{(1+bp_j)(1+bp_r)}h\rho\mathrm{d}S \tag{8-14}$$

从井筒到解吸边界积分可得煤层气解吸量 Q 为：

$$Q=\int_{r_w}^{r_j}\mathrm{d}Q=\int_{r_w}^{r_j}\frac{ab(p_j-p_r)}{(1+bp_j)(1+bp_r)}h\rho\mathrm{d}S \tag{8-15}$$

解吸面积 S_j 为：

$$S_j=\pi r_j^2+4r_jl \tag{8-16}$$

煤层气解吸面积由两部分组成：一部分是两端半个径向流面积区域，相当于未压裂煤层气井径向流模型；另一部分是由裂缝长度和端部渗流半径组成的长方形渗流区域，该区域由于裂缝长度不变，随着端部径向渗流半径的增加而增加。

煤层气解吸量 Q 可表示为：

$$Q=\frac{h\rho ab}{1+bp_{\mathrm{j}}}\int_{r\mathrm{w}}^{r\mathrm{j}}\frac{p_{\mathrm{j}}-p_{r}}{1+bp_{r}}2\pi r\mathrm{d}r+\frac{h\rho ab}{1+bp_{\mathrm{j}}}\int_{r\mathrm{w}}^{r\mathrm{j}}\frac{p_{\mathrm{j}}-p_{r}}{1+bp_{r}}4l\mathrm{d}r \tag{8-17}$$

令　$Q_1=\frac{h\rho ab}{1+bp_{\mathrm{j}}}\int_{r\mathrm{w}}^{r\mathrm{j}}\frac{p_{\mathrm{j}}-p_{r}}{1+bp_{r}}2\pi r\mathrm{d}r$，$Q_2=\frac{h\rho ab}{1+bp_{\mathrm{j}}}\int_{r\mathrm{w}}^{r\mathrm{j}}\frac{p_{\mathrm{j}}-p_{r}}{1+bp_{r}}4l\mathrm{d}r$

则第一部分煤层气解吸量 Q_1 随解吸半径变化规律和径向流模型一样。压裂裂缝为理想裂缝时具有无限导流能力，可以把裂缝作为井筒的延伸。在图 8-9 中，裂缝左端和右端裂缝微元相当于井筒，其外围属于径向渗流，其压力 p_r 由径向渗流模型得到。沿裂缝长度方向，由于裂缝导流能力相同，故解吸渗流范围是沿裂缝长度方向的长方形区域，其压力和两端部相等，即：

$$p_r=p_{\mathrm{w}}+\frac{q\mu}{2\pi kh}\left(\ln\frac{x-l}{r_{\mathrm{w}}}+S\right) \tag{8-18}$$

式中　x——距井筒距离。

将式(8-18)代入 Q_2 并进行积分，即可求出 Q_2，然后结合径向流模型方法求出 Q_1，故 Q 为：

$$Q=Q_1+Q_2 \tag{8-19}$$

上述是理想压裂模型下煤层气井产气量，而实际压裂裂缝内压力并不是处处等于井底压力，其模型如图 8-9(b)所示，则所取单元体煤层气解吸量 $\mathrm{d}Q$ 为：

$$\mathrm{d}Q=\frac{ab(p_{\mathrm{j}}-p_{r})}{(1+bp_{\mathrm{j}})(1+bp_{r})}h\rho\mathrm{d}S \tag{8-20}$$

从井筒到解吸边界积分可得煤层气解吸量 Q 为：

$$Q=\int_{S_{\mathrm{w}}}^{S_{\mathrm{j}}}\mathrm{d}Q=\int_{S_{\mathrm{w}}}^{S_{\mathrm{j}}}\frac{ab(p_{\mathrm{j}}-p_{r})}{(1+bp_{\mathrm{j}})(1+bp_{r})}h\rho\mathrm{d}S \tag{8-21}$$

下积分边界 S_{w} 等于井筒面积，可表示为：

$$S_{\mathrm{w}}=\pi r_{\mathrm{w}}^{2} \tag{8-22}$$

上积分边界 S_{j} 的确定，首先要计算裂缝内压力分布，然后计算压裂裂缝任意 x 处垂直于压裂裂缝方向的解吸距离。

A. 压裂裂缝内压力分布计算模型

对于压裂产生垂直裂缝的煤层气井，由于对称性，取其裂缝半长为研究对象。假设有 n 条面割理与压裂裂缝垂直相交，且面割理之间均匀分布，两面割理之间距离为 Δl，则裂缝半长 $l=(n-1)\Delta l$，每段长度 Δl 无穷小，等效模型如图 8-9(c)所示，每小段向压裂裂缝渗流为线性流模型。

沿地层液流动方向压裂裂缝内压力降低，则第 i 条和第 $i+1$ 条面割理之间的压降 Δp_i 为：

$$\Delta p_i=\Delta p_{\mathrm{f}}+\Delta p_{\mathrm{a}}+\Delta p_{\mathrm{z}}+\Delta p_{\mathrm{mx}} \tag{8-23}$$

式中　Δp_{f}——由于管壁摩擦造成的压降；

Δp_{a}——由于流体加速造成的压降；

Δp_{z}——由于重力造成的压降；

Δp_{mx}——由于地层向压裂裂缝流入和主流混合造成的压降。

$$\Delta p_f = 1.339 \times 10^{-10} \times p_w f \frac{\Delta l}{2d_e} \frac{q_i^2}{w_f^2 w^2} \quad (i = 1,2,\cdots,n-1)$$

$$\Delta p_a = \frac{\rho_w}{2w_f^2 w^2}(q_{i-1}^2 - q_i^2) \quad (i = 1,2,\cdots,n-1)$$

式中 f——摩阻系数；

ρ_w——地层液的密度，kg/m^3；

q_i——第 i 条和第 $i+1$ 条面割理之间压裂裂缝内主流流量，m^3/d。

在煤层气井中可认为压裂裂缝为水平方向，其倾斜角度为 0，故重力造成的压降为 0，忽略面割理流入和主流混合造成的压降，则有：

$$\Delta p_i = 1.339 \times 10^{-10} \times p_w f \frac{\Delta l}{2d_e} \frac{q_i^2}{w_f^2 w^2} + \frac{\rho_w}{2w_f^2 w^2}(q_{i-1}^2 - q_i^2) \quad (i = 1,2,\cdots,n-1) \tag{8-24}$$

压裂裂缝内各条面割理处的压力为：

$$p_1 = p_w, \quad p_2 = p_1 + \Delta p_1, \quad \cdots, \quad p_i = p_1 + \Delta p_1 + \Delta p_2 + \cdots + \Delta p_{i-1} \tag{8-25}$$

式中 p_i——压裂裂缝内第 i 段中心处压力，MPa。

B. 压裂裂缝内流量计算

压裂裂缝内流量 q_i 可表示为：

$$q_i = 2q'_{i+1} + q_{i+1} \tag{8-26}$$

式中 q_i——第 i 和第 $i+1$ 条面割理之间压裂裂缝内流量，m^3/d；

q'_{i+1}——第 $i+1$ 条面割理流入压裂裂缝的流量，m^3/d。

假设煤层气井中地层液由压裂裂缝流入井筒，故在一定井底流压下，流入井筒的流量已知，设其为 q_0，第 i 条面割理中的流量是由该面割理 Δl 区域径向渗流流入的，其渗流厚度为 Δl。依据径向流模型可得：

$$q'_i = \frac{2\pi k \Delta l (p_e - p_i)}{\mu \ln \dfrac{\Delta l/2}{r'}} \tag{8-27}$$

式中 r'——面割理等效半径，m。

面割理截面一般为矩形，其等效半径可表示为：

$$r' = \frac{w_g w}{w_g + w} \tag{8-28}$$

式中 w_g——面割理截面的宽度，m；

w——面割理截面的高度，m。

在井筒处第 1 条面割理中，由于 $p_1 = p_w$ 已知，通过式(8-27)可求 q'_1，将 q'_1 和 q_0 代入式(8-26)可求出 q_1，将 q_1 代入式(8-24)可求出 Δp_1，然后将 Δp_1 代入式(8-25)可求出 p_2，将 p_2 再代入式(8-27)可求出 q'_2，这样逐步迭代可求出与面割理相交处压裂裂缝内压力 $p_1, p_2, p_3, \cdots, p_n$。使每小段处于无穷小，可得出压裂裂缝内压力分布 $p(x)$。

同理，依据面割理内线性渗流公式，设临界解吸压力为 p_j，则在压裂裂缝内第 i 条面割理处，沿着面割理方向(图 8-9b，y 方向)的解吸距离 y_i 为：

$$y_i = \frac{w w_g k (p_j - p_i)}{\mu q'_i} \tag{8-29}$$

其解吸面积 S_j 为：

$$S_j = \pi y_n^2 + 4\sum_{i=1}^{n-1} y_i \Delta l \tag{8-30}$$

煤层气解吸面积由两部分组成，式(8-30)右端第一项是两端渗流面积区域，第二项是压裂裂缝渗流区域。

将求出的 S_w 和 S_j 代入式(8-21)，可得煤层气解吸量和解吸面积的关系。

为了便于与未压裂径向流煤层气井进行对比分析，定义压裂煤层气井等效解吸半径 r_{je} 为：

$$r_{je} = \sqrt{S_j/\pi} \tag{8-31}$$

用上述煤层气井参数进行分析，设压裂裂缝的半长为 30 m，压裂裂缝为理想无限渗流时用该压裂井模型计算，结果如图 8-10 至图 8-14 所示。

图 8-10 所示为压裂煤层气井储层压力分布和解吸量，可以看出对于压裂煤层气井，距井筒距离 0～30 m 范围内煤层压力基本不变，此段煤层压降最大，解吸量最大。随着距井筒距离的增加，储层压力增加，煤层气解吸量变小。

图 8-11 和图 8-12 对比分析可知，未压裂井径向流模型和压裂煤层气井模型中煤层气解吸量与解吸半径的变化趋势大致相同，随着解吸半径增加，煤层气井产气量增加，压裂煤层气井比未压裂煤层气井产气量高。这是由于压裂煤层气井有效解吸面积比未压裂煤层气井大，压裂提高了煤层渗流能力，有利于煤层整体降压，在相同排采面积下其压降较大，单位煤层解吸程度大。图 8-12 中压裂煤层气井产气量拐点比未压裂煤层气井拐点向右推移，这表明压裂煤层气井有效解吸面积边界向外推移，增加了煤层气井有效解吸面积。

图 8-13 和图 8-14 所示为不同裂缝半长时，煤层气解吸量随解吸半径和解吸面积的变化。从图中可知，在相同解吸面积下，随着裂缝长度增加，煤层气解吸量增加。这表明在相同解吸面积区域，裂缝越长，在相同井底压力下同区域压降越大，原因是压裂裂缝渗透率大于煤层渗透率，起到了增产效果。

可见，煤层气井是通过排水使煤层压力降低，有效泄流面积越大，解吸面积越大。若在作业前后煤层气井排采强度相同，但作业中产生的煤粉沉积堵塞产气通道，使有效泄流面积（排采面积）减小，解吸面积也减小，从而减少了煤层气解吸量。另一方面，煤粉的沉积、堵塞使产气通道导流能力减少，阻碍了煤层气渗流，使煤层气井产气量降低。

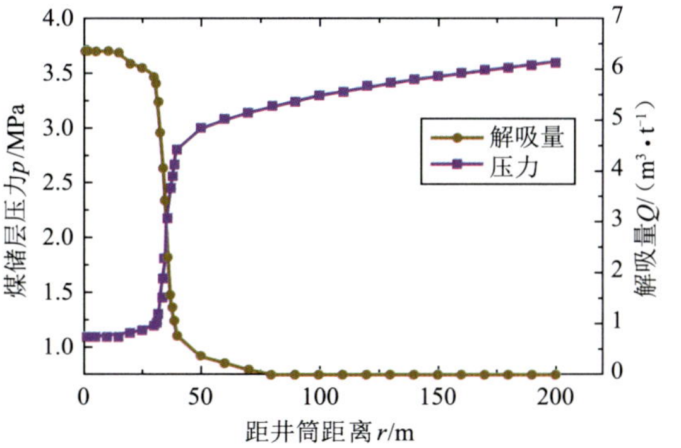

图 8-10　压裂煤层气井储层压力分布和解吸量

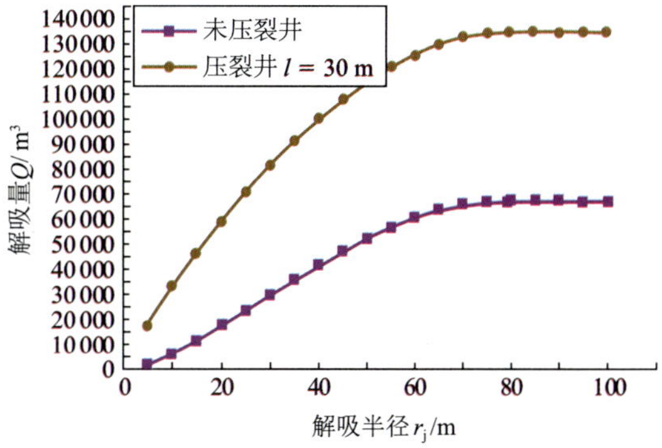

图 8-11　压裂煤层气井解吸量随解吸半径的变化

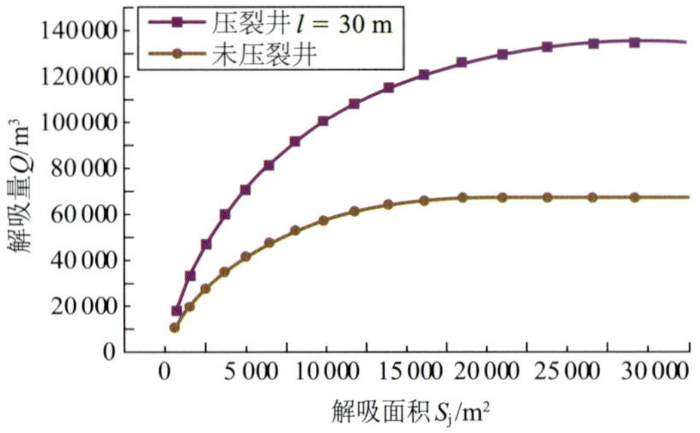

图 8-12 压裂煤层气井解吸量随解吸面积的变化

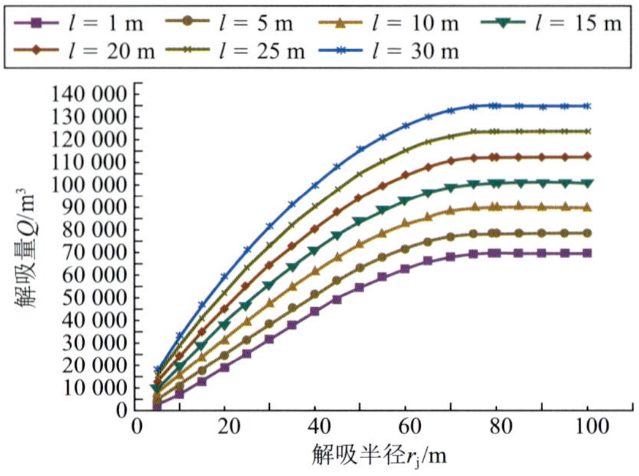

图 8-13 不同裂缝半长时解吸量随解吸半径的变化

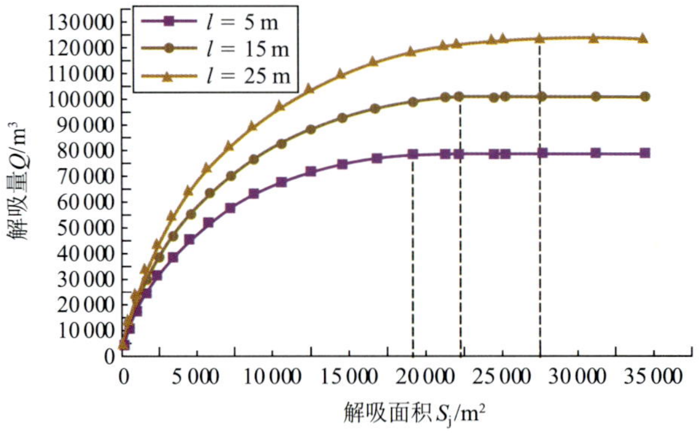

图 8-14 不同裂缝半长时解吸量随解吸面积的变化

2. 渗透率

煤层气产量还受渗透率的影响，压降漏斗波及范围随着渗透率增大而增加，且渗流阻力小[282]，产量高。利用上述煤层气井参数，改变渗透率，对煤层压力进行分析，计算结果如图 8-15 所示。从图中可以看出，当渗透率很小时，煤层压降波及面积较小，有效解吸面积较小。

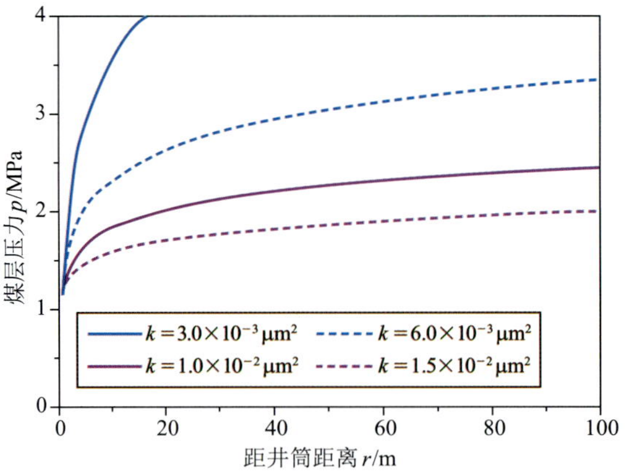

图 8-15 不同渗透率下煤层压力分布

煤层气的产气量公式[283]如下：

$$Q=\frac{kH\Delta p}{141^2\mu\beta(p_j+S)} \tag{8-32}$$

$$\beta=\frac{ZTp_{sc}}{Z_{sc}T_{sc}p}$$

式中　k——渗透率，μm^2；

H——煤层厚度，m；

Δp——生产压差，MPa；

μ——流体黏度，mPa·s；

p——实际气体压力，MPa；

β——流体的体积系数；

S——井筒的表皮系数；

p_j——解吸压力，MPa；

p_{sc}——标况压力，MPa；

Z_{sc}——标况偏差系数；

T_{sc}——标况温度，K；

T——储层温度，K；

Z——偏差系数。

Z 可用 Standing-Katz 偏差系数图或其关系曲线拟合公式法计算，但实践生产中常用 Papay 法[284]计算：

$$Z=1-\frac{3.52p_{pr}}{10^{0.9813T_{pr}}}+\frac{0.274p_{pr}^2}{10^{0.8157T_{pr}}}$$

式中　p_{pr}，T_{pr}——视对比参数。

$$Q=\frac{Z_{sc}T_{sc}pkH\Delta p}{141^2\mu ZTp_{sc}(p_j+S)} \tag{8-33}$$

从上述关系式可以看出，煤层气井产气量与渗透率呈线性关系，如图 8-16 所示。

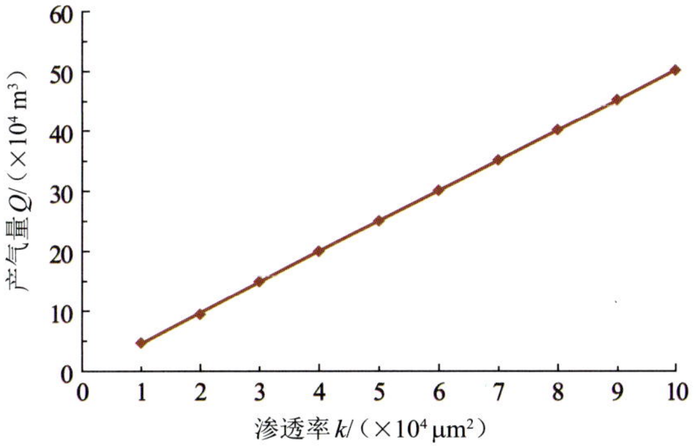

图 8-16　渗透率与煤层气井产气量的关系

3. 裂缝导流能力

由于我国煤层渗透率普遍较低，对于煤层气井，通常采用压裂来提高渗透率，达到增产目的。对于压裂煤层气井来说，储层原始渗透率并不会改变，应通过压裂使近井地带煤层中有较大面积的人工裂缝，通过提高裂缝渗透率和裂缝宽度来提高近井地带煤层导流能力，使其渗流阻力小，采出气量增加。

裂缝导流能力为 $F_{RCD}=kw_f$（k 为裂缝渗透率，w_f 为缝宽），渗透率越大，压裂裂缝越宽，其导流能力越强。在储层渗透率不能改变时，可以通过增加裂缝宽度来改变裂缝导流能力，提高单井产气量。

对于压裂煤层气井，压裂裂缝导流能力并不是无限的。沿压裂裂缝长度方向压力并不等于井底压力。同样，裂缝长度也是影响煤层气井单井产量的因素之一，压裂裂缝越长，煤层气井渗流面积越大，有效解吸面积就越大，进而使产气量增加。对于理想压裂裂缝，煤层气解吸量可表示为：

$$Q=Q_1+\frac{4labh\rho(bl_1+l_3)}{4labh\rho(bl_1+l_3)+b^2l_2(1+bp_j)}\times \\ [r_j-\ln(bl_2\ln r_j+l_3)-r_w+\ln(bl_2\ln r_w+l_3)]-\frac{4lah\rho}{1+bp_j}(r_j-r_w) \tag{8-34}$$

令

$$B=\frac{4abh\rho(bl_1+l_3)}{4labh\rho(bl_1+l_3)+b^2l_2(1+bp_j)}[r_j-\ln(bl_2\ln r_j+l_3)-r_w+\ln(bl_2\ln r_w+l_3)]$$

式(8-34)可简化为：

$$Q=Q_1-\frac{4lah\rho}{1+bp_j}(r_j-r_w)+lB \tag{8-35}$$

从式(8-35)中可以看出，在其他条件不变时，煤层气解吸量与裂缝半长呈线性关系。

在煤层气井投产之后，煤层气井产气量大小主要受排采面积(或解吸面积)、导流能力和渗透率的影响。排采面积(解吸面积)决定煤层气井的产气潜能，导流能力和渗透率决定产气量，三者是煤层气产出的条件。排采面积相同的煤层气井，导流能力越低，通过排水降压产出的煤层气越少。

8.1.4 煤层气井作业后产气量降低的主要因素判别

煤层气井作业后产气量降低的主要原因是作业后有效排采面积减少、裂缝导流能力下降和渗透率降低造成煤层气解吸量减少。在煤层气井中压裂裂缝的渗透率远比煤储层渗透率大，故重点研究压裂裂缝。裂缝导流能力的变化主要取决于裂缝渗透率和裂缝宽度，对于已投产煤层气井压裂裂缝宽度可认为不变，故裂缝导流能力的变化也就是渗透率的变化，煤层气产气量的影响因素归根结底为排采面积和导流能力。用灰色关联度分析中的相对变化率关联度分析法来分析影响煤层气产量降低的最主要因素。

设结果为母系列 X_0，原因为子系列 $X_i(i=1,2,3,\cdots)$，即：

$$X_0=(x_{01},x_{02},x_{03},\cdots,x_{0m}),\quad X_i=(x_{i1},x_{i2},x_{i3},\cdots,x_{im}) \tag{8-36}$$

母系列和子系列的相对变化率 Δv 为：

$$\Delta v_{ik}=\frac{x_{i(k+1)}-x_{ik}}{x_{ik}} \tag{8-37}$$

母系列与各子系列的关联系数 Δco 为：

$$\Delta co_{(j+1)k}=\frac{1}{1+|\Delta v_{0k}-\Delta v_{(j+1)k}|} \tag{8-38}$$

子系列对母系列的关联度 rd 为：

$$rd_{j+1}=\frac{1}{m-1}\sum_{k=1}^{m-1}\Delta co_{(j+1)k} \tag{8-39}$$

将关联度归一化，作为子系列对母系列影响的重要程度 W，即：

$$W_{i+1}=\frac{1}{n}\sum_{k=0}^{m-1}rd_{j+1}\quad(j=0,1,2,\cdots,n;k=0,1,2,\cdots,m-1)\tag{8-40}$$

由上述分析可知，导致煤层气井作业后产气量降低的原因是作业使排采面积、裂缝导流能力降低。取煤层气井产气量为母系列，排采面积、裂缝导流能力分别为 2 个子系列，即产气量 $Q(X_0)$，排采面积(X_1)与裂缝导流能力(X_2)。具体数据见表 8-1。

表 8-1　煤层气井解吸量与各影响因素具体数据

产气量 $Q/(\times10^3\ m^3)$	排采面积 S/m^2	导流能力/($\mu m^2\cdot cm$)
13.998	10	12.62
27.997	20	22.10
41.995	30	30.60
55.994	40	38.77
69.993	50	46.88
83.991	60	55.20
97.990	70	63.90
111.989	80	73.30
125.988	90	83.80
135.986	100	92.30

根据公式(8-37)和(8-38)分别计算排采面积及裂缝导流能力对煤层气解吸量的相对变化率与关联系数，结果见表 8-2 和表 8-3。将关联度归一化，得出排采面积和导流能力对煤层气井产气量的影响程度，结果见表 8-4。

表 8-2　子系列和母系列的相对变化率

Δv_0	Δv_1	Δv_2
1.000 1	0.500 0	0.428 9
0.500 0	0.333 3	0.277 8
0.333 4	0.250 0	0.210 7
0.250 0	0.200 0	0.172 9
0.200 0	0.166 7	0.150 7
0.166 7	0.142 7	0.136 2
0.142 9	0.125 0	0.128 2
0.125 0	0.111 1	0.125 2
0.079 4	0.100 0	0.092 1

表 8-3　子系列和母系列的关联系数

Δco_{01}	Δco_{02}	Δco_{03}
0.500 00	0.999 92	0.686 23
0.999 98	0.999 98	0.696 49
0.999 98	0.999 94	0.698 47
0.999 99	0.999 91	0.699 13
0.999 99	0.999 94	0.697 78

续表

Δco_{01}	Δco_{02}	Δco_{03}
0.999 94	0.999 28	0.699 23
0.999 96	0.999 05	0.699 43
0.999 97	0.999 93	0.699 56
0.969 23	0.999 95	0.670 35

表 8-4 关联度和影响程度

	排采面积	导流能力
关联度	0.921 4	0.607 7
影响程度/%	60.26	39.74

结果表明，排采面积对煤层气井产气量影响程度较大，占 60.26%，导流能力占 39.74%。裂缝导流能力大小由裂缝渗透率和缝宽决定。对于压裂煤层气井，产气通道的导流能力一般由两部分组成：一是远井地带煤层面割理的导流能力；二是近井地带压裂裂缝的导流能力。煤层气井作业过程中使煤储层产生压力波动而产生煤粉；由于水动力较小，煤粉无法排出而沉积在产气通道内；远井地带由面割理组成产气通道，裂隙较窄，煤粉沉积，易堵塞产气通道，使有效排采面积减少。在近井地带压裂裂缝中由于煤粉沉积，裂缝有效缝宽变窄，导流能力下降。煤粉沉积、堵塞是导致煤层气井作业后产气量降低的根本原因。要提高煤层气井产气量，必须使产气通道内的煤粉排出，减少煤粉在产气通道内沉积，增加产气通道导流能力以及煤层气井排采面积。

8.2 煤层气井提高初始产能方法

与美国的煤层气藏相比，中国煤层气藏的渗透率要低 3～4 个数量级，过低的渗透率使其无法形成以抽采井为圆心的大范围的解吸—扩散—渗流圈。同时，中国煤层气藏的非均质性强，使得井筒影响范围特别小，从而使井网整体降压的作用难以发挥。此外，中国的高煤阶煤层气资源占总资源的 27.6%以上，通常认为煤阶越高，含气量越低，渗透率也越低，理论上这些煤层不具有产气的能力。但最近在沁水盆地取得了单井和小型开发试验区的产气突破，证明高煤阶也是一个重要的开发目标。不过，高煤阶气具有低渗和难脱附的特点，限制了目前常规开发技术的应用[285]。

国内现场实践表明，煤层渗透率在煤层气开发中占有极其重要地位。结合国内外文献、研究报告以及煤层气开发区块的实例分析[286]，建立基于渗透率的煤层气提高初始产能的策略，如图 8-17 所示。

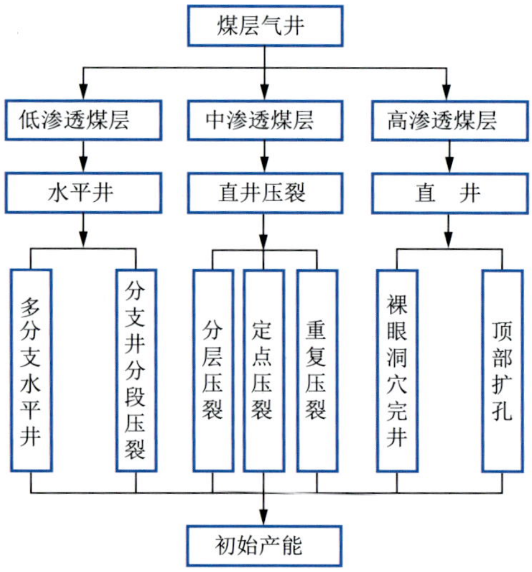

图 8-17 煤层气提高初始产能的策略

1）低渗透煤层（渗透率小于 $0.5\times10^{-15}\,m^2$）

提高低渗透煤层的单井产量主要通过扩大井筒控制面积，缩短气源离井筒的距离来实现，多分支井水平井、“U”形水平井以及水平井分段压裂等技术也就必然成为主体开发技术。

多分支水平井技术是一种兼具造穴、布缝和导流效果的煤层气开发应用技术。它通过在煤层中部署水平分支井眼，扩大井筒与煤层的接触面积，能有效克服储层压力低和导流能力不足的缺陷，对低渗和低压储层增产效果显著。与常规直井技术相比，它具有控制面积广、采收率高等优势[286]。

煤层气开发中的水平井包括“U”形水平井和常规水平井。鉴于煤层的“三低”特性（低渗透率、低含气饱和度、低压力），为了摆脱直井开发中“点”的约束，在煤层气开发中应用水平井技术实现较大的控制面积，最大限度地沟通煤层割离裂隙系统和裂隙通道，扩大降压范围，降低水排出时的摩阻，大幅度提高单井产量和采收率。

水平井分段压裂广泛应用于低渗透油气藏的水平井和产量达不到经济开发要求的水平井，低渗透煤层气也可以借鉴这项技术。水平井井筒对气藏有很大的穿透性，而压裂后形成的多条裂缝可作为渗流通道，这样可以大大扩大单井泄压面积，提高气井产能。

2）中渗透煤层（渗透率在 $0.5\times10^{-15}\sim10\times10^{-15}\,m^2$）

在中渗透煤层中，多采用直井套管完井方式，然后射开套管后利用水力压裂技术进行增产改造。直井水力压裂技术在国内外已经得到了广泛的应用，并且成为了煤层气井的主要增产措施。黑勇士、皮申斯、尤因塔、拉顿、中阿巴拉契亚和北阿巴拉契亚等盆地均采用该技术进行煤层气开发。直井的水力压裂从工艺上可以分为分层压裂、定点压裂和重复压裂等方式。以压裂液选用类型进行分类，主要包括清水、活性水、线性胶、交联冻胶及泡沫压裂液。清水压裂成本低，对地层伤害较小，但携砂能力和裂缝支撑效果也相对较差；植物压裂液携砂能力强，裂缝支撑效果好，但会伤害煤层；泡沫压裂液虽然性能好，但成本高，且对工具要求较高[286]。

3）高渗透煤层（渗透率大于 $10\times10^{-15}\,m^2$）

国外对于高渗透煤层大多采用洞穴和扩孔法完井增产。洞穴完井方法对厚度较大、压力较高、裂隙较发育的储层的强化效果最为明显。裸眼洞穴法完井使井筒有效地连通了主内生裂隙（面割理）、次内生裂隙（端割理）及其他类型裂隙。造穴过程增加了井孔与煤层中天然裂隙系统之间的连通性，但施工工艺较复杂，作业周期较长，风险性较高。它主要应用于美国圣胡安盆地、澳大利亚鲍恩盆地的 Fairview 和 Spring Gully 区块，并取得了较好效果。扩孔完井是裸眼完井方法的一种改进，主要应用于渗透率相当高、埋深比较浅的煤层。裸眼扩孔完井方法首先钻至煤层上方并下入套管，然后钻过煤层并扩孔（孔径 48 in 或 72 in），以此消除钻井作业时对地层带来的近井伤害，进而提高煤层气的产量。由于煤层渗透率很高，所以增产过程不使用任何支撑剂，仅用清水即可。与洞穴完井相比，由于裸眼扩孔完井没有使用支撑剂，煤粉产出易导致运移通道堵塞；而洞穴完井会使洞穴直径 5 倍左右范围内的地应力降低，扩大了煤层的裸露面积，提高了自然裂隙的渗透率，煤粉的运移和堵塞并不影响对渗透率的提高，所以相对而言，洞穴完井能更好地提高单井产量。

8.3 煤层气井增产技术

8.3.1 注入气体增产方式[287]

注气增产法是美国 Amoco 公司开发的一项提高煤层气产量的新方法。注气增产法是将 N_2，CO_2 或烟道气注入煤层。其主要机理是利用不同气体在煤层中的吸附能力不同。因此，国内外学者对多元气体在煤中的相互作用与替代机理进行了大量的研究。在国外，Hall F. E.，Greaves，Harpalani，Arri L. E. 和 Yee D. 等分别对 CH_4-N_2 和 CH_4-CO_2 混合气体进行了吸附测试。结果表明煤对不同气体的吸附能力不同，每种气体都不是独立吸附的，而是多元气体竞争相同的吸附位，且吸附和解吸遵循不同的压力与吸附量关系等温线。而 N_2 和 CO_2 可与 CH_4 竞争吸附，从而破坏煤层中 CH_4 的吸附平衡状态，使 CH_4 解吸出来。在国内，张力、唐书恒和吴世跃的实验结果表明，将 N_2，CO_2 或烟道气注入煤层后，注入气体向煤粒中吸附扩散，打破了原来的平衡和稳定，煤层中的吸附 CH_4 含量会降低，解吸扩散速率会增大，从而会提高 CH_4 的流动速率和抽放率。该技术有先注气后采气的间断性注气和边注边采的连续注气两种模式。增产原理为：两种模式都提高了储层的原始压力，使得煤层气的渗流速度增大，衰减时间延长，而注气引起煤层气渗流速度的增大，又造成了裂隙系统中煤层气分压下降速度的加快，引起更多的吸附煤层气参与解吸。解吸扩散速率增大，反过来又促使煤层气渗流速度加快。当注气压力较大时，还可能在煤层内形成新的裂隙，使渗透率增大，从而引起渗流速度增大。另外，由于煤是一种具有较高剩余表面自由能的多孔介质，当煤的剩余表面自由能总量一定时，即煤层与混合气体达到吸附平衡后，每一组分的吸附量都小于其在相同分压下单独吸附时的吸附量。因此，注气后竞争吸附置换作用必然使一部分吸附的甲烷解吸扩散，从而引起扩散速率和渗流速度的提高。该工艺可以有效地提高煤层气的生产潜力，还可以利用该工艺开发深部低渗透性煤层中的煤层气，因为注入 CO_2 有助于维持孔隙压力，可以较好地保护深部煤层中的割理和其他孔隙的开启程度。为探索注 CO_2 提高煤层气采收率技术，中联煤层气公司在加拿大专家的协作下，进行了单井注入、单井产出的注 CO_2 采气试验。选择山西沁水盆地南部枣园井组的井作为试验井，经注入、关井（使 CO_2 充分地置换 CH_4）、排采和气体组分监测，实现了单井注入/产出试验，取得了预期成果。

目前，注气驱替煤层气被认为是一种具有发展前途的新措施，所以该方法受到各方面的广泛关注。国外储层模拟和先导试验表明，在煤层中注入非烃气体可以促进解吸，提高煤层气的单井产量和采收率。1996 年，在美国的圣胡安盆地进行了世界上第 1 次 CO_2-ECBM 试验，取得了一些经验。后来 Amoco 公司在圣胡安盆地又进行了不同规模的 CO_2-ECBM 先导性试验，取得了良好的效果。在国内，注气开发煤层气项目也已开始启动。发展注气增产技术的关键在于气源，即要寻找天然 CO_2 气源，探索和发展制 N_2、注 N_2、脱 N_2 和制 CO_2 等技术。

注气增产主要是通过向煤层中注入其他气体，增加煤层中气体流动的能量和气体的相渗透率，促进 CH_4 在煤中的解吸。CO_2，N_2 以及它们的混合气体都可以用来提高煤层甲烷气的采收率。依据扩散渗流理论和多组分吸附平衡理论，注入 CO_2 和 N_2 提高煤层气回收率的增产机理是不同的，效果也是不一样的。煤对 N_2，CH_4 及 CO_2 的吸附能力是依次增强的。向煤层注入 CO_2 后，由于 CO_2 的强吸附力，它与煤基质微孔隙中的 CH_4 产生了竞争吸附，将原吸附在煤层中的 CH_4 置换出来。由于煤对 N_2 的吸附能力比其对 CH_4 的吸附能力弱，N_2 是不能与 CH_4 进行竞争吸附的，只能在等压状态下通过降低游离甲烷的分压来影响其吸附等温线，促使吸附 CH_4 被解吸出来，从而达到提高煤层气采收率的目的。但研究表明，气体在煤中的吸附能力越强，它对煤层形变、孔隙度和渗透率的影响也就越大。因此当 CO_2 注入到煤层中，会产生煤基质膨胀、应力增大及渗透率降低现象；而 N_2 的注入虽对煤层物性不产生负面影响，但 N_2 自注入井至生产井的优先迁移方向是沿着主要渗透率方向，这无疑将降低区域驱气效率。由于 N_2 的成本低于 CO_2，同时煤层气的后续净化处理时 N_2 较 CO_2 易与 CH_4 分离，相对而言 N_2 优于 CO_2。无论向煤层中注入 CO_2 还是 N_2，都存在着上述弊端，影响了煤层气的采收率，从而降低了注气开发的经济效益。

CO_2 的注入率是注入 CO_2 增产方法中的关键参数之一，吴宁[287]研究了煤层气产气量与 CO_2 的注入率的关系，如图 8-18 所示。

图 8-18 所示为煤层气的产出速率。从图中可以明显看出三个模型之间的差别。模型 1 每天的产量从 1 600 m³ 左右逐渐下降，到生产约 2 年后产量逐渐稳定在 600 m³/d。而模型 2 和模型 3 由于注入了 CO_2，注入的前几天单日产量和模型 1 是一样的，但是随着 CO_2 的持续注入，煤层气的日产量开始显著增加。其中，模型 2 由最初的 1 260 m³/d 增加到 1 340 m³/d；模型 3 的增幅更大，由最初的 1 300 m³/d 增加到 2 030 m³/d，增幅为 56.1%。

图 8-19 所示为各模型中煤层气的累计产量。从图中可以看到，注气和不注气开发煤层气的产量差别是很大的。在注气的模型中，煤层气的产量在刚开始的 2 000 天内快速增加，此后增幅变缓慢。不注气的模型 1 中，煤层气的累计产量增长很平缓，这说明其日产量很平均。从累计开发 10 年的 CH_4 产量来看，模型 3 为模型 1 的 2.8 倍，而模型 2 的产量为模型 1 的 2.0 倍。模拟结果与 Wonga 等[288]的 CO_2-ECBM 试验结果是一致的。

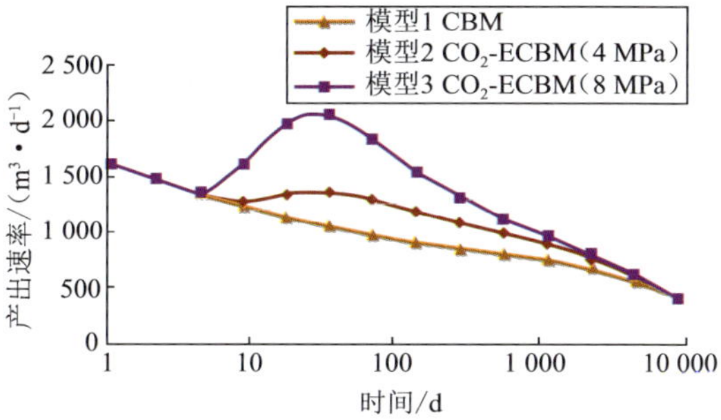

图 8-18 煤层气的产出速率

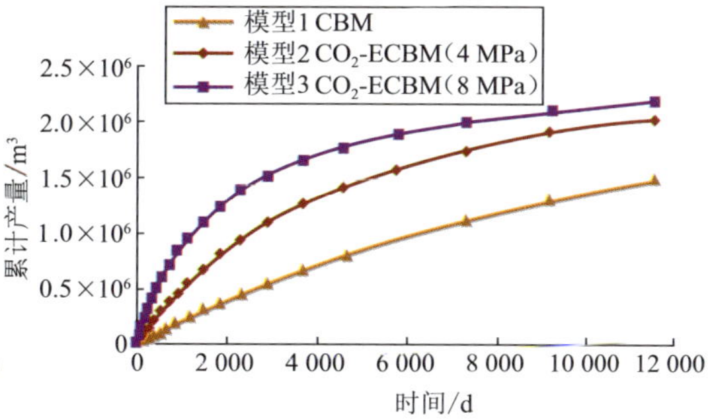

图 8-19 煤层气的累计产量

图 8-20 所示为 CO_2 的注入速率。从图中可以看到，注入压力越大，单日注入的量越大。随着注入时间的增加，单日注入量也逐渐减少。到大约 6 年(2 000 天)时，模型 3 的日注入量逐渐少于模型 2 的日注入量。这是由于煤层所能储存的 CO_2 的量是一定的，在开始时注入量大，所以后期的注入速率就会降下来。

图 8-21 所示为 CO_2 的累计注入量。从图中可以看到，注入压力越大，累计注入量越大。在 1 年时，模型 2 的累计注入量约为 0.6×10^6 m³，模型 3 的累计注入量约为 1.6×10^6 m³。在注气进行了 10 年时，模型 2 的累计注入量约为 3.7×10^6 m³，模型 3 的累计注

入量约为 $6.4\times10^6\ m^3$。由此可知封存的 CO_2 的量是巨大的。

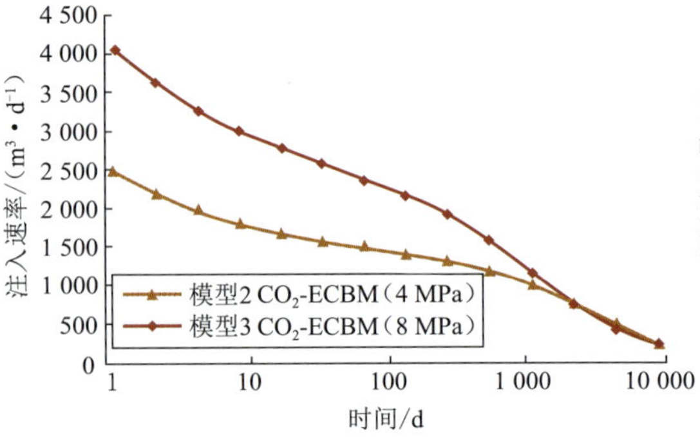

图 8-20 CO_2 的注入速率

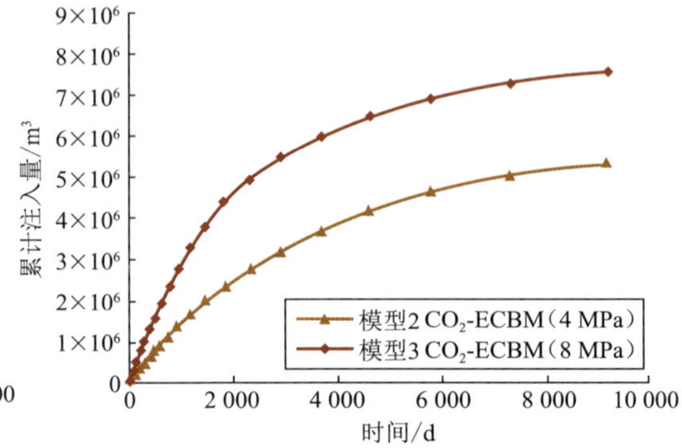

图 8-21 CO_2 的累计注入量

注气驱替技术作为煤层气增产的补充,主要用于深部煤层(2 000 m 以上)。由于 CO_2 的注入会对煤层产生负面效应,而 N_2 的注入又会降低区域驱气效率,两者都影响了注入增产法的效果,因此如何解决上述问题是研究注气驱替技术的方向,也是该技术推广和应用的关键。

8.3.2 多分支井技术

多分支井[285]由一个主井眼和两个或两个以上的分支井眼所组成。按井眼轨迹划分为栈式分支井、音叉式分支井、鸦爪状三分支井、鸥翅式分支井、羽状分支水平井、鱼骨式分支井等类型。

多分支井的分支井筒能够穿越较多的煤层裂缝系统,在煤层形成相互连通的网络,最大限度地沟通裂隙通道,增加泄气面积和地层渗透率,从而提高单井产量,还可以减少对煤层的伤害。理论与实践也证明,在煤层中水平井的产量可以达到直井的 3～10 倍,可大大减少常规钻井的井数,还可以减少占地面积、节约管线。

国内开展煤层气多分支井技术研究起步较晚,但目前实施的多分支水平井也多达 100 余口。通过对煤层气开发中多分支井的研究发现,不是所有的地层钻多分支水平井都能收到良好的效果,煤层气多分支井一般在煤层厚度适中、煤层横向分布连续稳定以及机械强度较高的煤层更为适宜。

目前多分支井存在的主要问题还是技术问题,如井眼轨迹精确控制、井眼的防坍塌、煤储层保护等,多分支井产能预测模型的建立也是现在需要解决的问题之一。

8.3.3 注热增产

除卸压开发、注气开发等低渗透煤层气增产方式外,注热开发是国内外普遍认同的一种未来提高煤层气产量的有效途径,有关煤层温度变化对煤层气解吸渗流影响规律的研究日益受到重视。目前,学者们在此领域开展了较多的实验研究:李志强得知在低有效应力条件下煤体中甲烷的渗透率随煤体温度升高而升高;程瑞瑞通过实验得知升高温度能提高煤层瓦斯渗透率;钟玲文和张登峰进行的升温吸附实验表明升高温度后,煤体吸附量减小,热效应使甲烷分子吸附量减小,解吸量增加;杨新乐利用三轴渗透仪对煤样进行解吸渗流实验后发现升温能够提高解吸量。在此基础上,杨新乐基于饱和多孔介质的对流、导热传热理论,考虑煤岩体渗透率、孔隙度随压力和温度的变化关系,同时考虑煤岩体的杨氏模量、泊松比、煤层气体导热系数及动力黏度随温度的变化，给出更为完善的低渗透煤层气藏注热开发过程热-流-固耦合控制方程，并采用多井开发方式进行了低渗透煤层气注热开发过程渗流规律数值模拟[289]，为注热开发煤层气工艺研究提供理论基础和技术支持。图 8-22 所示为无注热和注热开发情况下抽采井径向压力变化曲线。由于抽采井与煤层气原始压力之间压力差的存在，煤层气从微孔隙系统中解吸出来，开始阶段压力差较大，煤层气解吸速度较快，曲线呈现较陡形状，随着抽采的不断进行，压差变小，曲线趋于平缓。在两种开发情况下，由于生产井卸压作用导致气体向较低压力的生产井流动，煤层气压力值均随开发时间增加而减小，在抽采相同时间 100 天后，注热开发压力降是无注热抽采压力降的 2.45 倍。

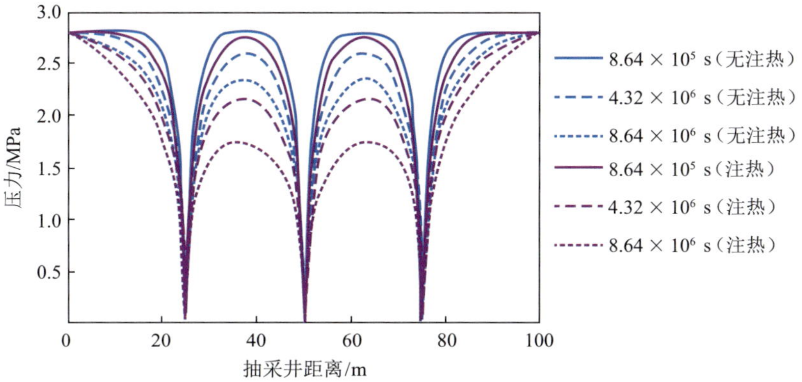

图 8-22　两种开发条件下井口径向瞬态煤层气压力

图 8-23 所示为两种开发方式下 100 天后煤层气累计产量预测，注热后煤层气产量是未注热开发的 2.2 倍。这主要是因为注热开发情况下储层压力较非注热储层压力低，注热导致煤层气解吸量提高，压力梯度增大，抽采量增加。因此，通过注入蒸汽加热煤层抽采煤层气是煤层气增产的一种有效途径。

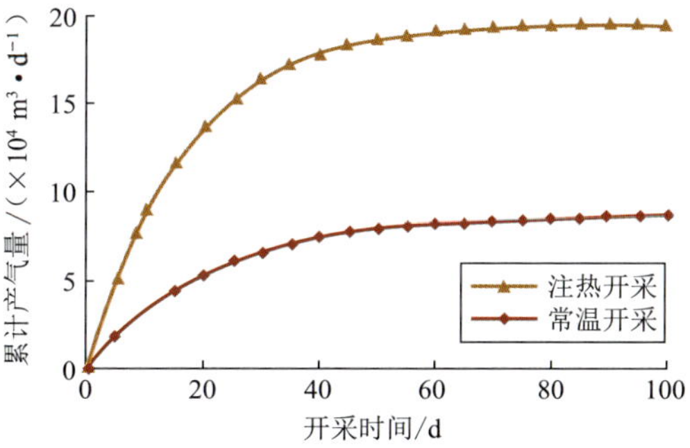

图 8-23　两种开发条件下单井筒累计产气量

张丽萍用数值模拟方法研究了温度对煤层气开发的影响。生产相同时间，煤层温度越高，煤层各点孔隙压力变化幅度也越大。在第 1 000 天时，注热温度为 300 K 时孔隙压力的最大值为 3.58 MPa，注热温度为 375 K 时孔隙压力的最大值为 3.03 MPa，比前者少了 15.4%，如图 8-24 和图 8-25 所示。这是因为温度越高，CH_4 越容易发生解吸作用，相应的吸附变形也就越小，造成煤体中的孔隙度和裂隙开度增大，煤层的渗透率也变大，加快气体运移，导致气体压力下降。

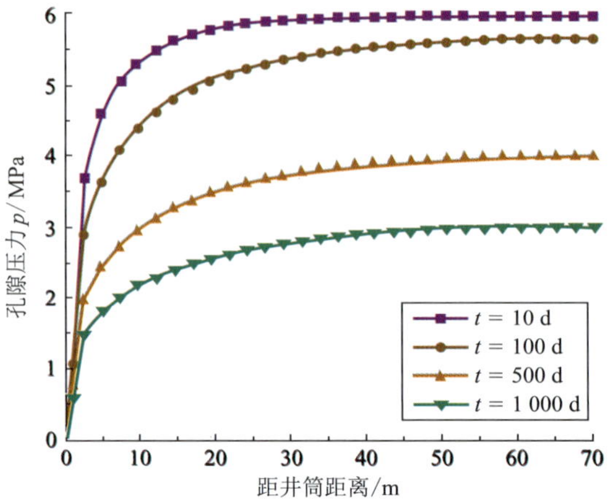

图 8-24　不同时间孔隙压力沿模型对角线的变化（$T=375$ K）

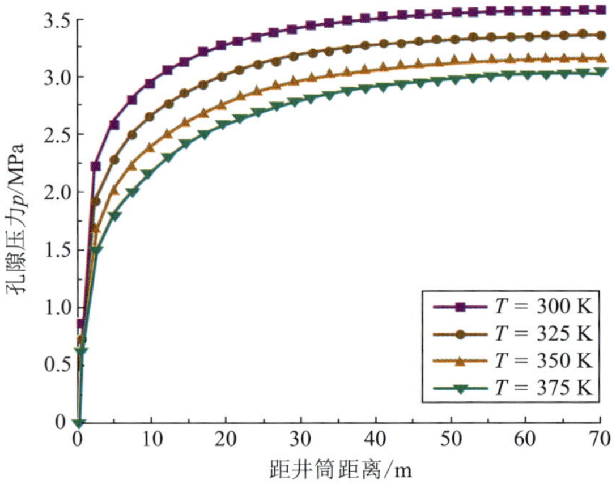

图 8-25　不同温度条件下孔隙压力沿模型对角线的变化（$t=1\ 000$ d）

图 8-26 所示为不同注热温度下煤层中点(1,1)处的渗透率比率随孔隙压力的变化曲线。由图 8-26 可知，在煤层气开发的过程中，模型的渗透率先减小后增大，孔隙压力从 6 MPa 减小到 3.5 MPa。此过程中渗透率减小，但减小的幅度不大。当孔隙压力小于 3.5 MPa 时，渗透率开始急剧增加。对于不同温度，渗透率的变化规律有所不同：开发初期，渗透率减小的阶段，温度对渗透率的变化几乎没产生影响。对于渗透率增大的阶段，煤层温度越高，渗透率的变化幅度就越大。在生产 1 000 天时，温度 $T=375$ K 对应的渗透率为初始时的 2.2 倍，$T=300$ K 对应的渗透率为初始时的 1.2 倍，温度对渗透率的变化产生了影响，原因在于渗透率的变化主要取决于孔隙率的变化。在煤层气开发过程中，游离态的 CH_4 由生产井流出，储层压力下降，煤层的有效应力增大，则孔隙率减小，渗透率降低；与此同时，孔隙压力下降，煤基质吸附产生的变形减小，又可促使孔隙率变大，渗透率变大；温度升高导致的热膨胀效应则会使孔隙率减小，渗透率降低；而温度升高导致的处于吸附状态的煤层气解吸会使孔隙率增加，渗透率增加。这几种效应共同影响着渗透率变化规律。在开发初期，热传导过程影响范围有限，热膨胀对渗透率变化的影响很小。根据吸附膨胀变形与压力函数关系可知储层压力大于 Langmuir 压力时，压力变化导致吸附变形变化比较小，当储层压力小于 Langmuir 压力时压力变化导致吸附变形变化比较大。由

于初始储层压力比较大，因此受压力变化所导致的吸附变形变化对渗透率变化的影响也很小，则有效应力的增大引起的力学变形起主导作用，导致煤层渗透率减小。但是由于有效应力的变化导致的煤层变形比较小，所以渗透率减小的幅度也不大。随着生产过程进行，孔隙压力下降，当储层压力小于 Langmuir 压力时，压力减小会导致吸附变形大大降低，这时对渗透率变化起主导作用的是吸附膨胀减小，吸附膨胀减小会导致渗透率增加。由于温度升高也可促使煤层气解吸，因此温度越高，处于吸附态的 CH_4 就越少，吸附膨胀越小，渗透率越大，可见提高煤层温度对 CH_4 开发具有重要的促进作用。

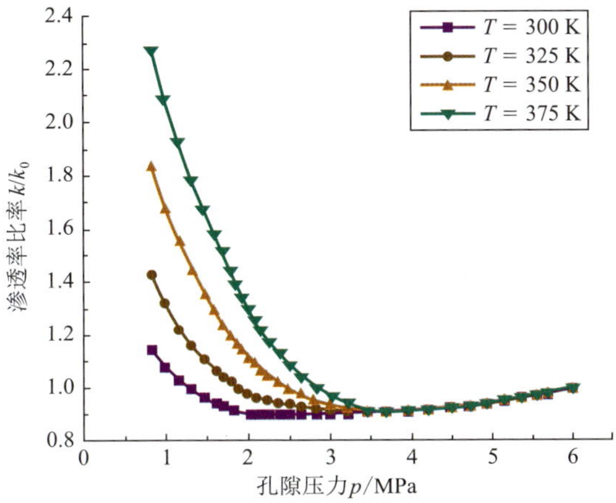

图 8-26 煤层中点(1,1)处渗透率比率随孔隙压力变化曲线

图 8-27 所示为 CH_4 的产出速率随时间变化曲线，图 8-28 所示为 CH_4 的累计产量曲线。从图中可以看出，煤层温度 T 越高，CH_4 的产出速率越大。$T=300$ K 时第 1 天的产量为 363.39 m^3，$T=375$ K 时第 1 天的产量为 480.62 m^3，比前者增加了 32%。随着生产时间的增加，各个模型的产气速率都逐渐减小，这是因为煤层的压力梯度对 CH_4 渗流起主导作用，在生产过程中 CH_4 的压力梯度不断减小，造成产出速率降低。在第 1 000 天，$T=300$ K 时产出速率为 154.73 m^3/d，$T=375$ K 时产出速率为 212.50 m^3/d，比前者提高了 37.34%。从累计产量来看，$T=300$ K 时在第 1 000 天累计产量为 179 712.9 m^3，$T=375$ K 时累计产量为 246 143.9 m^3，比前者多采了 36.97%。这说明提高煤层温度可以提高 CH_4 的产出速率，从而提高同期累计产量。原因在于温度会影响煤层气的吸附解吸规律，煤层温度越高，吸附状态的 CH_4 越不稳定，更容易解吸成游离态。游离态的气体从煤层的孔隙扩散到裂隙中，在压力梯度的作用下加速向生产井渗流，使 CH_4 产量增加。同时，煤层温度越高，煤层的吸附变形越小，吸附变形的减小造成煤层中的基质孔隙率和裂隙开度变大，煤层的渗透率也变大，从而可提高 CH_4 的开发效率。

注热作用对煤层渗透率的影响如图 8-29 所示。可以看出，当注热温度恒定时，随着时间的推移，煤层渗透率增加。生产相同时间，注热温度越高，煤层渗透率越大，高温时煤样渗透率增加幅度比低温时大。这是由于对于双重孔隙介质，煤层渗透率是由裂隙渗透率和孔隙渗透率组成。在煤层气生产过程中，煤基质的体积应变、吸附变形和热膨胀作用引起的变形都会影响基质孔隙率和裂隙的开度，只是影响程度不同。在注热开发过程中，煤层气分子吸收热量后，分子内能增加，热运动活性增强，更容易从煤基质表面脱附解吸出来，相应煤层的吸附应变越小，造成煤层中的孔隙率和裂隙开度增大，也有助于煤层渗透率的增加。与此同时，温度升高后，煤层孔隙裂隙受热膨胀，发生变形，气体渗流通道被挤压闭合，对渗透率起减小作用，但在此热膨胀引起的渗透率减小并非主要影响因素，所以渗透率的减小在曲线中并未体现出来。总而言之，温度对渗透率作用影响体现在：一方面，温度促使煤骨架膨胀，减小裂隙开度，对于渗透具有抑制作用；另一方面，温度能够促使煤层气解吸，减小吸附膨胀，增大孔隙率，提高渗透率。哪一方面起主导作用则取决于模型及地质因素。

由图 8-30 可知，煤层的渗透率随孔隙压力增加而减小，随温度升高而增加。这是由于孔隙压力越大，吸附气体量越大，相应吸附变形也越大，吸附膨胀会减小基质孔隙率和裂隙开度，使渗透率降低。

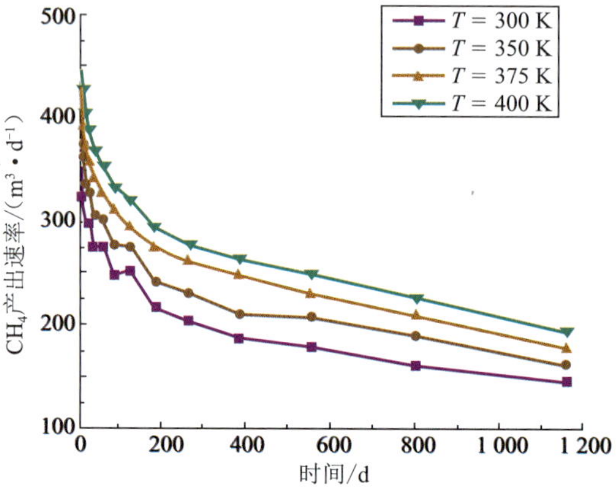

图 8-27 CH_4 的产出速率

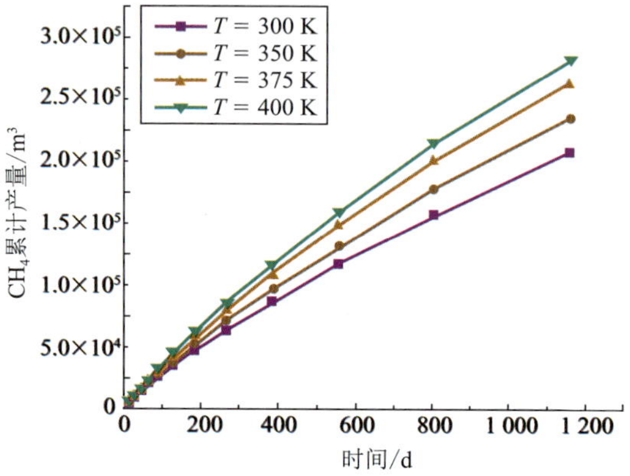

图 8-28 CH_4 的累计产量

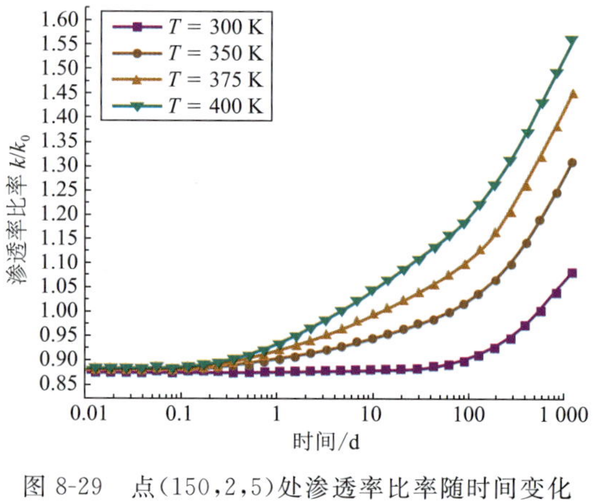

图 8-29 点(150,2,5)处渗透率比率随时间变化

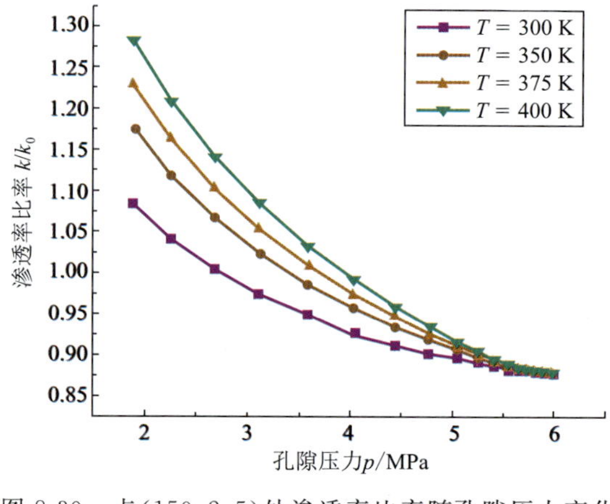

图 8-30 点(150,2,5)处渗透率比率随孔隙压力变化

在注热的过程中，煤层温度升高，煤层气体积膨胀，同时温度场的变化决定了煤层气的吸附与解吸，影响煤层气的渗透率和产量。不同注热温度对煤层气开发效果的影响如图 8-31 和图 8-32 所示。图 8-31 所示为 CH_4 产出速率曲线，从图中可以看出，随着煤层气开发的不断进行，煤层 CH_4 产出速率呈下降趋势，并且逐渐趋于平缓。以注热温度 350 K 为例，从表 8-5 所列的数据中可以得出，第 500 天的 CH_4 产出速率为1 562.569 m^3/d，比第 1 天产出速率 5 203.677 m^3/d 下降了 69.97%；第 1 000 天的 CH_4 产出速率为 978.497 m^3/d，比第 500 天下降了 37.39%。同样间隔 500 天，产气速率日渐下降，且下降幅度逐渐

趋缓。

综合以上因素可以得出结论，通过在煤层中进行注热提高煤层温度可以有效提高煤层气的产量。

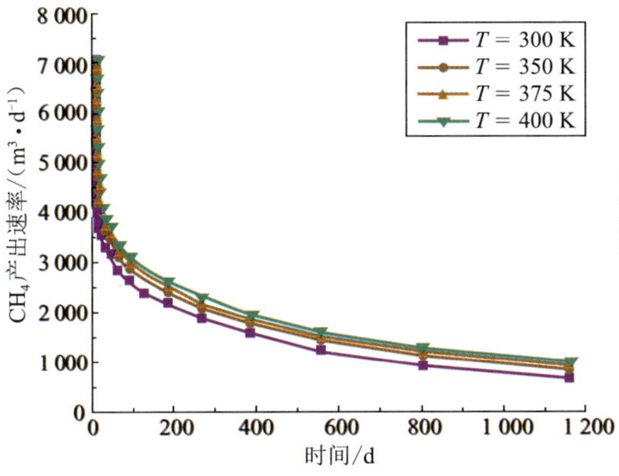

图 8-31　CH_4 的产出速率

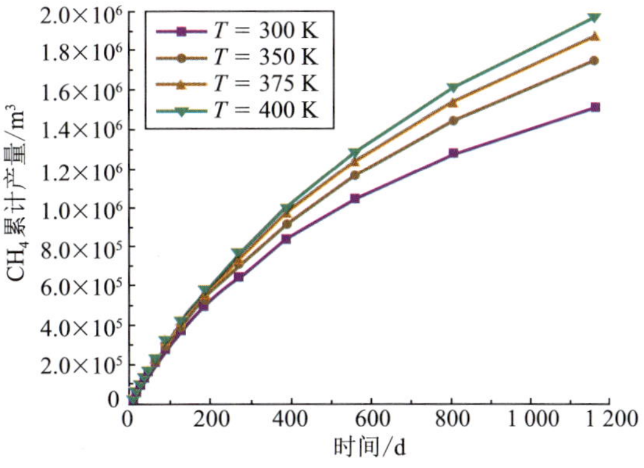

图 8-32　CH_4 的累计产量

表 8-5　CH_4 产出速率及累计产量

	时　间	第 1 天	第 100 天	第 500 天	第 1 000 天
$T=300$ K	CH_4 产出速率/($m^3 \cdot d^{-1}$)	4 742.168	2 548.132	1 355.658	793.258
	CH_4 累计产量/m^3	4 742.168	304 825.752	982 415.423	1 418 452.450
$T=350$ K	CH_4 产出速率/($m^3 \cdot d^{-1}$)	5 203.677	2 825.813	1 562.569	978.497
	CH_4 累计产量/m^3	5 203.677	332 159.458	109 478.256	1 627 859.486
$T=375$ K	CH_4 产出速率/($m^3 \cdot d^{-1}$)	5 424.038	2 949.887	1 659.485	1 073.580
	CH_4 累计产量/m^3	5 424.038	246 548.126	115 048.512	1 726 587.156
$T=400$ K	CH_4 产出速率/($m^3 \cdot d^{-1}$)	5 636.837	3 070.356	1 784.635	1 161.254
	CH_4 累计产量/m^3	5 636.837	359 045.159	120 568.794	1 823 456.129

8.3.4　其他增产技术

微孔径向喷射技术是利用高压水力射流从原井眼向储集层径向喷射出孔径 30～50 mm、长度 50～100 m 的微小水平井眼，可穿越近井地带储层污染，增加储层渗流通道，增大泄油、泄气面积，能够有效提高储层动用程度。该技术适用于近井地带储层处理、老油气区井网调整和低渗油气藏增产。我国致密砂岩气田及煤层气田分布广泛，除了上述增产技术外，微孔径向喷射技术兼有完井和增产的作用，能够实现近井地带解堵和沟通天然裂缝的作用，已经成为煤层气和致密砂岩气开发的有效储层改造手段[290]。

水力喷射径向钻孔技术引入到煤层气开发中，对阜新 L30 井进行措施改造，通过对煤层气井进行小井眼径向水力喷射，有效地沟通了煤层渗流通道，达到了煤层气井增产的目的。2007 年 11 月 13 日至 19 日，按设计要求，以 L30 井中间煤层段和太平煤层段(669.45～789.5 m，煤层厚度 59.8 m，43 层)为中心，沿煤层近西北—东南方向共 5 个剖面 14 个分支井眼进行水力喷射钻进，水力喷射径向钻进总长 1 065.1 m，进行 5 次方位定位控制。通过在 L30 井实施水力喷射径向钻孔后，产液量较措施前有所提高，由喷射前的 1 m^3/d 上升到 6 m^3/d；气量较措施前有明显的提高，产量由喷射前的 200 m^3/d 上升到

2 400 m^3/d。实践证明，水力喷射径向钻井具有沟通煤气储层、增强渗流的作用，解决了近井带污染问题，达到了煤层气增产的目的。

此外，西南石油大学正在研究二次压裂用于煤层气井的增产技术，以及本书研究的煤层气井产气通道再疏通等增产技术，将为煤层气的进一步开发提供依据和支持。

附　录

附表 1　三交区块煤层气井产出煤粉各粒径组成实验

物品	标准筛(10 目、20 目、30 目、40 目、60 目、80 目、100 目、120 目)、电子秤等
现场取样	 (a) 煤层产出煤粉样品一  (b) 煤层产出煤粉样品二 三交区块 15 口排采井的井底沉积煤粉样品
实验过程	(1) 打开电子秤,称取煤粉样品一的质量; (2) 将标准筛按照目数大小由上到下依次罗列放置,目数小的放在上层; (3) 取出煤粉样品一中粒径大于 5 目的煤粒,然后将其放入最顶层的标准筛中,充分晃动各标准筛,最后在电子秤上依次获取煤粉样品各粒径组成成分的质量; (4) 重复步骤(1)～(3),获取其他煤粉样品各粒径组成成分的质量。

实验结果

样品	煤粉样品各粒径(目)组成成分质量 m_i/g								总质量 m/g
	>100	80～100	60～80	40～60	20～40	10～20	5～10	<5	
一	13.85	12.80	25.02	36.16	25.41	16.34	6.55	10.05	146.18
二	14.12	16.36	25.47	35.09	39.11	15.05	13.97	11.01	170.18
三	14.49	12.54	24.71	34.28	23.28	16.78	18.90	21.10	166.08
四	15.07	12.35	24.75	43.93	19.61	13.01	6.52	9.21	144.45
五	14.38	13.48	26.14	37.32	28.48	18.20	16.93	7.41	162.34
六	14.79	15.29	26.81	26.09	25.53	16.79	18.48	12.57	156.35
七	15.39	9.12	25.66	36.38	16.4	17.04	13.94	11.62	145.55
八	15.47	17.68	26.28	47.68	25.28	15.94	6.05	5.44	159.82
九	15.48	16.06	24.76	39.28	34.41	19.34	23.58	9.07	181.98
十	17.85	13.27	25.68	31.56	39.3	23.13	18.70	6.62	176.11
十一	30.73	15.69	30.04	63.94	50.21	31.77	46.5	33.94	302.82
十二	11.65	12.40	24.64	38.29	35.68	17.03	5.81	2.25	147.75
十三	11.13	7.44	24.20	35.24	34.21	17.12	26.96	12.71	169.01
十四	12.48	11.83	24.83	34.63	42.93	20.78	42.25	14.44	204.17
十五	12.08	12.56	26.56	35.01	40.44	20.09	22.37	5.91	175.02

续表

	样品	煤粉样品各粒径(目)组成成分质量分数 $\eta_i/\%$								总质量分数 $\eta/\%$
		>100	80～100	60～80	40～60	20～40	10～20	5～10	<5	
实验数据分析	一	9.47	8.76	17.12	24.74	17.38	11.18	4.48	6.88	100
	二	8.30	9.61	14.97	20.62	22.98	8.84	8.21	6.47	100
	三	8.72	7.55	14.88	20.64	14.02	10.10	11.38	12.70	100
	四	10.43	8.55	17.13	30.41	13.58	9.01	4.51	6.38	100
	五	8.86	8.30	16.10	22.99	17.54	11.21	10.43	4.56	100
	六	9.46	9.78	17.15	16.69	16.33	10.74	11.82	8.04	100
	七	10.57	6.27	17.63	24.99	11.27	11.71	9.58	7.98	100
	八	9.68	11.06	16.44	29.83	15.82	9.97	3.79	3.40	100
	九	8.51	8.83	13.61	21.58	18.91	10.63	12.96	4.98	100
	十	10.14	7.54	14.58	17.92	22.32	13.13	10.62	3.76	100
	十一	10.15	5.18	9.92	21.11	16.58	10.49	15.36	11.21	100
	十二	7.88	8.39	16.68	25.92	24.15	11.53	3.93	1.52	100
	十三	6.59	4.40	14.32	20.85	20.24	10.13	15.95	7.52	100
	十四	6.11	5.79	12.16	16.96	21.03	10.18	20.69	7.07	100
	十五	6.90	7.18	15.18	20.00	23.11	11.48	12.78	3.37	100
	均值	8.79	7.81	15.19	22.35	18.35	10.69	10.43	6.39	100

附表 2　三交区块煤层气井井液煤粉含量实验

实验物品	实验台架、电子秤、井液样品、量筒、烧杯、玻璃棒、漏斗、滤纸等		
现场取样	 (a) 稳定排采井取样 (SJP01-1 井)	 (b) 稳定排采井取样静置 一段时间(SJP02-1 井)	 (c) 修井后重新稳定 排采井取样(SJP03-1 井)

续表

<table>
<tr><td>实验方法</td><td colspan="8">

(a) 过滤井液中的煤粉颗粒(SJP02-1 井)

(b) 过滤后的煤粉颗粒(SJP02-1 井)</td></tr>
<tr><td>实验步骤</td><td colspan="8">(1) 将盛放在器皿中现场调研获取的各井井液样品晃动均匀，避免煤粉附着器皿壁；
(2) 将井液样品倒入量筒中并量取其体积，然后打开电子秤称取烧杯质量，并将井液样品从量筒移至烧杯中，称取烧杯和井液样品的总质量；
(3) 搭建好实验台架，在电子秤上获取滤纸的质量，然后用玻璃棒充分搅动烧杯中的井液，搅拌均匀后将烧杯中的井液分批次倒入漏斗的滤纸内进行过滤；
(4) 晾干滤纸并在电子秤上获取滤纸和煤粉的总质量；
(5) 重复步骤(1)～(4)，获取其他各井煤粉含量测量值。</td></tr>
<tr><td rowspan="8">实验结果</td><td rowspan="2">井 号</td><td rowspan="2">总质量 m_t/g</td><td rowspan="2">烧杯质量 m_s/g</td><td colspan="2">井 液</td><td rowspan="2">滤纸质量 m_L/g</td><td rowspan="2">煤粉质量 m_c/g</td><td rowspan="2">煤粉体积分数</td></tr>
<tr><td>体积 V_w /mL</td><td>密度 ρ /(g · mL^{-1})</td></tr>
<tr><td>SJP01-1</td><td>259.20</td><td>178.15</td><td>83.5</td><td>0.971</td><td>1.02</td><td>0.13</td><td>1.052‰</td></tr>
<tr><td>SJP02-1</td><td>429.86</td><td>178.10</td><td>255</td><td>0.988</td><td>1.02</td><td>0.62</td><td>1.636‰</td></tr>
<tr><td>SJT02-3</td><td>273.02</td><td>178.02</td><td>98.5</td><td>0.965</td><td>1.18</td><td>0.13</td><td>0.889‰</td></tr>
<tr><td>SJ5-V1</td><td>463.74</td><td>178.14</td><td>289</td><td>0.989</td><td>1.02</td><td>0.49</td><td>1.128‰</td></tr>
<tr><td>SJ9-V1</td><td>298.25</td><td>178.24</td><td>122</td><td>0.984</td><td>1.02</td><td>0.13</td><td>0.715‰</td></tr>
<tr><td>SJP03-1</td><td>328.19</td><td>178.20</td><td>154</td><td>0.974</td><td>1.02</td><td>1.74</td><td>7.590‰</td></tr>
</table>

附表 3 任意形状煤粉沉降末速的实验统计数据表一

管段/cm	煤粉粒径 20 目			煤粉粒径 30 目			煤粉粒径 40 目			煤粉粒径 60 目		
	时间/s	时间/s	时间/s	时间/s	时间/s	时间/s	时间/s	时间/s	时间/s	时间/s	时间/s	时间/s
0	0	0	0	0	0	0	0	0	0	0	0	0
10	0.86	1.13	1.07	0.85	1.01	0.94	1.69	1.35	1.94	2.31	2.80	2.33
20	2.07	2.41	2.38	2.15	2.48	2.27	3.18	2.63	4.64	5.62	6.53	5.46
30	3.71	3.89	3.90	3.79	4.28	4.05	4.98	4.18	7.17	8.79	10.53	8.60
40	5.17	5.47	5.34	5.39	5.96	5.47	6.72	5.76	9.99	12.02	14.23	11.47
50	6.24	6.88	6.62	6.80	7.80	7.01	8.45	7.35	12.54	15.38	18.06	14.58
60	8.16	8.39	8.15	8.31	9.38	8.55	10.56	8.89	15.53	18.67	21.66	17.77
70	9.74	9.67	9.68	9.76	11.05	10.12	12.47	10.54	18.32	22.23	25.34	20.93

续表

管段/cm	煤粉粒径 20 目			煤粉粒径 30 目			煤粉粒径 40 目			煤粉粒径 60 目		
	时间/s	时间/s	时间/s	时间/s	时间/s	时间/s	时间/s	时间/s	时间/s	时间/s	时间/s	时间/s
80	11.12	11.24	11.05	11.34	12.78	11.83	14.32	12.12	21.07	25.90	29.33	24.52
90	12.49	12.59	12.43	12.97	14.41	13.54	16.37	13.65	23.09	29.43	33.24	27.70
100	13.94	13.80	14.06	14.50	16.21	15.24	18.23	15.17	26.55	33.13	37.08	31.54
110	15.71	15.39	15.70	16.13	17.93	16.74	20.20	16.87	29.55	36.71	40.93	35.11
120	17.42	17.35	17.14	17.87	19.67	18.39	22.15	18.52	32.26	40.30	44.45	38.64
130	18.61	18.62	18.67	19.48	21.35	20.01	23.98	20.05	35.15	43.81	48.25	42.18
140	19.94	20.27	20.22	21.16	23.07	21.47	25.79	21.65	37.90	47.36	52.59	45.36
150	21.75	21.45	21.90	22.86	24.79	23.06	27.26	23.28	40.79	50.91	56.28	48.86
160	23.29	23.27	23.31	24.57	26.73	24.67	29.89	24.92	43.76	54.57	59.76	52.18
170	24.83	24.80	24.99	26.16	28.46	26.37	31.77	26.42	46.67	58.05	63.71	55.41
180	26.29	26.59	26.53	28.03	30.36	28.20	33.61	28.05	50.08	61.63	67.82	58.74
190	27.97	27.82	28.22	29.74	32.33	30.04	35.76	29.60	53.06	65.34	71.65	62.23
200	29.66	29.08	29.97	31.42	34.35	31.82	37.97	31.13	56.08	69.02	75.46	65.73

附表 4　任意形状煤粉沉降末速的实验统计数据表二

管段/cm	煤粉粒径 80 目			煤粉粒径 100 目			煤粉粒径 120 目			煤粉粒径 140 目		
	时间/s	时间/s	时间/s	时间/s	时间/s	时间/s	时间/s	时间/s	时间/s	时间/s	时间/s	时间/s
0	0	0	0	0	0	0	0	0	0	0	0	0
10	2.34	5.51	3.93	4.99	3.89	6.56	5.51	6.22	5.865	11.35	8.21	9.44
20	5.91	10.17	8.04	12.39	11.54	13.70	14.45	14.57	14.51	23.99	19.45	21.47
30	10.07	14.59	12.33	20.77	18.54	20.78	23.11	22.99	23.05	35.65	30.84	33.87
40	14.36	18.84	16.60	28.70	26.02	27.81	32.38	31.52	31.95	47.31	42.23	46.75
50	18.51	22.90	20.71	36.04	33.39	34.93	41.46	40.11	40.79	59.41	53.67	59.13
60	22.49	25.09	23.79	44.17	40.93	42.03	50.99	49.05	50.02	71.99	65.52	71.40
70	26.90	27.28	27.09	51.66	48.13	49.10	60.22	58.81	59.52	84.26	77.29	84.26
80	31.48	31.39	31.43	58.70	55.95	56.80	70.53	69.16	69.85	97.89	89.45	97.87
90	35.72	35.74	35.73	66.63	63.81	64.39	81.21	78.92	80.07	110.1	101.7	111.7
100	40.07	40.30	40.19	74.24	70.90	74.28	92.76	89.10	90.93	119.3	114.5	125.8
110	44.31	44.74	44.53	82.30	78.53	81.39	102.5	99.92	101.2	125.2	127.1	139.0
120	48.83	49.10	48.96	89.83	84.82	88.81	112.9	109.9	111.4	136.9	139.2	151.3
130	53.13	53.35	53.24	97.19	92.16	96.05	122.8	120.2	121.5	151.1	151.3	163.5
140	58.01	57.78	57.90	104.5	99.81	103.2	132.7	130.4	131.5	162.1	163.7	175.7
150	62.32	61.94	62.13	112.0	107.7	109.9	142.8	140.6	141.7	176.9	175.5	188.1

续表

管段/cm	煤粉粒径 80 目			煤粉粒径 100 目			煤粉粒径 120 目			煤粉粒径 140 目		
	时间/s	时间/s	时间/s	时间/s	时间/s	时间/s	时间/s	时间/s	时间/s	时间/s	时间/s	时间/s
160	66.44	66.17	66.31	119.8	115.7	117.0	152.6	152.1	152.3	189.5	187.0	200.3
170	71.12	70.68	70.90	126.6	123.3	124.0	162.5	163.1	162.8	202.9	197.0	213.1
180	75.35	74.98	75.16	133.6	131.9	131.3	172.8	172.6	172.7	215.6	209.0	225.3
190	79.87	79.49	79.68	141.2	140.7	138.6	182.6	183.6	183.1	229.1	220.0	237.6
200	84.32	84.08	84.27	148.2	149.8	145.3	192.7	194.8	193.6	242.7	231.8	249.2

附表 5 群体煤粉沉降末速的实验统计数据表一

管段/cm	煤粉粒径 30 目			煤粉粒径 40 目			煤粉粒径 60 目			煤粉粒径 80 目		
	时间/s	时间/s	时间/s	时间/s	时间/s	时间/s	时间/s	时间/s	时间/s	时间/s	时间/s	时间/s
0	0	0	0	0	0	0	0	0	0	0	0	0
10	1.13	1.03	1.08	2.63	2.55	1.63	1.92	2.31	2.93	5.43	3.73	3.99
20	2.69	2.24	2.61	5.44	4.64	3.56	3.83	5.62	6.43	11.23	7.71	8.25
30	4.53	3.89	4.21	8.54	7.17	5.50	10.74	8.79	9.97	17.41	13.32	13.95
40	6.17	5.76	5.96	11.65	9.99	7.53	16.58	12.05	13.67	24.44	18.26	19.21
50	7.49	7.19	7.34	14.86	12.54	9.52	22.70	15.38	17.15	30.78	24.07	25.11
60	9.20	8.81	9.02	18.19	15.53	11.49	27.62	18.67	20.80	37.68	30.02	31.17
70	10.88	9.99	10.43	21.44	18.32	13.39	32.02	22.23	24.67	44.29	35.73	37.03
80	12.27	11.24	11.75	24.70	21.07	15.40	36.71	25.90	28.48	50.86	41.34	42.78
90	13.51	12.63	13.07	27.98	23.09	17.46	41.04	29.43	32.95	57.53	47.32	48.87
100	15.15	15.20	15.17	31.17	26.55	19.48	45.30	33.13	37.51	64.20	53.13	54.79
110	16.72	17.16	16.94	34.58	29.55	21.51	49.57	36.71	41.23	71.21	59.24	61.03
120	18.47	18.92	18.68	37.83	32.26	23.55	53.78	40.30	44.81	78.03	65.39	67.31
130	20.42	20.63	20.52	41.16	35.15	25.67	58.02	43.81	48.53	84.59	71.36	73.34
140	21.93	21.95	21.94	44.44	37.90	27.57	62.06	47.36	52.28	91.29	77.38	79.49
150	23.26	23.42	23.34	47.93	40.79	29.61	65.85	50.91	56.06	98.04	83.67	85.82
160	24.97	25.06	25.01	51.15	43.76	31.58	70.17	54.57	60.13	105.4	89.68	92.04
170	26.67	26.81	26.74	54.56	46.67	33.62	74.62	58.05	64.18	112.5	96.01	98.47
180	28.30	28.44	28.37	57.98	50.08	35.66	80.06	61.63	68.63	119.8	102.1	104.7
190	30.18	30.04	30.11	61.37	53.06	38.40	86.27	65.34	73.34	127.3	108.3	111.2
200	32.09	31.62	31.87	64.78	56.01	41.18	92.45	69.09	78.01	134.3	114.8	117.2

附表 6　群体煤粉沉降末速的实验统计数据表二

管段/cm	煤粉粒径 100 目			煤粉粒径 120 目			煤粉粒径 140 目			煤粉粒径 200 目		
	时间/s	时间/s	时间/s	时间/s	时间/s	时间/s	时间/s	时间/s	时间/s	时间/s	时间/s	时间/s
0	0	0	0	0	0	0	0	0	0	0	0	0
10	3.47	6.9	5.18	8.12	4.62	6.37	12.14	11.07	9.11	8.65	12.83	11.49
20	11.25	14.83	13.04	18.67	15.19	16.93	29.27	27.29	20.09	20.33	28.73	26.52
30	18.84	22.52	20.68	32.13	27.39	29.52	44.68	43.54	30.31	36.40	44.58	42.33
40	26.74	30.52	28.63	44.94	39.66	42.31	60.37	57.08	40.96	52.83	58.34	57.51
50	34.88	38.38	36.63	56.33	50.97	53.65	72.28	70.03	52.08	69.72	73.18	70.30
60	43.42	46.20	44.81	68.68	62.33	65.51	82.83	83.15	63.87	87.80	85.79	84.14
70	51.42	54.32	52.87	80.75	73.63	77.19	94.71	96.10	76.51	106.1	103.1	99.80
80	60.24	62.62	61.40	91.71	87.16	89.53	105.4	109.5	90.59	124.8	121.8	116.0
90	69.24	70.95	70.09	102.1	100.8	101.5	116.1	122.2	104.3	141.5	140.8	132.6
100	78.32	79.67	78.98	113.3	115.2	113.5	125.3	137.2	119.3	159.4	160.7	149.8
110	87.49	88.43	87.96	125.3	129.7	127.5	135.4	156.2	132.9	175.6	179.2	167.2
120	93.52	97.05	95.27	137.8	144.5	141.1	145.7	171.0	151.4	192.1	196.9	184.4
130	103.6	105.5	104.5	149.7	157.6	153.6	157.4	184.9	164.1	208.9	215.1	201.3
140	109.2	114.1	111.6	161.6	169.8	165.7	171.9	199.5	183.4	223.5	233.8	220.1
150	114.6	122.5	118.5	174.1	181.7	177.9	188.9	213.5	201.3	239.9	254.3	240.6
160	122.5	131.0	126.8	186.8	193.2	190.1	209.6	229.9	216.8	256.5	274.9	262.3
170	131.8	139.6	135.7	199.7	206.3	203.0	232.4	249.9	233.6	277.0	295.3	289.1
180	140.2	147.9	144.0	212.5	218.3	215.4	254.5	268.5	253.2	294.6	314.9	310.7
190	149.6	156.3	153.0	224.9	229.7	227.3	278.6	284.6	268.4	315.5	331.0	336.0
200	159.4	164.2	161.6	237.8	241.3	239.5	302.6	300.9	283.3	336.7	347.3	361.6

附表 7　有杆泵排采泵阀开启条件的实验统计数据

冲次 n=2.03 次/min		冲次 n=3.01 次/min		冲次 n=3.98 次/min		冲次 n=5.14 次/min		冲次 n=6.12 次/min		冲次 n=6.60 次/min	
沉没度 h_C/m	排量 q/(mL·min^{-1})	沉没度 h_C/m	排量 q/(mL·min^{-1})	沉没度 h_C/m	排量 q/(mL·min^{-1})	沉没度 h_C/m	排量 q/(mL·min^{-1})	沉没度 h_C/m	排量 q/(mL·min^{-1})	沉没度 h_C/m	排量 q/(mL·min^{-1})
1.00	0	1.00	0	1.20	0	1.00	0	1.00	0	1.00	0
2.00	0	2.00	0	2.00	0	2.00	0	2.00	0	2.00	0
2.55	0	2.62	0	2.75	0	2.86	0	3.00	0	3.05	0
2.65	500	2.72	500	2.85	500	2.91	480	3.15	490	3.15	500
2.95	850	2.92	750	3.05	750	3.31	800	3.66	800	3.25	750
3.75	1 000	3.72	900	3.75	880	4.21	900	4.42	860	4.05	850
4.75	1 100	4.92	1 050	5.05	950	5.41	960	5.12	910	5.05	900

续表

冲次 $n=2.03$ 次/min		冲次 $n=3.01$ 次/min		冲次 $n=3.98$ 次/min		冲次 $n=5.14$ 次/min		冲次 $n=6.12$ 次/min		冲次 $n=6.60$ 次/min	
沉没度 h_C/m	排量 q /(mL·min^{-1})	沉没度 h_C/m	排量 q /(mL·min^{-1})	沉没度 h_C/m	排量 q /(mL·min^{-1})	沉没度 h_C/m	排量 q /(mL·min^{-1})	沉没度 h_C/m	排量 q /(mL·min^{-1})	沉没度 h_C/m	排量 q /(mL·min^{-1})
5.95	1 150	5.87	1 100	6.05	990	6.21	990	6.23	950	6.05	940
6.95	1 180	6.92	1 130	7.15	1 020	7.16	1 010	7.15	990	7.15	980
7.95	1 200	7.92	1 150	8.10	1 050	8.21	1 050	8.17	1 020	8.05	1 010
8.95	1 220	8.92	1 180	9.05	1 120	9.11	1 070	9.25	1 040	9.15	1 030
10.05	1 220	9.92	1 200	10.00	1 150	10.11	1 090	10.15	1 060	10.05	1 050
10.91	1 240	10.92	1 210	11.15	1 170	11.01	1 120	11.12	1 090	11.05	1 070
12.95	1 240	12.37	1 210	12.05	1 170	12.16	1 140	12.17	1 110	12.15	1 090
13.95	1 250	12.92	1 220	12.95	1 185	13.01	1 150	13.15	1 130	13.05	1 120
14.65	1 250	14.12	1 230	13.95	1 190	14.16	1 170	14.25	1 145	14.15	1 140
15.80	1 255	14.92	1 235	14.95	1 190	15.01	1 180	15.16	1 150	15.25	1 145
16.85	1 255	15.58	1 235	16.45	1 200	16.01	1 190	16.19	1 160	16.45	1 150
17.95	1 255	16.87	1 240	17.55	1 200	17.41	1 190	17.21	1 165	17.55	1 160
18.95	1 255	17.92	1 240	18.60	1 200	18.21	1 190	18.13	1 170	18.25	1 170
19.20	1 260	18.92	1 245	19.05	1 225	19.16	1 195	19.15	1 185	19.15	1 185
19.65	1 260	19.45	1 250	19.50	1 225	19.50	1 200	19.58	1 190	19.52	1 190
20.00	1 260	20.00	1 250	20.00	1 225	20.00	1 200	20.00	1 190	20.00	1 190

参考文献

[1] 李元建．中国煤层气产业开发利用现状与对策分析[J]. 中国矿业，2010，19(6)：8-10.

[2] 黄盛初，刘文革，赵国泉. 中国煤层气开发利用现状及发展趋势[J]. 中国煤炭，2009，35(1)：5-10.

[3] 王宏，杨丽丽. 我国煤层气资源开发意义探究[J]. 辽宁大学学报(自然科学版)，2008，35(1)：85-88.

[4] 车长波，杨虎林，李富兵，等. 我国煤层气资源勘探开发前景[J]. 中国矿业，2008，17(5)：1-4.

[5] 中联煤层气有限责任公司.煤层气开发利用及发展建议[R]，2005.

[6] 冯立杰，张胜有，姜光杰，等.煤层气开发利用综合效益评估[J].煤炭经济研究，2010，30(1)：29-32.

[7] 崔荣国.国内外煤层气开发利用现状[J].国土资源情报，2005(11)：22-26.

[8] Fischer P A. Unconventional gas resources fill the gap in future suppliers[J].World Oil，2004，225(8)：41-44.

[9] 国务院办公厅. 关于加快煤层气抽采利用的若干意见(国办发[2006]47 号)，2006.

[10] 高远文，姚艳斌.我国煤层气产业现状及开发模式探讨[J].资源与产业，2008，10(2)：90-92.

[11] Anna L O. Ground water flow associated with coalbed gas production[J]. International Journal of Coal Geology，2003，56(3)：69-95.

[12] Clarkson C R，Jordan C L，Gierhart R R. Production data analysis of CBM wells [J]. SPE Rocky Mountain Oil & Gas Technology Symposium，2007：16-18.

[13] Vicki A H，Paul S S. A guide to coalbed methane operations[M]. Gas Research Institute，2002：237-259.

[14] Clarkson C R，McGovern J M. Optimization of CBM reservoir exploration and development strategies through integration of simulation and economics[J]. SPE Reservoir Evaluation and Engineers，2005：502-519.

[15] 刘新福.煤层气排水采气设备的选型研究[D]. 青岛：中国石油大学(华东)，2009.

[16] 严绪朝，郝鸿毅.国外煤层气的开发利用状况及其技术水平[J]. 石油科技论坛，2007(6)：24-30.

[17] 徐凤银，李曙光，王德桂. 煤层气勘探开发的理论与技术发展方向[J]. 中国石油勘探，2008(5)：1-6.

[18] 赵兴龙，汤达祯，陶树，等. 澳大利亚煤层气开发工艺技术[J]. 中国煤炭地质，2010，22(9)：26-31.

[19] Scott Thomson，Andrew Lukas，Duncan McDonald. Maximising coal seam meth-

ane extraction through advanced drilling technology[C]. Second Annual Australian Coal Seam & Mine Methane Conference,2003:1-14.
[20] Scott Thomson,Duncan McDonald. The application of medium radius directional drilling for coal bed methane extraction[R]. Technical Paper,2003:1-11.
[21] Noel Pereira. ESP application considerations for CBM[J]. SPE ATW,2004.
[22] Session S. Subsurface & surface production facilities[R]. SPE ATW Coalbed Methane,2004.
[23] CSM-Optimisation of surface facilities[R]. SPE Applied Technology Workshop (ATW),2004:7-10.
[24] 刘景涛,梁立移,孙顺东. 游梁式抽油机在煤层气开采中的应用与改进[J]. 中国煤层气,2007,4(1):37-39.
[25] 史永庆,肖津,孟青山. 螺杆泵在煤层气开发中的应用和存在的问题[J]. 国外石油机械,1998,9(1):29-32.
[26] 张学鲁,季祥云,罗仁全. 游梁式抽油机技术与应用[M]. 北京:石油工业出版社,2001:2-5.
[27] 李延祥. 国家科技重大专项大型油气田及煤层气开发课题研究报告[R]. 北京:中石油煤层气有限责任公司,2008.
[28] 陈振宏. 高低煤阶煤层气藏主控因素差异性对比研究[D]. 北京:中国科学院,2007:19-26.
[29] Schwerer F C,Pavone A M. Effect of pressure-dependent permeability on well-test analyses and long-term production of methane from coal seams[C]. Proceedings of the SPE/DOE/GRI Unconventional Gas Recovery Symposium. SPE 12857,1984:261-267.
[30] 秦勇,宋党育,王超. 山西南部晚古生代煤的煤化作用及其控气特征[J]. 煤炭学报,1997,22(3):230-235.
[31] 秦勇. 中国高煤级煤的显微岩石学特征及结构演化[M]. 徐州:中国矿业大学出版社,1994:33-37.
[32] Vardoulakis I,Stavropoulou M,Papanastasion P. Hydro-mechanical aspects of the sand production problem[J]. Transport in Porous Media,1996,22(2):225-244.
[33] 范兴沃,李相方,关文龙,等. 国内外出砂机理研究现状综述[J]. 钻采工艺,2004,27(3):57-70.
[34] 周林然,卢渊,伊向艺. 中国油井出砂预测技术现状[J]. 油气地质与采收率,2006,13(2):100-102.
[35] 赵伦,李建新,李孔绸,等. 复杂碳酸盐岩储集层裂缝发育特征及形成机制[J]. 石油勘探与开发,2010,37(3):304-309.
[36] Dunkel M,Leonard P. Wireless transfer successfully transmits bottomhole data during drill-stem testing in a muti-well program offshore gabon[C]. Proceedings of the Offshore Technology Conference. OTC 15319,2003:1-8.
[37] Hong'en D,Dandan H,Wenxin C. Sand production prediction and the selection of completion methods for horizontal wells in Intercampo Oil Field,Venezuela[C].

Proceedings of the Asia Pacific Oil & Gas Conference and Exhibition. SPE 93821, 2005:1-12.

[38] Risnes R,Bratli R K,Horsrud P. Sand stresses around a wellbore[J]. SPE Journal,1982,22(6):883-898.

[39] McLellan P J,Hawkes C D,Read R S. Sand production prediction for horizontal wells in gas storage reservoirs[C]. Proceedings of the SPE/Petroleum Society of CIM International Conference on Horizontal Well Technology. SPE 65510,2000:1-14.

[40] Morita N,Whitfill D L,Massle I,et al. Realistic sand-production prediction:Numerical approach[J]. SPE Production Engineering,1989,4(1):15-24.

[41] Morita N,Boyd P A. Typical sand production problems:Case studies and strategies for sand control[C]. Proceedings of the 66th Annual Technical Conference and Exhibition. SPE 22739,1991:801-812.

[42] Moore W R. Sand production prediction[J]. Journal of Petroleum Technology, 1994,46(11):955-956.

[43] Weingarten J S,Perkins T K. Prediction of sand production in gas wells:Methods and gulf of Mexico case studies[J]. Journal of Petroleum Technology,1995,47(7):596-600.

[44] Perkins T K,Weingarten J S. Stability and failure of spherical cavities in unconsolidated sand and weakly consolidated rock[C]. Proceedings of the 63th Annual Technical Conference and Exhibition. SPE 18244,1988:613-626.

[45] Bratli R K,Risnes R. Stability and failure of sand arches[J]. SPE Journal,1981,21(2):236-248.

[46] Nouri A,Vaziri H,Belhaj H,et al. Sand-production prediction:A new set of criteria for modeling based on large-scale transient experiments and numerical investigation[J]. SPE Journal,2006,11(2):227-237.

[47] Hoek P J V,Hertogh G M M,Kooijman A P,et al. A new concept of sand production prediction:Theory and laboratory experiments[J]. SPE Drilling & Completion,2000,15(4):261-273.

[48] Hoek P J V,Papamichos E,Kenter C J. A new concept of sand production prediction on the basis of bifurcation theory[C]. Proceedings of the 2nd North American Rock Mechanics Symposium,1996:1097-1104.

[49] 李治军,张公社,聂飞朋. 油层出砂预测[J]. 特种油气藏,2004,11(5):72-74.

[50] 丛洪良,盛宏至. 疏松砂岩油藏油井出砂量预测模型及应用[J]. 石油天然气学报, 2006,28(2):120-122.

[51] Denise M E,Carl W S,Anderson S A,et al. Real-time monitoring of sand control completions[C]. Proceedings of the Annual Technical Conference and Exhibition. SPE 134555,2010:1-9.

[52] Spurlock J W,Demski D B. A new approach to the sand control problem:A multilayer,wire-wrapped sand screen[C]. Proceedings of the Fall Meeting of the Socie-

ty of Petroleum Engineers of AIME. SPE 4014,1972:1-11.

[53] Gumpertz B. Screening effect of gravel on unconsolidated sands[J]. Trans. AIME, 1960,211(6):265-274.

[54] Gillespie G,Deem C K. Screen selection for sand control based on laboratory tests [C]. Proceedings of the Asia Pacific Oil & Gas Conference and Exhibition. SPE 64398,2000:1-15.

[55] Coberly C J. Selection of screen openings for unconsolidated sands[J]. Production Practice,1937,11(2):189-201.

[56] Wilson S A,Gilles L F. Monitoring the oilfield of the present using live-well microseismic technology[C]. Proceedings of the Offshore Technology Conference. OTC 19693,2008:1-9.

[57] Mondal S,Sharma M M,Chanpura R A,et al. Numerical simulations of screen performance in standalone screen applications for sand control[C]. Proceedings of the Annual Technical Conference and Exhibition. SPE 134326,2010:131-149.

[58] Mondal S,Sharma M M,Chanpura R A,et al. Numerical simulations of sand-screen performance in standalone applications[J]. SPE Drilling & Completion, 2011,26(4):472-483.

[59] Coberly C J,Wagner E M. Some considerations in the selection and installation of gravel pack for oil wells[J]. Petroleum Technology,1938,1(3):1-20.

[60] Schwartz D H. Successful sand control design for high rate oil and water wells[J]. Journal of Petroleum Technology,1969,21(9):1193-1198.

[61] Rogers Jr E B. Sand control in oil and gas wells[J]. Oil and Gas Journal,1971,8 (1):15-22.

[62] 邓泽,康永尚,刘洪林,等. 开发过程中煤储层渗透率动态变化特征[J]. 煤炭学报, 2009,34(7):947-951.

[63] Hossain M M,Rahman M K. Hydraulic fracture initation and propagation:Roles of wellbore trajectory perforation and stress regmes[J]. Journal of Petroleum Science and Engineering,2000,27(2):129-149.

[64] Enever R E,Henning A. The relationship between permeability and effective stress for Australian coals and its implications with respects to coalbed methane exploration and reservoir molding[A]. Proceedings of the 1997 International Coalbed Methane Symposium[C]. Alabama:The University of Alabama Tuscaloosa, 1997:13-22.

[65] 刘向君,梁利喜,成竹,等. 裂缝闭合临界流体压力对油气田开发的影响[J]. 天然气工业,2005,25(10):89-91.

[66] 赵庆波,李五忠,孙粉锦. 中国煤层气分布特征及高产富集因素[J]. 石油学报, 1997,18(4):1-6.

[67] 叶建平,史保生,张春才. 中国煤储层渗透性及其主要影响因素[J]. 煤炭学报, 1999,24(2):118-122.

[68] James F L,Herald W W,Robert E S. What is new in artificial lift[J]. World Oil,

2003,224(4):29-39.
[69] Houghton J E. New selfrotating piston extended the service life of rod pump[J]. Journal of Petroleum Technology,1998,50(6):84-88.
[70] Lea J F. What's new in artificial lift[J]. World Oil,2001,222(3):72-81.
[71] Lea J F. What's new in artificial lift[J]. World Oil,2004,225(4):82-85.
[72] 赵庆波. 煤层气地质与勘探技术[M]. 北京:石油工业出版社,1999:17-43.
[73] 杨陆武,孙茂远,胡爱梅,等. 适合中国煤层气藏特点的开发技术[J]. 石油学报,2002,23(4):46-50.
[74] 陈庆云,祝令湖,付合适,等. 自旋式防砂泵的研制与应用[J]. 石油矿场机械,2005,34(2):48-51.
[75] 刘庆敏,徐建礼,程正全,等. 长柱塞式防砂抽油泵原理与应用[J]. 油气采收率技术,1999,6(1):71-74.
[76] 姜东,罗文莉,罗燕,等. 等径刮砂柱塞防砂泵的研究与应用[J]. 石油机械,2001,29(7):28-30.
[77] 乔文彪. 动筒式防砂抽油泵在出砂井采油中的应用[J]. 石油机械,2005,33(7):63-65.
[78] Turner R G,Hubbard M G,Dukler A E. Analysis and prediction of minimum flow rate for the continuous removal of liquids from gas wells[J]. Journal of Petroleum Technology,1969,21(11):1475-1482.
[79] Coleman S B,Clay H B,McCurdy D G,et al. A new look at predicting gas-well loadup[J]. Journal of Petroleum Technology,1991,43(3):329-333.
[80] Trammel P,Praisnar A. Continuous removal of liquids from gas wells by use of gas lift[C]. Proceedings of the Southwestern Petroleum Short Course Association,1976:155-169.
[81] Bizanti M S,Moonesan A. How to determine minimum flow rate for liquid removal[J]. World Oil,1999,220(6):71-73.
[82] Nosseir M A,Darwich T A,Sayyouh M H,et al. A new approach for accurate prediction of loading in gas wells under different flowing conditions[J]. SPE Production & Facilities,2000,15(4):241-246.
[83] Greene W R. Analyzing the performance of gas wells[C]. Proceedings of the Southwestern Petroleum Short Course Association,1978:1-12.
[84] Vogel J V. Inflow performance relationships for solution-gas drive wells[J]. Journal of Petroleum Technology,1968,20(1):83-92.
[85] Joshi S D. Augmentation of well productivity with slant and horizontal wells[J]. Journal of Petroleum Technology,1988,40(6):729-739.
[86] Mukherjee H,Brill J P. Pressure drop correlations for inclined two-phase flow[J]. Journal of Energy Resources Technology,1985,133(12):549-554.
[87] Orkiszewski J. Prediction two phase pressure drops in vertical pipe[J]. Journal of Petroleum Technology,1967,19(6):829-838.
[88] Hagedorn A R,Brown K E. Experimental study of pressure gradients occurring

during continuous two-phase flow in small-diameter vertical conduits[J]. Journal of Petroleum Technology,1965,17(4):475-484.

[89] Chierici G L,Ciucci G M,Sclocchi G. Two-phase vertical flow in oil wells-prediction of pressure drop[J]. Journal of Petroleum Technology,1974,26(8):927-938.

[90] 詹姆斯·利,亨利·尼肯斯,迈克尔·韦尔斯. 气井排水采气[M]. 何顺利,顾岱鸿,田树宝,等译. 北京:石油工业出版社,2009:25-35.

[91] Gabor T. Considerations on the selection of an optimum vertical multiphase pressure drop prediction model for oil wells[C]. Proceedings of the Production and Operations Symposium. SPE 68361,2001:1-10.

[92] 冯文光. 煤层气藏工程[M]. 北京:科学出版社,2009.

[93] 程百利. 煤层气井排采工艺研究[J]. 石油天然气学报,2010,32(6):480-482.

[94] 刘正华. 双喜岭油田杆管偏磨特点及防治技术[J]. 钻采工艺,2006,29(6):97-99.

[95] 康园园,邵先杰,石磊,等. 煤层气开发技术综述[J]. 中国煤炭地质,2010,22(S):43-46.

[96] 沈江,沈瑞林. 地面驱动螺杆泵系统的应用[J]. 国外石油机械,2001,9(1):34-38.

[97] Ozdemir E,Morsi B I,Schroeder K. Importance of volumn effects to adsorption isotherms of carbon dioxide on coals [J]. Langmuir,2003(19):9764-9773.

[98] 丛洪良,盛宏至. 疏松砂岩油藏油井出砂量预测模型及应用[J]. 石油天然气学报,2006,28(2):120-122.

[99] 陈振宏,王一兵,孙平. 煤粉产出对高煤阶煤层气井产能的影响及其控制[J]. 煤炭学报,2009,34(2):229-232.

[100] Harpalani S,Schraufnagel R A. Shrinkage of coal matrix with release of gas and its impact on permeability of coal[J]. Fuel,1991,69(5):551-556.

[101] 陈振宏,贾承造,宋岩,等. 构造抬升对高低煤阶煤储层物的不同影响及机理[J]. 石油勘探与开发,2007,34(4):461-464.

[102] 陈振宏,贾承造,宋岩,等. 高煤阶与低煤阶煤层气藏物性差异及其成因[J]. 石油学报,2008,29(2):179-183.

[103] Fung L S K,Wong R C K. Modeling of cavity stability and sand production in heavy oil reservoir[J]. Journal of Canadian Petroleum Technology,1996,35(2):47-53.

[104] Rutqvist J,Borgesson L,Chijimatsu M,et al. Thermohydro mechanics of partially saturated geological media:Governing equations and formation of four finite element models[J]. International Journal of Rock Mechanics and Mining Sciences,2001,38(1):105-127.

[105] Pao W K S,Lewis R W,Masters I. A fully coupled hydro thermo pore mechanical model for black oil reservoir simulation[J]. International Journal of Numerical and Analytical Methods in Geomechanics,2001,25(12):1229-1256.

[106] 刘新福,綦耀光,刘春花,等. 气水两相煤层气井井底流压预测方法[J]. 石油学报,2010,31(6):998-1003.

[107] 冯文光. 煤层气藏工程[M]. 北京:科学出版社,2009:9-57.

[108] 孙茂远,黄盛初. 煤层气开发利用手册[M]. 北京:煤炭工业出版社,1998:35-42.

[109] 曾流芳. 疏松砂岩油藏大孔道形成机理及渗流规律研究[M]. 东营:石油大学出版社,2002:23-25.

[110] 苏现波. 煤层气地质学与勘探开发[M]. 北京:科学出版社,2001.

[111] 韩培锋. 低渗透油藏水力压裂研究[D]. 武汉:武汉工业学院,2011.

[112] 张群,冯三利,杨锡禄. 试论我国煤层气的基本储层特点及开发策略[J]. 煤炭学报,2001,26(3):230-235.

[113] 刘战君. 青西油田裂缝特征及其对开发过程的影响[D]. 成都:西南石油学院,2003.

[114] 刘飞. 山西沁水盆地煤岩储层特征及高产富集区评价[D]. 成都:成都理工大学,2007.

[115] 叶建平,史保生,张春才. 中国煤储层渗透性及其主要影响因素[J]. 煤炭学报,1999,24(2):118-122.

[116] 张大为,曾昭英. 有限导流垂直裂缝双线性流动模型的应用[J]. 特种油气藏,2007,14(4):72-74.

[117] 李淑霞. 油藏数值模拟基础[M]. 东营:中国石油大学出版社,2009.

[118] 冯文光. 煤层气藏工程[M]. 北京:科学出版社,2009:9-57.

[119] Bratli R K,Risnes R. Stability and failure of sand arches[J]. SPE Journal,1981,21(2):236-248.

[120] Fjaer E,Holt R M,Horsrud P,et al. Petroleum related rock mechanics[M]. 2nd. Amsterdam,Netherlands:Elsevier Besloten Vennootschap,2008,138-143.

[121] 梁冰,孙可明. 低渗透率煤层气开发理论及其应用[M]. 北京:科学出版社,2006:22-25.

[122] 陶纪南. 莫尔库仑准则的应用范围及临界应力状态探讨[J]. 岩土力学学报,1990,12(5):76-83.

[123] 鲁祖统,龚晓南. Mohr-Coulomb 准则在岩土工程应用中的若干问题[J]. 浙江大学学报(工学版),2000,34(5):588-590.

[124] 楼一珊,金业权. 岩石力学与石油工程[M]. 北京:石油工业出版社,2009:150-159.

[125] Zeng F,Zhao G,Xu X. Transient pressure behavior under non-Darcy flow,formation damage and their combined effect for dual porosity reservoirs[J]. Journal of Canadian Petroleum Technology,2009,48(7):54-65.

[126] Nind T E. Skin factor and flow efficiency in wells producing under solution gas drive[J]. Journal of Canadian Petroleum Technology,1986,25(8):35-39.

[127] Szpunar T. How to compute the permeability and skin factor of low pressure water zones[J]. Journal of Canadian Petroleum Technology,2001,40(7):45-51.

[128] 张建国,雷光伦,张艳玉. 油气层渗流力学[M]. 东营:中国石油大学出版社,2006:25-30.

[129] Bagnold R A. Auto-suspension of transported sediment turbidity currents[J]. Proceedings of the Royal Society,1962,265(7):122-132.

[130] Morita N, Whitfill D L. Realistic sand production prediction: Numerical ap-

proach. SPE 16989.
[131] Morita N,Whitfill D L. Parametric study of sand production prediction:Analytical approach. SPE 16990.
[132] 李志刚,付胜利,乌效鸣,等. 煤岩力学特性测试与煤层气井水力压裂力学机理研究[J]. 石油钻探技术,2000,28(3):10-12.
[133] 费祥俊. 浆体与粒状物料输送水力学[M]. 北京:清华大学出版社,1994.
[134] 郑绍强. 疏松砂岩气藏多层合采气井出砂携砂产能研究[D]. 成都:西南石油大学,2006.
[135] 傅英. 压裂气井生产过程中支撑剂回流机理研究[D]. 成都:西南石油大学,2006.
[136] Rhee H K,Aris R,Arnundson N R. First-order partial differential equation[M]. New Jersey:Prentice-Hall,1986.
[137] Ahsene,Bouhroum,Liu Xinghui,Farka Cinva. Predictive model and verification for sand particulates migration in gravel pack. SEP 28534.
[138] 邓绍强. 疏松砂岩气藏多层合采气井出砂携砂产能研究[D]. 成都:西南石油大学,2006.
[139] 王正茂,胡海燕. 出砂储层物性动态模型[J],天然气工业,2005:25(6):75-77.
[140] 王晓冬. 渗流力学基础[M]. 北京:石油工业出版社,2006.
[141] 高明. 城市排水管道内污水两相流临界流速研究[D]. 重庆:重庆大学,2006.
[142] Newitt D M,Richardson J F,Abbott M,Turtle R B. Hydraulic conveying of solids in horizontal pipes[J]. Trans. Inst. Chem. Engin.,1955,33(4).
[143] Hsu F L,Turian R M,Ma T W. Flow of non-colloidal slurries in pipelines[J]. AIChE Journal,1989,35(3):429-442.
[144] 王洪,李春兰,黄世军. 疏松砂岩油藏水平井适度出砂开发携砂计算模型[J]. 石油钻采工艺,2007,29(1):65-68.
[145] 李爱芬,王士虎,王文玲. 地层砂粒在液体中的沉降规律研究[J]. 油气地质与采收率,2001,8(1):70-73.
[146] 吴宁,张琪,曲占庆. 固体颗粒在液体中沉降速度的计算方法综述[J]. 石油钻采工艺,2000,22(2):51-56.
[147] 钱宁,万兆惠. 泥沙运动力学[M]. 北京:科学出版社,2003:45-47.
[148] Allen H S. The flow of viscous fluid at small reynauds numbers[J]. Philosophical Magazine,1973,5(2):323-329.
[149] 李明忠,王卫阳,何岩峰,等. 垂直井筒携砂规律研究[J]. 石油大学学报(自然科学版),2000,24(2):33-43.
[150] McNown J S,Malaika J. Effect of particle shape on settling velocity at low reynaud numbers[J]. Trans. American Geophysical Union,1950,31(1):74-82.
[151] 戈威尔,阿济兹. 复杂混合物在管道中的流动[M]. 权忠舆,译. 北京:石油工业出版社,1986:12-20.
[152] Stokes G G. On the effect of the internal friction of fluids on the motion of pendulums[J]. Trans. Cambridge Philosophical Society,1951,9(2):89-106.
[153] 李明忠,王卫阳,赵国景. 垂直井筒井液携砂流动规律研究及其在油田生产中的应

用[J]. 实验力学,2002,17(3):385-392.
[154] 蔡树棠. 泥沙在静水中的沉淀运动——含砂浓度对沉淀的影响[J]. 物理学报,1956,12(5):402-408.
[155] Burgers J M. The influence of the concentration of a suspension upon the sedimentation velocity (In particular for a suspension of spherical particles)[C]. Proc. Ned. Akad. Wet,Amsterdam,1942:125-127.
[156] Uchida S. Slow viscous flow past closely spaced spherical particles[J]. Japaneous Inst. Sci. Tech. ,1949,3:97-104.
[157] 岳湘安. 液固两相流基础[M]. 北京:石油工业出版社,1999:168-177.
[158] Wang Guangqian,Ni Jinren. The kinetic theory for dilute solid/liquid two-phase flow[J]. International Journal of Multiphase Flow,1991,17(2):273-281.
[159] Gidaspow D. Multiphase flow and fluidization:Continuum and kinetic theory descriptions[M]. San Diego,California:Academic Press,1994:52-75.
[160] 傅旭东,王光谦,董曾南. 低浓度固液两相流理论分析与管流数值计算[J]. 中国科学(E辑),2001,31(6):556-565.
[161] Cao J,Ahmadi G. Gas-particle two-phase turbulent flow in a vertical duct[J]. International Journal of Multiphase Flow,1995,21(6):1203-1228.
[162] Jenkins J T,Savage S B. A theory for the rapid flow of identical,smooth,nearly elastic,spherical particles[J]. Journal of Fluid Mechanics,1983,130(2):187-202.
[163] 傅旭东,王光谦. 低浓度固液两相流颗粒相本构关系的动理学分析[J]. 清华大学学报(自然科学版),2002,42(4):560-563.
[164] Givler R C. An interpretation for the solid-phase pressure in flow,fluid-particle flows[J]. International Journal of Multiphase Flow,1987,13(5):985-992.
[165] Saffman P G. The lift on a small sphere in a slow shear flow[J]. Journal of Fluid Mechanics,1965,112(2):156-173.
[166] Jenkins J T. Boundary conditions for rapid granular flow:Flat frictional walls[J]. Journal of Applied Mechanics,1992,59(2):120-127.
[167] Lee S L,Durst F. On the motion of particles in turbulent duct flows[J]. International Journal of Multiphase Flow,1982,8(1):125-146.
[168] Fu X D,Wang G Q,Dong Z N. Theoretical analysis and numerical computation of dilute solid/liquid two-phase pipe flow[J]. Science in China,Series E,2001,44(3):298-308.
[169] 庞占喜,程林松,刘慧卿. 多孔介质中稳定泡沫的流动计算及实验研究[J]. 力学学报,2008,40(5):599-604.
[170] Goldstein S. The steady flow of viscous fluid past a fixed spherical obstacle at small reynaud numbers[J]. Proceedings of the Royal Society of London,Series A,1929,12(3):54-58.
[171] 何世明,罗德明,虞海生,等. 判别液体流态的层流稳定性理论[J]. 天然气工业,2000,20(5):67-69.
[172] Chinenye C O,Subhash N S. Laminar and turbulent friction factors for annular

flow of drag-reducing polymer solutions in coiled-tubing operations[J]. SPE Drilling & Completion,2011,26(4):506-518.

[173] Boume D E,Figueiredo O,Charles M E. Laminar and turbulent flow in annuli of unit eccentricity[J]. The Canadian Journal of Chemical Engineering,1968,46(5):289-293.

[174] 袁恩熙. 工程流体力学[M]. 北京:石油工业出版社,2007:88-91.

[175] Loth E,Dorgan A J. An equation of motion for particles of finite reynolds number and size[J]. Environmental Fluid Mechanics,2009,9(2):187-206.

[176] 万邦烈. 采油机械的设计计算[M]. 北京:石油工业出版社,1994:14-110.

[177] 曾亚勤. 抽油井泵效分析[J]. 江汉石油学院学报,1999,21(1):42-47.

[178] 何启厚. 论深井泵的泵效[J]. 石油勘探与开发,1986,13(5):61-67.

[179] 刘新福,綦耀光,刘春花. 煤层气井有杆泵排采设备悬点静载荷计算方法[J]. 煤田地质与勘探,2009,37(2):75-78.

[180] Liu Xinfu,Qi Yaoguang,Liu Chunhua. Calculation of dynamic loads of the sucker rod pumping system in CBM wells[J]. Journal of Coal Science & Engineering,2010,16(2):170-175.

[181] Firu L S,Chelu T,Petre C M. A modern approach to the optimum design of sucker-rod pumping system[C]. Proceedings of the Annual Technical Conference and Exhibition. SPE 84139,2003:825-833.

[182] 陈宪侃,叶利平,谷玉洪. 抽油机采油技术[M]. 北京:石油工业出版社,2004:116-138.

[183] Hirschfeldt C M,Ruiz R. Selection criteria for artificial lift system based on the mechanical limits:Case study of Golfo San Jorge Basin[C]. Proceedings of the Annual Technical Conference and Exhibition. SPE 124737,2009:2964-2977.

[184] 王治中,邓金根,孙福街,等. 井筒砂粒运移规律室内模拟实验研究[J]. 石油学报,2006,27(4):130-138.

[185] 田红,邓金根. 渤海稠油油藏出砂规律室内模拟实验研究[J]. 石油学报,2005,26(4):85-87.

[186] Fortes A F,Joseph D D,Lundgren T S. Nonlinear mechanics of fluidization of beds of spherical particles[J]. Journal of Fluid Mechanics,1987,134(3):467-483.

[187] 王光谦,倪晋仁. 固液两相流流速分布特征的试验研究[J]. 水利学报,1992(11):43-49.

[188] Mazurek K A,Chalaturnyk R J,Rajaratnam N,et al. Transport of fine sand from a wellbore[J]. Journal of Canadian Petroleum Technology,2002,24(4):60-63.

[189] Didwania A K,Homsy G M. Flow regimes and flow transitions in liquid-fluidized bed[J]. International Journal of Multiphase Flow,1981,7(3):563-580.

[190] 李俊杰,隋德生. 抽油泵阀开启压差的计算方法[J]. 石油机械,1998,26(7):42-44.

[191] 陈德春,薛建泉,廖建贵. 抽油泵合理沉没压力的确定方法[J]. 石油钻采工艺,2003,25(5):75-77.

[192] Rowlan O L,Podio A L,Mccoy J N. Pump intake pressure determined from fluid

levels, dynamometers, and valve test measurements[C]. Proceedings of the Canadian International Petroleum Conference. CIPC 9170, 2009: 1-13.

[193] Podio A L, Mccoy J N. Total well management[C]. Proceedings of the Production and Operations Symposium. SPE 67273, 2001: 1-14.

[194] 林日亿,孙茂盛,张邵东,等. 有杆抽油泵沉没度的优化设计方法[J]. 石油大学学报(自然科学版),2005,29(4):87-90.

[195] Khasanov M M, Krasnov V A, Khabibullin A A, et al. New method for fluid level depression test interpretation based on modern multiphase flow calculation techniques[C]. Proceedings of the 72th European Association of Geoscientists and Engineers Conference and Exhibition. SPE 129562, 2010: 1370-1380.

[196] 朱君,高源,王慧. 防冲距对抽油机井泵效的影响分析[J]. 油气田地面工程,2009,28(10):60-62.

[197] Hu Yongquan, Cai Weizhong. Equations determine reasonable rod pump submergence depth[J]. Oil and Gas Journal, 1997, 95(10): 65-68.

[198] 谭多鸿. 抽油机井合理沉没度的确定[J]. 石油天然气学报,2007,29(1):146-149.

[199] 关成尧,赵国春,张翼翼,等. 套管放气井环空流动与电泵井合理沉没度计算方法[J]. 石油学报,2010,31(1):152-156.

[200] 张芬娜,綦耀光,吴建军,等. 煤层气井管式泵临界沉没度实验分析[J]. 石油机械,2012,40(12):73-76.

[201] 赵立强. 深井泵充满系数的计算方法[J]. 天然气工业,1989,3(1):45-50.

[202] 石在虹,陈家琅,魏兆胜,等. 抽油泵效率和功率损失及排量系数的计算[J]. 石油学报,1994,15(4):139-146.

[203] Mccoy J N, Becker D J, Rowlan O L, et al. Minimizing energy cost by maintaining high volumetric pump efficiency[C]. Proceedings of the Eastern Regional Conference Proceedings. SPE 78709, 2002: 107-116.

[204] E·约翰芬纳莫尔,约瑟夫·B·弗朗兹尼. 流体力学及其工程应用[M]. 钱翼稷,周玉文,译. 北京:机械工业出版社,2006:99-109.

[205] 朱万胜,张作龙,李继志. 钻井液提升阀流量系数的测定[J]. 中国石油大学学报(自然科学版),2010,34(2):125-129.

[206] 陈家琅. 石油气液两相管流[M]. 北京:石油工业出版社,2007:18-23.

[207] 董世民,崔晓华. 计算抽油泵充满系数的新方法[J]. 石油机械,2002,30(1):37-39.

[208] 刘新福,綦耀光,吴建军,等. 煤层气井气体对有杆泵排采的影响分析[J]. 中国石油大学学报(自然科学版),2011,35(6):33-38.

[209] 崔凯华,郑洪涛. 煤层气开发[M]. 北京:石油工业出版社,2009:52-59.

[210] 胡知能,徐玖平. 运筹学[M]. 北京:科学出版社,2003.

[211] 董长银. 油气井防砂技术[M]. 北京:中国石化出版社,2009:48-52.

[212] 张琪. 采油工程原理与设计[M]. 东营:石油大学出版社,2005:341-345.

[213] 张珊,马效贤,康少英,等. 石油割缝筛管的现状[J]. 石油机械,1997,25(10):51-54.

[214] 何生厚,张琪. 油气井防砂理论及其应用[M]. 北京:中国石化出版社,2003:28-31.

[215] 沈迪成,艾万诚,盛曾顺,等. 抽油泵[M]. 北京:石油工业出版社,1994:206-215.
[216] 司海媛. 运用修正古德曼图优化抽油机井参数[J]. 油气田地面工程,2011,30(4):48-50.
[217] 刘新福. 煤层气排水采气设备的选型研究[D]. 青岛:中国石油大学(华东),2009.
[218] 孙恒,陈作模,葛文杰. 机械原理[M]. 北京:高等教育出版社,2006.
[219] 哈尔滨工业大学理论力学教研室. 理论力学[M]. 北京:高等教育出版社,2002.
[220] 邬亦炯,刘卓钧,赵贵祥,等. 抽油机[M]. 北京:石油工业出版社,1994:101-109.
[221] 郭涛,孙文磊,高继红. 游梁式抽油机悬点运动参数模拟仿真研究[J]. 机床与液压,2009,37(7):224-226.
[222] 周传喜,易先中,曹宁娜. 游梁式抽油机连杆机构尺度综合优选方法[J]. 石油机械,2010,38(10):40-45.
[223] 陈宪侃,叶利平,谷玉洪. 抽油机采油技术[M]. 北京:石油工业出版社,2004.
[224] 陈军,綦耀光,刘新福,等. 基于弹性体振动理论的抽油杆柱三维振动分析[J]. 石油矿场机械,2009,38(2):15-19.
[225] 万仁溥,罗英俊. 采油技术手册 第四分册 机械采油技术[M]. 北京:石油工业出版社,1993.
[226] 孟晓刚,倪晋仁. 固液两相流中颗粒受力及其对垂向分选的影响[J]. 水利学报,2002,9:6-8.
[227] 李明忠,王卫阳,等. 垂直井筒携砂规律研究[J]. 石油大学学报(自然科学版),2000,24(2):33-34.
[228] 晏海武. 煤层气井杆管环空中煤粉排出条件的研究[D]. 青岛:中国石油大学(华东),2010.
[229] 吴宁,张琪. 固体颗粒在液体中沉降速度的计算方法评述[J]. 石油钻采工艺,2000,22(2):51-53.
[230] 申众华,毛纪陵,凌胜,等. 垂直管道固液两相流的最小提升水流速度[J]. 北京科技大学学报,1999,21(6):519-522.
[231] 陈光国,阳宁,唐达生,等. 水力提升颗粒及颗粒群浮游运动规律研究[J]. 矿冶工程,2010,30(4):9-13.
[232] Yuan Xiangzhong,Duan Yuting. The analysis of sucker rod string in directional wells[C]. Proceedings of the Annual Technical Conference and Exhibition. SPE 29153,1994:1-23.
[233] Lukasiewicz S A. Dynamic behavior of the sucker rod string in the inclined well [C]. Proceedings of the Production Operations Symposium. SPE 21665,1991:313-321.
[234] Xu Jun,Hu Yuren. A method for designing and predicting the sucker rod string in deviated pumping wells[C]. Proceedings of the Eastern Regional Conference and Exhibition. SPE 26929,1993:383-384.
[235] 李颖川. 抽油杆柱设计数值方法[J]. 西南石油学院学报,1993,15(2):75-79.
[236] Lea J F,Pattillo P D,Studenmund W R,et al. Interpretation of calculated forces on sucker rods[J]. SPE Production & Facilities,1995,10(1):41-45.

[237] Li Z,Li J. Fundamental equations for dynamic analysis of rod and pipe string in oil-gas wells and application in static buckling analysis[J]. Journal of Canadian Petroleum Technology,2002,41(5):44-53.

[238] Liu Xinfu,Qi Yaoguang. A modern approach to the selection of sucker rod pumping systems in CBM wells[J]. Journal of Petroleum Science and Engineering, 2011,76(3-4):100-108.

[239] Hardy A A. Sucker-rod string design and the Goodman diagram[C]. Proceedings of the Petroleum Mechanical Conference of the ASME. Paper 64-Pet-2,1964:1-15.

[240] Gault R H,Takacs G. Improved rod string taper design[C]. Proceedings of the 65th Annual Technical Conference and Exhibition. SPE 20676,1990:605-614.

[241] 万仁溥,罗英俊. 采油技术手册(修订本) 第四分册 机械采油技术[M]. 北京:石油工业出版社,2002:256-266.

[242] 杨海滨,狄勤丰,王文昌. 抽油杆柱与油管偏磨机理及偏磨点位置预测[J]. 石油学报,2005,26(2):100-103.

[243] Everitt T A,Jennings J W. An improved finite-difference calculation of downhole dynamometer cards for sucker-rod pumps[J]. SPE Production Engineering, 1992,19(2):121-127.

[244] Sun Jianliang,Peng Yan,Liu Hongmin,et al. Vertical vibration of moving strip in rolling process based on beam theory[J]. Chinese Journal of Mechanical Engineering,2009,22(5):680-687.

[245] 丁天怀,李成. 钻井液与钻柱的耦合纵向振动分析[J]. 机械工程学报,2007,43(9):215-219.

[246] John T E,Joe D. Accurate wave-equation modeling[C]. Proceedings of the Society of Exploration Geophysicists,1989:494-497.

[247] Gibbs S G. Predicting the behavior of sucker-rod pumping systems[J]. Journal of Petroleum Technology,1963,9(7):69-78.

[248] 王鸿烈,张琪. 采油工艺原理[M]. 北京:石油工业出版社,1989:84-155.

[249] 刘新福,綦耀光,胡爱梅,等. 煤层气井有杆泵排采设备悬点载荷变化规律[J]. 机械工程学报,2011,47(15):127-134.

[250] 陈宪侃,叶利平,谷玉洪. 抽油机采油技术[M]. 北京:石油工业出版社,2004:116-138.

[251] 王华,陈晶,逯同柱,等. 抽油杆失效的预防对策[J]. 油气井地面工程,2005,24(3):42-43.

[252] Moises G V L,Andrade S F A,Gracia A C B. Sucker-rod pumping failures diagnostic system[C]. Proceedings of the Annual Technical Conference and Exhibition. SPE 134975,2010:1-12.

[253] Waggoner J R,Buchheit R G. Analysis of sucker rod and sinkerbar failures[C]. Proceedings of the Annual Southwestern Petroleum Short Course. PSPCD 18705,1993:124-135.

[254] 张艳敏. 抽油杆失效分析[J]. 石油矿场机械,2011,40(7):85-88.
[255] Hein Jr N W, Hermanson D E. A new look at sucker rod fatigue life[C]. Proceedings of the 68th Annual Technical Conference and Exhibition. SPE 26558, 1993:439-450.
[256] 范钦珊,殷雅俊. 材料力学[M]. 北京:清华大学出版社,2008:70-74.
[257] 綦耀光,薛孟尧,刘新福等. 平行管式水力喷射泵反循环冲煤粉装置设计[J]. 石油机械,2011,39(2):35-37.
[258] 崔会凯,薛清祥,胡金铜等. 低压井负压连续冲砂工艺[P]. 中国专利:ZL2006100138303. 3,2007-11-28.
[259] 王常斌. 油井排砂用射流泵的研究[D]. 杭州:浙江大学,2004.
[260] K. E. 布朗. 升举法采油工艺 卷二(下)[M]. 孙学龙等,译. 北京:石油工业出版社,1987:427-475.
[261] 王远. 低压地层水平井冲砂技术研究[D]. 青岛:中国石油大学(华东),2010.
[262] 高立超. 高压旋转射流负压冲砂工具设计与实验研究[D]. 青岛:中国石油大学(华东),2010.
[263] 邹艳霞. 采油工艺技术[M]. 北京:石油工业出版社,2006:327-350.
[264] 龙新平,朱劲木,梁爱国,等. 射流泵喉管最优长度的数值计算[J]. 水利学报,2003,10:14-18.
[265] 初迎利,李邦达,刘兴国,等. 用摄影法研究喷嘴的水力特性[J]. 大庆石油学院学报,1994,18(3):25-26.
[266] 朱宏武,任志禄,赵翠玲. 冲砂喷嘴水力冲砂性能的试验研究[J]. 石油机械,2005,33(12):13-15.
[267] 李树臻,李光磊,王亚娟. 油井负压冲砂装置研究[J]. 石油矿场机械,2004,33(3):21-23.
[268] 刘升贵,贺小黑,李惠芳. 煤层气水平井煤粉产生机理及控制措施[J]. 辽宁工程技术大学学报(自然科学版),2011,30(4):508-512.
[269] 张朝晖. ANSYS 11.0 结构分析工程应用实例解析[M]. 北京:机械工业出版社,2010.
[270] 管恩东,高歌军,官磊,等. 油井双级油管组合冲砂管柱[P]. 中国专利:ZL200720011189. X,2008-1-30.
[271] 成大先. 机械设计手册(单行本) 润滑与密封[M]. 北京:化学工业出版社,2001:164-342.
[272] 吴奇. 井下作业工程师手册[M]. 北京:石油工业出版社,2002:306-309.
[273] 徐辅仁. 对 O 形密封圈引起的摩擦力的计算[J]. 石油机械,1989,17(8):32-34.
[274] 佟庆理. 两相流动理论基础[M]. 北京:冶金工业出版社,1982.
[275] 刘保余,綦耀光,晏海武. 基于 Fluent 分析的环空油管颗粒沉降规律研究[J]. 石油机械,2010,38(5):32-35.
[276] 吴宁,张琪. 固体颗粒在液体中沉降速度的计算方法评述[J]. 石油钻采工艺,2000,22(2):51-53.
[277] GB/T 9234—2008 机动往复泵[S].

[278] 谢斌,骆向杰,彭顺龙. 同心管射流负压冲砂装置及其使用方法[P]. 中国专利:ZL200810301496.0,2008-10-8.

[279] 初迎利,李邦达,刘兴国,等. 用摄影法研究喷嘴的水力特性[J]. 大庆石油学院学报,1994,18(3):25-26.

[280] 刘旭. 油井射流排砂泵固液两相流场数值分析[D]. 长春:吉林大学,2011.

[281] 温庆志,张士诚. 支撑剂嵌入对裂缝长期导流能力的影响研究[J]. 天然气工业,2005,25(5):65-68.

[282] 万玉金,曹雯. 煤层气单井产量影响因素分析[J]. 天然气工业,2005,25(1):123-126.

[283] 陈振宏,王一兵,杨焦生. 影响煤层气井产量的关键因素分析[J]. 石油学报,2009,30(3):409-412.

[284] 张旭东,崔锐锐. 低渗透油藏水力压裂裂缝与井网组合优化研究[J]. 石油天然气学报,2008,30(4):124-128.

[285] 史进,吴晓东,李伟超. 中国煤层气增产技术[J]. 内蒙古石油化工,2009(21):89-91.

[286] 易新斌,丁云宏,王欣. 煤层气完井方式和增产措施的优选分析[J]. 煤炭学报,2013,38(4):629-932.

[287] 吴宇. 煤层中封存二氧化碳的双重孔隙力学效应研究[D]. 徐州:中国矿业大学,2010.

[288] Wonga S,Law D,Deng X,et al. Enhanced coalbed methane and CO_2 storage in anthraciticcoals-micro-pilot test at South Qinshui,Shanxi,China[J]. International Journal of Greenhouse Gas Control,2007(1):215-222.

[289] 杨新乐,任常在,张永利. 低渗透煤层气注热开发热-流-固耦合数学模型及数值模拟[J],煤炭学报,2013,38(6):1044-1048.

[290] 高玮. 微孔径向喷射技术在 Q2-3-313 井应用[J]. 辽宁化工,2012,41(7):680-682.